上海社会科学院城市与人口发展研究所
学科建设丛书

总 编 朱建江
副总编 周海旺 屠启宇

城市战略规划

理论、方法与案例

上海社会科学院城市与人口发展研究所 / 著

上海社会科学院出版社
SHANGHAI ACADEMY OF SOCIAL SCIENCES PRESS

总　序

为贯彻落实2016年5月17日习近平总书记在哲学社会科学工作座谈会上的重要讲话精神和2017年3月5日中共中央发布的《关于加快构建中国特色哲学社会科学的意见》，上海社会科学院城市与人口发展研究所依据职能定位，按照研究生教学需要和智库建设需要，经本所所务会议和所学术委员会讨论决定，在继续推进“上海社会科学院城市与人口发展研究所学术研究丛书”基础上，制定并按照《上海社会科学院城市与人口发展研究所学科建设规划及实施措施》，集中全所科研人员力量，立足中国实践，集中花几年时间，系统地撰写城市与人口发展领域内的若干基础学科理论读本。

学科建设力求于研究问题的广度，理论构建着眼于全面性、系统性、基础性，追求的学术价值是求同，建设的方式是从教材编写做起。学术研究力求于研究问题的深度，追求的学术价值是求异，建设的方式是从论文或专著做起。学科建设和学术研究是可以转换的，学科建设达不到全面性、系统性、基础性要求，此时该学科建设实际上已转为学术研究；反过来，一项学术研究已达到全面性、系统性、基础性的广度，此时的学术研究成果也就转化成学科建设成果了。总之学科体系的建设难于学术体系的建设，而学术体系的建设最终是为学科体系建设服务和打基础的。从这个角度讲，哲学社会科学研究的最高境界是学科体系建设或教材体系建设，学术体系建设是最活跃、最前沿、最创新的研究领域，但最终是为学科体系建设打基础和服务的。而话语体系建设融于学科体系和学术体系建设之中。

基于上述考虑，上海社会科学院城市与人口发展研究所将继续致力于“学科建设丛书”和“学术研究丛书”的撰写和出版工作。

朱建江

2018年6月29日

前言

这是一部基于中国经验、梳理具有全球抱负的城市战略规划情况的专著。当前在中国实践中，以上海、北京新一轮城市规划的启动为标志，城市规划的时空维度正经历重大变革。一是时间视野拉长，21 世纪初，一大批先锋城市（伦敦、纽约、巴黎、东京、香港、悉尼、约翰内斯堡）都将城市规划视野放大到 2030 年、2040 年、2050 年。二是空间视野提升，从空间控制性详规、城市总体规划到城市概念性规划；从城市、都市圈、城市群到区域尺度，更多关注战略性趋势、环境、模式、愿景、路径而非单纯的分区管控（zoning）。三是涉及领域范围拓展，从单纯的空间拓展到城市经济、社会、文化、生态、治理等各方面；经济学、管理学、社会学、人类学、生态学、政治学方法被引入城市规划学科。

在中国，2014 年《国家新型城镇化规划（2014—2020 年）》以及 2015 年"中央城市工作会议"文件《中共中央　国务院关于进一步加强城市规划建设管理工作的若干意见》都创新提出了大量战略导向的城市规划思路，尤其是提出了"多规合一"的思路，并出现不少相关的规划实践，如上海"2035 规划""2050 研究"，北京"2035 规划"，以及大量都市圈、城市群和区域尺度的规划。但是理论上，城市规划从范式、理论到方法、工具都没有充分准备好响应这一变革，出现了显著的理论、方法滞后于实践的态势。

在理论方面，世界银行 2009 年提出了"城市战略"框架，推广以"Systems of Cities"概念为核心的政策工具箱和最佳实践。联合国（UN-HABITAT）于 2015 年提出了"城市与地域规划的国际导则（International Guidelines on Urban and Territorial Planning）"，2016 年联合国住房和可持续城市发展会议通过《新城市议程》，提出城市发展范式的迭代。位于美国的国际城乡规划学会于 2005 年编写了"地方政府的战略规划"的工作手册并予以持续更新（参见戈登：《地方政府的战略规划》，2010 年第 2 版）。

国内最早的实践归纳性专著是中国城市规划设计研究院于2006年出版的《战略规划》（建筑工业出版社），最早的理论体系归纳专著是侯景新与李天健于2014年出版的《城市战略规划》（经济管理出版社）以及周振华于2014年出版的《战略研究：理论、方法与实践》（格致出版社）。此外，上海社会科学院屠启宇团队自2012年起持续出版《国际城市蓝皮书：国际城市发展报告》，周振华领导的上海市政府发展研究中心2014年出版《2030的城市发展——全球趋势与战略规划》，都对国际上优秀的城市战略规划实践案例予以详细介绍。

城市战略规划是有自觉意识的、伴随主动行动的、引导城市整体发展的策划；是动员城市的所有利益相关者和资源去追求形成广泛共识的城市发展目标。城市战略规划的关键约束并不是时间尺度，而是城市发展的最大可能性。“新加坡X年规划”即是一个典型样本。城市战略规划与其他行业规划、专业规划是有显著差别的。城市战略规划解决的是城市发展的长期愿景、决心和思路；而其他规划主要是落实、管控、执行，更多是着眼于当期的发展。城市战略规划关注的是如何围绕实现城市整体目标而动员与配置所有资源（经济、社会、文化、政治、生态、空间、科技等），而传统空间规划或其他规划关注的是空间设计、单一资源的动员，或者是单一目标的多资源动员。

本书是上海社会科学院城市与人口发展研究所的集体研究成果。同以往的少数几种城市战略规划著作（如戈登，2005年；中国城市规划设计院，2006年；马文军，2012年；周振华、陶纪明，2014年）不同，本书强调实操性，重点介绍城市战略规划实际操作方法、程序，并以实际案例作为展示和支撑。具体分工如下。

第一章	城市战略规划概况	屠启宇
第二章	城市战略规划理论	屠启宇
第三章	城市战略规划中外优秀实践介绍	春　燕
第四章	城市战略规划体系与编制程序	陈　晨
第五章	城市战略规划的条件与环境研究方法	杨传开
第六章	城市发展的关键情景及预测办法	刘玉博
第七章	城市功能定位与指标体系	邓智团
第八章	城市战略规划转向及其发展主线	李　健
第九章	城市产业发展战略规划	邓智团
第十章	城市创新策略	林　兰
第十一章	城市人口与发展策略	高　慧
第十二章	城市社会发展和基本公共服务	庄渝霞　肖燕玲
第十三章	城市战略规划中的城市社会治理策略	陶希东
第十四章	城市文化发展战略	严春松
第十五章	城市生态发展策略	张同林
第十六章	城市空间规划战略导引	杨传开
第十七章	城市土地利用战略导引	戴伟娟

第十八章　城市交通规划战略导引　春　燕
第十九章　新城规划战略导引　戴伟娟
第二十章　特色小镇发展战略导引　朱建江
第二十一章　城市群协同策略　李　娜
第二十二章　城市更新问题　薛艳杰
第二十三章　智慧城市规划与建设　林　兰
第二十四章　城市设计、城市营销问题　严春松
第二十五章　城市战略机遇区开发问题　李　娜
第二十六章　“城市病”问题与应对策略　李　健
第二十七章　城市公共安全规划　宗传宏

本书编写的范围和内容涉及面广，由于编写人员水平有限，时间仓促，故本书出现缺点、错误，在所难免，望读者批评指正，以便今后进一步修改补充。

目　录

第一章　城市战略规划概况

第一节　城市战略规划意义与概念

城市战略规划是有自觉意识的、伴随主动行动的、引导城市整体发展的策划；是动员城市的所有利益相关者和资源去追求形成广泛共识的城市发展目标。城市战略规划的关键约束并不是时间尺度，而是城市发展的最大可能性。“新加坡X年规划”即是一个典型样本。城市战略规划与其他行业规划、专业规划是有显著差别的。城市战略规划解决的是城市发展的长期愿景、决心和思路，而其他规划主要是落实、管控、执行，更多是着眼于当期的发展。城市战略规划关注的是如何围绕实现城市整体目标而动员与配置所有资源（经济、社会、文化、政治、生态、空间、科技），而传统空间规划或其他规划关注的是空间设计、单一资源的动员，最多是单一目标的多资源动员。

当前在全球范围，城市规划的时空维度正经历重大变革。一是时间视野拉长，在21世纪初，一大批先锋城市（伦敦、纽约、巴黎、东京、香港、悉尼、约翰内斯堡）都将城市规划视野放大到2030年、2040年、2050年。二是空间视野提升，从空间控制性详规、城市总体规划到城市概念性规划；从城市、都市圈、城市群到区域尺度，更多关注战略性趋势、环境、模式、愿景、路径而非单纯的分区管控（zoning）。三是涉及领域范围拓展，从单纯的空间拓展到城市经济、社会、文化、生态、治理等各方面；经济学、管理学、社会学、人类学、生态学、政治学方法都被引入城市规划学科。

在中国，2014年《国家新型城镇化规划（2014—2020年）》以及2015年“中央城市工作会议”文件《中共中央　国务院关于进一步加强城市规划建设管理工作的若干意见》都创新提出了大量战略导向的城市规划思路，尤其是提出了“多规合一”的思路，并出现不少相关的规划实践，如“上海2040规划”“北京2035规划”以及大量都市圈、城市群和城市—区域尺度的规划。但是理论上,城市规划从范式、理论到方法、工具都没有充分准备好响应这一变革。出现了显著的理论、方法滞后于实践的态势。

在理论方面,世界银行2009年提出了“城市战略”框架,推动以“Systems of Cities”概念为核心的政策工具箱和最佳实践。联合国(UN-HABITAT)于2015年提出了“城市与地域规划的国际导则(International Guidelines on Urban and Territorial Planning)”。国际城乡规划学会于2005年编写了“地方政府的战略规划”的工作手册并予以持续更新,江苏凤凰出版社于2013年将其首度译介到国内(参见戈登:《地方政府的战略规划》,2010年第2版)。国内最早的专著是侯景新与李天健于2014年出版的《城市战略规划》(经济管理出版社)以及周振华于2014年出版的《战略研究:理论、方法与实践》(格致出版社)。此外,上海社会科学院屠启宇团队自2012年起持续出版《国际城市蓝皮书:国际城市发展报告》,上海市政府发展研究中心周振华团队2014年出版《2030的城市发展——全球趋势与战略规划》,都对国际上优秀的城市战略规划实践案例予以介绍。

第二节　城市规划的战略转向

一、传统空间规划体系与城市战略的位置

(一)城市规划体系

城市规划包括很多规划,从空间规划理论来分类,主要包括以下三个层次。

一是着重于城市功能性边界层次的区域发展规划(都市圈规划)。其中,有全球性的区域规划,联合国、美国、欧洲都会推进很多全球性的规划或者次全球性的规划,如欧洲国土规划、日本国土规划。中国也有一些都市圈的规划,例如京津冀都市圈区域规划、长三角都市圈区域规划、珠三角都市圈区域规划、长江中游都市圈区域规划。这些规划基本上没有行政区域的划分,都是跨区域的城市规划。

二是着重于城市市域层次的城市总体规划,主要是指城市内部规划。总体规划是最具代表性的城市内部总体规划。城市总体规划包括规划纲要、总规、分区规划、镇规划,又称为城乡总体规划。

城市战略规划经历了从对传统城市总体规划的补充(也称城市概念规划),到直接成为城市总体规划主体内涵的发展过程。中国大陆城市战略规划起步最早的是广州。广州最初称其为城市概念规划,始于2000年。其解决了传统城市总体规划、编制和审批期过长导致的调整不及时,规划控制内容过细导致的调整弹性不够的问题。

三是着重于细化落实层次的城市控制性/修建性详细规划。城市总体规划成立之后,对城市中的某个单元或者某个部分进行城市控制性规划,比如道路、河道、绿地等。

1. 区域规划

区域规划是为实现一定地区范围的开发和建设目标而进行的总体部署。广义的区

域规划指对地区社会经济发展和建设进行总体部署，包括区际规划和区内规划。前者主要解决区域之间的发展不平衡或区际分工协作问题，后者是对一定区域内的社会经济发展和建设布局进行全面规划。狭义的区域规划则主要指一定区域内与国土开发整治有关的建设布局总体规划。

区域规划还要对整个规划地区国民经济与社会发展中的建设布局问题做出战略决策，把同区域开发与整治有关的各项重大建设落实到具体地域，进行各部门综合协调的总体布局。

2. 城市总体规划

城市总体规划是指城市人民政府依据国民经济和社会发展规划以及当地的自然环境、资源条件、历史情况、现状特点，统筹兼顾、综合部署，为确定城市的规模和发展方向，实现城市的经济和社会发展目标，合理利用城市土地，协调城市空间布局等所做的一定期限内的综合部署和具体安排。自 2019 年我国统一国土空间规划体系，原城市总体规划改称某市国土空间规划。

整体而言，此类规划根据国家对城市发展和建设方针、经济技术政策、国民经济和社会发展的长远规划，在区域规划和合理组织区域城镇体系的基础上，按城市自身建设条件和现状特点，合理制定城市经济和社会发展目标，确定城市的发展性质、规模和建设标准，安排城市用地的功能分区和各项建设的总体布局，布置城市道路和交通运输系统，选定规划定额指标，制定规划实施步骤和措施。最终使城市工作、居住、交通和游憩四大功能活动相互协调发展。

3. 城市详细规划（控制性、修建性）

城市详细规划（detailed plan）是以城市总体规划或分区规划为依据，对一定时期内城市局部地区的土地利用、空间环境和各项建设用地所做的具体安排。城市详细规划的目的主要在于选定技术经济指标，提出建筑艺术处理要求，确定各项用地的控制性坐标和标高等，为城市设计提供依据。它是城市总体规划的深化和具体化。

控制性详细规划是以城市总体规划或分区规划为依据，确定建设地区的土地使用性质和使用强度的控制指标、道路和工程管线控制性位置以及空间环境控制的规划要求。控制性详细规划的重点问题是确定建筑的高度、密度、容积率等技术数据，依然是关注数据平衡问题。

修建性详细规划以城市总体规划、分区规划或控制性详细规划为依据，制订用以指导与建筑和工程设施设计和施工相关的各项规划。

（二）城市规划的战略升级

城市升级呼唤城市规划体系的升级，引发了传统城市规划向城市战略规划的战略转向。

1. 城市战略规划

城市是一个复杂的巨系统。城市发展战略是关注城市中整体和长远发展影响问题，对城市经济、社会、环境的发展所做的全局性、长期性、决定全局的谋划和规划。特别是在城市转型发展阶段，实施有自觉意识的、伴随主动行动的、引导城市整体发展的策划；动员城市的所有资源，去追求实现城市发展的卓越目标。例如《2052：未来四十年的中国与世界》关注的是气候、能源、食品、城市化、养老金等核心问题，因为这些问题是城市面临最严重的问题，也是城市发展长期的问题，亟须解决方案。《俄罗斯2030》则主要解决以下几个问题：在考察该国GDP、劳动生产率、投资情况等的基础上，相应地判断俄罗斯面临的风险、挑战和机遇。这就是战略规划所要解决的，其可能不是战略规划相关的空间问题或和空间没有任何关系，但仍是解决城市目前存在的问题。

2. 空间规划体系的国际应用比较

市场经济国家由于土地市场性质为私有，更加专注于宏大的区域规划、城市战略规划，注重城市发展的战略性引导。在具体的土地利用方面，相信市场的力量与智慧，不需要人为设定目标与规划。计划经济国家则更加偏重于土地利用的引导，强调计划与规划的结合，通过规划的编制和实施来实现政府拟定的发展目标。

随着"二战"后自由市场出现问题以及凯恩斯主义的发展，西方国家对于城市规划也是日益重视，其中，中性干预的、面向城市发展价值取向和发展目标的城市战略规划成为首要选择。包括纽约的《纽约2030规划：更绿、更美好的纽约》、伦敦的《2020远景规划》、巴黎的《大巴黎规划》、北京的《北京2030：世界城市战略研究》在内，都各具特色，此外如日本福冈、阿根廷布宜诺斯艾利斯、中国台北、西班牙毕尔巴鄂、荷兰海牙、印尼雅加达等城市都推出各具特色的城市战略发展规划。战略规划从以往空间规划为中心的城市物质空间规划转变为以城市发展、社会建设、市民生活等相关的核心问题为中心的战略规划。

二、城市战略规划的特点

（一）战略规划重心在于沟通、定位、路径

从全球主要城市的中长期战略规划看，规划视角已经远远超出了空间组织、经济发展、城市竞争等基本内容，更多强调环境方面和与人相关方面的目标。这种以环境为本、以人为本，从关键性问题和市民的长远需要出发而设立的规划总体目标，较经济目标、政绩目标以及某种理想的未来城市形态目标，更容易赢得社会各界和普通民众的认同和支持。对空间的考量则比较靠后。当规划出现问题时，也会更多与民众保持沟通，如新加坡2030年规划出现重大问题时，便进行了三轮公众咨询，过程重于一切。

（二）战略规划重视虚实相结合

城市远景战略规划的总体目标是"虚"的，如更绿、伟大、吸引力等，通过这种理念的灌输以实现在城市不同群体间形成规划共识。而近年来，战略规划的具体内容则从以往空间规划为中心的城市物质空间规划转变为与城市发展、社会建设、市民生活等息息相关的核心问题为中心的战略计划，在形式上也都发生明显变化。其分项目标、专项规划力求"实"，更多是以问题为导向，建立在科学研究和可操作的基础之上以解决问题。在全球金融危机之后，创新与创意、低碳社会、金融商业、生态保护等成为重点关注领

域。通过"虚""实"结合的目标体系，最终把城市长期规划意向有效地落实到具体的规划行动中。

（三）战略规划内容侧重策划与动员

城市战略规划是有自觉意识的、伴随主动行动的、引导城市整体发展的策划；是通过动员城市的所有资源，去追求实现城市发展的目标。

城市战略规划与其他行业规划、专业规划存在着差别。

首先，前者着重愿景决心、思路与长期部署，后者着重于落实、管控、执行与当期行动。城市战略规划中，时间不是关键约束，反而是要追求城市发展的最大可能性。比如新加坡 X 年规划，就是围绕新加坡这个城市国家的发展目标来测算人力资源需求。

其次，前者围绕城市整体目标考虑所有资源的动员与配合（经济、社会、文化、政治、生态、空间、科技等），而后者考虑空间设计、单一资源的动员、单一目标的多资源动员。

（四）城市战略规划与其他规划的区别

城市战略规划和其他规划相比有如下区别，或者可以说有如下特点。

城市战略规划是弹性规划，中长期为主，没有时间限制；城市战略规划是在城市外部环境、内在发展条件发生重大变化的时候进行，始于战略的思考；城市战略规划注重环境变化与地方条件结合，最大可能性与可行性结合；城市战略规划注重全社会参与，广泛动员；目前可以通过互联网等智能手段进行全社会广泛参与；城市战略规划专注于环境分析对城市可能产生的重大影响，采取弹性内容，聚焦核心问题，不是面面俱到；城市战略规划基于外部环境变化，需要完善反馈回路。

三、城市战略规划的核心内容

（一）城市战略规划的分领域问题

城市战略规划需要对重要领域问题予以充分考虑。其包含了城市人口和人力资源、经济、社会、治理、文化和生态等。近年来，城市创新创意因其日益突出的重要性，也逐渐成为单列的规划项目。

1. 城市经济发展策略

其涉及：经济发展的战略价值；城市经济发展的阶段与类型；城市经济分析评价方法（产业结构、区位商、竞争力、价值链产业链）；关键产业集群识别、培育；产业生态系统建设；产业空间类型与布局（产城融合、园区）；城市发展资金筹措策略；城市战略规划的资金保障策略（超长期的资金测算与资金保障）；城市财税管理创新与绩效（包括财税激励）；地方政府建设资金筹措渠道创新；地方债务风险控制。

2. 城市创新发展策略

其涉及：创新发展的战略价值；城市创新发展的阶段与类型（发育、发展、可持续，大学城、应用性创新、创新服务）；城市创新能力与地位评价方法（创新竞争地图、专利地图）；城市关键创新能力筛选与培育；城市创新生态系统建设；创新空间类型与布局。

3. 城市人口与人力资源发展策略

其涉及：城市人口与城市活力的基本认识；城市人口规模、结构；城市生育、养老策略；城市人力资源与移民政策。

4. 城市社会发展策略

其涉及：社会发展的战略价值；公共服务总体策略的公平、包容导向；21 世纪创新教育、终身教育、职业教育；养老服务与银发事业；外来人口服务与包容性社会；医疗。

5. 城市治理发展策略

其涉及：治理发展的战略价值；城市治理从管理到治理的总体策略导向；第三部门与社会共治；精细化管理与智慧城管；社区治理与公众参与。

6. 城市文化发展策略

文化发展的战略价值十分重要，文化发展是终极目标，是城市安全、繁荣的最高追求等级。其具体涉及：城市文化发展总体思路；城市公共文化事业如何实现公平，如何激发参与；城市文化创意产业如何激发活力（创意阶层、创意产业、创意园区）；城市精神凝练、城市文脉延续、城市遗产活化保护；大事件与文化品牌的价值、策划、运作。

7. 城市生态发展策略

生态发展的战略价值在于其是可持续的基础，是资源环境硬约束。其具体涉及：城市资源环境承载力的测评方法；环境友好型城市设计；韧性城市发展策略。

（二）城市战略规划对于空间主题部署

城市战略规划虽然属于宏观战略，但仍对空间主题给予充分关注。讨论范围包括：国土空间规划战略导引、土地利用、交通；卫星城和新城、特色小镇、都市圈、城市群。当代的城市战略规划已不局限于作为行政单位的城市，而是拓展到从功能意义来看待城市系统。

1. 城市空间规划战略导引

城市战略规划主要讨论整体的城市空间体系、城市功能空间的分区与混合，进而把握信息化和互联时代下的智能城市空间组织方式创新。

2. 城市土地利用战略导引

城市战略规划关注城市土地利用中生产、生活、生态三大空间的结构，关注城市建设土地供给策略和城市住房供应策略。

3. 城市交通规划战略导引

城市战略规划需要从城市通勤效率出发，确定整体的公交出行比例，构想大运量快速交通的配置；从城市宜居品质的高度，考虑慢行交通系统的配置，还要从紧凑城市建设的思维，引导 TOD 导向的城市开发。上规模的大城市还应战略性地部署多式连接的综合交通枢纽。

4. 卫星城、新城规划战略导引

作为防止城市蔓延式扩张的策略，跳跃性地布局卫星城和新城，是城市战略规划的重要手段。相应地，战略层面上需要确定卫星城、新城的具体功能定位，明确新城与中心城之间的关系，进而确定新城开发的节奏和城市运行的要点。

5. 特色小城镇规划战略导引

镇是城市的末梢、乡村的核心，是中国语境下城乡一体化的关键。作为全域规划性质的城市战略规划，要提升乡村的影响力，重点就是依托镇来发挥。战略层面上，镇域尤其是特色小镇对于城市的价值是客观存在的，是城市人摆脱城市生活喧嚣的"避难所"，是丰富城市生态、生活乃至生产方式的"加油站"。城市战略规划需要从全市的层面对关键镇域、特色小镇的功能定位予以确定，对于特色小镇开发、运行要点给予指引。

6. 都市圈一体化规划策略

在全球化、市场化的力量之下，当代城市战略规划已明确需要超越行政区划的视野来予以谋划。都市圈的识别与规划就代表着城市战略发展从行政边界拓展到功能边界。战略规划层面，需要根据城市间生产、生活、生态各方面联系的强度，确定都市圈城镇体系与功能分工；需要从整体发展的高度，形成都市圈一体化发展的策略；还需要就城市生命线和关键资源以及邻避设施的布局在都市圈范围内予以统筹考虑。

7. 城市群协同规划策略

城市群的认识代表着城市发展战略视野已出现了从点(单个城市)、线(城市间走廊)到网(城市群)的升级。在以流量经济为主导的21世纪城市发展中，如何同所处城市群的兄弟城市开展协同是甚为关键的。为此，在战略层面，需要对城市所处的城市群进行识别，这涉及地理、交通、经济、人民、政治乃至于生态资源和文化层面的综合评价。城市战略规划本身，需要对本城市在城市群中的地位、功能有清晰的把握；对城市群的发展态势和整体愿景形成"希望"；对城市群的治理方式与结构形成"想法"；对城市群的协同领域进行筛选；进而可以提出本城市推进城市群协同发展的策略。

(三) 城市战略规划的重大专题部署

城市因不同时期、不同地域、不同发展阶段而有不同的侧重性专题问题。这些问题或是对城市造成重大困扰(如城市更新、"城市病"、城市安全)，或是指引了城市跨越式发展的端倪(如智慧城市、城市设计、城市营销、城市战略机遇区)。这类重大专题也已明确进入城市战略规划的范畴。

1. 城市更新

具体城市更新基本策略需要回答如何在城市更新中实现提升城市活力与保留城市记忆之间的平衡、城市更新主体与所有利益相关者之间的合作与博弈关系处理，以及城市主动更新与被动更新的利弊关系。

2. 智慧城市

其讨论智慧城市框架与城市智慧基础设施配置，泛在网、大数据、人工智能在城市运行中的运用，城市信息安全保障与个人信息保护。

3. 城市设计和城市营销

城市设计和营销分别从硬件和软件维度对城市建筑、风貌、地标、色彩等城市风貌景观开展设计与城市美化，对城市品牌、城市形象开展设计与推广。

4. 城市战略机遇区开发

城市的战略机遇空间经历着持续的进化，从港区、出口加工区、自由贸易区、城市新区到科技园区，等等。城市战略规划需要对各种类型的城市战略机遇空间的运用与创新进行审视，选择最适合特定城市特点和需求的战略机遇空间模式，进而对城市战略机遇区的空间区位和空间尺度进行识别和部署。当模式和空间确定后，需要对于战略机遇区的建设模式进行宏观设计，这具体涉及机遇区的治理结构、资金筹措、运行机制等。

5. "城市病"

"城市病"已成为影响当今城市战略发展的重要问题。"城市病"一旦恶化，会成为城市的主要痛点并对城市战略目标的实施形成重大掣肘。为此，城市战略规划需要对特定城市存在的"城市病"类型有整体性的把握，对"城市病"的发生机理与城市发展阶段的关联关系有清晰认识，进而形成对于特定"城市病"的主要破解策略并纳入城市战略规划中。

第三节　21世纪以来中国的城市规划实践

一、国家统一规划体系形成规划合力

作为一个重要治理手段，规划是践行国家治理体系和治理能力建设现代化的关键维度。在中国实践中如何实现高效规划、规划协同，尤其受到重视。为此，党中央、国务院先后出台了一系列意见对规划体系和规划责任予以梳理。具体到涉及空间部署方面，主要有《中共中央国务院关于统一规划体系更好发挥国家发展规划战略导向作用的意见》(以下简称《统一规划体系意见》)和《中共中央国务院关于建立国土空间规划体系并监督实施的若干意见》(以下简称《国土空间规划体系意见》)。2021年，正是各级政府国民经济和社会发展第14个"五年规划"(以下简称"发展规划")和新国土空间规划(以下简称"空间规划")的编制公布节点。空间部署维度，成为观察形成规划合力推进治理体系和治理能力建设现代化的一个重要视角。

2018年11月19日印发的《统一规划体系意见》提出理顺国家规划关系，指出，"国家发展规划根据党中央关于制定国民经济和社会发展五年规划的建议，由国务院组织编制，经全国人民代表大会审查批准，居于规划体系最上位，是其他各级各类规划的总遵循"。而"国家级专项规划、区域规划、空间规划，均须依据国家发展规划编制"。并且，在时间部署方面，《统一规划体系意见》提出，"……国家级专项规划、区域规划、空间规划，规划期与国家发展规划不一致的，应根据同期国家发展规划的战略安排对规划目标任务适时进行调整或修编"。

在空间部署方面，《统一规划体系意见》明确增加了发展规划的空间部署分量，提出"发挥国家发展规划统筹重大战略和重大举措时空安排功能，明确空间战略格局、空间

结构优化方向以及重大生产力布局安排，为国家级空间规划留出接口”。同时提出强化国土空间规划的基础作用，即“为国家发展规划确定的重大战略任务落地实施提供空间保障”。

2019 年 5 月 23 日出台的《国土空间规划体系意见》呼应了《统一规划体系意见》中关于国土空间规划同发展规划的空间治理关系的内容，称“做好国土空间规划顶层设计，发挥国土空间规划在国家规划体系中的基础性作用，为国家发展规划落地实施提供空间保障”。

正如《统一规划体系意见》和《国土空间规划体系意见》所共同表达的，我国国家和地方的既往规划中存在规划体系不统一，规划类型过多、内容重叠冲突；规划目标与政策工具不协调；某些规划审批流程复杂，周期过长；地方规划朝令夕改等问题。具有国家级空间规划属性的规划，有 2006 年颁布的《全国土地利用总体规划纲要(2006—2020年)》、2010 年颁布的《全国主体功能区规划(2010—2020 年)》和 2016 年颁布的《全国国土规划纲要(2016—2030 年)》，序列比较复杂。而承接体系比较完整的国家发展规划，不同于以往对于空间维度侧重于战略性考虑，部署的事项、边界、深度也呈持续的动态变化。

综上所述，规划的治理协同问题已得到党和国家的高度重视。几项意见的出台有利于我国国家级层面规划的顺畅梳理。在空间部署领域，国家发展规划具有对重大战略和重大举措的统筹安排功能，具体表达为空间战略格局、空间结构优化方向以及重大生产力布局安排 3 个维度。为此，国土空间规划要作为发展规划编制的依据，提供空间保障并在必要时进行响应性调整和修编。正是以此为依据，从国家到地方的“十四五”发展规划成为第一轮正式开展空间部署的发展规划。

二、地方规划实践中的协调情况

在地方实践中，地方发展规划全面向上对接国家发展规划，中华人民共和国成立以来的 14 轮发展规划基本形成完整的时间线衔接。而具有空间规划性质的城市总体规划、土地规划，显然具有更长的实践历史，不少中国城市作为引入近现代城市治理工具的规划实践可以追溯到 20 世纪上半叶，对城市发展起到了不同程度的规范引导作用。空间规划真正成为规范性、具有接续性的“规定动作”，是改革开放以后。我国的主要城市基本经历了 2 到 3 轮空间规划的指引。但从实践来看，空间规划的规划期同真正获批实施的时间线较难达成统一，甚至出现规划期末才获批实施的情况。而且，城市总体规划和土地规划也并非都是行政区全域性空间规划。这导致了在当前的地方实践中，仍存在治理体系、规划时限配合的问题，有待处置。

(一) 发展规划和空间规划治理关系的协调

在我国的治理实践中，各级地方的发展规划和空间规划，都需要遵循国家和上一级党和政府的方针政策和规划指引。在地方层面规划中，居于“最上位”的发展规划，需要遵循的程序是：本级党组织出具规划建议—本级政府编制规划—报送上一级发展改革部门进行衔接—本级人大批准规划—发展规划生效实施。空间规划的程序是：本级政府编制—本级人大审议通过—报送上一级政府批复同意—空间规划生效实施。两者比较可见，地方层面的发展规划，不存在上一级政府正式同意的环节，因而自主性更强。而空间规划则不同，在以往实践中，空间规划必须经过上一级政府批复同意，出现规划期和上级政府批准后的实施期脱节的情况并不少见。甚至出现一些地方为保证空间部署得到及时实施，通过引入非法定性质的战略规划、概念规划，规避法定空间规划实施脱节的风险。

随着国家规划体系的确立，以"十四五"发展规划为发端，发展规划被赋予了对时间和空间进行安排的功能，涉及的又是关键性的空间战略格局、内部空间结构优化方向和重大生产力布局 3 个维度。这使得地方政府仅通过发展规划就能达成比较充分的中观空间部署目的。同时，鉴于《国土空间规划体系意见》所规定的底线约束是空间规划的基本属性，在一定程度上就可能出现地方政府弱化空间规划地位、规避空间规划刚性管控约束的倾向。这需要予以警惕。

（二）发展规划和空间规划的时间线协调

发展规划期（5 年）短于空间规划期（15—20 年）的问题，并没有因发展规划增加远景展望而得到完满解决。这可以结合上海的实践案例予以分析。中华人民共和国成立以来，上海正式的城市总体规划经历了 3 轮编制，即 1986 年版、1999 年版和 2017 年版空间规划，规划期分别为 15 年、20 年、18 年。上海的五年发展规划（早期为计划）经历了 14 轮的编制，积累了延长展望眼界的既往经验。比如 1996 年上海编制的《上海市国民经济和发展"九五"计划与 2010 远景目标纲要》对标国家发展规划，着眼跨世纪，将视线延伸 15 年到 2010 年。本轮"十四五"规划也明确公布为《上海市国民经济和社会发展第十四个五年规划和 2035 年远景目标纲要》（以下简称《上海"十四五"规划纲要》）。但是，发展规划形成的"规划五年、展望十年"的编制惯例并未改变。

（三）上海历次发展规划与空间规划的协同实践

21 世纪以来，上海城市发展的相关指导主要涉及 2 轮空间规划和 5 轮发展规划[①]。空间规划与发展规划之间的协同在上海实践中体现得比较充分。1999 年版空间规划确立了到 2020 年基本建成社会主义现代化国际大都市的目标和具备国际经济、金融、贸易和航运中心功能，以及上海城市由中心城和新城构成的空间格局。"十五"到"十三五"的 4 轮发展规划，以接力方式围绕城市发展目标，连续开展了为期 5 年的中长期部署。

这种接力体现在上海"社会主义现代化国际大都市"的总体定位在 20 年间没有偏移，而每个"五年规划"中又在发展主线上实现接力推进。上海在 21 世纪第一个 10 年的发展规划，侧重培育和增强城市竞争力，分别在"十五"计划和"十一五"规划中接力提

① 分别是《上海市城市总体规划（1999—2020 年）》、《上海市城市总体规划（2017—2035 年）》和上海市国民经济和社会发展"十五"计划、"十一五"规划、"十二五"规划、"十三五"规划和"十四五"规划。

出“增强城市综合竞争力”和“增强城市国际竞争力”的5年发展主线；在21世纪第二个10年的“十二五”规划和“十三五”规划中，又坚持强调创新驱动和转型发展作为主线。20年间，仅在“十三五”规划中做出唯一的关于城市功能定位的重大补充，即将“具有全球影响力的科技创新中心”作为第5个中心，纳入上海城市功能。

也正是在“十三五”规划出台的前后，“五年规划”与空间规划的密切协同在上海的实践中得到了充分的体现。“十三五”规划的研究编制期与2017年版城市空间规划的研究编制期基本同期(2014—2016年)，而且基本共享了面向“第二个一百年”的超长期战略研究成果。

综上所述，在既往的地方实践中，规划工作着眼于更易预见、更具操作性的中短期的倾向是完全可以理解。发展规划立足当下着眼5年部署且强调任务和项目导向的风格决定了其具有更强的执行力。大时间跨度与宏观性的“时空安排”职能则更多由更新周期较长的空间规划予以承担。这也意味着，自“十四五”开始，发展规划如何更充分承担好新规划体系所赋予的战略性导向作用，将是新的考验。

第四节　“十四五”期间上海市的空间战略部署实践

2021年是中国全面实现小康、开启全面建设社会主义现代化国家新征程的起步之年，也是“十四五”发展规划的开局之年。以上海“十四五”规划来看，国际大都市和“四个中心”的城市复兴目标基本实现，人均GDP稳固处于发达经济体水平、总量规模跻身全球城市前列，城市综合实力和国际竞争力达到建城史上前所未有之高度。这是一个上海人民真正有自信不沉湎于20世纪30年代怀旧风，憧憬城市发展出现新奇迹的时代。相应地，指导新时代的上海各项规划的主题和内容以及空间部署都传递出新信息。作为首度实践“时空安排”的发展规划，《上海“十四五”规划纲要》(全文16章)以3个章又8节4幅布局图的篇幅，首度阐明了发展规划对于上海的“空间安排”。其中，3个完整章节内容分别涉及区域、市域和基础设施。此外，在核心功能、文化、数字化、乡村、生态、生活等各个维度也都安排了空间部署的小节。在此，试与上海2017年版空间规划开展对照加以分析，有助于更充分把握两个规划的空间安排风格。

一、“十四五”上海新发展格局的部署

(一) 区域空间部署

关于区域空间部署。上海2017年版空间规划，从落实长三角一体化国家战略和响应上海中心功能辐射、各类要素流动大都市圈化的客观趋势出发，做出了在传统空间规划实践中少有先例可循的创新之举。一方面，突破规划边界，提出以90分钟通勤圈为基础形成以上海为中心的同城化都市圈方案；另一方面，基于推动上海与近沪地区一体化，创新性地提出了共同研究编制跨行政区城镇圈规划。但限于空间规划鲜明的“边界”烙印，上海2017年版空间规划对于区域性议题还显拘谨，一些表达仍是含蓄的。

《上海“十四五”规划纲要》则以一个章节的篇幅，较为充分地部署了上海推动长三角更高质量一体化发展，服务全国发展大局的重点领域、重点区域、重大项目和重大平台。其中，重点区域部分不仅纳入了2017年版空间规划出台后国家部署的长三角生态绿色一体化发展示范区建设要求，而且对于省际毗邻地区的部署也从空间规划部署的跨行政区城镇圈，拓展到了各类“飞地”、功能走廊和产业创新带，体现了更自如的全局意识。

（二）市域空间部署

关于市域空间部署，《上海“十四五”规划纲要》提出优化功能布局塑造市域空间新格局。其规划核心思路表述为“中心辐射、两翼齐飞、新城发力、南北转型”。对比上海2017年版空间规划，其“新格局”的体现，并非在于新空间的识别，而是在关键想定空间上推动辐射、发力、转型的力度和速度。《上海“十四五”规划纲要》对于作为中心的主城区，聚焦提升活力和品质，全面细化了功能；对于嘉定、青浦、松江、奉贤和南汇5个新城，在综合性节点城市的定位之上，凸显了独立作为上海重要增长极和新战略支点的新的更高要求，进而扩展了空间范围和目标人口规模；基于对国家战略的承载使命，集中安排了东、西两翼的临港新片区、张江科学城、虹桥国际开放枢纽和商务区、长三角一体化示范区的功能；基于对国家沿海沿江大通道建设机遇的把握，明确做出了南北侧郊区的发展转型部署。

（三）基础设施空间部署

在基础设施空间部署方面，上海的规划实践比较明确地呈现出空间规划管布局和标准，发展规划管建设与管理的协同关系。2017年版城市空间规划，从国际枢纽、城市交通、城市（生命线）安全3个维度，整体部署了定标2035年的涉及所有基础设施维度的功能、布局和标准。《上海“十四五”规划纲要》则是显著细化了定标2025年的5年建设目标和重大项目，并对“十四五”期间要求重点见效的城际、市域铁路项目方面配图予以呈现。

综上所述，以《上海“十四五”规划纲要》为样本分析可见，作为“空间部署”的首秀，其的确发挥了擅长识别主要矛盾、抓住主攻方向、落实重点任务，进而带动全局发展的既有风格，为空间部署带入了激情。同时，空间格局变迁的渐进性、系统性、长期性本质，以及“十四五”发展环境的特殊性，也考验着发展规划编制智慧。

二、“十四五”期间上海在关键议题上的规划处置

“十四五”发展所面临的特殊性在于，自20世纪80年代勃兴的本轮经济全球化正遭遇更多“逆风和回头浪”，“世界进入动荡变革期”，“百年未有之大变局正在向纵深发展”。而新冠肺炎疫情全球大流行及其对于全球经济社会的后遗症影响很可能会贯穿这一个5年。在大量国际交流“熔断”或缩水、大量国家社会出现“内顾化”的局面下，所有具有门户地位或开放诉求的城市，都面临着发展目标再斟酌、发展策略新谋划的问题。具体对于上海而言，在以国内循环为主体、国际国内双循环相互促进的新发展格局下，国际大都市如何自处，如何处世，是一个重大问题。《上海“十四五”规划纲要》明确

了上海市委关于上海担当国内大循环中心节点、国内国际双循环战略链接的部署，指引上海继 2017 年版空间规划后，对城市空间发展的定位、规模、结构、强度等问题予以再研究再检视。

（一）远景目标与主攻方向彰显战略判断力

《上海"十四五"规划纲要》以一节的篇幅展望了 2035 年远景目标，实现了与 2017 年版城市空间规划时间线齐整。对比可见其将总书记"人民城市"思想全面纳入为城市愿景，并结合中国特色、时代特征、上海特点，表达为打造"人人都有人生出彩机会、人人都能有序参与治理、人人都能享有品质生活、人人都能切实感受温度、人人都能拥有归属认同的图景"。同时鉴于全球化态势，其未沿用侧重于国际语境的"卓越的全球城市"表达，而强调了 2017 年版空间规划中"具有世界影响力的社会主义现代化国际大都市"的目标，体现了战略审慎与道路自信。而在具体的城市性质（"五个中心"和文化大都市）和子目标（创新之城、人文之城、生态之城）方面，两项规划则达成了高度统一。当然，从各下位规划需要依据发展规划发挥战略导向作用的高期望而言，其远景展望仍显简略。

本轮发展规划是 21 世纪以来 5 轮发展规划中，首度未用"主线"表达，转而采用"主攻方向"的表达，表述为：强化"四大功能"，深化"五个中心"建设，推动城市数字化转型，提升城市能级和核心竞争力。从主线的一个词到主攻方向的一个长句，直接反映了新发展阶段的城市工作线头之多、任务之重。

（二）人口人才问题检验高质量发展决心

2017 年版空间规划对上海城市提出了 2 500 万左右常住人口的调控目标。在 2016 年 9 月的空间规划（草案）公示期间，学术界和社会上出现了一些主张"不应调控""调控不了"的讨论。而在政策实践上，对北京和上海这类超级城市的调控态度是始终明确的。2014 年国务院发布的《关于调整城市规模划分标准的通知》，将城区常住人口 1 000 万以上的城市单列一类为"超大城市"并明确了超大城市的疏解政策。习近平总书记也一直持有这个观点，在 2020 年第 21 期《求是》刊发题为《国家中长期经济社会发展战略若干重大问题》的文章中，科学说明了意见："产业和人口向优势区域集中是客观经济规律，但城市单体规模不能无限扩张。……逐步解决中心城区人口和功能过密问题"。[①] 文章中，总书记还特别列举北京和上海的人口密度数据予以国际对比分析。

因此，对上海而言，扩大人口规模已不是选项，人才规模质量才是问题。《上海"十四五"规划纲要》更精准深刻地提出了加快破解人才、土地等要素资源对高质量发展的约束问题。为此，早在 2017 年 12 月国务院关于上海空间规划的批复意见中，已明确提出规划建设"上海大都市圈"的要求。相关协同规划工作已经启动，在更大空间范围、依托更广大人口底数和人力资源基础上的"大上海"高质量发展新格局即将呈现。

（三）破解密度困惑需要坚持新发展理念

如何科学评价经济密度和人口密度？什么是提升经济密度的合理手段？这些既是

---

① 习近平.国家中长期经济社会发展战略若干重大问题[J].求是，2020(21).

学术问题，更是兼顾时与势的政策精准选择问题。在低发展水平阶段，通过加大空间开发强度和单位投资力度实现经济密度提升是合理选项；在高质量发展阶段，新发展理念是关键指引，最优选项很可能是通过加大创新力度实现经济产出密度的提升。但践行创新、协调、绿色、开放、共享理念并非易事，当处于由低发展水平向高质量发展的变轨时期，是投资驱动还是创新驱动，就成了试金石。

习近平总书记在《求是》刊发的文章中，同样从学术讨论角度出发渐次推进到更为复杂的综合政策分析，"增强中心城市和城市群等经济发展优势区域的经济和人口承载能力，这是符合客观规律的。同时，城市发展不能只考虑规模经济效益，必须把生态和安全放在更加突出的位置，统筹城市布局的经济需要、生活需要、生态需要、安全需要。……长期来看，全国城市都要根据实际合理控制人口密度，大城市人口平均密度要有控制标准。……要因地制宜推进城市空间布局形态多元化。东部等人口密集地区，要优化城市群内部空间结构，合理控制大城市规模，不能盲目'摊大饼'。要推动城市组团式发展，形成多中心、多层级、多节点的网络型城市群结构"。[①]

上海"十四五"发展规划实践中，细化提出了引导土地、劳动力、资本、技术、数据等各类要素协同向先进生产力集聚并将单位建设用地年均生产总值提升率作为"十四五"期间的主要预期性指标。提出了以"新城发力"为关键亮点的空间部署，推动土地、能耗等指标向重点区域倾斜，更好促进城市资源要素科学配置、合理流动。

(四) 城市更新考验实力和智慧

上海的"马桶问题"(无套内卫生设施的二级旧里以下住房的改造)一直是上海人民、党委、政府心中的关切问题，是上海城市更新的主要难点。鉴于市场化改造成本、公共财政能力、居民逐渐高企的期望以及历史风貌区保护需要等因素，上海有数以万计的"马桶"拎进了21世纪。上海"十四五"发展规划以前所未有的决心宣誓要全力推进旧区改造和旧住房更新改造，并细化为用5年时间，分2个节点完成总计130万平方米旧里的改造任务，消灭"马桶"。这鲜明地体现了发展规划的目标任务、节奏计划，以及其雷厉风行的线性风格，也与我国的发展规划脱胎于计划有关，其强调的是"做事"，要求年度计划去贯彻并衔接发展规划。

空间规划实践的发展已从关注空间(Space)推演到关注场所(Place)和场景(Scenarios)。所以城市规划会进化出城市设计；规划师行业会细分出社区规划师。因此，人文关怀指引下空间规划看待"马桶"问题，需要兼顾的维度显著增加，如居民是否适合大规模动迁？社区生活的原生场景如何留存？后续充实什么功能以免无意间造成"空城"？后续改造如何契合历史风貌，延续城市文脉？旧改工作之难，在于不仅涉及推动的实力，还考验处置的智慧。

(五) 空间的留与用考验"历史耐心"和战略定力

上海2017年版空间规划，运用世界先进规划理念，提出以"空间留白"弹性适应未

---

① 习近平.国家中长期经济社会发展战略若干重大问题[J].求是，2020(21).

来发展的不可预见性，构建了空间留白机制。具体规划了200平方千米战略预留区，以远近结合、留有余地的原则为未来发展留足稀缺资源和战略空间，针对不可预期的重大事件和重大项目做好应对准备，提高空间的包容性。同步设计动态调整机制，评估论证是否启动战略预留区。"空间留白"的本质是承认空间规划认知的局限性，着眼于未来发展的无限可能和空间使用的代际公平，强调的是谋定而后动。上海"十四五"发展规划着眼的是规划认知的主动性，强调快谋、快动。提出加快研究部分战略预留区功能定位和规划安排，并提出了"成熟一块、使用一块"的总思路。具体部署加快桃浦、南大、吴淞、高桥、吴泾、金山滨海等重点区域转型发展。这构成了"南北转型"的主要内涵。对照国家层面的重大空间发展战略部署，习近平总书记在涉及京津冀协同发展、长三角一体化发展、长江经济带发展等多次谈话中都强调要保持历史耐心和战略定力。这值得深入体会。

城市发展事关一国一地的发展大业，规划协同事关国家治理体系和治理能力现代化。实现规划的协同就显得特别重要。"十四五"期间，从国家到地方的发展规划和空间规划都在做出重大的变革。从本章以上海实践为例的比较分析可见，在城市战略发展上，发展规划可理解为写意画，大开大合、抓大放小，主要解决重大战略、重大举措的时空安排问题；空间规划可以理解为工笔画，既抓大又管小，精准管控，"把每一寸土地都规划得清清楚楚"，发挥基础性作用。在时间维度上，大小长短的关系又有一个换位，发展规划立足于部署5年工作，其视线主要还是投放在中长期战略部署；超长期的战略考虑与部署则是空间规划的所长。这种时间与空间、宏观与微观的关系处置风格差异，源自这两类规划在长期实践中积淀形成的规划文化基因。善加利用必能释放出更大的空间治理效能，实现城市战略发展的最大化效应。

参考文献

上海市人民政府.上海市城市总体规划(2017—2035)[Z]. 2017年12月15日国务院批复同意.

上海市人民政府.上海市国民经济和社会发展第十四个五年规划和二〇三五年远景目标纲要[Z]. [2021-01-27].

习近平.国家中长期经济社会发展战略若干重大问题[J].求是,2020(21).

中共中央,国务院.中共中央国务院关于统一规划体系更好发挥国家发展规划战略导向作用的意见[Z]. [2018-11-19].

中共中央,国务院.中共中央国务院关于建立国土空间规划体系并监督实施的若干意见[Z]. [2019-05-23]

第二章　城市战略规划理论

相较于城市规划的漫长源流，城市战略规划思想和方法自20世纪七八十年代方才出现。其在一定意义上是与全球化浪潮相同步。因此，城市战略规划更强调市场原则和竞争力思维，认为战略规划的要旨在于基于竞争力分析构建各利益相关方共同接受的城市宏观愿景、目标和策略。[①]然而，在20世纪下半叶相当长的时期里，城市战略规划一方面作为一种具有实效的规划实践日益广泛地得到运用；另一方面又缺乏体系化的理论归纳。这一情况直到跨越世纪之交，方才得到改善。2000年联合国首脑会议通过了《千年发展目标》。在其指引下，2006年第三届世界城市论坛提出了新城市规划理念；2009年《世界人居报告》提出"规划可持续发展城市"的主题，综述了城市规划状况，明确了规划转型需求。2015年联合国人居署执委会决议通过了《国际城市与区域规划准则》；2016年联合国第七十届大会通过《2030年可持续发展议程》，明确提出了到21世纪中叶的城市与人类住区的可持续发展目标。作为其深化落实，同年召开了联合国住房和可持续城市发展会议，通过了《新城市议程》。至此，新千年城市战略规划的理论与行动指引都已完备。

第一节　《2030年可持续发展议程》提出城市发展基本目标

《2030年可持续发展议程》是继《千年发展目标》之后，联合国倡导的通过15年努力，到2030年实现17项可持续发展目标的全球性倡议。经联合国大会第七十届会议通过，于2016年1月1日正式启动。

---

① 马文军.世界城市战略与规划研究：战略规划1[M].北京：中国建筑工业出版社，2012.

一、可持续发展目标

《2030年可持续发展议程》中设定的具体的17项目标是：在全世界消除一切形式的贫困；消除饥饿，实现粮食安全，改善营养状况和促进可持续农业；确保健康的生活方式，促进各年龄段人群的福祉；确保包容和公平的优质教育，让全民终身享有学习机会；实现性别平等，增强所有妇女和女童的权能；为所有人提供水和卫生环境并对其进行可持续管理；确保人人获得负担得起的、可靠和可持续的现代能源；促进持久、包容和可持续的经济增长，促进充分的生产性就业和人人获得体面工作；建造具备抵御灾害能力的基础设施，促进具有包容性的可持续工业化，推动创新；减少国家内部和国家之间的不平等；建设包容、安全、有抵御灾害能力和可持续的城市和人类住区；采用可持续的消费和生产模式；采取紧急行动应对气候变化及其影响；保护和可持续利用海洋和海洋资源以促进可持续发展；保护、恢复和促进可持续利用的陆地生态系统，可持续管理森林，防治荒漠化，制止和扭转土地退化，遏制生物多样性的丧失；创建和平、包容的社会以促进可持续发展，让所有人都能诉诸法律，在各级建立有效、负责和包容的机构；加强执行手段，重振可持续发展全球伙伴关系。[①]

其中，目标11，即"建设包容、安全、有抵御灾害能力和可持续的城市和人类住区"直接同城市发展相关，是全球范围指导城市可持续发展的纲领性目标要求。

联合国指出，在观念、商业、文化、科学、生产力、社会发展等的进程中，城市起着枢纽的作用。城市在最佳状态运行时，人们能在社会和经济状况方面得到提升。到2030年，城市人口预计增加到50亿，因此要应对城市化的挑战，高效的城市规划和管理方法不可或缺。

目前，城市发展过程中仍然存在着许多挑战，其中包括以何种方式在创造就业机会和经济繁荣的同时，不造成土地匮乏和资源紧缺。城市常面临的挑战包括拥堵、缺乏资金提供基本服务、住房短缺、基础设施的损耗和空气污染的增加。快速城市化所面临的挑战，如固体废物的安全清除和管理，可通过既能让城市不断繁荣和发展，又能提高资源的利用及减少污染和贫困的方式解决，如增加城市废物收集服务效率。我们期望的未来，还包括这样的城市：它能为所有人提供机会，并使大家都能获得基本服务、能源、住房、运输和更多服务。

二、可持续的城市和人类住区目标的具体内涵

《2030年可持续发展议程》还提出了实现目标11的具体子目标[②]：到2030年，确保人人获得适当、安全和负担得起的住房和基本服务，并改造贫民窟；到2030年，向所有人提供安全、负担得起的、易于利用、可持续的交通运输系统，改善道路安全，特别是扩大公共交通，要特别关注处境脆弱者、妇女、儿童、残疾人和老年人的需要；到2030年，

①② 参见联合国《2030年可持续发展议程》。

在所有国家加强包容和可持续的城市建设,加强参与性、综合性、可持续的人类住区规划和管理能力;进一步努力保护和捍卫世界文化和自然遗产;到2030年,大幅减少包括水灾在内的各种灾害造成的死亡人数和受灾人数,大幅减少上述灾害造成的与全球国内生产总值有关的直接经济损失,重点保护穷人和处境脆弱群体;到2030年,减少城市的人均负面环境影响,包括特别关注空气质量,以及城市废物管理等;到2030年,向所有人,特别是妇女、儿童、老年人和残疾人,普遍提供安全、包容、无障碍、绿色的公共空间。

其中,最后一项的具体内容包括三点:通过加强国家和区域发展规划,支持在城市、近郊和农村地区之间建立积极的经济、社会和环境联系;到2020年,大幅增加采取和实施综合政策和计划,以构建包容、资源使用效率高、减缓和适应气候变化、具有抵御灾害能力的城市和人类住区数量,并根据《2015—2030年仙台减少灾害风险框架》在各级建立和实施全面的灾害风险管理;通过财政和技术援助等方式,支持最不发达国家就地取材,建造可持续的、有抵御灾害能力的建筑。

第二节 《新城市议程》引导城市发展范式转变

作为城市领域对《2030年可持续发展议程》的直接响应,联合国住房和可持续城市发展会议(简称"'人居三'大会")于2016年10月17日至20日在厄瓜多尔基多举行,这是自《2030年可持续发展议程》通过以来首次举行的联合国全球城市化峰会。

"人居三"大会提供了一个独特的机会,可以讨论城市、城镇和村庄如何应对规划和管理的重要挑战以履行其作为可持续发展驱动因素的承诺,以及其如何影响可持续发展目标的实施和气候变化《巴黎协定》。

在基多,世界各国领导人通过了《新城市议程》,该议程确定了实现可持续城市发展的全球标准,通过与各级政府、民间社会、私营部门、相关利益攸关方和城市参与者的合作,重新思考城市建设、管理和生活的方式。

一、《新城市议程》是战略性文件,也是行动性纲领

《新城市议程》(以下简称《议程》)由三部分组成。

第一部分《基多宣言》,题为"全人类的可持续城市与住所",包含了共同愿景、原则和承诺和行动倡议。关于共享的城市愿景的表述为:平等地使用和享受城市和人类住区,寻求促进包容性,确保所有现在和未来的居民,不受任何形式的歧视,可以在正义、安全、健康、方便、负担得起的、弹性和可持续的城市和人类住区中定居、生产,并提高所有人的生活质量,促进繁荣。《议程》将这一共同愿景上升到"城市的权利"的高度。

《议程》所归纳的城市与人类居所是:能够实现社会功能的;具有参与性和归属感的;实现性别平等的;能以高效城市经济应对当下和未来挑战的;能发挥好跨行政边界的城市—区域功能的;能通过规划和投资增进各类公平的;具备韧性的;引导可持续的

消费和生产模式的。

时任联合国副秘书长、联合国人居署署长克洛斯博士曾说明《议程》是关于城市化战略性的一个方法，以一种更具变化性的分析城市化的方式，从水、卫生、垃圾、交通、就业等领域来分析城市化。《议程》的目标就是要成为一个战略性的文件，帮助决策者，包括国家和地方层面的决策者，来改进城市化的质量。这种改进应该是总体的城市范式转变，而不只是在某一个方面改善。这包括：改变城市规划、融资、开发、治理和管理方式；强调各国各级政府在城市可持续发展中的主导作用；强调实施政策、战略的行动执行力。

第二部分《基多行动纲要》包含 5 个篇章，构成《议程》的主体内容。分别是：社会包容和消除贫困为目的的可持续城市发展，特别强调鼓励世界各国引入全国性的城市政策；全人类可持续和包容的城市振兴与发展机会，全面归纳了城市发展的规则；环境可持续和韧性城市发展，强调了城市设计的前沿认识；塑造城市治理结构，建立一个支持性框架，梳理了城市政府的作用；城市空间发展的规划与管理，提出城市改造、发展和拓展的思路。

第三部分实施手段。强调了每隔 4 年对《议程》的落实进行检查报告。并作为评价和巩固《议程》落实的成果，建议联合国大会考虑在 2036 年召开第 4 届联合国住房和可持续城市发展大会（简称"'人居四'大会"）。

二、《新城市议程》中关于城市战略规划的内容

（一）《基多宣言》部分关于城市战略和规划的内容

《基多宣言》第 5 款提出：通过重新审视城市和人类住区的规划、设计、供资、发展、治理和管理方式，《新城市议程》将有助于消除一切形式和层面的贫困与饥饿；减少不平等；促进持久、包容和可持续的经济增长；实现性别平等，增强所有妇女和女童的权能，使她们对可持续发展的重要作用得到充分发挥；改善人们的健康和福祉；加强韧性；保护环境。①

《基多宣言》在"原则和承诺"部分承诺为落实《新城市议程》而致力于城市范式转变：重新审视我们对城市和人类住区进行规划、供资、开发、治理和管理的方式，认识到可持续的城市和地域发展对于实现可持续发展和人人共享繁荣至关重要；确认各国政府在制定和执行包容、有效并有利于城市可持续发展的城市政策和立法方面应酌情发挥牵头作用，国家以下和地方各级政府以及民间社会和其他相关利益攸关方也应以透明和负责任的方式做出同样重要的贡献；城市和地域发展采取可持续、以人为本、顾及年龄和促进性别平等的综合办法，基于驱动变革要素，落实各级政策、战略、能力发展和行动；在适当层面，包括在地方和国家伙伴关系以及多利益攸关方伙伴关系中制定和执行城市政策，建立城市和人类住区综合体系，并促进各级政府之间的合作，促其实现可

① 参见联合国"人居三"大会《新城市议程》第 15 页。

持续综合城市发展;加强城市治理,建立健全的机构和机制,增强各类城市利益攸关方的权能,使其参与其中,建立适当的制衡机制,使城市发展计划具有可预测性和协调一致性,以实现社会包容,促进持久、包容和可持续的经济增长,促进环境保护;发展长期综合城市和地域规划与设计,以优化城市形态的空间维度,使城市化发挥积极成效;通过有效、创新和可持续的融资框架和工具提供支持,加强市政财政和地方财政系统,以包容的方式创造、维持和分享城市可持续发展所带来的价值。①

(二)《行动计划》部分关于城市战略和规划的承诺

在《行动计划》部分,各签约方表示决心实施新城市议程,并作出以下转型承诺,依托可持续发展的社会、经济和环境等互为整体、不可分割的层面,推行城市范式转变。具体在第 51 款中提出以下几点:承诺推动制定城市空间框架,包括城市规划和设计工具,通过适当填充或有计划的城市扩展战略,支持自然资源与土地的可持续管理和使用、适当紧凑性和密度、多中心化以及混合用途,以触发规模经济和集聚经济的效应,加强食品系统规划,提高资源效益、城市韧性和环境可持续性;鼓励制定空间开发战略,酌情考虑引导城市扩展,优先开展城市改造,通过规划确保便利和互联互通的基础设施和服务、可持续的人口密度、紧凑设计和新社区融入城市结构,预防城市的无序扩张和边缘化。②

(三)规划和管理城市空间发展领域的有效执行承诺

《新城市议程》专门提出了"规划和管理城市空间发展"的"有效执行"方案,具体包含《议程》第 93—125 款共 33 条。具体如下。

第 93 款,承认人居署理事会在 2015 年 4 月第 25/6 号决议中审核许可的《城市与地域规划国际准则》中所载各项城市和地域规划原则和战略。

第 94 款,执行综合规划,争取在短期需求与长期追求的成果(即有竞争力的经济、高质量的生活和可持续的环境)之间取得平衡。努力使规划具有灵活性,以适应随时间推移不断变化的社会和经济形势。执行和系统地评价这些规划,同时努力利用技术创新,并创造更好的生活环境。

第 95 款,支持执行综合、多中心和均衡的地域发展政策和计划,鼓励不同规模城市和人类住区之间的合作和相互支持;加强中小型城市和城镇在加强粮食安全和营养系统方面的作用;提供获得可持续、负担得起、适当、具有抵御灾害能力、安全的住房、基础设施和服务的机会;促进整个城乡连续体内有效的贸易联系;确保小农户和渔民与地方、国家以下、国家、区域和全球价值链和市场建立联系。此外还将通过有利的和容易进入的当地市场和商业网络,扶持城市农业和农作,支持负责任和可持续的当地消费和生产以及社会互动,作为促进可持续能力和粮食安全的一种备选办法。

第 96 款,鼓励执行可持续的城市和地域规划,包括城市—区域和大都市规划,以鼓

① 参见联合国"人居三"大会《新城市议程》第 19 页。

② 参见联合国"人居三"大会《新城市议程》第 27 页。

励各种规模的城市地区及其近郊和农村周边地区(包括跨界地区)之间的协同增效和互动。支持开发刺激可持续经济生产力的可持续区域基础设施项目,促进整个城乡连续体内各区域的公平发展。为此,将促进城乡伙伴关系和以功能性区域和城市地区为基础的城市间合作机制,将其作为执行城市和大都市行政工作、提供公共服务和促进地方和区域发展的有效手段。

第97款,促进有计划的城市扩展和填充,酌情优先考虑城市地区的翻新、再建和改造。

第98款,支持平等、高效和可持续利用土地和自然资源。

第99款,通过向所有人提供负担得起、有优质基本服务和公共空间配套的住房选择,酌情支持执行有助于不同社会群体混居的城市规划战略。

第100款,支持提供设计周到的安全、便利、绿色和优质的街道与其他公共空间网络。

第101款,把减少灾害风险以及适应和缓解气候变化的考虑因素和措施纳入顾及年龄和促进性别平等的城市和地域开发和规划进程。

第102款,努力改善国家、国家以下和地方各级城市规划者的城市规划和设计能力,并为他们提供培训。

第103款,纳入包容的措施,促进城市安全,防止犯罪和暴力,包括恐怖主义和助长恐怖主义的暴力极端主义。

第104款,通过土地登记和管理方面有力、包容的管理框架和问责机制,促进遵守法律规定。

第105款,促进逐步实现适当生活水准权所含适当住房权。

第106款,根据社会包容、经济效力和环境保护的原则推进住房政策。

第107款,鼓励制定旨在促进获得各种负担得起、可持续的住房选择的政策、工具、机制和筹资模式。

第108款,支持制定通过教育、就业、住房和卫生之间紧密联系促进地方综合住房发展的住房政策,防止排斥和隔离。

第109款,酌情增加用于改造和尽量预防出现贫民区和非正规住区的财政和人力资源分配。

第110款,加强包容和透明的监测,减少生活在贫民区和非正规住区人口的比例。

第111款,推动制定住房部门适当且可执行的条例。

第112款,促进实施以住房和人民需求为战略中心的城市可持续发展方案。

第113款,采取措施改善道路安全,将其纳入可持续的出行和交通基础设施的规划和设计中。

第114款,把交通和出行计划纳入总体城市和地域规划。

第115款,建立机制和共同框架评价城市和大都市交通计划的影响。

第116款,促进对城市及大都市地区交通和出行服务开展可持续、公开透明的采购和管理。

第 117 款,改进交通规划部门与城市和地域规划部门之间的协调。

第 118 款,鼓励各级政府扩大融资手段,改善交通和出行基础设施和系统。

第 119 款,促进投资于水、个人与环境卫生,污水、固体废物管理,城市排水,减少空气污染和加强雨水管理方面基础设施和服务提供系统。

第 120 款,配置公共用水和环境卫生设施,促进人人享有和公平使用安全和负担得起的饮用水以及人人享有适当和公平的环境和个人卫生条件。

第 121 款,提高能源效率和推广可持续的可再生能源。

第 122 款,支持废物处理决策下放,推动普及可持续废物管理系统。

第 123 款,倡导把城市居民,尤其是城市贫困者的粮食安全和营养需求纳入城市和地域规划。

第 124 款,把文化作为城市规划和战略的优先组成部分,保护其免受城市发展潜在破坏性影响。

第 125 款,支持利用文化遗产促进城市可持续发展。

第三节　《国际城市与地域规划准则》指引城市规划实践

《新城市议程》第 93 款专门确认认可人居署理事会在 2015 年 4 月第 25/6 号决议中审核许可的《城市与地域规划国际准则》中所载各项城市和地域规划原则和战略。其是 21 世纪开展城市战略规划的基本指引。

联合国人居署明确提出,在全球范围的城市和地域规划领域中存在多种方法和实践,但缺乏一组简明且普世认同的原则来引导决策者实施可持续的城市发展战略。联合国人居署汇集国际权威专家,经过 3 年 3 轮工作制定的《城市与地域规划国际准则》就旨在建立一个以提升城市发展可持续性和应对气候变化弹性适应能力为目标的,更为紧凑、包容、高度一体化和连接的城市和地域规划的全球性框架,来指导全球城市发展中的政治决策、规划和设计实践。《城市与地域规划国际准则》在制定中,也特别注意了对于不同发展背景下,指导多样化城市和地域规划实践的适用性。而且,该项准则非常具有特色地将相关指引的内容分解为面向城市管理者、城市社会组织和城市规划专家,极具针对性。鉴于当前我国城市正进入新一轮的城市和区域规划集中制订期,该准则具有重大的参考价值。

一、城市和地域规划的组成原则

城市和地域规划有着内在的、基础性的经济功能。重塑城市和地区的形态和功能能够促进经济增长及提高就业率,同时帮助解决弱势人群及边缘群体的需求。城市和地域规划在时间框架和地理范围尺度上将空间计划、相关机构和资金连接在一起,其是以政策法规为基础的连续、反复的过程,旨在促进更合理的城市规划及区域之间的协同。其中,空间规划的目的在于促进、明确政治决策,使其适应不同的实际情况。其将决策转化为行动,而这些行动将改变物质、社会空间,并将促进城市和区域的包容性和平等性。

(一)城市管理者的任务

作为城市管理者,首先应建立一个包括反映清晰政治意愿一致目标的、共享的战略规划。规划的内容包括:基于对人口、社会、经济和环境趋势的深入分析而制订的整体发展方案;按优先性排序、递进的产出时间表;能够反映城市预期增长规模的空间计划,并通过城市扩展、一定密度的城市空间填充和重建、宜居街道和优质公共空间体系的构建来实现这一空间计划。此外,还要制订基于环境条件的空间计划,优先保护有生态价值的地区,特别要关注对混合土地的使用、城市形态和结构、流动性和基础设施建设、预留空间等。在城市扩展、升级、重建和复兴方案中充分考虑现有城市形态。

此外,不同部门的管理者之间应建立部门分工、参与协同机制和利益分享协议。特别要确保3个方面的协同:土地利用和基础设施规划、落实之间的协同;基础设施规划与主干网、动脉网、道路、街道之间的协同;规划机构与资金之间的协同。此外,应创建档案库,以便查询城市和地域规划进程,并允许严格的监督和评估;设计人力资源开发战略,以加强地方工作能力。

(二)社会组织的任务

社会组织应致力于参与整体空间规划的发展和项目的优先排序,这涉及所有利益相关方之间的协商,并应由与公众联系最紧密的政府部门来推动。公民有权督促政府制定全方位的与土地利用相关的法规。这些法规应包括社会和空间的相互包容性、贫困人群的土地使用权、经济承受能力、适当的密度、土地混合使用和相关划分规则、足够的公共空间、关键的农业土地、土地登记制度、土地交易和土地融资等。

(三)规划专家的任务

规划专家及专家组织的任务是开发新的工具,跨界、跨部门地传播相关知识,促进城市和地域规划的高整合性、强参与性和战略前瞻性,明确各阶段、各部门和各区域的职能,以确保三者之间的协同能够顺利开展。通过制订合理的整套城市规划方案,将地域规划解决方案与面临的挑战结合起来,增强对城市贫困区和棚户区、气候变化、灾难恢复能力、废物管理、其他现有或新兴的城市问题等挑战的应对能力,从而提出具有创新性的问题解决方案。应建立和提倡基于客观依据的规划方案,即制订的城市和地域规划应考虑到贫困人群和弱势群体的利益,并尽可能赋予他们权利以享有利益。同时,将对未来的预测和规划方案演绎成通俗易懂的选择备案,以便政府做出正确的政治决策。

二、城市和地域规划的基本原则:城市政策与治理

城市和地域规划不是工具,而是一个高度综合性和参与性的决策过程。其是重塑城市治理的核心组成部分,促进了民主法治、公众参与、政策透明和问责制度的发展。

（一）城市管理者的任务

作为城市管理者，应以全局性的视角在管辖范围内不断地审查和更新（如每5年或10年）城市和地区规划，为城市和地域规划的发展提供政治领导，确保与其他部门和规划的协同。将服务与城市规划融合，致力于在住房、基础设施和服务的发展和融资上形成跨城市、多层级的协同。将城市规划与城市管理相结合，按照上游规划与下游执行相结合，确保长期规划目标和短期管理活动之间的连贯性。

在协同的过程中必须注重监督。应有效地监督相关专业人员和企业，以确保规划与当地的政治愿景、国家政策和国际原则相适应。确保城市政策和功能的有效落实，避免违法行为的发生，特别是在历史、环境或农业等领域。不论是短期还是长期项目，都要建立多个利益相关方的监测、评估和问责机制。公正透明地评估规划的实施情况，并搜集反馈和信息以做出恰当的调整。

建立合作与参与机制是城市管理者的重要任务。应通过建立适当的参与机制，促进利益相关方在城市和地域规划编制和实施过程中平等、高效地参与，特别是社区、社会组织和企业等利益相关方。此外，在城市和地域规划的实施、监测和评估过程中，充分考虑到妇女、儿童等典型群体的需求。同时，加强城市间的合作，促进城市间的规划经验分享。在国家和城市层面发展政策和规划的城市联盟。

（二）社会组织的任务

社会组织应致力于参与编制、落实和监督城市和地域规划，帮助地方政府确定人民需求及重点事项，并根据现有的法律框架和国际协议行使其权利。在城市和地域规划的公众咨询中，帮助动员并代表人民群体的利益，尤其是贫困人民和弱势群体，以促进城市均衡发展、和平的社会关系，优先发展最不发达区域的城市基础设施和服务。鼓励社会各阶层，特别是贫困人群和弱势群体，参与社区论坛和社区规划的倡议活动，并与当地政府合作改善社区方案。提高公众意识、动员公众参与，防止非法和投机行为的发生，特别是那些可能危害自然环境或损害低收入和弱势群体利益的行为。确保长期城市和地域规划目标的连贯性，即便发生政治变化或遭遇短期障碍。

（三）规划专家的任务

规划专家及专家组织的任务是通过在所有筹备及完善阶段提供专家意见并动员各利益相关方提出各方的意见来推动城市和地域规划的开展。推动具有指导性的城市和地域规划相关国际原则的应用，并在必要时劝告政策制定者和地方政府根据国家、城市、地区的具体情况采用相应的原则。推动以研究为基础的城市和地域规划相关知识的发展，通过组织研讨会和咨询论坛，加深公众对城市和地域规划基本原则的了解程度。

规划专家应广泛听取公众对规划的意见，并且充分利用规划的组成部分，如方案、设计、法律法规等，来积极倡导更具包容性、更平等的规划方案。此外，还应与学习和培训机构合作，筛选和推动各高校中城市和地域规划专业课程以及专家职称相关的专业课程的发展。在这些课程中介绍城市和地域规划原则等内容，并进行必要的调整和进一步的阐述，促进能力的持续发展。

三、城市和地域规划的基本原则：可持续发展

（一）促进社会的可持续发展

城市和地域规划主要目标是实现其对当前和未来社会各阶层人民的生活、工作制定的一定标准，确保城市发展的相关的成本、机会和利益的公平分配，特别是确保全民参与和社会团结。城市和地域规划同时是对未来的重要投资，鼓励人们尊重文化遗产、文化多样性和不同群体的不同需求，是人类追求更好的生活品质以及成功推进全球化进程的前提。

城市管理者肩负3个主要任务：制定明确的、分阶段的、有优先级别的空间框架；制定土地、房屋开发和运输的战略指南和实施措施；制定保障人民权利的基本方针和促进社会融合的政策。具体措施包括：确保低收入地区、非正规住区和棚户区条件的不断改善，以影响最小的方式将其整合到城市结构中；提供良好的公共空间，改善和振兴现有的公共空间，如广场、街道、绿地和运动综合体等，使这些场所能够满足不同人群的需求；确保影响土地和房地产市场的政策不会增加低收入家庭和个体户的负担；通过促进土地的多样化使用，以及保障安全、舒适、平价和可靠的运输系统的运行，减少生活场所、工作场所和公共服务场所之间所需的出行时间；通过合理设计、生产和使用城市公共空间，促进和保障男女平等；加强社会治安，保障土地所有权和社会救助渠道。

此外，还应通过提高全市道路通畅性来促进社会和空间的融合性。确保每一个居民都能获得干净卫生的饮用水和基本卫生服务。鼓励积极的文化活动，如博物馆、剧院、演唱会、街头艺术、音乐游行等。保护和重视文化遗产，包括传统民居和历史街区、宗教或历史古迹、遗址、文化景观等。

（二）促进经济的可持续发展

城市和地域规划是经济持续增长的催化剂，通过增加各领域的结合，不断提供新的经济机会，如土地政策、房地产市场、基础设施和公共服务等。城市和地域规划构成了一个强大的决策机制，以确保持续的经济增长、社会发展和环境的可持续发展之间能够密切协同，促进所有领域之间的连通性。

城市管理者应致力于加强对城市和地域规划的认识，通过打造稳固的规划基础，提高基础设施的发展效率、改善流动性和协调城市建设。具体措施包括：确保城市和地域规划为发展安全可靠的公共交通工具出行方式和货运系统创造有利的条件；减少私家车出行对环境和城市交通成本造成的影响；确保城市和地域规划有助于扩大数字基础设施和服务的覆盖范围，以及促进智慧城市的发展。确保有足够的街道空间，建造安全、舒适和高效的街道网络，创造城市的高连通性；通过控制街道密度来增加空间的经济价值。

此外，在城市和地区规划中应融入明确、详细的投资计划，确保通过调动相关资源

（如地方税、地方收入、转让机制等）能够覆盖资金、实施和维护成本。利用城市和地域规划和相关政策法规管理土地市场，发展土地融资等城市融资手段。利用城市和地域规划创造就业机会，引导、支撑地方经济发展。

（三）促进环境的可持续发展

城市和地域规划能够提供一个保护和管理生物多样性、土地和自然资源等自然环境和人造环境的空间框架，确保整体的可持续发展。通过加强环境和社会经济相互适应的能力，提高自然环境和环境风险的管理能力，城市和地域规划也有助于保障人类安全。

城市管理者的首要任务是制订适应气候变化、增加宜居性的规划。可持续性体现在多方面。具体措施包括：建立、采用有效的低碳城市形态和发展模式，提高能源利用效率，扩大可再生能源的使用范围；通过奖惩制度推动“绿色建筑”的建造和管理，并推动实现其经济价值；发现人造环境价值降低的原因，振兴、利用这些人造环境，加强其社会地位；将固体和液体废物的管理和回收融合到城市和地域规划中，如改造垃圾填埋场和回收站；扩大饮用水和卫生服务的覆盖范围，减少空气污染和浪费水资源行为；评估气候变化的潜在影响，确保主要城市功能在灾害或危机期间的运作；鼓励个人和民间社会组织的参与，避免热岛效应的产生，保护当地的生物多样性，并创造多功能的公共绿地，如湿地等。

城市的宜居性体现在：在安全地区设立重要的城市服务、基础设施和住宅配套设施，按参与和自愿的原则将生活在高危地区的人们转移到更加合适的地区；确定、振兴、保护那些具有特殊生态或文化价值的公共区域和绿色区域；与服务提供商、土地开发商和土地所有者合作，将个人空间与城市规划密切联系起来；促进跨部门的协同，如自来水、排水和卫生设施，能源和电力，电信和运输等；将街道设计得更适宜步行，更适合非机动车和公共交通；多种植树木，既可供人遮阴，也有利于二氧化碳的吸收。

四、城市和地域规划的落实与监督原则

城市和地域规划的落实需要政府领导、适当的法律和制度框架约束、高效的城市管理、高度协同、畅通达成共识的途径，对当前和未来所面临的挑战做出连贯的、有效的反应。有效的落实与评估需要依托持续监督、定期调整，以及政府的工作能力、可持续的资金机制支持等。

（一）城市管理者的任务

城市管理者落实规划的首要任务是根据实际情况选择资金计划，明确资金来源（如预算内和预算外资金、公共或私人资金等），制定成本回收机制（如贷款、补贴、捐赠、使用费、土地税收等），以实现规划与现实发展的正向循环。其中的主要任务包括：采用高效、透明的机构设置，明确各部门的领导与参与职能；确保公共资源配置与规划需求相适应，并充分利用其他资源；探索、创新资金来源，在法律允许范围内，动员私人投资和公私合作；建立、支持合作伙伴委员会，特别是公私合作时，定期评估规划进展，提出战

略建议；通过培训、交流经验和专业知识、知识传递和回顾，在规划、设计、管理和监督方面提高工作能力。在实施过程的各个阶段，支持信息公开、教育和社区动员；在规划设计、监督、评估和调整时，听取社会组织的意见。

（二）社会组织的任务

社会组织应通过动员相关社区、连接合作方、表达公众关切，积极推动城市和地域规划在相关委员会和其他制度安排上的落实。向政府主管部门提供反馈，包括在实施阶段可能出现的挑战和机会、提出调整建议和改正措施。

（三）规划专家的任务

规划专家及专家组织为不同类型的城市和地域规划的落实提供技术上的援助，并为空间数据的收集、分析、使用、共享和传播提供有力支持。其主要任务包括：设计城市和地域规划相关的课程，并组织政策制定者和地方领导人参加相关培训，增进他们对城市和地域规划相关问题的了解程度，特别是要引起他们对城市和地域规划的连续性、落实和问责性的重视；接受在职培训，学习并开展与规划实施相关的应用研究；学习在实践过程中得到的经验，并向政策制定者和地方领导人提供实质性反馈；做好规划模型的档案管理工作，为教学、提高人们对地方和地域规划的认识度、动员公众参与等提供素材。

第四节　习近平新时代中国特色社会主义思想对中国城市战略规划的指导

一、习近平在中央城市工作会议上对城市工作的系统论述

2015年12月，习近平在中央城市工作会议上发表重要讲话，系统分析中国城市发展面临的形势，明确做好城市工作的指导思想、总体思路、重点任务。

会议指出，当前和今后一个时期，我国城市工作的指导思想是：全面贯彻党的十八大和十八届三中、四中、五中全会精神，以邓小平理论、“三个代表”重要思想、科学发展观为指导，贯彻创新、协调、绿色、开放、共享的发展理念，坚持以人为本、科学发展、改革创新、依法治市，转变城市发展方式，完善城市治理体系，提高城市治理能力，着力解决“城市病”等突出问题，不断提升城市环境质量、人民生活质量、城市竞争力，建设和谐宜居、富有活力、各具特色的现代化城市，提高新型城镇化水平，走出一条中国特色城市发展道路。

城市工作是一个系统工程。做好城市工作，要顺应城市工作新形势、改革发展新要求、人民群众新期待，坚持以人民为中心的发展思想，坚持人民城市为人民。这是我们做好城市工作的出发点和落脚点。同时，要坚持集约发展，框定总量、限定容量、盘活存量、做优增量、提高质量，立足国情，尊重自然、顺应自然、保护自然，改善城市生态环境，在统筹上下功夫，在重点上求突破，着力提高城市发展持续性、宜居性。

（一）尊重城市发展规律

城市发展是一个自然历史过程，有其自身规律。城市和经济发展两者相辅相成、相互促进。城市发展是农村人口向城市集聚、农业用地按相应规模转化为城市建设用地的过程，人口和用地要匹配，城市规模要同资源环境承载能力相适应。必须认识、尊重、顺应城市发展规律，端正城市发展指导思想，切实做好城市工作。

（二）统筹空间、规模、产业三大结构，提高城市工作全局性

要在《全国主体功能区规划》《国家新型城镇化规划（2014—2020年）》的基础上，结合实施"一带一路"建设、京津冀协同发展、长江经济带建设等，明确我国城市发展空间布局、功能定位。要以城市群为主体形态，科学规划城市空间布局，实现紧凑集约、高效绿色发展。要优化提升东部城市群，在中西部地区培育发展一批城市群、区域性中心城市，促进边疆中心城市、口岸城市联动发展，让中西部地区广大群众在家门口也能分享城镇化成果。各城市要结合资源禀赋和区位优势，明确主导产业和特色产业，强化大中小城市和小城镇产业协作协同，逐步形成横向错位发展、纵向分工协作的发展格局。要加强创新合作机制建设，构建开放高效的创新资源共享网络，以协同创新牵引城市协同发展。我国城镇化必须同农业现代化同步发展，城市工作必须同"三农"工作一起推动，形成城乡发展一体化的新格局。

（三）统筹规划、建设、管理三大环节，提高城市工作的系统性

城市工作要树立系统思维，从构成城市诸多要素、结构、功能等方面入手，对事关城市发展的重大问题进行深入研究和周密部署，系统推进各方面工作。要综合考虑城市功能定位、文化特色、建设管理等多种因素来制订规划。规划编制要接地气，可邀请被规划企事业单位、建设方、管理方参与其中，还应该邀请市民共同参与。要在规划理念和方法上不断创新，增强规划科学性、指导性。要加强城市设计，提倡城市修补，加强控制性详细规划的公开性和强制性。要加强对城市的空间立体性、平面协调性、风貌整体性、文脉延续性等方面的规划和管控，留住城市特有的地域环境、文化特色、建筑风格等"基因"。规划经过批准后要严格执行，一茬接一茬干下去，防止出现换一届领导就改一次规划的现象。抓城市工作，一定要抓住城市管理和服务这个重点，不断完善城市管理和服务，彻底改变粗放型管理方式，让人民群众在城市生活得更方便、更舒心、更美好。要把安全放在第一位，把住安全关、质量关，把安全工作落实到城市工作和城市发展各个环节、各个领域。

（四）统筹改革、科技、文化三大动力，提高城市发展持续性

城市发展需要依靠改革、科技、文化三轮驱动，增强城市持续发展能力。要推进规划、建设、管理、户籍等方面的改革，以主体功能区规划为基础统筹各类空间性规划，推进"多规合一"。要深化城市管理体制改革，确定管理范围、权力清单、责任主体。推进城镇化要把促进有能力在城镇稳定就业和生活的常住人口有序实现市民化作为首要任务。要加强对农业转移人口市民化的战略研究，统筹推进土地、财政、教育、就业、医疗、养老、住房保障等领域配套改革。要推进城市科技、文化等诸多领域改革，优化创新创

业生态链，让创新成为城市发展的主动力，释放城市发展新动能。要加强城市管理数字化平台建设和功能整合，建设综合性城市管理数据库，发展民生服务智慧应用。要保护、弘扬中华优秀传统文化，延续城市历史文脉，保护好前人留下的文化遗产。要结合自身的历史传承、区域文化、时代要求，打造自身的城市精神，对外树立形象，对内凝聚人心。

（五）统筹生产、生活、生态三大布局，提高城市发展的宜居性

城市发展要把握好生产空间、生活空间、生态空间的内在联系，实现生产空间集约高效、生活空间宜居适度、生态空间山清水秀。城市工作要把创造优良人居环境作为中心目标，努力把城市建设成为人与人、人与自然和谐共处的美丽家园。要增强城市内部布局的合理性，提升城市的通透性和微循环能力。要深化城镇住房制度改革，继续完善住房保障体系，加快城镇棚户区和危房改造，加快老旧小区改造。要强化尊重自然、传承历史、绿色低碳等理念，将环境容量和城市综合承载能力作为确定城市定位和规模的基本依据。城市建设要以自然为美，把好山好水好风光融入城市。要大力开展生态修复，让城市再现绿水青山。要控制城市开发强度，划定水体保护线、绿地系统线、基础设施建设控制线、历史文化保护线、永久基本农田和生态保护红线，防止“摊大饼”式扩张，推动形成绿色低碳的生产生活方式和城市建设运营模式。要坚持集约发展，树立“精明增长”“紧凑城市”理念，科学划定城市开发边界，推动城市发展由外延扩张式向内涵提升式转变。城市交通、能源、供排水、供热、污水、垃圾处理等基础设施，要按照绿色循环低碳的理念进行规划建设。

（六）统筹政府、社会、市民三大主体，提高各方推动城市发展的积极性

城市发展要善于调动各方面的积极性、主动性、创造性，集聚促进城市发展正能量。要坚持协调协同，尽最大可能推动政府、社会、市民同心同向行动，使政府有形之手、市场无形之手、市民勤劳之手同向发力。政府要创新城市治理方式，特别是要注意加强城市精细化管理。要提高市民文明素质，尊重市民对城市发展决策的知情权、参与权、监督权，鼓励企业和市民通过各种方式参与城市建设、管理，真正实现城市共治共管、共建共享。

二、习近平对于城市规划工作的系列要求

习近平在福建、浙江和上海工作期间，以及近年在京津冀协同发展、雄安新区和北京城市副中心规划建设工作、粤港澳大湾区发展，以及上海、厦门、山东省各城市发展的指导工作中，都特别重视城市规划工作，提出过一系列重要的指示意见。

（一）树立“世界眼光、国际标准、中国特色、高点定位”的规划视野

2016 年 5 月 26 日，中共中央政治局审议《关于规划建设北京城市副中心和研究设立河北雄安新区的有关情况的汇报》，习近平指出，“北京城市副中心和雄安新区的规划建设要经得起千年历史检验”。2017 年 2 月 23 日，在河北安新县实地考察期间，习近平也指出，“要坚持用最先进的理念和国际一流水准规划设计建设，经得起历

史检验”。

习近平考察北京城市副中心建设工作期间指出，要有21世纪的眼光。规划、建设、管理都要坚持高起点、高标准、高水平，落实世界眼光、国际标准、中国特色、高点定位的要求。不但要搞好总体规划，还要加强主要功能区块、主要景观、主要建筑物的设计，体现城市精神、展现城市特色、提升城市魅力。“世界眼光、国际标准、中国特色、高点定位”是对城市规划战略性质的精确概括。

（二）以战略定位统筹服务保障能力、协调人口资源环境和引导城市布局

习近平在考察北京城市副中心建设工作期间，明确指出城市规划在城市发展中起着重要引领作用，尤其是强调城市战略定位的决定性作用。他针对北京城市规划，提出要深入思考“建设一个什么样的首都，怎样建设首都”的问题，把握好战略定位、空间格局、要素配置，坚持城乡统筹，落实“多规合一”，形成一本规划、一张蓝图，着力提升首都核心功能，做到服务保障能力同城市战略定位相适应，人口资源环境同城市战略定位相协调，城市布局同城市战略定位相一致，不断朝着建设国际一流的和谐宜居之都的目标前进。总体规划经法定程序批准后就具有法定效力，要坚决维护规划的严肃性和权威性。

（三）以资源环境承载力为硬约束，规划可持续发展的城市

疏解北京非首都功能是北京城市规划建设的“牛鼻子”，特大城市在这个问题上要进一步统一思想，围绕迁得出去、落得下来，研究制定配套政策，形成有效的激励引导机制。要放眼长远、从长计议，稳扎稳打推进。北京的发展要着眼于可持续，在转变动力、创新模式、提升水平上下功夫，发挥科技和人才优势，努力打造发展新高地。要以资源环境承载力为硬约束，确定人口总量上限，划定生态红线和城市开发边界。对大气污染、交通拥堵等突出问题，要系统分析、综合施策。

（四）以人为中心，衡量城市规划建设的成效

城市规划建设做得好不好，最终要用人民群众满意度来衡量。要坚持人民城市为人民，以市民最关心的问题为导向，以解决人口过多、交通拥堵、房价高涨、大气污染等问题为突破口，提出解决问题的综合方略，要健全制度、完善政策，不断提高民生保障和公共服务供给水平，增强人民群众获得感。

第五节　21世纪城市战略规划实践中的理论创新动向

新千年以来，全球发展格局和人类对城市化认识水平发生加速变化，全球范围内，一大批城市启动了新一轮的城市规划。在这一轮规划中，从规划理念到规划尺度，再到规划范围，都发生了重大的变化。主要体现在以下几个方面：规划思维方面，强调系统思维，战略规划，多规合一；经济方面，创新崛起，重视创新规划引导与空间响应；社会方面，强调公平、包容，重视街区塑造和社区规划；管理方面，走向利益相关者意识和公共治理、参与式规划；文化方面，强调多元、包容，重视对于文化的空间响应；生态方面，从

环境优化、绿色、可持续到低碳，认识水平不断深化；空间组织方面，倡导紧凑、混合和区域协同的城市空间升级。

一、资本枢纽与创新中心兼备的城市经济升级

产业生命周期理论表明，在产业发展初创期和成长期，创新的重要性甚至超越资本，而从长期来看，特别是随着产业进入成熟期，资本的重要性将会日益凸显。从这个角度而言，随着科技创新和产业更替速度日益加快，资本和创新最终将成为提升城市发展竞争力同等重要的支撑力量。第三次工业革命浪潮的冲击正引导跨国公司创新网络向发展中国家持续深入嵌入，其中，发达的大城市依然是最重要的载体。但这种创新网络的嵌入依然延续过去全球生产网络的组织模式，即高端研发的环节保留在母国，劳动密集型的研发环节布局发展中国家。因此，发展中国家城市嵌入全球创新网络的路径需要根据自身条件重新定位和思考。选择路径之一，是依然作为追随者，适应“全球化深化”发展趋势，继续深入融入全球产业体系特别是创新网络体系，通过吸引跨国公司研发活动落地，承接知识、技术溢出，缩小与国际领先水平的差距，该路径的成败取决于城市在区域中的政治经济地位、经济规模、市场辐射范围等要素。选择路径之二，是作为差异化领先者，抓住新产业革命技术瓶颈尚未突破、技术标准尚未形成的机会，基于自主创新发展战略，强化新技术突破和产业化运作，做领先者，该路径的成败取决于城市人力资本储备及其创新能力、金融服务等要素。

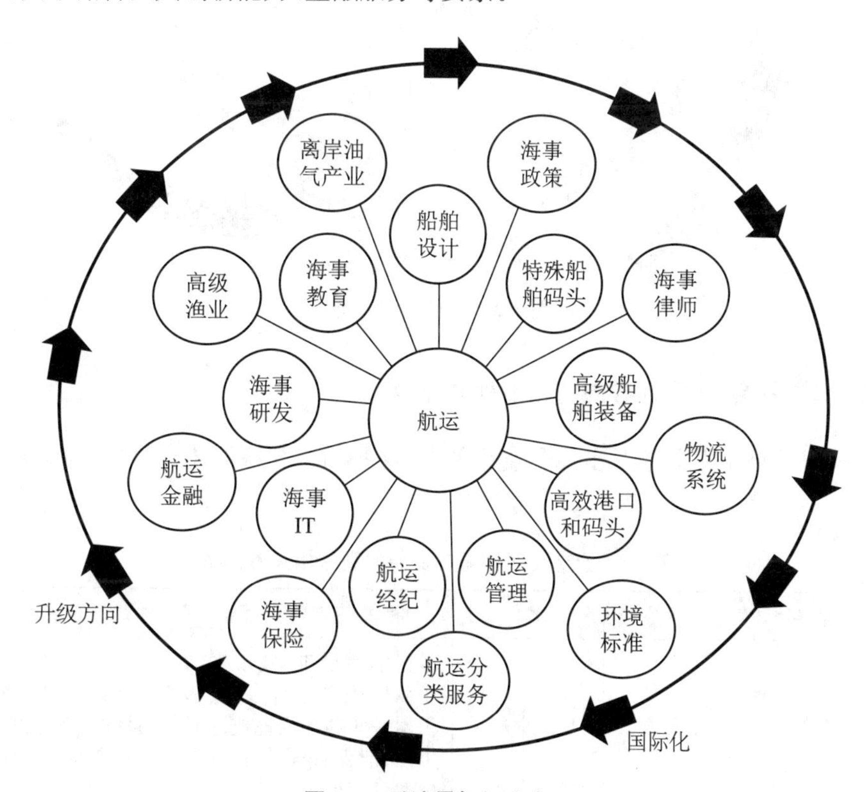

图 2-1　以流量枢纽为中心

1.《东京 2040》城市设计确定国际商务与科技创新城市双核新结构

21 世纪以来,东京先后编制了《东京 2020 行动计划》和《城市大设计:2040 东京》,提出要更完整认识城市核心经济功能。其中,后者明确了东京都 23 区和多摩地区分别作为国际商务交往核心和创新交往核心,共同作为东京城市发展的双引擎。

2. 奥斯陆以创新再造城市经济结构

奥斯陆之前采取以流量枢纽为中心的城市构成,核心是航运。围绕航运,奥斯陆实现了一系列经济意义上的产业布置和产业管理,围绕航运功能,以流量枢纽为中心发展城市功能。当今的奥斯陆城市功能定位则完全不同,虽然内容基本上没有变化,但是经过了组合的方式,核心枢纽是研究、教育、创新。围绕这 3 个方面,奥斯陆城市经济形成新的 4 个集群的布局,形成了 21 世纪版的奥斯陆城市经济战略。

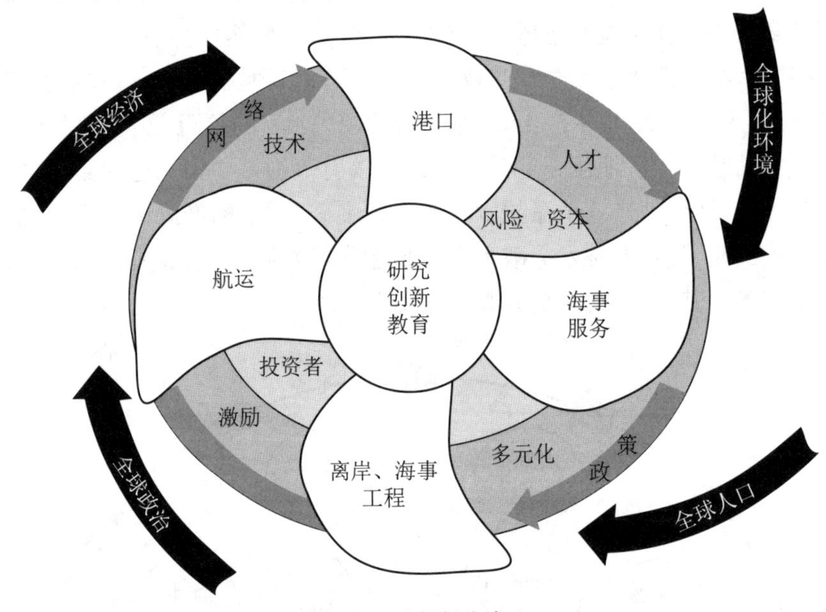

图 2-2　以创新为中心

二、城市社会:包容性导向的城市社会升级

21 世纪的城市发展涉及多元利益相关者,这些相关利益群体有很多不同的要求和需求。

表 2-1　全球化时代城市发展的利益相关者分析

利益相关者群体	利益诉求立场	全球化参与度	相关城市功能需求	对城市的主要关注点
城市贫困阶层	本土主义者	局外人	尽管生活艰难,城市生活比乡村仍要好得多;能够积累一些钱在当地或返乡生活;能保证子女通过正规教育获得更好的未来	收入机会,能够承受的物价、教育机会、住房和交通

（续表）

利益相关者群体	利益诉求立场	全球化参与度	相关城市功能需求	对城市的主要关注点
城市富裕与半富裕阶层	介于世界主义者和本土主义者之间	参与者	城市是理想的居住地，意味着更好的服务、容易建立同商界和政府的联系、走向外部世界的大门	社会地位、收入、安全、廉价的劳动力，关注生活质量以及商品服务的质—价平衡
非市民的常驻商人与专业人士	世界主义者	参与者	城市是在短时间内获得最高利润的场所，是进入各种公司和机构总部的理想之地，是少花钱但能享受体面生活的地方	政治和社会稳定、安全；城市的服务、就学机会、住房、社交、劳务市场；关注服务的可得性与可靠性、产品质量，不太介意价格高低
短期访问者与旅游者	世界主义者	参与者	城市的气氛、轻松宜人的环境、良好的购物环境以及一切保证使假日和短期逗留舒适愉快的因素	食宿、交通、安全、舒适、购物环境、观光资源、特色商品与服务的可得性；关注服务—价格间的平衡

包容性导向的城市社会升级关键是能够有效应对城市国际化发展中“社会极化”加速、“社会对立”加剧的挑战，达成以包容性发展为核心的升级。战略规划视野下的城市社会应该是一个多元均衡、公平公正、流动活力、安全稳定的包容性都市社会，呈现4个发展趋势与特点。第一，人口结构多元化。典型表现为来自全球多个国家的不同移民和平共处、不同种族与语言和谐共存等趋势特征。第二，社会公平公正。典型表现为中产阶级占城市社会结构的主体部分；收入分配公平，收入差距适度，外来移民、低收入群体或穷人能够拥有可支付的住房（廉租房、公租房等），获得医疗、教育等公共服务和社会保障；不同群体在就业和劳动力市场上拥有平等的社会权利，尽力消除各类歧视行为。第三，流动型和有活力的社会。典型表现为拥有能进能出、机会平等、畅通向上的社会流动通道和机制，让每一个劳动者能够自由流动，让社会底层的穷人也看到发展的希望，具有较强的社会认同感；种族隔离、空间隔离不断弱化，混合居住等社会融合进一步增加；有创意、有活力，吸引和接纳各种不同年龄的群体来创业、工作和生活，尤其是对年轻人具有独特的吸引力；鼓励各种创新创意活动，宽容失败，各类企业家都能找到生存和发展的空间。第四，安全稳定。在本质上，安全稳定是社会关系关系达到和谐的一种良性状态，也是国际城市生存发展的根本基础。

（一）约翰内斯堡“2030城市规划”：安全、包容

早在2008年南非世界杯之前，约翰内斯堡就启动了“2030城市规划”，主要围绕“安全、包容”为主题，包括4个主要目标：提升生活品质，推动以发展为基础的包容性社会；提供一个宜居和可持续的城市环境，使城市基础设施可支撑低碳经济；成为一个就业充分和充满竞争力的经济体，激发个人潜能；建设一个高效积极的政府，带动区域发展并具备国际竞争力。

（二）巴黎识别"困难社区"实施综合扶持

世纪之交,法国政府为应对社会发展的不平衡,建立更为公正融合的城市,提出了针对性的"城市策略",巴黎是这个策略的主要实施城市。巴黎市识别了一批需要予以干预的"困难社区",通过一系列措施予以干预,包括:设计和谐、人本、包容的社会治理目标;规划完善的文化教育卫生等社会服务设施体系;强调社会组织的培育及其在城市规划中的参与;强化社区规划的功能与作用;制定慈善捐赠、志愿服务、社会工作者等有关社会治理的综合配套政策。

三、城市文化:以文化复兴为指引的城市文化升级

文化不仅指城市的传统文化,还包括城市内部的文化资源、文化基因。

在社会文化意义上,生于全球化潮流的当代城市天然具有追求大都会风格、绅士化的倾向。随着后发城市的崛起,城市社会文化天平将更多向本土因素倾斜。关注弱势人群、培植草根文化、缓解城市马赛克化、防止社会严重对立,将成为城市文化规划服务于公共治理的主要方向。文化规划已在全球范围开展,成为城市战略规划的核心组成部分。

实施文化导向的城市战略规划实践,即是在对城市文化资源深刻认知的基础上,探讨城市文化资源如何有助于城市的整体发展,从而鉴别创新项目、设计创新计划、整合各种资源、指导创新战略实施。"文化规划"主要包含如下内涵。

第一,以文化的思维对城市的各种功能加以认识考察,发现城市的创新空间和转型方向。

第二,将文化资源置于创新实施的中心,来整合城市的各种资源,达成城市的和谐发展。保持文化的地方特色,无论是经济的还是社会的规划,城市规划只有与一个地方的文化相协调,才能达成整体的鲜明的效果。

第三,从文化的角度考虑和制定各类公共政策、在文化资源和公共政策之间建立一种相互影响、相互协同的关系,开展城市创新决策。这里的公共政策涉及经济发展、住房、健康、教育、社会服务、旅游、城市规划、建筑设计、市容设计和文化政策本身。

第四,开放性、跨领域、交叉式的思考能力、企业家精神、组织管理能力是文化规划的核心能力。从文化入手,仔细研究文化的各个方面,鼓励与其他学科达成交叉,激发城市创新转型。

（一）伦敦文化大都市:通过文化塑造场所

伦敦市在2004年、2008年、2012年连续制订了3份文化战略规划,总结为《文化大都市区——2012年及以后》并确定为城市八大战略规划之一。

伦敦市政府推进城市改造的主要理念之一就是通过文化来提升城市品质,优化城市环境,繁荣城市氛围。政府和投资商越来越认识到文化对于城市空间和品质的重要性,与艺术家、设计师、创意组织、文艺社团等密切合作,将文化项目作为城市建设和改造的核心,以此吸引公众的积极参与。这样既提升了项目和城市的品质,同时也保证了

公共参与和可持续繁荣。

伦敦市重视创意空间塑造和维护，目标是将住房、改造、环境、经济等重要议题综合处理，以文化为路径贯穿伦敦的发展策略和规划。政府的策略是进行专门的研究和规划，为艺术家提供合适的创作空间和场所。这是为了防止在城市改造和建设过程中，由于物业升值和功能调整，导致作为艺术家创作场所的廉价物业逐步消失。而艺术家的聚集和文化创意产业的发展正是这些地区经济发展和保持活力的关键。伦敦作为全球文化创意产业的中心和视觉艺术的中心关键要素，要吸引艺术家并让他们发挥各自的才能。伦敦市政府在2011年专门邀请艺术家、文化学者以及文化组织、文化创意产业代表，探讨伦敦规划、改造、建设中如何保持文化优先，减少城市改造对文化创意产业和文艺工作者影响。

伦敦还强调以文化推动社区更新。要求社区更新需要有地方政府和地方组织的主导，同时吸引有经验的专业人士和社会组织积极参与。更新规划需要有长远的文化视野，以提升社区建筑、空间、生活品质为主要目标，吸引社区居民的积极参与。社区更新需要有能持续发展的文化内涵，对现有文化设施进行合理改造利用是核心并重塑本地文化服务体系。

（二）新加坡：文艺复兴城市规划

20世纪90年代，城市国家新加坡在经历了高速发展以后，人民的生活水平得到大幅度提高，各类生存性问题被有效解决。然而，经济的快速发展虽然提高了新加坡人的物质水平，却无法满足其精神生活方面日益增长的发展性需求。为此，1999—2015年，新加坡持续15年实施了3个阶段的“文艺复兴城市”战略(Renaissance City Plan)。第一阶段(1999—2005年)的主题是“艺术的全球城市”，旨在通过艺术与文化建设培育新加坡的就业活力和生活魅力，并使计划惠及每个新加坡公民的知识学习，为国家文化的基础性发展提供支撑。第二阶段(2005—2007年)的主题是“文艺复兴城市”，着重塑造文化产业，发展艺术与文化。2011年，新加坡“文艺复兴城市”计划进入第三阶段的中期，重点关注3个关键领域，即特色内容、动态生态系统和社区参与，并努力通过这一计划推动新加坡“文化艺术全球城市”(Global City for Culture and the Arts)的建设。经过15年的计划实施，“文艺复兴城市”计划提高了新加坡文化艺术的国际认知度，极大增强了新加坡文化艺术领域的活力，提高了艺术与文化的需求与欣赏水平，确立了这个城市国家的人民的自豪感。

四、城市生态：绿色低碳运行的城市生态升级

关于什么是发展、什么是竞争力的基本认识正出现根本性转变。过去，人们常以GDP作为衡量标准，没有考虑环境问题。全球化作为一个风行世界20年的核心理念，面临新的挑战。有关成功城市的基本标准可能发生彻底改变。在一些基本诉求(基本特征、功能设计、生产和消费行为、空间规划和城市尺度)上，全球城市同低碳城市存在着相当鲜明的差异。

表 2-2 全球城市与低碳城市的诉求比较

	全球城市	低碳城市
基本特征	空间节点、流量枢纽	资源环境可持续发展、低碳
功能设计	国际化分工	就近满足
生产行为	全球产业链	生产当地化:没有效率,科技发展提供新的方式
消费行为	世界橱窗	消费当地化
空间规划	功能分区	混合布局
城市尺度	超级城市(千万人口、城市连绵带)	同资源环境承载力相当的人口规模和空间尺度

(一)"低碳城市"升级可持续发展解决方案

早在 2015 年巴黎气候大会之前,在主权国家层面的低碳发展努力处于低潮之际,城市作为地方行政主体在低碳发展议题上整体体现出了超前于国家主体的变革决心,先后成立 ICLEI、C40 等城市或地方政府间国际协作网络,采取减排协同行动,体现了城市在低碳发展上的领先性。

"地方环境倡议国际理事会"(ICLEI)拥有来自 85 个国家的超过 1 000 个城市或地方政府成员。C40 则汇集了全球 75 个大城市,GDP 占到全球的 25%,人口占到全球的 1/12,C40 提出城市拥有改变世界的权力,作为全球的通信、商务和文化中心,城市自行行动和集体行动有能力为建设可持续的未来铺平道路。至今,各城市已采取了超过 8 000 项减排措施。

(二)规划应对:"Eco^2 城市"平衡经济发展与生态可持续

世界银行针对发展中国家城市化追求经济发展和保持生态可持续的权衡困境,在 2011 年新推出一项"Eco^2 城市:生态经济城市"倡议,倡议目标是帮助发展中国家的城市实现生态和经济可持续发展。该框架包括一系列方法和工具,使各城市能够更加容易地在城市规划、发展和管理过程中采用生态经济思路。该项目开发了一套适用于全球各种城市的生态经济分析和操作框架,以此助力达成可持续发展目标。

(三)纽约 2030:更绿色更伟大

《纽约 2030》规划愿景是成为 21 世纪的模范城市,一个更伟大、更绿色的纽约。为达成此愿景,该市的规划中设定了土地、水、交通、能源、空气质量、气候等 6 个方面的工作,并确定到 2030 年,把纽约市的全球变暖气体排放量降低 30%。这一目标利用现有技术即可达到。此外还包括力求使纽约空气质量成为美国大城市中最好;清除所有被污染土壤;降低水污染和保有自然地;开放 90%的河流、港口和海湾,供人们娱乐休闲。

五、城市治理:以市民幸福为衡量标准的城市治理升级

2011 年以来,人们对于以往难以检测的幸福感,也实现了经济学、统计学意义上的可测量。进而,幸福城市观开始颠覆关于理想城市、标杆城市的传统认识。幸福作为一种新思维(国家幸福总额,GNH),已然从主观体验上升为继国内生产总值(GDP)、国家

生产总值(GNP)和人类发展指数(HDI)之后又一个得到多方肯定的可测度的城市战略评价标杆。

(一) 加拿大城市的幸福感调查

既有的调查中,很少有高等级城市在市民幸福感排名中靠前,往往是更具田园风情的中小城市的幸福感在排名上较突出。针对加拿大城市幸福感的研究发现,多伦多(年收入中位数近8万加元)、温哥华(年收入中位数超过6.5万加元)等主要大城市的生活满意度都没有超过多数中小城市(年收入中位数集中在5万至6万加元)。

同时,大城市的活力与机会仍能吸引人们"放弃"幸福,承受收入差距、居住、交通等种种痛苦,去追求自身更高层次的价值实现。

(二) 首尔市2030:沟通与关怀的幸福市民城市

《2030首尔计划(城市基本计划方案)》强调以"沟通与关怀"为核心,为最终打造成为市民幸福的城市而努力。

《2030首尔计划》是由"无差别共存的爱心城市""就业活力型全球都市""蕴藏历史的文化城市""生命喘息的放心城市"和"安居乐业绿色交通型居民共同体城市"五大核心问题计划和空间规划组成,均衡涵盖强化全球竞争力、调节地区发展不均衡等宏观问题,以及与福利、文化、交通等市民生活相关的内容。

六、城市空间:倡导紧凑、混合和区域功能延伸的空间升级

城市战略规划对于空间的基本考虑是:从大都市到大都市圈的多中心城市体系构建;从铺张到紧凑的空间优化路径。具体包括如下几点。第一,高密度和邻近开发模式。高密度是指城市土地的高强度开发,邻近是指大都市区城市活动的集聚性。第二,基于公共交通系统的城市区域联系。主要揭示城市土地如何被有效利用,公共交通系统为城市区域提供便捷性交通,并且使城市各个功能区域有效工作。第三,地方服务和工作的可达性。该方面主要是关注城市居民接触地方服务如商铺、餐馆、诊所,以及邻里地区工作机会的便捷性,其中,土地混合利用以推动居民通过步行或者公交系统接受地方服务是典型特征。

(一) OECD建设紧凑型城市

2012年OECD发布《紧凑型城市政策比较评析》报告,报告对紧凑型城市发展内涵、考核指标体系、政策推进等进行理论结合实际的分析研究,特别是对OECD国家73个大都市区紧凑型城市发展的比较、政策实施重点等加以研究。

表2-3　OECD紧凑型城市核心指标体系

类别		指标	描述
衡量城市紧凑度相关指标	高密度紧邻开发模式	人口和城市土地增长	大都市区的人口和土地年增长速度
		城市区域人口密度	大都市区的单位城市土地人口
		城市更新开发的比例	城市更新开发占总开发的比例

（续表）

<table>
<tr><th colspan="2">类　别</th><th>指　标</th><th>描　述</th></tr>
<tr><td rowspan="10">衡量城市紧凑度相关指标</td><td rowspan="4">高密度紧邻开发模式</td><td>建筑物的利用率</td><td>住房和办公楼空置率</td></tr>
<tr><td>公寓房占全部住房的比例</td><td>公寓占全部住房的比例</td></tr>
<tr><td>平均通勤距离</td><td>城市平均通勤距离</td></tr>
<tr><td>城市建设用地</td><td>大都市区的城市建设用地比例</td></tr>
<tr><td rowspan="2">以公共交通联系城市区域</td><td>公交通勤</td><td>公交通勤占城市总通勤比例</td></tr>
<tr><td>公交邻近</td><td>步行到公交站点的人口占总人口的比例</td></tr>
<tr><td rowspan="4">地方服务和工作机会的可达性</td><td>就业与居住匹配</td><td>邻里尺度就业与居住的平衡</td></tr>
<tr><td>地方服务与居住匹配</td><td>邻里尺度地方服务和居住的平衡</td></tr>
<tr><td>紧邻公共服务</td><td>步行获取地方服务的人口比例</td></tr>
<tr><td>步行和骑车的通勤</td><td>步行和骑车占总通勤的比例</td></tr>
<tr><td rowspan="5">衡量紧凑型城市政策效果相关指标</td><td rowspan="3">环境的</td><td>公共空间和绿地</td><td>步行接近绿地的人口比例</td></tr>
<tr><td>交通能源利用</td><td>人均交通能源使用</td></tr>
<tr><td>居住能源利用</td><td>人均居住能源使用</td></tr>
<tr><td>社会的</td><td>负担能力</td><td>住房和交通占总生活成本的比例</td></tr>
<tr><td>经济的</td><td>公共服务</td><td>人均城市基础设施维修花费</td></tr>
</table>

报告认为，紧凑型城市政策在城市可持续发展方面的作用可以分解为 3 个方面：环境利好、社会利好及经济利好，包括减少碳排放、提升资源利用效率、推进社会公平、推进经济绿色增长等。但报告也指出，紧凑型城市可能产生负面影响，如环境污染、交通拥挤、绿化减少、局部基础设施压力极大、热岛效应等。因此，必须通过良好的规划引导和政策设计来趋利避害。

（二）悉尼：城市群组成的城市

2005 年悉尼制订了《2031 年远景规划：城市群组成的城市》，提出悉尼是一个由多个城市共同组成的城市体系。2016 年悉尼大都市区又制订了《大悉尼规划：三城共筑一个大都会》。其范围涵盖了西部公园城、中部河畔城、东部港城三城，并从基础设施与协同、宜居性、生产率、可持续 4 个维度来规划引导三城共筑悉尼大都会。尤其是在基础设施和协同维度，悉尼提出基础设施应保证三城两两之间出行 30 分钟可达，共享公共空间与社区设施。

参考文献

王向东，龚健．“多规合一”视角下的中国规划体系重构[J].城市规划学刊，2016(2).

王向东，刘卫东.中国空间规划体系：现状、问题与重构[J].经济地理，2012，32(5).

张京祥，夏天慈.治理现代化目标下国家空间规划体系的变迁与重构[J].自然资源学刊，2019，34(10).

周宜笑，张嘉良，谭纵波.我国规划体系的形成、冲突与展望——基于国土空间规划的视角[J].城市规划学刊，2020(6).

第三章　城市战略规划中外优秀实践介绍

第一节　《广州概念规划（2001）》

《广州概念规划(2001)》是我国的第一部城市战略规划，是21世纪初期指导广州城市发展和建设的核心纲领性文件。《广州概念规划(2001)》在确立广州“国际性区域中心城市”及适宜创业发展、适宜居住生活的山水型生态城市的长远总体战略目标基础上，以城市的空间结构、综合交通、生态环境为重点，科学规划布局，有效拓展了城市空间，为广州城市实现跨越式发展发挥了重要作用。

一、核心思路

《广州概念规划(2001)》的核心思路是面向未来，在信息化、智能化基础上，通过规划建设使广州在经济、文化、社会、环境等诸方面成为一个活力满满的、富有文化气息的、社会和谐的、生态良好的、适宜人类居住的现代化的城市。其中，经济方面的活力满满主要是指经济繁荣，拥有优越的营商环境，城市充满机会，具有强大的区域竞争力，在国家与区域经济发展中占据领导地位并发挥着重要作用；富有文化气息包括城市特有的历史文化和传统特色，成为时代特色与历史文化有机融合的现代文化名城；社会和谐主要体现在人的和谐以及可持续的人居环境等方面，城市要为居住在这里的居民营造一个拥有地方文化特色的、安全的、舒适的、亲切的、方便的、平等和富有人情味的社会环境；生态良好是指建设生态的产业、生态的住区、生态的城市，城市拥有生态住区、生态产业等。在此基础上实现广州成为华南经济中心、中国对外经济文化交流的重要枢纽、国际性的商贸和旅游城市的发展目标。

1. 建设华南经济中心

华南地区经济中心包括服务业中心、制造业中心、综合交通和物流中心。其中，服务业中心建设重点是以具有传统优势的商贸、旅游、教育，以及科技为中心，稳固和提升其区域中心职能。同时重点发展国际化的金融、信息、咨询、财务等生产性服务业，并加强其中心职能。再有就是积极发展代表消费需求新方向的文化、娱乐、休闲服务业，并增强其中心职能。制造业中心建设，一是要稳固和提升传统制造业基地职能；二是开拓高端技术与高附加值产品的制造中心功能，支持重点研究与开发、科技产品孵化，以及生产决策与指挥调控、市场营销与售后服务等职能，成为华南地区的工业服务中心。

2. 建设中国对外经济文化交流的重要枢纽

广州是一个历史悠久、长盛不衰的外贸口岸与对外文化交流枢纽，是我国对外贸易中心和对外文化交流的重要窗口。伴随 40 多年的改革开放，特别是我国加入世界贸易组织后，对外经济文化交流越来越频繁，广州在对外开放中扮演的角色也越来越重要。在这样的背景下，广州应积极发挥作用，稳固与提升其作为国家对外门户的地位。

3. 建设国际性的商贸、旅游城市

广州是历史悠久的商贸中心，是全国著名的购物中心城市，商业环境之活跃、商业设施发达、商品种类之丰富，世界闻名。同时，广州也是全国旅游经济发达的优秀旅游城市，据统计，长期以来广州的国际游客接待量及旅游外汇收入都名列全国前茅。据世界旅游组织预测，21 世纪亚太地区，特别是中国有望成为国际旅游热点，中国国家旅游局也提出中国将从世界旅游大国向世界旅游强国进军，并要求广东成为全国旅游的强省。在这一形势下，广州应向国际性商贸、旅游城市方向发展，这既是广州的发展要求，也是中国商贸、旅游发展大格局的要求。

二、重点领域

（一）产业方面

《广州概念规划(2001)》在分析借鉴国际中心城市产业发展的经验基础上，指出广州产业发展基本方向和产业发展重点领域，并对产业发展空间进行部署。其产业发展方向分为几点。一是服务化。服务化是指经济活动重心要从生产性活动向服务性活动转移。这种转移既包括服务产业的发展，也包括工业内部服务活动的发展。二是知识化。知识化是指知识将成为产业发展的战略资源与主要动力，产业发展中生产要素组合需从劳力密集与资金密集向知识密集转化。三是高附加价值化。所谓高附加值化是源于对市场及效益的双重考虑。其要求注重发展高附加价值的产业和产品生产，使这些产业逐步成为产业体系的主导，要求广州的产业发展应从追求高产量(高产值) 向追求高附加值转化。四是生态化。生态化是指追求产业发展与生态发展的动态和谐，建立生态化的产业体系。

（二）人口及土地

人口方面主要是人口政策。指导思想分为几点。一是积极开展人才引进工作，吸引有专业技能的人士到广州落户。二是对暂住人口进行替代引导,缩小非正式劳动力市场,包括积极引导在非正式劳动力市场就业的低素质外来人口返乡。三是严格监控和打击地下经济,清除从事非法活动的外来人口。土地方面,积极开展城市合理容量分析,根据广州市的气候条件、资源的保有量、资源开发利用的深度及社会物质生产和消费水平等指标确定城市合理的人口容量和土地容量。

(三)空间方面

针对城市空间存在的问题,《广州概念规划(2001)》从城市整体、次区域、城市重点地区、重大公共建筑布局等层次开展研究,分析和重构广州城市空间形态的框架,从宏观层面为创造具有整体感、层次感与序列感的城市空间形象提供指导性意见。

(四)交通方面

《广州概念规划(2001)》从区域角度,结合广州市行政界限、功能结构、产业结构的调整,对现有的重大对外交通设施、主干道、轨道交通网络的布局及规划进行评价,提出调整与改善的建议。

(五)生态与环境方面

《广州概念规划(2001)》针对广州城市环境污染问题,借助土地生态潜力和土地生态限制等指标,重点分析广州城市环境的超负荷使用情况,包括城市废气、废水、噪声的产生等,分析土地利用适宜度,进而划定城市的优先发展地区、从缓发展区和不可建设区等。

三、重要创新

(一)在城市规划中强调了区域观念

《广州概念规划(2001)》重视区域整合,强调了区域观念,特别是抓住城市社会经济高速发展这一特征,结合珠三角及香港的发展,从珠三角、华南地区乃至全世界经济等方面分析了广州城市发展的重要性及发展的优势和制约条件,明确了基于区域合作精神,建立超越行政区划的空间发展模式的必要性。在此基础上,《广州概念规划(2001)》进一步从宏观视角,从国家发展战略的高度提出了对广州城市的发展规模、发展方向、区域基础设施布局等相关建议。《广州概念规划(2001)》还对比珠江三角洲与长江三角洲的发展,分析了穗与沪发展的同构与区别,以及广州与港澳和其他珠三角城市的关系,在分析当时的国际形势和国内环境下珠三角及香港的区域关系格局基础上,研究探讨广州发展的优势和面临的问题,将区域合作的组合城市作为城市发展的目标,提出相应的空间结构重整策略。

(二)强调与社会、政治、经济的紧密结合

《广州概念规划(2001)》以全球经济一体化和以中国加入世贸组织为核心的新经济时代的到来为切入点,分析新经济时代到来对广州社会经济发展的影响,以及宏观区域经济竞争对广州的要求,分析和展望广州经济发展现状与未来,从社会、政治、经济三大方面(特别是从城市高速成长这一特征出发)强调了广州走向跨越式成长的必要性与可行性。同时,《广州概念规划(2001)》结合广州市未来发展的世界经济背景,对广州的产业发展进行重点研究,提出广州应构造适应知识经济的未来发展理念,以及基于现行规划理念和IT影响的两种战略性发展方案。此外,《广州概念规划(2001)》在区域合作、中心城市建设、居住适宜性、历史传统保护,以及其空间重整策略的制定方面,强调了要与广州城市社会、经济发展紧密结合。城市发展的内在动力是社会、经济的发展。城市规划必须基于对城市社会、经济发展的研究,才能保证其科学性。

(三)强调生态优先的发展策略

《广州概念规划(2001)》发布之前,广州生态环境质量不断下降,针对这一状况,《广州概念规划(2001)》进行了城市的合理容量和城镇建设的生态适宜性研究,在分析广州的生态限制因素基础上提出生态优先的发展策略。根据这一策略,《广州概念规划(2001)》将城市规划区范围内的用地划分为城市化发展促进地区、城市化发展控制地区,以及非城市化发展地区三部分,确定了广州城市发展中的不可建设区及控制发展区的范围,提出"巨型绿心"方案,较好地体现了生态优先的发展思路。

(四)加强对实施策略的研究

《广州概念规划(2001)》重视对规划实施策略的研究,主要体现在:第一,将以往孤立的部门计划整合为一个相互配套、互为前提的战略组合;第二,提出的方案要分别包含空间结构、土地利用、产业发展、交通系统调整等方面的相应的政策措施;第三,一系列的政策建议要包含城市空间发展、组织机构建立、资金筹措等内容。通过以上几个方面增加了概念规划的可操作性。

四、实施效果

(一)构建了新型的城市空间结构

随着人口规模的快速增长,《广州概念规划(2001)》提出的"南拓、北优、东进、西联"的空间发展战略成为全市空间资源布局的指导思想与共识。通过"南拓、北优、东进、西联"开辟了新区,拉开了城市建设序幕,实现了城市的有机疏散,既改变了以往广州以旧城为中心的格局,又满足了以新区为重点的发展方向需要,优化构建了新型的广州城市空间结构,十分有效地保护了名城。

(二)构建可持续发展的生态空间结构

加强生态恢复,切实治理和防止水、空气、噪声等环境污染是《广州概念规划(2001)》生态优先的核心内容之一。以此建立和完善了有效生态环境建设政策体系,实现了合理的环境容量控制。此外,《广州概念规划(2001)》还建立"三纵四横"的区域生态廊道,为广州市发展提供可持续的区域性生态保障:控制城市连片发展,培育必要的城市组团间生态隔离带,改善与保护城乡发展环境,加强自然保护区建设、自然人文景观资源保护并实现生物多样性。

(三)建设多元化的综合交通体系

《广州概念规划(2001)》提出生态交通、高效和多元交通的理念。其中,生态交通建设主要表现在强调通过新技术的应用,优化交通管理,同时积极发展以轨道公共交通为骨干、多层次的城市公共交通服务设施。高效和多元交通的建设成果体现在:一是建设和完善广州的空港、海港、铁路枢纽、物流客流中心;二是建立高快速道路和快速交通轨道系统,形成对城市空间拓展、区域间联系、客货运输效率的重要支撑。

第二节 《上海 2035》

2017 年 12 月 15 日,《上海市城市总体规划(2017—2035 年)》(简称《上海 2035》)获得国务院批复同意。《上海 2035》以全面落实创新、协调、绿色、开放、共享的发展理念为目标,为上海未来发展描绘了美好蓝图。

一、核心思路①

《上海 2035》的核心思路分为三步。2020 年,建成具有全球影响力的科技创新中心基本框架,基本建成国际经济、金融、贸易、航运中心和社会主义现代化国际大都市。在更高水平上全面建成小康社会,为我国决胜全面建成小康社会贡献上海力量。

2035 年,基本建成卓越的全球城市,令人向往的创新之城、人文之城、生态之城,具有世界影响力的社会主义现代化国际大都市。重要发展指标达到国际领先水平,在我国基本实现社会主义现代化的进程中,始终当好新时代改革开放排头兵、创新发展先行者。

2050 年,全面建成卓越的全球城市,令人向往的创新之城、人文之城、生态之城,具有世界影响力的社会主义现代化国际大都市。各项发展指标全面达到国际领先水平,为我国建成富强民主文明、和谐美丽的社会主义现代化强国,实现中华民族伟大复兴中国梦谱写更美好的上海篇章。

二、关键方法

(一) 底线约束、内涵发展、弹性适应

"底线约束、内涵发展、弹性适应"是上海结合其城市发展的阶段性特征构建的新的城市转型发展模式。其中,底线包括四个方面,分别是:人口规模、土地资源、生态环境、安全保障。这一发展新模式的特点是将上海市的发展重点转向存量规划,利用创新驱动、城市更新、城市品质提升等来进一步促进上海城市发展,进而强化长三角联动发展,实现构建世界级城市群的总体目标。

土地资源方面,《上海 2035》要求上海城市的发展模式要实现建设用地的负增长。一方面,锁定全市规划建设用地规模不大于 3 200 平方千米,包括规划战略留白,应对

---

① 其明确了上海至 2035 年的发展思路并将远景展望至 2050 年,阐述了 2050 年的总体目标、发展模式、空间格局、发展任务和主要举措。

未来发展不确定性；另一方面，是进一步适度减少工业用地比例，优化用地结构，增加绿地和公共服务设施等用地的比例。生态环境方面，《上海 2035》要求加强上海生态空间的拓展、保育和修复，加强生态环境联防联治联控。同时要求锚固城市生态基底，确保上海地区的生态用地只增不减。安全保障方面，《上海 2035》明确要加强基础设施支撑保障，提升生命线安全运行能力，强化防灾减灾救灾体系建设，提高应急响应和恢复能力。

（二）网络化、多中心、组团式、集约型的空间体系

根据《上海 2035》的规划，未来上海将在严格控制用地规模的前提下促进城乡一体化发展，形成开放的网络化、多中心、组团式、集约型的空间体系。一是制定差异化空间发展策略，形成由"主城区—新城—新市镇—乡村"组成的城乡体系，实现多维度区域的协同治理与发展。其中，主城片区的主要任务是提升这些片区整体功能，加快工业区转型和空间调整；新城片区的任务是新增高等级公共服务设施，以公共活动中心体系提升上海全球城市功能和满足市民多元活动需求。二是加强上海城市轨道交通网密度，依托上海的城镇圈战略，实现郊区地区的城乡统筹发展，以开放紧凑的城市空间格局促进实现上海城市功能网络一体化。三是加快推进基础设施共建共享，交通设施互联互通，通过完善和提升公共服务供给增加就业岗位，包括增加公租住房规模。四是加快推进上海乃至长三角区域的生态管控范围的建设用地减量锚固生态空间，实现生态环境共保共治的创新城市区域治理机制。

（三）安全、便捷、绿色、高效、经济

《上海 2035》强调强化综合运输廊道建设，促进区域交通一体化。一是为实现与长三角中心城市的 2 小时可达，强化上海 7 条区域综合运输走廊建设。二是以形成城际线、市区线、局域线 3 个层次的轨道交通网络为目标，突出公交主体地位，加强市域"一张网、多模式、全覆盖、高集约"的公交网络的建设与布局。力争到 2035 年，规划里程分别达到 1 000 千米以上，覆盖 95%的 10 万人新市镇。三是优化慢行交通和物流格局，落实绿色交通和智慧城市的各项要求。有了强大的交通资源支撑，上海产业的对外输出与引进又将进入一段快速发展期。对于绝大多数行业而言，这都是极大的利好。

（四）提升城市宜居与文化品质

《上海 2035》对保护城市文化战略资源也提出了要求，分类划定文化保护控制线，加强总体城市设计，塑造国际化大都市和江南水乡风貌特色，结合城市有机更新，构建高品质公共空间网络。在城市用地规模减量的背景下，对老建筑进行尊重历史原貌的适当的改造与翻新，既保护了文化与历史的传承，也令建筑与城市面貌焕新。

三、重要创新

（一）从整体实力展现上定位城市

上海城市 2050 年长期目标定位是建成令人向往的创新之城、人文之城、生态之城，以及具有世界影响力的社会主义现代化国际大都市。从这一定位可以看到，上海的城

市发展目标已经不再局限于经济发展水平的高低上，不再局限在经济、金融等城市功能方面，而是着眼于城市整体实力的展现。《上海 2035》规划关注的是构建更具活力的繁荣创新之城，强调的是战略布局产业和商务空间，为新兴产业和新兴业态预留发展空间。创新之城包括科技创新空间建设、科技制度设计，以及提升科技创新能力等。构建更富魅力的幸福人文之城，其中包括进一步挖掘“开放、规则、精致、时尚”的海派文化内涵，延续城市历史文脉，留住城市记忆，实施“文化＋”发展战略，激发城市文化创新创造活力，提升城市的文化软实力和吸引力。构建更可持续的生态之城，包括通过制订总体城市设计导则；坚持尊重自然、顺应自然、保护自然的理念，突出生态文明建设；严守生态保护红线，扩大生态用地规模；积极调整生态用地结构，增加森林面积、提升生态服务价值扩大生态空间；以及通过坚持永久基本农田保护，促进永久基本农田集中成片，以农用地多功能利用促进都市现代农业发展，推进低效工业用地和农村宅基地减量。

（二）提出了规划的“弹性适应”

《上海 2035》规划提出的“弹性适应”主要是指完善多情景规划策略，建立空间留白机制，创新功能布局弹性模式和构建动态调整机制。完善多情景规划策略指应对未来经济发展和人口变化的不确定性，调控人口与用地规模的匹配关系，形成多情景应对方案，为未来城市空间发展预留规划弹性。建立空间留白机制指远近结合、留有余地，为未来发展留足稀缺资源和战略空间，针对不可预期的重大事件和重大项目做好应对准备，提高空间的包容性。以机动指标预留的方式保障区域性重要通道、重大基础设施建设实施。结合市域功能布局调整，进行战略空间留白，明确对战略预留区的规划引导。针对人口变化的不同情景，调控土地使用供需关系，进行时序计划调控。创新功能布局弹性模式指强化多中心网络化的空间发展格局，采用分布式、单元化空间布局，适应城市功能的多样化，同时应对重大技术变革对城市空间结构和土地利用的影响。构建动态调整机制指运用信息技术和大数据平台，建立“实施—监测—评估—维护”机制，根据城乡发展关键指标的变动，及时调整规划策略，增强规划的适应性。

第三节　《伦敦规划（2004 年以来）》

自 2004 年以来，伦敦先后 4 次制订出台了伦敦地区的多个规划，分别是《伦敦规划（2004）》《伦敦规划（2008）》《伦敦规划（2011）》和《伦敦规划（2016）》。进入 21 世纪，面对英国城市人口增长与住房需求激增，经济发展缓慢和基础设施不足，城市生活质量和社会贫困状况改善，以及 2012 年伦敦奥运会的遗产利用等问题，先后出台的《伦敦规划》促进伦敦城市的可持续发展，使伦敦城市规划再一次成为国际大都市进行城市规划的成功典范。

一、核心思路

2004 年，在经济全球化、社会多元化和环境污染问题日益严重的背景下，《伦敦规划(2004)》出台。《伦敦规划(2004)》的核心内容是集中应对城市交通拥堵、商务成本上升、居民住房短缺、社会贫富两极分化以及环境污染等城市问题。《伦敦规划(2004)》提出的发展目标是:要在多样化的长远的经济增长、全民共享未来繁荣的包容性社会,以及根本性改善环境和能源使用3个主题基础上建立“可持续性的全球化示范性城市”。为实现这一规划目标,《伦敦规划(2004)》从紧凑型发展满足增长、扩展多样化经济、提升居住环境、促进社会融合、增强交通的可达性,以及绿色城市等6个方面进行部署,因此《伦敦规划(2004)》因其“空间规划”属性有别于传统区域规划,成为英国第一部新类型的区域规划。

《伦敦规划(2008)》延续了《伦敦规划(2004)》的目标及其策略,补充完善了以下几个部分:一是应对伦敦不断增长的人口数量和就业需求,关注中心区与远郊区的相应承载力,加强各基础设施投资建设;二是在改善环境和能源使用方面进一步明确将应对气候变化列为核心目标之一,并在各相关策略条目中融入具体要求与方法。

2011年7月伦敦的第三版城市规划颁布,即《伦敦规划(2011)》。该版规划与前两版规划通过“总体—分区”框架,提出“追求质量”的可持续增长目标不同,直接提出了“地方、人、经济、气候、交通、场所”六大主题及相关策略。

2016年3月伦敦第四版城市规划颁布,即《伦敦规划(2016)》。新规划在《伦敦规划(2011)》的“发展”主题基础上,依据新环境变化,对能源消耗、污染排放和停车标准等内容进行了相应调整,确定了大伦敦未来20年的发展目标。此外,《伦敦规划(2016)》针对伦敦社会、经济、环境、交通等重大问题进行战略分析,强调了社区作用和多元化住房供给(住房的建设容量)等内容,并制定了相应的应对策略。《伦敦规划(2016)》是最具权威性的大伦敦城市空间综合发展战略规划。

伦敦这四版城市规划虽然在目标体系和实施机制上有所不同,但规划所提出的基本发展方向和控制原则并未改变,即以凝练升华的目标和不同的操作机制延续完善了前者的可持续发展思想,对各方面内容并没有否认或者出现相互矛盾,贯彻了“一张发展蓝图”的延续发展观。

二、关键方法

《伦敦规划》中的关键方法,一是为分区规划提出指导规则,构建“总体—分区”的文本框架。如各版《伦敦规划》在提出总体策略的基础上,每条策略还规范出各个区需要遵守基本原则、工作计划安排;又如伦敦规划通过划定机遇区(Opportunity Areas)、加强区(Intensification Areas)和再生区(Regeneration Areas),要求各个区应该尽可能提高土地利用效率,与此同时为在各个分区内进行相应预测监测,又分别制定相应的控制指标,体现了伦敦政府希望最大限度管控各区发展的规划思路。二是体现《空间规划》特性。《伦敦规划》的实施策略均以空间为着眼点,形成“空间结构—空间区域—空间节点”的规划控制体系,并以“中心—郊区”、可达性高低或者地块环境条件等空间属性作为开放空间依据,作为区域定位、步行距离以及相应承载功能等策略划分的依据。在整体空间策略方面，《伦敦规划》提出建设“紧凑型城市”(Compact City)概念，在不影响公共空间和不向外扩张的情况下，通过容积率等充分发挥可达性较高地块的潜力，提高已建设用地和建筑的利用效率。三是充分利用技术影响，在《伦敦规划(2004)》和《伦敦规划(2008)》中，一方面为电子商务、创意传媒、信息通信、环境产业等高新技术部门提供空间载体，另一方面是运用多方位技术解决交通问题、能源利用和管理问题、环境控制和改善等问题。尤其是《伦敦规划(2008)》，该版规划在加入应对气候变化的内容后，在其相应的规划设计和建设等方面都出现了大量技术应用。四是《伦敦规划(2011)》体现了新时期的分权管治思想，不仅提出了引导性政策目标，缩减对各分区的强制性管制内容，给予各分区更大的自由决策权，还增加了鼓励个人、团队、社区积极参与发展的内容，构建有利于各方合作的规划框架。相较前两版规划表现出的“空间规划”特色，后两版伦敦规划充满了“社会治理”的气息，表现出“以人为本”诉求。《伦敦规划(2011)》和《伦敦规划(2016)》产生这些转变的根本原因在于城市发展背景的转变，是伦敦规划对全球经济危机、联合政府上台、合作化社会政策、社会多元两极化的积极应对。

三、《伦敦规划》的创新

《伦敦规划》的创新思想体现在三方面。一是为当前世界公认的创新产业提供优越的发展空间；二是积极运用创新技术和手段提高生活质量，施惠于民；三是以管理体制应对社会背景的创新思维变化(如合作制)。

四、《伦敦规划》的实施效果

(一) 创新区建设

肖尔迪奇(Shoreditch)位于伦敦东区，是依据《伦敦规划》，最早接受重建改造的核心区之一。如今的肖尔迪奇区域面貌焕然一新，已成为伦敦金融城附近的科技城。以往该区属工业区，以“贫穷而性感”著称，尽管位于伦敦东区，靠近老金融城，但由于低收入人口集聚，以及规划的缺失、配套设施不足，一直是犯罪率居高不下的区域。在《伦敦规划》中，东伦敦科技城被定位在肖尔迪奇。之后，政府投入了巨额资金，同时制定优惠政策并确保新建筑中的每一个空间都用作孵化区，支持科技城的建设与发展。在规划及政策的号召下，许多高科技企业和新兴互联网公司开始在肖尔迪奇集聚，如亚马逊、英特尔、思科、彭博、推特、高通等公司陆续进驻。根据有关数据，从 2012 年到 2015 年的短短 3 年间，伦敦的科技企业数量从近 5 万家增长到 8.8 万家，规模增加了 76%。其中，东伦敦地区就密布了 3 200 家创业公司，创造了 5 万多个就业岗位，东伦敦肖尔迪奇科技城成为当之无愧的欧洲成长最快的科技枢纽，科技城的科技企业和工作岗位约占全伦敦就业岗位总量的 27%。

(二) 形成了伦敦都市圈的协同合作

在《伦敦规划》指导下，2015 年伦敦都市圈地方政府峰会讨论形成了伦敦都市圈协同治理的 4 项综合工作机制。一是组织召开伦敦都市圈地方政府峰会。所谓伦敦都市圈地方政府峰会是由英格兰东部地方政府协会主席、英格兰东南部地方政府理事会主席、大伦敦市长负责召集，通常情况下该会议每年召开一次，如必要时可增加会议次数。伦敦都市圈地方政府峰会的主要任务是为峰会下辖的常任性的政治领导小组活动提供战略指引并授权，听取下属政治领导小组的工作汇报，确定下次峰会召开时间。二是成立伦敦都市圈政治领导小组。伦敦都市圈政治领导小组拟定人数 15 人，由英格兰东部地方政府协会、英格兰东南部地方政府理事会和大伦敦市长各提名 5 名，设有主席 1 人，主席职位采取轮流担任，每年开会 2 至 3 次。政治领导小组的主要职能是更具体地处理峰会确认的重大事项，发起、指导和共商泛东南区域跨区域性的战略合作活动，寻求接触和共同行动的机会。三是设立战略空间规划官员联络小组。战略空间规划官员联络小组的主要职责是为伦敦都市圈政治领导小组和伦敦都市圈地方政府峰会提供服务。内容包括告知各方政治领导小组的战略安排，为政治领导小组安排会期、准备会议议程、协同推进政治领导小组交办的事项，为协同工作提供战略性技术支持，向地方政府发布会议成果和工作成效信息。联络小组由 18 名跨域高级官员组成，每年至少召开会议 4 次。四是建立伦敦都市圈跨域协同治理网站。大伦敦市长、伦敦地方政府理事会、英格兰东南部地方政府理事会、英格兰东部地方政府协会共同在大伦敦官网上开辟专门的跨域协同治理网站——泛东南区域政策和基础设施协同网，该网除发布相关法律、政策、峰会会议文件外，还会及时发布各类相关新闻等。

第四节　《悉尼 2030》

悉尼是澳大利亚最大的港口城市，也是亚太地区重要的金融中心和航运中心。2008 年 5 月，在面临经济全球化、环境污染及资源短缺等问题的大背景下，悉尼市政府颁布了《悉尼 2030 城市可持续发展战略规划》(简称《悉尼 2030》)。《悉尼 2030》展示了政府、企业及民众面对未来时对城市中心区发展的期待。

一、《悉尼 2030》的发展主题

为保持悉尼城市发展优势和实现进一步的可持续发展，《悉尼 2030》的规划目标主要集中在 3 个方面：绿色、全球化、高度连通。

(一) 绿色悉尼

《悉尼 2030》中绿色悉尼包括两个方面。一是促进旧城区可持续型更新发展。具体而言首先是要提高旧城区范围内的能源可循环利用和水资源的自给自足，改进现有建筑设施的环保性能，减少废物及废水的产生及其可能造成的环境污染等。其次是要促进旧城区现有绿地系统的网络化建设，借助政府、企业及社区在环境保护领域的合作，为社区提供更加丰富且方便利用的基础设施及公共服务。最后是要保持旧城区的本地区特色，在增加社区的认同感和归属感的同时鼓励发展具有当地特色的经济，提高本地区的就业水平。二是发展建设区域活动中心(Activity Hub)。根据《悉尼 2030》，

到2030年,悉尼市域26平方千米内将建设完成10个主要的区域活动中心,这些中心分别分布在市域各区内适宜步行的距离范围内。发展建设区域活动中心的目的是将人们所需的各类活动和服务尽量本地化或区域化,使悉尼能够在商业、医疗、零售与购物、交通、文化与学习、休闲等方面发挥区域核心作用。步行区域内的活动中心建设能够最大限度地减少人们出行对机动车的依赖,在大大提高公共交通的使用率的同时,促进绿色悉尼建设。

(二) 悉尼全球化战略

悉尼的全球化战略体现在为城市注入新的活力及培育悉尼的全球竞争力和创新能力。悉尼市是悉尼大都市区43个地方政府辖区之一,作为悉尼大都市区的地区文化、商业、旅游、零售等活动最集中的核心区域,该战略为城市注入新活力。其主要是从过去30年悉尼在全球所处的优势地位中总结经验,针对新一轮的经济全球化浪潮以及日趋激烈的城市间竞争,坚持持续保持经济的高增长与低成本,同时吸引各方面投资。一方面,巩固旅游产业的发展;另一方面,促进发展区域协作。除此之外,还要在以悉尼市为中心区的其他地区培育新的经济增长点和就业增长点,在保证其与市中心紧密而高效的联系基础上,重塑城市中央商务区的吸引力与活力。根据《悉尼2030》培育新的经济增长点和就业增长点的要求,通过建设,使其成为悉尼大都市区经济发展与社区发展的纽带,集中悉尼大都市区的诸多重要功能。其国内生产总值占澳大利亚的8%,就业机会占据悉尼大都市区的20%。

(三) 高度连通的悉尼

高度连通的悉尼是指通过《悉尼2030》构建一个高度发达的悉尼中心城区交通网络。其中包括便于步行的行人走廊带,通过高度连接的城区交通网络保持城市各部分、各项设施功能的高效运转。高度连通的悉尼使市中心内部、市中心与外部间形成一个高度连通的网络。如此高度连通的城市中心区可以有多种交通方式互通,市民也有多种便捷的出行选择,中心区内各功能区的联系将得到加强。高度连通的交通网络不仅是物理上的连接、通达,还将是悉尼市民与城市内在品质的一种连通。

二、《悉尼2030》行动

(一) 人口方面

一是加速悉尼城市中心区的人口集聚。首先,促进城市中心区的高密度开发,使城市可利用空间能够得到充分利用并保证绿化用地,使城市中心区有限的空间容纳更大比例的人口。其次,利用轨道交通走廊或交通节点,使其接近就业人口集中地区,为地方发展创造更多机遇,减轻房地产产业对城市边缘区的压力。

二是提供多样化的住房选择。随着城市不同类型人口的聚集和生活方式的变化,《悉尼2030》通过改变规划设计,采用更好的城市设计方案为城市居民创造和提供更好的不同种类的房型,其中还增加了为有特殊需要人群提供的不同种类和数量的房屋。各居民区提供形式多样的房屋供市民选择,确保城市居民的需要。

三是加强居民区便捷交通建设。根据《悉尼 2030》，新建的房产都必须要接近便捷的公共交通、接近工作地和公共服务供应点。通过这些举措加强居民区交通便捷度，可以有效减少人们上下班、娱乐等活动对交通设施的需求压力。《悉尼 2030》还要求促进交通节点特别是轨道交通节点的房产建设，方便人们可以步行去工作和开展其他活动。

四是建设普通市民能够承受的房屋，不仅是提供不同类型住房供给，还要确保普通人群能够买得起。《悉尼 2030》主张提供房产不仅是政府的福利政策，而且是城市活力和竞争力的体现，要求有关部门采取积极的措施，消除限制房产开发的过度开发规则等来促使这种类型的房地产业得到迅速发展。

（二）经济方面

一是增强商务中心 CBD 的实力。《悉尼 2030》主张服务部门为了得到更好的信息和产业支撑将会更加集中于城市的中心区域，为此要支持中心城区的这些经济行为的聚集，因此，《悉尼 2030》规划要求在城市中心区建设更加密集和综合的轨道交通网络，通过加强交通网络的建设来增强城市中心商务中心 CBD 的实力。

二是为了适应经济结构的改变，《悉尼 2030》要求努力加强对小型或微型商业公司及以家庭为单位办公的公司的支持力度。如《悉尼 2030》根据小公司更倾向于去寻找窗户面街、设计更能体现自己专业特色的、房型面积较小的房产作为自己的办公地点，规划建议推广这种工作方式的应用。此外，通过技术产业园等设施支持不同规模和形式商业行为（包括新经济行为和产业）的快速改变，支持形成恰当的经济行为的聚集。

三是重视布局的合理性和交通的便捷性。随着交通节点附近的住宅密度日益增加，交通节点的工作岗位也应该增加。

四是支持旅游业发展。旅游业是城市经济的一个主要的产业。悉尼旅游业的定位是成为澳大利亚的国际化通道。《悉尼 2030》特别规划的一些发展战略包括改善环境和交通系统，提供更多的文化和娱乐设施和推行保护遗产政策，通过这些努力以求发展城市旅游业。

（三）环境方面

《悉尼 2030》的环境政策包括 6 个方面。一是必须通过优化城市布局来改善城市环境；二是州和当地政府部门也应该尽快建设好开放式空间并迅速使其投入运营；三是稀有或不可更新资源应该受到保护，废物的产生量也应减少到最小；四是应当保持生物地多样性；五是通过使城市变得更为紧凑降低对交通的依赖性，同时通过使工业产品更加清洁的措施，使城市的空气质量得到改善；六是地区的水质量和水环境应该得到改善。

三、《悉尼 2030》主要特点

（一）公众参与

《悉尼 2030》的公众参与并没有停留在开咨询会和记录阶段，而是通过专家的思考和整理，将公众参与意见记入策略规划当中。策略规划的草案也通过多种渠道进行公示，使市民有机会提出意见和反馈。同时，在策略中也制订了政府与社会、市民组织之间开展伙伴合作关系(Partnership)的计划。从中可以看出城市的规划者对规划系统中的无解问题的态度，即希望借助广大市民的想法提升专家所掌握信息的深度和广度。

(二) 行人与公共交通

在《悉尼 2030》中，一个核心策略就是对行人环境与公交条件的尊重。因为唯有构建一个步行化的城市环境，才能直接促进城市活力和各种消费活动。而汽车则是将人们与各类活动隔离开来的交通工具。尽管目前悉尼市离建成理想化的步行空间还有不少差距，但这些规划举措还是反映了大的趋势。对于我国的大部分城市而言，汽车文化方兴未艾。不加控制地引入机动车，不仅增加了道路的拥堵，浪费大量社会成本，还破坏了城市原有的街道模式和人性化空间。

四、2030 年的悉尼

在《悉尼 2030》的规划中，2030 年的悉尼城市温室气体排放比 20 世纪 90 年代减少 50%，到 2050 年减少 70%。2030 年的悉尼有能力通过本地发电满足 100%的地区电力需求，通过本地水源保证 10%的水供应。2030 年的悉尼市内最少会有 138 000 套住房(48 000 套新增住房)，以满足不断增加的不同住户类型的需求，包括更高的家庭型住房比重。2030 年的悉尼市内社会福利性住房占 7.5%，由非营利性或其他供应者所提供的保障性住房占 7.5%。2030 年的悉尼将有至少 465 000 个就业岗位，其中包括 97 000 个新增就业岗位，金融、高级商务服务、教育、创意产业和旅游业等就业岗位份额将不断增加。2030 年的悉尼使用公共交通上班的市中心上班人士将增加到 80%。使用非私家汽车出行的市区居民将增加到 80%。2030 年的悉尼市至少有 10%的出行采用自行车，50%为步行。2030 年的悉尼每位居民都可在步行 10 分钟时间内(800 米)抵达生鲜食品市场、托儿所、保健服务设施和休闲、社交、学习等文化基础设施。2030 年的悉尼每位居民可在步行 3 分钟时间内(250 米)抵达畅通的绿色通道，后者连接海港前滨、海港公园、摩尔和百年纪念公园或悉尼公园。2030 年的悉尼社区凝聚力和社会交往的程度将会增加，至少 45%的居民会认为大部分人值得信任。

参考文献

广州市城市规划局.广州城市总体发展概念规划的探索与实践[J].城市规划，2001(3).

吕传廷，等.从概念规划走向结构规划——广州战略规划的回顾与创新[J].城市规划，2010(3).

中山大学广州城市总体发展概念规划工作组.确立新的发展观，增强区域竞争力——广州城市总体发展概念规划方案介绍[J].城市规划，2001(3).

“上海 2035”城市规划正式公布　明确城市性质与目标愿景[N/OL].上海频道—人民网，http://sh.people.com.

上海城市规划 2017—2035(报告)[R/OL].百度文库，https://wenku.baidu.com.

《上海市城市总体规划(2017—2035年)》怎么说世界级生态岛建设[N/OL].区域频道—东方网,http://city.eastday.com.

解读"上海2035"——城市更新与空间改造的新"黄金时代"[N/OL].[2018-08-24]. https://sh.focus.cn/zixun/2314f65160392447.html.

2035年的上海究竟多"卓越"[J].领导决策信息,2018(1).

上海市城市总体规划2017—2035(报告)[R/OL].百度文库,https://wenku.baidu.com.

陈阳.21世纪伦敦可持续发展路径演变——基于四版《伦敦规划》的对比分析[J].建筑与文化,2017(2).

邢琰,成子怡.伦敦都市圈规划管理经验[J].前线,2018(3).

梁凝.可持续发展的悉尼2030年计划[R/OL].上海情报服务平台,[2015-12-01].http://www.istis.sh.cn/list/list.asp?id=9754.

赵景亚.大伦敦地区空间战略规划的评介与启示[J].世界地理研究,2013(6).

邢琰.伦敦都市圈规划管理经验[J].前线,2018(3).

徐毅松.迈向全球城市的规划思考——上海城市空间发展战略研究[D].上海:同济大学,2006.

刘望保.国外城市规划的经验及借鉴[J].城市问题,2004(6).

周祎旻、胡以志.城市中心区规划发展方向初探——以《悉尼2030战略规划》为例[J].规划建设,2009(5).

第四章　城市战略规划体系与编制程序

第一节　城市战略规划的作用与特点

一、城市战略规划的目的

城市战略规划的主要目的是在宏观层面对城市（或者地区）的长远发展进行战略安排与部署。编制城市战略规划的出发点具有多种情形，可以是多种领域的综合战略部署，也可以是单一领域的战略谋划，如空间资源布局调整、产业发展路径设计、公共服务设施布局、社会治理体系优化等。从规划对象的空间范畴看，城市战略规划既可以针对单个城市或内部局部区域，也可以针对由多个城市组成的大都市区或城市群开展分析研究。

二、城市战略规划的作用

城市战略规划最直接的作用是给城市（或者地区）的发展提供具有战略高度且具有策略性引导内容的方案。因此，城市战略规划可以针对城市发展不同时间阶段中所需要解决的关键问题提出具有针对性的策略。对于近期发展中面临的问题，可以提出具有操作指导意义的策略；对于长远发展，在一定的政治、经济、科技、文化、生态等领域的发展情势预期下，可以提出适合城市（或者地区）实际情况的预期愿景，提出有利于把握机遇、规避风险，能够充分利用自身优势和基础条件，并且可持续健康发展的策略。

三、城市战略规划的特点

城市战略规划的类型和形式种类较多，但其特点具有以下一些共性，即突出决策、虚实结合、重视实施①。

① 朱建江，邓智团. 城市学概论[M].上海：上海社会科学院出版社，2018.

(一) 突出决策

城市战略规划的一大特点是需要针对规划目的提出战略发展的目标愿景和发展方向。区别于一些仅注重操作实施层面的规划，城市战略规划对于决策的过程和决策结果的提出十分重视。合理的决策方向和决策过程是决定战略规划成果高度和科学性的重要基础。决策过程需要考虑的因素很多，包括上位政策和规划要求、地方发展诉求、实际发展面临的问题、可采用的实施工具、公众的意见等。

(二) 虚实结合

与国土空间规划等行业属性强、内容体系明确的法定规划不同，城市战略规划的内容弹性相对较大。根据规划对象的特征条件差异、规划目的的不同，城市战略规划可以对内容有较为灵活的安排。一般来说，城市战略规划兼具内容的“虚”与“实”。例如，战略规划中提出的远景目标概念往往是“虚”的，但是针对具体领域的行动计划、实施策略往往是“实”的，“虚”与“实”均是战略规划所必须具备的内容。

(三) 重视实施

城市战略规划虽然是从宏观视角提出战略部署安排，但是也需要注重具体策略的落实。一般来说，城市战略规划不会像空间规划、市政交通专项规划那样针对具体的要素布局、工程建设提出专业性的安排。不过，城市战略规划仍然需要研究在总体愿景与分目标、具体领域的行动计划、规划实施的机制之间建立逻辑联系体系，将战略思路传导到实施层面。对于某些规划来说，还需要做好战略规划与专业领域规划实施的对接。

第二节　城市战略规划与常见规划的联系

从形式上看，城市战略规划可以指专门编制的战略规划，也可以指具有战略性部署性质的相关规划，一般语境下的城市战略规划往往指前者。专门编制的城市战略规划包括综合性视角的战略规划和专门领域的战略规划，前者如《广州城市总体发展战略规划(2010—2020)》，后者如《伦敦文化战略》(*Mayor of London's Cultrue Strategy*)。在我国的规划体系中，具有战略性部署性质的相关规划包括每 5 年编制一次的国民经济与社会发展规划、国土空间总体规划等。

专门编制的城市战略规划虽然不是法定规划，但是其编制内容往往具有较高的战略视角，一份优秀的城市战略规划成果对于法定规划的编制和实际工作的推进均具有较强的指导意义。此外，非法定规划的地位也赋予城市战略规划编制较大的弹性空间，可以使其不必拘泥于法定规划的框架束缚，为战略思想的落地提供空间保障。城市战略规划与常见的国民经济和社会发展规划、国土空间总体规划在特征上兼具异同，在作用的发挥上也具有较为紧密的关联性。

一、与国民经济和社会发展规划的联系与区别

国民经济和社会发展规划是指导经济和社会发展的纲领性文件，一般每 5 年规划

编制一次，其规划年限一般也是5年，因此俗称"'××五'规划"。

该类型的规划形成了三级三类的规划管理体系。"三级"即按行政层级分为国家级规划、省（区、市）级规划、市县级规划；"三类"即按对象和功能类别分为总体规划、专项规划、区域规划①。国家总体规划和省（区、市）级、市县级总体规划分别由同级人民政府组织编制，并由同级人民政府发展改革部门会同有关部门负责起草；专项规划由各级人民政府有关部门组织编制；跨省（区、市）的区域规划，由国务院发展改革部门组织国务院有关部门和区域内省（区、市）人民政府有关部门编制②。国民经济和社会发展规划的内容涵盖范围较广，包括经济发展、科技创新、城乡发展、交通与基础设施建设、住房保障、公共服务与民生保障、生态保护与环境治理、社会治理等领域。

近年来，国民经济和社会发展规划的战略引领性地位与属性不断得到强化。2018年发布的《中共中央国务院关于统一规划体系更好发挥国家发展规划战略导向作用的意见》提出，国家发展规划（中华人民共和国国民经济和社会发展五年规划纲要）是社会主义现代化战略在规划期内的阶段性部署和安排，具有阐明国家战略意图、明确政府工作重点、引导规范市场主体行为的地位和作用③。国家发展规划居于规划体系最上位，是其他各级各类规划的总遵循，是国家级专项规划、国家级区域规划、国家级空间规划编制的依据。在城市层面，城市级的国民经济和社会发展规划也处于规划体系的上位，是城市其他规划编制所必须遵循的纲领性规划文件。2021年国家及各级地方政府发布的国民经济和社会发展规划不仅仅对2021—2025年期间（即"十四五"）的发展目标进行了战略性部署，也同时提出了2035年的远景目标，进一步加强了规划的战略地位。④⑤

在城市层面，发展战略规划与国民经济和社会发展规划均具有宏观发展战略部署的特征，但是仍有明显的特征区别。

一是规划编制体系不同。国民经济和社会发展规划在组织编制单位、负责起草部门、规划定位、规划期长度等方面均有明确且严格的规定。城市战略规划的编制则相对灵活，并没有指定的组织编制单位，没有是否一定要编制的规定，也没有关于规划内容体系的编制要求。

二是规划周期和时机不同。国民经济和社会发展规划的规划期一般为5年，可以展望到10年以上，一般每5年编制一次，并且各级地方、各专项领域的发展规划的发布时间点也基本统一。城市战略规划的规划期一般不固定，并且启动编制的时间具有较

---

①②　国务院. 国务院关于加强国民经济和社会发展规划编制工作的若干意见[Z]. 2005.

③　中共中央办公厅秘书局. 中共中央国务院关于统一规划体系更好发挥国家发展规划战略导向作用的意见[Z]. 2018.

④　新华社. 中华人民共和国国民经济和社会发展第十四个五年规划和2035年远景目标纲要[Z]. 2021.

⑤　上海市第十五届人民代表大会第五次会议. 上海市国民经济和社会发展第十四个五年规划和二〇三五年远景目标纲要[Z]. 2021.

大的不确定性，受城市发展环境与条件、城市重大事件的举办、重大基础设施建设项目的实施、规划编制预算等因素的影响较为明显。

三是考核导向不同。国民经济和社会发展规划一般会针对发展目标提出指标体系，对于相关部门具有考核约束作用。各层级的发展规划一般都在规划期内建立成熟的实施评估机制。例如，中期实施评估可以及时评估规划实现程度，以及实施过程中的困难和问题，为后续工作提供指引。城市战略规划也可能建立目标体系，但一般以预期性和引导性目标为主，通常不需要建立刚性考核机制。

《中华人民共和国国民经济和社会发展第十四个五年规划和2035年远景目标纲要》中关于"健全统一规划体系"的表述

加快建立健全以国家发展规划为统领，以空间规划为基础，以专项规划、区域规划为支撑，由国家、省、市县级规划共同组成，定位准确、边界清晰、功能互补、统一衔接的国家规划体系。

第一节　强化国家发展规划的统领作用

更好发挥国家发展规划战略导向作用，强化空间规划、专项规划、区域规划对本规划实施的支撑。按照本规划确定的国土空间开发保护要求和重点任务，制定实施国家级空间规划，为重大战略任务落地提供空间保障。聚焦本规划确定的战略重点和主要任务，在科技创新、数字经济、绿色生态、民生保障等领域，制定实施一批国家级重点专项规划，明确细化落实发展任务的时间表和路线图。根据本规划确定的区域发展战略任务，制定实施一批国家级区域规划实施方案。加强地方规划对本规划提出的发展战略、主要目标、重点任务、重大工程项目的贯彻落实。

第二节　加强规划衔接协调

健全目录清单、编制备案、衔接协调等规划管理制度，制定"十四五"国家级专项规划等目录清单，依托国家规划综合管理信息平台推进规划备案，将各类规划纳入统一管理。建立健全规划衔接协调机制，报请党中央、国务院批准的规划及省级发展规划报批前须与本规划进行衔接，确保国家级空间规划、专项规划、区域规划等各级各类规划与本规划在主要目标、发展方向、总体布局、重大政策、重大工程、风险防控等方面协调一致。

（资料来源：《中华人民共和国国民经济和社会发展第十四个五年规划和2035年远景目标纲要》）

二、与国土空间总体规划的联系与区别

国土空间规划是国家空间发展的指南、可持续发展的空间蓝图，是各类开发保护建设活动的基本依据①。国土空间规划是较新出现的，其将主体功能区规划、土地利用规划、城乡规划等空间规划融合统一，实现空间规划层面的"多规合一"。因此，从某种程

① 新华社.中共中央　国务院关于建立国土空间规划体系并监督实施的若干意见[Z]. 2019.

度上来说，城市层面的国土空间规划已经代替了曾经的城市总体规划。

国土空间规划的框架体系可以归纳为“五级三类四体系”。“五级”即全国层面的国土空间规划、省级层面的国土空间规划、市级层面的国土空间规划、县级层面的国土空间规划、乡镇级层面的国土空间规划；“三类”即总体规划、详细规划和相关专项规划；“四体系”即编制审批体系、实施监督体系、法规政策体系、技术标准体系。由此可见，市级层面的国土空间总体规划具有较强的城市战略规划属性。

与国民经济和社会发展规划不同，国土空间总体规划虽然也是全局性的战略部署性规划，但是其内容均需要聚焦在空间视角，重点是空间资源的部署安排。国土空间总体规划的编制也需要以国民经济和社会发展规划作为基本依据，其规划内容在规划体系中具有基础作用，对于专项规划具有空间性指导和约束作用。

城市战略规划与城市层面的国土空间总体规划在作用、特征、内容上有一定的相似性，两者均属于城市总体层面的具有战略性特征的规划，两者往往在城市定位、空间格局部署等内容上存在重叠。不过，城市战略规划与城市国土空间总体规划仍有明显区别。

一是两者地位不同。城市国土空间总体规划是法定规划。《中共中央　国务院关于建立国土空间规划体系并监督实施的若干意见》提出：到 2020 年，基本建立国土空间规划体系，逐步建立“多规合一”的规划编制审批体系、实施监督体系、法规政策体系和技术标准体系；到 2025 年，健全国土空间规划法规政策和技术标准体系。城市战略规划不是法定规划，其编制程序可不受法规限制，但同时其内容也不具有与法定规划相同的强制性。

二是两者内容不完全相同。城市国土空间总体规划的内容体系相对固定，而不同城市一般需要解决城市总体定位、区域协同、资源保护与利用、空间开发利用格局、城市用地布局、交通与基础设施布局、公共服务设施布局等问题，重点是空间资源的配置与部署。而城市战略规划的内容体系可以相对灵活，根据编制背景和目的可以有不同的主题和编制重点，并且可以不聚焦于空间层面。

三是两者作用存在客观差异。市县层面的国土空间总体规划是对市县域范围内国土空间开发保护做出的总体安排和综合部署，既是落实省级国土空间规划要求的主平台，也是编制专项规划、详细规划的依据，是从战略性规划到实施性规划的重要节点，在空间规划体系中具有承上启下的作用①。而城市战略规划可以聚焦核心问题，不需要像国土空间总体规划一样具有较为完整的体系。

国土空间规划的编制要求

体现战略性。全面落实党中央、国务院重大决策部署，体现国家意志和国家发展规划的战略性，自上而下编制各级国土空间规划，对空间发展作出战略性系统性安排。落

① 山东省自然资源厅.山东省市县国土空间总体规划编制导则(试行)[S].2019.

实国家安全战略、区域协调发展战略和主体功能区战略,明确空间发展目标,优化城镇化格局、农业生产格局、生态保护格局,确定空间发展策略,转变国土空间开发保护方式,提升国土空间开发保护质量和效率。

提高科学性。坚持生态优先、绿色发展,尊重自然规律、经济规律、社会规律和城乡发展规律,因地制宜开展规划编制工作;坚持节约优先、保护优先、自然恢复为主的方针,在资源环境承载能力和国土空间开发适宜性评价的基础上,科学有序统筹布局生态、农业、城镇等功能空间,划定生态保护红线、永久基本农田、城镇开发边界等空间管控边界以及各类海域保护线,强化底线约束,为可持续发展预留空间。坚持山水林田湖草生命共同体理念,加强生态环境分区管治,量水而行,保护生态屏障,构建生态廊道和生态网络,推进生态系统保护和修复,依法开展环境影响评价。坚持陆海统筹、区域协调、城乡融合,优化国土空间结构和布局,统筹地上地下空间综合利用,着力完善交通、水利等基础设施和公共服务设施,延续历史文脉,加强风貌管控,突出地域特色。坚持上下结合、社会协同,完善公众参与制度,发挥不同领域专家的作用。运用城市设计、乡村营造、大数据等手段,改进规划方法,提高规划编制水平。

加强协调性。强化国家发展规划的统领作用,强化国土空间规划的基础作用。国土空间总体规划要统筹和综合平衡各相关专项领域的空间需求。详细规划要依据批准的国土空间总体规划进行编制和修改。相关专项规划要遵循国土空间总体规划,不得违背总体规划强制性内容,其主要内容要纳入详细规划。

注重操作性。按照谁组织编制、谁负责实施的原则,明确各级各类国土空间规划编制和管理的要点。明确规划约束性指标和刚性管控要求,同时提出指导性要求。制定实施规划的政策措施,提出下级国土空间总体规划和相关专项规划、详细规划的分解落实要求,健全规划实施传导机制,确保规划能用、管用、好用。

(资料来源:《中共中央　国务院关于建立国土空间规划体系并监督实施的若干意见》)

第三节　城市战略规划的内容体系

通过梳理国内外部分城市的战略规划可以发现,其内容体系上存在一定共性,战略愿景、具体策略、行动计划、实施保障机制通常是交集内容,一般也是重点内容。

一、战略愿景

战略愿景是城市战略规划的标志性内容,是规划主体内容核心思想与理念的关键性体现。综观全球各大城市战略规划的愿景目标,以人为本、绿色生态、区域协同、科技创新、社会公正等内涵较为常见,也体现了当今世界大城市发展的主流方向。

表 4-1　部分全球城市未来发展战略规划中的愿景目标

城　市	规划名称	愿　景　目　标
纽约	One NYC(2040)：一个强大而公正的纽约	将纽约市建设成为“蓬勃发展的城市、公平平等的城市、可持续发展的城市、面对挑战具有抗性和弹性的城市”，来“巩固纽约在全球城市中的领导地位”
伦敦	2036 大伦敦空间发展战略规划	将伦敦市建设成为国际大都市的典范，为民众和企业提供更为广阔的发展机会，实现环境和生活质量的最高标准，领导世界应对 21 世纪城市发展，尤其是气候变化所带来的挑战
巴黎	确保 21 世纪的全球吸引力——2030 大巴黎规划	着眼于可持续发展的理念，目标在于提升巴黎的吸引力，同时提升大区的辐射力度，将整个巴黎区域纳入新的发展模型中，具体包括：连接和架构，实现建立一个更加紧密联系和可持续发展的地区；极化和均衡，建立一个更加多元化、宜居和有吸引力的地区；保护和提高，发展一个更加有活力、更绿色的大区
法兰克福	网络城市——2030 法兰克福规划	改善生活质量，包括：改善环境质量及房屋供应量，吸引高素质劳动力落户；持续性地发挥区位优势，提升城市的国际地位；加强经济、教育和研究紧密联网，推动整个产业的成长
悉尼	大悉尼 2056：3 个城区构成的大都市圈	将大悉尼分为 3 个主要城区，通过更有效地利用土地、提高居民住房可负担能力、缓解交通拥堵问题，实现平衡发展，改善整个地区的自然环境，打造一个更具有生产力、宜居和可持续的城市
新加坡	挑战稀缺土地——2030 新加坡概念规划	在熟悉的环境中打造新居；高层建筑的城市生活享受——迷人魅力景观；更多休闲娱乐选择；更大的商业发展弹性；全球商业中心；四通八达的铁路网；强调各地区的特色
首尔	全球气候友好城市——2030 首尔规划	以人为本，建成低碳绿色的气候友好城市、绿色增长城市和先进的适应性城市
北京	北京 2035：建设国际一流的和谐宜居之都	将北京建设成为全国政治中心、文化中心、国际交往中心、科技创新中心
上海	上海 2035：卓越的全球城市	将上海建设成为令人向往的创新之城、人文之城、生态之城，以及具有世界影响力的社会主义现代化国际大都市
香港	香港 2030：亚洲国际都会	追求真正的可持续发展模式，使香港成为亚洲城市的典范，包括：提供优质生活环境，保护自然和文化遗产，提升香港作为经济枢纽的功能，加强香港作为国际及亚洲金融商业中心、贸易、运输及物流中心的地位，使其进一步发展成为华南地区的科技创新中心等

资料来源：胡曙虹.全球主要城市发展战略规划中的愿景及目标[J].世界科学，2020(S1)：28—31。

在总体愿景之下，城市战略规划一般还会提出若干个子目标愿景，一方面，可以更好地阐述解释总体目标愿景；另一方面，也可以与后面的规划策略更好地衔接。例如，纽约的 One NYC 战略提出了 4 个子目标愿景：增长的繁荣城市(Our Growing，Thriving City)、公平公正的城市(Our Just and Equitable City)、可持续发展的城市(Our Sustainable City)、韧性的城市(Our Resilient City)①。

① The City Of New York. One New York: The Plan for a Strong and Just City[Z]. 2019.

二、具体策略

在总体愿景目标和子目标提出之后,需要进一步提出实现目标的具体策略。具体策略在城市战略规划中起到“承上启下”的作用,是将愿景目标落实到具体抓手方向的过程,也是推动行动计划实施落地的引导方向。大伦敦政府 2018 年 12 月出台的文化发展战略提出了四大核心愿景,并在每个愿景下提出了具体的策略方向:“热爱伦敦(Love London)”愿景下提出加强社区文化投资、组织重大节庆活动、博物馆支撑、促进健康与幸福感等策略;“文化和物质增长”愿景下提出保护文化设施、支持创作空间、文化融入基础设施、倡导高水平作品、支持多样化历史环境、构建可持续环境等策略;“创意的伦敦人(Creative Londoners)”愿景下提出培养青年人才、增加创意产业就业、提升岗位多样性等策略;“全球城市(World City)”愿景下提出扩大开放合作、脱欧议题、支持创意生产和出口、游客推广、夜间经济、国际城市合作等策略①。

三、行动计划

行动计划是落实城市战略规划策略的实施性内容。城市战略规划的行动计划可以引入时间、空间维度,可以直接推动具体工作的开展。从某种角度看,行动计划是战略规划策略的细化。以伦敦文化发展战略规划为例,其每个策略下有若干条具体的行动计划。例如,“创意的伦敦人(Creative Londoners)”愿景下的提升岗位多样性策略大致包含 7 条具体的行动计划:推行支持不同人才的创意就业计划;资助创意企业家发展新一代创意企业;推广市长基金;提供包容和多样化工作场所;支持多样性商业实践;支持创意企业采取良好工作标准;为平等接入网络提供资金支撑②。

四、实施保障

城市战略规划还需要纳入实施保障的相关内容,可以涉及组织机构、法律法规保障、资金支持保障、实施过程的监督等机制性内容。上述内容的提出是城市战略规划行动计划顺利推进的重要保障。以《大伦敦战略规划 2021》为例,其规划报告中的实施保障内容主要涉及资金保障和监测监督两个方面:资金保障涉及应对资金缺口、战略性基础设施建设、住房投资与开发、交通建设资金来源与运营税收政策、公共服务设施资金保障、筹措资金的方向等内容;监测监督包括定期审查机制、关键绩效指标和措施等内容③。

第四节　城市战略规划的编制程序

城市战略规划并非法定规划,并无严格的编制程序规定。不过,通过梳理归纳国内

①② Greater London Authority. Culture for all Londoners: Mayor of London's Culture Strategy[Z]. 2018.
③ Mayor of London. The London Plan[Z]. 2021.

外典型城市的战略规划的编制过程，大致能发现一些共性的规律和特征。总体来说，编制程序大致包括前期准备、成果制定、成果实施 3 个必备阶段。

一、规划编制前期的准备

（一）建立编制工作小组

确定编制城市战略规划之后，城市政府一般需要确定负责部门。在中国，一般是规划部门（如发展和改革委员会、规划和自然资源局等）。如果是重要的、全局性的城市战略规划，通常会由市级领导或者分管领导来担任规划编制的直接负责人，并建立相应的编制工作推进小组。此外，一般还需要成立由专业人士组成的规划咨询委员会，为规划编制提供决策咨询建议。

（二）宣传与动员

为了扩大城市战略规划的社会影响力和知晓度，宣传与动员工作是前期准备的重要环节。宣传和动员的途径主要依托报纸、广播电视、互联网等媒体平台。主要目的是让社会各界充分了解战略规划编制的目的和作用。

（三）调查与调研

调查与调研工作主要包括几个类型：现场勘查、部门访谈、资料搜集与梳理、公众调查。现场勘查一般是在实地开展，通常需要赴城市重要功能片区、重大建设项目、新发展空间等地进行现场调查。部门访谈一般需要与战略规划编制领域相关性较高的政府部门、企事业单位进行问题探讨式的沟通交流。资料搜集与梳理可以针对公开数据库和资料来源开展，也可以面向城市相关部门和机构有针对性地开展。公众调查也是前期需要准备的重点工作，可以依托互联网等媒体开展有针对性的问卷调查，了解公众对于战略规划议题的想法和建议。

二、规划编制成果的制定

（一）战略分析与研究

战略分析与研究是城市战略规划编制工作中最重要的环节之一。首先，需要明确编制城市战略规划的目标和导向，深入研究城市的发展需求；其次，一般需要对城市的发展基础和发展条件进行研究，需要基于可靠的现状数据和资料展开；再次，对城市发展面临的环境和影响因素进行分析，为后续对策的提出提供支撑，常用的方法包括 SWOT 分析、波士顿矩阵等；最后，提出战略规划的推进目标和实现逻辑。

（二）成果编制

城市战略规划不是法定规划，成果的内容和形式并没有统一规定。多数的城市战略规划一般会编制一套主报告，将战略规划的主体内容纳入。另外根据规划需要，可能还会编制面向公众的简版文件、面向实施的行动文件，以及专项深化文件等。

（三）公众参与及反馈

城市战略规划的编制过程中，需要在不同阶段加强公众的参与。有一些城市在编制战略规划的时候，会建立较为完善的公众参与机制，广泛地听取社会各界对于战略规划编制内容的建议。一般来说，规划编制的中间成果会通过一定的渠道向社会公开发布，并根据公众反馈意见及时调整并进一步完善。

（四）成果审查与完善

城市战略规划的成果基本形成后应当及时提交规划编制主管部门与专家委员会审查，根据审查意见再修改完善成果。

三、规划编制成果的实施

城市战略规划的实施一般可以分为"启动实施—过程监测—动态评估—修改更新"4个阶段，可以形成多次循环的闭环。

（一）启动实施

城市战略规划成果定稿后，首先需要经批准后发布，标志着战略规划实施的启动。城市战略规划的任务落实大致可以通过空间分级和领域分工两个途径推进。对于综合性的、空间性的城市战略规划来说，可以通过规划分级分区来实现分解战略的实施任务。另外，城市战略规划涉及的领域内容往往较多，例如城市更新、交通建设、生态治理、文化塑造、历史保护等，这些细分领域的战略推进任务可以按实施责任部门进行分解。无论是何种战略任务分解途径，均需要加强城市级政府对于战略规划实施的统领工作，并做好地方政府和职能部门的协调合作。为了保障城市战略规划的有序推进，某些情况下还需要做好立法保障工作。

（二）过程监测

城市战略规划的实施往往是长期性、连续性的过程。在规划的实施期间，需要通过多种手段监测规划实施过程，及时采集相关动态数据，为后续工作提供基础支撑。以大伦敦规划为例，一般每年发布一次年度监测报告，其内容包括编制目的和数据资源的来源、关键绩效指标的表现、总结与展望等①。

（三）动态评估

城市战略规划实施一段时间之后，还需要对于规划实施的效果进行动态评估。在城市总体规划、国民经济和社会发展规划的实施过程中，通常都有中期评估等阶段性工作评价工作。此外，在规划实施的不同阶段，其阶段性目标和重点任务也存在差异，因此，需要有针对性地开展相应阶段的动态评估工作。

（四）修改更新

在城市战略规划推进一段时间后，规划编制初期的城市发展环境、发展导向、关键问题、重点任务都有可能发生变化。当原有的城市战略规划已经不适应新的变化的时候，需要结合规划过程监测和动态评估结果，对于规划成果进行及时的修改更新，以更

---

① 杜坤，田莉. 城市战略规划的实施框架与内容：来自大伦敦实施规划的启示[J]. 国际城市规划，2016(4)：90—96.

好地指导城市发展。

参考文献

朱建江,邓智团.城市学概论[M].上海:上海社会科学院出版社,2018.

国务院.国务院关于加强国民经济和社会发展规划编制工作的若干意见[Z].2005.

中共中央办公厅秘书局.中共中央国务院关于统一规划体系更好发挥国家发展规划战略导向作用的意见[Z].2018.

新华社.中华人民共和国国民经济和社会发展第十四个五年规划和2035年远景目标纲要[Z].2021.

上海市第十五届人民代表大会第五次会议.上海市国民经济和社会发展第十四个五年规划和二〇三五年远景目标纲要[Z].2021.

新华社.中共中央 国务院关于建立国土空间规划体系并监督实施的若干意见[Z].2019.

山东省自然资源厅.山东省市县国土空间总体规划编制导则(试行)[S].2019.

The City Of New York. One New York: The Plan for a Strong and Just City[Z]. 2019.

Greater London Authority. Culture for all Londoners: Mayor of London's Culture Strategy[Z]. 2018.

Mayor of London. The London Plan[Z]. 2021.

杜坤,田莉.城市战略规划的实施框架与内容:来自大伦敦实施规划的启示[J].国际城市规划,2016(4):90—96.

第五章 城市战略规划的条件与环境研究方法

城市战略规划的条件与环境分析是进行城市功能定位的基础，是明确城市性质和城市发展目标的前提，可以说是城市战略规划的始点①。成功的城市战略规划必须有扎实的条件与环境研究，精准的城市发展条件与环境分析有助于正确把握城市发展的优劣势，明确城市发展面临的机遇和挑战，是判定城市发展方向的重要依据。为此，本章将从理论和实践两个层面，对有关城市战略规划条件与环境研究的相关理论、常用方法以及城市发展的外部环境和自身条件等方面进行探讨，为城市战略规划的研究编制奠定基础。

第一节 发展条件分析的内涵与框架

一、发展条件的概念内涵

城市是一个开放的复杂巨系统，它在一定的系统环境中生存与发展，所以不能使城市脱离其所在的区域进行单独研究②。城市战略规划的条件分析，很大程度上就是对区域发展条件的分析。所谓的条件是指事物存在、发展的影响因素，或其所具备或处于的状况，而区域经济发展条件则是指影响区域经济存在或发展的因素，主要包括区域自然条件、区域位置、交通与信息条件、区域人口与劳动力条件、区域社会经济条件等③。

对于城市而言，城市战略规划的条件与环境分析就是对影响城市长

---

① 朱传耿.试论区域经济发展条件分析[J].徐州师范大学学报(自然科学版)，1997(2).

② 李德华.城市规划原理[M].北京：中国建筑工业出版社，2001.

③ 陈彦光，周一星.城市化 Logistic 过程的阶段划分及其空间解释——对 Northam 曲线的修正与发展[J].经济地理，2005(6).

远发展的因素进行研究，这些因素既包括城市自身的因素，也包括外部的因素；既包含促进城市发展的有利条件，也包含阻碍城市发展的不利条件。军事策略讲“知己知彼，百战不殆”，对于城市战略规划而言也同样适用。所谓的“知己”就是评估区域发展的内部条件；所谓的“知彼”就是分析区域发展的外部环境，了解社会经济发展总趋势①。不同条件的组合形式、特点及其变化态势影响经济区域的结构和类型，而且条件对经济区域的宏观框架与格局有深远的影响。因此，绝大多数的研究或战略规划整体上遵循了“条件和基础—现状和问题—对策和建议”的宏观分析框架②。

二、发展条件的要素构成

从区域经济发展条件的要素体系（表 5-1）中可以看出，区域经济发展条件涉及自然条件、自然资源、经济条件、人口劳动力、技术条件、制度条件等多个方面。对于城市战略规划而言，城市战略规划的条件与环境分析也同样涉及诸多方面，如《河北省中心城市空间发展战略规划编制导则（试行）》的发展条件分析中就要求包含区位条件分析、资源禀赋分析、经济发展水平分析、环境条件和资源承载力分析等③。综上所述，城市战略规划的条件与环境分析至少应包括两个维度：一是城市发展的自身条件或内部条件；二是城市发展的外部环境。其中，城市发展的自身条件或内部条件主要包括区位条件、资源条件、经济基础、产业条件、社会条件、基础设施等；城市发展的外部环境包括世界环境、国家环境和区域环境 3 个方面（图 5-1）。

表 5-1　区域经济发展条件的要素体系

学者	类　型	内　容
孙久文	自然环境条件	自然条件、自然资源、环境质量
	社会经济条件	经济发展情况、人口劳动力、资金市场情况、交通运输、科技水平、管理体制、组织形式、政府政策
聂华林	自然资源条件	自然条件与自然资源的组合影响力、位置和交通信息条件
	人口与劳动力	人口的数量、人口的素质、人口的迁移
高新才	技术条件	技术创新
	其他要素	社会经济因素、市场条件因素、经济管理体制因素、资金条件、国内外政治条件
	自然条件与自然资源	自然地理位置、地质条件、水文条件、气候条件
	劳动力资源	劳动力数量、劳动力素质、劳动力迁移

---

① 崔功豪，魏清泉，刘科伟. 区域分析与区域规划[M]. 北京：高等教育出版社，2006.

② 参见《区域发展条件分析》(https://wenku.baidu.com/view/d2e7ce4033687e21af45a9aa.html)。

③ 参见《河北省中心城市空间发展战略规划编制导则（试行）》(https://doc.xuehai.net/b3ca8d708fab904ddd5838f32-4.html)。

（续表）

学者	类　型	内　容
安虎森	技术条件	技术的创新与应用
	结构变化	产业结构、就业结构、组织结构
	制度安排	—
	自然条件与自然资源	自然资源的储量、产量、消耗量与调配量
	位置与交通信息	地理位置、交通、信息
陈才	人口与劳动力	人口与劳动力的数量、素质与结构
	经济条件	区域经济发展阶段、原有经济基础、市场条件、资金条件
	社会条件	管理体制、政策、计划与法律
	自然资源	自然资源的量、质、地域组合与开发效益
崔功豪	自然条件	自然资源
	社会经济背景条件	人口与劳动力、科学技术条件、基础设施条件及政策、管理、法治等社会因素
张敦富	自然资源	气候资源、水资源、土地资源、生物资源、矿产资源、海洋资源
	经济、社会资源	人力资源、资金资源、技术条件
	区位条件	位置关系、地域分工关系、地缘政治关系、地缘经济关系
武友德	自然条件与自然资源	土地条件、气候条件、水资源、矿产资源
	人口条件	人口数量、人口质量、人口结构、人口迁移
	科学技术	科技进步、知识经济
	经济条件	历史基础、经济发展水平、经济增长活力与竞争力、基础设施、市场条件
	社会政治条件	社会法制现代化程度、传统文化与习惯、制度性条件、国际环境
孟庆红	自然资源	—
	资本	资本的类型、资本的来源、资本的利用效率
	人口与劳动力	人口与劳动力的数量、质量、结构、流动
	科技条件与科技进步	技术流动、技术创新
	制度	制度创新
	企业阶层与企业家精神	—

资料来源：https://wenku.baidu.com/view/d2e7ce4033687e21af45a9aa.html。

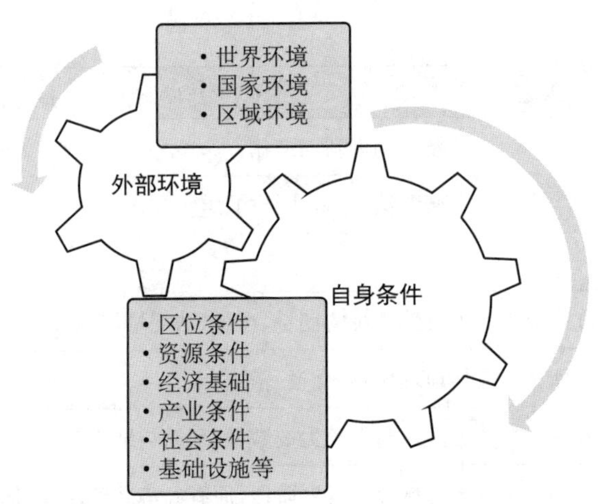

图 5-1　城市战略规划条件与环境分析的要素构成

三、发展条件分析的相关理论

针对城市战略规划条件分析的直接理论并不多，但正如前文所言，对城市的分析研究很大程度上源自对区域发展的分析研究，因此本部分重点对有关区域发展的相关理论进行介绍。

（一）经济发展阶段论

区域经济增长具有明显的阶段特征，对区域发展阶段的分析，有利于了解区域发展的趋势和规律，从而有助于明确区域发展的现状、方向和目标等。有关区域发展阶段的理论主要包括库兹涅茨理论、罗斯托的经济成长阶段论、胡佛-费舍尔的区域经济增长阶段理论、钱纳里的经济发展阶段理论、霍夫曼的经济发展阶段理论等[①②]。由于钱纳里的经济发展阶段理论在区域或城市战略规划分析中最常用到，所以此处重点对其进行介绍。

美国经济学家钱纳里在对 34 个准工业国的经济发展进行实证研究后，提出任何国家和地区的经济发展都会经过 3 个阶段 6 个时期（表 5-2）。其中，产业结构转化推动了阶段的跃进，因此，产业结构变动和升级是划分区域经济发展阶段的基本依据[③]。在此基础上，国内学者也就工业化阶段的划分标准进行了界定，见表 5-3。

表 5-2　钱纳里经济发展阶段划分

发展阶段	发展时期	主　要　特　征
初级产品生产阶段	传统社会阶段	产业结构以农业为主，绝大部分人口从事农业，没有或极少有现代化工业，生产力水平很低

①③　崔功豪，魏清泉，刘科伟.区域分析与区域规划[M].北京：高等教育出版社，2006.

②　李小建.经济地理学[M].北京：高等教育出版社，2006.

（续表）

发展阶段	发展时期	主要特征
工业化阶段	工业化初期阶段	产业结构由以落后农业为主的传统结构逐步转向以现代工业为主的工业化结构，开始走上工业化的发展道路，人民生活水平逐步提高，市场逐步扩大，投资环境得到改善，仍主要以劳动密集型产业为主
	工业化中期阶段	制造业内部由轻型工业的迅速增长转向重型工业的迅速增长，非农业劳动力开始占主体，第三产业开始迅速发展，区域经济高速发展，城市化水平迅速提高
	工业化后期阶段	第一、第二产业获得较高水平发展的条件下，第三产业保持持续高速发展，成为区域经济增长的主要力量，金融、信息、广告、公用事业、咨询服务等新型服务业发展最快
发达经济阶段	后工业化社会阶段	制造业内部结构由资本密集型产业为主导向以技术密集型产业为主导转换，同时生活方式现代化，高档耐用消费品在广大群众中推广普及
	现代化社会阶段	第三产业开始分化，智能密集型和知识密集型产业开始从服务业中分离出来并占主导地位；人们消费的欲望呈现出多样性和多变性，并追求个性

表 5-3　工业化发展阶段的判定及标准

基本指标	前工业化阶段	工业化阶段			后工业化阶段
		工业化初期	工业化中期	工业化后期	
2010 年人均 GDP(美元)	827—1 654	1 654—3 309	3 309—6 615	6 615—12 398	12 398 以上
三次产业结构	A>I	A>20% I<S	A<20% I>S	A<10% I>S	A<10% I<S
城镇化率	30%以下	30%—50%	50%—60%	60%—75%	75%以上
第一产业就业人员占比	60%以上	45%—60%	30%—45%	10%—30%	10%以下

注：A 代表第一产业，I 代表第二产业，S 代表第三产业。

资料来源：陈佳贵，等.工业化蓝皮书——中国工业化进程报告：1995—2010[M].北京：社会科学文献出版社，2012。

（二）区域优势与区域分工

所谓区域优势是指某个区域在其发展过程中所具有的特殊有利条件，这些条件的存在，使该区域更富有竞争力，具有更高的资源利用效率，从而使区域的总体效益保持较高水平①。区域优势一定程度上是相对而言的，是相比较而存在的。确定区域优势，通常需要进行区内比较和区际比较。区内比较要对区域内各种要素进行全面分析、比较，以明确哪些是有利条件；区际比较主要是同周边的或全国的其他地区进行比较，只有当该区域的有利因素、优越条件比其他地区更有利，才能算作优势。区域优势有多种类型，如区位优势、资源优势、技术优势、产业优势等。

① 崔功豪，魏清泉，刘科伟.区域分析与区域规划[M].北京：高等教育出版社，2006.

区域资源要素的不同，导致不同地区的区域优势存在差异，为了充分利用资源，增强地区或城市的经济效益，有必要按照比较利益的原则，开展不同类型或不同环节的生产活动，于是在不同地区或城市之间就产生了分工。所谓的区域分工是指相互联系的社会生产体系在地理空间上的分异①。围绕着区域分工形成了诸多理论，包括亚当·斯密的绝对成本学说、大卫·李嘉图的比较成本理论、约翰·穆勒的相互需求论、赫克歇尔-俄林的资源禀赋理论、巴朗斯基的地理分工理论、波特的竞争优势理论等②③，此处不再详细展开。城市战略规划的条件分析，就是要全面分析城市的优劣势，然后依据相关理论来确定自己的真正优势。

（三）竞争优势理论

在实际分工中，只有把比较优势转换为竞争优势才能形成真正的经济优势，否则有可能陷入“比较优势陷阱”。尽管竞争优势理论从属于区域分工理论，但其具有更强的实践基础和现实指导意义，因而此处对竞争优势理论进行重点介绍。竞争优势理论由美国著名学者迈克尔·波特(2002)在《国家竞争优势》一书中提出，由于其中的 4 个因素相互组合形成一个菱形结构，形似钻石，因此又被称为钻石理论、菱形理论等。

波特认为，一个国家某产业的竞争优势由生产要素、国内需求、支撑产业和相关产业、企业战略和结构及同业竞争 4 个方面的因素所决定，同时还与机遇和政府作用相关(图 5-2)。生产要素包括基本要素和高级要素。基本要素如自然资源、初级劳动力等；高级要素则是需要付出较高成本才能获得的要素，如高素质科技人才、科技资源等，这些要素在竞争中的作用越来越突出。国内需求就是国内市场对产品或者服务的需求，国内市场需求会通过规模经济以及优势产业等来影响国家竞争力。支撑产业和相关产业通过产业间的合作、互补产品的需求拉动以及相关产业企业的密集程度和信息环境质量整体促进国家竞争力的提升。企业战略、结构和同业竞争包括了企业的组织管理模式、竞争程度、创新能力、企业家才能等。此外，机遇和政府也很重要。机遇主要是指

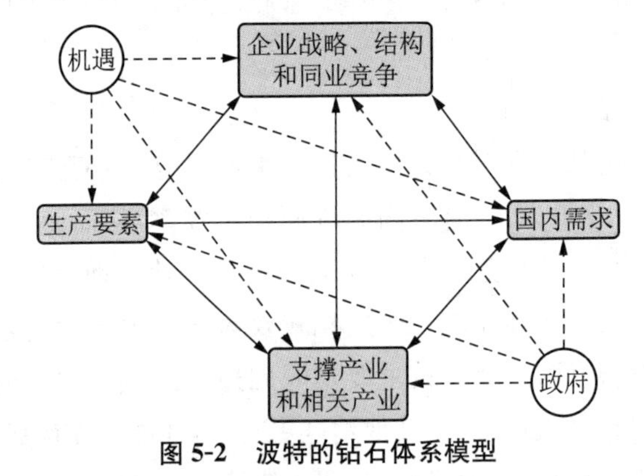

图 5-2　波特的钻石体系模型

---

①③　崔功豪，魏清泉，刘科伟.区域分析与区域规划[M].北京：高等教育出版社，2006.

②　李小建.经济地理学[M].北京：高等教育出版社，2006.

科技发展、创新、汇率波动等重大外部环境变化;政府主要是指政府运用制度、政策影响某个产业的发展,关键是创造一个有利于外部竞争的公平环境①。

尽管竞争优势理论是从国家竞争优势出发,但是一定程度上对于区域或城市也适用,因此在城市战略规划条件分析中,可以以此为基础对城市的发展要素或优劣势进行分析。

第二节　城市战略规划条件分析方法

目前并没有单纯针对城市战略规划条件分析的明确方法,但很多针对区域规划的分析方法在某种程度上对于城市而言也是同样适用的。常见的区域规划方法有系统分析法、传统综合方法、比较法以及数学模拟法等②,鉴于当前应用的普遍性,此处主要介绍在城市战略规划中常用的 SWOT 分析方法。

SWOT 分析法是战略规划研究的一种分析技术,是英文 Strength(优势)、Weakness(劣势/限制)、Opportunity(机遇)和 Threat(挑战)的缩写。SWOT 分析也称为态势分析,最早由美国旧金山大学韦里克(H. Weihrich)教授于 20 世纪 80 年代初提出,旨在为项目开发、企业营销等重大投资决策进行系统的分析论证,之后在以麦肯锡为代表的咨询业界和管理学界得到广泛应用③。近年来,该方法逐渐在国土资源规划、城市规划、旅游规划等领域得到广泛应用。

SWOT 分析以既定的目标为导向,有针对性地对研究区域的内部优势、劣势和外部机遇、威胁进行识别分析,依据矩阵的形态进行科学的排列组合,然后运用系统分析的研究方法将各种主要因素相互匹配进行分析,最后归纳提出相应的发展战略④⑤。SWOT 分析的流程包括明确目标、分析因素、构造矩阵、战略选择 4 个步骤。在城市战略规划中,明确目标,就是要明确城市发展的总体目标;分析因素,主要是对城市发展的优势、劣势、机遇、挑战 4 个方面的因素进行详细罗列分析;构造矩阵,将调查得出的各种因素按照重要程度进行排序,将那些有重大和长期影响的因素优先排列,反之,做次要排列,构造 SWOT 矩阵;战略选择,对应优势、劣势与机遇、威胁各种因素的组合,形成相应的发展战略,如图 5-3 所示⑥⑦。

随着 SWOT 分析在城市规划中的应用越来越广泛,在应用过程中也出现了一些应用误区,如发展目标模糊、客观判断不足、战略选择缺失等,或者仅对优势、劣势、机遇、挑战等进行简单罗列⑧,这在 SWOT 分析应用中应当注意避免。针对目标指向模糊的城市规划,肖鹏飞、罗倩倩提出跳出 SWOT 分析的隐含假定,可以从宏观、中观和微观 3 个层次梳理环境因素的战略意义,这种方法也值得借鉴学习。

---

①②　崔功豪,魏清泉,刘科伟.区域分析与区域规划[M].北京:高等教育出版社,2006.

③⑤⑦⑧　肖鹏飞,罗倩倩.SWOT 分析在城市规划中的应用误区及对策研究[J].城市规划学刊,2010(7).

④⑥　袁牧,张晓光,杨明.SWOT 分析在城市战略规划中的应用和创新[J].城市规划,2007(4).

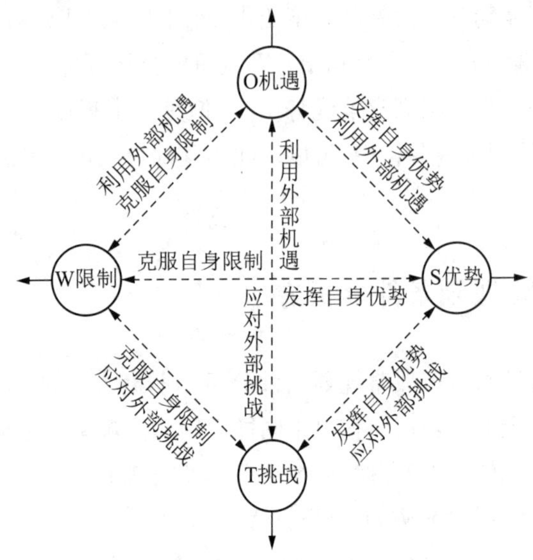

图 5-3　SWOT 要素归纳分析示意

资料来源：袁牧，张晓光，杨明.SWOT 分析在城市战略规划中的应用和创新[J].城市规划，2007(4).

第三节　城市发展的宏观趋势与外部环境

城市发展战略规划是对城市未来 20 年至 30 年，甚至更长时间进行的整体性和前瞻性研究①，因此开展城市战略规划，必须对城市发展的宏观趋势和外部环境进行研判和分析。前文已经提到城市战略规划离不开对外部环境的分析，这既包括外部环境带来的机遇，也包括外部环境可能造成的挑战。从不同层次来看，城市发展的外部环境总体上可以归结为世界发展趋势、国家宏观形势和区域发展态势 3 个方面。

一、世界发展趋势

城市战略规划的世界发展趋势分析重点要关注新的城市发展理念，关注全球社会经济发展态势，把握未来全球城市发展的可能动向。当前世界正处于大发展、大变革、大调整时期，世界多极化、经济全球化、社会信息化、文化多样化深入发展②，在当今时代，几乎没有一个国家和地区可以与世界隔绝，能阻挡世界经济发展的总趋势③。因此，了解全球城市的最新动向是城市战略规划当中必须考虑的。2016 年 10 月，第三届联合国住房和可持续城市发展大会通过了《新城市议程》，该文件被认为既是对过去 20 年全球城市发展进程中包括以上问题在内的一系列城市发展问题的回顾与总结，也为未来 20 年世界城市可持续发展规划蓝图并指明方向。在该文件中提出的城市远景中，包含了诸

---

① 陈可石，杨瑞，钱云.国内外比较视角下的我国城市中长期发展战略规划探索——以深圳 2030、香港 2030、纽约 2030、悉尼 2030 为例[J].城市发展研究，2013(11).

② 上海城市总体规划(2017—2035 年)[EB/OL]. http://www.shanghai.gov.cn/newshanghai/xxgkfj/2035001.pdf.

③ 崔功豪，魏清泉，刘科伟.区域分析与区域规划[M].北京：高等教育出版社，2006.

多未来引领城市发展的新理念，如平等、正义、安全、健康、能支付、绿色、可持续、包容等。

《上海市城市总体规划（2017—2035 年）》在其第二章《迈向卓越的全球城市》中对当前全球城市发展的宏观趋势进行了较好的概括，基本可以反映当前的最新动态。首先，从当前的发展来看，全球化与区域化继续长期影响世界格局，协同发展的网络化共享城市时代已经到来。在世界经济增速减缓、全球创新链和产业链重构的背景下，全球城市网络已基本形成，节点城市成为参与全球竞争与合作的主体。其次，"互联网＋"推动新技术革命迭代发生，全球迎来创新驱动的知识经济时代。在全球范围内新一轮技术创新浪潮推动下，以互联网和新能源为新支点的第四次工业革命正在酝酿，新的社会经济驱动力正在转换。最后，新的发展语境形成，世界进入资源环境友好、人文关怀至上的生态文明时代。工业时代的发展后遗症正在充分暴露，以气温和降水显著变化为核心的极端气候事件日趋增多，对自然环境和资源能源没有节制地攫取和消费愈演愈烈，阻断文脉发展、忽视大众利益的价值导向没有得到有效遏制，频发的城市公共安全事件危及人居安全。面临困局，需要各国人民同心协力构建人类命运共同体，建设持久和平、普遍安全、共同繁荣、开放包容、清洁美丽的世界。

陈可石、杨瑞、钱云通过对《深圳 2030》《香港 2030》《纽约 2030》《悉尼 2030》等城市的中长期发展战略规划进行梳理（表 5-4），总结出这些城市发展战略规划的共同趋势：探寻可持续发展之路，引领城市未来；注重文化发展，提升城市综合竞争力；营造优质生活环境，建设宜居城市；发展绿色交通，构建多元交通运输网；关注可支付性住房，保障社会公平。

表 5-4 深圳、香港、纽约、悉尼 4 个城市中长期发展战略规划概况

	《深圳 2030》	《香港 2030》	《纽约 2030》	《悉尼 2030》
规划框架	优势—挑战—目标—方案—策略—措施	回顾与检讨—远景—挑战—规划方案—方向—主题—措施—行动计划	问题挑战—目标—计划—措施—实施	问题与挑战—战略主题—目标—策略—分目标—行动方案
研究方法	数据统计、趋势判断、情景分析、方案比选、公众咨询、专家咨询、抽样问卷	数据统计、趋势判断、情景分析、方案比选、公众咨询、咨询论坛、专题工作坊、电子论坛、规划创作比赛与训练课程	数据统计、趋势判断、情景分析、公众咨询	数据统计、趋势判断、情景分析、公众咨询、调查问卷
问题挑战	城市发展定位不明，城市空间拓展有限，淡水资源严重缺乏，基础设施面临挑战，二元结构特征明显	全球及区域竞争日益激烈，对优质环境的期望日渐提高	人口增长、基础设施老化、全球气候变化等环境压力	全球化、气候变暖、能源短缺、交通拥堵、经济竞争激烈、人口老龄化、住房价格上涨、人口和就业岗位急剧增长致使城市中心区不堪重负，文化与品质亟待延续
远景	可持续发展的全球先锋城市	亚洲国际都会	21 世纪第一个可持续发展的城市	绿色、全球化、连通

资料来源：陈可石，杨瑞，钱云.国内外比较视角下的我国城市中长期发展战略规划探索——以深圳 2030、香港 2030、纽约 2030、悉尼 2030 为例[J].城市发展研究，2013(11).

二、国家宏观形势

在城市战略规划中,要全面了解全国的宏观发展形势,自觉接受全国发展战略的约束。全国的发展战略和宏观形势,是城市发展战略的指导和基本依据之一,特别是要考虑国家的重点规划、经济政策、人口政策、土地政策等问题,尽可能与国家的发展战略相一致。例如,在国家重大战略方面,当前国家提出"创新、协调、绿色、开放、共享"五大发展理念,这在一定程度上为地方城市发展提出了明确的要求,在城市战略规划中应以此为指导思想;再如,国家提出"一带一路"倡议,在《推动共建丝绸之路经济带和21世纪海上丝绸之路的愿景与行动》文件中对西北地区、东北地区、西南地区、沿海和中国港澳台地区以及内陆地区的开放战略提出了要求,这为国内诸多地区对接"一带一路"勾勒出方向,同时也给这些地区带来了重要发展机遇,而对于城市战略规划编制而言,在城市战略规划中都应当主动对接,寻找在"一带一路"建设过程中可能给城市自身发展带来的机遇①;再例如,国家提出实施乡村振兴战略,2018年9月中共中央、国务院进一步印发了《乡村振兴战略规划(2018-2022年)》②,这给城市战略规划编制过程中考虑城乡融合发展提供了参照依据。

在经济发展方面,要重点关注国家的产业政策,分析国家重点支持和扶助的产业领域,在城市战略规划中结合地方实际,明确城市未来可能的发展方向。例如,《"十三五"国家战略性新兴产业发展规划》就指出战略性新兴产业代表新一轮科技革命和产业变革的方向,是培育发展新动能、获取未来竞争新优势的关键领域;提出重点发展新一代信息技术产业、生物产业、高端装备与新材料产业、数字创意产业、绿色低碳(新能源汽车、新能源、节能环保等产业)等五大领域③;此外,国家提出的《中国制造2025》也对未来制造业发展提出了方向④。在宏观经济转型方面,十九大报告指出我国经济已由高速增长阶段转向高质量发展阶段,正处在转变发展方式、优化经济结构、转换增长动力的攻关期;我国经济进入新常态,经济发展方式正从规模速度型粗放增长转向质量效率型集约增长。除上述发展方面外,国家还提出了自贸区建设等政策。这些重大判断和重点产业扶持政策,在城市战略规划的产业经济条件分析中都应当进行重点关注。

此外,还应该关注国家其他方面的政策和规划,如国家提出的新型城镇化规划、"二孩"政策等,分析这些政策可能给城市长远发展带来的影响。在关注以上政策之外,还需特别关注国家层面对于跨区域发展制订的区域性规划。例如,自2015年以来,国务

---

① 参见 http://ydyl.people.com.cn/n1/2017/0425/c411837-29235511-2.html。

② 参见中共中央、国务院印发《乡村振兴战略规划(2018—2022年)》(http://politics.people.com.cn/n1/2018/0926/c1001-30315263.html)。

③ 参见国务院《关于印发〈"十三五"国家战略性新兴产业发展规划〉的通知》(http://www.gov.cn/zhengce/content/2016-12/19/content_5150090.htm)。

④ 参见国务院《关于印发〈中国制造2025〉的通知》(http://www.miit.gov.cn/n973401/n1234620/n1234622/c4409653/content.html)。

院共先后批复了8个国家级城市群的规划(表5-5),城市在战略规划的编制过程中,应对照这些规划,结合城市群的总体定位和发展战略,寻找国家对城市自身的定位和要求,同时避免与同区域的其他城市定位雷同,制定差异化发展的策略。

表5-5　国家已公布的8个国家级城市群概况

城市群	战略定位	城市名单
长江中游城市群	中国经济新增长极、中西部新型城镇化先行区、内陆开放合作示范区、“两型”社会建设引领区	武汉、黄石、鄂州、黄冈、孝感、咸宁、仙桃、潜江、天门、襄阳、宜昌、荆州、荆门、长沙、株洲、湘潭、岳阳、益阳、常德、衡阳、娄底、南昌、九江、景德镇、鹰潭、新余、宜春、萍乡、上饶、抚州、吉安
哈长城市群	东北老工业基地振兴发展重要增长极、北方开放重要门户、老工业基地体制机制创新先行区、绿色生态城市群	哈尔滨、大庆、齐齐哈尔、绥化、牡丹江、长春、吉林、四平、辽源、松原、延边
成渝城市群	全国重要的现代产业基地、西部创新驱动先导区、内陆开放型经济战略高地、统筹城乡发展示范区、美丽中国的先行区	成都、重庆、自贡、泸州、德阳、绵阳、遂宁、内江、乐山、南充、眉山、宜宾、广安、达州、雅安、资阳
长江三角洲城市群	最具经济活力的资源配置中心、具有全球影响力的科技创新高地、全球重要的现代服务业和先进制造业中心、亚太地区重要国际门户、全国新一轮改革开放排头兵、美丽中国建设示范区	上海、南京、无锡、常州、苏州、南通、盐城、扬州、镇江、泰州、杭州、宁波、嘉兴、湖州、绍兴、金华、舟山、台州、合肥、芜湖、马鞍山、铜陵、安庆、滁州、池州、宣城
中原城市群	中国经济发展新增长极、全国重要的先进制造业和现代服务业基地、中西部地区创新创业先行区、内陆地区双向开放新高地、绿色生态发展示范区	郑州、洛阳、开封、南阳、安阳、商丘、新乡、平顶山、许昌、焦作、周口、信阳、驻马店、鹤壁、濮阳、漯河、三门峡、济源、长治、晋城、运城、聊城、菏泽、宿州、淮北、阜阳、蚌埠、亳州、邢台、邯郸
北部湾城市群	面向东盟国际大通道的重要枢纽、“三南”开放发展新的战略支点、21世纪海上丝绸之路与丝绸之路经济带有机衔接的重要门户、全国重要绿色产业基地、陆海统筹发展示范区	南宁、北海、钦州、防城港、玉林、崇左、湛江、茂名、阳江、海口、儋州、东方、澄迈、临高、昌江
关中平原城市群	向西开放的战略支点、引领西北地区发展的重要增长极、以军民融合为特色的国家创新高地、传承中华文化的世界级旅游目的地、内陆生态文明建设先行区	西安、宝鸡、咸阳、铜川、渭南及商洛、运城、临汾、天水、平凉、庆阳部分地区
呼包鄂榆城市群	充分发挥比较优势,彰显区域和民族特色,建设面向蒙俄、服务全国、开放包容、城市协同、城乡融合、绿色发展的中西部地区重要城市群	呼和浩特、包头、鄂尔多斯、巴彦淖尔、乌海、阿拉善盟、银川、榆林、石嘴山、吴忠(待定)

注:统计时间截至2018年3月。

资料来源:参见 https://baike.baidu.com/item/%E5%9F%8E%E5%B8%82%E7%BE%A4/4291670?fr=aladdin#4_1。

三、区域发展态势

城市战略规划编制过程中，要了解周边地区的情况，分析城市与周围城市的关系。通过研究周围地区的经济结构、发展水平、市场状况、资源禀赋等，以比较城市的绝对优势和相对优势，分析城市在地域分工中所能起的作用、能力以及可以扮演的角色①。分析区域发展态势，可从纵向和横向两个维度进行考察。

纵向维度，主要是分析与较高等级城市的战略协调对接，如县、市、区在编制城市战略规划时要着重考虑上一级城市总体规划或战略规划中与自身相关的内容，特别是在城市定位、产业分工、人口调控、土地指标等方面的内容。例如，济南市提出“打造四个中心，建设现代泉城”的目标，并在《城市中心、次中心与卫星城规划布局研究》中将长清区确定为两个卫星城之一。对于长清区而言，在战略规划研究过程中，就需要考虑如何对接济南市提出的金融中心、物流中心、科创中心和经济中心的“四个中心”目标，同时在城市战略规划研究过程中也需要着重分析上级规划中卫星城的定位该如何凸显。

横向维度，主要是针对周边城市的比较分析，通过对周边城市的经济规模、经济增速、资源禀赋、产业结构、产业发展方向、社会发展水平等内容进行全面比较，确定城市之间发展的异同，明确自身发展的优势和劣势。当然，随着城市之间网络化趋势的发展，不能仅强调城市之间的竞争关系，同时也需要更多关注不同城市之间的协同发展，在区域性规划的指引下，联动发展。例如，《上海 2035》规划中就指出，要落实《长江三角洲城市群发展规划》，进一步强化上海的龙头作用，引领长三角城市群发展成为具有全球影响力的世界级城市群和中国参与全球竞争的重要引擎。

第四节　城市发展的自身基础与内部条件

城市发展受到内外部因素的共同作用，城市本身的地理位置、资源禀赋、基础设施、社会经济发展水平等对城市的长远发展具有重要影响。因此，在城市战略规划的条件分析中，必须对城市发展的自身基础与内部条件进行全面客观的分析与评价，不能脱离自身实际，其中，以下几个方面应当重点分析。

一、区位条件

区位条件分析几乎是所有城市战略规划研究中都必须包含的内容，因为区位条件分析是城市战略规划编制的基础。对于城市的区位条件分析可以从地理位置、交通条件等方面进行具体考察。

城市的区位条件既有与周围山川、水域等的空间关系，更重要的是与周边区域、中

---

① 崔功豪，魏清泉，刘科伟.区域分析与区域规划[M].北京：高等教育出版社，2006.

小城市、工业基地、农业基地、道路交通、物流中心等的空间关系[①]。城市的地理位置是城市及其外部的自然、经济、政治等客观事物在空间上的结合，有利的城市地理位置会显著促进城市的发展[②]。从不同维度来看，城市地理位置有多种类型划分，例如大、中、小位置，中心、重心位置和邻接、门户位置等。其中，大、中、小位置的划分对于城市战略规划的区位条件分析具有较高参考价值。

大、中、小位置是从不同空间尺度来考察城市地理位置。大位置是城市与较大范围的事物的相对关系，是从小比例尺地图上进行分析的；而小位置是城市与其所在城址及附近事物的相对关系，是从大比例尺地图上进行分析的；有时可以从大、小位置之间分出一种中位置[③]。基于此，城市地理学者对上海所处的大、中、小位置进行了描述（表 5-6）。当前，随着全球化、网络化、信息化趋势的凸显，针对一些高等级的城市还需要从全球视野来分析其所处的位置，例如《武汉 2049 远景发展战略》中就通过分析 GaWC（全球城市网络研究小组）的 175 个生产性服务业企业的总部与分支在武汉的数据，提出武汉是中部地区与全球城市网络链接的门户[④]，这某种程度上也是一种位置。

表 5-6　上海的大、中、小位置描述

位置	描　述
大位置	上海大位置的特点是其位于我国南、北海岸线的中点以及长江的出口处。对内，其是广阔富饶的长江流域以至更大地域的门户；对外，其是我国大陆向东最接近太平洋世界贸易要道的城市
中位置	上海中位置的特点是其位于长江三角洲的东南端和太湖流域的下游，整个长江三角洲平原，特别是太湖流域作为上海的直接腹地，为上海城市的形成和繁荣奠定了区域基础
小位置	黄浦江和吴淞江相汇的特点是上海形成与发展的小位置因素

资料来源：许学强，周一星，宁越敏.城市地理学[M].北京：高等教育出版社，2009。

交通条件与区位条件密切相关，交通条件往往会直接或间接影响到城市的区位条件，良好的交通条件显然有助于改善和提升城市的区位条件。在城市战略规划中，对于交通条件的分析要涵盖海陆空以及内部交通和外部联系等多个方面，例如陆上交通，对于跨越城市的高速、国道、铁路等都要进行全面分析，考察其带来的可能机遇以及对城市空间布局可能产生的影响。同时，还要着重分析区域重大交通设施规划，例如未来是否有机场、高铁站点布局，是否有高铁、高速公路等越境。区位条件并不是固定不变的，特别是随着交通条件的改善和发展，会对城市区位条件产生影响，因此要动态地认识区位条件。例如，最初京杭大运河的修建带动形成了一批城市，但随着铁路的修筑，导致京杭大运河沿岸一些城市衰落，而铁路的修筑又带动了另一批城市的形成和发展。

---

①　崔功豪，魏清泉，刘科伟.区域分析与区域规划[M].北京：高等教育出版社，2006.

②③　许学强，周一星，宁越敏.城市地理学[M].北京：高等教育出版社，2009.

④　郑德高，孙娟，马璇，尹俊.竞争力与可持续发展导向下的城市远景战略规划探索——以武汉 2049 远景发展战略研究为例[J].城乡规划，2017(4).

二、资源基础

资源禀赋分析是确定城市长远发展方向的依据,城市的资源基础可分别从自然资源和文化资源两个维度进行分析。对于自然资源,要着重综合分析评价土地资源、水资源、矿产资源、能源等城市长期发展需要的保障性资源,以及气候、植被、河流、风向等自然环境要素。以土地资源为例,要考察城市的地形地貌,并对城市土地资源的人口承载力进行评价。同时,我国一些城市处于地震、泥石流、滑坡、崩塌等自然灾害的频发区,坡度、地基承压力、地下水埋深等都需要全面考虑①。

文化是城市的生命。城市的竞争力不仅体现在经济上,更体现在社会、文化等领域的综合竞争力上,文化对城市发展的影响日益显著。近年来,越来越多的城市也开始注重城市文化并制订了相应的文化规划。在城市战略规划的文化资源分析中,要深入挖掘城市的文化底蕴、民俗民风,以及各类历史遗迹、各类文物保护单位、非物质文化遗产等。同时,也要考察城市自身文化产业的发展情况,例如媒体传播业、文化娱乐业、影视音像业、印刷业、网络文化业、文化产品、艺术教育培训等。

随着社会经济的不断发展,居民出游的人数迅速增长,旅游业正成为诸多城市的重要发展战略。旅游产业的发展离不开优质的旅游资源,而旅游资源往往是文化和自然的有机结合,因此在对资源基础进行分析过程中,还要突出对旅游资源的分析和评价。通过综合分析,摸清城市旅游资源的数量、类型、分布、价值、开发利用现状和前景等。

三、经济基础

城市战略规划中的产业经济研究是必需的,在产业经济发展条件分析中通常会研究城市经济结构现状和存在的问题,判断城市所处经济发展阶段,分析产业结构特征和发展优势等。

一方面,就城市经济的总体情况而言,要从总体上摸清近20—30年来城市经济总量的变化和增长情况,分析经济增长的趋势;同时,还要对主要的经济指标发展变化情况进行分析,例如地区生产总值、人均地区生产总值、三次产业增加值及其结构、工业增加值及其结构、农业增加值及其结构、社会商品零售总额、财政收入与财政支出总量及人均量、城镇居民人均可支配收入、农民人均纯收入等,并同周边城市进行综合实力的比较,明确城市在区域当中所处的地位。

另一方面,要对城市的产业状况进行分析。首先,要厘清城市产业结构的发展变化及当前的产业结构特征,分析三次产业对经济增长的贡献情况。其次,要对第一、二、三产业展开具体的分析,研究产业自身发展面临的困难以及主要的问题。在第一产业方面,要分析基本农田保护面积,主要农产品的产量、分布、类型以及具有地方特色的农产品情况、农业规模化经营情况、休闲农业和乡村旅游发展情况等;在第二产业方面,要分

---

① 崔功豪,魏清泉,刘科伟.区域分析与区域规划[M].北京:高等教育出版社,2006.

析工业企业数量、规模、产品以及主要的开发区、产业园区基本情况，了解主导产业、支柱产业和特色产业的主要情况，同时对城市辖区内次一级城镇的情况也要进行分析；在第三产业方面，要了解交通运输、商贸、金融、旅游、房地产、科教等的经营状况以及市场建设情况①。此外，还需对当前的产业布局情况进行分析，把握不同产业的空间布局特征以及发展空间限制问题。

四、社会条件

社会条件分析主要是针对城市的人口以及城镇化发展情况进行分析。在人口方面，要着重分析城市当前的人口规模和人口结构，考察城市常住人口和户籍人口数量的变动情况，分析半年以上常年外出人口和外来常住人口数量、去向、职业情况，明确城市人口的自然增长和机械增长情况。同时，还要分析城市劳动力数量及占总人口的比重，考察近 10 年来三次产业就业和农村劳动力就业结构变动情况，分析人口的城乡分布以及人口的文化素质等情况②。

在城镇化发展上，要着重考察城市当前所处的城镇化阶段。结合中国特有的户籍制度，分析城市常住人口城镇化率和户籍人口城镇化率的增长情况。在城镇化发展阶段上，美国地理学家诺瑟姆(R. M. Northam)提出的城市化 S 形曲线被广为引用。根据诺瑟姆曲线，城市化过程主要有 3 个阶段：初级阶段，城市化率在 25%以下，该阶段农业占国民经济绝大比重且人口分散分布，而城市人口只占很小比重；加速阶段，城市人口从 25%增长到 50%乃至 70%，经济社会活动高度集中，第二、三产业增速超过农业且占 GDP 比重越来越高，制造业、贸易和服务业的劳动力数量也持续快速增长；成熟阶段，城市人口比重超过 70%，城镇人口增长趋缓③。国内学者陈彦光、周一星对诺瑟姆曲线进一步修正，提出城镇化曲线可划分为初期阶段、加速阶段、减速阶段和后期阶段 4 个阶段。

五、基础设施

基础设施主要是对城市的交通、供水、排污、供电、电信、燃气、供热、防灾设施等进行分析。其中，交通在前面已经提及，主要包括铁路、公路、航空、水运、管道运输及港口等设置情况；供水主要是了解区域水利设施建设情况，供水水源、区域性水厂及供水情况，城镇水厂及供水情况，自来水普及率等；排污主要是分析污水量、污水类别、污水处理设施，以及污水达标处理量；供电主要是分析本地火电厂、水电站，35 kV 以上输变电设施情况，用电负荷和用电量；电信主要是分析固定电话和移动电话运营商情况，电信业务种类，电话普及率、区域覆盖率；燃气、供热主要是分析燃气和供热设施种类、分布、供应量、普及率，区域管道分布情况等；防灾设施主要是分析城镇防洪排涝标准，工程设

---

①② 崔功豪，魏清泉，刘科伟.区域分析与区域规划[M].北京：高等教育出版社，2006.

③ 陈明星，叶超，周义.城市化速度曲线及其政策启示——对诺瑟姆曲线的讨论与发展[J].地理研究，2011(8).

施,消防、人防设施,地震、地质灾害等①。

参考文献

R. M. Northam. Urban Geography[M]. New York: J. Wiley Sons, 1975: 65—67.

陈佳贵,等.工业化蓝皮书——中国工业化进程报告:1995—2010[M].北京:社会科学文献出版社,2012.

陈可石,杨瑞,钱云.国内外比较视角下的我国城市中长期发展战略规划探索——以深圳2030、香港2030、纽约2030、悉尼2030为例[J].城市发展研究,2013(11).

陈明星,叶超,周义.城市化速度曲线及其政策启示——对诺瑟姆曲线的讨论与发展[J].地理研究,2011(8).

陈彦光,周一星.城市化Logistic过程的阶段划分及其空间解释——对Northam曲线的修正与发展[J].经济地理,2005(6).

崔功豪,魏清泉,刘科伟.区域分析与区域规划[M].北京:高等教育出版社,2006.

李德华.城市规划原理[M].北京:中国建筑工业出版社,2001.

李小建.经济地理学[M].北京:高等教育出版社,2006.

迈克尔·波特.国家竞争优势[M].北京:华夏出版社,2002.

上海城市总体规划(2017—2035年)[EB/OL]. http://www.shanghai.gov.cn/newshanghai/xxgkfj/2035001.pdf.

肖鹏飞,罗倩倩.SWOT分析在城市规划中的应用误区及对策研究[J].城市规划学刊,2010(7).

许学强,周一星,宁越敏.城市地理学[M].北京:高等教育出版社,2009.

袁牧,张晓光,杨明.SWOT分析在城市战略规划中的应用和创新[J].城市规划,2007(4).

郑德高,孙娟,马璇,尹俊.竞争力与可持续发展导向下的城市远景战略规划探索——以武汉2049远景发展战略研究为例[J].城乡规划,2017(4).

朱传耿.试论区域经济发展条件分析[J].徐州师范大学学报(自然科学版),1997(2).

① 崔功豪,魏清泉,刘科伟.区域分析与区域规划[M].北京:高等教育出版社,2006.

第六章　城市发展的关键情景及预测方法

“情景”是对未来发展状态的描述。在城市战略规划中，“情景”包括影响城市未来发展趋势的各种因素。城市的发展面临诸多不确定性，城市战略规划首先基于对城市发展关键情景的科学预测，以合理布局产业和交通等空间，增强城市应对未来冲击的能力。不同城市在不同时段可能面临差异化的发展情景，本章主要从城市发展共性因素的角度，概述经济、人口、土地和生态四大关键情景的预测方法。

第一节　概述

一、城市发展关键情景的概念和分类

（一）城市发展关键情景的概念和特点

城市发展关键情景是特定时段对某一城市未来发展存在重要影响的一系列因素，包括人口、经济、土地、生态、区位、交通、重大项目等。科学地预测发展情景是城市战略规划的前提。城市发展的关键情景具有以下4个特点。

一是多样性。一般来讲，不同的城市面临不同的发展情景，如中国特大城市需要在人口和土地约束条件下寻求结构优化，而大多数资源型城市则更关心资源存储量和利用效率对城市未来发展的影响。

二是短期稳定性。对大多数城市而言，特定时间段内（3—5年），城市发展的关键情景具有相对稳定性，即城市经济结构缓慢调整，人口和土地开发利用规模增长相对平缓，生态条件相对稳定。城市发展关键情景的短期稳定性是城市战略规划中关键情景得以预测的可行性基础。

三是长期多变性。相同的城市在不同时段面临的发展情景也存在差异。一些城市发展关键情景的变化是城镇化等自然发展的结果。城镇化

初期城市发展的关键情景主要包括促使经济增长和体量扩大的因素，而在城镇化末期城市发展的关键动力主要是在空间约束条件下的结构优化。另一些城市发展关键情景的变化是国家政策等外力作用的结果，如河北保定市在雄安新区设立前后的关键情景发生了巨大变化。

四是周期波动性。根据城市发展的生命周期理论，城市会“呼吸”，自兴起至衰落有其自然发展规律，周而复始，生生不息。在城市发展的不同阶段，城市面临的关键情景有所差异。同时，由于城市发展的外部环境如国际政治和国际经济也具有周期性，因此城市发展的关键情景也具有波动性，如美国在特朗普总统上台后实行的对华经贸政策，对以中美进出口业务为重要经济形式的城市造成了影响，但长期来看开放和共荣仍构成世界经济的主流方向。

（二）城市发展关键情景的分类

本章从城市共性因素的角度，阐述一般城市在战略规划中均要面对的关键情景，主要包括四大方面，即经济情景、人口情景、土地情景和生态情景。

城市发展的经济情景，即城市持续发展所面临的由生产、分配、交换和消费四大环节组成的经济过程，通过价值创造、转化和实现，满足城市人的物质文化生活需要。城市发展的经济情景主要包括生产端的经济规模、经济增长速度、产业结构、投资倾向、技术水平等，消费端的消费能力、消费增长、消费结构、储蓄倾向等，以及建立在生产力基础上的一系列经济制度和政策。考虑到开放性，城市发展的经济情景还包括进出口贸易和进出口政策等因素。

城市发展的人口情景，即城市提供服务的社会主体及其结构，以及由社会主体构成的社会网络和发展变化，主要包括人口规模、年龄结构、学历结构、就业结构和技能结构等，以及由城市总人口组合而成的家庭关系、民族关系、社会关系、经济关系和政治关系等方面。一般来讲，影响城市发展人口情景的因素可分为自然因素、社会经济因素和政治因素。自然因素是最基础的因素，包括当地气候、地形、水源、土壤适宜性等；经济社会因素包括经济发展条件、公共服务水平、基础设施建设等；政治因素如国家政策、政治稳定性和政治变革等。

城市发展的土地情景，即城市主体进行一切生产和生活活动的物理空间及利用，包括陆地、水面，以及地下、地上空间的利用及相关制度规定。根据《中华人民共和国土地管理法》，城市土地包括农用地、建设用地和未利用地。一方面，城市空间发展需要土地资源支撑，城市建成面积的增加意味着对土地资源的使用；另一方面，我国面临严峻的粮食问题，需要实行严格的耕地保护政策。

城市发展的生态情景，即以自然生态系统为基础，城市人类与自然环境的相互作用，主要由城市居民赖以生存的基本物质环境构成，包括气候环境、水环境、土地环境和生物环境，也包括人类对自然系统的开发、利用和保护。城市发展的生态情景很大程度上决定了城市可容纳的经济和人口活动的规模和密度阈值，超出一定阈值的城市建设将对城市生态环境造成威胁，极大地影响城市生态结构，也将最终反作用于城市活动和人类社会发展进程。

二、预测城市发展关键情景的意义和理论基础

（一）预测城市发展关键情景的意义

从城市战略规划的角度，预测城市发展关键情景主要包含以下 3 个方面的意义。

一是提供城市战略规划和城市发展策略的依据。一方面，对城市发展关键情景进行预测是城市战略规划的首要工作。合理的人口预测更是构成了城市战略规划的技术选择和优化城市发展空间布局的前提。另一方面，情景预测是制定科学的城市发展策略的基础。在情景预测过程中，不同参数的设置往往得出差异性的情景，可对比不同预测情景下城市发展趋向的不同，确定参数组合，这些参数组合即代表了一揽子的城市发展策略。

二是及时调整前期城市战略规划方向的偏离。城市发展的关键情景在一定时段内（一般为 3—5 年）具有相对稳定性，这使情景预测成为可能，但长期（一般为 5 年以上）而言，城市发展的关键情景往往发生变化，以相同的情景预测未来 5 年或更长期的城市发展方向是不合理的。因此，预测城市发展的关键情景可以及时跟踪城市发展的最新条件，更新城市发展战略，纠偏城市发展方向。

三是提高应对未来突发情况的能力。城市发展关键情景的预测是对未来的模拟，预测方法也在逐年改进。预测过程可以吸纳国际最新城市规划理念和技术，规避国际城市发展问题。同时，有效的城市发展情景预测还可以模拟城市应对不同冲击的表现，在相应规划板块强化城市自我调整功能，提高应对未来突发情况的能力。

（二）预测城市发展关键情景的理论基础

预测城市发展关键情景的理论基础包含两个部分，其一是预测方法的基本原理，构成了城市情景预测可行性的基础，并为城市情景预测提供方法学意义上的参考；其二是城市情景预测的理论基础，阐释城市关键情景为何是可预测的，以及预测城市发展关键情景的必要性，主要包括城市综合承载力理论、城市生命周期理论和城市可持续发展理论。

1. 预测方法的基本原理

一是惯性原理。事物在一定时期内有保持基本运动状态不变的性质，即事情的发展变化具有实践上的延续性，且这种延续性相对稳定。事物的惯性特征表现在两个方面：一方面是趋势的惯性，如经济增长速度和周期性变化在一定时期内保持不变；另一方面是结构的惯性，如产业结构、人口结构、土地利用结构和生态结构在一定时期内具有稳定性。

二是相关性原理。事物的发展变化和另一事物有着直接或间接的关系，用公式表示，即 $Y=f(X)$，其中，X 代表一个或多个对 Y 产生影响的因素。如预测经济体对金融产品的需求量时，需要考虑人均收入水平、金融产品的发展水平、金融监管力度等因素。当然，事物之间的相关性并不等同于因果性。

三是相似性原理。利用历史上发生的事件来推测相似情境下另一个事件发生的可能性。相似性主要有以下 3 个应用场合：首先，历史相似性，如根据黑白电视机市场发展过程类推彩色电视机市场需求变化；其次，阶段相似性，如通过观察国外城市城镇化发展阶段和特征，预测中国城镇化发展的起讫点和变化过程；最后，局部与总体的相似性，如通过随机抽样调查方法取得统计数据，描述整体样本的规模、结构等特征。

四是作用衰减原理。如果事物 A 对事物 B 存在影响，那么这种影响必然随着时间推进而衰减。根据作用衰减原理，近期数据对未来趋势的预测能力更强，因此在具体预测模型中，往往增加近期因素的权重，同时降低远期因素的权重。

五是统计学原理。统计学原理同样指导预测行为，如"小概率事件"不可能定理，即发生概率足够小的事件在单独某次试验中是不可能发生的。

六是反馈原理。预测结果将反馈于预测系统，使下一次预测行为更接近现实。根据反馈原理，预测行为是对客观现实的近似，需要不断修正。因此定期检测和预测，并建立规范的反馈机制，是不断修正预测系统、校正预测方案的必要手段。

2. 城市情景预测的理论基础

本部分主要从城市发展规律和普遍性的角度阐述城市情景预测的可行性和必要性。城市综合承载力理论认为一定条件下存在城市发展极限，构成了城市情景预测的空间；城市生命周期理论对城市发展关键情景预测形成启示，特别是关注经济周期和长期趋势作为提高预测精准度的重要因素；城市可持续发展理论则对城市要素的使用提出要求，对城市发展关键情景的预测应留出充分空间，以应对未来发展的不确定性。以下分别加以介绍。

一是城市综合承载力理论。根据城市综合承载力理论，城市经济和人口规模及强度的阈值是客观存在的，是城市经济社会发展的拐点，超出阈值范围的城市发展最终是不健康的。1921 年，帕克(Park)和伯吉斯(Burgess)提出"承载力"概念，认为承载力可以用食物消耗和再生产能力模拟地区最大承载人口①。随着城镇化过程中"城市病"的产生，承载力的概念逐渐从生态学向其他学科领域扩展。目前国内外学者或组织较多地用资源承载力、环境承载力和生态承载力描述城市发展规模和条件的约束条件。根据傅鸿源和胡焱②的总结，除了上述三大承载力外，城市综合承载力还包括城市基础设施承载力、城市安全承载力和城市公共服务承载力，是六大方面的有机组合。

二是城市生命周期理论。城市生命周期是以城市经济社会活动的周期性表示城市发展的阶段性。特拉菲尔(Trefil)在《未来城》中将城市比作森林似的生态系统，存在诞生、发展、成熟和消亡等发展阶段③，沃尔曼(Wolman)1965 年提出"城市代谢(Urban

---

① R. F. Park, E.W.Burgess. An Introduction to the Science of Sociology[M]. Chicago: The University of Chicago Press, 1921: 28.

② 傅鸿源，胡焱.城市综合承载力研究综述[J].城市问题，2009(5)：27—31.

③ 詹姆斯・特拉菲尔.未来城：述说城市的奥秘[M].赖慈芸，译.北京：中国社会科学出版社，2000：13—28.

Metabolism)"[①]概念,均将城市看作生命系统,有其自然发展变化的规律。其后,霍尔(Hall)在1971年提出的城市发展阶段理论[②],以及盖伊尔(Geyer)和康图利(Kontuly)在1996年提出的差异城市化理论均以城市化发展进程定义城市生命周期,指出在不同进程,城市发展呈现不同的阶段性特征[③]。城市生命周期理论对城市发展情景预测的启示主要是,城市发展阶段构成城市发展的重要背景,判断城市发展处于上行或下行阶段,甄别城市发展的高峰或低谷,是预测城市发展关键情景的重要参考。

三是城市可持续发展理论。城市可持续发展即城市能够为其居民持续提供服务的能力,是可持续发展概念在城市空间范围的延续。与城市可持续发展理论相关的概念如生态城市(Ecocity)和可持续城市(Sustainable City)等,主张城市经济社会系统与自然生态系统的协同,最终体现为城市发展的人口、资源、空间、环境等各项要素实现良性互动。根据城市可持续发展理论,预测城市关键情景应注重系统性和整体性,并关注各子要素之间的相互作用。

第二节 城市发展的经济、人口、土地和生态情景及预测

一、城市发展的经济情景及预测

(一) 城市发展的经济情景

城市发展的经济情景包含的内容较为广泛,指标较多,如地区生产总值、增长速度、经济结构、人口就业、财政收支变化等。同时,也要预测国际经济形势和国内经济形势的变化情况等。

1. 经济规模

城市的经济规模是一定时期内城市生产部门在现有技术条件下生产的全部最终商品和服务的总和。对城市经济规模进行预测,可以分析城市可能取得的经济资源和消费需求,形成对城市规划调控的对策建议,同时有利于制定相应的经济政策以保障战略规划方案的实施。

2. 经济增长速度

城市的经济增长速度是在一个时间跨度上,城市的全部产出的增长率,通常用GDP增速来衡量。经济增长速度一般被认为是城市整体经济景气状况的表现,如果经济增速为正且增速较高,本年度的GDP高于往年,说明城市经济处于繁荣状态;而经济增速为负则表示本年度的GDP低于往年,往往会被形容为"不景气"或经济衰退。

---

① A. Wolman. The Metabolism of the City[J]. Scientific American, 1965, 213(3):179—190.

② P. Hall. Spatial Structure of Metropolitan England and Wale[M]. Cambridge: Cambridge University Press, 1971:96—125.

③ H. S. Geyer, T. M. Kontuly. Differential Urbanization: Integrating Spatial Models[J]. London England Arnold, 1996, 24(3):264—290.

3. 经济周期

经济周期是指经济活动沿着经济发展的总体趋势所经历的有规律的扩张和收缩，一般分为繁荣、衰退、萧条和复苏 4 个阶段①。城市经济周期主要受国家或地区整体经济周期的影响。一般而言，国家经济周期处于扩张阶段，城市经济也相应进入景气繁荣时期；国家经济周期处于收缩阶段，城市经济也将进入下滑甚至衰退时期。

（二）预测城市发展的经济情景

城市发展的经济情景预测方法主要包括时间序列法、因素分析法、情景分析法等。

1. 时间序列法

时间序列法是通过编制和分析时间序列，根据时间序列所反映出来的发展过程、方向，分析其随时间变化的趋势，并建立数学模型以预测目标未来可能达到的水平。时间序列的主要影响因素包括长期趋势、季节变动、循环变动和不规则变动。其中，长期趋势是由于某种根本性原因的影响，社会经济现象在相当长的时间里，持续增加向上发展和持续减少向下发展的态势；季节变动是指由于自然条件、社会条件的影响，社会经济现象在 1 年内随着季节的转变而引起的周期性变动；循环变动是指社会经济现象以若干年为周期的波浪式变动；不规则变动是指由意外的偶然性因素引起的、突然发生的、无周期的随机波动。时间序列法的主要方法有移动平均法、加权移动平均法、指数平滑法、最小平方法等②。

2. 因素分析法

因素分析法是用预测对象与影响其因素之间的因果关系或结构关系建立经济数学模型来预测的方法。反映因果关系的，如回归分析模型，在分析市场现象自变量和因变量之间相关关系的基础上，建立回归方程，并基于回归方程，根据自变量的数量变化来预测未来因变量的数值。反映结构关系的，如投入产出模型，投入产出模型是根据投入产出原理建立的一种经济数学模型，其中，投入是指从事一项经济活动的消耗，产出是指从事经济活动的结果。

3. 情景分析法

情景分析法是假定某种现象或某种趋势持续发展的情况下，对经济社会发展可能出现的结果进行预测的方法。在传统的定量预测方法中，大多是基于趋势外推的思想，即在经济发展外部环境不变或很少变化的前提下，找出经济发展过去或现在的演变规律，然后将其规律延伸到未来③。而当外部环境发生较大变化的时候，这类方法将不适用。情景分析方法的核心是对经济事件情景的设定和选择。由于影响经济发展的因素较多，选择预测方法要从预测对象的特点出发，根据预测的目的和要求、占有资料的状况、预测费用与效益的比较等因素进行综合考虑。同时，各种预测方法有自己的适用范围和优缺点，可相互结合作用，以便进行检验和补充。

---

① 欧阳峣，汤凌霄.构建中国风格的世界经济学理论体系[J].管理世界，2020(4)：66—79.

② 刘卿，崔博.对于库存需求的统计分析[J].中国城市经济，2011(30)：56—57.

③ 张明立，吴凤山.情景分析法——一种经济预测方法[J].决策借鉴，1992(3)：34—36.

二、城市发展的人口情景及预测

预测城市人口是城市战略规划的首要工作，其既是城市战略规划的目标，又是确定城市规划中的具体技术指标与城市合理布局的前提和依据①，因此，合理预测城市人口对城市战略规划和城市的可持续发展有着十分重要的意义。

（一）城市发展的人口情景

1. 人口总量

城市人口总量是指在一段时间内城市全部人口的数量。城市人口总量是城市战略规划的重要指标，决定着城市用地规模、公共服务设施等多种因素。在我国，城市战略规划还要考虑户籍人口和常住人口（常住人口指实际经常居住在某地区半年以上的人口），一般而言，城市的公共服务配套设施应按照常住人口规模来相应配置，且应留有一定余量。

2. 人口年龄结构

人口年龄结构是各个年龄组人口在总人口中所占的比重或百分比。年龄结构状况，尤其是育龄妇女的所占比重，对人口的自然增长、人口再生产模式和速度有直接影响。根据经济体中不同年龄人口比重的差异，可将经济体区分为年轻型、成年型和老年型 3 种类型。人口年龄结构对未来人口发展的类型、速度和趋势有重大影响，对城市战略规划而言，人口年龄结构也决定着城市产业发展和公共服务配置。

（二）预测城市发展的人口情景

城市人口预测是对未来一定时期内城市人口数量和结构进行的测算。城市人口预测方法主要有趋势外推法、带眷系数法、综合增长率法、灰色模型法等。

1. 趋势外推法

趋势外推法是基于人口数据和相关历史资料，根据人口发展的趋势对未来的人口规模进行预测的方法。如果通过分析城市历年人口数据，发现城市人口基本上随着时间的推移而稳定增长或减少，则采用趋势外推法来预测未来城市人口较为合适。趋势外推法通过建立回归分析模型来预测城市未来人口，一般采用线性模型和指数模型，从人口和相关变量（一般为时间变量）出发，分析确定这些变量之间的定量关系式，并对这些关系式的信赖度进行统计检验，然后利用所建立的回归模型对区域人口进行预测。有时也可以分别采用多种模型（如线性模型和指数模型）进行拟合，通过修正拟合结果得到未来时间点或时间段内的城市人口。

2. 带眷系数法

带眷系数法是根据新建工业项目的职工数及带眷情况计算的。当建设项目已经落实，规划期内人口机械增长稳定的情况下，宜按带眷系数法计算人口发展规模。计算时

---

① 王争艳，潘元庆，皇甫光宇，李天阁，葛利玲.城市规划中的人口预测方法综述[J].资源开发与市场，2009(3)：237—240.

应分析从业人员的来源、婚育、落户等状况以及城镇的生活环境和建设条件等因素，确定增加的从业人员及其带眷系数。一般预测公式为：$P=P_1(1+a)+P_2+P_3$。其中，P 为规划期末城镇人口规模，P_1 为带眷职工人数，a 为带眷系数，P_2 为单身职工人数，P_3 为规划期末城镇其他人口数。职工带眷系数法主要用于新建工矿城镇，有利于确定住户居住形式，估算新建工业企业、小城镇发展规模，但不适合对已经建好的整个城市人口规模进行预测①。

3. 综合增长率法

综合增长率法主要适用于人口增长率相对稳定的城市，对于新建或发展受到外部条件影响较大的城市则不适用。目前，大部分城市规划都是对已有城市的规划，新建城市比较少，因此，综合增长率法适用范围较广。而旅游城市、工业城市可采取较为特殊的城市人口预测方法。综合增长率法的一般预测模型为 $P_t=P_0(1+r+r')^n$，其中，P_t 为末期人口规模，P_0 为初期人口规模，r 和 r' 分别为人口自然增长率和人口机械增长率，n 为预测年限。在具体测算过程中，可根据以往城市人口的自然增长率、机械增长率，再考虑城市未来增长的影响因素（如放开“二孩”政策对自然增长率影响，经济发展对机械增长率影响等），列出高、中、低方案，合理确定 r 和 r' 的数值，进而预测未来在高、中、低情景下城市人口规模。

4. 灰色模型预测法

一个地区的人口变化受多个要素的影响，社会制度、自然环境、科学文化水平都会影响人口的社会发展进程，潜在的影响因素无法用有限的指标来衡量，其对人口增长的影响程度的大小也难以精确计算。灰色模型预测法是对既包含已知信息又包含未知因素的系统进行预测的方法，其特点是所需信息量小，预测精度高，可以将无序离散的原始序列调整为有序状态，而且能够较完整地保持原系统的特征，因此可以较好地反映系统的实际情况。在人口的灰色预测法中，一般采用 $GM(1, 1)$ 模型对城市人口进行预测。

三、城市发展的土地情景及预测

（一）城市发展的土地情景

1. 城市用地与规划建设用地总规模

根据 2012 年开始实施的《城市用地分类与规划建设用地标准》（GB 50137—2011），城乡用地（Town and Country Land）指市（县）域范围内所有土地，包括建设用地与非建设用地。建设用地包括城乡居民点建设用地、区域交通设施用地、区域公用设施用地、特殊用地、采矿用地等，非建设用地包括水域、农林用地以及其他非建设用地等。其中，城市建设用地（Urban Development Land）指城市和县人民政府所在地镇内的居住用地、公共管理与公共服务用地、商业服务业设施用地、工业用地、物流仓储用地、道路与

---

① 王争艳，潘元庆，皇甫光宇，李天阁，葛利玲.城市规划中的人口预测方法综述[J].资源开发与市场，2009(3)：237—240.

交通设施用地、公用设施用地，以及绿地与广场用地①。

2. 人均建设用地和人均单项建设用地

人均建设用地（Urban Development Land per Capita）指城市和县人民政府所在地镇内的城市建设用地面积除以中心城区（镇区）内的常住人口数量，单位为 m^2/人。人均单项建设用地指城市和县人民政府所在地镇内的居住用地、公共管理与公共服务用地、交通设施用地以及绿地等单项城市建设用地面积除以中心城区（镇区）内的常住人口数量，单位为 m^2/人②。

3. 城市建设用地结构

城市建设用地结构指城市和县人民政府所在地镇内的居住用地、公共管理与公共服务用地、工业用地、交通设施用地以及绿地等单项城市建设用地面积除以中心城区（镇区）内的城市建设用地面积得出的比重，单位为%③。

（二）预测城市发展的土地情景

1. 传统预测方法

传统的城市用地规模预测方法即以人均用地标准乘以城市人口规模。根据新版国标《城市用地分类与规划建设用地标准》（2012 年 1 月起实行），除首都以外的现有城市的规划人均城市建设用地指标，应根据"现状人均城市建设用地规模"、城市所在的气候分区以及规划人口规模，按表 6-1 的规定综合确定④。所采用的规划人均城市建设用地指标应同时符合"规划人均城市建设用地规模取值区间"和"允许调整幅度"双因子限制要求。

表 6-1　人均城市建设用地面积指标（m^2/人）

气候区	现状人均城市建设用地规模	规划人均城市建设用地规模取值区间	允许调整幅度		
			规划人口规模 ≤20.0 万人	规划人口规模 20.1～50.0 万人	规划人口规模 >50.0 万人
Ⅰ、Ⅱ、Ⅵ、Ⅶ	≤65.0	65.0～85.0	>0	>0	>0
	65.1～75.0	65.0～95.0	+0.1～+20.0	+0.1～+20.0	+0.1～+20.0
	75.1～85.0	75.0～105.0	+0.1～+20.0	+0.1～+20.0	+0.1～+15.0
	85.1～95.0	80.0～110.0	+0.1～+20.0	−5.0～+20.0	−5.0～+15.0
	95.1～105.0	90.0～110.0	−5.0～+15.0	−10.0～+15.0	−10.0～+10.0
	105.1～115.0	95.0～115.0	−10.0～−0.1	−15.0～−0.1	−20.0～−0.1
	>115.0	≤115.0	<0	<0	<0

① 中华人民共和国住房和城乡建设部，中华人民共和国国家质量监督检验检疫总局.城市用地分类与规划建设用地标准[S].北京：中国建筑工业出版社，2011：4—9.

② 中华人民共和国住房和城乡建设部，中华人民共和国国家质量监督检验检疫总局.城市用地分类与规划建设用地标准[S].北京：中国建筑工业出版社，2011：11—12.

③ 中华人民共和国住房和城乡建设部，中华人民共和国国家质量监督检验检疫总局.城市用地分类与规划建设用地标准[S].北京：中国建筑工业出版社，2011：3.

④ 中华人民共和国住房和城乡建设部，中华人民共和国国家质量监督检验检疫总局.城市用地分类与规划建设用地标准[S].北京：中国建筑工业出版社，2011：11.

(续表)

气候区	现状人均城市建设用地规模	规划人均城市建设用地规模取值区间	允许调整幅度		
			规划人口规模	规划人口规模	规划人口规模
			≤20.0 万人	20.1~50.0 万人	>50.0 万人
Ⅲ、Ⅳ、Ⅴ	≤65.0	65.0~85.0	>0	>0	>0
	65.1~75.0	65.0~95.0	+0.1~+20.0	+0.1~+20.0	+0.1~+20.0
	75.1~85.0	75.0~100.0	-5.0~+20.0	-5.0~+20.0	-5.0~+15.0
	85.1~95.0	80.0~105.0	-10.0~+15.0	-10.0~+15.0	-10.0~+10.0
	95.1~105.0	85.0~105.0	-15.0~+10.0	-15.0~+10.0	-15.0~+5.0
	105.1~115.0	90.0~110.0	-20.0~-0.1	-20.0~-0.1	-25.0~-5.0
	>115.0	≤110.0	<0	<0	<0

注:1.新建城市的规划人均城市建设用地指标应在 85.1~105.0 m^2/人内确定;2.首都的规划人均城市建设用地指标应在 105.1~115.0 m^2/人内确定;3.边远地区、少数民族地区以及部分山地城市、人口较少的工矿业城市、风景旅游城市等具有特殊情况的城市,应专门论证确定规划人均城市建设用地指标,并且上限不得大于 150.0 m^2/人。

2. 城市用地规模预测的新思路

城市用地规模预测的新思路为:首先将城市用地大体划分为产业用地、生活用地和公共用地等 3 种主要形式,分别采用不同的方法分别预测其规模,最后汇总得出城市用地总规模。

(1) 生产性用地

本节主要介绍两种产业用地规模的预测方法。一是行业单位产值占地面积系数法,即通过调查和收集某行业若干样本企业的占地面积和产值资料,以两者之商作为该行业单位产值占地面积系数,再根据某行业产值预测值推算该行业需要的占地面积①。

$$\text{行业单位产值占地面积系数} = \frac{\text{产业某年占地面积}}{\text{产业某年总产值}}$$

二是回归系数法。即利用回归系数计算行业单位产值与占地面积之间的相关系数,再结合期末行业预测产值推算行业期末占地面积②。

(2) 非生产性用地

对于非生产性的生活用地和公共用地的规模,一般按照人口规模,采用"人均基本用地+特殊用地指标+上限控制"的思路进行预测。人均基本用地即满足市民基本生活的用地,如居住用地、公共设施用地、道路用地、公用设施用地等;特殊用地包括军事用地、外事用地、宗教设施用地等;上限控制即排除农用地、历史风貌区等用地后,最终

①② 徐萍,吴群,刘勇,胡立兵.城市产业结构优化与土地资源优化配置研究——以南京市为例[J].南京社会科学,2003(S2):340—346.

确定的城市建设用地总规模①。

四、城市发展的生态情景及预测

本章所指的城市生态情景主要从生态环境容量和生态承载力的角度，探讨城市战略规划的约束条件。生态环境容量更强调环境对污染物的承载能力，生态承载力更强调稳定环境下的最大人口规模。

（一）城市发展的生态情景

1. 生态环境容量

城市的生态环境容量是在不损害城市居民生存和自然条件的基础上，依靠环境自净能力和城市污染处理能力，城市所能容纳的污染物的最大负荷。污染物一般来自城市内部和城市周边区域，与该城市资源禀赋和资源利用效率相关。城市生态环境容量具有一定的调节功能，即使某一因素超越了城市生态环境容量范围，也能在整体系统内获得缓解。但这种调节能力也具有一定的限度，超过这个限度就必然会对整个系统产生有害影响。

2. 生态承载力

城市生态承载力或城市环境承载力是指在某一时空条件下，城市生态系统所能承受的人类活动的阈值，包括土地资源、水资源、矿产资源、大气环境、水环境、土壤环境以及人口、交通、能源、经济等各系统的生态阈值②。生态承载力是环境系统的客观属性，具有客观性、可变性、可控性等特点，可以通过人类活动的方向强度规模来反映。最大人口和用地规模往往与期望生态优良率、城市空间布局、公共服务效率、城市管理效率和技术等因素相关。

（二）预测城市发展的生态情景

1. 调查分析法

以绿地配给为例。通过对规划区域绿地空间的调查研究和资料搜集，以及国际绿地使用惯例和趋势的分析，预测未来绿地使用范围和强度。调查可由点到线、由线及面，并通过重点考察关键地区绿地使用现状和需求，为未来规划提供参考依据。同时，合理配置公园绿地、生产防护绿地和附属绿地等各种绿地类型，并根据人均绿地使用量预测未来各绿地类型的配给总量。

2. 模型预测法

可通过建立适当的预测模型，结合城市生态环境发展趋势和规划目标，对城市未来生态环境容量或承载力进行预测。在数据量比较丰富的情况下，可利用传统的计量经济学模型测算估计系数，再通过代入自变量未来趋势指标，预估因变量数值，常用的预

---

① 厉伟.城市用地规模预测的新思路——从产业层面的一点思考[J].城市规划，2004(3)：62—65.

② 南京航空航天大学课题组.上海未来 30 年生态城市建设愿景目标及其实施路径[J].科学发展，2015(10)：12—24.

测方法有时间序列平滑预测法、趋势外推预测法等。在数据量相对贫乏的情况下，可通过灰色预测模型等建立高精度模型，对原始数据进行生成处理来寻找系统变动规律，常用的预测方法有灰色时间序列预测、畸变预测、系统预测和拓扑预测等。

3. 生态足迹法

生态足迹理论产生于20世纪90年代，由加拿大大不列颠哥伦比亚大学规划与资源生态学教授里斯(Rees)提出，是一种把人类对资源和环境的利用量换算成对土地和水域面积的占用，进而对资源消耗和废物吸收所需要的生产性土地面积进行定量分析的方法。生态足迹主要由3部分组成，分别是生物资源的消费、能源的消费和贸易调整部分①。各消费项目的人均生态足迹的计算公式为：

$$A_i=C_i/Y_i=(P_i+I_i-E_i)/(Y_i\times N)$$

其中，i 为消费项目类型，A_i 为第 i 种消费项目折算的人均生态面积，C_i/Y_i 为第 i 种消费项目的人均消费量，Y_i 为相应生物生产性土地生产第 i 种消费项目的世界年平均产量，P_i 为第 i 种消费项目的年生产量，I_i 为第 i 种消费项目的年进口量，E_i 为第 i 种消费项目的年出口量，N 为人口数②。

第三节　城市发展关键情景及预测的发展趋势

一、未来城市发展关键情景的发展趋势

（一）区域化：区域协同发展战略

城市的发展寓于区域之中，城市与区域的协同是指区域内各城市之间彼此协作、相互作用和有机整合的状态，最终实现区域和城市的共同发展。城市与区域协同发展要求区域内部各城市发展目标较为一致，在相互协作、相互促进和功能有机整合中实现整体发展。

区域协同发展对城市发展的关键情景存在重要影响，具体来说，主要包括以下几个方面③。(1)城市规划。区域内各城市在制订规划时既要立足于本地发展实际，又要与区域内其他城市分工协调，避免重复建设和无序竞争。(2)城市产业。形成“中心城市—大城市—中小城镇”的有序梯次发展结构，3种类型的城市分工明确、功能互补：其中，中心城市要形成对外辐射力，大城市为次级发展中心，中小城镇作为发展腹地疏解和承接中心城市和大城市部分产业功能。(3)城市市场。主要是指区域内各城市之间资源和信息共享，资本、技术、产权、人才、劳动力等生产要素在区域范围内自由流动，以

---

①② 张青峰，吴发启，田冬，卫三平，李华.陕西省2003年生态足迹计算分析[J].干旱地区农业研究，2007(1)：35—40.

③ 张学良，刘志平，孟美侠，刘玉博，林永然，等.加快发展大都市圈的战略与政策研究报告——提升我国大都市圈发展水平的思路和举措[C]//加快发展大都市圈的战略与政策研究报告论文集，2018：65—72.

价格作为主要杠杆,实现优化配置。(4)城市设施。优化区域内通信、交通等基础设施的空间布局,推进区域交通一体化发展,加强通信基础设施跨区域互联互通,增强区域内各城市空间可达性。(5)城市生态。区域内各城市生态系统相互协调,实现生态环境保护合作,有序推进区域内节能减排,实现区域内生态建设一体化。(6)城市服务。统筹区域内社会事业和公共服务设施建设,推动基本公共服务均等化和公共资源共享,促进教育、医疗、就业、社会保障等跨区域一体化发展,缩小不同城市之间和城乡之间基本公共服务水平的差距。

(二)创新性:城市创新因素的增强

智慧城市的理念愈加广泛地应用于未来城市规划与建设发展实践中。智慧城市即利用各种创新理念,对城市系统各组成部分进行分工和组合,相对于传统的城市设计理念,更加注重资源配置效率的提升,以优化城市管理和服务,改善居民生活质量。智慧城市的发展往往与大数据和物联网的开发利用有关。大数据技术的普及使世界上的一切事物数字化、网络化,从而使人与人、人与物、物与物之间的联系更为亲密,实现个性化、多样化的城市功能定位。

城市创新主要从技术层面对城市经济、人口、用地和生态容量等城市发展情景造成影响。(1)从经济层面,新技术的应用催生新的产业,同时新技术可以改变传统产业的生产方式,对城市经济规模、经济结构有实质影响。(2)从人口层面,新技术的应用如交通技术和通信技术的发展可以提升城市在某时段所能服务的人口总量的阈值而不产生交通拥堵或资源短缺等问题。(3)从用地和生态角度,新技术的开发与利用将增加资源利用效率,污染物处理技术则对解决城市空气污染、噪声污染、水污染等问题提出了可行路径。

(三)可持续:弹性城市和生态城市

国内外大型城市在经历粗放式增长后,逐渐出现城市发展问题,城市规划的制订者开始关注城市可持续发展理念。可持续发展理念体现在城市规划阶段中,即表现为对弹性城市和生态城市的强调。1973年加拿大生态学家霍林(Holling)提出弹性城市的概念,又称韧性城市、包容性城市,着重强调城市在面对不同冲击下恢复到较好状态的能力①。生态城市则从人类社会与自然关系和谐共处的角度,强调城市经济、社会、文化和自然高度协调的复合生态系统的建立(表6-2)。

表6-2　大城市可持续发展理念

城　市	可持续城市发展理念
纽　约	建设一个更绿色更美好的纽约,使之成为21世纪第一个可持续发展的城市
伦　敦	成为更具吸引力、设计更精致的绿色城市,为此提出促进开放空间的保护,避免对开放空间、绿带、城市园林的不适当开发;改善废物处理的途径,促进废物的回收利用;保护历史文化环境

① C. S. Holling. Resilience and Stability of Ecological System[J]. Annual Review of Ecology and Systematics, 1973, 19(4):1—23.

（续表）

城　市	可持续城市发展理念
东　京	通过实施特有的先进环境政策推进《减少碳元素东京十年计划》，通过提供安全优质的水和水资源、抑制废弃物的生成、促进循环再利用等来建设世界环境负荷最小的城市
悉　尼	强调绿色是城市未来发展的首要主题，建设绿色环境产业基础设施生态系统
香　港	将可持续发展作为首要目标，并以可持续发展作为方案备选的标准
约翰内斯堡	成为一座环境可持续城市，预测、调整并降低自身对全球和地方潜在的环境突变的易感性；通过不懈努力以减少城市化进程中对更大范围内的自然资源的影响

资料来源：根据《大伦敦规划——空间发展战略》《PlaNYC2030：A Greener，Greater New York》《可持续的悉尼：2030 远景》，以及黄苏萍、朱咏所撰《全球城市 2030 产业规划导向、发展举措及对上海的战略启示》（载于《城市规划学刊》2015 年第 5 期），陈可石、杨瑞、钱云所撰《国内外比较视角下的我国城市中长期发展战略规划探索——以深圳 2030、香港 2030、纽约 2030、悉尼 2030 为例》（载于《城市发展研究》2013 年第 11 期）等相关材料整理。

可持续发展理念对城市发展关键情景的影响主要体现在绿色交通、绿色产业和宜居性的设计上（表 6-3），具体如下。（1）绿色交通，即更加关注可持续性的交通模式。如在城市战略规划中，除考虑到增强区域交通可达性和内部交通便捷性外，重点关注步行交通、自行车交通、常规公共交通和轨道交通等绿色交通，构建多元交通运输网，扩大可持续性交通模式[①]。（2）绿色产业，降低能源消耗。预测城市发展关键情景时，增加对绿色产业发展需求的预期，更加强调低碳化、绿色化及与环境之间的友好关系，产业结构呈现节能和环境保护趋势，从根本上进行节能减排，已经成为转变经济发展模式的主要目标。（3）宜居性，注重人与自然相互和谐。在城市发展情景预测中，更加关注营造美丽城市、宜居城市、智慧城市、和谐城市等方面的内容。

表 6-3　绿色交通、绿色产业和宜居性等城市情景的设计实践

绿色交通	纽约	《纽约 2030》提出改善和扩展公共交通可达性，推广自行车的使用，增加基础设施，目标到 2030 年建成 2 880 千米自行车道
	悉尼	《悉尼 2030》鼓励建立可永续的交通模式，加强跨区公共交通服务融合，建立地方巴士服务网络；推广绿色交通，设置自行车停车位专用道及卫生间，创建适合行人和自行车的安全环境
绿色产业	首尔	到 2030 年，在绿色技术研发领域（如新一代氢燃料电池、LED 照明、IT 电力、绿色汽车、气候变化适应技术等）投资 20 亿美元，并支持绿色技术的商业化。其次，促进主要产业的绿色化，如开展生态旅游、开发气候适应性服装、开展二氧化碳减排交易等。同时，创造 100 万个新的绿色就业岗位，建立市值 1 700 亿美元的绿色市场
	东京	提出循环经济发展规划、信息基础设施建设规划，强调从产业发展角度应对未来气候变化带来的灾害，使东京成为世界上对环境负荷最小的城市

① 南京航空航天大学课题组.上海未来 30 年生态城市建设愿景目标及其实施路径[J].科学发展，2015(10)：12—24.

（续表）

绿色产业	悉尼	悉尼市规划中提出要减少对煤炭火力发电的依赖，到2030年及其后改用低碳能源和获可永续的水源供应
宜居城市	新加坡	《新加坡概念规划》提出将新加坡建成一个充满乐趣、令人兴奋的城市。规划以保证高质量的生活为目标，为所有人提供多种住房选择和舒适的生活环境，增加休闲的去处，扩大绿地面积，在公共绿地里提供更多的文化娱乐设施，并提高休闲绿地的可达性
	纽约	投资建设新的休闲设施，为每个社区增加新绿化带和公共广场，开放公园，在2030年实现步行10分钟可到达公园；水资源方面，保障饮用水的清洁可靠，保障纽约周围水道的清洁性和可用性；保留自然水域和减少水污染以开放90%的水道作为市民的游憩场所
	香港	《香港2030》长期战略规划根据研究结果和公众意见，归纳优质生活环境的8个条件，并将提供优质生活环境作为发展目标之一

资料来源：根据《大伦敦规划——空间发展战略》《PlaNYC2030：A Greener，Greater New York》《可持续的悉尼：2030远景》《新加坡概念规划》《香港2030长期战略规划》，以及黄苏萍、朱咏所撰《全球城市2030产业规划导向、发展举措及对上海的战略启示》（载于《城市规划学刊》2015年第5期），陈可石、杨瑞、钱云所撰《国内外比较视角下的我国城市中长期发展战略规划探索——以深圳2030、香港2030、纽约2030、悉尼2030为例》（载于《城市发展研究》2013年第11期）等相关材料整理。

二、城市发展关键情景预测中新技术的应用与未来发展方向

（一）城市发展关键情景预测的新方法

1. 社区营造

社区营造即从社区生活出发，引导社区居民自愿参加社区活动、表达意见、影响社区决策、完成自组织和自我发展的过程。在预测城市发展关键情景时，应充分尊重当地社区居民意愿和期待，吸引公众参与社区规划，并将居民期待纳入预测函数。按照日本宫崎清教授的观点，社区营造对当地环境的影响包含五大类主题：一是人，包括社区居民的需求、人际关系营造等；二是文，即社区地方文化的保护、传承与弘扬；三是地，主要是指当地生态、自然资源和环境的保护；四是产，包括当地特色产业以及特殊的生产经营方式；五是景，主要是社区公共空间的营造和景观的创造。

2. 情景分析

情景是对未来情形及发展状态的描述，情景分析法即通过描述未来可能发展的综合态势和可能性，分析各种态势的发展路径，最终选择一种发展情景并出台针对性发展策略的城市规划方法。情景分析法是在各种构筑的情景下对城市发展因素进行综合分析和预测的方法。芝加哥大都市规划是应用情景分析法的典型案例，在城市规划中描述了两种情景。一是基于过去模式持续发展的情景，二是各界人士普遍参与的领袖情景。通过对比两种情景下城市发展资源的可及性和城市发展状态的优劣，确定大都市规划的最终方案。图6-1描述了情景分析法思路框架。背景分析侧重寻找城市发展中的核心问题，以识别影响城市发展的关键要素，通过对城市未来进行合理、大胆的假设，

构建几种城市发展情景，评估每种发展情景的实现路径和客观条件，最终确定最优情景作为城市发展战略构想，并出台相应的城市发展策略。

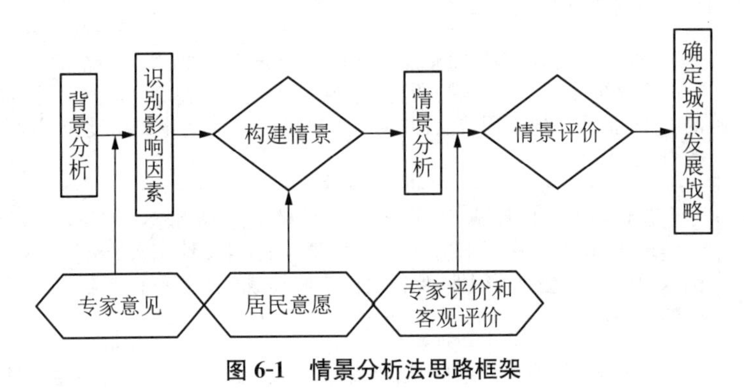

图 6-1　情景分析法思路框架

资料来源：作者自绘。

3. 信息工具

从发展趋势看，目前信息技术在城市规划中的应用除了体现在规划设计中的图形处理等常规应用外，更多体现为土地适宜性评价、地形分析、热环境分析等专项应用中。特别是随着技术演进，CAD、GIS 和遥感工具在城市关键情景预测中的应用已较为普遍，如通过遥感技术观测到成都平原城市群城镇空间格局正由“点轴式”向“轴线＋圈层”演变的趋势。同时，随着互联网和通信技术的发展，大数据作为革命性的预测方法和资源受到特别关注。来自移动终端设备、社交网站、企业及公共服务数据、传感器、摄像头和卫星云图等的数据极大地扩充了样本数量和样本空间，提升了未来发展趋势预测的精确性和科学性，并且由于大数据具有增长速度快、存储量大的特点，对城市发展情景的预测具有革命性的意义。

4. 咨询策略

未来发展环境的不断变化意味着城市发展关键情景预测需要定量和定性结合。其中，定性预测主要指各领域学科专家对城市发展各个层面发展方向的判断，同时结合国际最新发展趋势，融合最新城市设计理念，经过反复论证，纳入城市关键情景发展预测过程。

（二）大数据在城市发展关键情景预测中的应用

大数据被看作是继 20 世纪 70 年代计算机革命和 20 世纪 90 年代信息传播方式革命之后的第三次革命，即 21 世纪 10 年代决策方式革命，其是一种新的资源、新的科学工具和新的思维方式所带来的革命。

1. 经济预测

除了可以用遥感等数据预测经济规模和经济在地方的集中度外，大数据在经济预测层面的应用主要体现在以下 3 个层次。第一，评估城市产业发展现状，预测未来演化趋势。如建立由企业注册信息、企业投资信息、楼宇经济评估和企业经营状况等构成的数据库，用来研究城市优势产业和对外联系程度。第二，勾勒区域产业集聚图谱。如根据企业地理信息数据勾勒出长三角化纤纺织、珠三角家电产业、京津冀皮毛纺织等产业集群现象，预测上下游企业的集聚与发展趋势。第三，勾勒城市产业在区域中的等级。不同城市集聚不同等级的产业，可以通过产业关联度分析，定量预测某地区未来具有发展潜力的产业。

2. 人口预测

可以通过移动、联通等终端设备，微博等社交媒体，以及滴滴出行等移动 App 数据，判断人口规模和人口活动的空间分布。如利用手机信息交通出行数据，判断居住人口规模以及工作岗位性质、职住比和人口分布动态，同时对出行量、出行强度、出行分布等进行动态展示，预测出行期望线、出行时间频次和距离频次。在通勤方面，手机信令数据还可以描述区域内人口通勤期望线、通勤次数，分析和预测靶区就业人口居住地和居住人口工作地。

3. 用地预测

大数据可以分析空间发展特征、空间发展质量，识别空间增长边界，推动了城市空间模拟、城市空间趋势预测、空间运行模式评估和管理的科学化，有助于实现城市空间的可持续发展。具体表现为以下 3 点。一是可以通过遥感影像获取城市用地历史发展过程，发掘不同阶段城市建设用地面积增长及蔓延趋势，为城市未来用地变化提供参考依据；二是可以通过遥感影像挖掘城市内部用地分类，如结合遥感影像和大数据统计信息，判断城市每栋建筑的功能和用地性质；三是大数据结合人口和生态演变趋势，可以从人均建设用地、产业用地等角度预估未来城市用地规模和种类。

4. 生态预测

通过大数据可以透视城市共生现状，对城市发展的生态情景进行检测与预测。大数据应用情景下，城市土地利用、经济发展、能源利用、废弃物处理、绿色交通、水资源利用等方面的运行效率得到综合监督。一方面，可以通过分析经济行为和人口规模对生态环境的影响，预测未来生态环境承载力；另一方面，可以通过设计特定的生态环境容量，反推维持稳定城市生态环境所需的经济强度和人口密度。

综上，大数据在预测城市发展关键情景中发挥了重要作用，但同时应注意到大数据的发展目前仍处于初级阶段，如数据来源渠道具有局限性，无法普遍代表整个社会群体，特别是数据不能涵盖欠发达地区的生产生活模式，同时数据是非结构化的，在解释因果关系方面还存在诸多缺憾。未来应在拓宽大数据应用领域的基础上，运用定性定量相结合，学科交叉与学科专业性相结合，促使大数据应用在城市情景预测领域的普及。

参考文献

R. F. Park，E. W. Burgess. An Introduction to the Science of Sociology[M]. Chicago：The University of Chicago Press，1921.

傅鸿源,胡焱. 城市综合承载力研究综述[J]. 城市问题, 2009(5).

詹姆斯·特拉菲尔.未来城:述说城市的奥秘[M].赖慈芸,译.北京:中国社会科学出版社, 2000.

A. Wolman. The Metabolism of the City [J]. Scientific American, 1965, 213(3).

P. Hall. Spatial Structure of Metropolitan England and Wale[M]. Cambridge: Cambridge University Press, 1971.

H. S. Geyer, T. M. Kontuly. Differential Urbanization: Integrating Spatial Models [J], London England Arnold, 1996, 24(3).

欧阳峣,汤凌霄. 构建中国风格的世界经济学理论体系[J].管理世界,2020(4).

刘卿,崔博. 对于库存需求的统计分析[J].中国城市经济,2011(30).

张明立,吴凤山. 情景分析法——一种经济预测方法[J]. 决策借鉴,1992(3).

王争艳,潘元庆,皇甫光宇,李天阁,葛利玲. 城市规划中的人口预测方法综述[J].资源开发与市场,2009(3).

中华人民共和国住房和城乡建设部,中华人民共和国国家质量监督检验检疫总局.城市用地分类与规划建设用地标准[S].北京:中国建筑工业出版社,2011.

徐萍,吴群,刘勇,胡立兵.城市产业结构优化与土地资源优化配置研究——以南京市为例[J].南京社会科学,2003 (S2).

厉伟.城市用地规模预测的新思路——从产业层面的一点思考[J].城市规划,2004(3).

南京航空航天大学课题组.上海未来 30 年生态城市建设愿景目标及其实施路径[J].科学发展,2015(10).

张青峰,吴发启,田冬,卫三平,李华.陕西省 2003 年生态足迹计算分析[J].干旱地区农业研究,2007(1).

张学良,刘志平,孟美侠,刘玉博,林永然,等.加快发展大都市圈的战略与政策研究报告——提升我国大都市圈发展水平的思路和举措[C]//加快发展大都市圈的战略与政策研究报告论文集,2018.

C. S. Holling. Resilience and Stability of Ecological System [J]. Annual Review of Ecology and Systematics, 1973, 19(4).

The London Plan: Spatial Development Strategy for Greater London[EB/OL]. [2015-03-01] . https://www.london.gov.uk/what-we-do/planning/london-plan/current-london-plan.

PlaNYC2030: A Greener, Greater New York[EB/OL]. [2010-07-01]. http://www.nyc.gov/html/planyc2030/html/home/home.shtml.

Sustainable Sydney 2030 [EB/OL]. [2015-12-01]. https://www.cityofsydney.nsw.gov.au/vision/sustainable-sydney-2030.

A High Quality Living Environment for All Singaporeans[EB/OL]. [2011-12-

01]. http://www.doc88.com/p-2661315225931.html.

Hong Kong 2030＋ : Towards a Planning Vision and Strategy Transcending 2030 [EB/OL]. [2016-10-01]. https://www.hk2030plus.hk/TC/index.htm.

春燕.东京2020年规划:更加成熟的世界城市[EB/OL].https://www.sohu.com/a/121554650_499028, 2016.

黄苏萍,朱咏.全球城市2030产业规划导向、发展举措及对上海的战略启示[J]. 城市规划学刊,2011(5).

陈可石,杨瑞,钱云.国内外比较视角下的我国城市中长期发展战略规划探索——以深圳2030、香港2030、纽约2030、悉尼2030为例[J].城市发展研究, 2013(11).

李孔燕,黄民生,何国富.国外生态城市建设实践对上海的启示[J].现代城市研究, 2006(1).

第七章　城市功能定位与指标体系

现代城市定位学说的发展，使"定位"成为现代城市学和规划管理学独有的专门概念。同时，定位也成为经济社会发展战略和城市规划战略最富有活力、最富有挑战性的基本因素。实践证明，只有准确地给城市定位，才能"纲举目张"，给整个城市带来良好且广阔的发展机遇与空间。本章将着重对城市功能定位及其指标体系的概念、规划方法进行介绍。

第一节　城市功能定位基础

一、城市功能

城市功能即城市职能，是城市科学里的专门术语。对于城市功能概念的理解，不同的学科有其不同的着眼点和视角。

城市经济学认为，城市的产业和主要功能发展在于拥有规模经济效益。

文化人类学强调城市功能在于对人类文化的保全、整合、传递乃至创造。

城市社会学的功能主义分析模式将人类社区视为一个整体，城市社区的各种制度、规范以及习俗相互配合，以维持保障城市生活质量所需的功能。城市是一个有机体，也是一个推动经济增长的机器，有其自有的管理机制。应把城市作为一个大社区进行分析，包含社会保障、社会安全、交通设施建设等。

城市管理学理论则提出，城市功能主要体现在其所具有的承载体、依托体、中心主导性、职能特殊性等方面。强调功能之间的互动，以及对主题和客体之间的关系进行分析。目前，有城市治理的相关理念与之配合。

城市的功能从不同的学科看，有不同的发展方式。城市是一个有机体,要从综合的角度来理解和看待城市。城市功能的概念可以总结为:城市在国家或地区的政治、经济、文化、社会、国际交往中所承担的任务和作用,以及由于这种作用的发挥而产生的效能。城市在国际交往中的地位越来越重要,城市越来越多地承担原有国家的职能。

城市功能与城市发展的关系是城市的主导功能决定了城市的性质。城市的类型是一个历史概念,而非固定模式,会随着城市的主导功能变化而变化。如匹兹堡"钢城"的成功转型,主要产业转变为服务业和科技产业,可以看出城市功能对城市发展方向的引导作用。然而,随着城市的发展,要想达到城市性质的界定一致比较困难,由于城市的主导功能多样化,城市的属性更加模糊。

城市的功能与城市的类型相关。城市的类型有许多划分方法。美国地理学家哈里在《美国的城市职能分类》一文中将城市分为工业城市、综合城市、批发商业城市、运输业城市、矿业城市、大学城市、游览疗养城市。强调了从产业和经济的角度来划分。日本的经济学家也把城市分为几类,分别为工业城市、商业城市、矿山城市、水产城市、交通运输城市、其他产业城市。这一方法从传统的产业角度来划分。目前,从城市的范围和影响力划分,可分为世界城市、区域性中心城市、次中心城市等,是有一定梯度的划分。

二、城市功能的分类

西方经济学家萨姆巴特(M. Sombart)将城市功能分成了"基本功能"和"非基本功能"两大部分。前者指由城市向城市以外地区的供给所引起的经济活动,其是城市得以存在和发展的经济基础,是城市发展的主要动力,能够为其他区域提供重要的经济要素,与外界的交往是其存在的一个基础;后者主要是由满足城市内部的需求引起的经济活动,有一定的多变性,但不代表其功能不重要。两者在某种程度上可以相互转换。

1. 城市功能定位的经济学基础理论

企业、居民选址与城市功能定位方面,企业以利润最大化为准则,居民则以效用最大化为准则,企业和居民的性质特点,决定城市功能的不同。

区际贸易与城市功能定位方面,一个地区之所以同其他地区进行产品贸易,正是由于某城市具有相应的经济社会活动功能。

竞争力与城市功能定位方面,第一是产业竞争力与城市产业定位,城市产业要实现利润最大化,应该定位发展最具竞争优势的产业;第二是城市竞争力与城市功能定位,一个城市在区域经济社会活动中究竟担当什么角色、起什么作用,是城市自身及其相关条件和环境的优劣所决定的。

2. 城市功能的演变与区域角色

从城市功能的形成角度来分析,早期城市形成的直接起因,往往不是经济因素而是与当时的政治和军事因素有关。时至今日,虽仍有少数军政功能的城市,但多数城市的形成发展则与经济因素有关。

任何城市都是在一定区域范围内,承担某种或某几种职能,如其承担的职能数量少,服务范围小,其人口规模就小,在区域城市系统中的等级也低;大城市往往承担多种职能,服务范围广,所以其人口规模大,城市等级高。某种程度上,城市功能的演变与城市规模的演变相结合。

集聚经济与城市功能也有一定关系。巴顿在其《城市经济学》中研究了集聚经济和城市经济功能的关系认为,集聚经济是现代城市和城市经济功能发展的重要动因。赫希更系统地阐述了巴顿的观点,并从比较成本利益的角度分析城市功能的形成和发展机制,认为城市功能的产生是生产和需求两方面相互作用的结果,同时,在供求两方面中,生产起决定作用。而比较成本利益则是决定生产最重要的因素。阿瑟·奥沙利文认为,城市的产生和发展是因为存在着比较优势、运输和生产中的规模经济和集聚经济,这3个方面因素决定了城市功能。

进入工业化时期,现代城市功能的演进有其自身的多样化的趋势。工业社会时期,城市主要表现为工业生产中心。城市把大量的资源集中到城市空间,经过加工成工业产品,再出售到城市以外的地区。工业化发展导致的生产社会化和专业化分工,使城市功能呈现出多样化。除了工业生产服务,城市还发挥商业贸易中心、金融中心、交通运输中心、消费中心的作用。城市还必须提供教育、科研、文体娱乐等多种服务,城市的文化中心、教育中心、科技中心、信息中心的作用逐步发展起来。城市还要提供方便工作、居住、游憩和交通的综合设施。城市要为居民提供一个安定的社会环境,演进层次和服务水平都会发生变化。多样化是现今城市发展的一条必经之路。

3. 按“功能类别”划分

国际城市从功能上主要分为综合性国际城市和专业性国际城市两大类。综合性国际城市的主要代表城市有纽约、伦敦、巴黎和东京等。专业性国际城市又分为政治性、金融性、工业性、文化性、旅游性、宗教性、总部性等。政治性代表城市有华盛顿、日内瓦等。金融性代表城市有法兰克福、苏黎世、洛杉矶等。工业型代表有芝加哥,其是美国五大湖区最大的工业中心。文化性代表城市有雅典、罗马、威尼斯等。旅游性代表城市有维也纳、夏威夷、拉斯维加斯、开罗、悉尼等。宗教性代表城市有耶路撒冷、麦加、梵蒂冈等。总部型代表城市有日内瓦、纽约等。

表 7-1 国际城市的功能类型

城市类型		代表性城市
综合型		纽约、东京、伦敦、巴黎
专业型	政治型	华盛顿、日内瓦
	金融型	法兰克福、苏黎世、洛杉矶
	工业型	芝加哥
	文化型	雅典、罗马、威尼斯
	旅游型	维也纳、夏威夷、拉斯维加斯、开罗、悉尼
	宗教型	耶路撒冷、麦加、梵蒂冈

4. 按"功能等级"划分

国际城市的核心本质在于城市的世界影响力。世界城市是城市发展的高级阶段，是国际城市的高端形态。依据 GaWC 全球城市网络研究小组的研究结论，2010 年 α、β、γ 级世界城市排名如下(表 7-2)。

表 7-2　国际城市的等级类型划分

等　级	全球代表性城市	中国代表性城市
α＋＋级	纽约、伦敦	—
α＋级	东京、巴黎、新加坡、悉尼、米兰	香港、上海、北京
α级	马德里、莫斯科、首尔、曼谷、多伦多、布鲁塞尔、芝加哥、吉隆坡、孟买	—
α－级	华沙、圣保罗、苏黎世、阿姆斯特丹、墨西哥城、雅加达、都柏林、曼谷、伊斯坦布尔、里斯本、罗马、法兰克福、斯德哥尔摩、布拉格、维也纳、布达佩斯、雅典、加拉加斯、洛杉矶、奥克兰(新西兰)、圣地亚哥、布宜诺斯艾利斯	台北
β＋级	华盛顿、墨尔本、约翰内斯堡、亚特兰大、巴塞罗那、旧金山、马尼拉、波哥大、特拉维夫、新德里、迪拜、布加勒斯特	—
β级	奥斯陆、柏林、赫尔辛基、日内瓦、利雅得、哥本哈根、汉堡、开罗、卢森堡、班加罗尔、达拉斯、科威特城、波士顿	—
β－级	慕尼黑、迈阿密、利马、基辅、休斯敦、贝鲁特、卡拉奇、索菲亚、蒙得维的亚、里约热内卢、胡志明市	广州
γ＋级	蒙特利尔、内罗毕、巴拿马城、金奈、布里斯班、卡萨布兰卡、丹佛、基多、斯图加特、温哥华、麦纳麦、危地马拉市、开普敦、圣何塞、西雅图	—
γ级	珀斯、加尔各答、安特卫普、费城、鹿特丹、拉各斯、波特兰	深圳

资料来源：美国 *Foreign Policy* 杂志公布的 2010 年世界城市排名。

三、城市功能的特点

1. 复合性

单一的职能只能形成采矿基地、集镇和渡口等小聚落。矿业城市职能单一，很难引起人口集聚。唯有身兼两种或两种以上职能的才有条件形成较高级的聚落。大城市之所以能形成，是因为身兼多种职能，并能充分发挥其作用。目前，单一功能的城市数量很少，因此首先要考虑城市功能的复合性。城市功能的复合性源于城市行业的多样性。城市中存在不同的行业，不同的行业服务空间大小不一，结构不同，形成不同的功能结构，所有行业的服务空间范围叠加到同一城市中，就形成了城市功能的复合。生活服务空间将生活、销售、娱乐结合为一体。如 SOHO 研发和居住空间的结合，其与级差地租有关。行业区域空间功能的叠加逐渐成为一种趋势。网络时代，部分工作可以通过远程进行，但某些行业的接近程度需求更大，如餐饮、快递网点、便利店等。

因此,同一城市可以具有多种功能,如北京同时具有经济、政治、文化等功能,各种功能叠加形成北京的复合城市功能。不同城市的同一行业在各自的城市及腹地区域形成自身服务空间范围,各城市该行业服务空间范围在空间上彼此联系,形成该行业所承担城市功能的功能网络。城市功能的外溢会促进周边发展。

2. 等级性

同一城市的不同功能存在等级性。同一城市对于不同行业来说,其发展条件有所不同,导致各行业对外服务功能有强有弱,呈现等级性。不同城市的同一功能也存在等级性。不同功能侧重点可能不同,但是都有一定的规模。同一行业在不同城市,面临的发展条件不同,导致服务功能也存在等级性。对外功能强大、服务范围广的功能称为高等级功能,对外服务范围小的功能称为低等级功能。

3. 动态性

城市功能是一个历史的概念。城市自身的发展条件和外部环境都会发生变化,从而导致城市功能有可能发生变化。

城市发展也有其内部规律性,随着城市规模的增长,一些城市功能随着城市规模增长逐渐加强,一些城市功能逐渐变为城市自身的服务,城市功能的复合性和等级性会发生变化。城市与市场经济相关,城市外部经济发生改变,会导致城市功能发生变化。迪拜地理条件并无优势,但充分利用外部经济条件的变化,发展自身经济,促进功能改变,使金融服务业充分发展,带动城市发展。美国的菲尼克斯城市周边都是沙漠,城市成长依托于"二战"之后的形势,形成了军工复合体的功能型城市。

城市功能在某一历史时期相对稳定,但随着历史发展,城市功能有可能发生改变,城市规模也随之发生改变。

4. 内部复杂性

一个城市的所有功能组合成城市功能体系。城市功能体系具有内部复杂性,没有任何两个城市具有完全相同的城市功能体系类型。城市功能类型组合因城市所处发展阶段、历史时期、区位条件的不同而存在差异,功能之间的匹配性随之调整。

城市功能是一个空间的概念。一种特定的城市功能对应着一个特定的服务范围。不同的城市功能类型具有不同的服务区域。高级功能具有较大的服务区域;低级功能具有较小的服务区域。功能体系的复杂性导致服务范围在区域上的复杂性。

5. 空间具体性

城市功能不是虚无缥缈的,其有服务的区域,同时还要有这种功能的空间载体,即要落实到城市的某一地块。网络经济同样有具体的空间,如工作楼宇的地址选择等。

落到地块上的城市各种功能类型间具有相互作用,这种相互作用可能是相互促进,也可能是相互排斥。相互排斥的城市功能类型,若在空间上安排得当,能够共同发展、互不影响。因此,相互排斥的产业,只要空间安排得当,可以在同一城市布局。如创新企业如果没有政府补贴、减税等政策,由于级差地租很难在上海等城市成长。

四、全球城市功能的认识及识别要素

1. 彼得·霍尔的世界城市概念识别性要素

彼得·霍尔在1966年提出世界城市概念时,将世界城市的识别性要素归纳为:是主要的政治权力中心;是国家贸易中心;拥有大型港口、铁路和公路枢纽以及大型国际机场等;是主要金融中心;是各类专业人才集聚中心,信息汇集和传播地点;拥有发达的出版业、新闻业及无线电和电视网总部;是大的人口中心且集中相当比例的富裕人口等。

2. 弗里德曼世界城市假说的七大功能指标

弗里德曼在世界城市假说当中,以企业总部及大银行的区位作为判定的主要考虑因素。他提出了著名的判断世界城市的7个指标:拥有跨国公司总部(含地区性总部);拥有国际化组织;是主要的金融中心;拥有发达的商业服务部门;是重要制造业中心;是主要交通枢纽;人口规模。1995年,弗里德曼将世界城市的判断标准进一步拓展为:拥有与世界经济融合的职能;是空间组织与协调基点;拥有全球经济控制能力;是国际资本积累之地;是国际与国内移民的终点。

3. 戈特曼的世界城市的识别特征(三大判断标准)

著名法国地理学家、城市群概念的提出者戈特曼于1989年对世界城市的识别特征提出了自己的看法,认为判断标准主要为三大方面:人口因素;高等级服务业,或称"脑力密集型"产业;是否为政治权力中心。

4. 伦敦规划委员会世界城市发展的综合指标

在国际学术界研究的基础上,1991年,伦敦规划委员会(London Planning Committee)提出了一套关于世界城市发展的综合指标:基础设施情况;拥有国际贸易与投资带来的财富创造力;拥有服务于国际劳动力市场的就业与收入;拥有满足国际文化与社会环境需求的生活质量。

5. 诺克斯世界城市的三大判别标准

诺克斯(Nox)以功能分类的方式,提出世界城市的三大判别指标:拥有跨国商务服务,以城市的世界500强企业来衡量;拥有国际事务能力,以非政府组织和国际组织数来衡量;拥有文化集聚度,以该城市的国家首位度来表现。

6. 萨森全球城市的功能判断

萨森以全球生产服务业的角度来进行全球城市的判定,其判断指标主要基于:跨国公司总部集聚情况、金融机构状况、相关的企业服务的管理水平。

第二节　城市功能定位方法

一、城市功能定位的目的

定位的本质就是确定城市在区域当中的位置。城市的一个区域,有要素条件接近

的城市,应确定城市在区域当中的位置。定位是为了使城市与竞争对手相区别,展示城市与竞争对手的不同之处,突出城市的自身体点,利用自身优势。定位是为了使本城市获得更大的竞争优势,优势功能才能集聚更多的资源。城市的定位不一定是其他城市所没有的,而应该是结合自身优劣势、区位条件和外部环境等做出的科学合理的判断,充分利用各种资源。

城市功能定位是对区域发展条件的总结,是对外部环境的概括,是城市发展目标的引导,是政策制定的指南,是城市发展和竞争战略的核心。

科学的城市功能定位,可以正确指导政府活动,引导企业或居民行为,吸引外部资源和要素,最大限度地聚集资源,最优化地配置资源,最有效地转化资源,最大化地占领目标市场,从而最有力地提升区域城市竞争力。

二、城市功能定位原则

1. 科学论证,指导实践

城市功能定位必须统筹兼顾科学论证和指导实践两者的结合。缺乏科学论证的城市功能定位是主观的、盲目的,没有理论依托;理论不结合实践的定位是空洞的、没有意义的。必须将两者结合起来,用科学的方法进行城市功能定位,指导城市实践。

2. 尊重现状,展望未来

城市功能定位并非空中楼阁,必须建立在城市禀赋和发展现状的基础之上。对现状的充分了解和尊重是保证城市功能定位合理性的首要条件。必须在准确把握现状的基础上,多角度综合审视城市面临的复杂外部环境,对蕴含其中的机遇与挑战做出科学分析和准确判断,引导城市科学发展。城市功能具有动态性,不应拘泥于现状,应对未来的趋势做出大体判断。

3. 广域视野,彰显个性

城市总是与区域共生而存在,这些区域共同构成了更广大、更高等级的区域;城市的竞争也来源于广域中的其他城市,城市不可能单一存在,城市分工协作也是在广域中进行,城市功能只有在区域中才能体现。因此,用广域眼光分析本城市的地位与作用、优势与不足才有意义。从区域角度进行自身的定位,更有利于城市的长远发展。只从自身角度来定位,以邻为壑,没有差异性,对城市长久发展有害。

城市个性是其他城市难以学习的优势,广域视角的城市个性往往就是城市功能定位的着眼点。广域的眼光是发现城市个性的必需,城市个性则是城市功能定位的依托和重要目标。

4. 综合视角,优中择优

城市功能定位是在城市诸多功能之间的优势择取,运用综合视角,进行同一城市不同功能之间的比较和同一功能不同空间的比较。城市优势功能可能是作为现状存在的,也可能是发展中的;可能是一种,也可能是多种的组合;可能是核心功能,也可能只是辅助功能,辅助功能也可以作为优势功能。城市功能定位就是选择对城市发展有重要推动作用的优势职能。

5. 分层定位，空间落实

城市既可以服务于同级城市，也可以服务于低级城市，甚至高级城市。城市功能定位就是必须分服务空间确定优势服务功能。

不同的城市功能定位，最终要落实到同一空间上，不同空间范围的城市功能彼此之间要相互协调，避免冲突。城市政策制定、资源分配等不能割裂不同的城市功能，需要协调统筹考虑。另外，城市内部存在异质性，不同的城市服务功能可以落实到城市的相应区位，不能将城市视为铁板一块，以某种城市功能排挤另一种城市功能。

三、城市功能定位的技术路线

1. 宏观背景分析

通过对城市发展面临的宏观背景进行分析，结合城市自身特点，确定城市发展面临的机遇和挑战。

2. 条件分析

在自身条件分析基础上，对城市区域条件进行分析，确定城市服务空间发展的现状区域。

3. 机遇挑战分析

在确定现状区域的基础上，结合城市面临的机遇、挑战和城市自身发展的需要，确定城市功能的未来定位区域。

4. 确立定位

城市发展的机遇和挑战、现状区域和定位区域三者结合，对城市功能做出定位。

此种分析方法比较通用，要注意结合实际，有科学性、前瞻性，分析要有一定的深度。

四、典型全球城市中长期战略规划的功能定位

以下以纽约、伦敦、巴黎等城市为例，对典型全球城市中长期战略规划中的功能定位进行说明(表 7-3、表 7-4)。

表 7-3　典型全球城市中长期战略规划中的功能定位——成熟型

纽约:更绿、更伟大的纽约	伦敦:最伟大的城市	东京:更加重视城市防灾、能源	巴黎:保持在 21 世纪的全球吸引力
2007 年，纽约发布《纽约 2030 规划:更绿、更伟大的纽约》。在规划主体所包含的 127 项措施中，各个分项都提出与现实问题直接相关并且是可操作和监控的规划目标	2013 年 6 月，伦敦大都市政府(GLA)发布大伦敦《2020 远景规划:最伟大的城市》。规划中提出后奥运时期伦敦大都市区主要发展契机和目标为保持全球金融、商业、文化、艺术、媒体、教育、科学与创新之都的地位	2011 年 12 月 23 日公布《东京 2020 年城市发展战略规划》，围绕提升东京整体实力水平的八大目标和 12 个工程展开，与以往的发展规划相比，新规划更加重视城市防灾、能源和提升城市的国际竞争力	2010 年 5 月，《大巴黎规划》获法国议会两院通过。规划提出通过重组交通，打造可持续发展、国际竞争力强、具有创造性、绿色环保、消除郊区概念的“世界城市”

表 7-4　典型全球城市中长期战略规划中的功能定位——潜力型

香港:中国主要城市、亚洲首要国际都会	北京:谋划创新型世界城市	新加坡:文艺复兴城市	首尔:沟通与关怀的幸福市民城市
2007 年发布的《香港 2030 规划远景与策略》第三期报告指出"香港不仅是中国主要城市之一,更要成为亚洲首要国际都会,享有类似北美洲的纽约和欧洲的伦敦那样重要的地位"	2011 年,北京市发改委出版《北京 2030:世界城市战略研究》,首次提出北京建设世界城市的发展目标。其内涵包括建成世界级的创新中心城市、世界级的决策中心城市、东北亚世界城市轴的核心城市、综合性的世界城市	2008 年,新加坡发布"文艺复兴城市"计划第三版。该计划面向 2015 年,拟着力将新加坡建设成:国际人才的活力集聚地;包容性与凝聚性人口的最佳居住地,市民对多样性有普遍认同感与欣赏度,形成积极的国家认同	首尔市于 2013 年 9 月发布《2030 首尔计划(城市基本计划方案)》。首尔市的定位是成为"沟通与关怀的幸福市民城市"。未来 20 年首尔市将以"沟通与关怀"为核心,最终打造成为市民幸福的城市

五、全球城市中长期战略规划功能定位的特点

其更多体现"理想城市"或"完美城市"的执行路径,而对应全球城市特征的部分并不突出。功能的规划视角已经远远超出了经济发展、城市竞争等传统内容,更多强调环境方面和人的方面的目标。其中,低碳、幸福、创新、包容等新理念更加突出。更加关注城市未来发展理念。

1. 发达城市长期战略新动向

《纽约 2030》规划目标定位为:要建成 21 世纪的模范城市,一个更伟大、更绿色的纽约。为达成此目标,该市的规划中设定了土地、水、交通、能源、空气质量、气候等 6 个方面的目标

《香港 2030》规划中,将自身未来定位为世界主要城市、亚洲国际化都市,以及中国的主要城市。其具体角色包括:全球及亚太金融商业中心、跨国公司地区中心、华南地区贸易转口港、国际及亚太海运空运中心、主要旅游目的地、华南科技创新中心、亚太广播和电信及互联网枢纽,以及亚洲艺术、文化、娱乐和体育赛事中心。

悉尼于 2006 年制订了 2031 年远景规划《城市中的城市》,明确提出悉尼的城市定位即为全球城市,其中包含了经济与就业、国际走廊、住房、交通、环境与能源、公共空间,以及政府执行力等 7 个方面。

2. 全球城市的功能体系新认识

产业经济学研究发现,随着科技协同创新的发展与信息化推动管理革新,产业交叉、产业协同、产业融合成为趋势。传统基于生产链的第一、二、三产业划分已不能准确刻画现实经济活动。围绕核心技术、核心产品、核心服务的基于价值链、创新链组织的产业集群成为常态。在这一体系下,城市的功能发展。

城市经济学研究认识到,城市的运行与空间组织方式,正从围绕具体产业展开转向围绕具体功能展开。"担当什么功能"是比"发展什么产业"更为根本性的城市发展选择。

3. 全球城市的功能体系构造思路

核心功能是城市核心定位的直接反映、发展的关键动力；衍生功能是由核心功能“诱发”的辅助动力；支撑功能是核心功能发挥所必需的环境因素；外围功能是与核心功能关联较少、多属被动受辐射的环境因素，但往往发挥公平保障相关的托底功能。每项功能由多个产业集群具体实现。

这些功能组合形成了全球城市的“动力—环境”交织的复杂功能体系。

中国的城市还需承担国家发展的战略目标，国外的城市发展多着眼对接全球城市，中国的城市发展还需满足国家政治、战略因素，如青岛海洋城市战略。

4. 对标当今全球城市功能构造

伦敦、纽约是当今公认的全球城市，是较低层级城市大多选择的对标对象。具体可采用超越主观判断，通过对伦敦、纽约产业集群的“专业化”强度数据考察，识别出全球城市的核心功能、衍生功能、支撑功能、外围功能。其公式如下。

专业化指数＝具体行业的本市就业占全国或全州就业比重÷所有行业的本市就业占全国或全州就业比重。

第三节 全球城市的功能定位案例

一、全球城市功能定位典型案例

（一）伦敦功能定位

1. 集群核心功能（专业化指数＞4）：金融（2.1），即建成全球金融商务枢纽，其中重点为金融总部、金融交易、基金管理（4.1—4.2）；信息传播（1.8），即建成全球信息传媒枢纽，其中重点为电视广播、新闻社（4.8—4.9）。

2. 衍生功能（专业化指数＞1.3）：专业服务业（1.6—3.4）；总部管理（商务、公益）（1.3—1.8），即建成全球管理服务枢纽；影视书刊文化产业（2.4—4.3），即建成全球文化产业基地；文化交流中心、演艺中心（2.0—2.4），即建成全球文化交流中心；创意设计（1.9—2.4），即建成全球创新枢纽。

3. 集群支撑功能：地产中介、开发管理（1.6—2.2）；交通物流（1.1），即建成全球交通枢纽，其中航空客运（3.1）；餐饮（1.1）；公共管理（1.0）；教育（0.9），即建成世界级文化教育中心；批发零售（0.8）；健康社工（0.8），即建成世界级多元文化社区；建筑、市政（0.6—0.8）。

（二）纽约的功能定位

采用纽约市/纽约州的专业化数据进行验证，结果同伦敦的功能构造高度吻合。

其中，大类专业度＞1 的只有：信息传播（1.5）、金融（1.4）；小类专业化（2.0—1.4）则依次为：证券、电影音乐、服装配饰生产、房地产、出版、表演、博物馆、广播、金融保险。

此处注意因采用市/州而非市/国的数据，专业化指数＞1 即为显著。服装配饰生产为纽约特色，同设计直接相关。

二、北京世界城市战略定位案例

（一）定位出发点

1. 国际环境：在世界经济格局的大变化中，以中国为代表的新兴经济体在全球的地位将不断提升。

2. 区域环境：区域一体化趋势将进一步加速。

3. 世界城市：世界城市网络体系面临大洗牌；资本驱动"纽伦港"模式弊端显现，需要探索新型的世界城市崛起路径。

4. 发展动力：创新是实现世界城市将国际要素资源内化为城市本地实力并实现自身增长的重要途径，甚至某种意义上是唯一的途径。

（二）北京功能定位

1. 建成综合性的世界城市：重视第二、三产业平衡，建设全球性先进制造业中心之一，关注生产性服务业与消费性服务业的平衡，回应充分就业。

2. 建成东北亚世界城市轴的核心城市：未来环渤海经济圈将呈现为北段、中段和南段相对分立发展的态势，居中位置的北京未必能够发挥核心功能。北京应下决心尽快同天津形成高度一体化，构建双城体系，实现轴向发展，拉升腹地河北的发展。

联合国相关研究机构在20世纪90年代初就已注意到北京—首尔—东京的跨国都市走廊，并将其命名为BESETO（航空1.5小时的通勤圈），这一都市走廊能够形成资金、市场等经济活动的互补交流，构成东亚经济区域的重要动力区域。

3. 建成世界级的决策中心城市：建设具有充分市场溢出效应的总部级国际金融中心；打造总部服务体系，推动北京由企业总部和国际机构集聚地向总部集群发育，以传媒为旗舰前后向展开信息价值链，担当全球信息枢纽。

4. 建成世界级的创新中心城市：善用联动机制，推动世界级教育研发资源落地对接城市发展；深化创新型城区建设，成为中国领先创新、创业服务城市；以产业关联贯通文艺主体、文化氛围与文体场所，构筑国际文化创意中心；建设国际会展产业中心，充当城市软实力的硬体基础；重视消费性服务业，塑造世界级旅游消费城市。

三、青岛国际城市的定位案例

（一）青岛具备率先成为第三代湾区城市的条件与基础

一是综合国外第三代湾区的发展规律，中国蓝色战略的发展有助于推动青岛发展为海洋知识型湾区城市。从国际经验来看，国家科技创新战略的助力与投入，是第三代湾区城市发展的重要基础。以最为典型的旧金山湾区硅谷的经验看，其发展初期与美国政府的航空战略密切相关，并随着军用技术转民用技术，创造出巨大的生产力。美国各级政府通过科技政策、经费支持、采购支持、法律支持对旧金山湾区硅谷进行多方面支持。随着近年各国对海洋战略意义的关注度提升，中国也提出并加快实施自己的海洋发展战略。海洋战略的发展，一方面，需要有具备较好基础条件的沿海港口城市承接国家战略，发展海洋经济和海洋高科技；另一方面，也意味着政府对于海洋枢纽城市的研发、经济投入将有巨大增长。这种状况，与国外第三代湾区城市的兴起阶段有着极高的相似度。这对青岛湾区城市的升级发展而言，无疑是难得的历史机遇。

二是青岛已具备率先建成第三代湾区城市的优势条件。青岛是我国沿海城市中典型的湾区城市，其自身已经具备相当的基础条件，有机会脱颖而出，成为首个第三代湾区城市，即蓝色国际湾区城市。

表 7-5　国内城市发展第三代湾区基础比较

城　市	青　岛	宁　波	北　海
所处区域	胶州湾	杭州湾	北部湾
所处代际	第二代向第三代自然过渡阶段	同时建设第二、三代湾区	进入第二代湾区建设
所属国家发展规划	山东半岛蓝色经济区发展规划(2011 年 1 月 4 日)	舟山群岛新区(2011 年 6 月 30 日获批)	广西北部湾经济区发展规划(2008 年 2 月获批)
标志性项目	蓝色硅谷、中德生态城	舟山大宗商品交易中心、海洋科技城	北海石化项目群、铁山港项目
自然环境优美	★★★★★	★★★★	★★★★
运输能力较强的港口	★★★★★	★★★★★	★★★★
大学和科研院所聚集	★★★★★	★★★	★
较强的金融支持	★★★	★★	★
行政区划的统一管理	★★★★★	★★★★★	★★★★★
开放的文化传统	★★★★★	★★★★	★★
经济外向型程度高	★★★★★	★★★★★	★★★

相比国内几个具有湾区发展条件的同类型城市，如宁波、北海，青岛除了同样具有自然环境优美、港口运输条件优良、行政统一管理等特点外，其与宁波在文化和经济的开放度上具有更好的条件。而与宁波相比，青岛已经具备了非常强的海洋经济和海洋技术科研能力，更胜一筹。而三个城市共同的不足是其支持知识型湾区发展的金融支持条件比较薄弱。

（二）青岛城市总定位——蓝色国际湾区

1. 基础保证。青岛要实现其定位，其优越的滨海自然资源必须得以保持；行政区

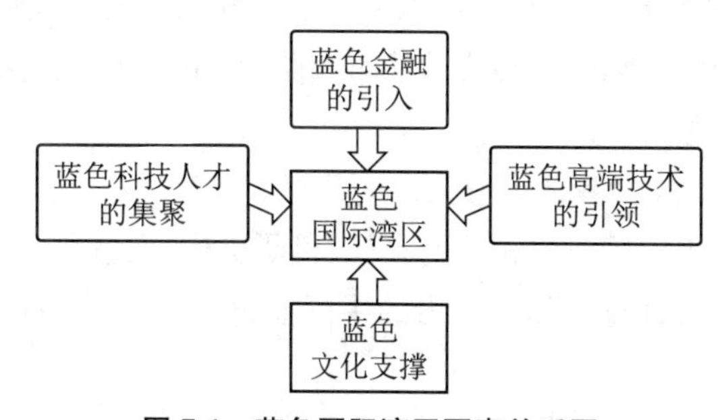

图 7-1　蓝色国际湾区要素关系图

域管理要明确，统一部署和规划，避免区县重复；海陆统筹也需加以关注，因陆地资源是港口经济走向知识湾区的保证。

2. 提升保证。具体有以下几点。蓝色金融的培育：蓝色银行、蓝色风投、蓝色产权交易所、蓝色上市企业等。蓝色科技人才的培育：突出蓝色海洋经济和海洋技术的科、技、产三位一体化，海洋大学可与国际名校合作成为海洋技术的研究型大学，海洋科研院所注重从基础研究到应用研究的开拓，建立蓝色智库研究等。蓝色产业的培育：从海洋养殖为主向蓝色高科技产品的生产、出口和引资发展；支持中小企业的发展。蓝色文化支撑：促进以开放、探索、创新和包容为核心的城市精神，以及推崇海洋开拓的社会风尚，塑造与提升城市软实力。

3. 第三代航运中心与第三代湾区建设互动。建设知识湾区，需要提升港口功能建设，以港口的代际跨越引领湾区的代际跨越，将湾区建设与第三代航运中心发展相结合。第三代国际航运中心不仅具有集中调配输送有形商品的功能，而且集有形商品、资本、信息、技术集散于一体，具有市场交易功能、航运信息、物流服务功能，并带有明显的知识经济特征，是全球各种要素资源配置的枢纽。作为区域性航运中心，青岛港未来发展主要服务于青岛蓝色国际湾区的建立，要集中力量做大物流和优化使用现有集装箱港口设施，不盲目扩大港口基础设施建设，注重港口的高效率和高效益发展。

4.“蓝绿结合”，率先推进港口—湾区的可持续发展。青岛打造蓝色国际湾区城市，需要创新湾区港口城市发展新理念，建设绿色和蓝色港口。绿色港口是一个发展中的概念，是在环境保护和经济利益之间获得良好平衡的可持续发展的港口。绿色港口以绿色观念为指导，建设环境健康、生态保护、资源合理利用、低能耗、低污染的新型港口。将港口资源科学布局、合理利用，把港口发展和资源利用、环境保护有机地结合起来，走能源消耗少、环境污染小、增长方式优、规模效应强的可持续发展之路，最终做到港口发展与环境保护和谐统一，协调发展。

（三）蓝色国际湾区战略功能

1. 建设海陆统筹示范区。具体可分为以下几点。

（1）基础：青岛具备海陆经济文化资源，在长期的海陆枢纽功能发挥中，建立了海上资源与内陆腹地资源的有机联系。

（2）目标：建立海陆资源形成有机规划与制度性安排，形成“海陆合作”的对外开放新平台，建立具备两类经济体系良性互动、基础设施联动的改革战略示范区。

（3）作用：进行中国海陆资源整合的战略实验，利用海洋平台实现包容性发展与建立双向开放的新开放观。

2. 建设蓝色战略智库。具体可分为以下几点。

（1）基础：青岛云集中国海洋相关的高校、科研机构，大量研究设施与文献资料。

（2）目标：建设成为具有国际影响力的中国蓝色战略相关理论、概念、路径等的思想发源地与研究中心。

（3）作用：为中国蓝色战略的形成与实施提供思想与智力支撑。

3. 建设蓝色文化先锋城市。具体可分为以下几点。

(1) 基础:较早受现代海洋文明影响,具有相关海洋文化积淀,形成一批蓝色/海洋主体的文化资源。

(2) 目标:打造中国最具影响力的蓝色文化中心,形成具有国际影响力并以海洋文化为核心的蓝色文化产业体系。

(3) 作用:为中国蓝色战略率先传播海洋意识,塑造海洋文化,为蓝色战略在全国范围的普及提供文化产品与文化生态。

4. 建设蓝色经济中心。具体可分为以下几点。

(1) 基础:拥有具有国际影响力的青岛港口资源以及产学研形成一定基础的海洋产业链体系。

(2) 目标:塑造具有完备产业链与创新网络的蓝色经济体系,形成蓝色创新思路的对外开放平台,建设体现中国海洋发展模式的新型湾区城市。

(3) 作用:提供涉海城市蓝色经济发展的标杆与模式,形成海陆统筹的对外开放新模式。

5. 建设海洋人才摇篮。具体可分为以下几点。

(1) 基础:具有全国领先的海洋教育资源与培训体系,形成了覆盖海洋经济、科技、文化等各领域的人才储备。

(2) 目标:建成中国海洋人才的培养基地,形成对国际、国内具有强大吸引力的人才培养与创业环境。

(3) 作用:为国家蓝色战略、青岛城市发展提供人才资源,提升城市发展的软环境。

6. 建设蓝色宜居城市。具体可分为以下几点。

(1) 基础:拥有独特的海洋、湾区资源,山海一体,拥有旅游资源。

(2) 目标:建设具有包容性、国际化的宜居环境,形成生态环境可持续、文化大气包容、具备开放性社区体系的宜居城市。

(3) 作用:提供中国可持续、包容性发展的蓝色城市样板,提升城市区域对国际、国内高端人才、资源的吸引力与软实力。

第四节　城市指标体系编制与案例

目标与指标定义具有一定的差异。目标是一项工作所要达成的最后结果与期望。指标则是用于衡量目标完成与否、完成质量如何的具体标准。

一、指标体系设定的原则

1. 科学性原则

科学性原则是指城市的评价指标体系能科学准确地反映被评价城市建设的实际情况,反映出城市建设的优势与不足,能比较不同城市的城市建设情况。评价指标的选取要有科学依据,不能凭空想象,而且这种科学依据要有权威性和说服力。评价指标的名称、定义、分类、范围、计量单位和计算方法等必须科学明确,不能产生歧义。

2. 代表性原则

代表性原则是指创新型城市评价指标体系中的指标在评价城市建设的某一方面或环节上具有一定的代表性。由于所构建的评价指标体系不可能面面俱到,因此,对于评价指标体系设计关键的是要包括核心指标。核心指标是能反映影响城市发展变化的重点因素的指标。评价指标不能只是极少数城市政府或研究者认可的指标,应该是被广泛认可的指标,而且这些指标不是相关性极高的重叠的指标,否则用其中之一就足以代表另一个指标所要评价的创新型城市方面。

3. 系统性原则

系统性原则是指所设计的城市评价指标体系应包括每一侧面的评价指标,能评价城市的各个方面。例如,创新型城市评价体系中,从创新要素来说,系统性原则要求评价指标包括反映知识创新、技术创新、制度创新和创新环境等方面的评价指标;按照创新过程来说,系统性原则要求评价指标包括反映创新投入、创新产出、创新支撑和创新管理等方面的评价指标。

4. 有效性原则

有效性原则包含两层含义。一是评价指标要有鉴别力,即评价指标要有区分评价对象的特征差异的能力。如果所有被评价的城市在某个评价指标上几乎一致地出现很高的得分或很低的得分,那么这个评价指标几乎没有鉴别力,是无效的。二是评价指标应在不同时期和不同地区之间具有可比性,这就要求评价指标尽量采用相对数、比例数、指数和平均数等。

5. 易操作性原则

易操作性原则包括3层含义。第一,易操作性原则要求评价指标尽量简化,不能过多,否则计算繁复,不宜操作;第二,评价指标计算所需的基础数据的采集要简单可行,最好是能从政府统计部门获得的统计数据,因为这样的数据既科学又易于获取,最好都是定量指标,可消除定性指标对创新型城市评价的主观因素的影响;第三,评价指标的计算和标准值的设定都应简单可行。

6. 可比性、可靠性原则

统计指标口径的可比性和资料来源的可靠性,决定了指标研究的可信性与可用性。各类统计指标应具有可比性,便于国内城市与世界城市体系中处于前列的各类城市进行比较,尽可能与国际公认的世界城市评价标准接轨,有利于国际比较。使用数据来源以国际组织及各国政府的统计出版物为主。

二、指标体系的类型与编制特点

(一) 指标体系的类型

1. 识别性指标体系。其主要判断城市的性质,属于相对“静态”与“达标”性质的指标。

如如何识别世界城市，是世界城市研究的出发点和重要研究方面，学者们根据自身对世界城市的认识，以及国际经济、政治演变的情况，先后提出了诸多的识别性指标。尽管学者们对世界城市及全球城市的判定指标有着不同的侧重，但有一些关键环节仍殊途同归，成为较为一致的评判标准。其中包括：跨国公司总部、贸易中心地位、人口规模及流量、国际政治控制力等。应当说，这些要素或指标基本反映了全球城市自身的识别性特点。

2. 路径性指标体系。其突出手段性，指标应便于解答如何建设城市的问题。以世界城市指标体系为例，主要应承载建设成功的世界城市所需要的原则和要素。这部分指标主要是从公认的世界城市中整理出的，汇集多项国际上关于世界城市指标体系的研究，比较归纳出共同考虑的指标项。城市生活、生产、生态全方位的状况条件，代表了其作为世界城市的整体城市发展水平和综合状况，甚至可以说是一个“理想大城市”所应具备的素质条件。这组指标群的意义，并不在于用来直接识别世界城市的条件达成与否，而在于提示建设世界城市的工作路径。

表 7-6　指标体系的类型

指标构建的原则	识别导向	塑造导向
运用状况	国际已有的世界城市分析方法多采用	目前还少有运用，更适于后发城市运用
指标构建的主要目的	用于鉴别、比较和评价世界城市	在于设定标杆和路径，以指导建设城市的努力方向和目标
指标的性质和作用	指标主要是结果性的、高度标杆性的，数据简单、可得性好	指标设定是为了指导进一步的努力，是将建设世界城市分解为各项工作，并将工作“指标化”，指标体系应该是方向性的、全面性的，甚至是过程性的
指标的选择	国际上指标和评价主要关注城市的国际联系和国际控制力，指标体系设计上也侧重于国际层面	更多是考虑设计一套全面指导城市面向世界城市目标建设的完整指标体系

（二）指标体系建构的特点

1. 根据城市个性化发展的主要动力因素选取指标，并进行指标地位的自我排序。城市比较不应都是简单排序，城市比较的目的也不应是简单地论资排辈，主要是要找到城市的发展阶段、发展水平、发展条件、发展动力、制约因素等，更好地服务于城市管理。因此，反映城市的指标既有定式，又无定法。“有定式”，就是一般指标、通用指标，是供人们选择的参考指标；“无定法”，就是要因城而异，应根据具体的城市资源特色和发展模式，打破一般性的评价指标约束，建立符合该城市个性特点的具体指标框架。

2. 同类型城市突出水平程度比较，不同类型城市突出模式比较。并不是所有城市都是可比的，强行比较有时会失去比较的意义。为了开拓更多的城市比较研究途径，类型接近的城市可以突出进行量化和程度比较，如大小、力度、强弱、阶段、过程的比较。类型差异显著的城市可以进行横向比较研究，尤其要突出发展条件、政策制度、发展模式的研究，达到相互学习借鉴的效果。

3. 城市指标比较研究的成果可以相互借鉴，有选择地吸收其有益的成分。城市研究的成果不断丰富,在排序性比较研究方面已产生了若干带有品牌性质的研究成果,有的是综合比较,有的是单项比较;有的是全国性比较,有的是区域内、行业内比较。虽然宏观总体的积分排名因受制的因素太多而不一定是科学准确的,但其中的多数指标往往是经过认真分析比较的,有其一定的参考价值,必要时可以加以引用参考。

4. 独辟蹊径,建立更为简略的城市比较研究方案。应选择影响特定城市的主要因子,抓住主要矛盾进行研究和比较。事实上,各个城市都有其发展的核心因素,而不是具备所有因素,大多数城市发展的因子是从属性因子、次生因子,对城市发展的影响甚微。应着重突出城市发展的关键因素、核心能力、原生力量,去分析其生存本能、发展路径和在未来竞争中的变化趋势。

三、案例:长宁国际精品城区指标体系

1. 该指标体系编制的指导思想

认真学习贯彻党的十八大和十八届三中、四中、五中、六中全会及上海市第十一次党代会、长宁区第十次党代会精神,牢固树立和贯彻落实新发展理念,紧密对接"上海2040城市总体规划",团结动员全区各级党组织和广大党员干部群众,加快建设创新驱动、时尚活力、绿色宜居的国际精品城区,为上海当好全国改革开放排头兵、创新发展先行者做出更大贡献,以优异成绩迎接党的十九大胜利召开。

2. 该指标体系编制的基本原则

该指标体系编制遵循以下原则。一是注重创新性。合理继承"三个城区"指标体系和"十三五"规划纲要部分指标,同时根据形势发展需要,设置新的指标。指标的选择力求聚焦重点、有典型性,体现上海特点、长宁特征。二是注重引领性。充分发挥该指标体系作为区域发展管理工具的引领和牵动作用,使其与后续的政策制定、任务安排实现良好衔接,每项指标都牵引一批项目和任务,帮助各部门都能从中找到工作着力点。三是注重操作性,即可统计、可评价、可考核。该指标体系中涉及市条线考核等共性指标可进行横向比较,长宁特色指标可进行动态的纵向比较。

3. 该指标体系编制的总体思路

该指标体系编制突出对标国际建高峰、查摆问题补短板、夯实基础强特色的总体思路。一是建高峰。对接《上海2040城市总体规划》,在目标值设定上力求高于全市相关指标的目标值。同时,对标国际城市先进城区,勇于用国际最高标准衡量经济社会发展各项工作,在高端服务功能、开放多元、文化融合、生态宜居等方面努力形成新高峰。二是补短板。聚焦群众获得感与满意度,通过问卷调查及走访调研了解各方诉求,将意见反映较为集中的问题作为短板,通过指标体系的引导着力补齐短板。三是强特色。认真总结和巩固强化长宁多年发展形成的优势,使之成为国际精品城区建设的重要支撑和鲜明特色,通过设置一批指标来引导全区上下进一步打造区域特色。

4. 该指标体系的结构内容

该指标体系将"创新驱动、时尚活力、绿色宜居"作为核心内涵,以"开放之城、智慧

之城、活力之城、宜居之城”为分目标，每个分目标再聚焦重点领域，设置若干具体指标，构建了由12字核心内涵、4个分目标、12个重点领域、52项具体指标组成的指标体系，其中，遴选了识别性和引领性较强的16项指标作为标志性指标。此外，对每项指标的统计口径、统计方法等进行了相关解释。

以长宁国际精品城市指标体系框架为例，具体分为：分目标、重点领域、序号、指标名称、单位、指标属性、2016年完成值、2021年目标值（预期值）、指标来源、责任部门。其中，指标属性分为预期性、监测性和约束性3类，指标来源包括：①《上海2030总体规划》；②长宁区政府重点工作目标；③党代会工作目标；④走访调研意见；⑤对标国际等。同时通过附件的形式，补充“具体指标解释及统计口径”。

参考文献

许学强，周一星，宁越敏.城市地理学（第二版）[M].北京：高等教育出版社，2009.

屠启宇，邓智团.长宁区国际精品城区指标体系研究[R].上海市长宁区发展与改革委员会，2016.

朱建江，邓智团.城市学概论[M].上海：上海社会科学院出版社，2018.

屠启宇，等.青岛国际城市指标体系研究[R].青岛市发展与改革委员会，2011.

屠启宇，等.北京世界城市发展战略研究[R].北京市发展与改革委员会，2012.

屠启宇.世界城市指标体系研究的路径取向与方法拓展[J].上海经济研究，2009(6).

屠启宇，等.上海2040发展战略目标研究[R].上海市人民发展研究中心，2015.

高宜程，申玉铭，王茂军，等.城市功能定位的理论和方法思考[J].城市规划，2008(10).

陈柳钦.城市功能及其空间结构和区际协调[J].中国名城，2011(1).

王竞梅，张宣昊，赵儒煜.基于因子分析的上海城市功能空间布局研究[J].城市建设理论研究（电子版），2014(25).

吴志强，李德华，等.城市规划原理（第四版）[M].北京：中国建筑工业出版社，2010.

肖玮，林承亮.城市功能优化与传统制造业城市的创新转轨[J].科技进步与对策，2010，27(18).

马凤鸣.城市功能定位分析[J].长春大学学报（社会科学版），2012，22(1).

孙倩雯.城市文化作用下的城市发展——以改革开放后的北京、上海、广州为例[D].上海：华东理工大学，2015.

郭先登.论城市总体规划的制定与落实问题[J].东岳论丛，2006，27(1).

赵敬.基于核心竞争力的城市功能定位研究[D].广州：暨南大学，2006.

王竞梅.上海城市空间结构演化的研究[D].长春：吉林大学，2015.

陈菁菁，陈建军，丁正源.基于产业结构演变的城市功能研究综述[C]//2012管理创新、智能科技与经济发展研讨会论文集，2012.

刘永红.国际化城市规划建设的指标体系建构[J].中国名城，2013(1).

郭先登.建设“镇级市”：中国城市化发展的新思路[J].中共青岛市委党校青岛行政

学院学报，2011(1).

以“世界眼光”为兰州新区建设“问诊把脉”[N].兰州日报，2010-10-21.

孟建锋.廊坊市在环首都绿色经济圈的功能定位分析[J].现代商业，2011(36).

马海倩，杨波.上海迈向2040全球城市战略目标与功能框架研究[J].上海城市规划，2014(6).

魏开，蔡瀛，李少云.纽约2030年规划的整体特点及实施跟进述评[J].规划师，2013，29(1).

马祥军，李朝阳.香港2030年远景规划及启示[J].规划师，2009，25(5).

张永奇.城市指标体系应用中的悖论现象及其修正思路[J].中国城市经济，2011(8X).

第八章　城市战略规划转向及其发展主线

城市战略规划是有自觉意识的、伴随主动行动的城市整体发展方向导向策划，是动员城市所有利益相关者和资源，去追求形成广泛共识的城市发展目标。城市战略规划解决的是城市发展的中长期愿景、决心和思路，关注如何围绕实现城市整体目标而动员与配置所有资源如经济、社会、文化、政治、生态、空间、科技等。因此，在理论层面，城市战略规划理论也更加关注城市发展模式、发展理念、发展内涵、方法工具等宏观哲学思想和中观政策导向等层面的问题，并不会关注太多微观层面的地理区位、规划组织、发展机制等分析。

当前在全球范围，城市规划的时空维度正经历重大变革。一是时间视野拉长，21 世纪初，一大批先锋城市（如伦敦、纽约、巴黎、东京、香港、悉尼、约翰内斯堡）都将城市规划视野放大到 2030 年、2040 年、2050 年。二是空间视野提升，从空间控制性详规、城市总体规划到城市概念性规划；从城市、都市圈、城市群到区域尺度，更多关注战略性趋势、环境、模式、愿景、路径而非单纯的分区管控。三是涉及领域范围拓展，从单纯的空间拓展到城市经济、社会、文化、生态、治理等各方面。经济学、管理学、社会学、人类学、生态学、政治学方法都被引入城市规划学科。基于以上判断，本章重点探讨城市战略规划的发展演化、理论分异等形成的差异化主线，包括 3 个阶段的分析：在近现代出现的城市规划重大理论和理念；进入全球化时代后，诞生的新的全球化城市发展战略理论主线；进入 21 世纪以来，随着城市发展理念的改变，城市战略规划理论内涵的提升和主线演绎。

第一节　近现代城市规划理论及其内在主线

一、工业革命到 20 世纪上半叶的发展

近现代城市规划理论发轫于 19 世纪末和 20 世纪初，也基本处于工

业化早期阶段，这也验证了城镇化发展与工业化发展的相互推动关系。工业革命发生在17世纪，在这个阶段中生产力大大提升，造成大量人口集聚城市，同时由于大量的工业开始在城市中集聚以及交通工具的改进，使得城市的功能发生急剧变化，居住和交通问题显得尤为突出。在此基础上，人们开始认真思考城市的发展与建设问题，开始观察研究城市，以及城市如何发展，由此开始产生城市规划的思想，并试图给城市开出各种各样的"药方"。其中，代表人物首推英国学者霍华德(E.Howard)，其于1903年提出"田园城市"理论。什么是田园城市呢？田园城市是指城市的发展要融入田园之中，而不是把工业、马车、汽车、机器都集聚在城市当中，让城市的生活非常拘束和拥堵。如果能够把整个城市融入田园生活中去，实现整个城市空间科学布局，城市为居民生活、工作、联系所带来的优势都会很好地得到体现，而拥堵、拘束等问题也都会得到解决。在田园理论基础之上，产生了大量理论研究。近现代城市规划理论由此产生并不断演化。

苏格兰生态学家盖迪斯在1915年出版的《进化中的城市》一书中，在田园城市的基础上对城市规划思想进行发展演化，提出了制订城市和区域规划的综合方法和编制程序，引导人们进行城市规划，让城市更加美好地发展而不是漫无边际地发展和布局。

法国规划师勒・柯布西埃在其1922年出版《明日的城市》专著中重点介绍了"新建筑运动"，开始探讨城市运营当中的一些问题，比如提出城市建设的经济原则，其主导思想就是认为城市要集中，集中才能解决问题，集中才能有活力，才能节约成本，产生很大的产出。

但随着城市的集中和人口的发展，"城市病"开始出现，对此，英国规划师恩维(1922年发表《卫星城市的建设》)提出"卫星城市"理论，为大城市的过度集聚发展问题探索一条较为有效的解决途径。美国学者F.L.莱特在1932年发表《正在消失的城市》中提出"广亩城市(Broad acre City)"的理念，强调城市应该分散发展，主要是延续英国规划师恩维的思想。

1943年，芬兰规划师伊里尔・沙里宁出版其巨著《城市：它的发展、衰败与未来》，提出著名的有机疏散理论。主要强调大城市发展到一定阶段后，必须要疏散而不能一味扩大，城市无限膨胀会产生严重的规模不经济现象，即拥塞负面影响。所以，有机疏散理论提出建设城市新区、新城、科技城等综合城市体思路，有机疏散理论至今仍在指导具体的城市规划实践工作。

二、20世纪下半叶城市规划理论的多元化演化

"二战"之后，世界进入一个全新的发展阶段。这个阶段，全球城市进入一个平稳发展的时期，经济发展非常平稳，欧洲的城市开始大规模重建，美国制订支持欧洲重建的"马歇尔计划"。同时，随着太平洋沿岸的开发，美国国内也开始大量修建新城镇，如加州政府的建设计划。各国政府开始非常重视城市规划学科，理论研究也蓬勃发展，其研究范围和研究深度都进一步扩展。

首先，城市规划开始延伸到区域规划。城市规划不单单是一个城市的问题，要和区域协调起来。其次，城市理论的理论多元化。城市规划考虑的因素在逐渐增多，开始涉及经济、社会、生态问题。同时，新的理论方法的应用，包括系统论、信息论、控制论等，也形成更清晰的规划思路，把城市规划作为一个生态系统来发展建设。在这一时期，汽车的快速发展，导致城市空间、空间结构大变革，大都市区、大都市带也开始形成，城市之间的联系更加紧密，城市与区域之间的联系也更加突出。一些问题随之出现，比如郊区化的发展。传统规划理论受到挑战，各种学科研究大繁荣。

上述现状一直持续到20世纪80年代。之后开始发生两大变化。第一，从80年代开始，人口、环境和资源问题成为全球问题，可持续发展嵌入城市规划。第二，城市居民的权利受到关注，以人为本的思想嵌入城市规划。人们重新探讨城市的本质。城市为谁存在，是为了领导者还是普通民众？城市规划开始探讨城市的本质——人类的文明之源。同时，规划理论更加多元化，涵盖多个学科，并上升为哲学思想，人与自然环境、人与社会的关系受到关注。城市规划也不是单个权威的意志，公众广泛参与，注重公平与效率的城市规划原则受到重视。城市环境建设也受到关注，并融入城市规划和社区规划中，强调民众可以无阻碍（比如没有快速道路的阻隔）地完成所有的基本生活事项。

此外，"二战"以后，全球化成为一种趋势，城市规划不再只考虑城市自身，全球化也成为城市规划的重要外部因素。城市—区域作为单元参与全球化发展与竞争受到普遍认同，成为规划的主线。至2000年前后，城市规划专家开始认为一个城市或一个区域很难参与到全球化的发展，需要区域之间的发展支持，从而将城市规划所涉及的空间尺度进一步扩大。

在世纪之交，一些新的要素也开始影响着城市发展，比如创新、创意、创业、包容、绿色、低碳、智慧、人文等，这些领域在传统规划思想中都未被纳入，但新的城市规划思想需要对其进行考虑，并且将这些全新内涵进行嵌入。

第二节　全球化时代的城市战略规划理论及其主线

随着全球化和信息化进程的日益深入，新兴产业全球生产网络扩散将"区域"概念更新成"全球"概念。在这个过程中，透过拥有绝对经济权力的跨国企业（Transnational Corporations，TNCs）的投资与安排，全球经济活动按照比较发展优势，将全球生产网络价值链环节功能性分割，并分配在不同的区域与地方，加上信息和交通等科技的创新与进步，促进全球经济活动的网络更为广泛地扩充和强化，使得这些跨国的企业活动可以在利益原则上顺利地进行，全球各地间的经济来往和联系更为频繁与便捷。"世界经济格局呈现出地理上的分散和分散性经济活动同步聚集、同步进行的趋势"。①

① Sassen，S. The Global City[M]. Princeton：Princeton University Press，1991.

在全球化新的生产理论基础上,斯科特[①]清楚描绘出全球资本主义落实在一个城市区域的空间型态,并提出"都市区—腹地系统"(Metropolitan — hind land system),包含两个主要的论点:一是全球经济发达地区是透过极化的区域经济引擎所拼凑的,每一个地区都由核心都市区及其周围的腹地所组成。城市区域围绕着核心都市区按照劳动分工原则形成专业化的网络基地,存在明显的集聚经济和规模经济收益,外部则有错综复杂的全球交互作用结构。二是发达国家核心都市区无法垄断整个全球生产系统,因此在资本主义极端扩张的经济边界产生了大量"相对繁荣与经济机会之岛"。新的全球化空间现象是全球经济结构功能性地被整合在一个全球性阶层中。

一、世界城市理论

20 世纪 60 年代以来,随着世界贸易的增加和新国际劳动分工的逐步形成,全球经济发展日渐整合。作为地理空间中弹性资本累积发展的结果,城市在管理、金融、服务、生产以及通信的全球化进程中所扮演的角色日益重要,并涌现出若干在空间权力上超越国家范围、在全球经济中发挥指挥和控制作用的世界性城市,一般称之为全球城市(Global City)或世界城市(World City)。配合世界三大经济圈(北美、欧洲、亚太地区)的形成及信息技术的发展,涌现的城市群中都产生了较具支配力的城市,并日益扩大其支配的范围,较弱的城市将会被纳入具有支配力的城市势力范围,其阶层关系会逐渐超越国界而纳入全球层次。萨森(Sassen)认为响应全球化的新的概念性框架已经产生,全球城市正是这一框架中最重要的成果。

全球城市/世界城市已有研究中,均把其作为全球经济的控制中心和指挥中心。早在 1915 年,苏格兰区域规划学家格迪斯就用"世界城市"的概念来表达世界上某些掌控最重要商务的大城市。1966 年,英国学者霍尔在其著作《世界城市》中,将全球享有重要政治权力并具有世界意义的贸易、商业、文化中心以及巨大的人口中心视为世界城市。全球化的快速发展,使得 20 世纪 80 年代初期的城市研究转向城市与全球经济关系的探讨。科恩(Cohen, R.)最早以新国际劳动分工理论为基础提出世界城市体系的概念,将焦点放在跨国公司如何凭借其强势的力量来影响城市体系组织发展。20 世纪 80 年代弗里德曼(Friedmann)提出了"世界城市假说",他认为世界城市是新国际劳动分工和全球经济一体化背景下的产物,世界城市的本质特征是拥有全球经济控制能力,这种控制能力的产生充分表现为少数关键部门的快速增长,包括企业总部、国际金融、全球交通和通信、高级商务服务等。从 20 世纪 80 年代末期开始,全球经济的日益整合与深化,使得以制造业为主的生产活动向全球范围扩散,生产活动的管理控制职能在大城市集中等趋势越来越明显。萨森认为,当代的全球经济地理与组成已经改变,以至于产生了复杂的二元性(complex duality),是在空间上分散,但在全球上整合的经济活动组织。空间分散与全球整合局面的形成为主要城市创造了新的策略性角色,萨森因此

① Scott, A.J. Global City-Region: Trends, Theory, and Policy[M]. New York: Oxford University Press, 2001.

提出“全球城市”的概念，以反映在全球劳动空间分工驱使下生产空间分散式集中和全球管理控制功能重整。

二、世界城市体系理论

全球生产网络的形成和发展，势必会引导全球城市体系发生重大组织变化。由于各城市在生产、管理、贸易以及政治等活动的功能重构中收益存在差异性，从而引发新的全球城市等级体系的形成。如前文所言，基于国际劳动分工发展而形成的全球生产网络具有明显的阶层等级特征，根据节点或核心在网络中功能的相对重要性（或主宰性），配合密集的信息技术支持网络的组织运筹，由此建构不同空间层级，形成生产活动与信息集结的不同等级节点①。其中，全球生产网络中核心城市和次级核心城市作为具支配力的重要节点，会日益扩大其影响范围并加强其广域的经济支配力，较弱的都市将会被纳入较具支配力的城市势力范围，其阶层关系甚至逐渐超越国界，全球城市阶层化的体系渐渐形成。

从全球生产网络考察，全球经济空间的重构直接带动了全球城市体系变动，那些在功能上最具创新、城市空间全球化经济活动程度最高、具有重要协调控制和管理功能的城市构成了全球城市体系的最高端。英国拉夫堡大学的学者泰勒（Taylor, P. J.）、比沃斯托克等人从全球视野的角度，在静态分析世界城市特征的基础上，探讨了新的全球化趋势（global trends）和全球化的格局（global pattern）下城市之间的关系和网络特征。他们提出“世界城市网络（world city network）”的概念，认为这是由枢纽层、节点层、次节点层相互联结且相互锁定的网络结构。他们选取55个城市的46项生产服务业进行分析，勾勒出世界城市网络格局。从世界城市、全球城市再到世界城市网络，充分显现出这样一个特点：城市的重要性并非在于面积大小或人口多寡，而在于这些城市在世界体系中所扮演的特殊功能。其可以由显示某一特定城市是否扮演全球指挥与控制职能的各种客观指标来判定，如跨国公司总部集中程度、银行集中程度与规模、各种金融和法律机构数量等，各个城市依据自身支配全球经济与金融发展能力的相对重要性形成层级体系。世界城市网络的研究摆脱了传统世界/全球城市研究静态分析和实证不足的缺憾。

三、全球城市——区域理论

随着全球生产网络的发展，其空间镶嵌的区域和城市凭借彼此上下游价值链的业务关系而呈现不断强化的经济联系。斯科特（Scott, A.）和霍尔（Hall, H.）在世界/全球城市概念的基础上加以扩充和延伸，认为从20世纪70年代末起有一个巨大的“城市—区域群岛”正在形成，它具有新的全球经济系统的空间基础功能，似乎已超越早期核心—边缘的全球空间组织系统，被称为全球城市—区域（Global city—regions）或者

---

① Castells M. The rise of the Network Society[M]. Cambridge, MA: Blackwell, 1996.

巨型城市(mega cities)。

斯科特认为，全球城市—区域既不同于普通意义上的城市范畴，也不同于仅有地域联系所形成的都市连绵区，而是在全球化高度发展的前提下，以经济联系为基础，由全球城市及腹地内经济实力较为雄厚的二级城市扩展联合而形成的一种独特空间现象，主要强调了全球化条件下城市发展的跨区域关系，包括落后国家和地区为寻求融入全球经济系统中所形成的与全球城市的联系。霍尔则认为，全球城市—区域描绘的是“一种新的城市组织尺度”，对内通过整合内部结构而形成多中心空间格局，对外则在全球商品、社会、文化网络中占据着特殊的位置。如果将全球城市的定义建立在其与外部信息交换的基础上，全球城市—区域的定义应该建立在区域内部联系的基础上，并具备多中心的圈层空间结构形态联系。斯科特和斯托伯(Storper, M.)进一步从新区域主义的角度提出，城市—区域是表现上述全球化和本地化互动关系的连接点，在本质上是城市为适应日益激烈的全球竞争和实现在世界城市体系的升级，与腹地区域内城市联合发展的一种空间形态，包括3种形式：中央是大都市区，外围腹地由不同程度的低密度发展地域单元构成；空间重叠或者内聚的城市区域，如有卫星城的大都市，以腹地区域所环绕；邻近的中等规模城市合作形成协作网络，以谋求多边合作利益。

第三节　21世纪以来的城市战略理论范式与规划主线突破

一、新的可持续发展模式

1987年，以布伦特兰夫人为首的世界环境与发展委员会向联合国大会提交了报告《我们共同的未来》，报告系统阐述了人类面临的重大人口、经济、社会、资源和环境问题，提出“可持续发展”的概念，可持续发展是指“既满足当代人需要，又不对后代人满足其需要的能力构成危害的发展”。1992年，在里约热内卢召开的联合国环境与发展大会，通过《里约环境与发展宣言》和《21世纪议程》两个重要文件。全世界有100个国家元首或政府首脑出席这次大会。这次大会也标志着人类将环境问题和发展问题结合起来一并考虑。可持续发展涉及了可持续经济、可持续生态和可持续社会三方面的协调统一，要求人类在发展中讲究经济效率，关注生态和谐，追求社会公平，最终达到人的全面发展。这表明，可持续发展虽然缘起于环境保护问题，但作为一个指导人类走向21世纪的发展理论，其已经超越了单纯的环境保护，将环境问题与发展问题有机地结合起来，已经成为一个有关社会经济发展的全面性战略。

尽管20世纪80年代以来关于气候变化和自然资源即将消耗殆尽的警示不断，但关于可持续发展所取得的成就依然屈指可数。MIT(2011)的研究认为，可以通过改变城市中影响居民活动和资源消费效率的功能组织模式，来真正推动可持续发展。在现实中，城市组织和运行的方式，对于经济增长、能源需求、自然系统及生活质量都有重大影响，然而目前很少有政策关注这样的问题。

在人类发展的另外一些领域，组织结构已经发生了巨大变化。商业新模式、物流模式、社会联系、城市规划等都因为过时的组织系统的失败而产生新变化，21 世纪由数字系统及高科技通信技术所提供的新的发展机遇也产生了巨大影响，并且这种影响今后潜力无限。这些技术能够而且将会日渐应用于城市规划和组织中，形成一种更加有效率和可持续的增长模式。这些设想产生了以下一些基础而根本的问题：在 21 世纪，规划“可持续”的城市有什么重大意义？新的城市形式，信息沟通以及组织安排是否需要？基于当前城市所面临的不确定变化以及复杂挑战，传统基于平稳发展所建立的规划进程是否依然有效？

以上这些问题指出了在 21 世纪中城市取得大规模可持续发展所面临的主要挑战。一些问题关注环境基础设施的质量，另一些则关注城市功能组织的实质及未来如何规划和组织事务，还有一些则关注数字信息的整合及信息反馈。总而言之，目前的研究已明确了以下关键挑战。这些挑战揭示出城市的功能和演化形式、城市规划和操作的进程，以及新世纪城市建设新的组织安排。

（一）城市发展模式的巨大挑战

当前在发展中国家进行得如火如荼的城市化，依然是延续了 20 世纪 20 年代现代主义的城市映像，反映的是工业化发展以及适应汽车交通的城市发展模式。这种发展模式植根于福特主义的生产模式——生产效率来自标准化、重复生产以及功能的分割，由此推动现代主义的城市在规划时就形成居住区、商业中心、休闲公园、办公区及工业区统一的模式，所有的功能都在一个巨大的无差异空间组织，这样的城市发展模式对于资源消费来说非常浪费。随着资源的不断减少和温室效应的不断突显，在 20 世纪 20 年代曾经被认为是先进的现代主义城市已经毫无效率。许多发展中国家都制订了雄心勃勃的计划和目标，以减少温室气体的排放和经济活动对环境的影响。如中国计划在 2020 年的能源利用效率比 2005 年提升 45%，印度计划提升 25%，巴西计划提升 39%。这些目标的实现主要是集中于清洁能源的使用以及工业生产提高能源利用效率。而通过城市发展模式的改变来减少能源的消费依然没得到足够重视。这可能归咎于政策制定者通常缺乏相应的能力和环境保护知识，更多还是要怪罪于人们对现代主义的城市发展模式的坚持。如果想实现既有目标，我们需要做的就是坚决抛弃对现代主义理想城市模式的坚持，采用更加多元化的城市发展模式。

（二）城市网络时代的巨大挑战

数字技术时代的到来为城市发展提供新的选择和更加有效率的发展路径，其中基础设施建设、社会系统和经济系统都可以互相联系和互相依赖。数字技术改变了人们对城市的使用，包括基础设施、企业以及生活、生产环境。与 20 世纪城市建设基于功能分区而导致的空间分割有很大差别，数字技术引导的城市发展尽量减少城市中的通勤活动，包括日常生活、工作以及商业行为等。21 世纪的城市发展范式是通过一种高度联系的方式将人们集聚和混合，这包括在实体空间和网络空间中。其在可持续发展和提升生产效率方面都具有许多优势。

通过数字技术和实际物理空间的整合，可以提升的效率非常可观。例如，研究证明大约30％的能源消耗是用在寻找停车地点的时候，通过智慧停车系统的建设可以大大提高停车的效率从而节省能源。这样的数字基础设施使得日常城市活动变得更加有效率和产出率(从土地和资源消耗的角度而言)。在老城区，通过采用数字系统往往可以用更少成本，取得比再建设或者拓展基础设施建设更大的效益。在当代城市化进程中，数字化系统可以保证高度密集的城市空间集聚生活、工作、学习以及娱乐等众多混合功能的实现。

这种减少成本、提高效率和增加居民满意度的城市系统的改造因为某些城市、信息技术企业的发展而日益昌盛，如思科系统已经专注于“连接的城市”的创新活动，并同世界一些城市形成良好合作。思考计划通过在线交易和新的合作形式，使城市可以综合减少30％能源的使用。IBM制订了同样的商务计划为智慧城市项目在交通、教育、发展、基础设施、社会保障以及公共安全方面提供智慧服务。

(三) 城市智慧发展的尖锐挑战

随着城市增长和变化的减速，传统的城市发展模式越来越不可行。城市创新随着信息交流的增多不断增强，这在印度的城市发展中非常鲜明。例如，SMSONE系统为边远地区的贫苦群众提供地方的信息：天气将变冷、今天市场的稻谷价格较为便宜、公共汽车马上来了等信息，大大方便了居民的生活。到目前，SMSONE总共覆盖了400个社区的40多万居民。

这样的案例挑战了传统的观念即城市创新主要是由大企业自上而下进行。实际上，数字基础设施因为其独特性而提供完全不同的范式，对于城市公共和私人建设者而言，新的技术创新挑战来自如何把城市既作为市场又作为资源。当所有城市系统都变得智慧，这种挑战的内容更加多元。所有的城市系统都通过传感器和无线网络进行实时管理和协调，这不仅是更有效率和可持续增长的问题，同时代表着城市中服务和产品的新范式。在首尔数字传媒城，LG通过智慧街灯进行试验并测试人们的反应；在西班牙萨拉戈萨，数字感应水已经变成公共场所的催化发展剂；在哥伦比亚波哥大、意大利佛罗伦萨，智慧公交系统都被广泛应用。在全球范围内，这样的智慧建设日益多元化，通过时间的积淀而形成完全不同的一种城市发展模式。

(四) 城市需要更灵活应对风险

在过去，城市成长过程中面临的挑战都可以通过不断发展的大规模和机械化生产系统予以克服，包括更高的防洪墙、更大的垃圾填埋场、更宽的高速公路、更宽泛的灌溉和排水系统、更高的居住计划。每一项都为不同的组织机构所设计和管理，但都是寻求特殊目标的最大化和风险的最小化，但人们现在普遍认为这种发展范式已经到达极限点。

如果我们采取整合的、灵活的和适应性强策略来适应这种情况，更多从生命系统来行事而非只看重单独的目标，也许能改善目前的状况。但这需要各种层面的整合，包括设计、管理以及城市系统的实时运作，需要在城市嵌入某一“神经系统”。某种程度上说，这种系统就是目前正在设计和操作的将数字能力嵌入整个城市的功能谱系中，这种“神经系统”不但可以更加灵活地管理城市功能，而且能够提高基础设施的服务水平和减少风险。

从管理的角度展望，灵活发展的目标在于避免失败情况而非寻求计划或行动的完美，在整个城市的基础设施中建立弹性组织系统，关键的目标在于预测失败并及时进行调整。这种发展范式的关键因素包括：透明、监测、反馈并能够快速适应变化。系统关系和组织依赖需要透明来提供一个可与不同组织分享知识信息的基础，并将不同组织和个人进行整合，进而进行战略设计和执行。

从设计的角度展望，灵活城市发展战略为原先大体量的、需要大规模投资和保障的基础设施发展困境提供解决之道。在新的增长中，从一开始就启用根本不同的模式还是可能的。如整合的传感器网络可以更好帮助理解自然系统的功能和效果。在极端情况下，传感器同样可以监测事故的发生，通过调整基础设施（如设计成可以调整）以降低破坏程度或者警告受害者。在建筑和房地产领域，土地和设施的灵活、多功能开发已成为主题，可以更好地提升空间开发的价值和减少开发风险。在城市尺度，城市开发的多用途利用已经替代20世纪规划所提出的单一功能区域，容纳更多活动并可以更高强度开发。

（五）更加弹性的多元城市规划

信息和通信技术已经为许多城市建设工程提高了速度，并且能够及时进行决策和设计的修改。环境传感器、无线网络、射频识别标签以及CATV的融合发展极大改变了城市规划的进程，城市建设者可以及时对实体和虚拟的城市形式和功能进行实时监测，实时数据揭示城市居民之间的复杂关系。这包括：公共和私人的活动模式；垃圾流向管理；社区内部及社区内部与外部之间的通信联系模式；24小时的零售模式和虚拟市场；个人、家庭以及社区的资源消费情况。

目前，全球已经有许多城市尺度的计划正在酝酿，包括一些综合的、基于未来发展的新的城市规划。其已经成为城市创新的平台，包括被赋予更多全球、国家及城市层面的政策。这些计划包括：“无所不在的城市”“U-城市”“智慧城市”“新世纪城市”“连接的城市”“生态城市”“绿色城市”等概念。尽管每个计划都有自己的内涵，但其共同点是通过新的方法测试技术整合、城市规划和管理以及组织联盟。

此外，产业和政府中的规划执行者日益认识到民众的反馈意见有多么重要，可以避免很多风险，同时需要推动合作，保证更高的产出率。与传统的规划比较，开放式更可以提升竞争价值。对于全球发展社区而言，道理非常明显：随着互动技术变得更加可行，城市政府必须转型为支持更快合作、更好整合、更具自主权以及城市规划中更合理的规划方法。

（六）日益增多的城市相关利益者

技术企业的增多意味着组织的变化，其必然会引起城市规划、开发及管理的变动。同过去一样，现在城市的某个部门都会利用其独特的技术和能力来管理城市某些功能，形成自己的系统和文化，并坚定维护自己的信息发布权和其他权限。在这样的环境中，私人开发者往往是项目发起者，因此造成城市各项功能的开发都是独立进行的。数字网络的出现为城市部门和项目提供了互动的基础，并形成新的组织结构和伙伴关系。

同样，技术和媒体企业正拓展其传统的为城市部门提供软件和硬件服务的角色，这些企业日益变成城市建设中的利益相关者，提供解决城市问题的方法，与城市中的其他人分享知识，利用其在研究、创新及决策方面的成就来取得事业上的成功。最杰出的企业莫过于几个大的跨国企业，包括思科、IBM、西门子、三星等，尽管这些企业仍然专注于某些特定基础设施和应用市场，其兴趣却延伸广泛，在基础层面上都希望成为城市开发和管理过程的集成商。

另一些城市建设者包括大学和知识密集型的研究所，这些部门植根于当地并对城市能够产生巨大影响，在城市更新建设中会变成积极的利益相关者，能够影响规划并进行基础设施建设及其他开发。大学和文化机构日益成为城市增长和竞争力培育的基础——不是基于过去大学校园的界线，保持旁观者的角色，而是成为用其研究和专长参与城市建设的社会利益相关者。最后，社区发展来自更新的力量，包括网络，可以重建城市组织并干预发展的进程。

随着城市利益相关者日益增多，多方力量的合作对可持续增长的模式形成巨大挑战，其中一条潜在的整合道路是整体城市建设组织的出现。无论是其公司内部的分工还是企业联盟的分工，这些企业计划在多个层面和尺度对城市化进行开发和管理，如中国的万科、美国的盖尔国际等，企业可以实现全球资本的运作。依据传统观点，其不是房地产开发商或设计顾问，不仅关注硬件开发，更集中于发展人力社会资本、教育、技术系统、商务以及城市全球联系，包括新系统、新项目和新技术的开发，所有这些都等同于基础设施建设，甚至更加重要。其不像传统的开发商，不是政府部门或者私人企业，而是兼有之。

二、紧凑型城市发展

紧凑型城市是针对城市无序蔓延发展而提出来的城市可持续发展理念。从其发展内涵而言依然存在争议，特别是在其城市政策导向性方面，紧凑型城市会走向何处，在不同国家和大都市区都存在较大差异。2012 年 OECD 发布的《紧凑型城市政策比较评析》中，依据对 OECD 34 个国家的调查和 73 个大都市区的紧凑型城市建设的现状分析，对于紧凑型城市内涵、在 OECD 国家发展的现状和政策实施重点进行研究。本部分基于该报告进行分析和总结，提出要杜绝当前城市化发展中盲目扩张的现状，转而注重挖掘城市内涵，提升存量质量，推进城市集约利用土地，以紧凑型城市建设为路径，推进城市可持续发展，这也是当前中国新型城镇化发展的重要内容。

在 OECD 国家中，建设紧凑型城市已经成为基于绿色增长政策而提出的城市发展模式的重要目标。其中包括 5 个方面的重要背景和原因。第一，城市人口的不断增长需要节约土地资源。联合国人居署相关报告显示，到 2050 年将会有 70%的人口居住在城市，而在 OECD 国家中这个数据将到达 86%，其中，在 34 个 OECD 国家中将会有 30 个国家的城市建成区增长速度超过城市人口增长的速度。第二，全球气候变暖对城市的发展提出新的课题并要求作出响应。第三，日益增长的能源价格会影响城市生活模式，如交通成本的增加。第四，近期发生的经济危机影响着地方政府的财政，使得城市基础设施建设新投资面临更大的困难。第五，随着人口结构的变化，城市管理者需要改变城市现有的发展政策。如德国和日本人口规模已经面临减少趋势，同时在过去 60 年中 OECD 国家的老龄人口已经实现翻番增长，在全球范围内则是三倍增长，这种趋势至少将延续 40 年。此外在 OECD 国家，家庭平均规模也在减少。

在追求绿色增长的时代，紧凑型城市由于对经济发展具有潜在的促进作用，因此，将承担促进经济增长的重要职能。紧凑型城市不仅是环境概念，还将在环境、社会、经济等方面促进人类追求的绿色增长。其内在的关键特征包括 3 个方面。第一，高密度邻近开发模式。高密度是指城市土地高强度开发，邻近是指大都市区域城市活动的集聚性。典型紧凑型城市中城市土地被集约开发利用，城市活动集聚空间紧邻，城市与乡村地区的边界清晰。公共空间包括广场、街道、公园都是必要的组成部分。因此，密度和邻近性是紧凑型城市的两个重要的物理特征。第二，基于公共交通系统的城市区域联系。其主要揭示城市土地如何被有效利用，公共交通系统为城市区域提供便捷性交通，并且使城市各个功能区域有效工作。第三，地方服务和工作的可达性。该方面主要是关注城市居民接近地方服务如商铺、餐馆、诊所以及邻里地区工作机会的便捷性。在紧凑型城市中，土地混合利用推动居民通过步行或者公交系统接受地方服务是典型特征。

紧凑型城市是城市发展的一种政策工具和城市形式，特别是在大都市区层面上。紧凑型城市开发则是在邻里尺度上的一种发展计划，是紧凑型城市建设目标的一种实现路径。但两者在内涵上完全相同，都需要满足上文提及的 3 个主要内容。关于紧凑型城市的尺度问题，一般认为紧凑型城市是人口规模和空间都比较小的城市，但大都市区也可以实现紧凑型发展，因为大都市区比小的都市区会消耗更多的土地，因此更需要实现紧凑发展的模式。紧凑型城市的发展模式亦是目前人们关注重点，过去认为紧凑型城市应该是单中心的模式，以更好应对城市蔓延和离心发展，但如果城市集聚并非连续且并非蔓延式开发，通过公共交通系统实现紧密联系亦可认为是紧凑型开发模式。其中，城市核心的彼此邻近是重要特征。实际上对于特大城市而言，很难实现纯粹的单中心模式，多中心的紧凑开发模式应该是更加适合的。另外，紧凑型城市中的建筑形式和公共空间也是讨论的重点，一般观点认为强化高层建筑和减少公共空间是紧凑型城市建设的主要路径，但对多伦多、巴黎及中国香港的案例分析显示高层建筑并不代表高密度。此外，公共开放空间是紧凑型城市的重要指标，因为紧凑型城市最终要实现的目标是城市可持续发展，包括城市环境质量。

三、智慧城市发展

作为近年来对人类城市发展关注和探索的一个进程,“智慧城市”(Smart City)的概念逐渐被全球越来越多的国家和社会所接受。著名学者辜胜阻认为,“智慧城市”是继“数字城市”和“智能城市”之后的城市信息化高级形态,建设“智慧城市”是经济增长“倍增器”和发展方式的“转换器”。“智慧城市”概念的首倡者IBM公司认为,以前由于科技力量不足,城市中交通、能源、商业、通信、水资源等系统无法为城市发展提供整合的信息。而现在,先进的信息和通信技术越来越广泛地影响城市,深刻地改变城市运行和管理方式。“智慧城市”主动驾驭这一趋势,借助新一代的物联网、云计算、决策分析优化等信息技术,将人、商业、运输、通信、水和能源等城市运行六大核心系统整合起来,以一种更智慧的方式运行,进而创造美好的城市生活。

(一) 城市产业优化升级的核心是城市经济智慧的提升——智慧经济

自2008年开始,美国次贷危机引发的金融风暴席卷全球并逐步向实体经济蔓延,中国的加工制造业等劳动力密集型行业也未能幸免。金融危机后,各国纷纷推出各种经济恢复手段,但传统刺激经济的方式从实施的效果来看,并不尽如人意。主要原因在于没有把握目前全球经济发展的核心问题,即资源配置低效所导致的经济发展迟滞。

传统的经济发展模式使得中国经济发展面临着日益增加的资源和环境压力,迫切要求开拓科学发展的新理念、新思路、新技术。在此背景下,以“智慧城市”破解经济发展的各种难题成为首要选择,即通过信息技术在生产领域的应用,提高信息化对经济发展的贡献率,转变经济增长方式和结构,推动产业结构优化升级,由劳动力密集型向知识、技术密集型转变,使经济发展更具“智慧”。“智慧经济”构筑“智慧城市”发展实体,通过智慧的解决方案,可以帮助企业实现商业流程的整合,达到全产业链的协同运作,降低成本和风险;简化并整合企业信息和系统,使企业运营更加高效和快速地响应市场,从而为市场提供具竞争力的产品和服务,提升产业链整体优势,为城市经济的长期可持续发展做好准备。

(二) 城市和谐发展的支柱是智慧型、人性化的城市服务——智慧服务

第六次人口普查结果显示我国目前城镇化率达到49.68%,100万人口以上的大型城市近120个。在人口快速增加的背景下,城市安全监管难度逐步加大,交通拥堵、食品安全问题突出、医疗资源紧张、环境污染、公共卫生事件频发、教育资源分配不均、就业压力增大等城市问题进一步凸显,不断考验着政府的执政能力和服务水平。

相对传统的人为行政管理和决策手段,智慧城市的独特方案有助于推动城市就业、医疗卫生、交通运输、社会安全监管等城市居民最关心、最直接、最现实利益问题的解决,使全体居民更好地分享信息化和城市化成果,构建民主法治、公平正义、诚信友爱、充满活力、安定有序的社会主义和谐社会。

城市公共服务和管理方面,协同办公平台、地理信息平台、政务公开服务平台、云计算公共服务平台的建设和多部门集成,可以实现一站式市政服务,让市民和企事业单位

足不出户就能快速办理行政审批，提高政府服务的效率，降低运转成本，大大提高城市管理者的服务水平和城市居民的满意度，是服务型政府建设的题中之义。

交通管理方面，采用智能交通解决方案，管理部门可以通过监控摄像头、传感器、通信系统、导航系统等实时了解交通状况，并进行模型预测分析，加上同其他相关部门系统的协同集成，可以有效缓解交通拥堵等事件的发生，并快速响应突发状况，为城市大动脉的良性运转提供科学的决策依据和管理服务工具。

就业增长方面，智慧城市和智慧化基础设施的建设，除了带动钢铁、水泥、电力、能源等传统行业的就业，将还消耗芯片、光纤、传感器、嵌入式系统等大量计算机软硬件产品，从而拉动高科技产业增长，创造大量知识型就业岗位，促进城市服务转型和服务经济增长。

医疗服务方面，远程医疗系统、电子病历系统的建设和互联互通、数据共享平台的实现，可以在更大范围内合理配置医疗资源，并通过专家信息库、病历库、医疗诊断和临床治疗库的智能搜索，辅助医师对患者病情做出准确诊断和治疗，为城市居民提供更为完善和及时的医疗服务，让社区卫生服务中心发挥更大的作用，彻底解决“看病难、看病贵”等问题。

维护社会安定、动态安全监管和高效应急事件处置方面，通过犯罪实时监控、预警和分析侦破系统，从海量数据中甄选有价值的信息，为公安机关等部门提供智能分析支持，使案件侦破手段得到显著提升，有利打击和预防犯罪，保证城市的安全稳定。

（三）城市生活环境优化有赖于社会活动与环境的智慧互动——智慧资源

我国城市经济发展同生态环境保护的矛盾长期存在，近些年频发的各种环境污染、居住环境恶化等事件为中国城市环境的发展敲响了警钟。

智慧城市解决方案可以充分挖掘利用各种潜在的信息资源，加强对高能耗、高物耗、高污染行业的监督管理，并改进监测、预警手段和控制方法，从而降低经济发展对环境的负面影响，最大限度实现经济和环境双赢发展；合理调配和使用水、电力、石油等资源，达到资源供给均衡，减少浪费，实现资源节约型、环境友好型社会和可持续发展的目标。

“智慧资源”优化城市的生存环境。智慧的环保监测、电网调度、水资源管理、流通和供应链优化等手段，可以帮助人们建立更加宜居的生态城市，助力城市可持续发展之路。

四、创新型城市发展

当代城市战略规划有其固定的模式和框架，包括可持续发展的城市、企业型城市、智慧城市等都是具体规划的目标。但这些目标的实现需要一些必要条件的支撑，包括为居民提供良好的工作机会、休闲活动，推动文化发展，在可持续发展和环境保护前提下推动经济发展以应对经济危机等。创新城市似乎可以满足以上先决条件，更能够为城市空间战略规划提供新的理论支撑和规划方法，检验城市居民的思考、城市规划和行动是否具有创新性。

近些年,创新发展、创新城市得到社会大众、学术界乃至政府层面的广泛关注。在国家层面、区域层面及地方层面,有诸多公共团体和组织都深入研究和实施了城市创新发展战略,如欧盟、联合国教科文组织(UNESCO)、OECD国家等。创新的内涵不断得到扩展,从最初的艺术创作、技术发明,逐渐延伸到今天成为城市规划的重要内容,但创新城市对于城市战略规划的作用机制仍有待检验。

(一) 当代城市问题与规划模式

20世纪70年代以来,包括去工业化、经济危机、可持续发展、国际贸易竞争等因素都对城市发展产生巨大影响,并引导人们重新思考未来发展,重新定义城市在地方、区域及超越国家层面的作用和地位,推进城市外向型发展与内生型增长的平衡。当今,社会经济发展问题特别是全球经济危机的冲击,更突出了创新城市解决城市问题的重要性。

城市发展中的诸多问题都与居民息息相关,迫切需要得到改善,包括年轻人、老人、失业者、艺术家、学者、中小企业、跨国公司、政策制定者、个人和社会组织等都是参与者。在现实发展中,包括年轻人缺乏发展机会、低薪和缺少社会文化活动,老人生活水平低,研究方法匮乏,艺术和文化创意缺乏推广途径,商业活动低迷及民众难以参与城市治理等,都对城市创新发展造成阻碍。这些问题来自城市,其要求改变的呼声也显而易见。但现代城市规划都是基于要素推动和资本推动的发展模式,过多聚焦于土地利用,对于城市社会发展的全新动力相对忽略。这主要是因为开展传统的控制性框架下的空间规划,往往比一个动态发展的创新战略规划更容易。但在新的发展背景条件下,传统城市规划对于社会经济、环境和文化不平衡发展的问题,并无更好的解决办法。而创新城市思想指导城市规划从一个静态模式转化为一个动态模式,不仅关注技术、基础设施、生产性部门等物质建设,而且更加关注社会、文化、艺术和教育部门等非物质发展。很明显,非物质部门的发展无任何控制性框架,城市之间的发展模式亦大相径庭。

创新城市建设必须能够推动城市生活各个方面,包括思想、文化、技术和组织等都保持创新性和创意性。关键是推动技术创新和文化创意的平衡,摒弃过去城市社会生活中导致环境、经济、社会和文化不均衡发展的错误做法。创新创意是一个整合的发展进程,涵盖城市生活所有领域,包括经济、政治、文化、环境和社会创新等,通过城市的创新创意整合发展,使得城市能够真正应对全球经济危机和实现有效率的发展。通过"软"的城市创新和创意发展,解决城市中的群体割裂和文化冲突等问题,在新的城市战略规划中必须有所体现。

新一代创新城市更关注城市高质量生活的创造,改变过去仅重视经济效益的发展模式,将经济效益、社会效益及生态效益关联起来,重视城市社会经济的均衡、健康发展。高质量的城市生活也是推动经济和社会创新发展的有效工具。此外,尽管交通和通信手段的进步已经使得全球融为一个统一的全球生产网络,但创新要素并不是全球均匀布局的,而多是集聚在某些特殊地方,其中城市是最重要的载体,形成Florirda所谓的“集群力量”，并塑造了城市经济和市场的多元性。

（二）创新城市发展的主要特质

创新城市为城市战略规划提供了新的研究思路，并引导人们思考如何在城市生活中跳出常规去规划和行动，如何鼓励民众、推动创新和培育人才。区域创新环境的发展与地方特性相关，如城市的环境质量、文化资源、人力资源及社会特征等。创新城市最突出的作用还是将文化、媒体、休闲活动、体育及教育等活动在城市生活中予以整合，通过创新性实践克服经济危机和社会危机。创新城市的发展聚焦于人力资源，并逐渐形成城市“创新阶层”。创新阶层普遍受过良好教育，具有差异化的利益取向和文化意识，通过特定的专业活动塑造城市意识形态，提升文化素养，推动技术创新及其他方面发展。通常，这些人包括艺术家、科学家、学者、企业家、商人等，都具有较高的社会地位和收入，他们居于创新城市的动力并非来自高薪的吸引，而是为追求高质量的现代城市生活，使创新城市更具吸引力。

总之，创新城市的特质共包括 3 种：第一，推动社会资本的发展，以助力民众积极参与更广范畴的城市活动领域；第二，在城市生活的各种层面上推动创新和创意进程的社会理解，并积极纳入更多的民众（利益相关者）；第三，推进规划、建设、居住、交通管理、信息处理和文化表演等活动的开展，在更广领域拓展创新城市的建设内涵。创新城市并不等同于魅力城市、时尚城市，从社会生活各方面来看，创新城市是一个“正常城市”，包括市场发育、城市交通、政府管理等都与一般城市无异。

（三）创新城市发展的基本战略

以创新技术和创新服务为导向的经济增长模式已经在全球深入人心，并为地方经济效益和培育相对优势发挥了巨大作用。创新的思想已经影响到许多城市的发展战略，许多城市在战略规划中更加重视创新能力的提升，以更好地推动经济发展、提升城市文化和艺术水平，这同时又能够提升城市对创新人才的吸引力。

目前，城市面临的主要挑战包括以下几点。第一，在全球化时代，城市需要为企业提供有吸引力的投资机会，特别是通过良好的组织充分发挥自身优势和潜力。第二，城市要能够充分参与到全球化新经济活动中，鼓励投资，创造工作机会和增加城市的财政收入，经济活动具有较强外部性特征，使得城市经济更具活跃性。第三，城市应推动经济增长与生活水平、环境质量改善等方面均衡发展，实现经济增长的社会福利、生态福利。第四，随着城市发展的空间日益受到压缩，城市必须要实现经济增长与空间增长平衡。就目前看，全球生产网络的快速发展对于城市空间组织的影响日益深远。第五，城市应该实现经济增长与社会发展的平衡，因为营造一个有吸引力的社会环境是创新城市持续发展和成功的必要条件。

创新城市思想是目前城市发展战略的最高境界，学术界开始广泛讨论“创新城市运动”，试图推动城市规划形成一套新的框架，真正推动创新城市的建设。创新包括更多社会、文化乃至政治内涵，因此，创新城市并没有提供绝对的发展路径和社会问题解决思路，而如果只是试图将城市打造成一个创造新技术的“发明箱”，那肯定是对创新城市理解错误。

城市规划师和建筑师应该意识到他们在规划城市发展时能力的局限性,并从城市社会新的发展态势中汲取营养以充实规划学科领域,特别是要重视城市自我成长系统,尊重城市的社会基础和文化肌理。在未来城市建设中,规划师要重视城市发展中"软的变化"并要在规划上予以解决,特别是阶层割裂、文化融合、种族冲突、全球化等要素,要适应从后工业化社会向知识经济社会、创新型社会的转型发展。其次,在任何一个城市,从个人到机构、组织都需要采用合适的战略来培育和吸取创新思想,这意味着城市提升组织能力和开放性的治理可能是创新型城市建设最基本的先决条件,从而推动城市经济、社会、文化和环境等各领域的创新性发展。再次,要实现城市的转型发展,需要在思考、视野、雄心及目标等方面实现创新性改革,但最重要的还是对新竞争性手段的深层次把握,包括提升城市融入全球网络的能力,提升城市历史和文化背景认知,以及城市治理的质量、规划手段,城市居民对知识和文化的理解等,进而对城市社会生产与生活的组织产生深刻影响。

五、文化创意城市发展

近年来,城市文化日益成为国际大都市发展的全新引擎。如果说对于城市发展而言,以往的文化建设起到的更多是"花瓶"的作用,是体现城市繁荣的配角,那么未来一个阶段,文化对于城市的意义,将更多体现在实际的要素推动,乃至于城市发展"软实力"的表现上。有关研究显示,文化的投资乘数高于一些公认的高增值行业。新加坡国立大学商业研发中心对于新加坡产业发展的一项研究发现,文化创意产业的投资乘数达到 1.66,高于银行业(1.4)和石化工业(1.35)的投资乘数。美国学者海尔布伦在 2007 年公布的研究成果更显示表演艺术的投资乘数可以达到 2.03。

事实上,文化对于城市"软实力"的推动作用,绝不只是简单地体现在文化自身的经济意义上。其蕴含的巨大动力,来自文化对于实现城市从传统发展模式向知识经济为核心的新发展模式转变过程中所起的基础性作用。同时,城市文化水平的高低,直接影响城市的创新能力与创新氛围的塑造,这对于当前以创新作为经济发展驱动力的众多国际大都市而言,无疑是重要的战略性抓手。新加坡作为城市国家,甚至以"文艺复兴"的名义,赋予城市文化建设新的高度。该国已实施 3 个阶段的规划,面向 2015 年的"文艺复兴城市"计划明确指出,艺术与文化在推进城市从工业经济向知识经济跨越中具有重要作用,因此,提出"文化艺术全球城市"(Global City for Culture and the Arts)的建设目标。

随着文化对城市发展的内在驱动力得到各方关注,相关国际大都市也将城市文化战略的制定置于新的高度。主要国际城市的文化战略,均将文化艺术建设的关注点体现在城市社会、经济、空间等诸多方面,而非以往较为虚化的宏观层面考量。这种新的变化趋势表明,城市文化的发展,已经逐渐超越狭义的文化领域,向产业、基础设施、社会、城市复兴,乃至城市总体定位渗透,文化的关联度大为延展,逐渐成长为城市功能发挥合力的“黏合剂”与“倍增器”。伦敦发布的3份文化战略草案《伦敦:文化之都》《文化大都市——伦敦市长2009—2012年的文化重点》《文化大都市区——2012年及以后》,东京的《东京未来10年》发展规划的文化发展战略部分,区域性的《欧洲文化之都》战略等发展规划都体现这一趋势。

在文化发展的领域内,创意要素是被各界关注最多的方面。从当前的发展趋势看,“创意城市”已开始超越“创意经济”“创意阶层”,成为文化与地方要素结合的重要复合性单位。佛罗里达在《创意阶层的崛起》中指出,城市已成为创意生活方式的主要地点,也成为创意中心和创新孵化器。创意城市的文化属性不仅得到城市个体的关注,也在全球层面催生了创意网络互动的需求。由联合国教科文组织发起的“全球创意城市网络”,便旨在全球范围内推动文化多样性与创意竞争力,已得到众多城市的青睐。这种以城市作为“全球创意网络”的主体,将“创意城市”的理念构建在“全球创意网络”的框架中的概念,体现出城市间以多样性的文化交流推动创意要素流动、碰撞,构建创意合作体系的新发展趋势。

六、绿色低碳城市

为了应对经济危机,主要国家均将低碳环保作为未来着力发展的经济领域。城市的转型战略也借助了这一“绿色东风”,纷纷将低碳、环保作为未来发展的主攻方向,以促进城市可持续发展。另一方面,城市发展中普遍出现的人口激增、无序扩张、环境污染、资源浪费加剧以及社会分配不平衡等问题,随着危机的演变,也变得更为尖锐和凸显,进而带来城市低碳发展的内部需求。外部环境催化与内部需求牵引的双重作用,使得低碳运行成为国际城市发展的重要方向。值得注意的是,综合国际权威方面关于城市低碳发展的重要论述,对城市在宏观层面的碳减排额度博弈与革命性技术突破的规划与探讨相对减少,而低碳要从小处、实处着手,从改变生活方式着手的微观推进力度则有所增强。

在总体规划方面,“绿色城市”概念得到了从国际层面到城市个体的普遍认同。联合国环境规划署(UNEP)发布的《迈向绿色经济:通往可持续发展和消除贫困的各种途径》中,提出“绿色城市”是绿色经济在城市范畴内的延续。该报告特别指出,城市的各组成部分,包括交通、建筑、能量、水、废物和科技等各方面都必须采取措施促进绿色发展,同时还提出政治体制改革、政策创新、市场激励与消费者参与等驱动力共同作用,才能使传统城市向绿色城市的转变在未来实现。除了绿色城市的发展之外,城市与气候变化之间的关系也成为近年来各方关注的重点。联合国人居署发布的《全球人类住区报告》,就将城市与气候变化作为年度主题,特意提出城市对气候变化的影响途径,以及能够为减缓气候变化做出贡献的主要领域和措施,包括“城市适应行动计划”、强化城市恢复能力等方面。低碳环保正成为城市生态发展的推动方向。

在微观层面,从生活方式与城市微观个体行为方式入手,改变城市运行模式,进而达成低碳的目标,是城市生态领域令人耳目一新的切入角度。联合国环境规划署发布的《改变的城市——塑造可持续的生活方式》报告，提出了"可持续的生活方式"的理念，着力改变以往对于消费模式的传统理解。报告基于全球调研提出了建立可持续发展社会的方案，并依据"活动、食物以及家政"3 个领域和"慢速、快速、合作"3 个主题进行可持续生活方式不同场景的分析，提出对城市支撑可持续生活方式的因素。同时，该报告还积极主张交流更多贴近现实的成功案例并保持信息沟通。为配合南非德班召开的《联合国气候变化变化框架公约》第十七次缔约方大会的谈判进程，同时也更加有效地激励不同国家、城市、社区、企业、公民等不同类型行为主体协同行动，也为利益攸关者树立可效仿、推广、普及的经验和案例，联合国环境署甚至根据自身的行动网络提取了 30 个成功的案例，并取名为"30 天 30 招"(30 Ways in 30 Days)。其中，既有大工程，也有小项目；既关注发达国家的城市商业区，也关注欠发达的地区性干旱；既着眼于全球的减缓效果，也更关心脚踏实地；既对联合国这样的全球性政府间国际组织提出要求，也搭建了公民社会的碳中和网路。上述环境应对策略的调整和变化，在某种程度上表明，城市生态领域的发展，呈现出"多谈问题，少谈主义"的应用性发展趋势。

参考文献

陈大鹏.城市战略规划研究[D].陕西：西北农林科技大学，2005.

高雁鹏.试论城市发展战略规划的理论与方法[D].长春：东北师范大学，2004.

李健.全球生产网络与大都市区生产空间组织[M].北京：科学出版社，2011.

朱建江，邓智团，等.城市学概论[D].上海：上海社会科学院出版社，2018.

屠启宇，等.国际城市蓝皮书[D].北京：社科文献出版社，2012.

屠启宇，等.国际城市蓝皮书[D].北京：社科文献出版社，2014.

Arun Mahizhnan. The Economic Impact of Cultural & Creative Industries, Working Paper of LKY School of Public Policy[Z]. NUS.

Singapore Ministry of Information. Communications and the Arts. Renaissance City Plan III[R]. 2008.

理查德·佛罗里达.创意阶层的崛起[M].司徒爱勤，译.北京：中信出版社，2010.

UNEP. Towards a Green Economy: Pathways to Sustainable Development and Poverty Eradication[R]. 2011.

United Nations Human Settlements Programme. Cities and Climate Change: Global Report on Human Settlements[R]. 2011.

UNEP. Visions for Change: Recommendations for Effective Policies on Sustainable Lifestyles[R]. 2011.

UNEP. Inspiring Action on Climate Change and Sustainable Development, 30 Ways in 30 Days[R]. 2011.

第九章　城市产业发展战略规划

城市经济要实现长期可持续健康发展,需要确立科学的城市经济发展战略。城市实施经济发展战略正确与否,直接决定了城市经济能否实现又好又快发展。产业,是城市经济赖以生存和发展的基础,是城市最重要的生产力来源。作为促进城市经济结构形成和推动城市经济发展的优势产业、主导产业,其状况反映了城市在劳动地域分工中的地位和作用。当前,随着经济全球化和城市化的不断深化,我国各地区的城市均面临产业更新和产业结构调整的紧迫任务。本章重点研究城市产业的演变规律,并介绍城市产业发展战略规划制订方法。

第一节　城市产业战略规划基础

一、什么是产业

（一）产业的定义

产业是国民经济中按照一定社会分工原则,为满足社会某类需要而划分的从事产品生产和作业的各个部门。简单来说,产业是生产同类产品的企业的集合。举例来讲,其最大的范围可分为第一、二、三产业,而最小最细微的产业分类可以非常细致。产业分类可大可小。"产业"和"行业"两个概念常常混合使用。通俗来讲,可以将整个宏观经济看作一个大盒子,包含宏观到微观的 3 个层次:经济—产业—企业。同类的企业的集合是产业,产业的集合是经济。其衡量指标主要有:企业利润和产出、产业增加值、经济 GDP。

（二）产业链

从原材料到生产出最终产品,是一个环环相扣的过程。产品的研发、生产及销售过程被片断化，呈现出以不同企业或机构为主体的链条结构，即为产业链。例如：重庆建设起笔记本产业整个产业链，包括设计、制造、品牌、结算的总部都移至重庆，还包括配套的运输路线，是将产品运往欧洲的铁路线。

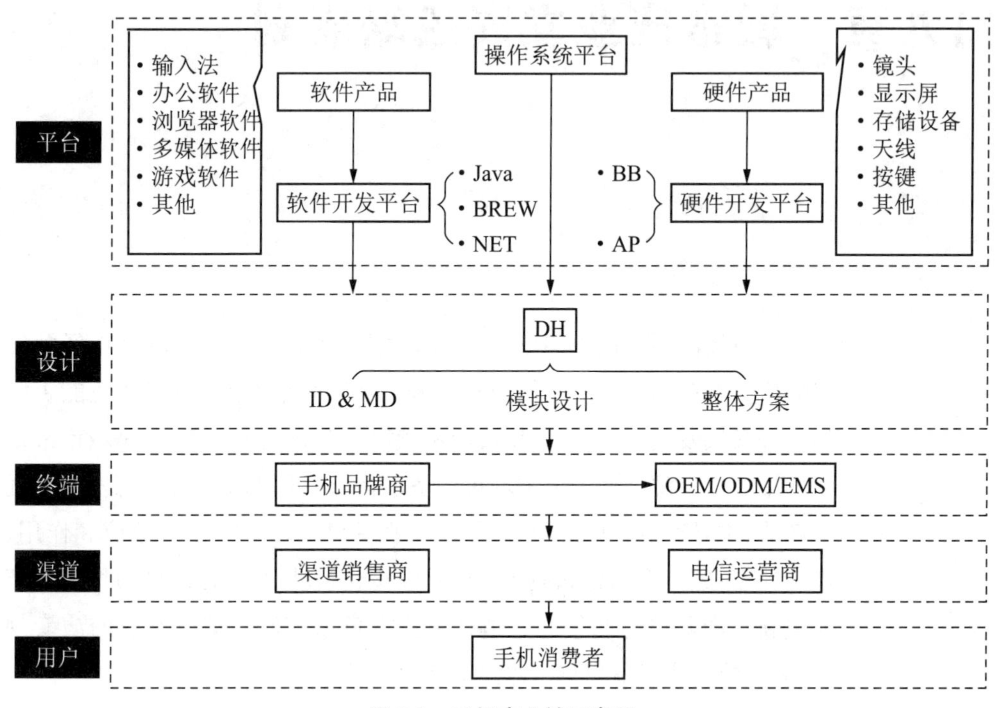

图 9-1　手机产业链示意图

（三）产业集群

产业集群是指在特定领域内，由一群在地理上相对集中，具有相互关联性的企业、专业化供应商、服务供应商、相关产业的厂商，以及相关的机构构成的产业空间组织。① 此处要明确几个关键认识：产业集群是一个动态演化的区域经济系统；产业集群与产业链密切相关；产业集群不等于企业集聚。当我们剖开产业来看的时候，可以发现即使只把产业中的一个环节做好，也可以获得经济上的成功。

1. 产业集群的演化规律

产业集群不等于企业集聚，而是产业链整个系统的集中。主导产业规模不断扩大、产业链不断延伸，并且地域空间高度集中，就形成了产业集群。

2. 产业集群形成的条件

产业集群形成的条件是要有交通便捷的区位，要有特有的资源，要有区域传承文化。

① 迈克尔・波特.国家竞争优势[M].北京：中信出版社，2010.

表 9-1　部分意大利产业集群(产业区)

产业区名称	主营产品	占世界市场份额(%)
萨斯索罗	瓷砖、陶瓷制品	39.2
科莫	丝织品	25.9
普拉托	羊毛品	19.6
贝卢诺	眼镜	17.6
卡拉拉	大理石制品	13.0
阿雷佐	珠宝	13.0
维罗纳	大理石制品	10.1
阿齐格纳诺	皮革	10.0

资料来源:王传英,关毅.发展的引擎:从意大利产业区经验看中小企业融资[J].南开经济研究,2003(3)。

二、产业的分类

(一) 三次产业分类法

1. 三次产业划分

这是根据产品(服务)性质和生产过程特点进行划分。

第一产业:从自然获取产品的产业,如农业和采矿业。广义的农业还包括农、林、渔、牧业。

第二产业:对农产品和矿产品进行加工的工业和建筑业。广义的工业还包括加工过后产品的再加工。

第三产业:为第一产业和第二产业服务的产业;第一、二产业以外的产业。广义的服务业,即为第一和第二产业服务的产业。

2. 服务业

广义的服务业指升级的传统服务业与新兴的服务业。

狭义的服务业指依托现代科技与信息技术发展起来的信息、知识与专业技能密集的服务性产业。

服务业的特性是高人力资本含量与知识密集性,高附加值与集群性,采用新业态与新交易方式,产业结构软化度较高。其具体又可以划分为以下几种。

生产性服务业:直接从制造业的生产过程中分离出来,是经济活动中的中间投入,为生产者或商务活动者提供服务,具有扩大财富增值效应的功能。

生活性服务业:从消费中分离出来,为消费者提供最终服务,具有创造就业机会的功能。

公共性服务业:从公共管理中分离出来,针对市民提供普惠性服务,具有维护社会公平的功能。

3.2.5 产业

过去各地国有企业数量较多,如上海过去的很多大型国有企业中会有从事服务业的部门,在统计时都被算在工业制造中,而现在提倡把一些生产性服务业部门从大企业中划分出来,成立一些子公司,比如企业原有的庞大的财务部门成立财务管理公司。这些财务管理公司独立之后就被统计至第三产业。又如海烟,原是一个传统的制造业企业,生产卷烟,由于其物流部门很大,以前统计在制造业中,但现在独立成为物流公司,成为服务业中的一部分。这类做法都会使服务业比重逐渐提高。

分析一个区域的发展阶段时,人们常用第一、二、三产业的发展状况来判断。这源于库兹涅斯提出的理论。通常情况下,他认为一个城市发展程度越高,服务业比重也越高。这源于经济学上、统计意义上的一些经验性结论。但需要注意的是,中国的城市概念和一般意义上的城市概念不一样,和国外的城市也不可一概而论,我国的城市概念是一个地域的、行政上的概念,其也包括农村。因此在研究过程中也就不能仅以服务业占比来简单推论国内城市的发展阶段。

(二) 国际标准产业分类法

联合国 1971 年颁布了《全部经济活动的国际标准产业分类索引》,把全部经济活动分成十大项:农业、狩猎业、林业和渔业,矿业和采石业,制造业,电力、煤气和供水业,建筑业,批发与零售业、餐馆和旅店业,交通业、仓储业和邮电业,金融业、不动产业、保险业和商业性服务业,社会团体、社会及个人的服务业,不能分类的其他活动。

(三) 按生产要素的密集程度分类

劳动密集型产业:在生产要素中劳动力占有很大比重,如纺织、服装、玩具制造等。固定资产价值比重低,技术水平程度低。

资本密集型产业:固定资产价值在全部生产要素中的比重较大,如冶金、石油、机械等。

技术(知识)密集型产业:技术水平高,先进技术设备、优秀技术人才集中,如高新技术产业。

该分类方法在判断一个区域的发展阶段时常用,因为在通常情况下,一个地区发展阶段比较低时,劳动密集型产业占主导。例如纺织服装业在我们国家属于劳动密集型产业,技术含量较低,而在发达国家,纺织服装业以服装设计产业为主导,可归为技术密集型产业。而资本密集型产业,如冶金、石油、机械这些行业,都是固定资产占比较高。其数量化的模型即为 CD 函数。

(四) 按战略关联分类

主导产业:依靠科技进步或创新获得新的生产函数,持续较高的增长率,有较强的扩散效应,是经济的顶梁柱,贡献和带动作用比较大。例如上海的文化创意、金融产业。

先导产业:对其他产业具有引导作用,但未必对国民经济有支撑作用。特征是发展速度比较快,但是占比不大。例如上海的战略新兴产业。

支柱产业:在国民经济体系中占有重要的战略地位,产业规模在国民经济中占有较大的份额并起着支撑作用。例如上海的金融、汽车、石油、钢铁等产业。

重点产业:在国民经济规划中需要重点发展的产业。

先行产业:狭义的包括瓶颈产业和基础产业;广义的则包括狭义的先行产业和先导产业。

该分类方法多用于研究城市产业发展先后顺序。

(五)按照农轻重产业分类

其将物质生产部门分成农业、轻工业、重工业三大部门。

农业:大农业,包含了种植业、畜牧业和渔业。

轻工业:其产出主要是身为消费资料的产品,如手表、自行车、服装。

重工业:其主要是产出生产资料,如钢铁、石油、化工、机械。

该分类法具有直观、简便、易行的特点。来源于苏联,但只适合工业化程度较低的发展阶段,不适合工业化程度较高的发展阶段。园区开发初期规划时会考虑采用这种方法,而在西部的发展规划时争议比较大。

(六)按照生产要素分类

根据所需投入生产要素的不同比重和对不同生产要素的不同依赖程度,可以将全部生产部门划分为劳动密集型产业、资本密集型产业和技术密集型产业三类。

劳动密集型产业:在其生产过程中对劳动力的需求依赖度较大的产业,其范围可用一个产业的就业系数来界定,例如纺织业。

资本密集型产业:在其生产过程中对资本的需求依赖度较大的产业,一般可用资本系数来对其范围进行界定,例如电力。

技术密集型产业:在其生产过程中对技术的需求依赖度较大的产业,也称为知识密集型产业,例如IT产业。

(七)产业发展阶段分类法

产业发展阶段分类法是指按照产业发展所处的不同阶段进行产业分类的一种方法。由于划分产业发展阶段的标准有很多,导致处于不同发展阶段的产业的界限并不是很明确,只能是大概的划分。按照这种分类法划分的常见产业有幼小产业(目前较少使用)、新兴产业、朝阳产业、衰退产业、夕阳产业(如电子产品中的电线、光驱、录音机、收音机制造业)、淘汰产业(如胶卷业、卡片机)。厘清分类对产业规划非常重要。

还有的产业看起来将要衰落,但是经过革新后成功复苏,如自行车产业。因此当我们判断产业是否要衰退时,需要判断其是出于技术还是需求原因,这非常重要。例如“随身听”的制造业就是由于需求因素而被淘汰。此外,还需要辩证看待产业的更新。例如服装行业在传统上是劳动密集型产业,但在巴黎、米兰等地已经焕发出新的活力,可见产业通过文化的注入或者科技的注入会焕发新的生命力。

(八)生产流程分类法

进行产业规划时,我们倾向于形成产业集群,即在产业周围形成配套服务。产业集聚的一个重要特征就是使产业的上、中、下游集聚在一起。例如，底特律盛产煤和铁矿石，并由此出现了炼钢企业、开采企业，乃至产业上游的地质勘探企业、钢铁企业和电力企业、汽车产业。

生产流程分类法是指根据工艺技术生产流程的先后顺序划分产业。这种划分法适用于两种情况，一种是相对于某一产业的工序位置而言的，另一种是没有基准产业进行比较的更加模糊的习惯称法。在该分类法中，按生产流程可以划分为上游产业、中游产业、下游产业。在规划科技园区、加工园区的时候，我们倾向于用这种方法。

三、产业体系

城市与区域经济由若干产业构成，各产业在其中的角色与地位不尽相同。

主导（先导、战略性）产业：在一定时期内，影响经济发展全局，带领各产业和整个经济社会发展，从而居于主导地位的产业。如上海有六大战略新兴产业，其属于主导产业。

支柱（支撑性）产业：一定时期构成产业主体，在增加值、利税等方面都占有很大比重，对一个国家和地区经济发展有重要支撑作用的产业，占 GDP 的比重≥5％。如上海有六大支柱产业。

基础产业：是地区经济不可或缺的组成部分，对于保持社会稳定、创造就业机会有积极作用。

以下主要对主导产业进行详述。

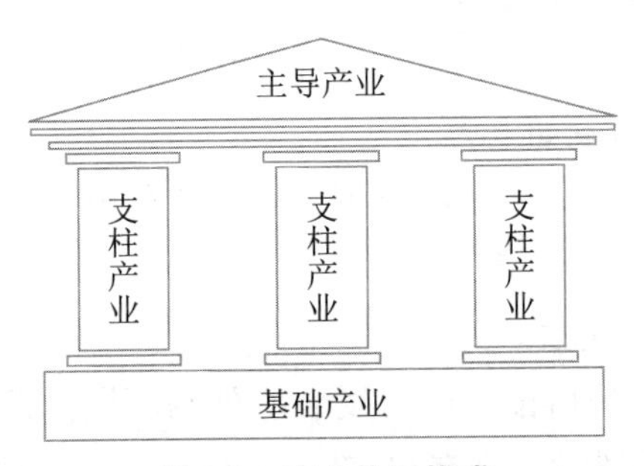

图 9-2　产业体系构成

（一）主导产业

主导产业的特征：有广阔的市场前景；技术先进，代表技术发展的方向；有较强的带动作用。如现代信息技术、大数据、“互联网＋”产业。

主导产业的选择基准要依据以下基准。

收入弹性基准：收入弹性大意味着收入增加时，该产业产品的需求有大幅度增长，表明有潜在的市场容量。如奢侈品、房地产产业。

生产率上升率基准：生产率上升率高，意味着技术水平发展快，未来前景好。

产业关联强度基准：通过后向联系效应、旁侧效应、前向联系效应这 3 类效应可诱导、带动和促进其他产业的发展。如房地产产业的“后向”是水泥钢铁产业，“前向”是装修业，“旁侧”则表现为房地产带动就业、钢铁产业带动别的行业。

但是同时满足这些条件，也不等于就可以发展扶植这种产业。如光伏产业就因大家一拥而上导致产业重构。

（二）经济发展阶段与主导产业选择

主导产业具有序列更替性，即表现为在经济发展的不同阶段会有不同的主导产业，前一阶段的主导产业为后一阶段的主导产业奠定发展的基础。

表 9-2　H.钱纳里主导产业阶段替换准则

阶　段	主导产业
工业化初期	食品、皮革、纺织等
工业化中期	非金属矿产品、橡胶制品、木材加工、石油、化工、煤炭等
工业化后期	金属制品、机械制造、印刷出版等

表 9-3　罗斯托主导产业选择发展的 5 个阶段

阶　段	主导产业部门	主导产业群体或综合体
前工业化时期	棉纺部门	纺织工业、冶炼工业、采煤工业、早期制造业和交通运输业及其他工业
工业化初期	钢铁工业、铁路修筑业	钢铁工业、采煤工业、造船工业、纺织工业、机器制造、铁路运输、轮船运输及其他工业
工业化中期	电力、汽车、化工和钢铁工业	电力工业、电器工业、机械制造业、化工工业、汽车工业及工业化初期主导产业群
工业化后期	汽车、石油钢铁和耐用消费品工业	耐用消费品工业、宇航工业、计算机工业、原子能工业、合成材料工业及工业化中期主导产业群
后工业化时期	信息产业	新材料工业、新能源工业、生物工程、宇航工业等新兴产业及工业化后期主导产业群

四、产业发展规律

（一）产业结构

产业结构是指产业之间的相互联系及其数量比例关系，主要使用以下两类指标。

劳动力结构：各产业的就业人数占总就业人数的比重。

增加值结构：各产业的增加值占 GDP 的比重。

产业结构的层次依次为：三次产业结构、产业内部的行业结构。

（二）三次产业结构的演变规律

劳动力结构（配第-克拉克定律）：主要研究经济发展和产业结构变化的关系，尤其是在经济发展过程中劳动力变化的规律。随着经济的发展和人均国民收入水平的提高，劳动力首先从第一产业向第二产业转移；当人均国民收入水平进一步提高时，劳动力又向第三产业转移。第一产业的劳动力将逐渐减少，第二、三产业的劳动力将逐渐增加。

增加值结构(库兹涅茨)：库兹涅茨依据人均国内生产总值份额基准，考察了总产值变动和就业人口结构变动的规律，揭示了产业结构变动的总方向，从而进一步证明了配第-克拉克定律。第一产业增加值比重会不断下降，第二产业的增加值比重总体趋势上升，第三产业的增加值大体不变或略有上升。这个规律在城市或者区域发展的初级阶段是对的，但是在高级阶段，例如服务业占比达到90%甚至95%之后就不一定了。

(三) 工业化进程与工业结构演变规律

传统的工业化过程主要分成以下3个阶段。

1. "重工业化"阶段

该阶段是工业以轻工业为中心向重工业为中心发展的阶段。重工业化率是指在国民收入中重工业所占的比例。

重工业化过程是指在工业结构中由以轻工业为主转向以重工业为主的过程。霍夫曼定律：随着工业化进程不断推进，霍夫曼系数是不断下降的。

$$霍夫曼系数=\frac{消费资料工业的净产值}{资本资料工业的净产值}$$

2. "高加工度化"阶段

该阶段是工业结构从以原材料工业为中心，向以加工、组装工业为中心发展的阶段。

高加工度化过程：在工业发展的重工业化过程中，工业结构又表现为以原材料工业为中心转向以加工、装配工业为中心的发展趋势。由于加工度越深，附加价值也越大，所以高加工度化过程也被称为高附加价值化过程。

工业的高加工度化过程意味着随着工业化的推进，工业产品的加工程度不断加深，当原材料工业发展到一定阶段以后，其增长的速度将被加工装配型工业所超越。

3. "技术集约化"阶段

该阶段是以技术密集型为代表的高新技术的广泛应用，使工业结构表现为技术集约化的阶段，如自行车行业的材料升级。

工业的发展过程在其重心由轻工业向重工业转移，由原材料工业向加工装配工业转移的同时，从生产要素的角度而言，还经历了由劳动力集约型向资本集约型，进而向技术集约型工业转移的过程，这就是工业化过程中的技术集约化过程。

第二节　城市产业发展规划方法

一、产业规划基本框架

产业规划具有对未来产业发展的预见与引导作用。产业规划着重于引导企业行为，不具有强制力。产业规划的结果不具有唯一性。其基本框架分为：产业发展现状、产业发展条件与环境、产业发展定位与目标、产业发展重点、产业空间布局、保障措施。

二、产业发展现状

（一）核心问题

产业发展现状研究的核心问题是找出产业发展的特征。如规模类指标：GDP 总量、人均收入。结构类指标：产业结构、产业链结构、第二产业内部结构、农业内部产业结构等。增速类指标：判断产业发展阶段、判断产业成长性。此外，其还要找出产业发展存在的问题并找出原因。

（二）分析项目

规模类指标：经济总量、人均量。

结构类指标：产业结构、行业结构。

此外还有增速类指标。

（三）分析方法

时序分析：历史数据、发展历程。

对比分析：将处于竞争地位的地区、相似区域进行对比。

区位商：区域的专业化水平。例如上海的金融业、汽车行业、石化区位商值很高；农业区位商值则很低。

此外还有座谈调研的方式。以下对需要用到的公式进行详述。

1. 区位商

区位商是衡量某一产业部门专业化程度的指标，其计算公式如下。

$$Q_{ij}=\frac{\dfrac{e_{ij}}{e_{it}}}{\dfrac{E_{nj}}{E_{nt}}}$$

其中，Q_{ij}是 i 地区 j 部门的区位商，e_{ij}是 i 地区 j 部门的职工人数或工业总产值，e_{it}是 i 地区职工总人数或全部工业总产值，E_{nj}是全国 j 部门的职工人数或工业总产值，E_{nt}是全国职工总人数或全部工业总产值。

2. 结构相似系数

结构相似系数是联合国工业发展组织采用的用来衡量不同国家或地区之间产业结构差异程度的指标，其计算公式如下。

$$S_{12}=\frac{\sum X_{1i}X_{2i}}{\sum X_{1i}^2\sum X_{2i}^2}$$

其中，S_{12}是结构相似系数，X_{1i}是区域 1 中 i 产业的结构比重，X_{2i}是区域 2（一般取作全国）中 i 产业的结构比重，其系数介于 0—1 之间，系数值越大，相似程度越高；系数值越小，相似程度越低。通过计算区域开发前后的结构相似系数，可以评价区域产业结构的专门化程度或趋同化程度的变动情况。

3. 产业结构变化程度评价

结构变动度是衡量产业结构变化程度的指标,其计算公式如下。

$$D_t = \frac{1}{n}\sum_{i}^{n}(S_{it} - S_{i0})$$

其中,D_t 是 t 期相对于基期的结构变动程度;S_{it} 是 t 期 i 产业的结构比重;S_{i0} 是基期 i 产业的结构比重。

三、产业发展条件与环境(SWOT)

(一) 核心问题

1. 找出产业发展的优劣势。
2. 找出产业发展面临的机遇和挑战。

(二) 分析方面

1. 区位与交通条件。
2. 资源条件:自然、人文、生态。
3. 竞争环境。
4. 政策环境:城乡统筹。
5. 热点、趋势:产业转移、区域合作。

表 9-4 产业发展条件与环境(SWOT)

发展策略	优势(S): 1. 区位优势 2. 资源优势 3. 先发优势	劣势(W): 1. 支柱产业不强 2. 经济外向度差
机遇(O): 1. 国际大通道 2. 区域合作 3. 产业转移	优势与机遇叠加(SO): 1. 依托区位发展腹地经济,确立在大通道中的战略地位 2. 以资源优势为准切入点,努力融入区域合作 3. 发挥先发经验,积极做好承接产业转移的准备	劣势与机遇叠加(WO): 1. 借助区域合作平台和产业转移延伸产业链,培育和形成支柱产业 2. 以通道建设和对外合作提升外向度
挑战(T): 1. 周边城市竞争 2. 可持续发展	优势与挑战叠加(ST): 1. 挖掘资源特色,树立城市特质,从竞争中突围 2. 发展与治理兼顾	劣势与挑战叠加(WT): 1. 以提升技术、人才等核心竞争力作为发展壮大支柱产业和外向型产业的着力点 2. 产业发展集约化

四、产业发展定位与目标

(一) 产业定位

产业定位是指产业在一定区域范围内占据的地位、发挥的作用、承担的功能等。例如成都市的产业定位即四基地：中国重要的高新技术产业基地、现代制造业基地、现代服务业基地和现代农业基地。其新都区“十一五”规划中的产业定位为建设西部一流的新型工业基地和现代物流基地。

（二）产业发展目标

产业发展目标是从内外部条件出发，分析、判断和预测未来产业的发展前景，可分为以下两种。

1. 定性目标：定位（国际金融中心、科创中心等）。

2. 定量目标：总量、增速、结构、空间格局。

（三）举例：《上海战略新兴产业发展“十二五”规划》

1. 定位目标：到2012年，推动上海形成国际金融机构和专业服务机构的主要集聚地，形成亚太地区跨国公司地区总部和研发中心的主要汇集地，形成亚太地区重要的金融产品创新基地，形成全球重要资源和要素的价格发现功能；初步建成国际重要物流枢纽和亚太物流中心之一，初步建成具有全球航运资源配置能力的国际航运中心；形成具有国际竞争力的服务外包集聚地，促进服务外包的跨越式发展。

2. 定量目标主要指标：到2012年，服务业增加值超过10 000亿元；服务业增加值年均增长率力争达到12%以上，进一步提高服务业增加值占全市GDP的比重。其中，金融、航运及现代物流、信息服务和生产性服务业重点领域增长速度不低于服务业平均增长速度；金融、物流、商贸占全市GDP比重均达到10%以上，信息服务业所占比重进一步提高。服务业从业人数占全社会从业人数的比重达到60%以上；服务业合同利用外资占上海市合同外资的70%以上；服务贸易进出口额占上海国际贸易进出口额的比重达到20%左右；上海服务贸易占全国比重达到25%。

五、产业发展重点

（一）第一个层次

确立规划期的产业体系，即明确各产业在当地国民经济中的地位与角色，根据不同的角色地位确定不同的发展策略，其可分为3个方面。

1. 优化发展：针对较为成熟的支柱产业。

2. 大力发展：针对成长较快的主导产业。

3. 积极扶持：针对处于起步阶段的新兴产业。

（二）第二个层次

各产业的发展重点，实质是对产业内部的行业结构或者产品结构进行发展引导，明确鼓励的门类与限制的门类。

（三）主导产业的确立

区域整体经济的增长率在一定意义上是某些关键产业（包括产业部门）的迅速增长所产生的直接或间接的效果。这些关键产业就被称为主导产业。与非主导产业相比，主导产业具有以下特征：一是能引入创新并创造新的市场需求；二是具有持续的高增长率；三是对其他产业的增长有直接和间接的诱发作用。

主导产业产生的效应具有3种形式："前瞻效应"，即主导产业(产业部门)对新产业、新技术、新原料和新能源的出现产生的诱导作用；"回顾效应"，即主导产业产生的对为其提供投入物的产业和部门发展的刺激作用；"旁侧效应"，即主导产业对地区经济发展的影响。

主导产业的选择基准应根据一国产业结构的发展阶段、吸收消化能力、经济效益等因素确定。首先需要考虑的是本国的国情。其次，根据一些制定过产业政策的国家的经验，在选择主导产业时还可以参考另外一些选择基准，如需求收入弹性基准、生产率上升基准、关联度基准、过密环境基准和劳动内容基准，以及短替代弹性基准、增长后劲基准和瓶颈效应基准等。

(四) 支柱产业的确立

所谓支柱产业就是在区域发展中处于绝对支配地位的产业。专门化产业再提炼集中就可形成地区的支柱产业。所谓支柱产业就是指一组规模较大、吸纳就业较多、支撑地区发展专门化产业。支柱产业一般要具备几个条件：区位商大于2；产业产值占GDP的比重应大于5%，甚至10%；产业关联度要高；能带动区域内其他产业的发展。

其中，区位商的计算公式如下。

$$\text{某行业的区位商}=\frac{\text{城市该行业的就业人数}/\text{城市全部就业人员数量}}{\text{全国或地区该行业的就业人数}/\text{全国或地区全部就业人员数量}}$$

若区位商的比值>1，则说明此地区该行业的产业集中度高于全国平均水平。一般只要区位商的比值>2，我们就可以把它确立为专门化产业。

(五) 相关基准概念介绍

1. 生产率上升基准

其基本思想是从供应角度，选择那些最具生产率提高潜力，具有最大相对优势的产业作为主导产业。这里的生产率是指产出对全部投入要素之比。选择全要素生产率上升快的产业作为主导产业，有利于提高一国产品的出口竞争力和资源的利用效率。全要素生产率上升基准与需求收入弹性基准是一致的，两者之间存在着内在的联系。

2. 关联度基准

赫希曼根据发展中国家的经验指出，在产业关联链中必然存在一个与其前向产业和后向产业在投入产出关系中关联系数最高的产业，这个产业的发展对其前、后向产业的发展有较大的促进作用。因此，将这个产业作为主导产业有利于带动其他产业的同时发展。

在选择主导产业时，关联度基准可以作为收入弹性基准和生产率基准的辅助指标。产业关联度基准的指标是产业关联度，它是产业的影响力系数和感应度系数之和，具体计算公式如下。

$$影响力系数=\frac{该产业纵列逆阵系数的平均值}{全部产业纵列逆阵系数平均值的平均}$$

$$T_i=\frac{1}{n}\sum_{i=1}^{n}A_{ij}\Big/\frac{1}{n}\sum_{i}^{n}\sum_{j}^{n}A_{ij}\qquad(i,\ j=1,\ 2,\ 3,\ \cdots,\ n)$$

$$感应度系数=\frac{该产业横行逆阵系数的平均值}{全部产业横行逆阵系数平均值的平均}$$

$$S_i=\frac{1}{n}\sum_{j=1}^{n}A_{ij}\Big/\frac{1}{n}\sum_{i}^{n}\sum_{j}^{n}A_{ij}\qquad(i,\ j=1,\ 2,\ 3,\ \cdots,\ n)$$

其中，A_{ij}是列昂节夫逆系数矩阵的系数值。列昂节夫逆系数矩阵表示如下。

$$(I-A)-1=\begin{vmatrix}A_{11} & A_{12} & \dots & A_{1n}\\ A_{21} & A_{22} & \dots & A_{2n}\\ \dots & \dots & A_{ij} & \dots\\ A_{n1} & A_{n2} & \dots & A_{nn}\end{vmatrix}$$

3. 过密环境基准、劳动内容基准及其他相关基准

过密环境基准要求选择能满足提高能源的利用效率、强化社会防止和改善公害的能力、具有扩充社会资本能力的产业作为主导产业。过密环境基准的着眼点是经济的长期发展与社会利益之间的关系。

劳动内容基准要求在选择主导产业时顾及发展能为劳动者提供舒适安全和稳定劳动场所的产业。该标准提出，发展经济的最终目的是提高社会成员的满意程度，其相关内容包含过劳死及过度劳动标准。

此外还有短替代弹性基准、增长后劲基准和瓶颈效应基准，即重点扶植那些无法替代的短缺性产业，满足社会最迫切而又必不可少的需求的短替代弹性基准；重点支持那些对整个产业体系的发展有深刻和长远影响的产业，以保持整个经济的持续稳定增长的增长后劲基准；重点发展那些瓶颈效应大的产业，以减少因瓶颈而造成的摩擦效应的瓶颈效应基准。

4. 现有产业发展顺序的确定：波士顿矩阵（增长-份额分析法）

波士顿矩阵最初源于对市场的研究。波士顿矩阵是美国波士顿咨询公司（BCG）在1960年为一家造纸公司做咨询时提出的一种投资组合分析方法，是多元化公司进行战略制定的有效工具，并被用于区域和城市的产业竞争力分析。具体可理解为产业的增长率（增长）和产业的占比（份额）情况分析法（图9-3）。

其中，“金牛”对应支柱产业（房地产、汽车、石油化工）；“明星”对应份额大、增速高的产业（金融）；“幼童”对应战略新兴产业；“瘦狗”对应占比低、增长速度低的产业。

5. 新增产业发展的确定：罗兰贝格矩阵分析

在前项评估的基础上，可进一步运用横向的综合区位优势和纵向的产业吸引力两维指标，评估该城市或区域的产业竞争状况，以确定特定城市或区域的潜在产业竞争实力（图 9-4）。

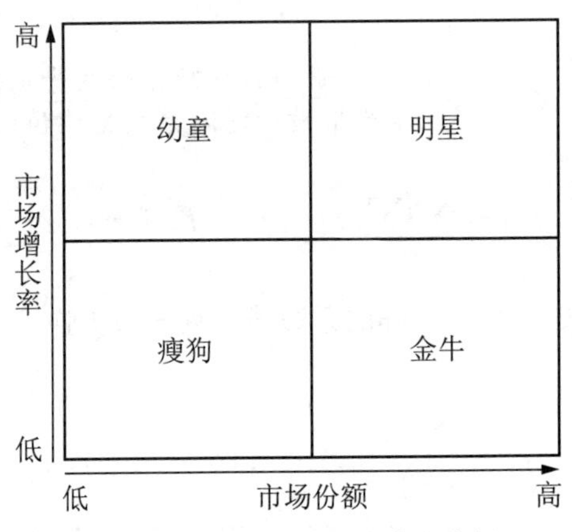

图 9-3 波士顿矩阵现实产业分析

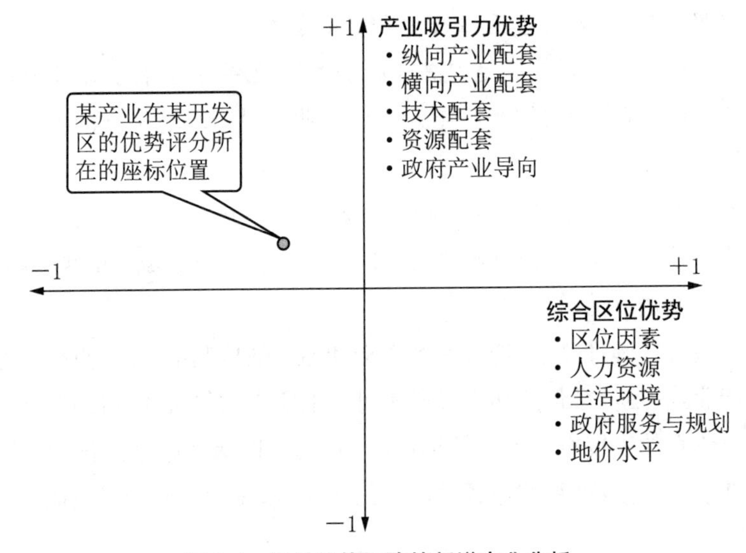

图 9-4 罗兰贝格矩阵的新增产业分析

其中，产业吸引力优势因素和综合区位优势因素又可各细分为 5 个子因素（图 9-4）。每个子因素有 3 个分值：−1、0、+1，打分标准如下。+1：远高于区内各开发区平均水平。①0：处于区内各开发区平均水平。−1：大大低于区内各开发区平均水平。②

①② 地价水平情况正好相反，远高于平均水平的记“−1”，远低于平均水平的记“+1”。

综合区位优势评价方法为按5个子因素评分的平均值确定其最终得分。

产业吸引力优势评价方法为按照各子因素对不同产业的重要性不同，分别赋予其不同的权重，权重之和为1；根据不同的权重和各子因素的分值，加权平均即为产业吸引力优势最后的得分。

六、产业空间布局

空间布局相对复杂，需要考虑的因素非常多。产业空间布局是产业发展在空间上的具体落实。其内容包括考虑以下多种因素。

（一）产业自身的空间诉求（企业选址）

商业对人流，物流业对交通，房地产业对地价、工业（上下游、政策、成本等）的要求。

（二）对产业布局的约束

工业进园区、与居住区的隔离、污染性企业的布局要求等。

（三）对产业布局的引导

农业向规模经营集中、生产性服务业聚集发展、民生性服务业均衡布局（教育医疗等）。

七、保障措施

产业政策是政府为优化资源配置，实现经济发展目标，以产业和企业为对象实施的以产业结构转换和生产力集中为核心内容的一系列政策的总和。一般要考虑但不限于以下方面：针对政府要确保产业发展的机制问题（组织实施、监督实施、考核、反馈修正）；面向企业要建立与规划适应的政策导向（产业政策、产业投资目录）；改善投资环境要进行要素保障（人才、融资平台）、支撑体系保障（交通、配套设施）。

（一）产业结构政策

1. 产业扶持政策：针对主导产业、瓶颈产业、新兴产业等。如吸引国外人才，对战略新兴产业进行减税、补贴，可参见上海、深圳的相关政策。

2. 产业调整政策：帮助衰退产业逐步退出并转入发展成长产业。如上海宝钢迁出外高桥并进行置换，以及上海吴泾的调整。

（二）产业政策的实施手段

1. 财政政策：财政补贴、税收优惠。

2. 金融政策：融资支持。

3. 进出口政策：限制进口、鼓励出口（配额、加税，包括增值税、消费税、关税）。

4. 行政指导：行业主管部门或行业协会（行业标准、行业诚信等）。

5. 法律手段：如实施禁止垄断法、环境保护法等（石油化工基地全国限定只可有7个）。

第三节 城市产业发展规划案例

一、北京案例:功能疏解与区域协同发展背景下的产业优化

本案例从城市面临的压力出发,分析提出产业优化发展的规划方法。

(一) 北京面对主要资源环境压力

1. 制约因素一:人口无序过快增长

近年来北京市人口增长处于无序的快速增长过程。虽然2020年北京市城市总体规划将人口控制在1 800万人左右,但实际上人口规模增长速度大大超过了规划预期。据统计,2013年年末北京市常住人口2 114.8万人,比上年年末增加45.5万人(2012年新增人口规模为50.7万人)。因此在筛选新增行业过程中也必须对这些因素予以充分考虑。

2. 制约因素二:“城市病”集中爆发

由人口过度集聚、城市产业结构与布局不合理等多种因素而引发的“城市病”,在北京市已经呈现出快速、集中爆发的态势,对北京市构建面向未来的产业体系产生倒逼作用。从现状来看,北京突出地面临人口过多、交通拥堵、房价高涨等问题,也存在非常严峻的生态环境问题,比如空气污染、河水断流、地下水超采、地面沉降等。

3. 制约因素三:现有产业体系与首都核心功能存在脱节

(1) 制造业结构中存在重工业化、产业效率低等问题

制造业中部分产业存在能耗高、利润率低,甚至是行业性亏损的状况,与首都功能也几乎没有关联性。具体可参见表9-5。

表9-5 2013年北京市按照营业收入前十大规模以上工业企业行业分布情况

(按行业代码排序,单位:万元)

行业	营业收入		利润总额	
	绝对值	规模排序	绝对值	利润排序
煤炭开采和洗选业	7 183 407	6	177 853	8
石油加工、炼焦和核燃料加工业	8 298 898	4	13 987	9
医药制造业	6 195 868	8	1 073 339	3
非金属矿物制品业	5 402 773	10	1 998	10
专用设备制造业	6 879 231	7	789 019	5
汽车制造业	33 343 604	2	2 896 475	2
通用设备制造业	5 617 560	9	451 617	6
电气机械和器材制造业	7 450 669	5	414 953	7
计算机、通信和其他电子设备制造业	26 166 489	3	1 052 930	4
电力、热力生产和供应业	37 529 850	1	3 453 522	1

注:1. 行业划分执行2011年国民经济行业分类标准(GB/T 4754—2011)。
资料来源:根据北京市统计局网站数据整理而成。

（2）服务业比重虽然持续增加，但围绕核心功能的高端服务业发展严重滞后

近年来，随着产业结构调整力度不断加大，北京市的产业结构持续向服务业化转型。2013年全市三次产业结构由上年的0.8∶22.7∶76.5变为0.8∶22.3∶76.9；第三产业占比76.9%，比上年提高0.4个百分点，离北京市"十二五"规划提出的大于78%的目标已经有所靠近。在服务业内部结构中，也呈现出向高端化方向递进的良好态势，如金融业，信息传输、计算机服务和软件业，租赁和商务服务业，科学研究、技术服务与地质勘查业等现代服务业总量均超过千亿。其中，科学研究、技术服务增长11.2%，金融业比上年增长11%，租赁和商务服务业增长9.5%，均高于全市经济增速水平。

表9-6　2013年北京市各服务业的经营状况　　单位：万元

大类行业	营业收入			利润总额	
	绝对值	收入排序	收入占比%	绝对值	利润排序
批发和零售业	493 525 095	1	51.91	10 530 886	2
交通运输、仓储和邮政业	45 403 351	7	4.78	2 887 643	7
住宿和餐饮业	8 831 473	8	0.93	−13 263	13
信息传输、软件和信息技术服务业	49 903 265	4	5.25	18 897 419	4
金融业	160 419 949	2	16.87	106 126 319	1
房地产业	46 946 875	5	4.94	8 193 831	5
租赁和商务服务业	84 632 925	3	8.90	30 721 689	3
科学研究和技术服务业	46 850 733	6	4.93	5 258 309	6
水利、环境和公共设施管理业	3 087 623	10	0.32	216 736	10
居民服务、修理和其他服务业	1 691 250	11	0.18	51 201	12
教　育	1 354 313	12	0.14	141 607	9
卫生和社会工作	1 000 367	13	0.11	61 225	11
文化、体育和娱乐业	7 124 714	9	0.75	1 031 999	8
合　　计	950 771 930	—	100	184 105 599	—

注：1. 行业划分执行2011年国民经济行业分类标准（GB/T 4754—2011）。
资料来源：根据北京市统计局网站数据整理而成。

4. 制约因素四：文物保护对产业发展形成制约

作为一座有着3 000多年建城史、860多年建都史的古老城市，北京市具有丰富的历史文化遗产和深厚的历史文化底蕴。在产业发展过程中，需要高度重视对这些宝贵历史文化遗产的保护，由此需要在空间布局、建筑物形态、产业业态结构等诸多方面予以充分考虑。在城市发展进程中，也要高度重视、妥善处理好古都保护与现代化建设的

关系。

5. 制约因素五：城市安全具有更高要求

作为首都所在城市，对安全、维稳方面的要求要高于一般城市，以确保国家政局稳定、城市运行安全、首都秩序稳定。从城市安全与维稳形势出发，对产业体系构建也会产生多方面的制约作用。

（二）围绕首都核心功能构建新型产业体系的思路

在制订首都面向未来产业体系规划的过程中，应当坚持战略性、科学性、功能性、前瞻性等原则，并注重产业发展及城市规划理论的支撑。

核心思路是构建符合首都特征、多功能互补的多层次产业体系。“城市功能分析方法”包括以下几个要点，具体也可参见图 9-5。

第一，一个核心城市的功能，是在与其他城市或某个范围的经济区域的相互关系中确立的。一个城市在所处城市体系中的节点位置也决定了其核心功能。城市间功能关系的基础，是直接的产业联系。

第二，在一个城市中，并不是全部的经济活动都具有“功能性”意义。在理论逻辑上，可以把一个城市的全部产业部门分为两类。一类是“功能性产业”，与城市所承载的功能紧密联系；另一类是“本地性产业”，主要对应于城市本身的管理运营，满足城市日常运作的需要。

第三，在功能性产业内部，依据其与该城市核心功能的关系的差异，可以再划分出 3 类“亚部门”。第一类可称之为“核心产业”，这类产业活动“直接承担”了该城市的核心功能。第二类可称为“衍生产业”，这类产业活动是由核心产业活动“诱发”的，或者说，其是核心产业活动的一个必需的辅助系统。第三类可称为“外围产业”，这类产业虽然也属于功能性产业，但其与该城市的核心功能的关系相对较远。

第四，一个城市发挥中心城市功能越强，对 3 类产业的规模、体系要求越高，在空间布局上就需要在满足核心产业、衍生产业发展需求的基础上，有选择地配备一些“外围产业”空间，或者选择在腹地城市进行该类产业布局。

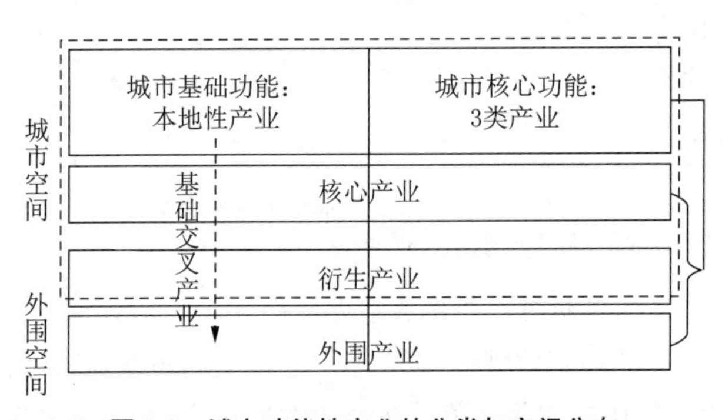

图 9-5　城市功能性产业的分类与空间分布

因此，北京市立足首都“四个中心”定位，围绕首都核心功能，构建新型产业体系的思路可以概括为：聚焦发展核心产业，做强做好基础产业，选择发展衍生产业，梯度布局外围产业。通过立体化产业体系的构建，着力提升城市空间利用效率，有效控制疏导人口规模与层次结构、空间结构，使首都核心功能的有效发挥与产业的合理化发展有机、紧密地结合起来。

（三）围绕首都核心功能，打造北京未来产业体系的对策

对照首都“四个中心”及核心功能确定产业发展目录。按照前述“城市产业功能分析方法”，北京市面向未来的产业体系应当是符合首都“四个中心”及核心功能定位、多功能互补的多层次产业体系，具体又可以归纳为“三圈层”＋“基础产业”的体系。

1. 核心产业发展目录

根据北京市目前的产业数据，就核心产业而言，其是北京市亟待强化、补充、完善的产业类别。

在政治中心建设领域，目前北京市最薄弱的环节是“国际组织”（不同层次产业代码分别为：I、98、9800，以下仅标出代码数字）。另外，由于北京市是我国金融机构总部数量最多、层次最高的集聚地，因此其金融业也发挥着全国性的金融决策总部功能，具有政治中心特性，同时也是北京市产业发展的重点方向。

在文化中心建设领域，目前北京市迫切需要加强的有新闻出版业，如新闻业（8810）、出版业（882）、广告业（7440）、文化艺术业（90）等。

在国际交往中心建设领域，迫切需要加强的是租赁和商务服务业。主要包括租赁业（73）、商务服务业（74），再细分行业为企业管理机构（7411）、投资与资产管理（7412）、住宿和餐饮业（第I大类产业）等。

在科技创新中心建设领域，存在明显的“短板”产业，亟待强化、补充的主要有：法律服务（742），如律师及相关的法律服务（7421）、公证服务（7422）；咨询与调查（743），如会计、审计及税务服务（7431）、市场调查（7432）、社会经济咨询（7433）；知识产权服务（745、7450）；其他商务服务（749），如会议及展览服务（7491）、包装服务（7492）等。

2. 衍生产业发展目录

所谓的衍生产业是围绕“四个中心”及核心功能，依托核心产业而发展起来的一系列辅助产业。这些产业一部分具有高端、绿色特征，可以作为首都重点推动的产业；一部分虽然也是核心功能发挥所必需的辅助产业，但未必都放在北京辖区内进行布局，而是可以放大到京津冀乃至全国范围进行布局。因此，这类产业可以概括为筛选、调整类，是有选择地发展的行业。

在政治中心领域，应当进一步推动保安服务（7493）行业的规范化发展。

在文化中心领域，结合工艺制作与文化元素结合的新趋势，以及北京市扶持文化创意产业的有关规划，可有针对性地强化的领域有：工艺品及其他制造业（42）中的文化创意部分，如工艺美术品制造（421）、雕塑工艺品制造（4211）、花画工艺品制造（4214）、抽纱刺绣工艺品制造（4216）、珠宝首饰及有关物品的制造（4218）、其他工艺美术品制造（4219）等，但在发展过程中必须注重这些制造业部分与研发、设计等服务业的紧密结

合，以形成高附加值的效果；教育（P 大类），如教育（84）、高等教育（844）、其他教育（849）；体育（91），如体育组织（9110）、体育场馆（9120）、其他体育（9190）；娱乐业（92），如室内娱乐活动（9210）、游乐园（9220）、休闲健身娱乐活动（9230）、其他娱乐活动（9290）等。

在国际交往中心领域，有选择性地推动交通运输、仓储和邮政业（F 大类产业）的发展，对其中一些能耗较低、单位土地产出水平较高的行业加以重点推动。另外，这部分产业在很大程度上与城市基础功能产业有所交叉，应当认真予以筛选。

在科技创新中心领域，可积极扶持的产业有信息传输、计算机服务和软件业，包括电信和其他信息传输服务业（60）、计算机服务业（61）、软件业（62）、专业技术服务业（76）、科技交流和推广服务业（77）。另外，可有选择地发展科学研究、技术服务和地质勘查业（M 大类行业），但其中地质勘查业不是发展重点。

3. 外围产业发展目录

外围产业主要是虽然能够与首都核心功能产生关联，但由于产业链环节处于中低端，或者属于劳动力密集型、能耗过高型产业而面临扩散、转移、淘汰的一些产业。

在政治中心领域，主要涉及环保社会公共安全及其他专用设备制造（369）等行业（产业代码为 3691—3699 的范围），这部分产业虽然与安全、环保等密切相关，但作为制造业部门可不必放在北京辖区内，具体应视空间情况而定。

在文化中心领域，可以采取保留高端业态、放弃中低端业态的思路，有选择地转移、外迁的产业主要有：乐器制造（243），玩具制造（244），文化、办公用机械制造（415），其他文化、办公用机械制造（4159）等。

在国际交往中心领域，主要考虑外迁的产业有通信设备、计算机及其他（40）中的电子设备制造业（401，包括 4001—4019 各行业）、广播电视设备制造（403，包括 4031、4032、4039 等行业）。另外，还有一部分（如计算机制造）属于高科技产业，可以考虑选择合适的空间，通过产业集群的方式推动集约化发展，但要对该产业中一部分相对低端、附加值低的行业实施淘汰、外迁。

在科技创新中心领域，主要是电子计算机制造（404，包括 4041—4043 范围内的电子计算机整机制造、计算机网络设备制造、电子计算机外部设备制造等），这部分产业有较好的经济效益，又具有能耗较低的特点，是可鼓励发展的行业。

除了与这四大领域相关的行业之外，一些传统制造业、服务业都可根据情况采取有计划的迁出策略，如石油、化工、采矿、汽车等制造业部门。特别是在工业上，北京远郊区仍有些小化工产业及“三高”企业，西部还存在煤炭开采企业。房山、通州、顺义、亦庄、昌平都有汽车产业。虽然都进园区了，但其本质上还是制造业、成本导向性产业。在服务业内部也是如此，如一些业态较低、环境较差的批发市场。

4. 城市基础产业发展目录

这部分产业是由城市本身日常运营的需求所产生的，可称为城市运行维系类，对城市而言基本上属于“缺一不可”，即缺少了或体量不够，都会影响首都作为特大城市的日常秩序。但在发展中应当控制其“度”，既不能过少，也不能过多，导致产业臃肿、效率低下。

该产业在制造业领域，主要包括一些公用事业和环境保护产业，依据行业特点进行选址，大多数位于城市郊区。具体有废弃资源和废旧材料回收加工业(43)，包括金属废料和碎屑的加工处理(4310)、非金属废料和碎屑的加工处理(4320)；电力、燃气及水的生产和供应业(D大类)，包括电力、热力的生产和供应业(44)，燃气生产和供应业(45)，水的生产和供应业(46)；建筑业(E大类)，包括房屋和土木工程建筑业(47)、建筑安装业(48)、建筑装饰业(49)、其他建筑业(50)。从发达国家首都发展经验看，这些产业部门都保持了一定的比例，并在其首都制造业体系中占据超过一半的比重。例如，东京目前还保留了超过10%第二产业就业比重，主要有建筑业、制造业、采矿业等。2011年，新加坡制造业总产值达到2 854.5亿美元，增加值为576.7亿美元，制造业增加值占GDP的比重从1960年的11%增加到17.7%，其中有相当一部分是与城市日常运营相关的公共事业生产部门及制造业部门。伦敦的水、天然气等公用事业由于采用市场化运营的方式，保持了稳定的发展及良好的经济效益，近年来受到李嘉诚为代表的亚洲投资者的青睐。

在服务业领域，很多部门属于公共服务、公共管理、生活服务等行业，是城市运行和居民生活所必不可少的。在公共服务方面，主要包括水利、环境和公共设施管理业(N大类)，包括水利管理业(79)、环境管理业(80)、公共设施管理业(81)；教育(P大类)；卫生、社会保障和社会福利业(Q大类)，包括卫生(85)、社会保障业(86)、社会福利业(87)。公共管理方面，主要是政府机关、有关事业组织，涉及的产业是公共管理和社会组织(S大类)。生活服务方面，主要包括交通运输、仓储和邮政业(F大类)，包括铁路运输业(51)、道路运输业(52)、城市公共交通业(53)、水上运输业(54)、航空运输业(55)、管道运输业(56)、装卸搬运和其他运输服务业(57)、仓储业(58)、邮政业(59)；批发和零售业(H大类)，包括批发业(63)、零售业(65)；房地产业(K大类中的服务业部分)；租赁和商务服务业(L大类)，包括租赁业(73)、商务服务业(74)；居民服务和其他服务业(O大类)，包括居民服务业(82)、其他服务业(83)。作为首都城市和国际化大都市，各发达国家首都也形成了非常发达的城市基础类服务业，并借助现代科技和互联网技术等，打造具有创新性、高盈利、空间高度集约的新兴产业。以房屋租赁业为例，伦敦目前是全球该产业繁荣的城市之一，在传统的实体店铺基础上已经发展出众多网上租赁机构，在方便居民、游客的同时，也带来了丰厚的收益和税收。

二、上海案例：效率与环境约束下的产业结构优化

（一）效率与环境二维简化模型的设计与计算

本部分案例中将建立一个二维模型，从行业影响力与污染排放维度对上海现有行业进行分析判断。其中，一维是利用上海2007年各部门投入产出表来对相关污染排放行业进行影响力分析；另一维是利用该行业部门的PM2.5相关综合排放指标进行分析。其中两个指标的分类临界值为各自的中位数。

表 9-7　重点产业调整筛选模型

		污染排放维度(P,标准化值)	
		PM2.5 相关综合排放指标≥0.77	PM2.5 相关综合排放指标<0.77
行业影响力维度(F,标准化值)	绝对影响力<3.03	第一顺位需调整行业	第三顺位行业需调整行业
	绝对影响力≥3.03	第二顺位需调整行业	第四顺位行业需调整行业

1. PM2.5 相关综合排放指标

其是行业的二氧化硫、氮氧化物、VOCs、氨气以及一次 PM2.5 颗粒排放量的和。前四者是 PM2.5 的前体物，通过物理化学反应对空气中的 PM2.5 排放量产生贡献，而一次 PM2.5 颗粒排放量则是 PM2.5 排放量的具体表现。案例课题组认为这个综合排放指标能够反映各个行业对 PM2.5 排放量的潜在贡献，可以用来反映某一个行业的污染排放情况。

2. 行业绝对影响力指标

第一步是分析影响力系数。影响力分析借助 3 个投入产出指标：直接消耗系数、完全消耗系数和影响力系数。

第二步分析行业绝对影响力指数。由于根据投入产出表计算出来的影响力系数是某一部门的最终需求增加一个单位时要求国民经济总产出的增加量，是一个相对值，仅能表明该行业对总产出的相对影响，用来评价该行业失之偏颇。为了反映某一个行业对整体经济总产出的真正影响力，此处采用绝对影响力指数。其计算公式如下。

$$F_i = \sum_{1}^{n} f_i \times Y_i \qquad (i = 1, \cdots, n)$$

其中，F_i 为 i 行业的绝对影响力指数，f_i 为 i 行业的影响力系数，Y_i 为 i 行业的总产出。

接着进行标准化处理，其是为方便对于数据进行统一比较，对数据进行无量纲标准化处理。此处采取较为常用的极值(min—max)标准化方法。处理过程公式如下。

$$y_{ij} = \frac{x_{ij} - \min\limits_{1 \leqslant i \leqslant m} x_{ij}}{\max\limits_{1 \leqslant i \leqslant m} x_{ij} - \min\limits_{1 \leqslant i \leqslant m} x_{ij}} \times 100 \qquad (1 \leqslant i \leqslant m,\ 1 \leqslant j \leqslant n)$$

(二) 效率与环境二维约束下的产业优化策略

1. 总量分析

根据这些产业的影响力系数情况，由大到小依次为各产业排序。从 PM2.5 相关综合排放指标来看，不同行业对环境造成的压力不一样，存在较大的差异。同一产业的影响力系数和污染排放指标也存在很大的差异。在产业政策的制定过程中，行业的选择需要在影响力和污染排放间做到平衡。

2. 行业判断

根据产业影响力与污染排放两个维度的计算结果，根据前面重点产业调整筛选模型，可以把所有的行业归为四类：高影响力、高污染排放类行业（绝对影响力≥3.03；PM2.5 相关综合排放指标≥0.77）；高影响力、低污染排放类行业（绝对影响力≥3.03；PM2.5 相关综合排放指标<0.77）；低影响力、高污染排放类行业（绝对影响力<3.03；PM2.5 相关综合排放指标≥0.77）；低影响力、低污染排放类行业（绝对影响力<3.03；PM2.5 相关综合排放指标<0.77）。

高影响力、高污染排放类行业产业影响力系数大，对国民经济的影响力巨大，同时其 PM2.5 相关综合排放指标也较高，对环境的压力也非常大。

高影响力、低污染排放类行业产业影响力系数大，对国民经济的影响力巨大，但同时其 PM2.5 相关综合排放指标较低，对环境造成的压力较小。

低影响力、高污染排放类行业产业影响力系数小，对国民经济的影响力相对较小，但同时其 PM2.5 相关综合排放指标却较高，对环境的压力较大。

低影响力、低污染排放类行业产业影响力系数小，对国民经济的影响力不大，同时其 PM2.5 相关综合排放指标也较低，对环境的压力同样不大。

3. 产业优化策略

根据产业选择模型划分出 4 类不同产业类型，将所有行业根据影响力和污染水平排序，形成行业调整升级的时间顺序，可以作为上海未来产业调整升级的重要参考。

第一类是急需调整行业，为需要优先处理，甚至尽快淘汰处理的行业，主要是低影响力、高污染排放类行业（绝对影响力<3.03；PM2.5 相关综合排放指标≥0.77），这些行业的调整能快速降低污染排放水平，但总体上对经济的影响相对有限。如炼焦业，化学纤维制造业，水泥、石灰和石膏制造业，水泥及石膏制品制造业，砖瓦、石材及其他建筑材料制造业，玻璃及玻璃制品制造业和炼铁业等。

表 9-8　急需调整行业

行　　业	代码	绝对影响力	PM2.5 相关综合排放指标
酒精及酒的制造业	15022	0.59	1.01
棉、化纤纺织及印染精加工业	17025	2.16	2.91
纺织制成品制造业	17028	2.88	1.47
木材加工及木、竹、藤、棕、草制品业	20032	1.97	2.06
炼焦业	25038	0.37	8.72
化学纤维制造业	28047	2.57	59.16
水泥、石灰和石膏制造业	31050	0.69	7.67
水泥及石膏制品制造业	31051	2.64	1.56
砖瓦、石材及其他建筑材料制造业	31052	1.61	5.86
玻璃及玻璃制品制造业	31053	2.45	5.84

(续表)

行　　业	代码	绝对影响力	PM2.5 相关综合排放指标
炼铁业	32057	0.03	58.32
炼钢业	32058	0.55	3.28
有色金属冶炼及合金制造业	33061	4.27	1.63
有色金属压延加工业	33062	7.01	1.54

第二类是第二顺位调整行业,主要是高影响力、高污染排放类行业(绝对影响力≥3.03;PM2.5 相关综合排放指标≥0.77),由于此类产业的影响力相对较大,因此不宜直接淘汰,最好是加快转型升级的速度。如石油及核燃料加工业、合成材料制造业、专用化学产品制造业、金属制品业、汽车制造业,以及电力、热力的生产和供应业等。

表 9-9　第二顺位调整行业

行　　业	代码	绝对影响力	PM2.5 相关综合排放指标
纺织服装、鞋、帽制造业	18030	9.81	2.6
皮革、毛皮、羽毛(绒)及其制品业	19031	3.11	0.8
家具制造业	21033	4.61	5.59
造纸及纸制品业	22034	5.07	3.42
印刷业和记录媒介的复制业	23035	3.93	4.8
文教体育用品制造业	24036	3.93	1.05
石油及核燃料加工业	25037	16.9	66.62
基础化学原料制造业	26039	15.82	25.4
涂料、油墨、颜料及类似产品制造业	26042	7.71	17.7
合成材料制造业	26043	16.9	12.06
专用化学产品制造业	26044	4.74	17.19
日用化学产品制造业	26045	3.47	2.46
医药制造业	27046	6	3.12
橡胶制品业	29048	4.08	3.33
塑料制品业	30049	11.88	4.41
钢压延加工业	32059	35.44	8.5
金属制品业	34063	19.94	8.23
锅炉及原动机制造业	35064	7.47	1.07
矿山、冶金、建筑专用设备制造业	36069	3.65	1.69
汽车制造业	37074	49.06	23.49
船舶及浮动装置制造业	37075	8.79	10
电子元器件制造业	40085	27.95	2.42
电力、热力的生产和供应业	44092	13.53	100

第三类是第三顺位调整行业，主要是低影响力和低污染排放类行业（绝对影响力<3.03；PM2.5 相关综合排放指标<0.77），由于此类产业的影响力和污染排放水平都较低，因此其调整可以在上海发展的需要以及产业本身发展规律的基础上进行调整升级即可。如麻纺织、丝绢纺织及精加工业，针织品、编织品及其制品制造业，肥料制造业，农药制造业，金属加工机械制造业，植物油加工业等。

表 9-10　第三顺位调整行业

行　　业	代码	绝对影响力	PM2.5 相关综合排放指标
谷物磨制业	13011	0	0.01
饲料加工业	13012	0.51	0.14
植物油加工业	13013	2.75	0.58
屠宰及肉类加工业	13015	0.78	0.27
水产品加工业	13016	0.14	0.01
方便食品制造业	14018	0.48	0.05
液体乳及乳制品制造业	14019	1.17	0.17
调味品、发酵制品制造业	14020	0.87	0.23
软饮料及精制茶加工业	15023	2.42	0.38
毛纺织和染整精加工业	17026	0.81	0.93
麻纺织、丝绢纺织及精加工业	17027	0.06	0.17
针织品、编织品及其制品制造业	17029	2.95	0.66
肥料制造业	26040	0.08	0.17
农药制造业	26041	0.33	0.29
陶瓷制品制造业	31054	0.52	0.74
石墨及其他非金属矿物制品制造业	31056	0.73	0.31
铁合金冶炼业	32060	0.11	0.01
金属加工机械制造业	35065	2.46	0.18
化工、木材、非金属加工专用设备制造业	36070	2.65	0.17
农林牧渔专用机械制造业	36071	0.36	0.03
铁路运输设备制造业	37073	0.43	0.05
雷达及广播设备制造业	40083	0.51	0
文化、办公用机械制造业	41089	2.36	0.25
工艺品及其他制造业	42090	2.67	0.75
废品废料	43091	1.05	0.23
燃气生产和供应业	45093	1.71	0.1

第四类是第四顺位调整行业,此类行业主要是高影响力、低污染排放类行业(绝对影响力≥3.03;PM2.5 相关综合排放指标＜0.77),由于此类产业的影响力较高,而污染排放水平较低,因此其调整主要是推动产业本身的改善升级,从降低能耗等方面进行考虑,其本身对大气环境的影响非常低。

表 9-11　第四顺位调整行业

行　　业	代码	绝对影响力	PM2.5 相关综合排放指标
烟草制品业	16024	3.89	0.02
起重运输设备制造业	35066	12.82	0.18
电机制造业	39077	4.14	0.35
输配电及控制设备制造业	39078	10.98	0.42
电线、电缆、光缆及电工器材制造业	39079	9.91	0.63
家用电力和非电力器具制造业	39080	8.46	0.7
通信设备制造业	40082	14.76	0.01
电子计算机制造业	40084	100	0.15
房屋和土木工程建筑业	47095	39.75	0.02
仓储业	58106	3.46	0.03

三、重庆江北案例:功能提升背景下的产业选择

本案例从产业现状与产业发展趋势着手,分析提出城市产业发展规划思路。

(一) 战略思路

1. 有助于提升中心城市功能:基于全市功能区战略确定产业战略发展方向

根据重庆江北区域横跨都市功能核心区和都市功能拓展区的区位特点进行规划。都市功能核心区要重点推动高端服务业的发展,着力体现繁荣繁华的都市形象,如发展金融服务业、商贸服务业、商务服务业和文化创意、旅游健康、科技服务等。都市功能拓展区着力承接中心城区的产业溢出和功能辐射,推进产业升级转型和城市公共环境配套,发展高新技术产业和生产性服务业。

表 9-12　基于重庆市的市级功能定位确定可选择的江北区产业

功能定位	定位内涵	具体定位	产业(业态)匹配
都市功能核心区	体现重庆作为国家中心城市的政治经济、历史文化、金融创新、现代服务业中心功能;建立高端要素集聚、辐射作用强大、具有全国性影响的大都市中心区	中国西部地区的总部经济集聚区	总部经济、专业服务、平台经济
		金融服务集聚区	传统金融服务、新兴金融服务
		时尚商业体验区	精品商贸、电子商务、消费时尚
		国际商务交流区	高端商务、国际商务、国际贸易(服务贸易)

（续表）

功能定位	定位内涵	具体定位	产业（业态）匹配
都市功能核心区	体现重庆作为国家中心城市的政治经济、历史文化、金融创新、现代服务业中心功能；建立高端要素集聚、辐射作用强大、具有全国性影响的大都市中心区	文化创意引领区	文化创意、设计服务行业
		旅游休闲先行区	都市旅游、休闲娱乐
		创新服务引领区	研发服务、创业服务、知识产权服务、基础技术服务（信息服务、检测服务、认证服务等）、技术改造服务业
都市功能拓展区	集中体现国家中心城市的经济辐射力和服务影响力，是全市科教中心、物流中心、综合枢纽和对外开放的重要门户，是先进制造业集聚区、主城生态屏障区，以及未来新增城市人口的宜居区	中国西部地区的先进制造业基地	电子电器产业、机械制造产业、汽车产业
		制造业总部集聚区	现代物流、平台经济、总部经济
		生产性服务业集聚区	科技服务业、高技术服务业、信息服务业（云计算、物联网）
		健康休闲先行区	健康产业、养老服务、房地产
		生态旅游示范区	生态旅游、生态产业、房地产

江北区在《关于加快都市功能区建设、推进产业转型升级的意见》中明确提出建设“高端产业集聚区、都市核心展示区、人文风尚示范区”3个区级总体定位，其中每一个定位都有其确定的内涵和外延。该总体定位的确立，一方面是基于对重庆全市功能区建设战略的落实，站在全区工作板块的角度，从产业、城市和软实力3个大方面予以定位；另一方面是基于江北自身在重庆市扮演的“角色”，站在定性的角度，要求其在产业上形成高端化、高新化，在城市建设上形成高品质、高品位，在人文风尚上形成领先、示范。

根据“高端产业集聚区、都市核心展示区、人文风尚示范区”3个区级总体定位，筛选后的聚焦产业（业态）为：现代服务业与新兴服务业领域，包含现代金融、现代商贸（平台经济、电子商务、国际贸易）、现代物流、商务服务业（总部经济、国际商务）、文化创意（会展旅游）、健康服务业、养老服务业、创新服务业、房地产、公共服务业；先进制造业与战略性新兴产业领域，包含微电子、计算机、信息、环保等高新技术产业，机械装备工业、汽车工业等改造后传统制造业，以及新一代信息技术、高端装备制造、新材料、新能源汽车等产业。

表9-13 基于江北区的区级功能定位确定的可能产业

功能定位	定位内涵	方向	产业（业态）匹配
高端产业集聚区	大力发展现代服务业和先进制造业，着力培育战略性新兴产业和新兴服务业，使第二、三产业链的高端部分汇聚江北，逐步提高服务业比重，接近或达到现代化大都市的结构水平	现代服务业	第一个层次是流通部门，包括交通运输业、邮电通信业、商业饮食业、物资供销和仓储业；第二个层次是为生产和生活服务的部门，包括金融业、保险业、公用事业、居民服务业、旅游业、咨询信息服务业和各类技术服务业等；第三个层次是为提高科学文化水平和居民素质服务的部门，包括教育、文化、广播电视事业、科研事业、生活福利事业等；第四个层次是为社会公共需要服务的部门，包括国家机关、社会团体、军队和警察等

(续表)

功能定位	定位内涵	方向	产业(业态)匹配
高端产业集聚区	大力发展现代服务业和先进制造业,着力培育战略性新兴产业和新兴服务业,使第二、三产业链的高端部分汇聚江北,逐步提高服务业比重,接近或达到现代化大都市的结构水平	先进制造业	微电子、计算机、信息、生物、新材料、航空航天、环保等高新技术产业;机械装备工业、汽车工业、造船工业、化工、轻纺等传统产业
		战略性新兴产业	根据战略性新兴产业的特征,立足我国国情和科技、产业基础,现阶段重点培育和发展节能环保产业,如新一代信息技术、生物、高端装备制造,新能源、新材料、新能源汽车等产业
		新兴服务业	一类是直接因信息化及其他科学技术的发展而产生的新兴服务业形态,如计算机和软件服务、移动通信服务、信息咨询服务、健康产业、生态产业、教育培训、会议展览、国际商务、现代物流业等;另一类是通过应用信息技术,从传统服务业改造和衍生而来的服务业形态,如银行、证券、信托、保险、租赁等现代金融业,建筑、装饰、物业等房地产相关产业,会计、审计、评估、法律服务等中介服务业
都市核心展示区	在提高经济发展质量的基础上加快经济发展速度,城市辐射能量和聚集能力迈上新台阶,经济影响力和综合竞争力上升至新高度		
人文风尚示范区	示范区是以人为本的具体体现,大力加强社会治理,努力创建全国文明城区,大力引进和培养江北发展所需的各类人才,大力加强服务型政府和干部队伍建设		

2. 有助于发挥区域优势:基于当前江北区产业发展基础与优势

2013 年,江北区第三产业包括交通运输、仓储及邮政业,批发和零售业,住宿和餐饮业,金融保险业,房地产业等五大产业。通过将江北区与两江新区和渝中区的产业发展基础进行比较,可以得出在江北区比较适合发展的产业主要包括如下:金融服务、现代物流、商贸服务(线上、线下以及线上线下融合)、商务服务业、高技术服务业、都市旅游、专业服务业(如法律、会计、审计、咨询等)、休闲娱乐、健康服务业、文化创意产业、房地产业、高新技术产业和先进制造业等。

表 9-14 江北区现有产业发展基础

区域	服务业基础	竞争优势	产业载体
江北区	现代商贸、现代金融、现代物流业等优势明显,商务办公、会展旅游、文化创意和创新研发等生产性服务业等快速发展	横跨都市功能核心区与拓展区的地缘特征、产业综合比较优势、交通优势、后发优势	江北嘴、观音桥、寸滩保税港区、鱼复工业园区、港城工业园区等
渝中区	聚集了大量的金融、商务、文化创意、品牌经营、咨询、审计、策划、广告等高端、生产性服务业	作为重庆的“母城”,服务业比重超过 90%,是全市服务业基础最好的地区	解放碑中央商务区、化龙桥商圈和大坪商圈等
两江新区	打造以创新金融为主的金融业、以会展物流为主的商贸业、以资讯研发为主的信息业三大支柱产业,云计算、物联网、软件研发等服务业领域发展前景广阔	国家级新区、综合交通优势、政策优势、产业协同优势	江北嘴 CBD、寸滩保税港区、观音桥商圈、鱼复工业园区、空港新城(临空园区)、悦来会展中心等

3. 有助于响应产业发展新趋势：基于当前产业发展趋势筛选培育产业

判断要引入何种新兴产业的常用方法是罗兰贝格分析法，其基本原理是通过产业发展前景（产业吸引力）和布局可能性（内部承接力）两个维度对所有行业进行筛选，确定新增的适合江北区发展的具体产业。基于新兴行业的发展前景和江北区资源承接能力，适合江北区发展的新兴行业筛选结果如表 9-15。

表 9-15　江北新兴行业筛选结果

行业分类	产业吸引力	内部承接力
文化创意（设计产业）	涵盖品牌、文化、设计、技术、传播、服务等诸多领域，文化创意产业对城市 GDP 的贡献潜力巨大	拥有文化创意产业园区；具有适当的商务成本；拥有文化创意人才
创新服务业	可使科技研发加速，研发服务业是促进产业高端化的新兴服务产业，专业研发服务公司前景光明；信息与互联网会颠覆现有产业发展趋势，具有良好的市场前景	拥有较丰富的科技人才、科研机构和科技企业
旅游健康产业（医疗服务、健康服务、生态旅游）	健康服务业已经成为现代服务业中的重要组成部分，能产生巨大的社会效益和经济效益，在发达国家 GDP 中一般占比达 10%左右，美国为超过 17%	拥有一定基础，包括产业载体、技术、人才

（二）产业体系优化

综合重庆全市产业布局明确发展方向，通过产业发展基础分析确定优势产业，通过产业发展趋势筛选新兴产业，提出了发展金融服务功能、商贸服务功能、现代物流功能、商务服务功能、创新服务功能、文化创意功能、旅游健康功能、先进制造功能等八大核心产业功能，建议形成"3 个优先、3 个提升和 2 个转型（332）"的开放型高端产业体系，包括八大产业发展方向。"3 个优先"指优先发展金融服务业、商贸服务业和商务服务业；"3 个提升"指提升发展创新服务业、文化创意业和旅游健康业；"2 个转型"指物流服务和先进制造业的转型发展等。

表 9-16　江北区重点产业体系和重点领域

重点产业		重点领域	
		优势行业	新兴行业
"3 个优先"	金融服务	银行证券保险、股权投资、风险投资、融资租赁、财富管理	并购金融、科技金融、商贸金融、互联网金融、民营金融、消费金融
	商贸服务	商圈、批发零售、时尚购物超市卖场	平台经济、跨境电子商务、线下与线上（O2O）、文化融合型商业中心
	商务服务	总部经济、商务办公、律师、会计等	会展服务、知识产权服务、资产评估、资质认证

(续表)

重点产业		重点领域	
		优势行业	新兴行业
"3个提升"	创新服务	科学研究和技术服务、计算机服务和软件业	研发创新服务、检验检测、大数据与移动互联产业、物联网
	文化创意	文化演出、设计、出版印刷、网络信息、广告、广播电视电影服务	游戏产业、文化艺术品交易、设计创意(工业、材料、服装、软件等设计)
	旅游健康	休闲娱乐、都市旅游、生态旅游、医疗服务	高端医疗与健康服务
"2个转型"	物流服务	传统物流	现代物流、供应链管理、专业物流、与电子商务的融合
	先进制造业	汽车、电子电器和装备制造业	新能源汽车、新材料、高端装备制造业、精品制造业

将重庆江北区新的八大产业功能及其所包含的主要产业与江北区的功能定位、产业基础和产业发展趋势进行对比,可以归纳总结出江北区新型产业体系突破的重点环节。主要分为如下两类。

第一类,发展方向符合功能定位,但发展内涵亟待转型。如物流服务和先进制造业以及金融服务中的传统金融服务和现代商贸中的批发零售业等。

第二类,符合功能定位和未来产业发展趋势,但发展基础较弱,需要加快发展的行业。如新兴金融服务业、国际商务、专业服务业、国际贸易、电子商务、文化创意产业、创新服务业等。

表 9-17 江北产业筛选匹配

产业分类		具体方向	匹配度		
			功能定位	产业基础	产业发展趋势
服务业	金融服务	传统金融服务	高	高	中
		新兴金融服务	高	低	高
	商务服务	高端商务	高	高	高
		国际商务	高	中	高
		专业服务业	高	中	高
	现代商贸	批发零售	高	高	中
		时尚体验	高	中	高
		精品商贸	高	高	高
		国际贸易	高	中	高
		电子商务	高	低	高

（续表）

产业分类		具体方向	匹配度		
			功能定位	产业基础	产业发展趋势
服务业	文化创意	文化产业	高	中	高
		创意产业	高	中	高
	创新服务	研发服务	高	中	高
		知识产权服务	高	中	高
		创业服务	高	中	高
		科技服务	高	中	高
		信息服务	高	中	高
	健康休闲	都市旅游	高	高	高
		休闲娱乐	高	高	高
		健康养老	高	中	高
	现代物流	传统物流	低	高	低
		供应链管理	高	中	高
		与电子商务融合	高	中	高
		第三方物流	高	中	高
先进制造业	汽车产业	轿车	高	高	中
		汽车零部件制造	高	高	中
		客车和专用车等	高	高	中
		新能源汽车	高	中	高
	电子电器	电子电器制造业	高	高	中
		电子电器研发设计服务	高	中	高
		电子电器测试、软件服务	高	中	高
	装备制造	轨道交通设备制造	高	高	高
		物流设备制造	高	高	中
		船舶制造	高	高	中

参考文献

杨建文.产业经济学[M].上海:上海社会科学院出版社,2008.

苏东水.产业经济学(第二版)[M].北京:高等教育出版社,2005.

杨万钟.经济地理学导论(第4版)[M].上海:华东师范大学出版社,1999.

奥沙利文.城市经济学(第8版)[M].北京:北京大学出版社,2015.

迈克尔·波特.国家竞争优势[M].北京:中信出版社,2010.

魏后凯.现代区域经济学[M].北京：经济管理出版社，2006.

王缉慈，等.超越集群：中国产业集群的理论探索[M].北京：科学出版社，2010.

朱建江，邓智团.城市学概论[M].上海：上海社会科学院出版社，2018.

邓智团.重庆江北区产业发展规划[R].重庆市规划局江北分局，2014.

邓智团.效率与环境约束下的产业结构优化[R].上海市环保局，2013.

屠启宇，闫彦明.功能疏解与区域协同发展背景下北京产业优化研究[R].北京市发改委，2015.

第十章　城市创新策略

第一节　创新策略之于创新

创新策略在很多情况下被称为创新战略，侧重于对创新活动的结构性调整，是一种分析性和操作性的活动。从微观上看，其是企业依据市场趋势，积极主动地在经营战略、工艺、技术、产品、组织等方面不断进行创新，从而在激烈竞争中保持独特优势的战略。从城市角度来看，其是在科技革命和产业变革背景下，为增强城市创新能力而进行的产业转型升级路径调整、基础条件功能性升级、制度环境优化等一系列政策安排。

进入21世纪以来，以电子信息和网络技术为代表的新经济对增长的支持力减弱；特别是近年来，随着世界经济增长放缓、局部金融动荡、大数据时代到来、以“工业4.0”为代表的新产业革命兴起等一系列新发展和挑战的出现，全球创新环境和创新趋势发生了重大变化，一些老牌创新城市纷纷寻找新的创新发展机会，以支持下一个增长周期的长期增长。当前，国内一些领先城市正深入推进以科技创新为核心的全面创新，加快创新要素高度集聚，使创新活力竞相迸发、创新成果持续涌现。但是，随着城市创新活动发生一些不可避免的转向性变化，城市创新发展也面临一些普遍的现实性问题。首先是，商务和生活成本持续走高并成为新常态，对留住企业和人才形成了障碍。在此情形下，改善营商环境成为政策制定者的不二选择。其次，创新要素的吸引和辐射能力亟待增强，服务先进制造业的业态和高端服务业急需提升，制度的优势受到人们前所未有的重视。

在此背景下，对于城市的创新策略，即城市面对全球化深化和新一轮科技、产业革命大势，如何立足城市发展需要，服务城市创新功能，十分需要加以研究、总结。通常，这可以通过找突出短板、发现差距、理顺路径、提出对策的方式来进行。城市创新策略的研究，对于新一轮科技革命和产业变革背景下诸多城市提升创新功能、建设创新型城市、形成区域性和全球科创中心具有较强的现实意义和战略准备意义。

第二节　城市创新转向

一、创新范式转向

（一）创新发展趋势

1.“科学—技术—开发”一体化趋势显现

近年来,出于抢占高新科技制高点目标的需要,美、日、德等发达国家及其城市的科技发展方式出现了“科学—技术—开发”一体化的趋势,以完成两大基本任务:一是创造新知识;二是培养未来科技创新体系的基础。其主要做法是:重视科学研究,致力于科学客观真理和发展理论的研究;重视技术创新,致力于运用新思维、新方法、新手段解决实际问题;重视开发转化,将科技成果转化为生产力,开发出新产品、新工艺、新方案或新模型。

2. 并行发展基础研究和应用研究

基础研究和应用研究作为科学研究的两大支柱,是科技创新的两大基石。随着经济全球化的深入推进,基础研究受到越来越多国家的重视,发达国家许多创新城市都在近十年的科技发展规划中对科学研究方向做出及时调整。例如,美国政府继续重视基础研究以保持科技创新领先地位;欧盟着力提升基础研究的地位,更注重用于科学研究的相关基础设施的建设工作;日本进一步加大基础研究的投入,以期实现发展模式的彻底转型。

3. 开始重视技术的集成突破

长期以来,科技发展常常以单项突破的形式出现,具有不同资源禀赋的国家有可能在特定的尖端技术领域取得重大突破。随着全球创新网络兴起,以这些单项技术为基础的技术集成创新取得重大进展,其往往通过一系列重大工程的实施来实现,可促进技术创新与产业化的同步进行。

4. 网络联系与区域合作日趋重要

创新城市在成为网络中的重要节点之后,必须重视与外界的沟通。需要对来自不同区域、不同行业的科技项目进行支持,在区域和世界范围内扩大科技影响力。在实际操作中,往往会设立一些网络型和集成型项目,充分调动创新网络内的各方优势资源来解决城市创新的关键问题。

（二）范式转变的意义

1. 降低成本

范式转变的初衷是帮助企业实现低成本、高效率的制造,并在制造链和价值链保持最优化的运作。对制造业而言,具有降低成本潜力的主要领域包括:资本成本,如优化价值链，提高生产自动化能力，从而减少无法流动的资本；能源成本，如通过工厂设施的高效使用和智能控制来降低能源成本，许多公司很少关注这项成本，但这项成本通常相当大；人员成本，如自动化生产程度高的企业往往不需要过多的低技能雇员。除以上3种成本外，在大多数情况下，很难对企业内部的运行成本（包括培训、实施和维护成本）进行评估，但降低运行成本也在降低成本的计划之列。一般而言，越是小规模的企业，越是只能含糊地估算实际运营成本。这对城市创新而言也有借鉴意义。

2. 增加灵活性

网络使业务流程结构变得更加动态，便于企业的单个生产线根据订单进行自我组织，特别是生产流程能够更加灵活地适应需求的变化或短时间内发生的价值链故障造成的变动。在创新范式转变的前提下，生产线上的机器出现故障带来的损失会大大减小，因为高度的生产灵活性保障了生产线能够自动重组，切换到另一替代渠道保障订单需求。创新城市也因此受益。

3. 缩短市场交货时间

无缝数据采集为全球各处生产相关数据的快速应用提供了可能，为企业短时间内做出决策提供依据。这意味着用户企业能够缩短市场交货时间，为创新成果产业化和产品商业化争取时间。特别是对于初创公司来说，这是最具吸引力之处。

4. 适应小批量的客户需求

创新范式的改变使得根据单个客户需求制定具体标准成为可能，允许客户对设计、配置、订单、规划、生产和经营等提出需求并随时进行调整，其最终目的是使快速和廉价的小批量生产和一次性生产（一批次的最小数量为1）成为可能，即使在汽车或家具制造行业领域，也可以实现定制化汽车和百变家具的制造。在适应小批量客户需求的过程中，智能生产组织和3D打印技术的应用十分重要。

5. 有吸引力的工作结构

在处于后工业化发展阶段的工业发达国家，由于人口减少和技术工人短缺、劳动力市场不断萎缩，需要对服务先进制造的用工结构进行规划。规划的作用在于提高用工的时间、空间灵活性，以现代化的组织结构促进生产的灵活性。

二、创新文化与制度转向

（一）文化转向

文化在城市创新中发挥着越来越重要的作用，也是未来城市创新决胜的关键影响因素，这已经成为学术界和业界的共识。值得注意的是，尽管有越来越多的城市因为经济增长和人口增长而被认为是成功的城市，但实际上高速增长的经济对科技和文化发展未必有利。高速增长对基础设施、社会系统和环境造成的压力，可以在相当长的一段时期影响城市创新参与者的文化归属感。住房需求的快速增长导致房价上涨、城市空间被挤压、用人成本激增，一些人被排除在城市生存门槛之外；同时，城市也丧失了其能够继续成为“拥抱所有人的地方”的功能，城市灵魂出现缺失；此外，水资源短缺和绿色空间不足也成为不可回避的问题。这些都将降低城市的宜居性,进而降低对高素质人才的吸引力。

尤其值得一提的问题是城市房屋开发被高档化,使人们对土地价值上升的兴趣超过了知识生产和文化生产,直接威胁到城市的创造力。中国香港、悉尼、伦敦、纽约都曾经遭遇这样的情境:公寓逐渐取代工作室,银行家逐渐取代艺术家和科技工作者。可见不仅是发展中国家的城市,即便是纽约、伦敦这样的文化创意发达的大都市,也面临着经济增长带来文化衰退的巨大挑战。在以往对于文化环境的营造上,特别注重音乐厅、图书馆等文化基础设施的建造,而在未来,应重点支持非正式文化场景的空间开发,如生存成本低廉的工作区等。

文化建设是为了应对城市创新模式多样性的挑战。尽管多元化和多样性是文化的重要特质,但是文化的多元和多样也会在很大程度上威胁到本土文化的生存与发展,从而影响城市创新特色。首尔就有这样的隐忧,其正将自己变成一个多元文化社会,但也导致越来越多的本土文化在这一过程中被改变和消失;类似的情况在多伦多也存在,并被称为"多伦多的巴尔干化"(即文化的碎片化)。要避免这一点就要做到平衡本地创新与区域/全球创新的关系。文化可以以迥异的发展方式来应对城市创新多样性的挑战。例如,当代文化可以成为城市创新风尚的代言(如纽约)。多元性也未必导致本土创新文化的迷失,比较典型的例子是新加坡,多种族聚居和多元文化共生反而成为新加坡创新的特色,从而产生出一种共同的新加坡创业人的认同感。此外,包容性文化对城市创新起到十分重要的作用,可以帮助城市保持其独特的创新品质。

为了保持经济增长和应对科技发展挑战,一些全球城市纷纷将文化作为城市创新政策的黄金线,即以文化贯穿创新规划全过程和全领域,文化不再是独立的,而是映射到城市创新经济、创新社会、创新生态的各个方面。在创新策略制定中,文化担负起了战略性和变革性角色,并与政策敏感地融合在一起,成为城市创新规划的主线与整合创新要素的主要力量。

在一些成功的案例中,许多城市已经在发展战略制定上体现出文化的主线引领作用。阿姆斯特丹为了应对全球化和文化多元化的挑战,调整了创新规划思路,制定了"与全球保持共同心态+坚持本地真实性"的创新规划原则,并在空间上付诸实施。首尔作为发展中国家城市的后起之秀,采取的创新规划策略是"接近和联系",即充分利用"二战"后的快速现代化成就(日新月异的基础设施建设、繁荣的经济发展、快速提高的居民收入等),建立区域—全球创新联系通道,引领首尔进入全球科创盛世。新加坡作为人口高度多样化的城市岛国,制定了"每个人都想来新加坡"的发展战略,特别致力于建设城市人才库,优化初创企业和创业者的生存环境,使新加坡成为一个同时受西方世界和东方世界欢迎的国度。为此,新加坡还鼓励多语言的文化交流环境,并在教育、应用和传播上建立起各种语言之间的"代码转换"机制。斯德哥尔摩作为世界上宜居的城市之一,其在创新硬件和软件可用设施上要优于其他很多全球城市。而其同时也是一个极具多元化的城市,近 1/3 的居民在其他国家有根。加强城市内部联系是其发展的重要任务之一。为此，斯德哥尔摩的发展战略是通过文化规划“建设一个不仅宜居而且可爱的城市”，从而促进创新的发展。东京则充分利用其传统文化，致力于“向全世界呈现最好的城市”。作为一个拥有悠久历史的岛国的城市，东京恰到好处地展现了日本的岛国文化，又尽可能多地吸收了西方文化，将创新与创意的结合发挥得淋漓尽致。

（二）制度转向

自20世纪80年代开始，西方学者开始思考、研究和探索城市未来的发展形态，尝试将创新思维运用到经济、社会发展层面，强调创新在解决城市发展问题、推动城市经济社会发展、优化城市空间结构中发挥的重要作用，并将创新明确为城市经济发展、科技进步、空间优化的核心动力。

在此背景下，城市创新的非技术因素得到更多关注，经济、社会作为创新的直接服务对象，在很大程度上体现了城市创新的结构与内容。制度转向对城市创新的作用主要体现在两个重要方面：一是保障技术的共研共用，以节约城市创新成本；二是保证创新要素向能够最高效产生创新成果的区域集中，并具有规划、统筹创新空间的能力。制度创新是城市创新得以实施的重要保障，要使科技创新促进城市经济和人民福祉增长，必须辅以相应的制度创新。与城市创新相关的制度创新主要包含以下三方面内容。

一是建立创新型人才集聚制度。城市创新的基础是创新型人才，智力资源是城市科技创新和开发能力的基础，因此需要有集聚创新型人才的制度安排，使科研机构具备更强的研究能力，培养和吸引更多创新型人才。一方面，可以通过各种制度安排和政策设计，形成有利于创新型人才集聚的平台或载体，营造适宜人才成长的内外部发展环境，为创新型人才提供创业、研发的基地和良好的生态环境；另一方面，集聚创新型人才的制度安排要注重形成合理的人才结构，实现高层次创新型人才、高技能人才、后备人才等梯度配置合理，并为创新型人才营造社会成长环境。

二是建立多样的投融资制度。科技创新的高度不确定性产生了对投融资的强烈诉求，降低不确定性是投融资制度的重要使命。投融资制度创新的基本制度取向包括基于客户优选的风险规避制度、基于公共资源配置的风险补偿制度和基于社会分担的风险分散制度等。特别是通过建立和引进风险投资，使得新技术研发及转化能够及时获得资金支持。

三是建立严格的知识产权保护制度。制度转向有利于平衡和处理创新的竞争/垄断关系。其主要作用在于维持创新的可持续性，保障创新收益。同时，避免放大极具外在压力的竞争机制，通过知识产权保护，从根本上解决连续创新的动力；避免一切违法知识保护原则的“搭便车”行为，使创新成本得到充分补偿。

三、创新空间转向

随着经济全球化进程的深入和新一轮科技创新浪潮兴起，科技创新已成为经济发展的内生动力和决定性因素。城市作为创新活动产生、应用和扩散的重要空间单元，纷纷调整创新发展战略，探索合适的创新发展路径，以实现由“财富驱动”向“创新驱动”转型。同时，全球发达地区经济发展由工业化向后工业化阶段演进并伴随城市化进程的加快，城市在更大的地域范围内扩展。由于城市内部功能分异及其不同的创新禀赋特征，城市内部创新活动也存在明显的空间差异，中心城区和非中心城区、园区经济与非园区经济的创新重点各有侧重。

从国外经验看，纽约、伦敦、东京等城市都实施了科技创新的空间战略调整，突出表现为创新的中心城区回归以及扶持第三代科技园区发展。中心城区往往是城市创新的重要区域，发展以现代商贸为引领的创意设计、金融服务、软件信息等科技服务业，不仅集聚大量的创新人才和研发总部，其创新产出和应用也远远高于市郊区域。与此同时，设立于20世纪50—70年代的科技园区经历了半个多世纪的发展，在创新要素集聚、成果产出、组织架构、功能实现上发生了颠覆性的改变，普遍进入第三代科技园区的发展时代。

反观国内，对科技创新的界定长期偏重于技术创新而忽略知识和管理创新，以技术创新为主要功能的企业、科研院所、中介服务机构大多分布在城市的非中心地带，且长期以来重视各类科技园区硬要素而非软要素的集聚。这导致在现行的科技创新认知水平与评价标准下，中心城区创新型企业、创新投入以及技术类创新产出均处于弱势地位，沦为城市创新的“洼地”。科技园区的投入产出效能比偏低，难以发挥对城市创新的引领作用。

随着全球化的不断深入和通信技术的飞速发展，创新驱动影响下的城市空间治理、城市健康发展已成为城市学者们关注的焦点，学界也从关注城市空间的经济空间和社会空间逐渐转向关注创新驱动影响下的城市空间响应（表10-1）。随着我国许多城市创新型发展结构和形态确立，以及服务城市经济、社会的共性技术研发体系形成，城市创新空间必须做出响应和调整，以适应经济、技术活动的变化趋势。

表10-1　不同时期城市空间的结构模式比较

	希波丹姆城市空间	中世纪城市空间	文艺复兴城市空间	现代主义城市空间	城市创新空间
时代背景	古希腊，唯物、平等	中世纪，宗教统治	15世纪，文艺复兴	20世纪，现代主义运动	信息时代，知识经济
精神特质	理性思辨、公正平等	神权高于王权	人文主义	现代主义、机械理性	平等、自由、开放、高效
规划思想	几何化、程序化，强调秩序美	自然主义的非干预规划	“综合艺术总图”理想	功能主义、形式理性主义	构建有机的空间生态体系，适应高新技术产业的发展需要
结构模式	棋盘式结构模式	以教堂为核心，整体、内在的有机秩序	唯美秩序、几何规则、集中式布局	严格的几何形构图，规整有序	以创新、生产为主导的依托自然的创新产业综合体
生活形态	城市活力的桎梏	基督教生活的有序化和自组织性	高雅主义、精英主义	机械规划、分区明确、缺乏活力	空间开放、活力高效、协同联结

资料来源：周天勇.城市及其体系起源和演进的经济学描述[J].财经问题研究，2003：3—13。

事实上，城市创新空间即为产业链各环节在空间布局上有选择的集聚，经济全球化背景下出现的科技园、科学城、中央智力区都是产业创新活动在城市空间中集聚的产物，并且都明确对应于全球生产链的特定环节。以第三代科技园区为例，其生产链中知识生产、技术研发、专业加工和管理的环节，对于载体的需求具有相当的同质性。具体而言，城市创新的空间转向主要表现在两大方面。

一是第三代科技园区的兴起。第三代科技园区是在第一、二代科技园区发展的基础上创新变革而来，经历了从在大学、科研院所周边自发形成，旨在加快科研成果技术转移的第一代科技工业园，到经过整体规划、突出创新孵化、强调科技与产业紧密结合的第二代科技园区的经验积累。第三代科技园区基于知识生态，强调社区和城市融合，突出网络式创新的作用。

二是中心城区创新功能的回归。中心城区是一种地理区域、区段或实践社区，拥有良好的基础设施和高素质劳动者，并集聚大量政府和各类非营利性机构，对城市创新活动产生了极大的促进作用。与第三代科技园区相比，由于加入了社区这一独特的创新主体，中心城区的创新要素更加完备与齐全，便捷度和适用度也相对更高。

随着中心城区创新功能的逐步回归和第三代科技园区的崛起，城市创新空间各单元间的联动发展将变得更加紧密。以往中心城区只注重商业开发、金融服务等产业内容，与周边的科技园区、科学城的发展联动仅限于产业链上下游的关系，即园区负责产品的研发和加工，而中心城区提供销售、研发、环节服务等内容。而如今，越来越强调创新支撑作用、知识交换和信息交流的中心创新城区将在产业链环节和创新链上与科技园区实现合作发展，不断加强不同产业领域、不同产业链环节和不同创新功能区之间的联系，创新体制机制，整合多方资源，突出网络创新和资源整合能力；同时，建设创新平台并打造创新创业网络，改善物质环境，创新文化环境，推动第三代科技园区和中心城区的空间联动发展，可真正实现城市创新空间从单中心到多中心、从孤岛创意到协同发展的转变。

第三节　城市创新策略改变

进入21世纪以来，随着新一轮科技和产业革命展开，以纽约、伦敦、东京、新加坡等全球城市为代表的创新城市，其创新路径发生了重大转变，制订了《“一个纽约”规划》《大伦敦规划》《东京都长期愿景》《巴黎大区指导纲要2030》《新加坡2025年》《2030首尔城市基本规划》等最新的发展规划，其中包含科技创新策略的重要改变：应对全球化挑战，寻找新的经济增长和竞争力的源泉；制定新的产业政策，发展具有战略意义的新技术；集中制定以科技应用为导向的创新政策；重视创新的社会性支撑，增强社会凝聚力；在城市内部规划和组建高水平的研创中心；重视创新网络的区域性建设，重视城市内部科技城与智慧城的建设；加大公共研发投入，特别是基础研究的公共支持力度，为高端制造业服务；人力培养和人才引进同等重视，扩充创新人才阶层等。

各个城市科技创新的知识/技术基础、产业结构、创新环境差异，使其形成了各具特色的创新策略模式：纽约以实用主义为导向；伦敦依靠管理创新推动；东京强调“商业＋科技”模式的结合；新加坡则通过营造环境（特别是微环境）实现“即插即用”；巴黎用足城市创新的文化特质；首尔作为后起之秀十分重视“创造经济”和统筹资源。具体而言有如下几个方面。

纽约采取了典型的实用主义导向的城市转型发展模式，通过活跃的金融创新、服务创新和知识信息服务实现知识溢出和技术传播，形成有别于“硅谷”模式的“硅巷”文化，带动纽约城市整体创新实力的增强。伦敦以管理创新推动城市创新，充分利用城市原有先进的公共服务能力和物流、信息交换能力，通过金融创新和保险技术创新维持伦敦国际金融中心地位。东京虽是东亚商业模式创新的楷模，却又保留了以中小企业为主体的产品研发型工业和高端大型制造企业，实现由单纯技术创新向知识创新、服务创新、管理创新、商业模式创新等综合型创新形态的转变。新加坡科创中心建设得益于“起点高、定位准、谋划深”的发展战略，始终践行“全球化、创新化、多元化”的发展目标，其营造“即插即用”商务环境的做法十分值得称道。巴黎创新环境的营造则用足了城市历史厚重感与文化归属感，其科创中心建设的相关规划都充分利用了城市独特的创新要素：经济要素、文化要素、人的要素、空间要素。首尔作为追赶型城市，采取的是依靠创新、创业、创客来“创造经济”的创新发展战略，通过促进创新应用来维持创新热情和创新的可持续性。

纽约、伦敦、东京、巴黎、首尔、新加坡等城市创新方向和模式的转变表明，随着科技革命和产业革命的深入开展，城市创新应逐步向知识化、服务化、商贸化演变，并整合城市的生产功能（提供设备硬件）、教育功能（提供人才、知识）、金融功能（风险融资、贷款）、流通功能（技术产品的交易）和文化功能（激发创意、创业精神）等活跃要素。必须对“唯技术创新”路径进行修正，突破工业化社会以来城市传统创新模式；必须丰富科技创新形式，重视服务创新、商业模式创新、组织模式创新；需要建立一个城市创新要素“集聚—扩散”的双向通道，实现城市创新空间拓展。

2008 年全球金融危机以后，在新技术和新产业革命背景下，全球创新格局发生重构，城市的创新模式、生产组织形式和产业发展形态发生了重大改变。一些走在世界前列的科创中心城市纷纷对创新的策略、方向、结构和布局做出了调整，以适应创新的范式、维度、文化、空间转向。包括伦敦、纽约、东京、新加坡、多伦多在内的全球创新领先城市，普遍进行了创新战略修编，为城市创新发展定方向和基调。同时配合制订聚焦主要问题的创新计划，辅助创新战略实施，以解决城市创新发展的突出矛盾。其主要做法概括起来有以下八方面。

一是持续修订更新创新政策，重新定位城市创新发展方向，制订各类针对性创新计划，对重点创新战略进行修编。二是应对新技术与新产业革命的创新要求，加强科学应用，实施各类“应用科学”计划，对中小型制造企业的科学应用采取特别扶持。三是加大扶持中小企业的力度，多管齐下激励小企业创新，包括对小企业实行特定的研发税收优惠，实施小微企业融资补充计划，加强针对小微制造业企业的创新咨询服务，加强对都市圈中小企业的创新服务辐射。四是发展小型化、分散化、灵活化的都市微型制造业，为微型制造业制订战略投资计划、打造城市品牌、辅助构建微制造空间——联合办公空间。五是发展众创，打造全覆盖和广辐射的众创空间，调整城市全域性创新布局，开辟创新中心城区与科技城。六是以数据辅助创新，确保创新应用、鼓励和扶持所有的数字化创新者；开放政府数据平台，建立公私合营与权责分明的运维机制。七是精准定位政府角色，聚焦解决创新短板问题，坚持衔接创新链末端且不越位；坚持对创新对象的支持的高度选择性和导向性，在资金支持上设立多重环节把关。八是重视数字化创新社会的建设，为服务社会和民生的数字化创新者提供一切可能的帮助。

第四节　城市创新策略规划

一、规划原则

城市创新策略主要侧重于解决城市科技创新发展的对标分析、新问题发现、路径分析和政策制定问题，应遵循以下 3 个原则。

（一）路径区分、特色总结、精确定位

通过城市对标，总结全球和区域性重要创新城市建设的路径特色，分析不同特色路径的创新要素、环境和制度支撑差异及其与借鉴城市的结合点；客观评价借鉴城市创新发展的科技、经济、文化、制度基础条件，总结城市创新的内涵和要义；结合城市在国家和区域中的战略定位，制定城市科技创新的路径选择依据和具体实现步骤。

（二）突出创新的制度性要求和制度安排设计

在新一轮的技术革命和产业革命背景下，纯粹的技术因素和经济因素对城市创新发展的作用正在降低，组织力量和制度因素逐渐凸显，城市发展创新亟待克服体制和机制障碍。因此，在进行城市创新策略制定时，需要重新审视全球科技创新和产业发展新格局，重新构建城市创新发展的组织原则和制度框架。

（三）实现依托研究基础的精准分析

城市创新策略的制定有赖于相关长期研究的支持，有能力者应建设资料库和数据库。应充分借鉴领先城市科技创新发展的路径特色，定量计算、评价新一轮技术革命和产业革命背景下各种特色路径在创新范围、模式和组织上发生的具体改变，结合借鉴城市的发展特点，明确重点突破的环节，形成一系列响应机制。

二、规划细则

（一）坚持创新策略的顶层设计

1. 重视创新战略修订与计划制订

（1）内涵解析：及早制订中长期发展规划并做好战略部署，按照“理念优先、总体规划、按步推进、分期实施”的原则，循序渐进地不断优化城市应对新产业革命的规划、方案与配套措施。

(2) 重点建设原则：一是战略修编和计划制订的兼听原则，即要充分听取非政府方的意见，尤其是处在新技术、新产业革命前沿的科研院所和跨国企业的意见；二是坚持统一战略指导下计划制订的分阶段部署原则，避免频繁更换计划。

(3) 重点创新布局：一是提升创新战略规划的高度，并作为其他相关发展规划的重要指导；二是制订高度聚焦、高度系统化的创新计划，要打破部门之间、条块之间的分割，各项创新计划在相同的法制政策框架下执行，避免政策矛盾和在执行中出现冲突；三是精简科技发展计划，针对性解决城市创新发展面临的突出矛盾，避免计划所涉方面较多，计划之间、同一计划内部统筹协调困难。

(4) 重点战略部署：一是借鉴国际先进城市的更新做法，定期、适时对城市创新战略进行修编，以适应全球经济、科技发展形势；二是在现有创新规划中，尽快增补高度应对新技术、新产业革命趋势的发展战略以及各项计划；三是对城市创新活动的非直接管理方，精简其相关管理职能，从根源遏制多头管理和资源低效分配。

2. 政府推动创新应坚持“有所必为、有所不为”

(1) 内涵解析：新技术、新产业革命倒逼政府角色定位及其在创新网络中位置的改变。通过精准定位与管制放开，消除政策信息部署与共享滞后，使政府资源成为配置创新要素、优化创新环境、提高创新效率的积极力量。

(2) 重点建设原则：一是精准定位政府角色，坚持“有所必为、有所不为”的原则；二是创新资源全面开放、各种管制深度放开的原则，避免资源拥塞与过剩，以及政策产生空窗期和重叠。

(3) 重点创新布局：一是确定“为”与“不为”的界限，加快编制各类创新规定的“负面清单”，凡在清单之外的，一律交给市场去解决，并消除行政审批的冗余步骤和不必要审查环节，将人为造成的创新成本降到最低；二是利用数据融合促使管制深度放开，倒逼减少产业和研发政策过多的导向性设置，减少政策对创新的前置性约束，用数字手段辅助企业由应付创新正面清单转为理解负面清单，从而能放开手脚进行创新；三是集中力量解决突出的阶段性创新短板，在一段时期内高度聚焦工作任务，避免政策“泛化”，服务对象尽量向创新末端延伸，避免政策“空心化”。

(4) 重点战略部署：一是启动“创新政策负面清单计划”，将工作重心放在降低各种隐性创新成本上；二是启动“数字行政计划”，以数据的公开、应用和融合倒逼管制放开；三是启动应对新技术和新产业革命要求的垄断性、公益性、战略性领域的改革工作。

(二) 应对创新范式转向

1. 加强应用性科学创新

(1) 内涵解析：拓展科学研究的应用广度和深度，形成应用性科学创新的城市品牌。

(2) 重点建设原则：一是硬件补短板原则，即对于缺乏的应用研究大学、科研机构，应充分利用全球科创网络的合作机遇，采取直接引进的办法；二是软要素低准入原则，降低科学应用的准入门槛。

(3) 重点创新布局:一是加快新技术、新产业领域科学应用的布局,在高端制造、智慧城市、健康安全等城市经济、民生发展的前沿领域形成科学应用部署;二是加快应用型/科技类人才的积累,要完善应用型人才的留居政策,放低对创业者的学历背景、资本背景要求,加强其专业技术背景要求;三是推进应用型人才培养方式变革。试点校—企(大企业)"双导师"制度,加强学研的融合,使应用型人才培养直面企业实际问题,加快科研成果迅速转化。

(4) 重点战略部署:一是启动"城市科学应用计划"及其相关子计划,相关子计划包括应用型人才留居计划和培养计划、中外合作科技城建设计划,吸引世界顶尖高校和研究机构建设科技城;二是通过应用科学项目的建设,加快城市本土原创标准的制定和执行,形成类似于"Made in xx City"的本土品牌;三是制订战略性基础技术高度化扶持计划,扩大项目支持的应用科学门类,并将资金扶持重点放在中小企业、创业者而非大学、公立实验研究所上。

2. 发展都市微制造,促进科学引进与应用

(1) 内涵解析:保持制造业结构的多样性、应用性和高附加性,形成在创新、生产率和优质运作方面享有声誉的制造业体系。

(2) 重点建设原则:一是形成与伦敦、纽约、东京等科创中心类似的制造业发展多样性原则;二是确立微型制造与数字化技术和需求高度结合的原则;三是确立品牌优先的原则。

(3) 重点创新布局:一是促进数字技术与都市时尚制造产业、医疗/健康型产业、文化娱乐、出版业以及一些研发设计、虚拟生产领域的深度融合,使都市型制造具备"多品种、小批量、高质量、快交货"的快速反应能力,直面都市竞争性消费市场;二是启动"微制造企业福利计划",为都市微制造企业降低用电、租金成本,并保持优惠期5年或以上,以此帮助微制造初创企业进入成长期;三是打造"城市微制造都市品牌计划",从创新创意到生产加工实现城市本土化。

(4) 重点战略部署:一是启动"城市移动数字微制造发展计划",鼓励数字技术、数字需求与微型制造的融合发展;二是启动"城市制造(Made in xx City)"项目,为城市本土的时尚业(影视、剧院、数字化产品等)和高科技产业提供"城市制造"认证。

(三) 应对创新文化与制度转向

1. 扫除中小企业发展障碍

(1) 内涵解析:解决中小企业发展进入—退出市场的难题;解决中小企业度过种子期后的生存—发展问题。

(2) 重点建设原则:一是保障中小企业行业、市场进入基本权利与机遇的"宽准入"原则;二是为极具发展前景的中小企业风险投资引入世界性外援的助力原则。

(3) 重点创新布局:一是全面改革产业准入制度,保障中小型市场主体依法平等进入的权利,取消战略性新兴产业领域大一统的准入标准,针对细分领域实行差别化准入政策,并对互联网、金融、文育领域进一步放松监管;二是应对"万众创新、大众创业"的

新形势，破除限制中小企业新技术、新产品、新商业模式发展的不合理准入障碍，允许设立"临时专利"制度，以鼓励中小企业创新；三是促进与世界各国风险投资机构合作，为各类中小型风险投资公司、中介服务机构、高新技术企业提供政策调研、专业培训和信息咨询等业务服务。

（4）重点战略部署：一是启动"中小企业精准金融扶持计划"，建立符合中小企业生命周期和科技成果转化规律的市场定价和转让机制；二是成立主要为中小企业服务的"创新投资与退出管理委员会"，专门管理新兴产业创新领域的中小企业的风险投资。

2. 充分发挥信息化优势，弥补成本劣势

（1）内涵解析：在创新成本高企难降的情况下，充分发挥信息基础设施完善、信息整合能力强的优势，使创新向高效、集约化方向发展，通过数字驱动经济，增强城市科技创新竞争力。

（2）重点建设原则：一是"数据辅助创新"和"数字驱动经济"原则；二是全面扩大公共数据开发的"负面清单"原则。

（3）重点创新布局：一是重点开放制造辅助环节（如培训、物流）和社会服务领域的数据，加速城市知识积累、科学素质培养、科技价值实现、城市运行维护、优化公共服务等方面数据的挖掘、分析、共享和交换，加速创新要素集聚和流动；二是扩容政府数据服务网，建设移动数据服务门户，实现政府数据渠道由门户网站向兼顾移动终端转变，数据服务内容从静态数据向兼顾动态数据转变，编制数据开发"负面清单"；三是将互联网与城市创新软要素结合起来，形成城市域名（如".xx city"）。

（4）重点战略部署：一是确保已有的"城市数据仓库"在关键领域和重点环节对大学、科研院所、企业等创新者开放；二是启动"区域数据仓库"计划，重点服务区域产业联动、环境治理保护和区域一体化，增强区域对创新资源的统筹协调与综合利用能力；三是启动"城市域名（.xx city）计划"，为城市创新打上地域烙印。

3. 加快数字化创新社会建设

（1）内涵解析：建设以用户需求为中心的数字化创新社会，为服务社会的数字化创新者提供成长通道，鼓励数据节约型开发。

（2）重点建设原则：一是数据服务社会创客的"全覆盖"原则；二是对社会性海量数据进行高效利用和确立"二度开发"的原则。

（3）重点创新布局：一是建立"数字城市"网站，实现市域高科技公司和投资机构用户全覆盖，实时更新企业职位、创业活动、孵化器/办公场地以及培训的信息，使"城市创客"们的交流更加容易；二是对颠覆传统经济发展方式、重新定义/设计人类的体验并改变人们相互之间的交互方式、消除社会信息孤岛的数字化企业给予两类特别资助，即提供创业资金与创业培训资源、为优秀的公共部门数字产业人才提供城市留居的优惠；三是开发将数字世界融入物理世界的新型技术，鼓励数据拥有方与内容拥有方合作研发，提高数据资源未来进行"二度利用"以服务民生的适用性。

（4）重点战略部署：一是配合城市数字经济发展战略，启动"'数字城市'网站计划”，为“城市创客”提供数字化创新通道，并启动“数字企业特别支持计划”，为数字企业提供技术指导、业务发展指导以及各类相关的商务资源；二是启动“数据未来保障计划”，控制数据开发成本，确保社会海量数据“二次利用”的可持续性。

（四）应对创新空间转向

1. 拓展创新空间载体新内容

（1）内涵解析：适应新技术、新产业革命背景，配合城市创新要素、环境变化的城市创新空间布局调整。

（2）重点建设原则：制造空间载体多元化内容和多样化形式原则。

（3）重点创新布局：一是加快科技园区转型为科技城（区）或创新城区，在中心城区开辟新的地块建设科技城或在城市较为核心的地带建设创新城区；二是加大对老街区旧建筑或整体建筑闲置区域的改造性利用，政府以低廉的租赁价格提供低成本、开放式的办公空间、社交空间和资源共享空间。

（4）重点战略部署：启动“科技城计划”，重点建设“园中城”（园区中的科技城）和“城中城”（中心城区中的科技城）。

2. 建设城市创新微空间

（1）内涵解析：适应新技术、新产业革命背景，配合城市创新组织机制变化的城市创新空间布局调整。

（2）重点建设原则：制造区位分散化、面积小型化的“见缝插针”原则。

（3）重点创新布局：在中心城区甚至在城市的核心地带为都市微制造预留发展空间，建设类似于“联合办公空间”的小微制造—研发—服务多业态空间载体；在城市中心建设服务于虚拟制造（如与3D打印相关的微型制造）的“实验空间”和“制造工作室”。

（4）重点战略部署：启动“联创空间计划”，解决“众创”所需的多功能（制造合并办公/实验合并生产）微空间需求。

表10-2　应对创新转向的策略改变

<table>
<tr><th></th><th>策略名称</th><th>具体策略</th><th>主要内涵</th></tr>
<tr><td rowspan="2">坚持创新策略的顶层设计</td><td>对策1：重视城市创新战略修订与计划制订</td><td>提升创新战略规划的高度</td><td>定期、适时对城市创新战略进行修编，作为其他相关发展规划的重要指导</td></tr>
<tr><td>对策2：政府推动创新应坚持“有所必为、有所不为”</td><td>数字行政计划</td><td>以数据的公开、应用和融合倒逼管制放开</td></tr>
<tr><td rowspan="3">应对创新范式转向</td><td rowspan="3">对策3：加强应用性科学创新</td><td>城市科学应用计划之应用型人才留居计划</td><td>加快城市应用型/科技类人才培养</td></tr>
<tr><td>城市科学应用计划之应用型人才培养计划</td><td>吸引世界顶尖高校和研究机构在城市落户</td></tr>
<tr><td>“Made in xx City”计划</td><td>通过应用科学项目的建设，加快城市本土原创标准的制定和执行</td></tr>
</table>

(续表)

	策略名称	具体策略	主要内涵
应对创新范式转向	对策 3:加强应用性科学创新	扶持战略性基础技术计划	扩大项目支持应用科学门类;重点扶持中小企业、创业者而非大学、公立实验研究所
	对策 4:发展都市微制造,促进科学引进与应用	微制造企业福利计划	为都市微制造企业降低用电、租金成本,并保持优惠期 5 年或以上
		城市微制造都市品牌(Made in xx City)计划	从创新创意到生产加工实现城市本土化
应对创新文化与制度转向	对策 5:扫除中小企业发展障碍	中小企业精准金融扶持计划	建立符合中小企业生命周期和科技成果转化规律的市场定价和转让机制
		创新投资与退出管理委员会	专门管理新兴产业创新领域中小企业的风险投资
	对策 6:充分发挥信息化优势,弥补成本劣势	区域数据仓库计划	服务区域产业联动、环境治理保护和区域一体化,增强城市对区域创新资源统筹协调与综合利用能力
		城市域名(.xx city)计划	为城市科创打上地域烙印
	对策 7:加快数字化创新社会建设	城市移动数字微制造发展计划	鼓励数字技术、数字需求与微型制造的融合发展
		数字企业特别支持计划	为数字企业提供技术指导、业务发展指导以及各类相关的商务资源
		数据未来保障计划	控制数据开发成本,确保社会海量数据"二次利用"的可持续性
应对创新空间转向	对策 8:拓展创新空间载体新内容	科技城计划	重点建设"园中城"(园区中的科技城)和"城中城"(中心城区中的科技城)
	对策 9:建设城市创新微空间	联创空间计划	解决"众创"所需的多功能(制造合并办公/实验合并生产)微空间需求

参考文献

吕拉昌,李勇.基于城市创新职能的中国创新城市空间体系[J].地理学报,2010,65(2).

赵黎明,冷晓明.城市创新系统[M].天津:天津大学出版社,2002.

吕拉昌,何爱,黄茹.基于知识产出的北京城市创新职能[J].地理研究,2014,33(10).

李在军，姜友雪，秦兴方.地方品质驱动新时期中国城市创新力时空演化[J].地理科学，2020，40(11).

张协奎，邬思怡.基于“要素—结构—功能—环境”的城市创新力评价研究——以17个国家创新型试点城市为例[J].科技进步与对策，2015(2).

高翔.城市规模、人力资本与中国城市创新能力[J].社会科学，2015(3).

刘孝斌.资源门限、工业化进程与城市创新能力——来自长三角城市圈门限面板回归模型的检验[J].科学决策，2015(10).

马静，邓宏兵，张红.空间知识溢出视角下中国城市创新产出空间格局[J].经济地理，2018，38(9).

曾鹏，李晋轩.城市创新空间的新发展及其生成机制的再讨论[J].天津大学学报(社会科学版)，2018，20，105(3).

王俊松.相关性多样化、内外资联系与城市创新能力[J].南方经济，2015，315(12).

孙瑜康，李国平，席强敏.技术机会、行业异质性与大城市创新集聚——以北京市制造业为例[J].地理科学，2019，39(2).

熊波，金丽雯.国家高新区提高了城市创新力吗[J].科技进步与对策，2019，36(4).

仇方道.中国再生性资源型城市创新能力与工业转型耦合关系异质性[C]//2019年中国地理学会经济地理专业委员会学术年会摘要集.2019.

Martin R，Simmie J. Path Dependence and Local Innovation Systems in City-Regions[J]. Innovation：Organization & Management，2008，10.

Nam T，Pardo T A. Smart City as Urban Innovation[C]//Procceedings of 5th International Conference on Theory and Practice of Electronic Governance. New York：ACM，2011：185.

Ihrke D，Proctor R，Gabris J. Understanding Innovation in Municipal Government：City Council Member Perspectives[J]. Journal of Urban Affairs，2010，25(1)：79—90.

Freeman C. Continental，National and Sub-national Innovation Systems—Complementarity and Economic Growth[J]. Research Policy，2002.

Lee N. Cultural Diversity，Cities and Innovation：Firm Effects or City Effects?[J]. SERC Discussion Papers，2013.

Sholeh C，Sintaningrum S，Sugandi Y S. Formulation of Innovation Policy：Case of Bandung Smart City[J]. Jurnal Ilmu Sosial dan Ilmu Politik，2019，22(3)：173.

Yang S，Li Z，Li J. Fiscal Decentralization，Preference for Government Innovation and City Innovation：Evidence from China[J]. Chinese Management Studies，2020.

Popescu A I. Long-Term City Innovation Trajectories and Quality of Urban Life[J]. Sustainability 2020，12(24)：10587.

第十一章　城市人口与发展策略

城市人口是城市战略规划中需要考虑的基础因素，城市人口的规模、结构与空间分布与城市战略规划有着密切的联系。城市人口的规模、结构与空间分布有一定的发展特点和规律，城市战略规划需要根据这些特点和规律进行规划并提出针对性的策略。

第一节　城市人口与城市战略规划

一、城市人口的定义

（一）城市人口的规模

1. 城市人口的概念

从城市规划的角度看，城市人口应该是指那些与城市活动有密切联系的人群，他们长年居住生活在城市的范围内，构成了该城市的社会主体、城市经济发展的动力、建设的参与者，又是城市服务的对象；他们依赖城市生存，又是城市的主人。城市人口规模与城市地区的界定及人口统计口径直接相关[①]。

2. 城市人口的分类

(1) 户籍人口：户籍人口是指依照《中华人民共和国户口登记条例》在当地公安派出所登记户口的人口。

(2) 流动人口：流动人口是指统计时期离开户籍所在地到其他地方居住，统计时的现居住地不是户籍所在地的人口，即现居住地与其户籍所在地不一致的人员[②]。流动人口按在流入地居住时间长短分为半年以下

---

① 吴志强，李德华.城市规划原理(第四版)[M].北京：中国建筑工业出版社，2010：114—115.

② 陈月新.流动人口：动向与研究[C]//彭希哲.人口与人口学.上海：上海人民出版社，2009：207.

的短期流动人口和半年及以上的常住流动人口。在城市的常住流动人口一般称为城市常住外来人口，其主体是农民工。

(3) 常住人口：常住人口指在居住地居住了半年及以上的人口。城市常住人口主要包括户籍常住人口和外来常住人口。

3. 城市人口规模的统计口径

我国城市人口的统计口径经过了多次变更。根据我国2010年第六次人口普查的统计口径，城市人口是指居住在城区(镇区)半年以上的常住人口。

4. 城市规模等级的划分

按照城市人口规模的大小，我国城市划分为不同的等级。《关于调整城市规模划分标准的通知》(国发〔2014〕51号)，将城市划分为五类：超大城市，城市人口1 000万以上；特大城市，城市人口500—1 000万；大城市，城市人口100—500万；中等城市，城市人口50—100万；小城市，城市人口50万以下。

(二) 城市人口的结构

1. 人口结构的界定

人口结构是指依据人口所具有的各种不同的自然的、社会的、经济和生理的特征，把人口划分为各组成部分以显示其所占比重及其相互关系①。依据反映人口性质的不同标志以及人口结构因素的特点，人口结构可以分为人口的自然结构(主要包括年龄结构和性别结构)、人口的社会结构(主要包括民族结构、婚姻家庭结构等)和人口的经济结构(主要包括职业结构、行业结构等)。

2. 城市人口结构的分类

与城市规划有关的城市人口结构主要有年龄结构、文化结构和就业结构等。

(1) 城市人口的年龄结构：城市人口的年龄结构是指各个年龄人口占总人口的比重。人口的年龄结构一般分为三大年龄组：0—14岁少年儿童组、15—59岁(15—64岁)劳动年龄组和60岁及以上(65岁及以上)老年人口组。0—14岁少年儿童的比重是判定城市人口少子化程度的依据。按照国际通用标准，0—14岁人口占总人口的比重在15%以下为超少子化，15%—18%为严重少子化，18%—20%为少子化。60岁及以上(65岁及以上)老年人口的比重是判定城市人口老龄化程度的依据。根据国际通用标准，65岁以上的人口超过7%(或者60岁及以上人口超过10%)的国家或地区就称为人口老龄国家或老龄地区，比例达到14%即进入深度老龄化，20%则进入超老龄化。城市人口的年龄结构对城市人口的自然增长、人口再生产模式和速度有直接影响。

(2) 城市人口的文化结构：城市人口的文化结构是指各种文化程度的人口占总人口的比重，是衡量城市人口质量高低的重要指标，它同生产力发展和社会经济文化发展程度有直接关系。城市人口的文化结构通常按现行的教育制度来分组，分为：小学、初中、高中、中专、大专、大学本科、研究生，另外一般把城市人口的文化程度分为初等教

---

① 吴忠观.人口学[M].重庆：重庆大学出版社，2005：105.

育、中等教育和高等教育3个等级。

(3) 城市人口的就业结构:城市人口的就业结构是指就业人员在国民经济各部门、各产业、各行业的分布、构成和联系,衡量的是就业人员的就业分布状况。就业结构可以分为就业的产业构成、就业的行业构成、就业的职业构成等。《国民经济行业分类》国家标准于1984年首次发布,确立了我国新的三次产业划分标准,并分别于1994年、2002年、2011年进行了3次修订。其中,《国民经济行业分类》(GB/T 4754—2011)对三次产业的具体规定为:第一产业为农业(包括种植业、林业、牧业和渔业);第二产业为工业(包括采掘业,制造业,电力、煤气、水的生产和供应业)和建筑业;第三产业为除第一、第二产业以外的其他各业。

(三) 城市人口的空间分布

城市人口的空间分布是指人口在城市内部的空间分布特征,包括人口密度、人口按各种属性在空间上的分布情况等①。Clark 人口密度模型②是比较早地定量描述城市人口分布规律的模型,其数学表达式是:

$$D(r)=Do*e^{-br}$$

该式中,r 为到城市中心的距离,参数 b 为距离衰减效益的速率,$D(r)$ 为到城市中心 r 处的人口密度,Do 是理论上城市中心处的人口密度。Clark 人口密度模型反映了城市人口密度在城市中心最高,离开城市中心距离越远,则城市人口密度越小。

城市人口的空间分布规律一般与城市化发展阶段相结合。范登博格等人按照人口分布变动方向把整个城市化过程分为4个阶段,即城市化、郊区化、逆城市化、再城市化。每一个阶段又分为两个分阶段。在不同的发展阶段,人口分布变动、人口迁移流向及不同区域人口规模等均表现出不同的特征:城市化阶段主要以乡村人口向城市集中为主;郊区化阶段,中心城市部分人口迁至城市边缘;逆城市化阶段,大批人口迁到远郊区;再城市化阶段,郊区人口又重新迁回到市中心③。

二、城市人口对城市战略规划的影响

城市人口是生产者,也是消费者。人民城市人民建,人民城市为人民。城市人口的规模、结构和空间分布与城市战略规划关系密切。首先,人口规模是城市战略规划最基础的因素,决定城市基础设施、商业设施、服务设施等需求的总体规模。一般来说,人口规模越大,对城市基础设施、商业设施、服务设施的需求规模也越大。人口规模太大,会对城市基础设施、商业设施、服务设施产生一定的压力。其次,人口结构是城市战略规划的重要因素。人口结构不断发生变化,总变化趋势是人口老龄化、高学历化、外来人口常住化等。人口结构的变化带来不同人群的变化,随之而来的是不同人群对基础设

---

① 吴志强,李德华.城市规划原理(第四版)[M].北京:中国建筑工业出版社,2010:121—122.

② Clark C.Urban Population Densities[J]. Journal of Royal Statistics Society, Series A, 1951, 114:490—494.

③ 高向东.中外大城市人口郊区化比较研究[J].人口与经济,2004:12—18.

施、商业设施、服务设施等的需求变化，呈现出需求多样化、多层次化、个性化的特点。城市就要根据不同人群的需求变化进行战略规划，满足不同群体对基础设施、商业设施、服务设施等设施的需求。最后，人口分布是城市战略规必须考虑的重要因素。人口分布是评价城市基础设施、商业设施、服务设施等可达性、便利性的必要依据。城市战略规划在考虑城市基础设施、商业设施、服务设施等与人口总量和人口结构相关的因素的同时，也需要考虑人口的分布。

第二节　城市人口发展变化特点

在人口与社会、经济发展相互作用下，城市人口的规模、结构、空间分布等，形成了自身的变化特点和发展规律。分析城市人口发展变化特点，对于进行城市人口预测，制订城市经济社会规划具有重要的意义。

一、世界城市人口的发展变化特点

（一）世界城市人口规模的变化特点

1. 世界城市人口规模的总体变化特点

（1）全世界城市人口规模快速增加，发展中国家更明显。随着世界人口的快速增长以及城市化进程的加快发展，世界城市人口规模由 1950 年的 7.5 亿激增到 2018 年的 42 亿，其中，发展中国家城市人口规模由 1950 年的 3.1 亿激增到 2014 年的 29 亿。（表 11-1）

表 11-1　主要年份世界城市人口的规模变化　　单位：亿人

年份	世界	发达国家	发展中国家
1950	7.5	4.4	3.1
1970	13.5	6.7	6.8
1990	22.9	8.3	14.6
2014	38.8	9.8	29.0
2018	42.0		

资料来源：World Urbanization Prospects—The 2014 Revsion[R]. United Nation New York，2015：21；联合国.2050 年中国城市人口将再增 2.55 亿[N/OL].联合国新闻中心网，[2018-05-16]. https://www.un.org/development/desa/zh/news/population/2018-world-urbanization-prospects.html。

根据《世界城镇化展望》（2018 年版）①，到 2050 年全球城市人口总量将增加 25 亿，亚洲和非洲拥有新增城市人口的近九成，且高度集中在几个国家，其中，印度、中国和尼日利亚合计占到增幅的 35%。2050 年，预计印度的城市人口将增加 4.16 亿，中国增加

① 联合国.2050 年中国城市人口将再增 2.55 亿[N/OL].联合国新闻中心网，[2018-05-16]. https://www.un.org/development/desa/zh/news/population/2018-world-urbanization-prospects.html.

2.55 亿,尼日利亚增加 1.89 亿。

(2) 世界人口城市化水平快速上升,发展中国家也更明显。世界人口城市化率由 1950 年的 29.6%上升到 2018 年的 55%,其中,发展中国家人口城市化率由 1950 年的 17.6%上升到 2014 年的 48.5%,与发达国家的差距由 1950 年相差 37 个百分点缩减到 2014 年相差 29.3 个百分点(表 11-2)。根据《世界城镇化展望》(2018 年版),2050 年,世界人口城市化率将上升到 68%。

表 11-2 主要年份世界人口城市化率 单位:%

年份	世界	发达国家	发展中国家
1950	29.6	54.6	17.6
1955	31.6	57.8	19.7
1960	33.7	61.0	21.9
1965	35.6	64.0	24.0
1970	36.6	66.7	25.3
1975	37.7	68.8	26.9
1980	39.3	70.2	29.4
1985	41.2	71.4	32.2
1990	42.9	72.4	34.8
1995	44.7	73.3	37.4
2000	46.6	74.2	39.9
2005	49.1	75.8	43.0
2010	51.6	77.1	46.1
2014	53.6	77.8	48.5
2018	55.0	—	—

资料来源:World Urbanization Prospects—The 2014 Revsion[R]. United Nation New York, 2015: 33;联合国.2050 年中国城市人口将再增 2.55 亿[N/OL].联合国新闻中心网,[2018-05-16]. https://www.un.org/development/desa/zh/news/population/2018-world-urbanization-prospects.html。

总体来看世界人口城市化进程基本符合诺瑟姆曲线所揭示的城市化发展一般规律:城市化水平低于 30%时,城市化发展缓慢;城市化水平在 30%—70%之间,城市化发展加速;城市化水平大于 70%,则城市化发展稳定。

(3) 世界超大城市数量迅速增加,并且大部分在发展中国家。随着世界各国城市化进程的加快发展,人口超过 1 000 万的"超级大城市"的数量也在迅速增加。2011 年,25 座全球超级大城市排行榜中,日本东京(3 420 万)、中国广州市(2 490 万)、韩国首尔(2 450 万)分列前三位,另外,中国上海、中国北京,分别位居第 10 位和第 20 位①。根据《世界城镇化展望》(2018 年版),2030 年,全球预计将有 43 座人口超过 1 000 万的超大型城市,其中大部分都位于发展中国家。

① 全球 25 座超级大城市排名公布 东京第一广州第二[N/OL].环球时报—环球网(北京),[2011-01-25]. http://news.163.com/11/0125/17/6R8U10AH00014JB6.html.

2. 世界大城市人口规模的变化特点

(1) 世界大城市人口持续增加,伦敦增加幅度最大。1990 年以来,纽约、伦敦、东京、中国香港等世界大城市的人口规模持续增加。2013 年,伦敦人口规模达到 841.65 万人,比 1990 年净增加 163.65 万人,增幅最多;中国香港人口规模达到 718.8 万人,比 1990 年净增加 148.3 万;东京人口规模达到 1 328.67 万人,比 1990 年净增加 143.11 万人;纽约人口规模达到 840.58 万人,比 1990 年净增加 108.32 万人。(表 11-3)

表 11-3 主要年份世界四大城市人口规模变化 单位:万人

年 份	纽 约	伦 敦	东 京	香 港
1990	732.26	678.00	1 185.56	570.5
1995	763.30	691.31	1 177.36	615.6
2000	800.83	723.67	1 206.41	666.5
2005	840.22	751.90	1 257.66	681.3
2010	817.51	806.15	1 315.94	702.4
2013	840.58	841.65	1 328.67	718.8

资料来源:纽约、伦敦、东京数据来自王桂新.国外大城市人口规模控制问题的经验与启示[J].南京社会科学,2016(5):42—47;香港数据来自各年份《中国统计年鉴》。

(2) 世界大城市人口增速具有阶段性,总体上增速减缓。如图 11-1 所示,1880—2010 年纽约、伦敦、东京、香港四个世界大城市人口增速阶段性特征明显,主要分为"前期缓慢—中期加速(快速)—后期平稳"3 个阶段,并且这些城市每隔 10 年计算的人口年均增长率趋于减缓①。

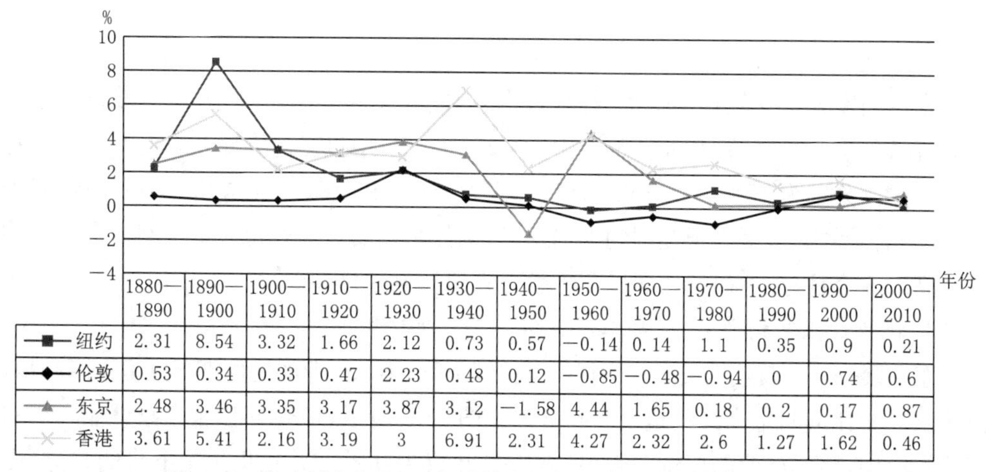

	1880—1890	1890—1900	1900—1910	1910—1920	1920—1930	1930—1940	1940—1950	1950—1960	1960—1970	1970—1980	1980—1990	1990—2000	2000—2010
纽约	2.31	8.54	3.32	1.66	2.12	0.73	0.57	−0.14	0.14	1.1	0.35	0.9	0.21
伦敦	0.53	0.34	0.33	0.47	2.23	0.48	0.12	−0.85	−0.48	−0.94	0	0.74	0.6
东京	2.48	3.46	3.35	3.17	3.87	3.12	−1.58	4.44	1.65	0.18	0.2	0.17	0.87
香港	3.61	5.41	2.16	3.19	3	6.91	2.31	4.27	2.32	2.6	1.27	1.62	0.46

图 11-1 各大城市每隔 10 年计算的年均人口增长率历史变动情况

资料来源:尹德挺,卢镱逢.世界大城市人口发展的主要特点与借鉴——以对北京的借鉴为例[J].治理现代化研究,2018(2):74—82。

① 尹德挺,卢镱逢.世界大城市人口发展的主要特点与借鉴——以对北京的借鉴为例[J].治理现代化研究,2018(2):74—82.

（二）世界城市人口结构的变化特点

1. 少子化与老龄化并存

随着人口生育水平的不断降低以及人口预期寿命的普遍延长，世界城市人口的年龄结构变化中少子化与老龄化同时发展（表 11-4）。一方面，年龄结构的少子化发展。从 2000 年到 2010 年，东京 0—14 岁少年儿童比重由 11.8%下降到 11.4%；香港 0—14 岁少年儿童比重由 12%下降到 11.5%，都处于 0—14 岁少年儿童比重低于 15%以下的超少子化阶段。另一方面，年龄结构的老龄化发展。从 2000 年到 2010 年，东京 65 岁及以上比重由 15.9%上升到 20.4%，2010 年日本老龄化进入了 20%的超老龄化阶段。尽管中国香港 65 岁及以上比重没有变化，但占比为 12.7%，也已进入老龄化阶段。

表 11-4　2000 年、2010 年东京和香港人口年龄结构变化　　单位：%

类别		2000 年	2010 年
东京	0—14 岁	11.8	11.4
	15—64 岁	72.3	68.2
	65 岁及以上	15.9	20.4
香港	0—14 岁	12.0	11.5
	15—64 岁	75.3	75.8
	65 岁及以上	12.7	12.7

资料来源：东京数据来自尹德挺，卢镱逢.世界大城市人口发展的主要特点与借鉴——以对北京的借鉴为例[J].治理现代化研究，2018(2)：74—82；香港数据来自 2001 年、2011 年《国际统计年鉴》。

2. 文化结构上升

发达国家人口受教育水平都较高，日本、美国和英国 2010 年时人口受教育水平的世界排名分别为第 3、第 4 和第 7 名，15 岁及以上人口中接受过大专及以上的高等教育的人口比例分别为 45%、42%和 38%①。东京、纽约和伦敦作为这几个国家的经济中心，人口的受教育水平高于全国的平均水平，例如东京的高等教育人口比例较全国平均水平高出 5 个百分点，而纽约居民高等教育人口比例超过 50%②。

3. 就业产业结构由第一、第二产业向第三产业转移

东京第一产业就业人员的比例很低且持续下降，第二产业的比例不高且呈下降趋势，而第三产业比例非常高且仍呈上升趋势。如图 11-2 所示，1980 年以来东京就业人员的产业构成中，第一产业的比例一直很低，1980 年仅为 0.7%，并且仍然呈下降的趋势，由 1980 年的 0.7%下降到 2010 年的 0.4%；第二产业的比例不高，1980 年仅为 31.8%，并且仍然呈下降的趋势，由 1980 年的 31.8%下降到 2010 年的 17.6%；第三产业的比例非

---

① 杨昕.城市人口[C]//朱建江.城市学概论.上海：上海社会科学院出版社，2018：183.

② 孔令帅.纽约市劳动力就业：现状、举措与成效[J].外国中小学教育，2014(7)：18—23.

常高，1980年已高达67.5%，并且仍然呈上升的趋势，由1980年的67.5%上升到2010年的82%。2010年东京就业人员中第一产业、第二产业的占比分别比日本平均水平低3.3个百分点、7.7个百分点，而第三产业的情况比日本平均水平高12.3个百分点。

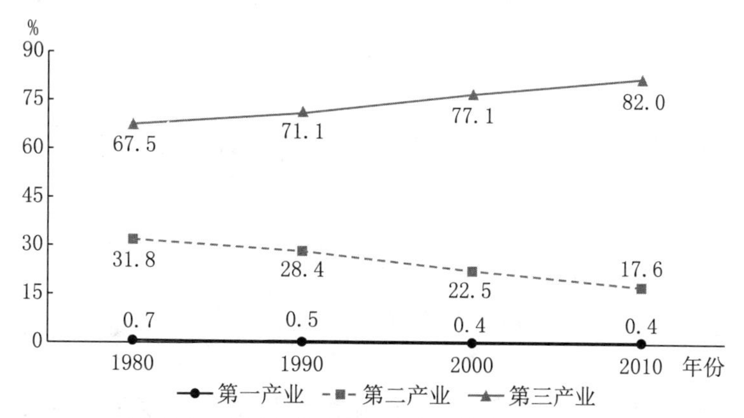

图11-2　主要年份东京就业人员的产业构成变化

资料来源：李升.北京与东京的社会阶层结构状况比较研究[J].北京交通大学学报(社会科学版)，2016(3)：74—83。

香港第一产业就业人员的比例很低且持续下降，第二产业的比例不高且呈下降趋势，而第三产业比例非常高且仍呈上升趋势。如图11-3所示，2000年以来香港就业人员的产业构成中，第一产业的比例一直很低，不足1%；第二产业的比例也不高，2000年仅为20.3%，并且仍然呈下降的趋势；第三产业的比例非常高，2000年已高达79.4%，并且仍然呈上升的趋势，由2000年的79.4%上升到2012年的87.7%。

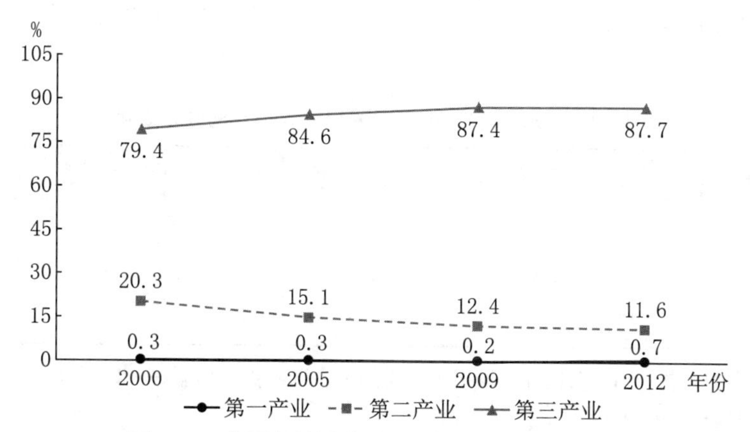

图11-3　主要年份香港就业人员的产业构成变化

资料来源：各年份《中国统计年鉴》。

可见世界城市就业人员的产业构成中，第一产业、第二产业的比例更低，而第三产业的比例更高，但产业构成的变动趋势保持一致，仍然是就业人员从第一产业、第二产业向第三产业转移。

(三) 世界城市人口分布的变化特点

1. 纽约城市人口分布的变化特点

从图 11-4 可以看到 1800 年至今的 200 多年内纽约市各区人口发展经历了 4 个阶段的变动:人口集聚(1800—1910 年,第一阶段)、向郊区扩散(1910—1950 年,第二阶段)、向周边城市扩散(1950—1980 年,第三个阶段)、人口回流(1980 年以来)。

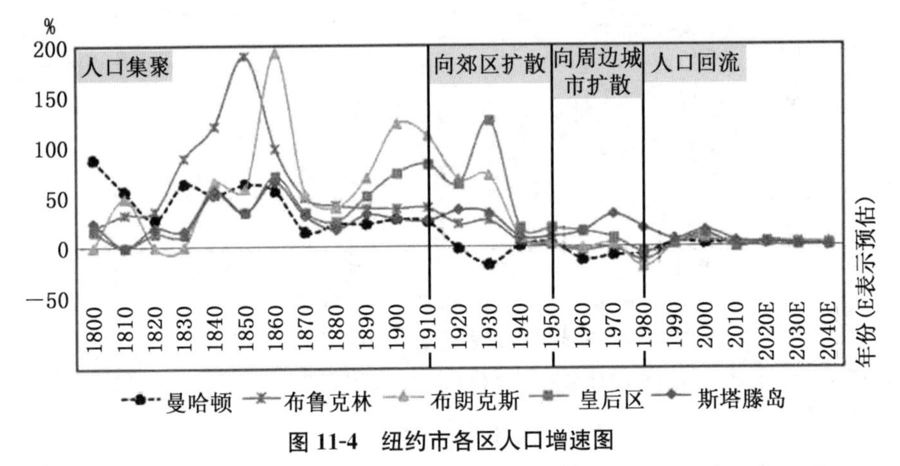

图 11-4　纽约市各区人口增速图

资料来源:战雪.世界级城市人口变迁:过去的纽约和未来的北京[J/OL].新华网,[2016-09-27].http://finance.sina.com.cn/roll/2017-07-12/doc-ifyhvyie1123723.shtml。

2. 东京都市圈人口分布的变化特点

1955 年以来,东京都市圈 0—10 千米地域内人口所占比例大幅度下降,由 1955 年的 30.8%下降到 2011 年的 11.1%。20—30 千米、30—50 千米地域人口所占比例趋于上升,分别由 1955 年的 12.8%、25.7%上升到 2011 年的 23.7%和 37.4%。(表 11-5)

表 11-5　东京都市圈 50 千米以内人口空间分布变化　　单位:%

年　份	0—10 千米	10—20 千米	20—30 千米	30—50 千米
1955	30.8	30.6	12.8	25.7
1975	16.2	31.1	19.9	32.8
2011	11.1	27.8	23.7	37.4

资料来源:尹德挺,卢镱逢.世界大城市人口发展的主要特点与借鉴——以对北京的借鉴为例[J].治理现代化研究,2018(2):74—82。

王桂新等主要以伦敦、纽约、巴黎、东京为例进行研究,其认为由于国外大城市及所在国家发达水平、大城市自身所处城市化发展阶段不同,其人口分布变动及城市化的发展也都相应表现出不同的特征。伦敦、纽约、巴黎、东京等发达国家的大城市,其人口分布变动及城市化都已先后经历了城市化、郊区化、逆城市化和再城市化等不同的发展阶段，表现出一些比较明显的共性趋势和个性差异。①

二、我国城市人口的发展变化特点

（一）我国城市人口规模的变化特点

1. 我国城市人口规模的总体变化特点

（1）我国城市人口规模快速增加，人口城市化加快发展。如图11-5所示，我国常住城镇人口规模从1949年的0.58亿人增加到2017年的8.13亿人，平均每年增加2 000多万人。常住人口城镇化率从10.64%上升到58.52%，平均每年上升0.86个百分点，尤其是从1996年人口城镇化率超过30%以来，常住人口城镇化进入了加快发展阶段，常住人口城镇化率从1996年的30.48%上升到2017年的58.52%，平均每年上升1.22个百分点。我国人口城镇化水平从30%上升到50%用了15年时间，全世界平均用了57年，英国用了近50年，美国用了近40年，日本用了20年左右②。

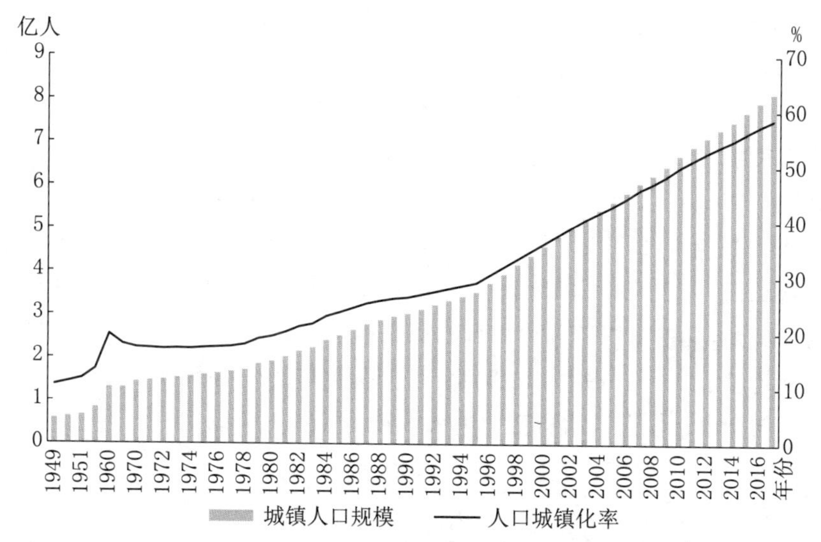

图11-5　1949年以来我国城镇人口规模与城镇化率变化

资料来源：《2017年中国统计年鉴》和国家统计局发布的《2017年国民经济和社会发展统计公报》。

（2）我国中等及以上城市增加，小城市减少。按照《关于调整城市规模划分标准的通知》（国发〔2014〕51号），城市规模划分采用了新标准，从2000年到2010年，上海、北京、深圳成长为3个超大城市；东莞、佛山、成都、沈阳、南京5个城市成长为特大城市，全国特大城市增至9个；大、中城市分别由45个、68个增加到58个、93个；而小城市由545个减少到493个，占比由82%下降到75.2%（表11-6）。

---

① 王桂新，王丽.国外大城市人口发展特征及其对上海市的启示[J].中国人口科学，2005：48—57.

② 郭叶波.中国城市人口吸纳能力研究[M].北京：中国市场出版社，2016：17.

表 11-6　2000 年、2010 年中国各等级城市的数量及比例变化

等　级	数量(个)	比重(%)	数量(个)	比重(%)
	2000 年	2000 年	2010 年	2010 年
超大城市	0	0.0	3	0.5
特大城市	7	1.1	9	1.4
大城市	45	6.8	58	8.8
中等城市	68	10.2	93	14.2
小城市	545	82.0	493	75.2
合　计	665	100.0	656	100.0

资料来源:金浩然,刘盛和,戚伟.基于新标准的中国城市规模等级结构演变研究[J].城市规划,2017(8):38—46。

2. 我国超大城市人口规模的变化特点

(1) 北京市人口规模不断增加,外来常住人口是增长的主要来源。2017 年北京常住人口 2 170.7 万,比 1978 年增加了 1 299.2 万人,平均每年增加 33.3 万人,年均增长 2.4%。根据年均增长速度的大小,北京市常住人口增长可以分为 3 个阶段。一是 1978—1999 年常住人口平稳增长阶段。常住人口规模从 1978 年的 871.5 万人增加到 1999 年的 1 257.2 万人,年均增加 18.4 万人,年均增长 1.8%。二是 1999—2010 年常住人口快速增长阶段。常住人口从 2000 年的 1 363.6 万人增加到 2010 年的 1 961.9 万人,年均增加 59.8 万人,年均增长 3.7%。三是 2011—2017 年常住人口增长放缓阶段。常住人口从 2011 年的 2 018.6 万人增加到 2017 年的 2 170.7 万人,年均增加 25.4 万人,年均增长 1.2%。1978—2017 年,北京市常住外来人口增量 772.5 万,占全市常住人口增量的 59.5%,其中 2008 年、2009 年、2010 年常住外来人口增量占全市常住人口增量的比例都超过了 80%,分别为 82.5%、82.1%和 88.8%,并且外来常住人口增量变化趋势基本上与全市常住人口增量变化趋势一致。(图 11-6、图 11-7)

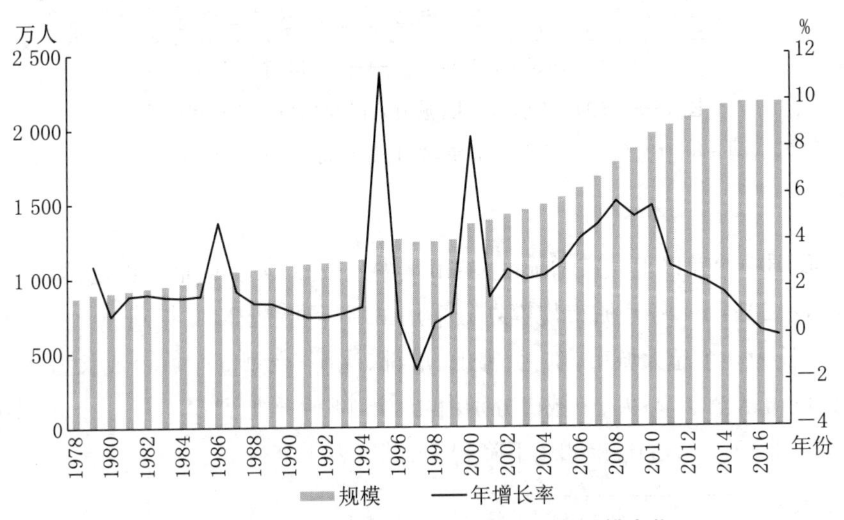

图 11-6　1978 年以来北京市常住人口的规模变化

资料来源:《2017 年北京市统计年鉴》和《2017 年北京市国民经济和社会发展统计公报》。

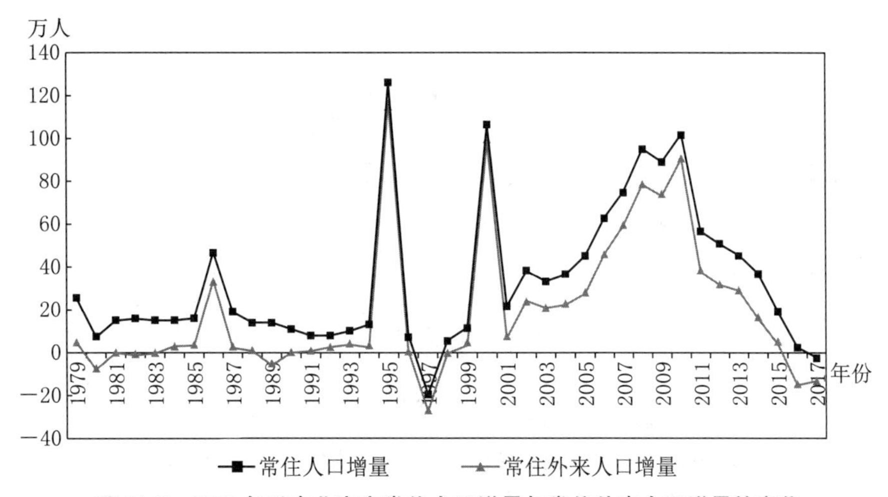

图 11-7　1979 年以来北京市常住人口增量与常住外来人口增量的变化

资料来源:《2017 年北京市统计年鉴》和《2017 年北京市国民经济和社会发展统计公报》。

(2) 上海市人口规模也不断增加但增速比北京市慢,外来常住人口也是增长的主要来源,而且比北京市更明显。2017 年上海常住人口 2 418.3 万人,比 1978 年增加了 1 314.3 万人,平均每年增加 33.7 万人,年均增长 2.0%,慢于同期北京市的 2.4%。根据年均增长速度的大小,上海市常住人口增长可以分为 3 个阶段。一是 1978—1995 年常住人口平稳增长阶段。常住人口规模从 1978 年的 1 104 万人增加到 1995 年的 1 414 万人,年均增加 18.2 万人,年均增长 1.5%。二是 1996—2010 年常住人口快速增长阶段。常住人口从 1996 年的 1 451 万人增加到 2010 年的 2 302.66 万人,年均增加 60.83 万人,年均增长 3.4%。三是 2011—2017 年常住人口增长放缓阶段。常住人口从

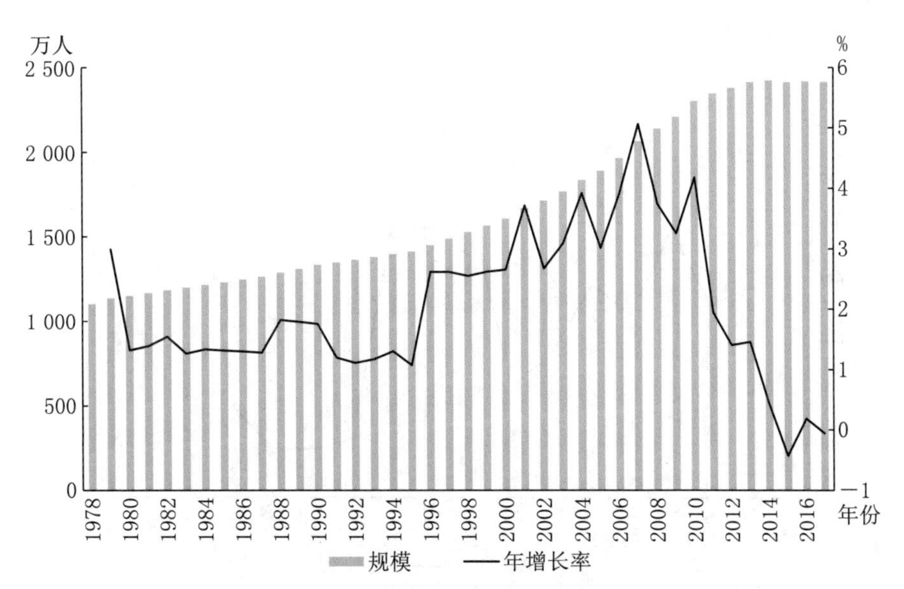

图 11-8　1978 年以来上海市常住人口的规模变化

资料来源:《2017 年上海市统计年鉴》和《2017 年上海市国民经济和社会发展统计公报》。

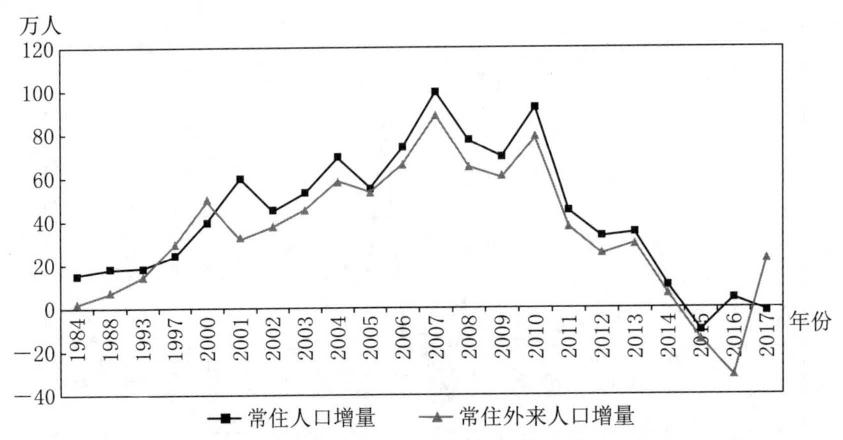

图 11-9　1984 年以来上海市常住人口增量与常住外来人口增量的变化

资料来源：1984—1997 年上海市外来常住人口数据来自各年份上海市流动人口抽样调查数据；其他数据来自各年份《上海统计年鉴》。

2011 年的 2 347.46 万人增加到 2017 年的 2 170.7 万人，年均增加 11.82 万人，年均增长 0.5%。1984—2017 年，上海市常住外来人口增量 760.9 万，占全市常住人口增量的 82.2%，大大超过了北京市的 59.5%，其中 2005 年常住外来人口增量占全市常住人口增量的比例高达 96.6%，并且外来常住人口增量变化趋势基本上与全市常住人口增量变化趋势一致。（图 11-8、图 11-9）

（3）深圳市人口规模不断增加且增速超过了同期的北京市和上海市，尤其是近几年增速更快。深圳市常住人口由 2000 年的 701.24 万人增加到 2017 年的 1 252.83 万人，平均每年增加 551.59 万人，年均增长 3.5%，快于同期北京市 2.8%的年均增长率，更快于同期上海市 2.4%的年均增长率，尤其是近 3 年增长速度更快，其中，2017 年常住人口比 2016 年增长 5.2%。（图 11-10）

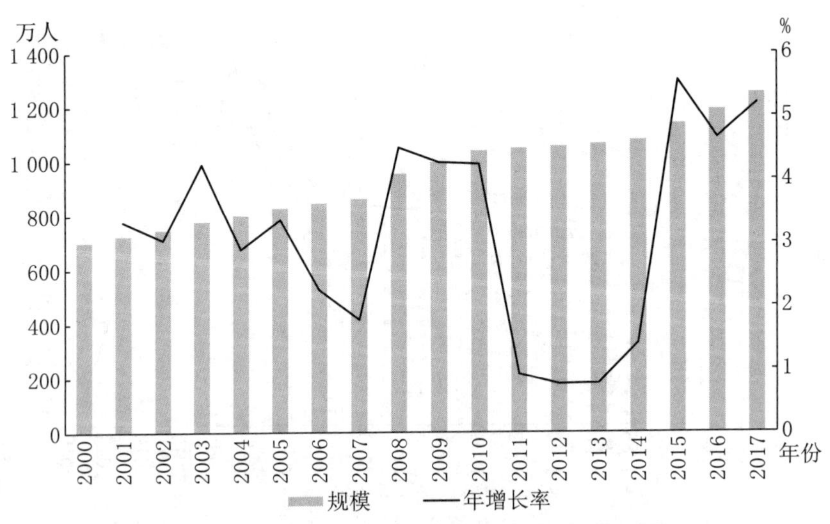

图 11-10　2000 年以来深圳市常住人口的规模变化

资料来源：《2017 年深圳市统计年鉴》和《2017 年深圳市国民经济和社会发展统计公报》。

（二）我国城市人口结构的变化特点

1. 人口老龄化加快发展

随着我国生育水平的下降、人均预期寿命的延长，2000—2010 年我国无论是城镇人口还是乡村人口的年龄构成变化都显示出 0—14 岁少年儿童比例大幅度下降，15—59 岁劳动年龄人口、60 岁及以上老年人口比例上升的趋势，但城镇劳动年龄人口比例高于农村，2000 年、2010 年，前者都比后者高 8.3 个百分点，而城镇老年人口比例低于农村，2000 年、2010 年，前者分别比后者低 1.2 个、3.3 个百分点（图 11-11），这主要是因为大规模的年轻流动人口从农村流向城镇的缘故。

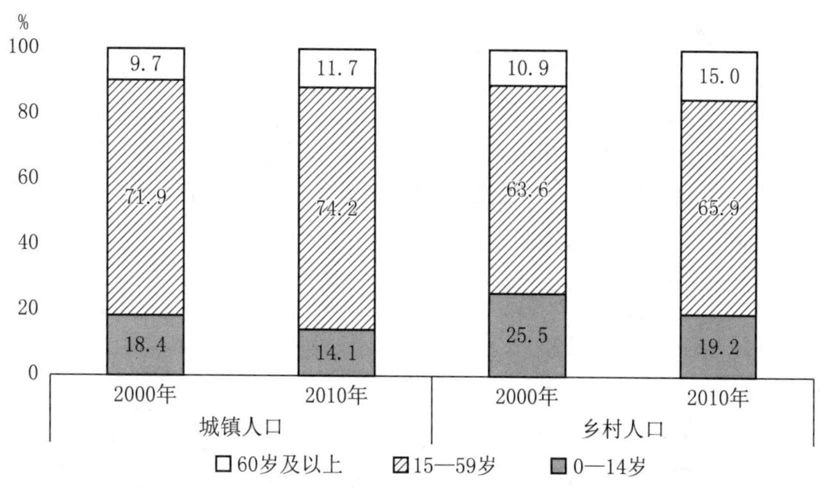

图 11-11　2000 年、2010 年我国分城乡人口年龄构成变化

资料来源：2000 年、2010 年我国人口普查数据。

我国城镇常住老年人口规模大，增长快。2015 年我国 65 岁及以上城镇老年人口规模为 7 095 万人，比 1995 年增长了 199.3%，大大快于城镇人口 119.2%的增长速度。（图 11-12）

我国城镇常住人口老龄化波动发展，城镇户籍人口老龄化快速发展。2015 年我国城镇 65 岁及以上老年人口占城镇人口的 9.2%，比 1995 年上升了 2.5 个百分点（图 11-12）。我国城镇常住人口老龄化程度低于全国平均水平，主要是大规模的年轻流动人口不断流向城镇的缘故。如果以户籍人口的统计口径来看，由于城镇地区人口自然增长率低、城镇预期寿命长等，城镇户籍人口老龄化程度高、人口老龄化速度快，北京、上海、广州等特大城市户籍人口老龄化程度更高，人口老龄化速度更快。据统计，上海、北京、广州分别在 1979 年、1990 年、1992 年进入人口老龄化社会，分别比全国早 20 年、9 年、7 年。进入人口老龄化社会后，三大城市户籍人口老龄化都加快发展，上海一直是全国户籍人口老龄化程度最高的城市，北京一直位居第二。2016 年上海、北京、广州 65 岁及以上户籍老年人口的比例分别高达 20.6%、16.1%、11.9%，分别比 2012 年上升了 2.6 个、1.9 个和 1.3 个百分点（图 11-13）。按照国际通用标准，北京市 2012 年左右进入深度老龄化阶段，而上海市 2016 年开始进入超老龄化阶段。

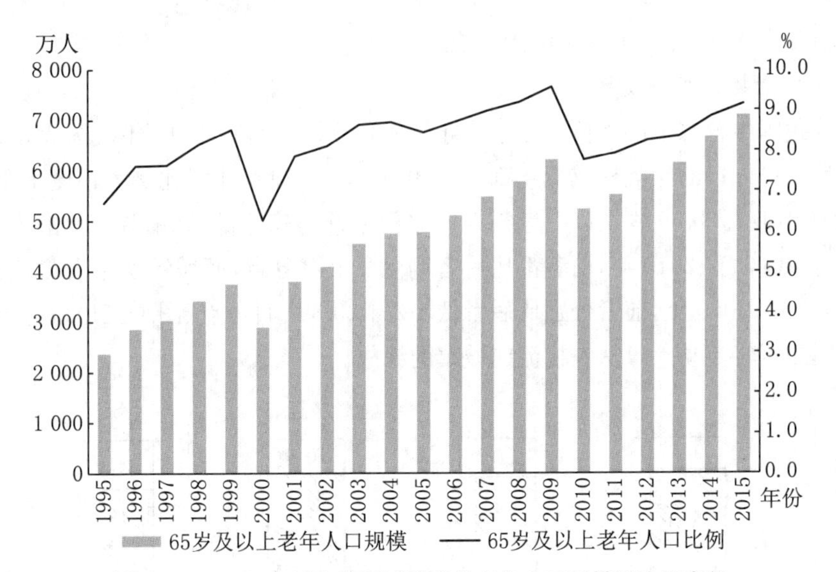

图 11-12　1995 年以来我国城镇常住老年人口规模及比例变化

资料来源：各年份《中国人口与就业统计年鉴》。

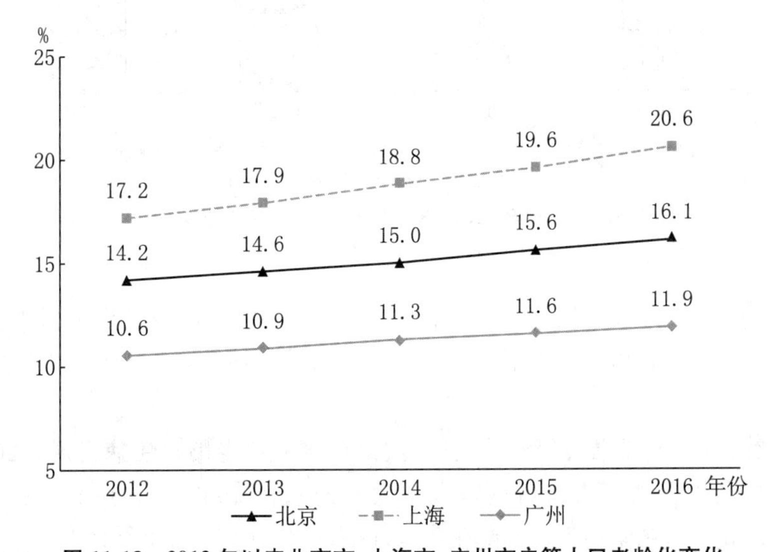

图 11-13　2012 年以来北京市、上海市、广州市户籍人口老龄化变化

资料来源：北京市政府网站、各年份《上海市老年人口和老龄事业监测统计信息》，以及广州市民政局网站公布的 2012—2016 年广州市老年人口和老龄事业核心数据（2017-08-30）。

2. 就业人员文化结构不断提升

随着我国教育水平的发展，我国城镇就业人员的文化程度不断上升。2005 年以来，我国城镇人员未上过学、小学学历所占比例不断下降，其中后者比例由 2005 年的 17%大幅度下降到 2015 年的 8.3%，而高中、大学专科、大学本科、研究生学历的比例不断上升。其中，大学本科的比例由 2005 年的 5.1%大幅度上升到 2015 年的 13.4%（表 11-7）。

表 11-7　主要年份我国城镇就业人员的文化程度构成变化　　单位：%

文化程度	2005 年	2010 年	2015 年
未上过学	3.2	1.2	1.1
小　学	17.0	12.4	8.3
初　中	43.3	44.1	34.5
高　中	21.1	21.9	25.9
大学专科	9.8	11.7	15.4
大学本科	5.1	7.8	13.4
研究生	0.4	0.8	1.4
合　计	100.0	100.0	100.0

资料来源：各年份《中国劳动统计年鉴》。

尽管我国城镇就业人员文化程度趋于上升，但与发达国家相比仍然偏低，尤其是大规模的农民工群体文化程度更低。与 2011 年相比，2016 年农民工文化水平整体上升，上过学、小学、初中学历的占比都下降了，同时大专及以上学历占比也略有下降，而高中的比例上升了 3.8 个百分点。但总体上目前农民工的文化程度仍然是以初中文化程度为主(59.4%)，小学及以下文化程度也达到 14.2%，而高中文化程度仅为 17.0%，大专及比例更低(9.4%)。其中，本地农民工文化程度更低，未上过学、小学、初中学历占比都比外出农民工高，而高中、大专及以上学历占比都比外出农民工低(表 11-8)。

表 11-8　2011 年、2016 年农民工文化程度构成　　单位：%

文化程度	农民工合计		外出农民工		本地农民工	
	2011 年	2016 年	2011 年	2016 年	2011 年	2016 年
未上过学	1.5	1.0	0.9	0.7	2.1	1.3
小学	14.4	13.2	10.7	10.0	18.4	16.2
初中	61.1	59.4	62.9	60.2	59.0	58.6
高中	13.2	17.0	12.7	17.2	13.9	16.8
大专及以上	9.8	9.4	12.8	11.9	6.6	7.1
合计	100.0	100.0	100.0	100.0	100.0	100.0

资料来源：国家统计局 2011 年、2016 年《全国农民工监测调查报告》。

3. 就业产业结构由第一、第三产业向第二产业转移

如图 11-14 所示，2005 年、2010 年、2015 年我国城镇单位就业人员中第一产业、第三产业占比逐渐下降，2015 年分别下降到 1.5%、50%，比 2005 年分别下降了 2 个、2.6 个百分点，而第二产业占比上升，2015 年上升到 45.2%，比 2005 年上升了 4.6 个百分点，但就业结构维持“三二一”不变。北京、上海、广州这 3 个特大城市与全国城镇有所差别，尤其是北京市单位就业人员的产业构成变化趋势是第一产业、第二产业下降，分别由 2005 年的 7.1%、26.3%下降到 2015 年的 0.5%、19.4%，而第三产业上升，由 2005 年的 66.6%上升到 2015 年的 80.1%，而上海市、广州市则表现为第二产业先上升

后下降、第三产业先下降后上升的趋势。2015 年两市就业产业构成之比分别为“0.8∶34∶65.2”“0.1∶35.2∶64.7”。

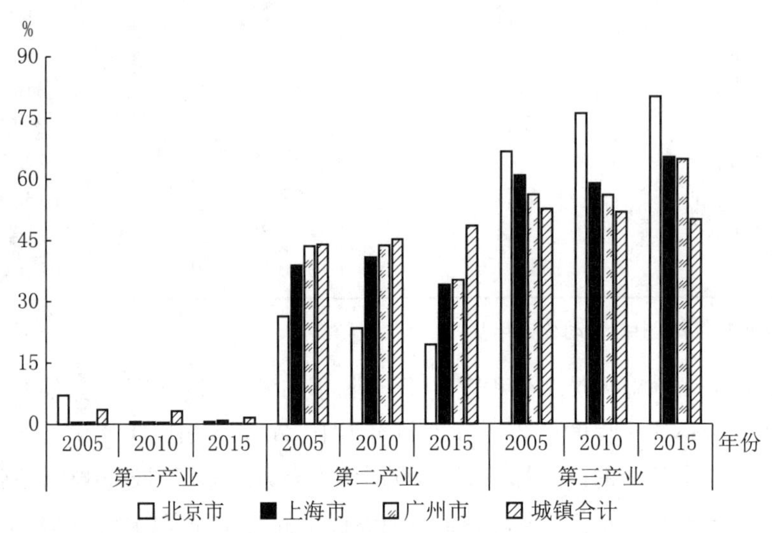

图 11-14 主要年份我国城镇单位就业人员的产业构成变化

资料来源:2006 年、2011 年、2016 年《中国城市统计年鉴》。

与发达国家城市尤其是世界城市相比,我国城镇就业人员就业产业/行业水平仍然偏低,造成这个问题的原因有很多,其中,就业人员尤其是农民工总体素质偏低是最根本的原因。农民工是我国城镇就业人员的重要组成部分,但因为其文化程度以初中为主、职业技能缺乏,只能从事低水平的产业/行业,拉低了城镇就业人员的产业/行业水平。

(三) 我国城市人口分布变化特点

1. 北京市人口向城市发展新区集聚

如表 11-9 所示,2005 年、2010 年、2016 年北京市首都功能核心区、生态涵养发展区人口的比例趋于下降,而城市发展新区人口的比例趋于上升,由 2005 年的 26.8%上升到 2016 年的 33.6%,城市功能拓展区人口的比例变化相对比较稳定。

表 11-9 主要年份分区域北京市人口空间分布变化 单位:%

区 域	2005 年	2010 年	2016 年
首都功能核心区	13.3	11.0	9.8
城市功能拓展区	48.6	48.7	47.6
城市发展新区	26.8	30.8	33.6
生态涵养发展区	11.3	9.5	9.0
合 计	100.0	100.0	100.0

资料来源:2010 年北京市人口普查数据和 2006 年、2017 年《北京市统计年鉴》。

2. 上海市人口分布郊区化明显

如表 11-10 所示,2000 年、2010 年、2016 年上海市中心城区人口的比例趋于下降,而近郊区、远郊区人口的比例趋于上升。

表 11-10 主要年份分区域上海市人口空间分布变化 单位:%

区　域	2000 年	2010 年	2016 年
中心城区	42.2	30.3	28.4
近郊区	38.9	47.2	48.2
远郊区	18.9	22.5	23.4
合　计	100.0	100.0	100.0

说明:上海市中心城区包括黄浦区(包括原来的卢湾区)、静安区(包括原来的闸北区)、虹口区、徐汇区、长宁区、普陀区、杨浦区 7 个区;近郊区包括浦东新区(包括原来的南汇区)、闵行区、宝山区、嘉定区 4 个区;远郊区包括松江区、金山区、青浦区、奉贤区、崇明区 5 个区。

资料来源:2000 年、2010 年上海市人口普查数据和 2017 年《上海市统计年鉴》。

第三节 城市规划视角下的城市人口规模预测方法及应用

城市规划视角下的城市人口规模预测方法有多种,各种预测方法有各自的适用条件和优缺点。在城市规划中,进行人口规模预测一般是几种方法综合应用。

一、城市人口规模的预测方法

城市进行总体规划时,对城市人口规模预测的常见方法主要有综合增长率法、劳动力需求法、一元线性回归分析预测法、逻辑(Loistic)增长曲线法等。

(一) 综合增长率法

综合增长率法是以城市多年的年平均自然增长率和年平均机械增长率为基础,预测城市规划目标年份城市人口规模的方法。其计算公式是:

$$P_t=P_0(1+R_1+R_2)^n$$

式中 P_t 为城市规划期末的人口规模,P_0 为城市规划基准年的人口规模,R_1、R_2 分别为城市年平均人口自然增长率和机械增长率。

(二) 劳动力需求法

劳动力需求法是按照经济总量、全社会劳动生产率的未来增长变化,推算出需要的劳动力数量,再根据劳动力占总常住人口的比重,推算城市人口的规模。

(三) 一元线性回归分析预测法

一元线性回归分析预测法是根据城市历史人口数据的增长趋势,预测未来一段时期城市人口规模的方法。其计算公式:

$$P_t=a+bY_t$$

式中 P_t 预测目标年末城市人口规模,Y_t 为预测目标年份,a、b 为两个参数。

其基本思路是,首先把城市已知的多年(Y)的城市人口规模(P)作为已知数,根据一元线性回归方程 $P=a+bY$ 确定合理的 a、b 值,从而确定一元线性回归曲线;然后把 a、b 作为已知数,预测未来不同年份城市人口的规模。

(四) 逻辑(Loistic)增长曲线法

人口增长曲线法有多种,但城市规划进行人口预测一般使用逻辑(Loistic)增长曲线法,其计算公式为:

$$P_t=P_m/(1+aP_mb^n)$$

式中 P_m 为城市最大人口容量,n 为预测年限,参数 a 和 b 可利用软件从历史数据回归中求得。

(五) 队列要素法

队列要素法是依据设定的总和生育率、死亡概率与人口性别比等参数,通过年龄组移算对未来城市人口规模与年龄结构进行预测研究。通常为了能反映未来变化的不确定性,会对总和生育率、死亡概率与人口性别比各设定 3 个方案,再从中挑选最优组合作为预测的高中低方案。队列要素法是联合国人口展望预测的主要方法。

二、城市规划中的人口预测方法应用

(一) 联合国人口展望预测

队列要素法是联合国人口展望预测的主要方法。联合国主要根据队列要素法,对未来世界总人口和各国人口增长的趋势做出预测,并每两年发布一版《世界人口展望》报告。另外,联合国还根据队列要素法对世界总城市人口和各国城市人口增长的趋势做出预测,并出版《世界城镇化展望》报告。

(二) 北京人口规划预测

中华人民共和国成立以来,北京进行了多次人口规模预测,但除了 1954 年,其他年份人口规模预测都远远少于实际人口发展规模,其中,2004 年版北京总体规划用 4 种方法对人口增长进行模拟和预测(表 11-11),但人口增长再一次大大超过预期:2010 年北京常住人口为 1 961 万,提前 10 年突破总体规划;外来人口达到 705 万,也大大超过预测值①。

表 11-11　2004 年版北京总体规划中人口预测方案与实际情况对照

方　法	预测结果	实际数据
综合增长率法	2010 年人口规模为 1 645 万—1 678 万,2020 年为 1 871 万—1 947 万	2004—2010 年,实际人口综合增长率为 4.7%;2010 年总人口为 1 961 万
承载力法	综合生态条件适宜人口规模 1 600 万—1 800 万	2010 年总人口为 1 961 万,远超适宜规模

① 陈义勇,刘涛.北京城市总体规划中人口规模预测的反思与启示[J].规划师,2015(10):16—21.

（续表）

方　法	预测结果	实际数据
劳动力需求法	两种方案对应的2020年常住人口规模分别为1 747万—1 850万和1 650万—1 750万	经济增速超过预测，人口规模远超预测
队列要素法	高、中、低方案中对应的2020年常住人口规模分别为1 691万、1 690万和1 587万	流动人口增速快，导致常住人口总量远超预测

资料来源：陈义勇，刘涛.北京城市总体规划中人口规模预测的反思与启示[J].规划师，2015(10)：16—21。

第四节　城市战略规划背景下城市人口发展的主要策略

城市战略规划背景下城市人口发展的策略主要有城市人口规模和分布的调控策略、城市人口文化结构的人才策略和城市人口年龄结构的老年友好型城市建设策略。

一、城市人口的调控策略

（一）国外城市人口的调控策略

1. 调整产业布局带动人口转移

纽约市采取差别地价和税价，纽约的郊区比市区征税标准低，再加上郊区低价更低，吸引企业搬迁到郊区①。东京加强产业和人口迁入地的公共服务建设和吸引②。巴黎通过财政补贴，根据迁入地区不同和提供就业岗位的多少对外迁的工业、第三产业和研究部门进行补贴，补贴金额可以达到其投资总额的12%—25%③。

2. 建立卫星城或多中心城市疏导人口

首尔卫星城建设采取了由近及远、逐步外扩、设施配套政策，吸引了大量人口④。东京进行多中心城市格局建设。从1976年提出新城建设，到1982年提出“多核心型”城市结构，再到1986年、1990年加强副中心地区的建设，东京逐步形成了“中心区—副中心—周边新城—邻县中心”的多中心多圈层的城市格局，有效缓解了中心城区的人口压力⑤。

（二）国内城市人口的调控策略

北京采取“以业控人”“以房管人”“以证控人”等途径调控人口规模和结构⑥。上海

① 赵秀池.美国是怎样疏解中心城人口的？[J].今日科苑，2010(21)：99—101.
② Tanaka M，大方，潤一郎，et al. The Analysis of Population-de-cline in the Tokyo “ku” Area After 1980’s[J]. Urban Housing Sciences，1999(26)：127—135.
③ 杨舸.国际大都市与北京市人口疏解政策评述及借鉴[J].西北人口，2013(3)：43—48.
④ 戚本超，赵勇.首尔人口限制和疏解策略对北京的启示[J].城市发展研究，2007(4)：83—87.
⑤ 陈佳鹏，黄匡时.特大城市的人口调控：东京经验极其启发[J].中国人口·资源与环境，2014(8)：57—62.
⑥ 姜鹏飞，唐少清.首都人口疏解的制约因素与突破思路——基于国外城市人口疏解的经验[J].河北大学学报(哲学社会科学版)，2017(4)：150—155.

也采取了类似的人口调控政策。

二、城市人才发展策略

(一) 国外城市人才发展策略

纽约不断健全适应市场要求的教育体系,培养越来越多的科技人才。纽约以各种途径吸引国外人才,如高校设立诸多奖学金吸引国外学生到纽约学习,待遇丰厚吸引国外技术人才。纽约政府还修改了移民法,对学有专长的移民减少限制①。

(二) 国内城市人才发展策略

我国诸多城市出台了一系列人才落户、租住、就业创业新政(表 11-12),吸引人才。从落户政策看,呼和浩特规定中专及以上学历的毕业生可直接落户,对学历的要求不高;从租住帮助看,武汉提供 7 000 套人才公寓,租房、买房打八折;从就业创业看,合肥对高校毕业生、在校大学生给予 1 万到 10 万不等的创业项目资助。

表 11-12　截至 2018 年各典型城市人才落户、租住、就业创业新政一览表

城市	落户政策	租住帮助	就业创业
西安	在校大学生可凭学生证、身份证在线落户	毕业 3—5 年可申请租住公租房	19 条政策帮助和保障大学生就业创业
南京	40 岁以内本科生及以上学历可直接落户	3 年住宅租赁补贴	一次性给予 4 000 元创业成本补贴
武汉	40 岁以内本科生、专科生可直接落户	提供 7 000 套人才公寓,租房、买房打八折	免费共享创业工位,提供见习岗位
成都	45 岁以内本科生及以上学历凭毕业证即可落户	7 天免费入住青年人才驿站	对创业大学生给予贴息贷款支持
杭州	硕士及以上学历毕业生可先落户、后就业	无	对在杭工作的硕博研究生一次性补贴 2 万—3 万
长沙	35 岁以内本科生及以上学历可直接落户	对硕博研究生给予购房补贴	对新落户并在长沙工作的大学生进行补贴
郑州	专科及以上学历在郑州就业居住后可落户	对“双一流”高校毕业生及硕博研究生予以购房补贴	对引进的人才 3 年内每月发放补贴
济南	40 岁以内大中专生交 1—2 年养老保险可落户	硕博研究生可获 3 年租房补贴	设立人才创新创业基金
天津	本科及以上学历应届毕业生可申请落户	3 年住房租赁补贴	无
青岛	本科及以上学历应届毕业生可直接落户	提供研究生住房补贴	无

① 睿信致成研究.纽约城市发展经验[J/OL]. http://blog.sina.com.cn/s/blog_c03ea64d0101myyd.html.

（续表）

城市	落户政策	租住帮助	就业创业
合肥	40周岁以下本科学历、中级及以上专业技术人员、高级工先行落户	每年发放0.6万到2万元的租房补贴；本科、硕士和博士首次购房分别给予3万—10万元补贴	对高校毕业生、在校大学生给予1万—10万元不等的创业项目资助
沈阳	中专以上学历人才都实行先落户、后就业	技师、本科、硕士和博士都可以享受补贴，从0.6万—1.5万元不等	政府为在读博士生提供每月2 000元、最长3年的资助
呼和浩特	中专及以上学历的毕业生可直接落户	高层次人才首次购房的，最高给予120万元的购房补贴	对于毕业5年内的大学毕业生，创业给予不低于3万元的一次性创业补贴，给予最长3年、最高50万元的担保贷款，并给予全额贴息

资料来源：杨科伟，邱娟，柏品慧，俞倩倩，李思潼.当前中国城市人口新格局探析（下）：从人口迁徙视角看城市前景[J/OL].搜狐网，[2018-06-15]. https://www.sohu.com/a/235979731_465490。

深圳不仅拥有GDP总量、增速双高，拥有大量的工作资源，同时，得益于一线城市中最为宽松的落户政策，以及最低门槛的新引进人才租房和生活补贴措施，吸引了大量人才来深，使深圳成为2017年度全国对人口最具吸引力的城市①。与其他城市相比，深圳吸引人才政策有3个特点：居住证/落户政策更宽松，深圳对纯学历型人才落户门槛放宽至大专及以上；租房和生活补贴力度大，有的区补贴力度是深圳全市的双倍；补助力度大且覆盖多层次人才。

三、老年友好型城市建设策略

应对全球化城市人口老龄化，诸多城市把建设老年友好型城市作为重要应对策略。

（一）老年友好型城市的演变

2005年，世界卫生组织首次提出“老年友好型城市”概念。2006年，世界卫生组织通过对全球22个国家的33个城市的实地调查，于2007年颁布指导老年友好型城市建设的纲领性文件——《全球老年友好型城市建设指南》②，制定了老年友好型城市8个主题、特征及评估标准。

基于《全球老年友好型城市建设指南》，2010年世界卫生组织启动了一项全球性的老年友好城市网络行动。截至目前，共制订了10个会员计划，涵盖22个国家的145个城市，中国上海也在其列。参与到网络中的城市需要以5年为周期，依照世界卫生组织的规划导则制定目标，致力于提高城市对老年人的可达性和包容性。会员城市可以直接加入WHO的全球网络，进行互相交流与合作，并通过一系列评价指标来衡量老年友

---

① 李荣华，杜艳.深圳又拿了个全国第一蝉联人口吸引力榜首[N/OL].南方日报，[2017-08-08]. http://sz.southcn.com/content/2017-08/08/content_175707966.htm.

② 世界卫生组织.全球老年友好型城市建设指南[R/OL]. http://www.who.int/ageing/age_friendly_cities_guide/zh/.

好城市建设进度①。

（二）国外建设老年友好型城市的实践

美国纽约市是首批加入老年友好城市全球网络的城市之一，老年友好型城市建设水平居世界前列。2013 年的一份调查显示，在全美最适合养老的城市排名中，纽约跻身前五。

1. 制订计划并成立专职委员会

世界卫生组织 2017 年颁布《全球老年友好型城市建设指南》后，纽约市政府发起了“老年友好纽约计划”，从老年人的就业、居住、娱乐、健康、志愿者服务等很多方面提升对老年人需求的满足程度。同时，纽约市成立了老年友好纽约建设委员会，专职负责相关工作②。

2. 创建老年友好商业环境

在标示有“老年友好城市项目”的商店，老年人可以不必购物就使用其中的厕所。接送中小学生的黄色校车，在空余时间被用来载着老人们穿梭于纽约的大小菜场和超市。要求商场为老年人提供适合他们的各类商品和服务。商业场所，特别是出入口和走廊要有足够的照明，提醒员工注意对老人说话的技巧等③。

3. 建设适老性城市公共交通和空间

在城市公共交通方面，增设公共场所的电梯和自动扶梯，适老化改造地铁站，加强计程车的无障碍服务，极大地满足了老年人外出的安全性和便捷性④。在城市公共空间方面，基本措施包括增加公交站台座椅、在城区换装全自动新型卫厕、设计行人友好步行空间与交通设施、实施老龄安全街道计划等⑤。

（三）国内建设老年友好型城市的实践

上海加强老年宜居社区建设是推进老年友好型城市建设的重要内容。2013 年 9 月，上海全市 40 个老年宜居社区启动试点；2017 年，老年宜居试点社区达到 179 个。上海在建设老年宜居社区方面做了很多探索。

1. 制定政策，纳入规划

在制定政策方面，上海先后出台了《上海市老年友好城市建设导则（试行）》（沪老龄办发〔2013〕19 号）、《关于推进老年宜居社区建设试点的指导意见》（沪老龄办发〔2014〕10 号）、上海市地方标准《老年宜居社区建设细则》（DB31/T 1023—2016）。其中的《老

---

① World Health Organization. WHO Global Network of Age-friendly Cities and Communities[R]. 2013a.

② Finkelstein R, Garcia A, Netherland J, et al. Toward an Age-friendly New York City: A Findings Report[R]. New York: The New York Academy of Medicine, 2008.

③ 傅天明.纽约怎么建老年友好城市[N/OL].瞭望东方周刊,[2015-09-03]. http://www.lwdf.cn/article_1586_1.html.

④ Michael R, Christine C. Age-friendly NYC: A Progress Report[R]. New York: Office of the Major & The New York Academy of Medicine, 2011.

⑤ 胡庭浩.国外老年友好型城市建设实践——以美国纽约市和加拿大伦敦市为例[J].国际城市规划,2016(4):127—130.

年宜居社区建设细则》(DB31/T 1023—2016),引导上海市老年友好型城市建设。在纳入规划方面,老年宜居社区建设都列入了《上海市老龄事业发展"十二五"规划》《上海市老龄事业发展"十三五"规划》和《上海市城市总体规划(2017—2035年)》。其中,后者提出应对老龄化的发展趋势,提高老年人生活质量,建设老年友好型城市和老年宜居社区。

2. 调研先导,需求导向

试点区县对辖区内老年人在生活养老照料、精神文化生活以及医疗卫生保健等方面的需求进行了全面、系统、持续、动态的调研。普陀区等区县甚至依托社会组织或专业机构进行了不同条线、不同模式、不同对象层面的多次调研,通过比对分析得出了较为科学合理的老年需求菜单①。

3. 综合功能,一站多点

按照"一站多点"的要求,上海市建设"社区综合为老服务中心"或"综合为老服务工作平台",并以此为枢纽,完善社区老年人日间照护机构、长者照护之家、助餐点、老年活动室、社区卫生服务点以及老年文体娱乐活动设施②。

4. 整合资源,社会参与

一些试点单位充分利用各类社区资源,构建了"单位加盟、队伍参与、志愿者服务"的社区服务互助网。静安寺街道69家单位成为养老后援团;瑞金养老服务合作社制定133项项目清单;长宁区新华街道吸纳60家社区单位签订服务承诺书,组建12支志愿者专业团队定向服务;普陀区曹阳街道打造的"久龄家园"精神、文化、生活共同体,都体现了部门协同、跨界合作的工作格局和导向③。

参考文献

陈佳鹏,黄匡时.特大城市的人口调控:东京经验极其启发[J].中国人口·资源与环境,2014(8).

陈义勇,刘涛.北京城市总体规划中人口规模预测的反思与启示[J].规划师,2015(10).

陈月新.流动人口:动向与研究[C]//彭希哲.人口与人口学.上海:上海人民出版社,2009.

高向东.中外大城市人口郊区化比较研究[J].人口与经济,2004.

郭叶波.中国城市人口吸纳能力研究[M].北京:中国市场出版社,2016.

---

① 殷志刚,袁楠.上海老年宜居社区建设实践与探索[C]//卢汉龙,等.上海社会发展报告(2015).北京:社会科学技术出版社,2015:236—237.

② 老年宜居社区建设项目[EB/OL].上海市综合为老服务平台,[2016-10-20]. http://www.shweilao.cn/fwxm/1543.jhtml.

③ 殷志刚,袁楠.上海老年宜居社区建设实践与探索[C]//卢汉龙,等.上海社会发展报告(2015).北京:社会科学技术出版社,2015:237.

胡庭浩.国外老年友好型城市建设实践——以美国纽约市和加拿大伦敦市为例[J].国际城市规划,2016(4).

姜鹏飞,唐少清.首都人口疏解的制约因素与突破思路——基于国外城市人口疏解的经验[J].河北大学学报(哲学社会科学版),2017(4).

金浩然,刘盛和,戚伟.基于新标准的中国城市规模等级结构演变研究[J].城市规划,2017(8).

孔令帅.纽约市劳动力就业:现状、举措与成效[J].外国中小学教育,2014(7).

李升.北京与东京的社会阶层结构状况比较研究[J].北京交通大学学报(社会科学版),2016(3).

戚本超,赵勇.首尔人口限制和疏解策略对北京的启示[J].城市发展研究,2007(4).

吴志强,李德华.城市规划原理(第四版)[M].北京:中国建筑工业出版社,2010.

王桂新.国外大城市人口规模控制问题的经验与启示[J].南京社会科学,2016(5).

王桂新,王丽.国外大城市人口发展特征及其对上海市的启示[J],中国人口科学,2005.

吴忠观.人口学[M].重庆:重庆大学出版社,2005.

杨舸.国际大都市与北京市人口疏解政策评述及借鉴[J].西北人口,2013(3).

杨昕.城市人口[C]//朱建江.城市学概论.上海:上海社会科学院出版社,2018.

叶中华,魏玉君.雄安新区承接人口疏解的策略分析——基于首尔和东京的经验[J].当代经济管理,2017(12).

尹德挺,卢镱逢.世界大城市人口发展的主要特点与借鉴——以对北京的借鉴为例[J].治理现代化研究,2018(2).

殷志刚,袁楠.上海老年宜居社区建设实践与探索[C]//卢汉龙,等.上海社会发展报告(2015).北京:社会科学技术出版社,2015.

赵秀池.美国是怎样疏解中心城人口的?[J].今日科苑,2010(21).

张晨光,李健.闫彦明.纽约城市产业转型及对北京建设世界城市的启示[J].投资北京,2011(9).

周昌林,魏建良.流动人口对城市产业结构升级影响的实证研究——以宁波市为例[J].社会,2007(4).

周天勇.城市及其体系起源和演进的经济学描述[J].财经问题研究,2003.

Clark C. Urban Population Densities[J]. Journal of Royal Statistics Society, Series A, 1951, 114:490-494.

Finkelstein R, Garcia A, Netherland J, et al. Toward an Age-friendly New York City: A Findings Report[R]. New York: The New York Academy of Medicine, 2008.

Michael R, Christine C. Age-friendly NYC: A Progress Report[R]. New York: Office of the Major & The New York Academy of Medicine, 2011.

Tanaka M,大方,潤一郎,et al. The Analysis of Population-de-cline in the Tokyo "ku" Area After 1980's [J]. Urban Housing Sciences, 1999(26):127-135.

The New York Academy of Medicine. 59 Initiatives-Age-friendly NYC[R]. New York: The New York Academy of Medicine, 2013.

World Health Organization. WHO Global Network of Age-friendly Cities and Communities[R]. 2013a.

World Urbanization Prospects—The 2014 Revsion [R]. United Nation New York, 2015:21.

第十二章　城市社会发展和基本公共服务

本章聚焦于城市发展和公共服务建设情况，首先指出城市提供公共服务的现实意义，并指出城市公共服务的追求目标应是均衡发展；接着就东中西部城市、大中小城市、城市中心与郊区三个空间层面，比较城市之间与城市内部公共服务的差异；继之进一步探索城市基本公共服务差异化的根源，认为其主要源于中央对地方转移支付设计不够合理、基本公共服务内部结构失衡、流动人口权益保障不到位，以及缺乏有效的法律支撑。城市发展和基本公共服务的目标是均衡化，为了达到这一目标，应该明确要做什么，制度和管理的支撑力是什么，哪些人群需要特殊关注。因此，明确城市基本公共服务的内容，设计合理的指标体系，是第一步；改革中央转移支付制度，提升城市管理部门的服务能力，是第二步；最后，要特别关注城市流动人口，保障他们和特殊受困群体的权益。

第一节　城市社会发展和基本公共服务的现实意义

一、城市提供公共服务的必要性

城市公共服务提供及实现的过程就是调动资源在不同空间和人群中进行配置的过程，其实施具有重要意义。

（一）全面增强公共服务能力是建设创新驱动先导城市的必然要求

创新是城市发展的新动力。要激发和利用好这一动力源，人力资源是关键。人力资源是经济社会发展动力结构中的重要因素。创新只有得到人才的支持才能迸发出活力，创新只有与人才相结合才能形成推动经济社会发展的强大合力。怎样吸引大批创新型人才？除了事业、薪酬、城市文化外，还有一个重要因素就是城市的公共服务水平和质量。公共产品越配套，公共服务越优质，就越容易吸引到“高精尖缺”等优秀人才。在北京、深圳、上海，外来人才要面对巨大的购房经济压力，但这些城市因具有全国领先的完善的优质公共产品和公共服务，仍然成为许多优秀人才在高房价压力下的首选，也使得城市创新力名列全国前三。实践经验证明，高薪、职业前景加上优质公共服务，是一个城市吸引优秀人才的法宝。要认识到，完善而优质的教育、医疗、文化、体育等公共产品和公共服务，是人才选择城市安居乐业的主要因素。

（二）全面增强公共服务能力是建设城乡统筹示范城市的必然要求

公共服务中的教育、医疗、社保等具有公共财政分配功能，应该在城市与农村之间均等化地分配。在过去相当长的时期里，因财力极为有限和认识上的原因等，公共财政主要投向城市，对农村供给的公共产品和公共服务严重不足。城乡之间的差距不仅表现在居民收入比上，也表现在公共服务方面。从我国公共服务均等化提出至今，党的十七大、十八大、十九大报告都强调政府提供公共服务的职能，以实现基本公共服务均等化为总体目标。当地政府是否着力于保障城乡基本公共服务并着力解决城乡失衡问题，是判断政府职能是否向服务型转变的基本标准之一。

（三）全面增强公共服务能力是建设现代化国际城市的必然要求

纵观纽约、伦敦、东京、巴黎等国际大都市，其既有着共同的特征，即都是国家或区域的政治中心、经济中心、文化中心、商贸中心，也都有相同的内涵，即都是公共服务中心。这些城市公共服务设施配套完善，公共服务水平整体较高，有全球著名的大学、医院等，对周边地区（甚至对世界）的服务、引领、带动能力都比较强。某种程度上说，领先的公共服务提升了这些城市在国际上的知名度。再从评价指标体系来看，现代化国际城市在全球的竞争力必须很强，没有强大竞争力的城市很难被称为国际城市。研究国家和城市竞争力的机构和学者较多，其成果在全球得到较高认可度或有较大影响的，当数瑞士洛桑国际管理学院发布的国际竞争力报告，其评价竞争力的一级指标、二级指标中包含着政府工作效率，以及教育、卫生、环保等公共服务设施评价标准。可见公共服务是评价一个国家、一个城市的国际竞争力的重要指标。无论从建设实践还是从指标体系来看，完善公共服务都是国际城市应有的内涵。

二、城市提供公共服务的发展方向

城市发展的有机协调需要两大块服务，一块是基础设施服务，比如水电煤气、道路铺设；另一块是基本公共服务。公共服务是面向全体公民的，其不再是某些特定阶层独享的权益。均衡化和平等化已成为当下城市提供公共服务的追求目标。本章就基本公共服务方面展开分析。

（一）定义

基本公共服务均等化是指全体公民都能公平可及地获得大致均等的基本公共服务，其核心是促进机会均等，重点是保障人民群众得到基本公共服务的机会，而不是简单的平均化。显然，基本公共服务均等化的定义有 4 个着力点：覆盖对象应为全体公民，人人享有；目标设定，应关注缩小城乡、区域和人群间的差异，逐步均等化；理解内涵，应注意公共服务具有保基本的性质，要保障人们最为基本、谋求生存需要的权益；要确定公共服务的内容，应涉及教育、就业、社会保障、医疗卫生、住房保障、公共文化体育以及残疾人的几个基本领域。

（二）提出过程

基本公共服务均等化的概念最早是在2006年3月通过的《国民经济和社会发展第十一个五年规划纲要》中提出的，即"完善中央和省级政府的财政转移支付制度，理顺省级以下财政管理体制，有条件的地方可实行省级直接对县的管理体制，逐步推进基本公共服务均等化"。之后，党的十七大、十八大、十九大、"十二五"规划、"十三五"规划屡次强调实现基本公共服务均等化。2007年党的十七大报告中，明确指出"缩小区域发展差距，必须注重实现基本公共服务均等化"的要求，明确提出加强政府尤其是地方政府的服务型功能，实现包括公共医疗、社会保障等项目在内的基本公共服务全覆盖。党的十八大报告中再次明确提出"进一步强化政府公共服务职能，加快建立基本公共服务体系，至2020年实现基本公共服务均等化"的总体目标。2017年党的十九大报告指出，从2020年到2035年，"城乡区域发展差距和居民生活水平差距显著缩小，基本公共服务均等化基本实现"。2011年公布的《国民经济和社会发展第十二个五年规划纲要》首次提出完善基本公共服务体系，要求"改善民生，建立健全基本公共服务体系：坚持民生优先，完善就业、收入分配、社会保障、医疗卫生、住房等保障和改善民生的制度安排，推进基本公共服务均等化"。同样，《国民经济和社会发展第十三个五年规划纲要》仍然强调持续推进基本公共服务均等化，要求"就业、教育、文化体育、社保、医疗、住房等公共服务体系更加健全，基本公共服务均等化水平稳步提高"，提出了"建立国家基本公共服务清单，动态调整服务项目和标准，促进城乡区域间服务项目和标准有机衔接"的方案。

（三）具体规划

对基本公共服务均等化进行详细规划，主要体现在两次国家基本公共服务的专项规划中。2012年，国务院公布的《国家基本公共服务体系"十二五"规划》，不仅列出服务的重点内容、保障措施，还确定了服务的基本标准，包括服务对象、保障标准、支出责任以及覆盖水平。2017年，国务院公布了《"十三五"推进基本公共服务均等化规划》，除了列出服务的重点内容、保障措施之外，在前一次规划的基础上，还提出评估的主要指标，更加明确服务清单的支出责任和牵头单位，下达了重点任务分工方案。具体而言，首先是指出基本公共服务的范围，一般包括保障基本民生需求的教育、就业、社会保障、医疗卫生、住房保障、文化体育等领域的公共服务，广义上还包括与人民生活环境紧密关联的交通、通信、公用设施、环境保护等领域的共服务，以及保障安全需要的公共安全、消费安全和国防安全等领域的公共服务。考虑到政策延续和财政保障能力，规划确定的基本公共服务范围与"十二五"保持一致，即为公共教育、就业创业、社会保险、医疗卫生、社会服务、住房保障、文化体育、残疾人服务等8个领域。环境保护、公共安全等领域的基本公共服务内容，则在其他相关规划中体现。其次，指出基本公共服务均等化的主要目标是到2020年，基本公共服务体系更加完善，体制机制更加健全，在学有所教、劳有所得、病有所医、老有所养、住有所居等方面持续取得新进展，基本公共服务均等化总体实现。《"十三五"规划》制定了国家基本公共服务制度，如图12-1所示，要求紧扣以人为本，围绕从出生到死亡各个阶段和不同领域，以涵盖教育、劳动就业创业、社会保险、医疗卫生、社会服务、住房保障、文化体育等领域的基本公共服务清单为核心，以促进城乡、区域、人群基本公共服务均等化为主线，以各领域重点任务、保障措施为依托，以统筹协调、财力保障、人才建设、多元供给、监督评估等五大实施机制为支撑。

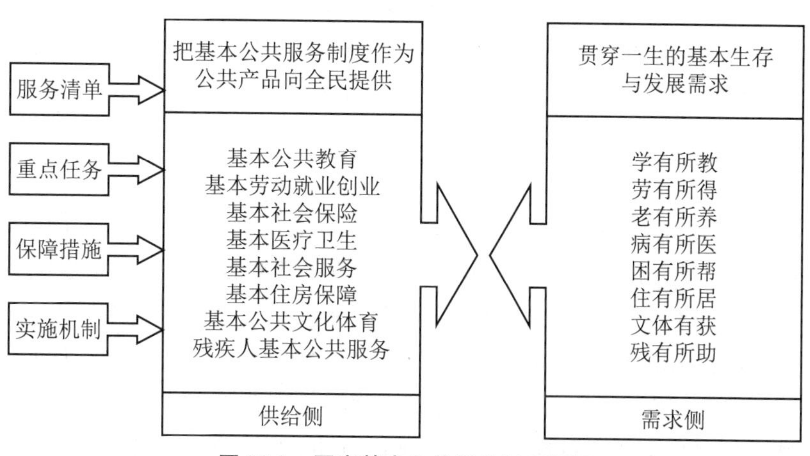

图12-1　国家基本公共服务制度框架

第二节　城市社会发展和公共服务的空间比较

城市社会发展和基本公共服务在城市之间和城市内部之间存在差异，表现为东中西、大中小、中心城与郊区3个空间维度。Tiebout 1956年曾提出公共服务对人们居住地选择的作用，认为人们会趋向于选择最符合其公共产品偏好类型的地区居住。①显然，公共服务对人口流动具有空间集聚作用，分析其不同表现对于推动城镇化发展具有重要的现实意义。

一、东中西部城市

从区域层面来看，相对于中西部地区城市，东部地区城市由于公共服务质量较高，有利于吸引大量流动人口的进入，而中西部地区城市在环境服务质量和文化服务质量方面可能存在一定的优势，进而对流动人口也具有一定的吸引力。从城市规模层面来看，规模较大的城市，尤其是特大城市，因为拥有丰富而优质的公共服务，也形成了大量

① 杨晓军.城市公共服务质量对人口流动的影响[J].中国人口科学，2017(4).

流动人口集中的态势。基于上述分析可以认为，城市公共服务质量对人口流动的影响存在区域和规模差异，并且东部地区或规模较大的城市由于存在高质量的公共服务。由于城市公共服务质量涉及很多方面，在此选取具有代表性的医疗服务质量来衡量其变化趋势。在医疗服务质量的第一主成分得分值中，医院及卫生院床位数变量所占比重较高，因此，可通过该变量来衡量城市医疗服务质量的变化趋势。从全国层面来看，城市医疗服务质量呈现出稳步增长的态势。从区域层面来看，城市医疗服务质量从东向西呈依次递减的态势。具体来看，东部地区城市医院及卫生院床位数占全国比重虽高，但所占比重从2006年的45.19％下降到2014年的41.74％，床位数年均增长率为6.31％，低于全国平均水平；而中部和西部地区城市医院及卫生院床位数所占比重虽然较低，但所占比重分别从2006年的32.40％和22.41％增长到2014年的33.62％和24.64％，床位数年均增长率分别为7.86％和8.65％。①

二、大中小城市

城市竞争是改革开放初期比政策、21世纪初比金融、今后比人力资源。人口是一种巨大的财富，广东、北京、上海的发达就是因为改革开放时期吸引了全国大量的人口。而且吸引的人口与本土人口有一个重大的区别，那就是其中的年轻人比例远远大于本土人口，可见移民城市的人口红利绝对比一个静止的城市要高。同样以医疗为例。从城市规模层面来看，城市医疗服务质量与城市规模呈明显的正相关。具体来看，200万以上人口城市的医疗服务质量远高于其他规模城市，医院及卫生院床位数占全国的比重基本维持在58％左右，年均增长率为7.53％；100万—200万人口城市医院及卫生院床位数占全国的比重基本维持在22％左右，年均增长率为7.45％，略高于全国平均水平；100万及以下人口城市医院及卫生院床位数占全国的比重基本维持在20％左右，且年均增长率为6.82％，略低于全国平均水平。②

三、中心城与郊区

城市区域内的城乡之间、城与城之间、乡与乡之间的公共产品和公共服务还有差距，不均等状况还没有从根本上改变。一些区域产业得到了快速发展，人口大量集聚，公共产品、公共服务供给却相对滞后或存在不足。从长远看，可能会影响当地经济社会可持续发展。提升公共服务是城乡统筹的重要内容，也是解决城乡均衡发展问题的重要举措，建设城乡统筹示范城市不仅要求有产业发展的示范、城乡综合治理的示范，也要有公共产品和公共服务供给的示范。政府提供的公共产品和公共服务也要进行供给侧改革，既注重数量，更要重视质量，优质公共资源投放应向薄弱区域倾斜，全面解决基本公共服务均等化的问题。基本公共服务均等化既是共享发展理念的内在要求，也是公平正义的具体体现。公共产品和公共服务的供给应该向城乡结合部、新型城镇、城市

①②　杨晓军.城市公共服务质量对人口流动的影响[J].中国人口科学，2017(4).

新区、偏远农村等薄弱地方适当倾斜，让每一位市民都享受到优质的基本公共服务。以国外情况为例，日本就没有明显的城乡界限之分，同步考虑城市与地方的共同发展，尽量缩小地区差距。[①]中国也应统筹考虑城乡发展，打破城市之间行政分割，将同一地域的城市和农村作为整体统筹发展。公共基础设施等服务功能设置不能仅限于城市，更应辐射农村地区，实现区域公共服务均等化。同时，应将部分城市职能分散到周边地区，建立功能不同的卫星城镇，如产业城市、居住城市、大型购物中心等。

第三节　城市基本公共服务内部差异化根源

经过 30 多年市场经济改革，从 1978 年至 2015 年，我国国内生产总值从 3 678.7 亿元发展到 685 505.8 亿元，人均国民收入业已达到 21 966 元。虽然城市的经济迅速发展，但是，由于中央与地方政府之间财权事权划分不够明确，以及城市基本公共服务内容结构失衡，导致不同城市、城市内容不同区域、不同群体之间，在享受城市基本公共服务权益方面仍然存在不小的差距。其突出表现在：城市区域间资源配置不均衡，硬件软件不协调，服务水平差异较大；城市基层设施不足和利用不够并存，人才短缺严重；一些服务项目存在覆盖盲区，尚未有效惠及全部流动人口和困难群体；体制机制创新滞后，社会力量参与不足等[②]。基本公共服务均等化提出至今已有 10 多年，目前还存在规模不足、质量不高、发展不平衡的问题，主要的瓶颈在于财权事权的划分不够明确、管理体系不够科学规范，如何加以完善，是政府部门从管理职能向服务职能转变的重要考验。

一、中央对地方的转移支付设计不够合理

就我国当前的情况而言，中央对地方政府的转移支付形式繁多，有一般性转移支付、专项转移支付、税收返还、体制补助及民族地区补助、调整工资补助、农村税费改革补助、各项结算补助等。这些转移支付还存在如下问题。

（一）一般性转移支付比重过大

由于中央对各个城市的转移支付项目过于繁多，运作过程弱化了其作为解决不同城市和地区间“外溢性”公共服务的效果。比如，以 2016 年中央对地方转移支付决算而言，专项支出就高达 90 项，涉及所有财政支出领域，其经费支出高达 20 826.56 亿元，占中央对地方转移支付总额 52 803.91 亿元的 39.4%。[③]如表 12-1 所示，在医疗方面，医疗专项转移支付有 1 000 多亿，占城乡居民医疗保险转移支付的近 43%。就教育而言，补助名目众多，有学前教育、义务教育、改善高中办学条件、中小学及幼儿园老师培训等 8

① 逯新红.日本国土规划改革促进城市化进程及对中国的启示[J].城市发展研究 2011(5).

② 亢舒，2020 年基本公共服务均等化总体实现——国家发改委有关负责人解读《“十三五”推进基本公共服务均等化规划》[N].经济日报，2017-03-03(2).

③ 数据来源于财政部网站“2016 年中央对地方税收返还和转移支付决算表”。

项支出。专项转移支付作为一般性转移支付经费的补充，不仅占比高达四成，而且名目繁多，将会延缓公共服务领域内容的系统化发展。而且，由于现实中存在跑关系拉专项、专项需要地方配套的做法，专项经费所预期的均等化目标实际上还是会转化为现实中的差距化。

表 12-1 2016 年中央对地方就医疗方面的一般性转移支付和专项转移支付决算表

单位：亿元

项 目	金 额
一般性转移支付	
城乡居民医疗保险转移支付	2 363.24
医疗专项转移支付	
医疗服务能力提升补助资金	138.35
公共卫生服务补助资金	563.25
基本药物制度补助资金	90.95
计划生育转移支付资金	64.51
优抚对象医疗保障经费	23.71
医疗救助补助资金	141.13
总 计	1 021.9

注：表格节选自财政部网站“2017 年中央对地方税收返还和转移支付决算表”。

（二）专项转移支付名目杂多

目前，中央对城市的专项转移支付，与一般性转移支付间存在重叠部门，增加了不必要的管理成本。比如，在医疗专项方面，除了计划生育转移支付资金外，目前国家还推行农村孕产妇补助、免费产前检查项目、免费孕前检查项目试点，也列入专项支出。这些政策导致专项资金项目与基本医疗保险存在重叠部分，也增加管理的成本。以农村孕产妇为例而言，她们的生育医疗费用报销或补助的渠道有二，分别为农村合作医疗和农村孕产妇分娩补助项目。从生育疾病角度来看，必须基于对生育后的疾病的判断，从而确认是从生育保险或从医疗保险进行支付。从计划生育角度来看，职业女性要从生育保险基金中支付，非就业女性则来自计划生育转移支付资金。总之，参加生育保险的职工，可以从生育保险基金报销与生育的上述所有项目；没有参加生育保险的，可以从医疗保险中支出；没有参加任何保险的，从各专项中列支；找不到相关专项的，需要自费。既然目标是为全体公民提供最基本的公共医疗卫生服务，计划生育专项、农村孕产妇住院分娩补助、免费孕前检查等各类专项分列便增加了管理成本。

二、城市基本公共服务内部结构失衡

受传统重经济建设、轻公共服务理念的影响，我国经济建设性支出在公共财政功能性支出结构中仍居首要地位，对人口教育、医疗卫生、社会保障等基本公共服务领域的投入显得严重不足。[①]据联合国开发计划署公布的数据，2007年发达国家用于教育、社保和公共卫生的支出占国家财政支出比重最高为70.25%(丹麦)，最低为56.73%(加拿大)。[②]在我国2015年中央和地方财政支出结构中，教育、社会保障和就业支出、医疗卫生和计划生育3项所占的比重是32.55%，这表明我国的基本公共服务投入还有很大上升空间。不仅如此，我国基本公共服务更多是由地方政府承担，中央承担较少。如表12-2所示，在所有公共服务项目的公共预算支出中，中央财政支出所占比重均不足10%，而地方支出所占比重均超过90%。

同样，基本公共服务还存在内部结构不平衡的问题。一是对不同类公共服务的重视度不同，一般表现为重视教育、社会保障和就业3个方面，而对医疗卫生、保障住房及文化体育与传媒的重视不够。如表12-2所示，医疗卫生、住房保障、文化体育与传媒的支出只占财政支出的6.8%、3.3%和1.75%。二是同一类公共服务内容结构也存在较大的不均衡性。比如，我国各级教育公共财政预算中各项教育事业存在很大的差异，大学生人均公共财政预算事业费是最多的，接下来是初中、高中、小学及学前[③]。从教育的属性来看，义务教育层次的小学、初中应该获得更多的投入，而且也应该重视人们对学前教育的需求，偏重大学的教育经费投入是有失偏颇的。三是基本公共服务供给方面也存在重硬件轻软件的做法。比如，对教育、医疗、职业培训、社会保障等基本公共服务，地方政府为了追求政绩，往往把资金投入到硬件设施购买、基础设施建设，而忽视了人才培养、信息系统等软公共产品的供给。

表12-2　2015年我国公共服务支出及所占比例情况　　单位：亿元

项　目	一般公共预算支出			各项支出所占比重(%)	中央支出所占比重(%)	地方支出所占比重(%)
	合计	中央	地方			
一般公共服务	13 547.79	1 055.30	12 492.49	7.70	7.79	92.21
教育	26 271.88	1 358.17	24 913.71	14.94	5.17	94.83
文化体育与传媒	3 076.64	271.99	2 804.65	1.75	8.84	91.16
社会保障和就业	19 018.69	723.07	18 295.62	10.81	3.80	96.20
医疗卫生与计划生育	11 953.18	84.51	11 868.67	6.80	0.71	99.29
住房保障	5 797.02	401.18	5 395.84	3.30	6.92	93.08
合　计	175 877.77	25 542.15	150 335.6	—	0.60	85.48

数据来源：2016年《中国统计年鉴》。

三、城市没有保障好流动人口的权益

流动人口作为人口城镇化推进过程中出现的一类特殊人群，其对经济社会发展所

① 李晓霞.融合与发展：流动人口基本公共服务均等化的思考[J].华东理工大学学报(社会科学版)，2014(2).

② 王波.城乡基本公共服务均等化的空间经济分析[D].北京：首都经济贸易大学，2016：53.

③ 张雪平.浙江省基本公共服务均等化地区差异性研究[M].北京：经济科学出版社，2012：28.

做的贡献不容忽视。但由于受到户籍制度制约,这一群体在享受城市基本公共服务方面还面临着很大的难题。这一方面表现在其无法获得居住地的户口,无法与本地居民获得同等待遇,另一方面是其即使可以享受流出地的公共服务权益,但由于已经流出,实际上面临权益缺失或不便享受权益的困境。当前,在城市基本公共服务的各个领域普遍存在流动人口无法享受福利的现象。比如,在社会保险方面。2015年,人社部发布《关于做好进城落户农民参加基本医疗保险和关系转移接续工作的办法》,对进城落户农民参加城镇基本医疗保险做出规定,在城镇单位就业并且稳定劳动关系的可以参加职工基本医疗保险;非全日制、灵活就业的可以参加职工医保,也可参加居民基本医疗保险。但是,这一政策还无法关注到在当地没有落户的流动人口。没有就业单位的灵活就业的外地流动人员,一般无法参加本地社保;即使有就业单位,也存在不少就业单位没有为流动人口参保的现象。再比如,以基本公共卫生为例。由于流动人口一般是以年轻劳动力为主,女性流动人口大部分处于育龄期,她们在流入地怀孕和生育的现象越来越普遍。虽然我国向妇女儿童等重点人群免费提供重大公共卫生服务,包括妇幼保健和计划生育服务等项目,但是"原则上是由户籍地免费提供,目前大部分地方也向非户籍人口服务对象免费提供"①。而据调查,"流动人口计划生育的可及性较差,其围孕期保健和产假保健的可及性更差"。②

四、缺乏相关法律支持

当前,我国的各类法规文件并没有明确上下级政府与同级政府部门间在公共服务方面的事权划分。1993年,国务院发布了《关于实行分税制财政管理体制的决定》,其由国家行政部门出台,法律效力层次较低,对各级地方政府"不作为"不具有强制约束力。因此,加强与公共财政相关的法律建设显得尤其重要。比如,可以出台《中央与地方财政关系法》《一般性转移支付法》《预算法》等。由于基本公共服务涉及教育、就业、基本医疗卫生、社会保障、扶贫、住房保障等多个方面,因此在中央和地方政府层级上,基本公共服务被分散到各个不同部门中,如教育部、民政部、公安部、劳动和人力资源部、卫生和计划生育委员会等。而且其一般实行归口管理,即从中央到地方各级政府是采取"至上而下"事权管理,不同部门之间的扯皮拖逶事件时有发生,影响了基本公共服务的有效性。建议可以在条件成熟时出台一部综合性的《基本公共服务均等化法》,规范好各部门的权责关系。

第四节　促进城市基本公共服务均衡发展的对策

根据我国城市基本公共服务还存在经费支付方式不合理、内部结构不合理、流动人

① 国家卫生计生委流动人口司.人口流动　健康同行[M].北京:人民卫生出版社,2017:7.

② 武俊青,张世琨.中国流动人口性与生殖健康[M].上海:上海科学技术出版社,2015:7.

口权益保障不足，以及缺乏有力的法律保障的问题，应找出问题的根源所在，并采取切实有效的政策方案。首先，应厘清城市提供基本公共服务的内容和体系，做到有的放矢；其次，理顺中央和地方的财权和事权，增加中央管理基本公共服务的职责；再次，聚焦流动人口，建立"钱随人走"的财政转移支付制度，明确流入地—流出地的财政关系；最后，构建横纵交错的安全网，关注受困和特殊人群的需要。

一、明确城市基本公共服务的内容

中国在界定基本公共服务时，应严格遵守最低限度保障标准，将包括义务教育、公共医疗卫生和社会保障、住房保障和社会服务等 8 个领域的 81 个项目纳入基本公共服务范围。本节将 8 个领域浓缩为 6 个领域，并根据 2017 年国务院发布的 9 号文件，列出 6 项基本公共服务的重要子项目，并指出现有各个领域中可以加强的内容及重点问题，如表 12-3 所示。

就我国当前城市基本公共服务而言，有些是比较受重视的领域，比如，教育、就业、社会保障，应进一步优化其内部结构。在教育方面，应该调整教育经费的支出结构。比如，继续加强统一城乡义务教育学生"两免一补"政策，加强实施学前教育行动计划，特别是要做好城镇幼托服务，为生育二孩打造好的社会基础。在社会保障方面，应该加强基本养老金合理调整机制研究以及规范开展长期护理保险制度试点，做到老有所养；加强生育保险与基本医疗保险的合并试点，让妇女生养有依。在就业方面，应该健全全国失业率统计登记，做好失业人员培训工作，研究建立终身职业技能培训制度。以瑞典为例，该国的失业保障不是现金救济和补助，而是提供必要的培训以及福利性公共就业岗位。以澳大利亚为例，该国历来重视教育培训与就业的联系，于 2007 年成立了教育、雇佣与工作场所关系部，该部还下设 4 个机构，即工作搜寻局、国家培训信息服务局、工作信息数据库管理局、职业生涯开发研究局，以保证公民积极就业①。可见我国公共就业的基本服务还有很大的改善空间。在基本医疗卫生方面，应该重点关注非正规就业和流动人口的权益，特别是建立起全覆盖的生育保障制度。随着人口城镇化进程的持续推进，基本公共服务需求也在不断增加，表现为"人们日益增长的美好生活需要和不平衡不充分的发展之间的矛盾"。因此，城市相关部门应该同心协力，除了继续推进教育、就业、社会保障的进一步完善，还要加强对住房保障、公共文化和体育等相关问题的研究和资金投入，以满足人们对美好生活的向往。在住房保障方面，应该加强农民工申请租赁房和经适房的机制研究。公共文化服务应该将重点放在图书馆建设，做到各乡各村都有服务站。群众体育有利于强身健体，在城市规划中应根据人口密度、人口结构配备必要的场地。

---

① 王永乐，李梅香.新生代农民工城市融合问题研究——基本公共服务均等化的视角[M].北京：经济科学出版社，2014：45.

表 12-3　基本公共服务子项目、主要内容及可加强的部分

基本领域	重点内容	需要关注的重要内容
基本公共教育	义务教育 高中阶段教育 普惠性学前教育 继续教育	0—3 岁幼托服务及教育 随迁子女教育
基本医疗卫生	重大疾病防治 妇幼健康 计划生育服务 基本公共卫生 食品药品安全	将前 3 项医疗技术及费用并入基本医疗保险 水、厕所、垃圾处理
社会保障(包括社会保险、基本社会服务、残疾人基本公共服务 3 个项目)	社会保险(五险) 社会救助 社会福利 军人优抚安置 残疾人基本公共服务	生育保险与医疗保险合并试点 城乡社会保险一体化 保护两类弱势人群：流动人口、受困人员
公共就业	公共就业服务 创业服务 职业培训 劳动关系协调和劳动权益保护	城镇失业登记率(包括常住人口) 外来人员的职业技能培训和公共就业服务 失业人员培训及就业 农民工就业权益保障
住房保障	公共租赁住房 城镇棚户区住房改造 农村危房改造	将农民工纳入住房保障体系研究
基本公共文化体育	公共文化、广播影视、新闻出版 群众体育	公共文化：图书馆建设 全民健身：场地配备

资料来源：重点内容根据国发〔2017〕9 号文件《“十三五”推进基本公共服务均等化规划》整理。

二、构建简单明了的指标体系

在城市基本公共服务项目中，教育和社会保障的投入相对较多，就业培训、公共医疗卫生、文化体育、住房保障的投入较少。《“十三五”推进基本公共服务均等化规划》中明确提出重点任务分工方案，要求牵头单位对该领域的发展指标、重点任务和保障措施进行研究，促进基本公共服务均等化的有效落实。只有做好每个领域的指标设计，才能做到有的放矢。以基本医疗卫生领域为例，如表 12-4 所示，一级指标要强调资源配置、服务内容、服务管理 3 个方面，二级指标设计要全面，具体指标设计要有重点。除了对基本卫生服务资源投入、项目内容以及管理成效的考核，必要时应建立基本公共服务绩效考核和评价体系，将基本公共服务的服务成效作为部门业绩考核的要素之一，比如，设置居民满意度、事故发生率等指标，促进服务的完善。

表 12-4　基本医疗卫生的指标设计

一级指标	二级指标	具体指标
资源配置	财政投入	人均服务经费标准
	硬件投入	乡镇卫生院/三甲医疗数 医院床位数
	软件投入	每千人执业医师数 每千人执业护士数
服务内容	疾病预防与免疫	重要慢性病的预防 基本免疫实施
	慢性病治疗	高血压控制率 2 型糖尿病控制率
	其他疾病	重度精神病、结核病管理与治疗
	妇幼保健	产前检查 住院分娩率 婴儿死亡率 5 岁以下儿童死亡率 孕产妇死亡率 妇科病防治
	计划生育	计划生育手术 免费孕前优生健康项目 流动人口免费计划生育服务覆盖率
	其他方面	食品药品卫生监督协管等
服务管理	宣传与教育	健康教育讲座次数 健康教育宣传栏设置情况
	重点人群建档	0—6 岁儿童建档率 孕产妇建档率 老年人建档率

资料来源：重点内容根据国发〔2017〕9 号文件《"十三五"推进基本公共服务均等化规划》整理。

三、改革中央转移支付制度

诸多研究表明，转移支付制度总体设计存在缺陷，形式过多，结构不合理，一般性转移支付比重小，专项转移支付比重大，使其对公共服务均等化调控效果不佳。①因此，《"十三五"推进基本公共服务均等化规划》中也强调"适度加强中央政府承担基本公共服务的职责和能力。推进转移支付制度改革，增加一般性转移支付规模和比例"，"清理、整合、规范专项转移支付，完善资金管理办法，提高项目管理水平"。

首先，应提升中央承担基本公共服务的比重。一般来说，在各国基本公共服务支出

① 朱润喜，王群群.地方政府非正式财权、转移支付与公共服务均等化[J].经济问题，2017(11).

责任中,“基本公共服务的基本下限由中央政府承担,如基础教育、基本医疗卫生、基本社会保障等项目。在国家基本公共事业的下限标准之上,根据本地区的财力状况适当增加的基本公共事业标准由地方政府承担”①。根据公共物品的溢出效应,除了住房保障之外,其他项目都有外溢效应,因此应由中央与地方共同承担。但是,在我国2017年《“十三五”推进基本公共服务均等化规划》中,除了在基本公共教育领域划分了中央与地方政府财政的承担比例外,其他领域大多仍由地方政府负责,中央政府财政适当补助。中央政府应该多加承担基本公共服务的职责,发挥好转移支付制度的作用,统筹安排全国各地的基本公共服务。

其次,应清理和整合专项经费。专项作为一般性转移支付的补充,是为了弥补和突出每个领域最重要的事项,所设名目不宜过多过杂。专项经费杂多是因为对每一个公共服务领域缺乏整体、系统、规范的研究,内容庞杂,金额大小不一,呈碎片化倾向,使得中央对地方的转移支付中有高达90项的专项经费支出。以医疗为例,在推进医疗体制改革进程中,应该将计划生育转移支付资金、优抚对象医疗保障经费等都纳入基本医疗保险体系中,同时,将农村孕产妇补助政策与新农村合村医疗进行统筹管理,以简化各类专项名目。只有对基本公共服务的内容进行整合,形成规范系统的体系,才能减少专项经费名目。

四、强化城市管理部门的服务能力

城市基本公共服务领域涉及多个政府部门,事权范围界定明晰将有利于各级政府履行责任,避免政府部门职责交叉影响基本公共服务的提供。为了避免管理过于细化,往往需要运用全局思想、整体思路以促进公共服务的均衡,此处有许多地方经验可以借鉴。

(一)以城市引导乡村发展

2008年,湖北鄂州市被确定为全省“城乡一体化”试点城市,其坚持以“全域鄂州”为理念,构建了以主城区为中心,3座新城为支点,10个特色镇为节点,106个中心村为基础的“四位一体”的城乡空间格局,形成了层次分明、覆盖全市的规划网络体系②,为基本公共服务城乡一体化创造了良好的条件。

(二)统一管理,行便于民

早在2007年,宁波在对外来务工人员的管理方面,实行“1+15”模式的政策组合,为流动人口公共服务提供了较齐全的政策支持。“1”代表一个综合指导性文件,即2007年出台的《关于加强外来务工人员服务与管理工作的意见》;“15”表示维护合法权益、就业服务培训、劳动合同制、工资支付保障、维护职业安全、健康权益、社会保险、房屋出租服务、子女义务教育、公共卫生、计划生育、优秀外来务工人员落户、治安与维权、

---

① 王薇.政府支出责任转型的研究——基于基本公共服务均等化的背景[M].北京:红旗出版社,2015:123.

② 熊侃霞.湖北省基本公共卫生服务均等化问题研究[M].北京:中国社会科学出版社,2016:108.

流动党员服务、法律援助等①。

（三）强调责任主体回归

佛山市禅城区在保障和改善民生的多个领域不断发力，推动民生持续普惠化。在教育治理体系和治理能力现代化的视域下，禅城区落实义务教育法“以县为主”的要求，对区内中小学管理体制进行大幅调整，实现从区镇（街道）二级办学、二级管理向区一级办学、一级管理的改变，完成了办学责任的回归。公办教育方面，禅城积极探索跨区招生机制。民办教育方面，佛山实验学校、佛山市外国语学校、华英学校等佛山知名民校，每年面向全市无差别招生，让其他区的孩子都能享受到禅城优质的教育资源。

公共服务焕发人才凝聚力，以空前力度推动公共服务扩容提质，提高优质公共服务资源供给能力，实质是人才之争、创新力之争、城市可持续发展力之争。如何在以全国为战场的人才抢夺中拔得头筹，从公共服务领域发力是性价比较优的选项。公共服务产品的供给关乎发展成果共享，关乎获得感，关乎在城市里生于斯、长于斯的人们的认同感。

五、保障城市流动人口的权益

流动人口在进入城市的过程中无法获得市民同等待遇，特别是在大城市，落户很困难。目前所采取的居住证制度，一般要求有稳定的收入和稳定的住所，灵活就业的流动人口被排斥在基本公共服务领域之外。如何保护城市流动人口的权益，有许多经验可以借鉴。一种是剥离户籍与基本公共服务的关系。浙江省湖州市德青县目前已逐步消除依附于户口性质的差别公共服务待遇，同时明确今后出台有关政策将不再与户口性质挂钩。德清县在梳理分析了与户籍挂钩的 33 项政策后，按照“先易后难、量力而行”原则，采取“统一、调整、不变”3 种方式，截至目前，已对其中时机成熟、条件具备的 26 项实行了城乡并轨。据此，建议可在大城市设定基本公共服务底限，让所有具有居住证或临时居住证的常住人口不落户也能享受到“现代化的果实”。一种是对流动人口进行居住地统一化管理。浙江省湖州市德清县在流动人口聚集的新区，成立了新区服务中心，对新市民公共服务进行统一管理。当前，应该按照流动人口居住地进行统一管理并纳入公共服务范畴。又如，浙江省嘉兴市率先实施流动人口孕产妇、流动儿童居住地管理模式，将所有居住在嘉兴的孕产妇均列入围产保健管理范围，为流动儿童（无论居住在城镇还是农村）提供同样的预防接种服务②。这一方式适用于保障人群最基本的公共服务，值得推广。

当然，规范好流出地—流入地的经费转移支付，设定城市基本公共服务的阶段性目标，将流动人口全部纳入，才是城市发展最后的导向。根据财政分权理论，中央财政主

---

① 王永乐，李梅香.新生代农民工城市融合问题研究——基本公共服务均等化的视角[M].北京：经济科学出版社，2014：67.

② 赵强社.城乡基本公共服务均等化制度创新研究[M].北京：中国农业出版社，2015：148.

要负责全国性公共服务的提供，地方财政负责地方性公共服务的提供，跨区域性的公共服务由中央和地方财政共同提供或由几个相关地方财政联合提供。由于中央对地方的转移支付测算是直接支付给地方政府的，当前，流动人口基本公共服务的经费多在流出地，却由流入地承担，“流动人口流入地面临着满足流动人口公共服务需求而不断上涨的财政支出压力”①。因此，应当明确中央和地方各级财政在为流动人口提供不同类型公共服务中的责任和作用，通过纵向、横向的财政转移支付，将流动人口基本公共服务经费纳入财政预算范围予以保障。在短期内可以建立流入地—流出地经费转移机制，做到“钱随人走”。从长远看，还是得加强中央的职责，强化基本公共服务由中央政府买单的理念。当前，不少城市实行居住证制度，对流动人口实行分级别的管理和服务。建议应该提供分级、分层次的社会保障和公共服务，设定公共服务的阶段性目标，逐步实现基本公共服务全覆盖。

最后，城市的基本公共服务应该关注城市特有的受困人群体需要。要保障个人的生存权益，做好扶贫和救助工作。加强对贫困地区的扶贫，使用好专项扶贫资金。将责任落实到村一级，加强对特困户和特困家庭的扶持。特别是留守儿童、妇女、老人、残疾人，要做好他们的关爱保护工作。

参考文献

国务院关于印发“十三五”推进基本公共服务均等化规划的通知[EB/OL]. http://www.gov.cn/zhengce/content/2017-03/01/content_5172013.htm.

国家卫生计生委流动人口司.人口流动　健康同行[M].北京：人民卫生出版社，2017.

亢舒.2020年基本公共服务均等化总体实现——国家发改委有关负责人解读《“十三五”推进基本公共服务均等化规划》[N].经济日报，2017-03-03(2).

李晓霞.融合与发展：流动人口基本公共服务均等化的思考[J].华东理工大学学报(社会科学版)，2014(2).

逯新红.日本国土规划改革促进城市化进程及对中国的启示[M].城市发展研究，2011(5).

王波.城乡基本公共服务均等化的空间经济分析[D].北京：首都经济贸易大学，2016.

王薇.政府支出责任转型的研究——基于基本公共服务均等化的背景[M].北京：红旗出版社，2015.

王永乐，李梅香.新生代农民工城市融合问题研究——基本公共服务均等化的视角[M].北京：经济科学出版社，2014.

武俊青，张世琨.中国流动人口性与生殖健康[M].上海：上海科学技术出版

① 张晓杰.快速城市化进程中基本公共服务均等化研究[M].上海：上海三联书店，2013：274.

社,2015.

熊侃霞.湖北省基本公共卫生服务均等化问题研究[M].北京:中国社会科学出版社,2016.

杨晓军.城市公共服务质量对人口流动的影响[J].中国人口科学,2017(4).

张晓杰.快速城市化进程中基本公共服务均等化研究[M].上海:上海三联书店,2013.

张雪平.浙江省基本公共服务均等化地区差异性研究[M].北京:经济科学出版社,2012.

赵强社.城乡基本公共服务均等化制度创新研究[M].北京:中国农业出版社,2015.

朱润喜,王群群.地方政府非正式财权、转移支付与公共服务均等化[J].经济问题,2017(11).

第十三章 城市战略规划中的城市社会治理策略

城市战略规划是指对城市经济、社会、文化、生态、治理等发展要素，做出较长时段(一般为 13—30 年)具有全局性、长期性、前瞻性的总体谋划与行动方案，是谋求城市持续发展的一种重要手段。中国的实践表明，在以促进经济发展为主要目的的特定发展阶段，城市战略规划主要侧重于经济和产业方面，涉及城市社会治理、社会发展的内容可能较少，而达到富裕阶段以后，逐渐走向社会主导型，将成为新的发展趋势。对具有世界影响力的全球城市来说，其战略规划除了经济方面的考量外，还要考虑城市的多样化和人的生活质量、生活方式等社会因素，其是城市最终赢得包容、持续、繁荣发展的重要依托，这一点在《上海市城市总体规划(2017—2035 年)》提出的“人文之城”目标中得到了很好的诠释。综观国内外的城市战略规划，“以人为本”的社会理念越来越被城市政府所重视。目前，中国正处于快速城镇化发展时期，开始进入经济高质量发展、高品质生活的新时代，全面树立以人为本的发展理念，努力满足广大民众的多样化、多层次需求，全力提升民众的获得感、安全感和幸福感，打造绿色低碳、安全有序、和谐宜居的现代城市，是未来任何一个城市谋求持续发展的共同要求。因此，从社会治理的视角审视当今的城市战略规划，需要我们重新审视城市战略规划终极关怀和最终目的；愿景目标中有没有考虑到人作为个体的需要；是否要更多地考虑经济发展的需要，以及其他基本问题。在城市战略规划中增加社会治理的内容，也有利于提高城市战略规划的科学性。本章分 4 个部分：第一部分回答城市战略规划中注重社会治理策略的逻辑起点；第二部分介绍国内外大城市普遍面临的主要社会问题；第三部分介绍城市社会治理的基本理论框架；第四部分提出城市战略规划中社会治理策略的基本内容体系。

第一节　城市战略规划注重社会治理策略的逻辑起点

一、城市是一个具有经济、社会、文化等多重属性的空间单元

城市作为人类社会发展和文明进步的产物，从不同的视角来看，可能具有不同的内涵。如从经济的视角看，城市是一个集生产、流通、交易、消费、分配等环节的资源配置中心、贸易中心和消费中心，追求经济的快速增长，实现资源优化配置、产业高级化、技术领先化和经济财富最大化，应该成为城市发展的重要任务。现实也表明，城市的确成为全球经济扩大再生产的核心场所。据统计，目前全球70%的GDP是由城市创造的，全球前100大经济体当中，有37个是城市。由此可见，城市战略规划关心关注城市经济增长，无可厚非。城市不仅具有经济属性，更是一个具有强烈社会性、文化性的人类生活居住之所。从社会视角看，城市首先是一个满足人的居住、生活、就业、娱乐、学习、安全保障等各种基本服务的生活场所，其次是各类社会互动交流、社会关系发展、社会文化行为的人类思想与行为的集合体，更是一个文化多样化、异质性、陌生人构成的“社会大熔炉”。居住在城市中人们的社会心理、价值理念、精神信仰、生活方式等，在某种程度上直接决定着城市发展的未来。

二、全球将有更多的人口住进城市当中

全球城市化和中国的快速城市化发展势头，预示着城市将成为更多人的居住之所。根据联合国的数据表明，虽然发达国家的城市化发展水平已经很高，一般都在80%以上，其城市化发展处于低速发展状态，但这并不代表全球城市化发展步伐的放缓或减慢，2007年，全球城市人口历史上首次超过农村人口，使得21世纪真正实现了人类有一半以上人口居住在城市中的“城市新世纪”，截至2016年，全球城市人口有40.27亿，而农村人口为34.15亿，未来将会有更多的人口住进城市之中，城市化发展趋势继续保持快速发展。据预测，到2050年，城市人口将达到世界总人口的66%(64亿人口)，农村人口将降至34%，可见全球城市化发展还有很大的发展空间和潜力，人口城市化依然是影响世界经济发展格局和社会文明进步的一个重大因素。

同时，相关预测也表明，中国是未来世界城市化发展强劲的国家之一。根据联合国《世界城镇化展望》报告，目前世界最为城镇化的地区是北美、拉丁美洲和加勒比海地区以及欧洲，城镇人口比例分别为82%、80%和73%。非洲和亚洲城镇化水平较低，世界农村人口的90%居住在亚洲和非洲，但亚洲和非洲城镇化地区在扩大，到2050年非洲和亚洲的城镇化人口将从目前的40%和48%上升到56%和64%。世界城市人口增长最快的3个国家分别是印度、中国和尼日利亚。到2030年，世界人口排名前5位的城市分别为东京，居民为3 700万；新德里，居民为3 600万；上海，居民为2 300万；墨西哥城、孟买和圣保罗，居民均为2 100万；大阪，居民为2 000万。根据中科院《中国现

代化报告 2013》预测，到 2050 年中国总人口达到 14 亿—15 亿，城市化率为 77%—81%，城市人口达到 11 亿—12 亿，目前我国的城市化水平只有 58%，这表明，未来 30 年，我国仍处于快速、深度城市化的发展阶段，将会有更多的农村人口居住到城市当中来。城市社会的和谐、公平和共享发展，尤其是一些巨型城市或全球超大城市将面临更多的治理挑战。未来新型城镇化过程中，城市社会治理将逐渐成为重点，在城市规划过程中需要更多考虑城市的社会性。

三、城市社会问题日渐成为制约城市不断走向卓越的瓶颈

城市作为政治、经济、社会、文化、生态等多要素为一体的综合体，相互之间是紧密相关、互相影响的，城市经济在发展过程中存在着周期以及技术的更新换代，城市中的人对经济周期和技术的适应能力不足，使得城市发展过程中常常会出现或面临因人的社会性而导致的人口迁移、交通拥挤、住宅、教育、歧视、贫困、犯罪和老龄化等诸多社会方面的问题。纵观人类城市发展史，一座城市的繁荣持续发展，实际上是一个顺应经济转型升级和技术进步、不断解决社会问题、为人类不断创造良好居所的过程，尤其是工业革命以后，人类的人口总量在急剧增长，人类的生存方式也转型，生存空间也在转移，越来越向城市集中，城市化率越来越高，创造的财富总量也会越来越多。但同时也要看到，在人口不断向城市集聚的过程中，由城市中的人口数量、人口结构、环境状况等社会或非社会变迁所造成的城市人与人之间社会利益关系的冲突或失调也逐渐加剧，尤其是对一座拥有数千万人口的超级城市而言，在全球化、信息化、多样化的、复杂化的因素促使下，诸如公共服务短缺、贫富差距、阶层固化、族群隔离、失业贫困、治安恶化等将会成为主要问题凸显出来，如果城市政府缺乏战略性的规划策划、社会革新和相关制度安排，这些问题将会成为制约城市不断走向卓越的最大瓶颈和障碍。这一点在诸如纽约、东京、伦敦等世界顶尖全球城市的发展实践中，得到了充分的证明，也就是说，对于这些城市继续走向卓越发展，更多的制约因素来自社会方面，并不仅仅在于经济方面。

因此，在全球城市化持续推进、中国城市化快速发展的大格局下，提出城市战略规划要更多考虑“人”这一核心要素，更多强调社会治理议题，对城市的公平、包容、可持续发展具有十分重大而深远的意义。

第二节　特大或超大城市面临的主要社会问题

城市作为政治、经济、社会、文化等要素的统一体，尤其是人口高度集中分布的大城市或超大城市，在发展过程中，除了可能面临着产业结构、技术进步、所有制结构、营商环境等经济问题，还可能因以人口结构为主的社会结构以及人与人之间的社会利益关系发生相应的变化，导致出现与经济结构不相匹配或无法自我平衡的问题，出现危及城市社会正常运转的各类公共性社会问题，增加城市经济发展的成本，甚至对城市公共安全和持续繁荣发展造成巨大威胁。因城市规模大小、发展经济水平、城市规划政策、城

市文化特点等因素的影响，不同的城市可能面临不尽一致的社会问题。本节主要以人口高度集聚、经济活动密集的国内外大城市或超大城市为观察对象进行考察，认为大城市或超大城市往往会面临如下几个显著的社会问题。

一、城市贫困问题

美国学者爱德华·格莱泽在其《城市的胜利》一书中引用了一段柏拉图的话，“任何一座城市，不论它的规模有多小，其实都分为两个部分，一部分是穷人的城市，另一部分则是富人的城市”。这表明，城市贫困现象是一个任何城市都无法绕开的现实问题，不管是发达国家，还是发展中国家，在任何一个城市中都会存在的贫困现象。努力消除全球人类社会的物质贫困，历来是联合国、世界银行等国际组织的重要使命之一。据世界银行发布数据显示，当今世界约有 10 亿人生活在极端贫穷中，每天生活费不足 1.25 美元，8 亿多人遭受饥饿和营养不良，24 亿人在使用没有改进的卫生设施，11 亿人没有用上电，8.8 亿人居住在城市贫民窟之中。世界上一些全球超大城市，也普遍面临着人口贫困的问题。

1900 年，纽约市近 400 万人里就有 150 万居住在 4.3 万个贫民窟里，直到 21 世纪纽约还有哈莱姆贫民区存在。目前，孟买 1 600 万人口中有 60%居住在仅占城市土地面积 1/10 的贫民区和路边的简陋建筑中，贫民窟已经成为这个世界著名港口城市以及印度经济中心城市的最大特色。中国作为一个长期以农业为主的发展中大国，贫困一直是长期困扰国家全面推动现代化的一个现实问题。中国的大部分贫困人口主要分布在农村地区，在国家精准扶贫政策的推动下，中国极端贫困人口比例不断下降，成为世界上减贫人口最多的国家。同时，在市场化改革进程中，大量的农村人口流向大中城市，在产业结构调整、科技进步等因素影响下，中国的城市同样面临着比较严重的贫困问题。2011 年《中国城市发展报告》指出，中国城市贫困问题日益突出，城市贫困人口自 20 世纪 90 年代后就呈现出不断上升的趋势，到 2009 年约有城市贫困人口 5 000 万人，东部地区城镇贫困人口大约 756 万人，中部 1 657 万人，西部 1 717 万人，东北地区 845 万人。与西方城市不同的是，我国城市中贫困人口大多居于城中村、棚户区当中，没有出现大规模的贫民窟现象。需要关注的是，在当今时代，城市贫困的内涵也在不断变化，除了我们常说的物质和经济生活上的贫困外，还存在社会边缘化、社会排斥、服务机构受限等精神文化贫困的问题。在社会不平等日渐加剧的城市化进程中，城市规划与决策管理者必须要高度关注贫困问题的解决，努力消除贫困是城市政府和全体居民的共同责任。

二、城市犯罪和安全问题

与乡村社会相比，城市是一个由陌生人构成的异质性社会，多种因素使得城市更容易成为偷盗、抢劫、强奸、谋杀、毒品交易、恐怖行为等违法犯罪行为的高发地，使城市面临更加严峻的公共安全压力。理论研究和实践都已经表明，城市犯罪与人口贫困是一对孪生兄弟,经济的衰退或人口贫困往往是城市犯罪行为激增的主导原因。尤其是在西方发达国家的一些城市中,因城市产业衰落或退化,有经济实力的人口不断离开,留下来的则是没有能力搬迁的穷人,导致城市成为犯罪的温床,如美国的底特律。2016年,美国联邦调查局对各大城市的谋杀、故意伤害、抢劫和强奸4项主要暴力侵害犯罪数据进行分析,将底特律评价为全美最危险的城市之一。2015年,底特律每10万人中的暴力犯罪发生数量为1 760起。尽管从2011年起,该市的暴力犯罪下降了22.3%,但其仍是全美犯罪率第二高的城市,这与其汽车产业衰落、经济惨淡直接相关。近年,该市的贫困率在40%左右,失业率保持在10%以上。这种单一产业结构的城市,在其主导产业衰落以后,城市失业人口、城市犯罪增加、政府财政困难,城市安全度日益下降,大量有竞争力人口外流,使得城市产业进一步衰落,形成恶性循环,使该地区最终成为犯罪者的天堂。除了这类特殊城市,欧美发达的高度全球化城市也承受着包括恐怖袭击威胁在内的城市违法犯罪的巨大压力。如何消除社会贫困,促进社会公平包容发展,全方位改善城市硬件和软件,打造真正的安全型城市,成为全球城市社会治理的共同议题。

中国实施市场化改革以后,传统的城乡人口管制措施不断走向宽松,大量乡村人口开始进入一线大城市之中寻求新的发展机会(如北京、上海等城市的外来人口达到全市常住人口的1/3—1/2,深圳外来人口数倍于当地户籍人口数),为中国的城市化发展做出了贡献。但数据也表明,随着这一进程的加快,人口流动规模越来越大,过度的人口集中造成了城市设施、服务和管理的不堪重负,城市的社会犯罪率也随之上升。据2010年的一项统计表明,北京市70%的犯罪来自外来人口,违法犯罪被侵害人中有70%也是外地人口。上海有72%以上的犯罪为非本地户籍人口所为,杭州已经突破了90%,而深圳近10年来抓获的犯罪嫌疑人和被犯罪侵害的对象中,非深圳户籍的分别占到98%、95%以上,作案人员和受害对象“两头在外”的特点非常突出。

与此同时,在城市安全方面,还存在日益严重的城市潜在恐怖威胁问题。近年来,发生在国外的恐怖袭击事件有巴黎恐怖袭击、布鲁塞尔恐怖袭击、比利时恐怖袭击事件等。防范恐怖袭击的发生,应成为城市战略规划考虑的新议题。

三、公共服务的短缺问题

一座城市要正常运转,就需要能够满足城市居民基本生存和发展需要的公共服务,包括交通、住房、医疗、教育、社会保障、就业、公共文化等。当这些服务设施严重短缺的时候,就会引发城市社会的拥挤和混乱,乃至不同群体之间的利益冲突,严重影响市民的居住体验和生活质量,降低城市吸引力,危及城市的持续繁荣发展。实际上,在全球城市发展过程中,随着经济增长和人口数量的变化,公共服务的短缺问题几乎成为每个城市都要面临的一个共同难题。就拿我国来说,随着城市化的快速发展,大量农村人口集中到大中城市当中,各大城市尤其是北京、上海、广州、深圳等一线超大城市,由于长期以来在以经济增长为主的政府公共财政投入体制下,公共服务和公共产品投资欠账十分明显,就使得人口过度集聚以后形成的最直接压力,如公共服务设施配置的严重短缺和超负荷运转,以及保障性住房、医疗、教育、社保、环保等公共服务领域需求与供应之间的巨大缺口,导致上学难、看病难等问题比其他城市表现得更加突出和严重,高昂的城市生活成本导致中产阶层产生普遍的社会焦虑感。从打造市民高品质生活角度出发,扩大公共产品和公共服务供给,理应成为城市战略规划重点考虑的议题。

四、人口老龄化问题

人是城市发展的主体,人口是构成城市社会结构与特点的核心要素。由于特大城市经济发展、医疗科技进步、生活水平提高以及现代社会少子化、单身人士增多等因素的综合影响,人口预期寿命得到了稳步提高,人口老龄化随之成为国内外大城市普遍面临的一个问题。例如,纽约目前 65 岁以上的老年人口已经达到 12%,预计到 2030 年将达到或超过 15%。日本已经成为世界上老龄化最严重的国家,大量研究表明其老龄化开始危机国家的生存和发展。我国超大城市也面临着较为严重的人口老龄化问题。根据《北京市老龄事业和养老服务发展报告(2016—2017 年)》统计,截至 2016 年底,全市 60 岁及以上户籍老年人口约 329.2 万人,老龄化比例超过 24%。上海市统计局最新发布的数据显示,截至 2017 年 12 月 31 日,上海户籍人口中 60 岁以上老年人口为 483.60 万人,达到户籍总人口的 33.2%,成为国内老龄化最严重的城市。相关研究预测,到 2030 年,上海户籍人口中将有 40%是老年人,2040—2050 年,上海 60 岁以上老年人占比将达 44.5%。严重的老龄化问题,除了带来巨大的养老服务需求和压力外,还会为政府公共财政、产业发展、城市创新等方面带来新的挑战。

五、社会不平等问题

社会不平等问题也就是人们通常所说的社会公平问题。绝对的公平在任何一个社会都是很难存在的,社会需要兼顾公平与效率。社会公平主要包括机会公平、规则公平、结果分配公平以及贯穿其中的权利公平。社会公平体现的是人与人之间一种平等的社会关系。维护社会公平是一个社会保持良好秩序的必要条件,也是一个社会基本的价值追求。西方发达全球城市的发展实践表明,两极分化、贫富悬殊的社会不公平现象,已经成为制约城市走向卓越发展的最大困境,这种社会不公并非源于市场经济本身,而是源于至今仍在主导市场经济的资本主义生产方式。中国经过 40 年的改革开放,经济发展取得了举世瞩目的成就,但同时也产生了以收入差距过大、贫富分化、公共服务非均等化等为主要表现的社会不平等问题,引起社会各界的强烈关注。例如,在医疗领域,我国医疗卫生服务水平有了较大提高,但医疗卫生保障制度仍不健全,“看病难、看病贵”等问题没有得到根本解决;在教育领域,教育改革虽取得了很大成绩,但教育资源分配不均造成的“择校热”“收费生问题”愈演愈热;在社会保障领域,社会保障制度建设在不断推进,但作为社会“安全网”的社会保障体系仍不健全,特别是为农村居民提供的社会保障能力依旧不足。在快速发展过程中,城乡公共服务和福利方面仍有较大差距,主要表现在住房、交通、教育、医疗、养老等方面。在同一个城市内,城区与郊区的公共服务也不均等,以交通为例,通常城区交通较完善,而郊区的交通覆盖率明显较低。人群之间的差距仍然存在,特别是本地居民与外来居民之间的福利待遇仍然存在巨大差异,尽管目前户籍制度改革取得较大进展,但户籍本身仍然附着了太多的福利,特别是在一些特大城市,有无户籍对生活便利有重大影响,户籍改革仍需加快。

六、文化冲突与社会骚乱

文化多样性既能成为城市发展的动力,也能引起文化冲突,甚至演变为社会暴力恐怖活动的源泉。文化冲突伴随社会发展而存在,在一定程度上说是不可避免的社会现象。文化冲突与社会骚乱已经成为全球城市发展的重要社会问题,特别是目前有些地区的文化冲突演变为暴力恐怖袭击,例如,巴黎恐怖袭击事件,其背景主要是民族冲突、宗教冲突,实际也反映一种文化冲突。

第三节　社会治理的基本理论框架

一、社会治理的概念

西方学术界对"治理"的概念已有大量的研究成果,也存在多种解释,其基本内涵就是指对于社会公共事务问题,需要政府、市场、社会、民众等多元主体之间,采用正式法规制度或非正式协商对话等方式加以应对和解决。自党的十八届五中全会提出要"构建全民共建共享的社会治理格局"以来,社会治理成为我国学术研究的一个热点问题。按照中国的国情和话语体系特点,所谓的社会治理,就是指在中国共产党的统筹和领导下,充分发挥政府、市场、社会 3 个领域的各自优势,以政府政策、法律制度为依据,通过共商共议、共建共享、共治自治等方式,有效化解制约社会和谐的诸多公共问题和矛盾,从而构建富有活力、包容、公平、和谐的社会秩序的动态过程。

二、社会治理的基本特征

(一) 多主体共建共治共享

"治理"是各种公共的或私人的个人和机构管理其共同事务的诸多方式的总和,既涉及公共部门,也涉及私人部门。这表明,从主体结构来看,政府并不是社会治理的唯一主体,企业、社会组织、民众、媒体等都会成为重要的主体成员,在不同领域和不同范围内,以不同的方式协同参与,共同解决公务事务和社会问题。这也预示着在未来中国公共服务供给和公共事务管理中,政府并不会大包大揽,而是积极引导和发挥市场、社会等多元力量,通过共建、共治、共享的方式,协同推动社会发展与进步。

（二）治理手段和治理方式的多元化

从方式和手段上看，除了依赖传统的行政控制、法律手段、公共政策等正式制度安排外，更要强调利用经济手段、社会自组织、道德教育等手段，采用非正式的协商、对话、妥协、合作、互动等协调方式，在“多中心”体系下，更加有效地配置社会资源，解决不同范围和不同领域的社会问题。当然，这需要相应配套制度的保障，否则依然无法避免“各自为政、部门导向”的单向治理和做法，难以构建网络化协同治理的大格局。

（三）治理目标突出“有序、活力、公平、包容”的结果导向

社会治理是从多元主体之间平等、对话、协作的理念出发，既要有一个有能力、有责任的公共服务型政府对社会政策做出顶层设计和总体部署，更要鼓励和引导广大的企业组织、社会组织、民间自治组织、个人等，在合法前提下，参与社会公共事务，创新创造，激发社会活力，实现既有秩序又有公平和活力的和谐社会；有效保护弱势群体和社会底层民众的基本权益，使城乡之间、区域之间、不同群体之间的不平等问题得到有效解决，形成社会包容性发展的良性运行格局。

三、社会治理的方式

（一）政社互动参与式治理

重点强调政府治理和社会自我调节、居民自治良性互动，关键在于建立健全公众参与的渠道和机制，尊重广大社会民众特别是弱势群体在公共政策制定中的利益诉求，探求社会组织、社区、社会工作者之间的联动，促进公众和政府之间的互动与博弈、妥协与协同，促进公共决策的科学化、民主化水平，最大限度地满足广大民众的多元需求，稳步改善民生，增加民众的获得感和归属感。

（二）公私合作伙伴式治理

主要是针对社会日益提升的公共服务需求与政府有限供给能力之间的矛盾，积极转变政府职能，通过政府购买服务、特许经营、社会企业等方式，吸纳市场组织、社会组织、非营利组织和社会资本参与公共服务的供给和公共事务的治理，扩大社会公共服务的有效供给，降低服务成本，提高公共服务效率和质量，全面构筑公共组织和社会组织的伙伴关系，共同应对社会发展面临的服务需求。

（三）多部门协同整体治理

20 世纪 70 年代以来，随着现代互联网络技术在政府治理中的应用，在世界范围内出现一种新的治理变革方式。就是在公私领域治理边界不断模糊的同时，政府内部的相关职能部门之间也并非泾渭分明、互无关系，而是要借助互联网技术，打破“数字壁垒”和“信息孤岛”，实现政府部门数据互联互通、数据开放、共建共享，实现多部门之间的无缝衔接和整体性治理，提升政府综合治理能力和水平。

（四）基层社区化自治共治

将资源、服务、管理放到基层，使基层有职、有权、有物，更好地为群众提供精准有效的服务和管理。通过社区自治、共治、法治“三治合一”的模式，构建起人人都在自治中、

人人都在共治中、人人都在法治中的和谐社区，有效化解社会治理难题；尊重群众主体地位，尊重群众意愿，让社区居民都当“主人翁”，切实发挥好基层党组织的战斗堡垒作用和党员干部的先锋模范作用，通过真情为民服务赢得民心、尽心尽职取信于民，凝聚起共建美好家园，共享发展成果。

四、社会治理的目标

根据社会治理的概念，社会治理的主要目标就是化解社会矛盾，维护社会安全稳定，激发社会活力，促进社会公平公正与和谐文明。如果从社会学的观点来看，社会治理重点应该追求以下 4 个目标。

（一）保障和改善民生，让百姓过上幸福美好的生活

习近平总书记在谈及加强和创新社会治理时，强调关键在体制创新，核心是人。“核心是人”的深层含义，是“把社会管理寓于为群众服务之中”，最大限度地满足民众和社会需求，最大限度地让民众和社会组织参与到城市治理中来。从这个意义上讲，努力聚焦社会民生问题，加大公共财政投入，改革公共服务供给方式，满足人民群众多元、多层次的服务需求，让百姓过上幸福美好的生活，是创新社会治理的出发点和落脚点，某种意义上也是其终极目标。

（二）促进社会结构和功能优化

在技术进步和经济方式的转型进程中，包括性别结构、年龄结构、职业结构、收入分配结构、阶层结构、城乡结构等在内的社会结构体系，始终是相伴相生的，不合理、不科学、过于失衡的结构，将对整个社会的发展带来威胁。创新社会治理就是要从当今信息网络社会这一完全不同于传统社会形态的现实出发，紧跟人类经济创新发展的步伐，努力构建有助于经济增长、社会弹性发展的政策，防止社会内部结构的失衡，恢复或优化社会结构功能，维护社会生活在相对有序的轨道和均衡状态中运行，防止自然灾害、人为事故等紧急重大事件对社会系统的毁灭性打击。

（三）促进社会关系和谐包容

人是社会的核心，只有人与人和谐相处，社会才会安定有序。在当今全球化、网络化的新时代下，采取有效的社会政策和手段，处理好极其多元、复杂的社会利益关系，尽可能地减少不同群体之间的矛盾或冲突，尤其是处理好官员和民众、穷人和富人、城里人和农村人、外地人和本地人、健康人和残疾人之间的关系，让所有人共享国民经济增长和社会发展的成果，提升社会的包容性、公平性和公正性，是社会治理面临的重大任务，更是其目标。

（四）激发社会活力与动力

社会活力是各社会治理主体基于社会实践活动，通过社会互动，焕发出来的创造力、持续力、生命力的总称。社会活力是推动社会发展的内在动力，社会交往也是社会进步的重要动力。我国正处于经济中高速增长、结构优化的新常态时期，“创新、协调、开放、绿色、共享”发展理念成为主导趋势，创新创业成为推动经济社会不断发展的不竭

动力。创新社会治理，就是要彻底改变政府过多控制经济社会发展的规制权和资源配置权的做法，让部分政府职能由社会组织接盘，激发社会组织参与社会治理的活力。同时，也要加强对社会民众和基层社区的赋权，提升社会自我组织、自我管理的动力和活力。

第四节　城市战略规划中社会治理策略的基本内容

城市战略规划作为政府用来促进城市发展的一项公共政策和重要工具，规划编制本身就是一种社会治理活动。在城市战略规划中，充分体现社会治理的思想，增加社会治理的相关策略，充分估计并有效应对城市发展可能面临的社会问题，是提升城市战略规划的民主性、科学性、有效性，进而引导城市成为人类宜居之所的重要保障。在城市战略规划当中，主要可以通过以下几个方面来体现并加强社会治理策略的影响力。

一、突出城市战略规划与实施过程的社会性

城市战略规划是城市政府对未来较长时期内城市经济、社会、文化、环境、空间等要素的统筹安排和顶层设计，是调控城市资源、指导城市建设和发展、保障公共安全和公共利益的重要政策工具，唯有实现战略规划的科学性，才能发挥其本身应有的龙头和指导作用。应积极顺应当今互联网时代发展的新趋势新要求，不断创新城市规划的传统理论依据，突显城市战略规划编制与实施过程的社会性，最大限度地动员社会各界力量参与进来，集思广益，群策群力，让城市战略规划成为一个各类群体利益表达的新型平台，是城市战略规划体现社会治理思想、全面覆盖社会治理内容的根本前提和基础。为此，要侧重以下几点。

（一）确立城市战略规划社会性的理论依据

城市战略规划作为一项公共政策工具和政府行动，在理论上给予城市战略规划一种什么样的功能定位和属性表达，就决定了规划者在规划实践中抱有什么样的理念、思想和如何行动，这在某种程度上也决定了城市规划成果社会发展目标的体现方式和结果。为了在城市战略规划中体现社会治理的策略，首先要在理论上，对城市战略规划的社会性做出较为清晰的定位和解答。国内外关于城市规划行动和价值导向的理论很多，如沟通式规划、参与性规划、协作型规划等，都是强调城市规划的多目标性和参与主体的多元化以及规划过程的社会化。20 世纪 70 年代的“政体理论”能够比较恰当地说明这一问题，即城市社会的利益相关者包括政府、企业、社区等 3 个层面，在城市不同发展阶段，因主体参与成员的不同，可能会形成不同的政体治理联盟，会采取不同的政策取向（表 13-1）。当前，中国的社会发展正处于从“促进增长”转向“管理增长”阶段，这表明除了政府和经济市场的力量外，以非政府组织、社区、社会组织等为主的社会力量开始崛起并开始发挥作用。城市战略规划作为一项重大公共政策，应当从规划目标、规划过程等方面做出积极的调整与变革。

表 13-1 城市管治的四种联盟及其政策

政体联盟	成　　员	政策取向
促进增长(pro-growth)	政府+企业	主要考虑效率,强调最大产出、经济增长导向(推动房地产、制造业等发展)
管理增长(growth management)	政府+企业,社会积极参与	考虑效率和公平的平衡,鼓励增长,但力求实现经济增长和社会分配的平衡
维持现状(caretaker)	政府+社区,企业参与	强调最小社会代价,不鼓励增长
帮助弱势(progressive)	社区+政府	强调社会平等,倾向弱势阶层,补助低收入群体

资料来源:张庭伟.城市社会发展及城市规划的作用[N].中国城市规划网,2015-06-17。

(二) 注重实行开放、协同、共同参与的规划编制过程

明确了城市战略规划的社会属性后,就要从战略规划的编制过程入手,实行政府、企业、社会、社区、民众等多元利益主体的共同参与,实行公开透明、参与互动、协商合作的民主化、社会化规划方略,全面整合资源,努力平衡多元化的经济与社会利益,提高城市战略规划的社会认可度和信任度。实际上,这一点在上海制定新一轮《上海市城市总体规划(2015—2035 年)》中已得到了生动的阐释和体现。整个规划过程充分遵循了"开门规划"的基本方针,积极搭建各种参与平台,在规划过程中分别采用战略专题研讨会、概念规划设计竞赛、问卷调查、论坛交流、线上线下公示等多渠道公众参与方式,成为历次总规编制中公众参与力度最大的一次。

二、突出城市战略规划目标的社会导向

城市的社会治理是一项系统工程,涉及人口、交通、环境、公共服务、城市管理、社区建设、公共安全、社会组织建设等多个方面。城市社会治理的目标应该是做到在"以人为本"的基础上实现系统内部各要素相互协调、和谐稳定,形成包容有序的社会氛围,激发社会活力,满足公众服务需求,共创人类生活共同体。城市战略规划作为一种重要的公共政策和城市增长管理工具,具有明确合理的发展目标,对推动城市的持续、繁荣与和谐发展具有十分重要的作用。在过去的城市规划中,提到城市发展目标常常是指经济方面,往往忽视了城市的社会性。近年来,西方在城市规划中开始侧重关注城市发展过程中社会治理目标,如纽约、伦敦、东京、巴黎等全球城市的战略规划,突出"以人为本"的趋势和特点,围绕满足不断增加的居民日益增长的各类服务需求来进行相关设施的规划和科技的应用,旨在努力构建适合人类居住和具有创造力、吸引力的智慧城市、低碳城市、生态城市等。在全球城市化持续发展的大潮中,面对人口增加、气候变化、环境污染等诸多挑战,一个真正具有生命力和影响力的城市,除了注重城市战略规划的经济目标或经济指标外,需要更加强调城市战略规划应有的社会性目标,特别是努力满足日益增长的城市人口对住房、交通、能源系统和其他基础设施以及就业、教育、医疗等基本服务的需求,确保为所有人提供基础设施和社会服务,重点关注城市贫困人口和其他

弱势群体的生存与服务需求。总之，城市战略规划的这些社会目标主要包括扩大社会服务供给规模、提高社会服务质量、提高市民总体健康水平、缩小社会不平等、促进社会公平正义、提高社会包容性等方面，除了把城市建设成为经济要素集聚、资源配置、市场交易的经济中心外，更要引导城市发展成为适合人类生活居住的宜居之都和充满人文关怀的神圣之所。

三、实施重大的社会建设行动计划和方案

对于城市战略规划的内容安排，国内外并没有统一的规定，一般而言，其主要是围绕经济、科技、文化、环境、社会等因素而展开的，但更多体现在经济领域或者旨在促进产业升级、建设经济增长的硬件项目或物质性规划，而很少涉及有关满足当地市民发展需求和期望的软性服务和人性关怀。在当今城市战略规划中，应切实转变传统的以物为主的规划理念，树立"以人为本"的新理念，在规划内容中设计旨在促进社会服务、提升社会包容性的专门社会建设行动计划或建设方案，全面改善城市的人居综合环境，这也是城市战略规划体现社会治理策略的基本要求。其主要应该包括以下几个方面。

（一）社会公共服务质量提升专项行动

主要是指针对城市未来人口发展演变的趋势和空间分布格局，要合理调整和规划布局公共服务设施资源，包括教育、科学普及、医疗卫生、社会保障以及环境保护等领域，加大公共服务供给方式的创新力度，既要解决普遍存在的公共服务数量短缺问题，满足所有群体对基本公共服务的需求，还要解决公共服务在空间配置上的不均衡问题，实现公共服务在空间分布和群体上的均等化，全面提升公共服务的质量，提高民众的满意度。这些专项行动可以包括老年友好型城市行动计划、高质量教育行动计划、健康城市行动计划、低碳绿色城市行动计划、透明政府行动计划、公共服务品牌化行动计划等。努力提升城市公共服务的质量，切实改善民生，不断满足人民群众日益增长的对美好生活的需求，让市民拥有更多的获得感、幸福感、安全感，是一个城市"社会型战略规划"的基本要求。

（二）基层社区振兴与重建行动

人是城市生活的主体，而社区是市民生活的重要场所，是城市跳动的心脏所在。所以，一个城市是否具有活力，关键在于基层社区建设。从长远发展来看，构筑不同社区之间的平衡发展，构筑完善的家门口服务体系以及以自治共治为主的现代社区治理体系和邻里关系，防止城市或社区经济社会的衰退，是城市战略规划需要高度关注的议题。因国内外社区的概念不尽一致，所以这一行动计划的具体内容设计也不一样。按照中国城市的行政社区概念，这一行动计划主要在街镇、居委会等不同层面上展开，具体可以包括社区服务设施规划行动等。目前，我国社区服务设施的短缺以及不均衡问题较为突出，据称建设缺口达49.19％，并且多数社区的服务设施是按行政级别来分配，而不是按常住人口数进行配置规划的，这种资源分配方式使得供需不匹配矛盾更加严

重。未来社区服务规划中可以从以下几方面着手：完善社区服务设施体系；在社区服务中合理利用现代信息技术，推动社区信息化建设，更精确化地满足居民多样化需求；大力培育和发展各类服务性、公益性、互助性的社会组织，鼓励和支持社会组织、企事业单位和社区居民参与社区服务，发挥多元主体在社区服务设施体系建设中的作用；加大社区服务基础设施建设投入，综合考虑服务人群和覆盖半径，逐步建立起以社区综合服务设施为依托、专项服务设施为补充、服务网点为配套、社区信息平台为支持的社区服务设施网络等。城市更新或老旧小区空间微更新计划是一种社区更新的方式，是解决老旧小区无法适应现代社会发展需要的矛盾，满足老旧小区居民新需求的经济改造计划，其与城市睦邻运动或行动计划等也值得推广，后者主要关注振兴邻里关系、邻里组织等，增强社区意识，提升基层社会凝聚力。

除了以上两个方面，城市战略规划中还应该包括多个社会建设行动计划，如健康城市行动计划、老年友好型城市行动、公平城市行动、城市生活圈打造计划、清洁城市运动、包容城市建设行动等，因篇幅所限不再一一赘述，但其核心观点是城市战略规划必须重视以公共服务和改善民生为主的社会建设，并将其放在非常重要的位置，采取实实在在的行动或计划，不断改善市民的生活品质和精神素质。

四、做出社会治理现代化的相关机制或制度安排

城市战略规划除了引导和促进城市经济走向高质量发展、让市民过上高品质生活之外，还要围绕现代互联网、大数据、人工智能时代的新特点，根据未来经济发展和社会变革中可能出现的重大问题，前瞻性地提出全面提升政府市场监管服务水平和社会治理能力现代化的相关机制或重大制度安排，使整个城市运行拥有良好的社会秩序，又保持足够的发展活力。就社会治理而言，其核心内涵在于政府与社会之间形成紧密的合作关系，共同解决社会公共问题，维护社会公共利益。为此，在城市战略规划中，应重点考虑以下几大社会治理机制的制度安排。

（一）强调社会组织的培育及其在城市规划中的参与机制

社会组织是指依照法律、法规或根据政府委托在民间设立的参与社会公共管理和公共服务，从事社会公益和互益活动的各类组织。社会组织不仅可提供一定的社会公共服务、维护一定群体的利益、推进民主政治，而且还能分担社会风险、化解社会矛盾、维护社会的和谐与稳定。社会组织通常包括民办非企业单位、行业协会、社会团体、商会和基金会等类型，具有社会性、公共性、独立性、组织性和非营利性等特征。面对经济社会转型的新形势，社会建设和管理的主体、方式、重点、手段也在不断变化，未来社会建设和社会秩序的维护将由国家公权力为唯一主体向政府、社会、企业三元主体协同转变，从命令服从和强制性的管治方式向协商、合作、自治和法治化治理方式转变，从行政手段为主向综合运用行政、法律、市场机制和社会互助转变，从政府集权管理向给社会放权和公民增权转变。在这种转变过程中，需要社会组织在表达公众诉求、维护公众权益、化解社会矛盾等方面发挥缓冲器和调节阀作用。

（二）强调构筑社会共建、共治、共享机制

城市总体规划是从战略层面引导城市发展方向的行动纲领，需要体现多元主体共建城市、共治城市、共享发展成果的思想。为此，在城市总体规划当中，一要明确政府、市场、社会、公民等多元主体在城市建设中的权利和义务，尤其是要推广社会资本有效参与城市建设的公私合作模式，最大限度地整合社会资源，形成城市建设的合力；二要围绕城市空间治理和"城市病"的解决，倡导和提出多元主体共同参与治理的方案和思想，实行跨地域、跨部门、跨领域、跨层级、跨行业的城市共治体系，在促进城市经济走向高质量发展的同时，确保整个城市社会的有序和活力；三要从公共空间营造、公共服务供给、弱势群体关怀等方面出发，构筑让全体市民共享城市发展成果的社会共享理念和行动，增强城市的包容性。

（三）强调城市社会的精细化治理机制

社会精细化管理的思路应该始终贯穿于整个城市总体规划和实施过程中。着重从创建一流人居环境的角度出发，对综合交通治理、老旧小区更新、改善背街小巷综合环境、无障碍设施建设、治理黑臭河道、垃圾分类、提升生活性服务业品质等做出精细化治理的制度安排和引导，为提升城市吸引力、创造力和城市魅力提供基本的制度保障。同时，要从智慧服务体系和智慧治理的角度出发，通过利用先进的信息技术建立政府数据开放共享体系、社会治理数据库、社会治理大数据、社会保障大数据和云计算服务体系等，构建多渠道、便捷化、集成化信息的惠民服务体系和现代智能治理体系。

五、倡导实施社会治理的综合配套政策

社会治理是一项涉及多个治理主体的综合性行动，需要多个相关配套政策的支持。城市总体规划作为一项公共政策，理应包括和体现促进社会治理体系和治理能力现代化的综合配套政策。这主要包括以下几个方面：一要倡导实施公共服务均等化政策，促进城郊之间、不同群体之间基本公共服务实现均等化，保障城市的均衡发展；二要倡导实施社会组织培育政策，明确政府购买服务、公益创投、社会服务机构建设等方面的内容，既扩大公共服务供给的渠道和来源，更增强社会的组织化程度；三要倡导实施社会慈善捐赠和志愿服务政策，促进社会收入分配中的公平公正，缩小社会差距，改善弱势群体的生存环境和生活质量，增强城市社会的凝聚力。此外，还包括推行社会救助政策、社工人才政策、社区发展政策、人口管理政策等。

参考文献

李秉新.联合国报告预测：2050年世界城市人口将再增25亿[N/OL].人民网，[2014-07-11]. http://world.people.com.cn/n/2014/0711/c1002-25267293.html.

[美]爱德华·格莱泽.城市的胜利[M].刘润泉，译.上海：上海社会科学院出版社，2012.

何农.联合国提醒全面理解贫困[N].光明日报，2016-10-20.

邓华宁,董振国.中国大城市人口严重超载 人口流动带来犯罪问题[N].《瞭望》新闻周刊,2010-02-23.

杨耕.高度重视社会公平问题[N].光明日报,2016-12-07.

陶希东.共建共享:论社会治理[M].上海:上海人民出版社,2017.

全球治理委员会.我们的全球之家[M].牛津:牛津大学出版社,1995.

郝洪.治理城市顽疾核心在"人"[N].人民日报,2014-05-09.

张庭伟.城市社会发展及城市规划的作用[N].中国城市规划网,2015-06-17.

第十四章　城市文化发展战略

第一节　城市文化发展的战略价值

一、城市战略规划中的城市文化

（一）国家战略背景与城市文化

建设文化强国已成为我国国家战略。文化强国的落脚点在城市。当代的竞争，首先表现为城市间的竞争。而在城市的竞争中，城市文化的魅力与作用日渐重要。中央在"十二五"规划中首次提出了顶层设计这一概念。就文化领域而言，顶层设计就是指文化战略，而城市文化领域的顶层设计就是指城市的文化战略或城市文化发展战略。文化发展的落脚点则是在文化产业。

（二）战略规划目标与城市文化

战略规划的目标取决于城市定位，该定位则取决于该座城市的文化特征。这里的城市文化是广义的文化，接近于城市文明，既包括传统的城市文化，也包括当代的城市文化。例如，上海的定位是国际大都市，而苏州的定位显然与上海不一样。巴黎与伦敦的定位也不一样。重要的是城市文化在先，城市定位在后。每一座城市都有其最基本的城市文化，这是由其历史决定的，一般称为文脉。即使是一座新城，其战略规划也是以当地的历史文化作为统领。文化是城市之根、城市之魂。任何战略规划的目标都应该体现这座城市的文化特色。文化产业目标也必须是发展这座城市的产业特色。否则难以走远，难有未来，也实现不了旨在未来的战略规划目标。

（三）战略规划制订过程、设计方法与城市文化

城市文化直接影响城市规划师的社会观和价值观，从而影响规划师的战略设计。城市文化目前所处的状态，包括城市精神面貌，对规划师的

审美和决策有直接影响。当然，规划师对城市文化的取舍、理解和认识也会产生影响。城市文化贯穿于战略规划设计的每一个方面。城市环境设计、空间布局，无不体现了城市文化。例如，东方明珠毫无疑问代表了上海的城市文化，也代表了城市精神。交通道路的设计传达出这座城市的历史文化底蕴以及现代文明的发达程度。景观设计能体现这座城市的文化审美趣味，乃至人文情怀，从而最能体现这座城市的魅力。产业发展的取向也体现了该城市的文化取向。在此，方法与目的是统一的。同时，方法还是一种反馈和交流系统，从而又能促进城市文化的提升。在全球化的作用下，其体现得十分明显。如今我国的城市文化更加开放，面临越来越多的来自西方文明的挑战。传统、历史与现代文明的冲突从来没有像今天这样突出，也加大了战略规划的紧迫性和复杂性。

二、城市文化的多重性及战略意义

（一）城市文化动态性

城市文化是动态的而非静止的。这是因为城市是一个开放的系统，是不同人群发生联系、观念思想不断发生碰撞的场所，因此，城市文化始终处在变动变化之中，几乎每天都在产生新的东西，不断影响、丰富和更新着文化，就像一条活水灌注的河流。尤其是在全球化的作用下，西方文化理念价值观的渗透，现代性带来的新的观念和思潮的冲击，及其转瞬即逝的性质，都让城市文化“树欲静而风不止”，保持不变断无可能。新与变，正是城市的魅力所在。而这还只是观念的一面。其实，包括国家的战略、政策，时代的巨变，经济的发展等都在影响着城市文化的形态，影响其建设和发展。当然，动中也有静。城市文化自然有相对稳定的一面，这是历史沉淀的结果，并且沉淀与变化都在同时发生。没有沉淀，就没有城市文化的相对稳定的一面，因而也就没有了特点。

（二）城市文化排他性

城市文化相对稳定的一面就是其排他性，即经沉淀而形成的区别于其他城市的特点，其主要特征是与该城市的历史地理有关，换言之，一座城市的文化相对固定的特征与这座城市的历史文化遗产及随之形成的风俗习惯等直接相关。同样，静中有动，历史的发展、时代的变迁不断为这种风俗习惯增添新的现代因素，从而增添了新的内容。然而，城市文化的内核不会变。城市文化的这种特点很珍贵，因为其是城市精神的基础。正因如此，我们要保护历史文化遗产或非物质文化遗产，加强博物馆建设并加大博物馆的作用。无论城市如何发展，人的需要是第一位的。联合国强调文化多元或文化的多样性，最终目的是人的回归——精神家园。尽管保护的途径表面上看是外在的，比如古遗址、古建筑的保护，一方面体现城市的特点和丰富性，另一方面也提高了城市的吸引力，但最后受益的是人——诗意的安居。而将其作为产业发展的一部分也是很自然的。城市需要生存，需要发展，城市之美供大家分享。

（三）城市文化方向性

城市文化是动态的，其某个阶段的变化具有方向性，而其相对稳定静止的一面会影响其发展方向。如果原来的文化基础很脆弱,就更容易被外来的文化影响,从而改变原来的方向。当今时代是价值多元的时代,如果城市文化碎片化,城市也就失去了凝聚力,价值观的相对统一、城市精神的确立就无法实现。近年来,城市文化问题引起广泛关注和研究,中央工作会议、《人民日报》多次强调要提炼城市精神,打造有凝聚力的城市和城市文化。习近平总书记也强调我们一方面要有文化自信,另一方面也要持续提升我们的文化。自信,是要守住内核,不忘源头活水——历史文化遗产;提升,即文化上要创新,不能抱残守缺,"固"步自封。

三、全球视野下的城市文化

(一) 战略制高点

联合国在《新城市议程》的宣言中指出,"文化和文化多元性是人类精神给养的来源,对推动城市、人类住区和公民可持续发展有重要贡献"。在议程执行计划部分中特别强调了文化遗产对恢复和振兴地区活力、提高社会参与水平和践行公民精神方面的作用和意义,并在策略方针与宏观措施方面做出了一系列的承诺,如"保障和促进文化基础设施与场地、博物馆建设,土著文化和语言以及传统知识和艺术发展",以及"确保我们的地方体制能够在日益多元和多文化的社会内促进多元性与和平共处"。

(二) 从全球城市看城市文化

在全球化大潮冲击之下,世界变得越来越"平",每个城市的贸易、商业和金融模式都趋向于雷同。人们日益形成共识:文化与创新才是真正令一座城市与众不同的灵魂。为确保21世纪在全球的吸引力,巴黎提出的创新战略是大力发展高等教育,并扩大其设施所占的空间范围,优化空间组织,着力打造人才基地、人才网络构建,并为其创造便利的交通条件;东京立足于亚洲未来,着力培养下一代,为使他们能够挑战未来和完成重大课题任务等创造机会和环境。

(三) 规划城市文化发展战略已成趋势

当前,国内外有越来越多的城市开始重视城市文化,并以创意产业为抓手,提升城市综合竞争力。深圳在2030年总体规划中提出"文化立市"口号,以壮大深圳特色的文化事业;香港在2030年总体规划中将文化建设提升到了作为增强就业和经济基础的战略高度;上海始终根据全球以及国内形势变化,包括其在长三角中的特殊地位及演变,不断调整文化发展战略,可见其重要意义不言而喻。

(四) 城市进入"黄金时代"

"黄金时代"概念是由英国著名城市地理学家彼得·霍尔在其城市学专著《文明中的城市》中提出的,其特征之一就是城市开始由功能城市向文化城市转变,此时,城市文化与城市经济高度融合,文化产业化和产业文化化同时展开,并行不悖,从而使城市的精神文化、物质文化、管理文化得到高度统一。

第二节　城市文化发展战略体系的构成

一、城市精神特色战略

（一）城市精神与历史文化资源

城市精神是指城市特有的一种精神气质和性格特征，可表现在价值观念、思维习惯、精神追求以及日常行为方式等方面，其是在长期的历史发展中逐渐形成的，有着浓厚的历史文化的印记。一座城市的历史文化资源具有鲜明的地域差异性，从而构成一座城市的特色。其独特性或稀缺性和不可再生性决定了其拥有弥足珍贵的文化传承和审美价值及开发价值。城市历史文化资源可分为非物质形态和物质形态两种形式，前者如语言、历史、艺术、名人、民俗及民风等，后者指某种客观存在的资源，如护城河、护城墙、宫殿庙宇及古桥古木等。按类型可分为自然资源、物质形态、文物古迹以及人文表达方式等4种类型。自然资源为城市的诞生和演变提供了空间，而人类的活动给自然资源增添了人工痕迹，从而使其成为城市文化资源的一部分。城市物质形态指的是城市独特的空间组成形式，如古都西安与皇城王权有关的棋盘式、方正、平直、规整的城市街道网络体系，以及四条大街的道路布局。文物古迹指各类建筑及其遗址，包括宫殿、古堡、民居、城墙、城门、城堡、园林、桥梁、陵墓、广场、雕塑、街区、寺庙、教堂及塔台等，其是城市历史文化资源的主体。人文表达方式是柔性的城市文化资源，如独特的民俗礼仪、艺术活动、风土人情、节日庆典等，其保护保存是一大问题，因为其往往散落在图片、传说、文字等史料之中，需要妥善梳理。

1. 确认本市文化特色

通过梳理城市历史文化资源，确认城市个性或特色，提炼核心价值观和人文精神。如前所述，城市文化动中有静，通过文化积淀过程逐渐形成相对稳定的文化个性，即这座城市的文脉。其借助各种物质或非物质形态的文化载体不断传承，绵延不绝，是城市之魂、城市之核，赋予了城市以呼吸和生命，将这座城市凝聚在一起，是城市精神的源头。

城市精神有着尤其复杂的一面，首先，不能假定来自历史文化中的城市人文精神必然孕育出完美的市民，如众所周知的地方主义至上倾向就是其负面影响。第二，不能以所谓专家总结出来的某座城市的城市精神作为基准，如果其与这座城市居民的气质相差太远，便缺乏意义。第三，当前，不少城市纷纷推出所谓的城市精神，甚至出现大同小异的现象，同质化和形式化，难以引领民众。总之，城市精神不能只靠宣传来建立。最后，城市精神与当前整个的社会现实状况有关。我们应当坚持正确的方向和战略，真正确认自身城市正面积极的文化特色，加以推广。

2. 提炼推广城市精神

在提炼之后，要进行推广，可以借助相应的机构，发动民间社会力量，包括媒体，并结合时代精神，定期举办一些高规格、高标准的名人纪念、学术研讨和演出活动，同时还可利用名人诞辰或逝世纪念日的机会，借助公开的名人文化长廊的展示，宣传名人的思想文化。此外还可以通过举办文艺展示、民俗活动、庆祝纪念节日活动等主题活动来宣传城市经典文化和核心观念，全面提高市民文化素养。

（二）传统与现代：城市精神的变与不变

1. 化城市精神为空间形象

同城市文化一样，城市精神既具有相对稳定的静态特质，也具有动态的演变过程，随着时代的变化而变化。城市精神不仅包括本城市的历史文化特色和地域特征，如其居民标志性的精神气质和审美趣味，也包括带有时代特征的现代因素。例如，东方明珠之于当前的国际大都市上海而言，其就不同于上海传统的海派文化，而与当代获得人们认可上海精神有关。其是对于空间的完美运用，现代大上海的形象在此得到了生动的体现。合理利用城市空间，利用艺术手段塑造城市形象，体现城市精神，往往能收到事半功倍的效果，并能进一步推动和深化城市精神。做到合理利用城市空间并不容易，到底是强调传统过去，还是强调现代，值得探讨。中国深圳则采取另一种模式，虽然缺乏历史上的资源，但通过多样化的设计风格和艺术作品打造“设计之都”，深圳的城市精神得到了很好的诠释。

2. 文化产业凸显城市精神

发展文化产业是将城市精神加以具体呈现的一种方式。城市精神表现突出的城市也是文化产业发达的城市。苏格兰爱丁堡被称为“文学之都”，2004 年被联合国教科文组织授予“世界文学城市”称号，常年在此举行的国际文学艺术节数不胜数，如爱丁堡多元文化节、爱丁堡国际爵士乐艺术节、爱丁堡电影节、爱丁堡国际诗歌节、爱丁堡国际图书节等。纽约是现代艺术中心，虽然其并没有深厚的文化传统，但其精神气质与完备的文化设施、良好的艺术氛围、成熟发达的传媒业和市场、完整的文化体系，密切相关。文化产业也是纽约最重要的产业。至于巴黎的浪漫精神与时尚产业、奥地利的维也纳音乐节、意大利佛罗伦萨的雕塑艺术等更是举世闻名。前文提到的中国深圳，作为设计之都，多年前就确立了自身定位，其鲜明的城市精神闻名全国，靠的便是文化产业。这个曾被认为是文化沙漠的地方很早确立独特开放且大胆进取的城市精神，使其以十大观念轰动一时。还有杭州、成都等地，近年来城市品质的提高都与文化产业有关。

中国目前存在着重文化和重产业两种倾向。重文化者相对强调城市精神，重产业者相对强调创意、游戏、娱乐，强调培养文化产业人才。文化产业首先应当具有文化基础，不可将文化产业完全等同于时尚、服装一样性质的行业，或完全等同于娱乐行业。强调文化产业经济吸引力的背后也要注意价值观的问题。此外，也要在全社会培养注重精神产品的文化氛围，才能建设好文化产业。例如，在纽约，在巴黎，产品所体现的价值观和受众的价值观是统一的，不存在不对称和割裂现象。巴黎时尚业和浪漫精神，纽约的现代艺术和纽约人的气质，无缝对接。民众有接受这种艺术的思想基础。而不能仅靠“大力扶植文化产业作为支柱产业”的政策导向来推进文化产业。

二、文化产品战略

（一）文化产品特征

文化产品提供精神享受，是人的精神、价值观的具象化表现。其内涵包括有形的物化形态，亦即其主体产品，如图书、杂志、报纸、学习机、CD、主题公园、健身器材、计算机、娱乐用品等，以及相关服务，如提供相关的辅助软件、配件、安装、维修服务，此外还有具有象征意义的价值、威望和梦想的实现过程。一件文化作品的完成要通过很多人的创造性付出，包括精神、创意和审美的投入，因此，技术含量等附加值较高。文化产品市场的竞争包含多个层面。文化产业由多个行业组成，而消费者往往某个时间段只能选择一种，加剧了行业之内和之间的竞争。文化产品包含意识形态，在全球化背景下，中国文化受到来自西方文化的冲击，市场竞争又延伸到中国与外国的文化竞争。由于数字化和网络化技术的普及，当代文化产品已普遍具有智能化和依靠媒介的特点，文化产品的传播速度极快，文化产品的生命周期日益缩短，处于不同周期的文化产品的竞争策略也不一样，因此要不断开发新的文化产品。未来竞争的关键在于产品所能提供的附加值的高低，在于品牌的竞争。

（二）品牌开发战略

品牌是用来加以区别和证明品质的标记。在当今全球化时代，品牌作为一种象征着社会身份地位和文化差异的符号已日益成为消费者购买的主体。其符号性的消费超过了功能性消费。符号分语言符号和非语言符号两大类，前者指借助声音和文字传情达意的信号载体，后者如图像、姿态、脸谱之类。任何用来表达意义的东西都可以被看作一种符号，品牌传播就是一种符号化表达，而对接受者而言，购买品牌就是一种符号解读的过程。

品牌开发必须采取相应的战略，其目的是对人力、物力进行优化配置，节省各项费用，一般采取的战略有核心品牌领先战略和多品牌并重战略。核心品牌战略，顾名思义是以一两个品牌为核心品牌的战略，其他非核心品牌围绕其进行后续开发。多品牌并重战略强调整体性的均衡发展。为了延长品牌寿命，品牌开发还会采取一种品牌延伸战略，即利用在文化创意产品中已经建立起来的品牌影响力，延伸到其他行业的产品市场，使其产生新的品类衍生价值。但前提条件是，品牌的核心价值不能削弱，反而要不断予以强化。

文化产品战略的步骤往往包括如下几步。第一，要提炼核心价值。核心价值应贯穿于整个经营活动。第二，明确品牌定位。包括确定产品服务目标群体，熟谙消费者对该品牌的喜好程度、心理评价，进而巩固品牌形象。要从战略定位、文化定位、目标定位、传播定位等多个角度制定品牌定位的策略等。第三，处理好企业品牌与子品牌的关系，并决定采取单一品牌战略，还是多品牌战略。第四，让品牌落地，这包括空间运营能力、场外链接能力和品牌管理能力等执行能力。第五，选择品牌营销策略，决定符号化表达方式，注重情感的沟通。

需要指出的是，这里的品牌是指纯粹的文化商品，不包括城市设计中的建筑，如博物馆或大剧院之类的品牌设计。尽管其也属于文化设计，但属于景观、空间设计，如闻名遐迩的毕尔巴鄂效应，以及本身作为品牌的城市品牌与城市营销。相关内容将在城市设计一章予以阐述。

（三）营销推广战略

文化产品营销推广战略包括定价、分销和促销几个环节，因此实际上包括价格策略、分销策略和促销 3 种策略。价格策略主要有浮掠定价策略、渗透定价策略和心理定价策略 3 种。浮掠定价策略是针对刚上市的文化产品的高价策略，这类产品技术含量高、相对比较时尚且不易模仿，比如电影、艺术、软件，还有竞技表演等。渗透定价策略恰好相反，其是以低价赢得市场份额的一种策略，适用于消费需求量大、选择性不高的文化产品，如花卉、健身、影像、工艺制品、培训等。心理定价顾名思义是针对人的心理而制定的策略，定价手段很多。

分销即为将文化商品转移到消费者手中而采用的方式，其一般的形式是通过中介机构或批发商来实施，中介就是分销商。分销商的角色包括经销商、代理商和服务者 3 类。经销商包括批发商和零售商；代理商包括代销商、经纪人和拍卖人；服务者指生产商、流通商等。选择什么样的分销渠道、分销商、分销路线和分销规划具有战略意义，而且各个行业的分销途径也不一样。分销策略也分密集型、选择型和专营型 3 种。密集型的含义是最大限度拓宽分销渠道，尽可能地增加销售点。选择型指生产商挑选部分经销商在一定区域内销售自己的文化产品。专营型指选定一家分销商专营自己的文化产品。

促销是营销推广战略的重要组成部分。常用的促销手段包括广告、直销、人员推销、公关宣传等。其中，直销又包括电话营销、微博营销、直接邮寄营销、电子邮件营销等手段。值得一提的是文化产品特色促销，如能给人强烈视觉冲击的同时又具有巧妙创意的大尺寸的海报促销，在当今显得越来越重要。以娱乐行业为例，在今天的信息时代，海报促销手段不断翻新，海报设计越来越趋向针对消费者的需求，更加贴近生活，从而大大加强了沟通功能，满足了战略的需要。

三、文化产业战略

（一）文化产业内涵与发展模式

1. 文化产业界说

被引用最多的关于文化产业的定义是联合国教科文组织下的定义，即文化产业是按照工业标准生产、再生产、储存以及分配文化产品和服务的一系列活动。各个国家对文化产业的定义不尽相同，美国称其为“娱乐产业”或“版权产业”（注重知识产权）；英国首先提出了创意产业概念，英联邦国家都称其为创意产业。韩国称其为“内容产业”。文化产业是多个产业的集合,覆盖图书、报纸、杂志、电影、广播、电视、会展、音乐、游戏、博彩、主题公园、互联网与手机中的新闻娱乐、文化旅游、文艺演出、明星经纪、文化艺术、广告、工艺美术、艺术设计、玩具、古玩艺术交易、信息、娱乐经济体育等领域。

2. 文化产业、创意产业及文化创意产业

该方面的界定和讨论由来已久,比较难以区分的原因是文化中有创意,创意中有文化。一般认为,创意是文化产业发展的基本手段;创意产业的范围比文化产业要大,包括建筑业、制造业和商业等,实际上包含了一切带有创意的产业,甚至还有“创意农业”。也有人在文化产业中间加上“创意”二字,构成文化创意产业。一般认为,文化创意产业是文化产业的一部分,而且是文化产业中的新兴部分,是文化产业的高端;但有时它又被等同于文化产业,这可能是因为人们改变了原有的对文化产业的认识。目前各国家、城市、统计局对其的运用和界定不尽相同。一种看法认为,文化创意产业处于文化产业与创意产业的结合部(表 14-1)。

表 14-1 三类产业内涵

科技创意产业	文化创意产业	传统文化产业
工业设计、建筑设计、软件研发、咨询、互联网、通信服务	新闻出版、广播电视电影、互联网、文艺表演、音乐、设计、咨询、会展等	传统戏剧表演、传统手工业、传统民间文化活动、文物保护与利用等

需要说明的是,时代在变化,应当结合实际情况进行判断分析,而对具体内容的进一步分类应取决于各国在统计中对该产业的具体分类,即包括哪些细目,这也是从事文化产业(比较)研究的人员必须了解的一个方面。

2. 创意产业发展模式

创意产业发展模式大致可分为 5 种类型,即政府主导型、市场推动型、艺术家聚集型、社区合作型、地区传统保护型。如英国是政府主导型,中国是市场推动型与政府主导型混合。市场推动型以美国为代表,主张自由贸易、开放市场。艺术家聚集型的代表有上海的苏州河仓库艺术区、北京“798”厂艺术区等。柏林旧城区的改造是社区合作型的典范。地区传统保护型是对传统文化建筑工艺和人文资源的保护性移植、复制和传承。

(二)文化创意产业战略

1. 扶植创意产业

扶植创意产业指的是政府对于创意产业给予政策扶持或制度支持。美国虽然采取的是市场推动型创意产业发展模式,但其政府为文化创意产业在全球的竞争创造了制度优势,尤其是其完善的法律制度。美国在 1790 年就诞生了版权法。英国政府重视教育,注重为创意产业培养人才和后备力量。2000 年,英国政府出台了《英国数字内容产业发展行动计划》;2001 年,英国文化媒体与体育部颁布了《文化与创新:未来十年的规划》。在亚洲，韩国政府对文化创意产业的持续扶持较为典型。

表 14-2　韩国政府的文化创意产业支持机构

年份	机构名称	组织部门	主要职能
1994	文化产业局	文化观光部	主管文化产业
1999	游戏综合支持中心	文化观光部、产业资源部、信息通信部	主管政策规划
1999	游戏技术开发支持中心	文化观光部、产业资源部、信息通信部	主管游戏产业园建设和管理
1999	游戏技术开发中心	文化观光部、产业资源部、信息通信部	主管游戏产业技术开发
1999	韩国卡通形象文化产业协会	文化观光部、产业资源部	负责创作等
2000	韩国卡通形象产业协会	文化观光部长任委员长，由15—20人组成委员会，包括国会、各部副部长及文化创意产业各个行业的代表	市场开发、制定政策、发展规划、基金运营、检查政策执行情况、开展有关调查等
2001	文化产业振兴院	文化观光部	负责文化产业具体扶植工作，同时侧重于动漫、广播电视、游戏、音乐等方面的发展
2002	文化产业支持协会	文化产业振兴院、广播影像振兴院、电影振兴委员会、游戏产业开发院、国际广播交流财团等5个机构组建	避免业务重复、加强信息交流、推动大型化、集中化，提高工作整体效率
2000—2002	出版协同组合、游戏制作者协调组合	民间组织	企业间的合作、协调

资料来源：中国科学技术发展战略研究院. 中国产业技术政策研究报告[M]. 北京：北京出版社，2008。

2. 建设创意园区

建设创意园区的目的是设立一个平台，吸引不同创意企业和人才等集聚，通过打造创意产业集群，形成和发挥产业集群效应，实现集聚发展。集聚能够带来规模效应，降低经营成本，减少无效竞争，提高经济效益。创意园区同时是鼓励和促进创新的平台，扮演着孵化器的作用，促使各种创意落地，开花结果。平台一旦建立，就自然成为一个载体，可以借这个载体扩大和丰富产业链，不但能促进文化创意产业本身的发展，还可以带动城市其他行业乃至城市整个经济水平的提升。这种情形一般被称为溢出效应。

一般认为，建设创意园区有自发和政府推动两种基本模式，前者指利用市场机制自发集聚而形成产业集群，后者主要由地方政府推动而建成创意园区。我国主要采用后一种模式，并进一步形成了上海、北京和深圳等不同地方特色的模式，如深圳的“灵狮模式”。政府模式有利也有弊，创意园区既然也属于产业园区，就会遭遇所有产业园区都会面临的问题。如何在创意园区建设过程中克服这些带有共性的问题,一直是富有挑战性的重要课题,尤其是在复杂的文化领域便更是如此。中国对全球化的参与热情、参与度都很高,而中西文化和价值观方面都差异巨大,应正视差距,切实扩大文化影响。创意园区能走多远,很大程度上,也取决于其他复杂的因素。

3. 培育创意阶层

培育创意阶层就是培养从事文化创意产业的人才队伍。一些世界城市的创意阶层规模庞大。人才是创意园区的根本,是园区产业发展动力之源。有人才,才有文化产品原创力,而原创力是文化创意产业制胜的最重要砝码、手段或后盾。培育原创力是一个远为复杂的问题,它不是单靠战略规划就能解决的。文化创意产业发展领域的竞争就是人才的竞争。人才直接决定产业发展能力和产业发展前景。培育创意人才的途径首先靠教育,特别是高等教育机构。美英等发达国家文化产业的发达和先进离不开高等教育机构培养输出的人才。这些国家无一例外都在为创意产业始终走在世界前列而不断调整教育结构,大力培养各种专业人才和复合型人才,尤其重视对高端创意人才的培养。中国正在试图对传统教育领域进行改造,营造万众创新的社会氛围,这些都有利于创意阶层的壮大。具体措施包括加大投入、建立体系等。

四、文化创新战略

(一) 博物馆产业创新战略

文化遗产也是文化创新的源头活水,而博物馆是文化遗产的宝库。博物馆可将文化遗产与产业结合起来,根据自身条件创建产业园区,引入文化企业,利用自身的文化资源开发文化产品,形成创意产业盘活博物馆资源。“女子十二乐坊”能成为走出国门的文化品牌就证明了这一点。

操作层面,应当利用科学技术、数字化手段,让文化遗产数字化,最大限度地开发利用文化遗产,让居民为当地的地方文化产业感到自豪,不但有利于文化创意产业发展,还可强化和推广城市形象,促进城市营销。

需要说明的是,博物馆产业创新和文化遗产产业化还是有区别的。有人担心产业化会损害文化遗产而反对产业化,对此我们需要加以区分。

(二) 博物馆发展理念创新

城市博物馆的发展应与城市的定位相一致,明确所在城市地位,将自己融入城市发展之中。在管理方面,博物馆自身要强化科技支撑与科学管理,加强科技手段的传播应用,以地方文化多样性与独特性为第一前提进行陈列展示。应当从全球化的视野去看待城市地方文化多样性,不能千篇一律按照军事、政治、经济、文化四大块格式。在服务社会方面,要从过去被动适应社会转变为主动参与社会。在服务理念上,要从以“保存研究文物”转向以“服务观众”为中心,正所谓“博物馆不在于拥有什么,而在于它以其有用的资源做了什么”。观众就是博物馆的“市场”。应从重视展品向忠实于观众的文化体验转变。博物馆要主动研究公众心理,不能满足于增加文物的数量,而要注重观众的体验感。同时,博物馆应成为多元文化交流的平台,加强国内城市之间的交流,让博物馆人员的工作更加充实。

（三）影院剧场新利用战略

目前总体来看,大多数城市中的演出市场还不是十分成熟,剧院比较缺乏管理经验,而采取何种经营管理模式正事关剧院事业成败。近年来,其采用"事业主体、市场运作、委托经营、政府补贴、社会参与"的模式较多。据有关方面统计,全国 2 000 家剧院中有 95%是靠政府补贴维持运营,演出是大剧院的生命,只有演出才能不辜负其教育和引导大众的职能。必须科学定位,可以采取多种相应的策略。一是品牌策略。剧院要以节目为核心,确定自己的主打艺术类型,探索差异化经营管理模式,着力塑造品牌,举办品牌活动,以期成为城市居民心目中的文化地标。二是精品策略。学习借鉴国际优秀剧院管理经验和演出运作模式,联手国内外艺术家进行剧目创作,打造精品。三是原创策略。锤炼演出队伍,积极创新,制作属于自己的剧目。

第三节　城市文化遗产的开发与保护

一、文化遗产的概念内涵

（一）文化遗产的界定

文化遗产是指过去某个时期传承或流传下来的标志性的文明和文化成就作品,是历史发展和文化多样性的见证,对其的价值认知随着时代的变化不断演变和深入,我国也不例外。如何有效保护和开发利用文化遗产的讨论从未停歇,也并无放之四海而皆准的答案。总的趋势是保护和开发并重,并更加注重二者的平衡,不偏向一方,因为实践已证明,并重才是最好的保护,同时又是最好的利用。抱残守缺或急功近利皆非良策。近几年来,对文化遗产与文化安全的关系的讨论明显增多。

文化遗产包括物质文化遗产和非物质文化遗产。物质文化遗产是具有历史、艺术和科学价值的文物,比较明确。而对于什么是非物质文化遗产及其具体包括哪些内容的界定则经历了一个过程,直到 2003 年联合国教科文组织的《保护非物质文化遗产公约》的颁布,才正式确定了概念:非物质文化遗产是指被各群体、团体或有时为个人视为其文化遗产的各种实践、表演、表现形式、知识和技能及有关的工具、实物、工艺品和文化场所。国务院于 2005 年 3 月 31 日颁布的《关于加强我国非物质文化遗产的保护工作的意见》是对非物质文化遗产概念的首次正式确认。国务院在意见中将其界定为:非物质文化遗产是指各民族人民世代相承的、与群众生活密切相关的各种传统文化表现形式(如民俗活动、表演艺术、传统知识和技能,以及与之相关的器具实物手工制品等)和文化空间。2006 年在《关于加强文化遗产保护工作的通知》中,国务院对"非遗"概念做了第二次定义,这次的定义进一步细化和丰富了"非遗"概念的内涵,进一步增加了带有中国传统文化特色的内容。

（二）城市文化遗产

城市非物质文化遗产反映了先民的生活方式和生活态度，是城市的文脉、城市的根和魂，不仅具有历史教育意义，而且包含着丰富的人文资源，是城市文化、城市特色和城市精神的源头活水，是城市真正值得信赖的精神寄托。但是由于城市化、现代化的冲击，这些遗产常常没有得到应有的重视。

二、文化遗产保护战略

（一）文化遗产保护的机制策略

1.“单体保护”与“整体保护”

这两种保护概念的提出源于人们对过去古城区、古建筑改造以及保护情况的不满，认为其违背了文化遗产保护中的本真性、完整性等原则。而具体如何把握，才是关键。我们不应拘泥于联合国设定的原则。对整体保护的理解不能偏执，应实事求是。首先考虑如何保护，然后是如何利用、为民众所用、为时代所用。目的必须明确。在实践中视具体情况进行研判。

2.“抢救性保护”与“预防性保护”

文化遗产本身易于遭受毁坏，并且可能存在不适应时代发展的问题，加上文化遗产保护技术的滞后，抢救性保护频现。而预防性保护较为不足。所谓预防性保护就是预先培养和保护好与文化遗产相关的整体环境，比如一些大的工程，需要进行日常的养护工作。现实中常会出现认知不足或者技术手段有限，导致虽想保护，但缺乏相关人才和技术。应建立受政府批准支持的相关机构，专门负责相关工作，做好普查，以了解本区域遗产数量和种类，并建立数据库，备齐相关专业设备和知识。还要预先投入，培养相关遗产传承和保护人才，才能形成化被动为主动的局面。

3.“政府保护”与“全民保护”

“全民保护”是一种氛围，其是“政府保护”得以成功和长久的基础。文化遗产本来大多散落民间，应鼓励民众参与保护，达到事半功倍的效果。政府有义务在全社会进行相关宣传，让民众了解其重要性，并使民众明白其也是文化遗产保护的受益人，进而成为文化遗产保护的支持者和热心人。政府应主动到民间进行互动交流。从投入角度而言，“政府保护”是从国家和地方政府，从财政以及从纯属保护的角度进行保护，考虑到文化遗产经常处于“弱势地位”，政府的保护不可或缺，但其保护性投入也会遇到财政限制，这就需要借助来自民间的公益性投入，对后者最好能从法律等方面进行规范，形成稳定的约束机制，有章可循。

（二）文化遗产保护的产业融合延伸发展战略

这里的产业化发展战略内涵类似于前文提到的博物馆利用自身拥有的资源，创建创意园区，最大限度发挥博物馆及其所藏的文化遗产的作用。其属于另一种保护形式，即利用产业化保护文化遗产，使其不再是无人问津的“文物”，成为创意产业的主体而得以传承延续。一些“非遗”工程或项目，借助合理的产业化手段可以扩大其影响力，不但为社会经济发展做出贡献，而且还能丰富人们的文化生活，给人带来精神上的愉悦和享受。近年来电视媒体频频出现"非遗"项目、"非遗"传承人，新疆的木卡姆、陕西的华阴老腔等还上了央视春晚，有利于这些项目的延续和发扬光大，打造文化品牌，也给人带来了美的享受，使人们更加热爱多民族的祖国。同时，一个国家的民众素质也决定了文化遗产保护和开发的成就高低，即其能否得到认可，能走多远。对此，中央提出在基础教育中增加美育课程，是正确的，功在长远。

（三）文化遗产保护的数字化战略

随着文化遗产概念内涵的不断丰富及其综合性的不断增强，文化遗产保护领域越来越需要利用数字技术手段，对文化遗产进行全面记录，使之变成可供检索的数据资源。通过数据资源开发，文化遗产变成了数字遗产，借助互联网向外传播，变成了一种新的独立的可供利用的资源。文化遗产已摆脱了原来的载体，有了新的发展空间。这是一种富有战略意义的改变，甚至可谓一场革命。这将给文化遗产保护方式带来巨大的变化。从此，原本难以抢救的文化遗产可借助数字化手段以信息方式保存备份，而不致永远失传或丢失；原本消失了的文化遗产可以借助数字化手段进行数字化恢复；原本难以探知的遗产精神能够通过数据库资源进行再现；原本担心的文化遗产后继无人，也不用再担心失传。有了互联网，数字资源可存储、可复制，极大地便利了文化遗产的文化传承和传播。数字化不仅仅止于作为一种手段，其已经成为文化遗产保护中的一项根本性的重要战略。同时，其也间接促进了本章关注的城市文化和城市精神建设。

参考文献

彭立勋.城市文化战略与高品位文化城市：2005年深圳文化蓝皮书[M].北京：中国社会科学出版社，2005.

何志宁.中国城市文化产业园社会与经济功能分析[M].南京：东南大学出版社，2015.

吕先富.北京市文化品牌典型案例分析[M].北京：新华出版社，2017.

胡惠林，陈昕.中国文化产业评论：第22卷[M].上海：上海人民出版社，2016.

D.鲍尔，A.J.斯科特.文化产业与文化生产[M]，夏申，赵咏，译.上海：上海财经大学出版社，2016.

张忞悦，刘轶.文化产业原创力导论[M].上海：东方出版中心，2016.

赵泽润，许瑶，等.文化市场营销学[M].广州：中山大学出版社，2010.

钟婷，施雯.文化创意产业20年[M].上海：上海科学技术文献出版社，2018.

曹如中，史健勇.文化创意产业创造力培育机制研究[M].上海：上海交通大学出版社，2017.

陈华文.非物质文化遗产：学者与政府的共同舞台[M].杭州：浙江工商大学出版社，2014.

赵英，向晓梅，李娟.文化创意产业现状与发展前景[M].广州：广东经济出版社,2015.

牛继舜.世界城市　文化力量[M].北京:经济日报出版社,2012.

李发平,傅才武.文化资源　文化产业　文化软实力[M].北京:中国社会科学出版社,2011.

单霁翔.留住城市文化的“根”与“魂”[M].北京:科学出版社,2010.

城市文化的共享:中国博物馆协会城市博物馆专业委员会论文集:2011—2012[C].上海:上海交通大学出版社,2012.

第十五章　城市生态发展策略

第一节　生态发展的战略价值：可持续发展的基础、资源环境硬性约束

一、城市生态

（一）城市生态的概念和内涵

我国学者对城市生态的概念和内涵理解，主要包括以下几方面：(1)强调基于城市和周围地区生态系统承载力而实施的有效城市管理，以实现城市和周边地区可持续发展的目标；(2)强调城市的复合性，即城市是一个"社会—经济—自然"复合生态系统，而不是单纯的城市绿化和景观美化①；(3)强调城市生态管理的范围和尺度，即城市生态管理要包括生态资产、生态代谢和生态服务 3 个维度和区域、产业、人居 3 个尺度，以及生态卫生、生态安全、生态景观、生态产业和生态文化等 5 个层面的系统管理和能力建设②。

（二）城市生态发展模式

1. 规划要以生态环境承载力为前提

城市规划要服务于城市的经济和社会发展、土地利用、空间布局和各项建设。城市生态规划包括自然生态和社会心理两个方面，目的是创造一种能充分融合技术和自然的人类活动的最优环境，以激发人们的创造性和提高生产力。

2. 产业结构优化升级要以资源环境禀赋为基础

城市生态发展模式的基本要求就是城市产业结构优化必须要着力于

---

① 王如松，等.论城市生态管理[J].中国城市林业，2006(2).

② 王祥荣.论生态城市建设的理论、途径与措施：以上海为例[J].复旦学报(自然科学版)，2001(4).

协调产业结构比例,培育具有较高经济生态效益的主导产业结构,实现各层次产业共生网络的搭建,完成产业结构的升级和生态转型①。

3. 逐步完善生态环境保护标准

城市化、工业化快速发展,在创造巨大物质财富的同时,加剧了环境风险,使城市生态安全遭到威胁,加快城市生态环境保护总体规划工作刻不容缓。与城市总体规划和土地利用总体规划相比,城市生态环境保护总体规划目前仍然于起步阶段,相关的法律、法规明显不足,这也会在很大程度上影响城市生态环境保护总体规划的编制和实施。

4. 建立服务高效的政策调控体系

党的十八大和十八届三中全会提出了"生态文明建设",也指出"要坚持节约资源和保护环境的基本国策""着力推进绿色发展、循环发展、低碳发展,形成节约资源和保护环境的空间格局、产业结构、生产方式和生活方式,并从源头上扭转生态环境恶化趋势""建立系统完整的生态文明制度体系,用制度保护生态环境""健全自然资源资产产权制度和用途管理制度,划定生态保护红线,实行资源有偿使用制度和生态补偿制度,改革生态环境保护管理体制"等。

5. 积极探索广泛参与的多元组织模式

组织模式是实现城市生态管理的重要保障,目前城市生态管理过程中的主要组织模式可以分为政府主导型、社会参与型和社会推进型 3 种:政府主导型是指政府以市场化的财政手段和非市场的行政力量,通过制定法律法规,组织和管理生态城市建设;社会参与型是指在生态城市建设过程中,公民个人通过一定的程序和途径参与一切与城市生态相关的决策活动;社会推进型是指社会内部由于各种条件成熟而首先形成的一种力量,自发的、自下而上地推动城市生态的建设。

二、推进生态文明,努力建设美丽中国

党的十八大把生态文明建设纳入中国特色社会主义事业五位一体总布局。党的十八届三中全会通过《中共中央关于全面深化改革若干重大问题的决定》,提出紧紧围绕建设美丽中国,深化生态文明体制改革,加快建立生态文明制度,健全国土空间开发、资源节约利用、生态环境保护的体制机制,推动形成人与自然和谐发展现代化建设新格局。

(一) 推进生态文明建设的重大意义

1. 其是坚持以人为本的基本要求

坚持以人为本,首先要保障好人民群众的身心健康。人民群众希望生活的环境优美宜居,能喝上干净的水,呼吸清新的空气,吃上安全放心的食品。

---

① Chen S. The Evaluation Indicator of Ecologica Development Transition in China's Regional Economy[J]. Ecological Indicators, 2015, 51:42—52.

2. 其是保持我国经济持续健康发展的迫切需要

一直以来，人口多、底子薄、发展不平衡是我国的基本国情。能源资源相对不足、生态环境承载能力不强也已成为我国的基本国情。经过30多年快速发展，粗放的发展方式已难以为继。

3. 其是实现中华民族永续发展的必然选择

生态文明既关系民生福祉，也关系民族未来。“既要金山银山，更要绿水青山”，要在发展经济的同时，把资源利用好、环境治理好、生态保护好，切实维护大自然对人类的永续供养能力，让大自然能够更好地休养生息，给子孙后代留下更大的发展空间。

4. 其是实现中国梦的重要内容

拥有天蓝、地绿、水净的美好家园，是每个中国人的梦想。必须把生态文明建设放在突出地位，并融入经济、政治、文化、社会建设的各方面和全过程，推动形成人与自然和谐发展的现代化建设新格局。

5. 其是应对全球气候变化的必由之路

当前气候变化已成为全球面临的重大挑战，中国已与世界紧密联系在一起，必须同国际社会一道积极应对气候变化，尽自己所能承担应尽的责任和义务。大力推进生态文明建设，有效控制温室气体排放，能更好地彰显负责任大国形象，为全人类的可持续发展做出贡献。

（二）推进生态文明建设取得的成就

习近平总书记积极推进生态文明建设的理论创新和实践探索，明确提出迈向社会主义生态文明新时代，建设美丽中国，是实现中华民族伟大复兴的“中国梦”的重要内容，强调良好生态环境是最公平的公共产品，是最普惠的民生福祉，要正确处理经济发展同生态环境保护的关系，牢固树立保护生态环境就是保护生产力、改善生态环境就是发展生产力的理念，更加自觉地推动绿色发展、循环发展、低碳发展，决不以牺牲环境为代价去换取一时的经济增长。在这些重要理论和战略思想指导下，我国在生态文明建设方面采取一系列重大举措，初步建立了能源资源节约、生态环境保护的制度框架和政策体系，资金投入力度持续加大，节能减排、循环经济和生态环境保护工作不断加强，取得了明显成效。

（三）生态文明建设存在的主要问题

正确认识新时期我国生态文明建设面临的形势，要高度重视我国生态环境，认识到目前其总体恶化的趋势尚未根本扭转。这主要表现在：环境污染比较严重；生态系统退化问题突出；能源资源约束强化；国土开发格局不够合理；应对气候变化面临新的挑战；环境问题带来的社会影响凸显。

（四）推进生态文明建设的主要任务

1. 积极调整和优化产业结构

培育新的经济增长点，节能环保产业是重要的战略性新兴产业；要严控增量，逐步消化存量，充分发挥市场机制作用和政府引导作用，逐步化解产能过剩矛盾；积极运用高新技术对农业、工业、服务业进行生态化改造，通过清洁生产实现资源节约、环境保护;要按照“减量化、再利用、资源化,减量化优先”的原则,以提高资源产出率为目标,加快构建覆盖全社会的资源循环利用体系。

2. 全面加强资源的节约利用

完善重点行业、重点产品能效标准和污染物排放标准,切实把能效提上去,把排放降下来;要实施最严格的水资源管理制度,严把水资源开发利用控制、用水效率控制、水功能区限制纳污“三条红线”,加快建设节水型社会;建立健全覆盖勘探开发、选矿冶炼、废弃尾矿利用全过程的激励约束机制,引导所有环节的生产企业自觉节约利用各种资源;要坚持最严格的耕地保护制度,严守18亿亩耕地红线和粮食安全底线。

3. 加快优化国土空间开发格局

要根据我国国土空间多样性、非均衡性、脆弱性特征,按照人口资源环境相均衡、经济社会生态效益相统一的原则,统筹人口、经济、国土资源、生态环境,科学谋划开发格局,促进生产空间集约高效、生活空间宜居适度、生态空间山清水秀。

4. 提高生态环境质量和水平

党中央、国务院把加强大气污染防治作为改善民生的重要着力点,作为建设生态文明的具体行动,明确提出全国空气质量总体改善,重污染天气较大幅度减少的目标;加强饮用水保护,全面排查饮用水水源地保护区、准保护区及上游地区的污染源,强力推进水源地环境整治和恢复,不断改善饮用水水质;着力控制污染源,强化重点区域土壤污染治理,搞好土壤污染环境风险管理;要在重要生态功能区、陆地和海洋生态环境敏感区、脆弱区划定并严守生态红线,稳定和扩大退耕还林、退牧还草范围,继续实施天然林保护以及荒漠化、石漠化和水土流失综合治理等工程,逐步恢复生态系统;坚持共同但有区别的责任原则、公平原则、各自能力原则,积极参与推动建立公平合理的应对气候变化国际制度。

5. 健全生态文明的相关制度

建立和完善严格监管所有污染物排放的环境保护管理制度,独立进行环境监管和行政执法,提高执法工作的权威性;对水流、森林、山岭、草原、荒地、滩涂等自然生态空间进行统一确权登记,形成归属清晰、权责明确、监管有效的自然资源资产产权制度。健全国家自然资源资产管理体制,统一行使全民所有自然资源资产所有者职责。要按照生态文明建设要求,将资源消耗、环境损害、生态效益指标全面纳入地方各级党委政府考核评价体系并加大权重。

6. 形成生态文明建设的社会氛围

要积极倡导绿色生活方式,引导居民合理适度消费,鼓励购买绿色低碳产品,使用环保可循环利用产品;建立制度化、系统化、大众化的生态文明教育体系,让群众认识到改善生态环境质量的紧迫性、艰巨性和长期性,充分理解和支持生态文明建设,为生态环境持续改善奠定广泛、坚实的社会基础。要主动及时公开环境信息,提高透明度,更好落实广大人民群众的知情权、监督权,积极发挥新闻媒体和民间组织作用,自觉接受舆论和社会监督。

第二节　城市资源环境承载力的测评方法

一、关于城市资源环境承载力[①]的概念

环境容量是指某一环境在自然生态结构与正常功能不受损害、人类生存环境质量不下降的前提下，能容纳污染物的最大负荷量。当污染物的排放量超出环境容量时，环境污染就会发生，环境的生态平衡和正常功能也会遭到破坏。其是将环境资源作为一个自然生态系统的总体，来看待其所能够承受社会经济发展规模和增长速度的压力和冲击的情况。环境资源总量和速率承载容量，都属于自然环境资源的物理量，标明了可用于生产发展而不影响环境资源可持续的限量水平。环境资源承载容量又是一个变化的量，其同环境资源利用与经济发展水平、技术的联系有关。环境资源承载容量受自然、经济和技术等诸多因素的影响，不是一个确定的量。

二、城市资源环境承载力评价体系

（一）资源环境承载力评价原则

首先，注重科学性和可对比性相统一的原则；其次，注重最大限制性和可操作性相结合的原则；最后，注重描述性指标与评价性指标相统一的原则。描述性指标即资源和环境两大系统的发展状态指标；评价性指标即评价各系统相互联系与协调程度的指标。两者的统一，将在时间上反映发展的速度和趋向，在空间上反映其整体布局和结构，在数量上反映其规模，在层次上反映功能和水平。

（二）资源环境承载力评价指标体系

资源环境承载力评价即对资源承载力和环境容量的评估，根据以上原则，资源承载力评价指标选取了 5 项指标，环境容量评价指标选取了 4 项指标，建立起资源环境评价三级指标体系（表 15-1）：

表 15-1　资源环境承载力评价指标体系

评价目标	评价指标	
资源环境承载力（A）	资源承载力（B1）	人均国土面积（亩）（C1）
		人均耕地面积（亩）（C2）
		人均水资源占有量（立方米/人）（C3）
		人均能源占有量（吨标准煤/人）（C4）
		人均林地（亩）（C5）

① 资源环境承载力是指在可以预见的时期内，利用本地的能源和其他资源以及智力、技术等，在保证与其社会文化准则相符的物质生活水平下能够持续供养的人口数量。

(续表)

评价目标	评价指标	
资源环境承载力(A)	环境容量(B2)	空气质量良好率(%)(C6)
		饮用水水质达标率(%)(C7)
		人均公共绿地面积(亩)(C8)
		工业废水排放达标率(%)(C9)

(三)资源环境承载力的测算方法

1. 资源环境承载力测算的流程

采用层次分析法(AHP)来评价城市资源环境承载力,更具主客观相结合的综合性和权威性。资源环境承载力评价测算的具体程序如下。

(1) 选定评价指标体系和评价指标 $X_i(i=1, 2, \cdots, n)$。

(2) 对所选的评价指标进行标准化处理。

(3) 确定各评价指标相对于上一层次指标的权重(w_i)。

(4) 分层计算资源承载力、环境容量和资源环境承载力状况。

2. 具体指标的计算方法

(1) 各项指标标准差标准化公式为:$Z=(X_i-X)/S$

该式中:Z 为各原始数据标准差标准化后的值;X_i 为第I项指标值;X 为指标的平均值;S 为标准差,$S=\sqrt{\frac{1}{N}\sum_{i=1}^{N}(x_i-\bar{x})^2}$

(2) 负值处理:对原始数据标准差标准化之后,由于在指标平均值以下的数据均为负值,要使得所有的数据便于观察与分析,需要对所得负值进行处理,将负值转化为正值,此处采取了标准分转化法:$T=KZ+C$。

式中:T 为标准分,Z 为标准差标准化后的值,K 和 C 为确定的常数。

3. 综合测算模型

要得到资源环境承载力全面的整体性评价,还要把不同指标对不同方面的评价值综合起来。通过分析判定,由于评价体系中各评价指标相互之间并不交叉影响,所以各个评价指标对整体评价的贡献相互之间也没有交叉影响。因此,可以采用线性加权求和计算方式来表达资源环境承载力的综合测算模型,即 $D=\sum_{i=1}^{n}d_iw_i$

该式中:d_i、w_i 分别为下一层指标的评价值及其对应的权重。

由此可以看出,从最初层开始,通过各项指标和相应的权重,运用综合测算模型可以计算出上一层指标的综合评价值,利用该综合评价值和相应的权重又可运用综合测算模型计算出再上一层的综合评价值,如此由下而上,最后可测算出不同城市和地区不同时期的资源环境承载力。

三、城市环境承载力发展的路径

从城市资源环境承载力评价指标可以看出，影响资源环境承载力的因素有很多，但主要制约因素包括资源的利用和保护（降低需求、提高资源利用率等）、环境质量的提高（污染治理等），以及有效的节能减排。

（一）提高生态环境质量

营造良好生态环境，打造天蓝、地绿、水净的生态宜居家园，已经成为世界范围的共识。要加快重点领域节能改造，加大对重点节能项目的挖掘、跟踪和服务力度，积极推广节能新技术，编制节能技术目录，扎实推进清洁生产和循环经济发展，鼓励企业采用资源利用率高、污染物产生少的清洁生产工艺和技术；坚决淘汰落后产能，加强部门联动，环保、安监、工商、质监等部门联手关停“三高两低”企业；农林部门要充分发挥农业的生态功能，加强生态修复，保护生态湿地，发展生态农业，控制农业面源污染，不断提升生态环境质量。既要金山银山，又要绿水青山，实现经济社会又好又快发展，总体提升资源环境承载力①。

（二）降低资源环境需求量

降低经济发展中对资源环境的需求，实行清洁生产②。清洁生产是一种运用循环原理使经济、社会、自然三者之间实现可持续发展的新型技术思路，通过规范化管理和对整个生产环节的有效控制，使得从原材料开始到最后生产出成品过程中的废弃物产出降到最低，做到从源头开始控制污染，改变能源消费模式。在经济不断发展的过程中，尽量使用如风能、太阳能等循环可利用的清洁型能源，同时要减少对煤、石油等不可再生能源的使用。改变消费观念，提倡资源节约的消费方式。

（三）提高资源环境利用效率

提高资源环境利用效率，要加强资源环境治理，提高资源环境质量，合理有效地利用资源环境，根据不同地区的不同资源环境条件制订相应的耕地、造林计划，合理利用土地资源，有效地规划可用土地，加大环境资源管理的投入。

（四）加大总量减排力度

1. 工业③技术节能减排

工业占我国终端能源消费的50%左右，要加强工业节能技术的推广，提高工业能源利用率。电力行业要全面推广整体粉煤燃烧技术（PPC）、煤气化联合循环（IGCC），

---

① 许广月.从黑色发展到绿色发展的范式转型[J].西部论坛，2014(1).

② 企业实施清洁生产的具体方法包括：(1)使用清洁的能源（常规能源的清洁利用、可再生能源的利用、新能源的利用、节能技术）；(2)采取清洁的生产过程（尽量少用、不用有毒有害的原料；多用无毒、无害的中间产品；减少生产过程中的各种危险因素；使用少废、无废的工艺和高效的设备；物料再循环；使用简便、可靠的操作和控制；进行完善的管理）；(3)生产清洁的产品（节约原料和能源，少用昂贵和稀缺的原料；利用二次资源作原料；产品在使用过程中以及使用后不会危害人体健康和生态环境；注重易于回收、复用和再生；合理包装；设计合理的使用功能和使用寿命）。

③ 根据我国实际，工业主要包括电力、钢铁工业、有色金属工业和煤炭开采业等。

以及超临界、大型循环流化床（FBC）等先进发电技术，以降低火力供电的煤耗；钢铁行业节能减排的主要途径是淘汰落后产能，提高产业集中度，积极引进或创新生产工艺，缩短生产工艺流程，积极运用信息技术，实现生产过程精确化控制等；有色金属工业节能减排主要是淘汰落后的产能，实施炼短流程工艺、共伴生矿高效利用、尾矿和赤泥综合利用等资源综合利用的工艺技术；煤炭开采业节能减排途径是改进煤炭的开采技术，提高原料回收率和能源利用率，提升信息化水平，提高装置的自动化能力，实现精确节能。

2. 结构节能减排

全球实践表明，国家或者地区节能减排主要是通过能源消费和供给两个渠道来实现。首先是能源消费①。产业结构的有序演进和良好发展是实现国家与地区节能减排的最基本途径。其次是供给。现代能源供应不仅表现在总量增长方面，而且表现在质量提高方面。可再生能源及其他绿色能源产品正在逐步取代高碳能源产品成为现代能源供应新的目标追求。

3. 交通运输节能减排

加快构建综合交通运输体系，积极发展城市公共交通，科学合理配置城市各种交通资源，优化交通运输结构。深入开展"车、船、路、港"企业低碳交通运输专项行动。政府可以逐步加大电动汽车的投入，可以节约石油资源，减少二氧化碳的排放量，降低污染。对于新增营运车辆，把好市场准入关，建立和完善营运车辆尾气检测系统。

第三节　环境友好型城市

一、环境友好型城市概述

（一）环境友好型城市的概念

由于环境友好型城市的提出是基于对可持续发展城市与生态城市的思考，此处在总结各国先进经验基础上，分析环境友好型城市和可持续发展城市、生态城市三者之间的区别。

---

① 能源消费的节能减排大体是通过以下3种方式来实现的。(1)技术节能减排。这主要是企业层面上提高能源的使用效率的减排，依靠科技进步，提高企业技术创新能力，加快企业技术改革步伐，提高整个工业的技术装备和工艺水平，通过重点技术进步项目，实施清洁生产方案，取得清洁生产效果。在产品设计和原材料选择时从保护环境出发，优先选择无污染的替代产品，改革生产工艺，开发新的工艺技术，采用和更新生产设备，优化生产程序，减少生产过程中的资源浪费和污染物的生产，尽最大限度实现少废或无废生产。(2)产业结构节能减排。这主要表现在国家和地区层面上，通过调整和优化经济结构和产业结构，在科学规划和地区合理布局方面，进行生产的合理配置，组织合理的工业链，建立优化的产业结构体系来改善社会总体能源的投入产出效率来实现减排。(3)社会生活节能减排。这主要是家庭、个人乃至整个社会通过低碳出行、垃圾分类、绿色环保的消费行为等方式来实现的。

1. 可持续发展城市

侧重环境与发展的协同，注重发展的可持续性，如美国的“可持续的西雅图”指标体系就将经济、环境和社会发展指标结合在一起，为西雅图构建了一种可持续的发展蓝图。

2. 生态城市

生态城市是苏联城市生态学家亚尼利斯基于1987年提出的一种理想城市发展模式，他认为城市是一个自然、社会、经济复合共生的生态系统，三者的关系必须要保持和谐、平衡，才能确保城市的可持续发展①，生态城市应是结构合理②、功能高效③、关系协调④的城市。生态城市要求社会生态化⑤、经济生态化⑥和环境生态化⑦。

3. 环境友好型城市

环境友好型社会这一概念是随着人类对环境问题的认识水平不断深化而逐步形成的。1992年联合国里约环境与发展大会通过的《21世纪议程》中，正式提出了“环境友好”这一理念⑧。2002年，世界可持续发展首脑会议对“环境友好”的认同程度进一步提高。世界各国开始以全方位的视角认识“环境友好”的理念，包括生产、消费、伦理道德等众多领域。一般认为，环境友好型社会就是全社会都采取有利于环境保护的生产方式、生活方式、消费方式，建立人与环境良性互动的关系。同时，良好的环境也会促进生产、改善生活，实现人与自然和谐。例如，日本东京的“中央区”、波兰的Gdynia市、挪威的Norwegian市的环境友好型城市建设都是针对城市自身的特点及环境问题提出具有可操作性的发展规划。

（二）环境友好型城市的特点

1. 环境友好型城市不同于作为城市可持续发展终极目标的生态城市，其是一种过渡形态，起着对城市近期和中期发展的引导作用。

2. 环境友好型城市重点关注人与环境的关系，介于可持续发展城市与生态城市之间，在两者之间选择了一个平衡点，强调人与环境的反馈作用与内在联系，具体体现为两个关键要素，即“环境对人友好”“人对环境友好”。

3. 环境友好型城市体现城市自身在自然环境、资源享赋、经济水平、社会文化方面

---

① 参见Yanitsky所著The City and Ecology。

② 结构合理：是指适度的人口密度、合理的土地利用、良好的环境质量、充足的绿地系统、完善的基础设施、有效的自然保护。

③ 功能高效：是指资源的优化配置、物力的经济投入、人力的充分发挥、物流的畅通有序、信息流的快速便捷。

④ 关系协调：是指人和自然、社会协调，城乡协调，资源利用和资源更新协调，环境压力和环境承载力协调。

⑤ 社会生态化：是指人们环境意识提高，有自觉的生态意识和环境价值观，生活质量、人口素质、健康水平与社会进步、经济发展相适应。

⑥ 经济生态化：是指采用可持续的生产、消费、交通和居住发展模式，努力提高资源的再生和综合利用水平，致力于实现绿色经济体系。

⑦ 环境生态化：是指以保护自然为基础，融合人工环境和自然环境，最大限度地维持生物多样性，确保一切开发建设活动始终保持在环境承载能力之内。

⑧ 参见USEPA发布的Managing for results(www.epa.gov/ocfopage, 2002)。

的特点。各个城市特点类型不同,先天条件及制约因素也各异,"环境友好"也有不同的表现方式。

4. 环境友好型城市关注城市在环境保护与生态建设方面努力的过程,强调在此期间城市尺度下人与环境关系所发生的变化程度。

5. 环境友好型城市涉及的范围更为宽泛,内容上可反映生态环境、资源配置、思想行为(思想理念、行为方式)等多方面;过程上可反映生产、流通、消费等全过程;层面上可反映战略、规划、计划等多层次;管理上可反映水、气、声、固体废弃物等多要素;行业上可反映工业、农业、交通运输业、零售业、旅游业等多领域。

二、国际上环境友好型城市建设实践

目前,环境友好型城市的实践相对比较少,主要在日本和欧洲一些城市进行尝试,并且关注重点各不相同。例如,日本东京的"中央区"强调自然资源与能源的合理利用、城市污染与消费者污染的控制、生态社会建设的推进、废弃物管理体系的完善;波兰的Gdynia市则大力推进固体废弃物处理系统的建设、水环境的修复、自然保护体系的构建、空气质量的改善、城市基础设施的节能、噪声污染的防治;挪威的Norwegian市重视具有高水准的环境质量与居民生活水平、具有竞争力的商业环境、有助于健康生活方式的城市结构与城市环境,强调基于公共交通与步行的环境友好型交通系统,注重自然与文化的城市发展①。

(一)东京的"中央区"

东京的"中央区"又称Chuo City,一直致力于创建环境友好型城市,强调城市对全球环境变化与减少环境污染的贡献,在传统污染控制的同时,关注能源与资源的保护和利用,具体体现在以下方面(表15-2)。

表15-2　日本东京的"中央区"建设环境友好型城市的思路

主要思路	具体内容
自然资源与能源的合理利用	鼓励环境友好型的生活方式与群体行为
城市污染与消费者污染的控制	包括解决废气、噪声等环境问题,通过改变消费方式对机动车污染进行控制
生态社会建设的推进	包括向市民、企业进行废弃物回收等方面的宣传,构建行业和社会层面闭合循环体系
废弃物管理体系的完善	包括促进废弃物的减量化与回收利用

(二)波兰的Gdynia市

波兰的Gdynia市为了申请2003年UBC Environmental Award,也在环境友好型城市建设方面进行了很大努力,主要采取以下措施(表15-3)。

① 王祥荣.生态建设论——中外城市生态建设比较分析[M].南京:东南大学出版社,2004.

表 15-3　波兰的 Gdynia 市建设环境友好型城市的思路

主要思路	具体内容
固体废弃物处理系统的建设	包括信息公开与宣传教育、废弃物处理厂的建设、固体废弃物收费政策的制定等
水环境的修复	包括污水收集系统的建设、雨水管网的建设、污水处理厂的建设、河道生态修复、地方社区及旅游者环保意识的宣传教育、环境标准的科学制定、城市景观的关注等
自然保护体系的构建	包括区域间合作保护规划的颁布、城市规划中对环保的关注等
空气质量的改善	包括点源污染的控制、轨道交通的建设、汽车交通体系的改进、中心城区私人车辆的控制、自行车的推广、大气监测网络的完善等
城市基础设施的节能	包括街灯节能计划、家庭节水计划、供水系统的改进、工厂节能技术的推广等
噪声污染的防治	包括低噪声技术的推广、超标地区隔声屏障的设置等

（三）挪威的 Norwegian

挪威的 Norwegian 也提出了自己对环境友好型城市的设想(表 15-4)。

表 15-4　挪威 Norwegian 建设环境友好型城市的思路

主要思路
建设具有高水准的环境质量与居民生活水平
建设具有竞争力的商业环境
建设有助于健康生活方式的城市结构与城市环境
建设强调基于公共交通与步行的环境友好型交通系统
建设注重自然与文化的城市

三、环境友好型城市发展重点

（一）大力建设环境基础设施

大力推进城镇污水处理厂及其配套管网建设，完善污水收集系统，推进郊区城镇污水治理，加强农村地区污水治理力度，不断提高污水收集能力和处理效率；普及生活垃圾分类收集和回收利用，建设与完善生活垃圾无害化处置设施，做到产出数量和处置能力的动态平衡；完善危险废物、医疗废弃物集中收集系统，建立健全危险废物收集、运输、处置的全过程环境监督管理体系；推进工业区污水处理厂建设，建立雨污分流制排水系统，实现工业区污水集中收集处理，兼顾周边城镇污水收集处理。

（二）严格控制污染物排放总量

对严重超标排放的环保重点监管企业实施限期治理，保证达标排放，加速淘汰劣势污染企业，努力降低城市面源污染影响；全面实施燃煤电厂烟气脱硫工程，同步实施高效除尘，逐步开展低氮燃烧技术改造。控制削减高污染燃料，提高能源利用效率和清洁能源比例，有条件的地区实施清洁能源替代；优先发展公共交通，大力开发和使用清洁燃料车辆，严控新车排放标准，加强用车管理，实施简易工况法检测/维护制度；从生产消耗、废物利用、无害化处理和社会消费等环节入手，发展循环经济。

（三）深化环境综合整治

严格执行水源地环境保护法律、法规和标准，继续采取最严格的措施保护饮用水源，控制经济开发活动，建立水源地保护补偿机制；加大截污治污力度，有效治理直排河道污染源；采取切实有效手段，解决雨污混接污染河道问题；开展底泥疏浚，治理河道内源污染；适当改造调整河流布局，消除断头水体黑臭；辅助实施两岸整治改造、水质净化、生态修复和综合调水等多种措施，从根本上改善河道水质。

（四）高度重视生态环境保护

优化城镇绿地系统整体布局，改善绿地群落结构，发挥城市绿地生态效应；完善郊区森林系统建设，构筑生态屏障，提高森林生态服务功能；实施农村小康环保行动计划，提高农村社区人居环境质量，促进农业循环经济建设，推广种养结合发展模式，有效控制化肥农药的使用，实现农牧业废弃物的资源化利用；提高自然保护区的建设质量，推动生态保护用地建设，开展湿地生态保护与修复，以及土壤污染防治与修复。

（五）完善环保机制

完善环境与发展综合决策机制、多元化投入机制、公众参与机制、统一监管和分工负责机制，建立健全有利于环境保护的国民经济核算体系和干部考核机制。把环境保护作为公共财政的重要内容，进一步加大政府环保投入力度，确保政府财政投入比例。加强政策引导，健全污染治理市场化运行机制，调动全社会积极性，吸引社会资金投入环保事业。完善环境质量监测网络和污染源监控体系，强化环境管理支撑能力，提高监督执法水平。

第四节　韧性城市发展策略

一、韧性[①]城市的起源

（一）韧性城市兴起的背景

韧性城市是全球政治、经济、社会以及规划发展的产物，其兴起背景主要有四方面。一是全球经济发展和社会变化的挑战。自 2008 年西方债务危机以来，全球经济持续低迷，城市失业情况严重，工厂倒闭和群众罢工层出不穷，呼吁城市经济从依靠服务业向

---

① 韧性在不同领域具有不同内涵，生态学、物理学、经济学以及城市学对韧性都做过定义。生态学认为，韧性是系统在受到干扰破坏后还能保持功能并实现自我修复的能力。物理学认为韧性是物体受外力作用而产生的形变，经过一段时间可恢复到原来状态的一种特性。经济学认为，如果两经济变量存在函数关系，则因变量对自变量变化反应敏感程度可用韧性来表示。在城市领域，韧性是指城市系统遭遇危险时，通过抵抗、吸收、适应压力并及时从危险中恢复过来，使其所受影响减小的能力。

多元经济转变。二是气候、地质灾害和生态恶化导致城市突发事件增多。三是城市发展不确定性突出，成为世界普遍问题。多数城市的发展都面临着不确定性，而自然、经济和政治环境的不稳定更加剧了这种不确定性。四是城市规划目标之一是应对不确定性，通过干预规制城市向良性方向发展。

（二）相关的概念

Alberti 等人认为，韧性城市指系统结构变化重组前，城市吸收、化解变化的程度和能力①，韧性联盟（Resilience Alliance）则把韧性城市看作城市系统消化、吸收外来干扰并保持原来结构、维持关键功能的能力②。韧性城市包括两方面内涵：首先，城市系统要调整自己并具备抵御外来打击的能力；其次，城市系统还要拥有将机遇转化为优势的能力③。

二、韧性城市的基本构架

韧性城市的基本构架，可归结为经济、工程、环境、社会 4 个方面。经济方面，韧性城市强调构建应对外部经济动荡的能力，改变单一服务业为主的经济结构，把多元经济④作为新的发展模式。城市经济韧性的 4 种发展模式如图 15-1 所示。在图(a)中，从

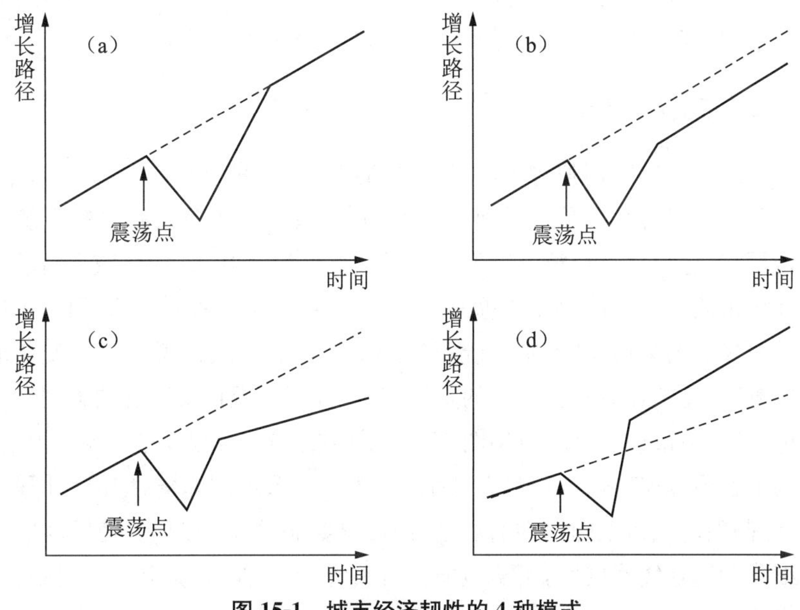

图 15-1　城市经济韧性的 4 种模式

---

① Alberti M, Marzluft J M. Ecological resilience in urban ecosystems: Linking Urban Patterns to Human and Ecological Functions[J]. Urban Ecosystems, 2004(7):241—265.

② Resilience Alliance. Urban Resilience Research Prospectus[M]. Australia: CSIRO, 2007.

③ Berkes F, Colding J, Carl F. Navigating Social-Ecological Systems: Building Resilience for Complexity and Change[M]. Cambridge: Cambridge University Press, 2003:416.

④ 多元经济以新知识驱动为发展动力(smart development)，把以全新方式利用资源作为主线(sustainable)，主张包容各种经济成分和各阶层(inclusive)，保持城市经济和城市阶层的多样性。

突发事件袭击起点(震荡点)开始,城市经济在经历一段时间休克后,逐渐恢复到原有水平,继续沿原来的增长路径发展。如果原有经济结构和系统被破坏后恢复乏力,但总体还是有所增长,只是增长速度偏离原来的路径,此时城市经济韧性为图(b)。图(c)表示城市经济遇到冲击后,经过一段时间仍无法恢复到原来水平,但经济结构和内部系统与原来一致,只是增长速度放缓,增长路径与原来偏离拉大。而图(d)表示城市经济在遭遇打击后,原来不合理的经济系统和结构被打破,经济在短时间休克后高速增长并超过原有水平,经济增长沿着新的路径发展。

在城市工程方面,韧性城市强调基础设施和社区建设要能应对突发灾害,通过系统内部协调重新恢复原有结构和功能。城市基础设施,特别是医疗卫生、供电供水系统等居民日常公共服务设施,对突发灾难具有脆弱性。重大传染病、强烈地震以及暴雨洪涝等,都会对城市基础设施造成巨大压力。在城市环境方面[①],韧性城市强调通过规划及旧城改造,保证和提升城市应对外部自然灾害的能力,要求城市空间、城市基础设施要有足够回旋余地,使城市在灾害破坏后有较强的复苏能力。在城市社会方面,韧性城市强调社区或社会团体要具备处理社会变化、政治变动和环境变化所引起的困扰的能力[②]。社会韧性具有时间和空间维度,交通拥堵时间、城市房价波动、中产阶级化都会对城市居民造成影响,因而具有时间效应。由于不同社区居民在收入、文化程度、周围环境等方面不同,其城市社会韧性也存在较大差异,表现出空间效应。

三、韧性城市的规划理念

韧性城市理念倡导规划师将韧性思想贯彻到规划实践中。首先,韧性城市认为,城市社会经济系统与生态系统是协同耦合关系,城市系统变化既具有自然系统遭遇破坏后的重组过程,也包含社会经济系统的渐进式变化过程。其次,韧性城市追求系统适应能力。韧性城市认为外部威胁无法逃避,因此并不强求完全避开威胁,而是更加注重遭遇威胁之后所采取的策略,其鼓励系统正视外部威胁的挑战并做好吸收变化准备。最后,韧性城市还关注外在威胁对城市的重塑作用,以此发现自身系统的脆弱性。根据韧性城市理论,韧性城市规划策略可用图 15-2 的规划思路。首先,进行风险识别,辨识出城市面临的干扰因素;其次,进行状态评估,判断城市系统的脆弱性和韧性程度;再次,规划响应,编制面向城市不确定性的规划;最后是实施策略的制定,确保韧性城市规划的执行。细化到规划实践层面,可从脆弱性分析评价、面向不确定性的规划、城市管治以及韧性实施策略 4 个维度进行构建。

在脆弱性分析评价方面,主要任务是确定脆弱性客体,找出主要干扰因素,进行脆弱性定量评价,明晰脆弱性产生机理,继而提出应对措施。脆弱性分析评价旨在辨识出城市所面临的各种威胁,分析提取威胁的种类和强度并绘制出空间分布范围,以此作为

---

① 城市环境方面的韧性主要是生态韧性,即城市生态系统在重新组织并形成新结构之前所能化解变化的程度。

② Adger W N. Social and ecological resilience: Are they related?[J]. Progress in Human Geography, 2000, 24(3):347—364.

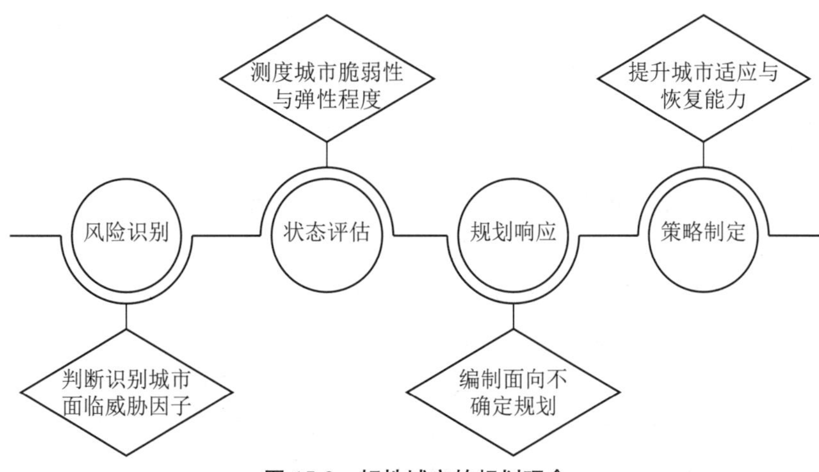

图 15-2　韧性城市的规划理念

韧性城市设计的重要依据。韧性城市的脆弱性分析评价通常从空间尺度、自然环境、社会经济、分布范围 4 个方面构建脆弱性分析矩阵，将脆弱性指标数量化。在韧性城市实施策略方面，主要是以韧性系统属性特征为依据，通过制订系列实施计划，提高规划的可操作性。在韧性城市规划中，确保城市产业构成、能源结构、食物供给的多样性，在城市系统受外来威胁时，不至于出现基本功能紊乱和服务供给断层。

总体来说，韧性城市的属性特征，基本都能在城市规划设计中制订出具体的行动方案。因此，韧性城市建设要转变传统思维，过去出于集约用地的考虑，城市基础设施规划都遵循最小化的需求原则，韧性理念倡导城市设计要富有远见，一方面，致力于化解面临的威胁，减轻城市系统脆弱性；另一方面，则强调培育灵活应对潜在风险的能力。

第五节　海绵[①]城市

一、"海绵城市"背景及其内涵

（一）"海绵城市"提出的背景

随着我国城镇化的快速发展和城市群的兴起，当今中国正面临着城市内涝、雾霾污染、水系污染、水资源短缺、地下水位下降、地下水枯竭、水生物栖息地丧失等一系列严重生态问题。2012 年 4 月，在"2012 年低碳城市与区域发展科技论坛"中，"海绵城市"的概念被首次提出。习近平总书记在 2013 年 12 月 12 日中央城镇化工作会议的讲话中强调："提升城市排水系统时要优先考虑把有限的雨水留下来，优先考虑更多利用自然力量排水，建设自然存积、自然渗透、自然净化的海绵城市"。2014 年 3 月，习近平总书记在中央财经领导小组第 5 次会议上提出新时期治水思路"节水优先、空间

① 海绵本身有水分与力学两个特征。水分特征指的是海绵吸水、保水、释水等性质，力学特征指的是海绵本身的回弹、压缩、恢复等性质。

均衡、系统治理、两手发力”的新时期治水战略，再次强调“建设海绵家园、海绵城市”。习近平总书记多次强调在城市规划建设中要体现“山水林田湖”生命共同体的系统理念。

（二）“海绵城市”的内涵

“海绵城市”概念是一种形象的表达，源自行业内和学术界习惯借用“海绵”的物理特性来比喻城市的某种吸附功能，比喻城市吐纳雨水的能力。“海绵城市”建设被称为低影响设计或低影响开发(Low impact design or development，LID)。住建部强调“海绵城市”的概念，即城市能够像海绵一样，在适应环境变化和应对自然灾害等方面具有良好的“弹性”，下雨时吸水、蓄水、渗水、净水，需要时将蓄存的水“释放”并加以利用。海绵城市是从城市雨洪管理角度来描述的一种可持续的城市建设模式，其内涵是指现代城市应该具有像海绵一样吸纳、净化和利用雨水的功能，以及应对气候变化、极端降雨的防灾减灾、维持生态功能的能力。海绵城市的建设主要包括三方面内容：保护原有生态系统；恢复和修复受破坏的水体及其他自然环境；运用低影响开发措施建设城市生

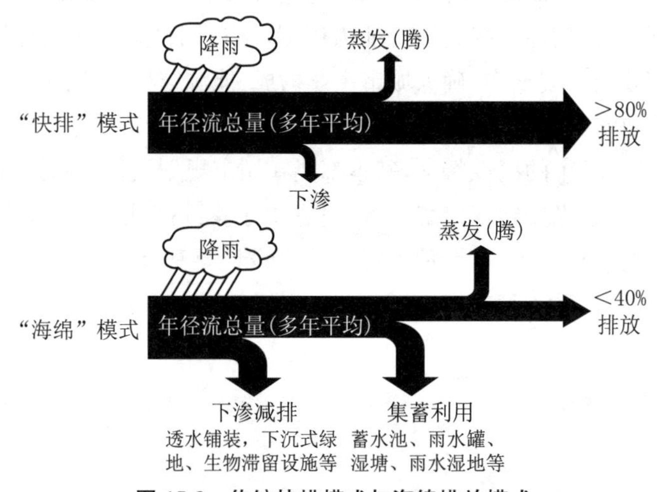

图 15-3 传统快排模式与海绵排放模式

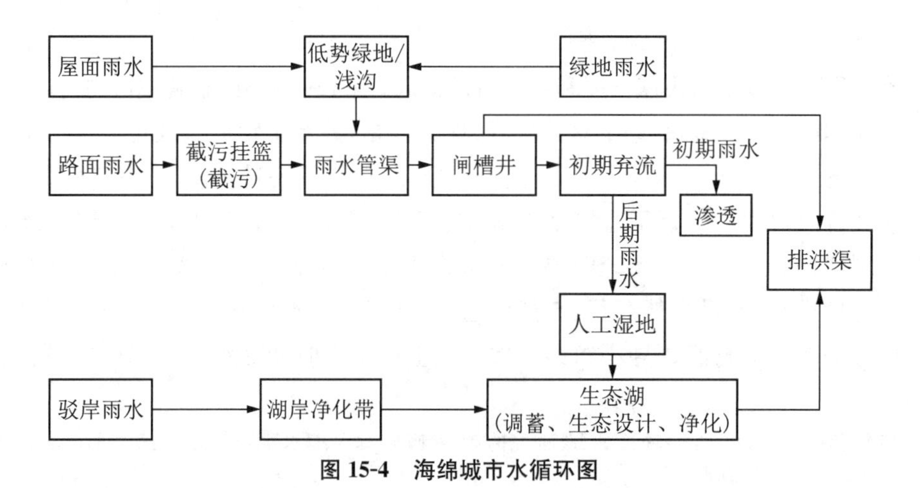

图 15-4 海绵城市水循环图

态环境。海绵城市的理念改变了我国城市排水系统只排不蓄、只排不用的缺陷;用绿地广场、绿色房顶、人工沟渠,抓住雨水,让其下渗、滞留;用河边的生态滤池,过滤雨污水,净化水体。收集、净化后的雨水,可以用于绿地浇灌、道路清洗、景观水体补充等。变“工程治水”为“生态治水”,促进城市顺畅“吐纳呼吸”(图 15-3、图 15-4)。

二、“海绵城市”建设的意义

(一)“海绵城市”建设将彻底改变传统的建设观念

传统的市政“雨水排得越多,越快,越顺畅”的模式,忽略了雨水的循环利用。实际上,可以通过“渗、滞、蓄、净、用、排”,统筹解决城市内涝、雨水资源化利用等多个问题。经验表明,在正常的气候条件下,典型“海绵城市”可以截留 80%以上的雨水。建设“海绵城市”,最关键在于区域内的水生态系统的保护和修复,归根结底是要恢复水在自然和城市中的正常循环,实现雨水多留少排。这需要保护好河塘、沟渠、湿地等城市内原有的自然水系,维持好自然水系的水文功能,合理建设一些公园、草坪和人工蓄水池等设施,在城市地面硬化中采用一些透水铺装材料,并增加城市绿地、植草沟、人工湿地等可透水地面。根据相关指南,今后城市建设将强调优先利用植草沟、雨水花园、下沉式绿地等“绿色”措施来组织排水,以就近收集、源头分散、慢排缓释控制为主要规划设计理念,转变以集中快排为主的城市雨水管理方式,优先利用水系、绿地等“绿色”设施,使雨水在城市中的迁移活动更加自然,使“急冲冲”的雨水变害为宝(图 15-5)。从而提高水生态系统的自然修复能力,维护城市良好的生态功能,达到增加城市绿地,减少城市热岛效应,调节城市小气候,改善城市人居环境的目的。

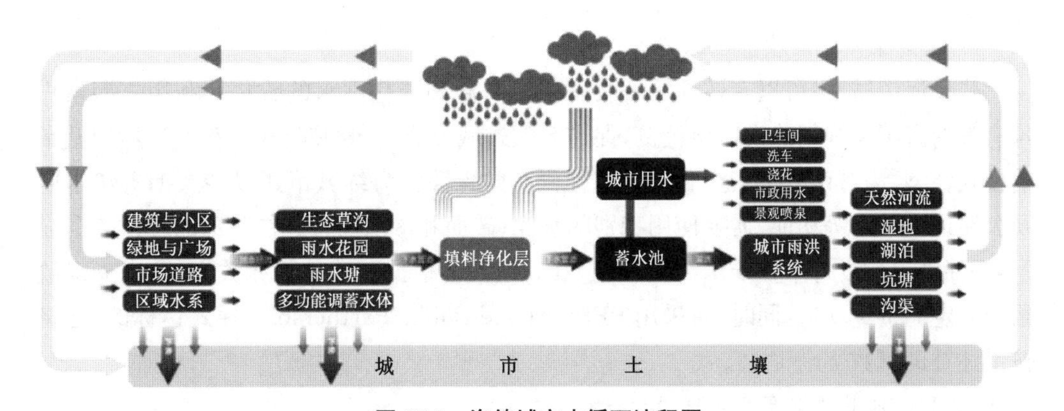

图 15-5　海绵城市水循环流程图

(二)海绵城市建设是可持续发展的必由之路

海绵城市建设是生态文明在城市管理中的具体体现,将成为我国解决雨水出路和水资源可持续利用问题的必由之路。试点城市的年径流总量目标控制率应达到相关指南的要求,成为可以吸、蓄、净、释的“海绵体”,以提高城市防洪减灾能力,改善生态环境。在低影响开发雨水系统的构建中,要为滞水功能提供足够的空间和时间,让平均滞流削峰尽可能回归自然。试点项目要从实际情况出发,充分考虑当地的水资源条件和防洪排涝、环境保护等方面的要求,采用先进的理念、技术方法和手段,在公共建筑、城市道路、立交桥、公园绿地、水系湖泊以及居住小区、商业综合体等开发项目中融入海绵城市理念,积极探索海绵城市建设模式和实现路径。

三、我国海绵城市建设案例——厦门海绵城市建设试点实践

根据《美丽厦门·共同缔造——厦门市海绵城市建设试点城市实施方案》,厦门将马銮湾片区选作"海绵城市"建设试点区域。该试点区包含了建成区、建设区、水域整治区和溪流治理区。实施方案中规划项目总数达到59个,2015—2017年的专项总投资为55.7亿元。其具体包括:新建、改造小区绿色屋顶、可渗透路面及自然地面;建设下凹式绿地和植草沟,保护、恢复和改造城市,建成区内河湖水域、湿地,增强城市蓄水能力;建设沿岸生态护坡等。涵盖"渗、滞、蓄、净、用、排"六大方面的工程内容。"渗"的工程共有37个项目,包括建设或改造建筑小区绿色屋顶、可渗透路面及自然地面等,主要目的是从源头减少径流,净化初雨污染;"滞"的工程共3个项目,包括建设下凹式绿地、植草沟等,主要目的是延缓径流峰值出现时间;"蓄"的工程共5个项目,包括保护、恢复和改造城市建成区内河湖水域、湿地并加以利用,因地制宜建设雨水收集调蓄设施等,主要目的是降低径流峰值流量,为雨水利用创造条件;"净"的工程主要包括建设污水处理设施及管网,综合整治河道,建设沿岸生态缓坡及开展海湾清淤,主要目的是缓解水资源短缺,节水减排。

四、我国海绵城市试点建设的经验成效

(一)政策引领突出先行效应

建设海绵城市,可以有效地缓解我国城市内涝和强化雨水的收集和利用。探索积累有效的海绵体规划建设城市范例,促进粗放式城市开发向顺应自然、符合自然的低影响模式转型,为城市的水安全和水生态提供有效保障。海绵城市建设涉及沥青渗水以及公路地面渗水等功能,需要使用特别的水泥、砖面和渗水沥青。住建部的统计数据显示,海绵城市建设每平方千米约为1亿—1.5亿元。根据财政部的相关文件,中央财政给予一定的资金支持,同时,对采用PPP(Private-Public-Partnership)模式达标的,还将按上述补助基数奖励10%。

(二)规划引领贯穿城乡建设

实施海绵城市战略是我国当前城市建设和更新的重要内涵,通过海绵城市的规划、建设和管理,为我国弹性城市建设积累经验与教训,提高我国城镇化进程中的城市建设能力,增强城市雨水管理能力,实现以人为本的城市发展目标。

(三)生态引领带来民众参与

城市雨洪管理涉及城建、水务、环保、园林、城管等多个城市部门,既有城市开发的问题,同时也和当前的行政管理有较大的关联性。鉴于LID创建工作的系统性、协调

性和社会市场参与的必要性，政府必须转变职能，充分挖掘和释放市场机会，充分激发民众和市场积极参与的巨大活力，形成地方政府和社会市场有效分工、积极参与城市海绵体基础设施建设的社会强大推动力。

（四）试点引领体现社会效益

海绵城市绩效指标的设计，同时要与绿色建筑设计相互动，倡导小区开发集中式雨水循环再利用系统，建立与小区绿化及污水处理厂中水利用等互补的双赢模式。

海绵城市建设首先应做好全局战略规划，这涉及法律体系、财税政策、管理机制、技术与产业体系、人才培养、公众参与等环节①。要做好社区海绵城市建设结合水生态景观美化与再造工作。在海绵城市建设中借鉴国外成功做法，研究实施雨水排放收费制度，建立责任制，引入排放测算机制。要引入弹性城市与垂直园林设计理念。从水资源利用的角度看，弹性城市就是促进水资源的循环多次利用。同时还要引入垂直园林设计理念。这种理念要求使污水、雨水在建筑中得到充分利用，将园林搬到建筑立面上，使得建筑整体呈现海绵状态，雨水吸收后利用，污水回收后利用。要促进海绵城市智慧化进程。当前我国海绵城市建设可以与正在开展的智慧城市建设相结合，实现海绵城市的智慧化，重点关注社会效益和生态效益显著的领域，以及自然与生态灾害重点应对领域。智慧化的海绵城市建设，能够结合物联网、云计算、大数据等信息技术手段，使原来难以监控的灾害变量变得容易掌控起来。未来的智慧排水系统不仅可以实现智能排水与雨水收集，还可以实现智能化水资源的循环利用，减少碳排放，节约水资源。

参考文献

Bai X, Shi P, Liu Y. Realizing China's Urban Dream[J]. Nature, 2014, 509: 158—160.

Seto K, Fragkias M, Guneralp B, et al. A Meta-Analysis of Global Urban Land Expansion[J]. PLoS ONE, 2011, 6(8):e23777.

Deng X, Huang J, Rozelle S, et al. Growth, Population and Industrialization, and Urban Land Expansion of China[J]. Journal of Urban Economics, 2008, 63(1): 96—115.

Deng X, Huang J, Rozelle S, et al. Economic Growth and the Expansion of Urban Land in China[J]. Urban Studies, 2010, 47(4):813—843.

刘纪远，等.中国西部绿色发展概念框架[J].中国人口·资源与环境，2013(10).

Deng X, Bai X. Sustainable Urbanization in Western China[J]. Environment, 2014, 56(3):12—24.

王如松.资源、环境与产业转型的复合生态管理[J].系统工程理论与实践，2003(2).

① 车伍.建设海绵城市要避免几个误区[J].城市规划通信，2015(10).

王如松,等.论城市生态管理[J].中国城市林业,2006(2).

唐孝炎,等.我国典型城市生态问题的现状与对策[J].国土资源,2005(5).

王祥荣.论生态城市建设的理论、途径与措施:以上海为例[J].复旦学报(自然科学版),2001(4).

谢汉忠.珠海市城市生态环境管理模式分析[D].长春:吉林大学,2010.

张泉.城市生态规划研究动态与展望[J].中国人口·资源与环境,2015(6).

杨培峰.我国城市规划的生态实效缺失及对策分析:从"统筹人和自然"看城市规划生态化革新[J].城市规划,2010(3).

余猛.低碳经济与城市规划变革[J].中国人口·资源与环境,2010(7).

沈清基,等.生态环境承载力视角下的低碳生态城市规划[J].北京规划建设,2011(2).

黄光宇,等.生态规划方法在城市规划中的应用:以广州科学城为例[J].城市规划,1999(6).

沈清基,等.生态型城市规划标准研究[J].城市规划,2008(4).

Chen S, Jefferson G H, Zhang J. Structural Change, Productivity Growth and Industrial Transformation in China[J]. China Economic Review, 2011, 22(1): 133—150.

刘伟.中国经济增长中的产业结构变迁和技术进步[J].经济研究,2008(11).

Chen S. The Evaluation Indicator of Ecological Development Transition in China's Regional Economy[J]. Ecological Indicators, 2015, 51:42—52.

赵西三.生态文明视角下我国的产业结构调整[J].生态经济,2010(10).

Jiang L, Deng X, Seto K. The Impact of Urban Expansionon Agricultural Land Use Intensity in China[J]. Land Use Policy, 2013, 35:33—39.

Zhang Q, Wallace J, Deng X, et al. Central Versus Local States: Which Matters Morein Affecting China's Urban Growth? [J]. Land Use Policy, 2014, 38:487—496.

阎一峰.中国资源开发利用政策的若干问题思考[J].中国人口·资源与环境,2013(5).

谷树忠,等.中国自然资源政策演进历程与发展方向[J].中国人口·资源与环境,2011(10).

张庆彩,等.国外生态城市建设立法经验及其对中国的启示[J].环境科学与管理,2008(3).

何璇,等.生态规划及其相关概念演变和关系辨析[J].应用生态学报,2013(8).

马交国,等.国外生态城市建设经验及其对中国的启示[J].国外城市规划,2006(2).

李海峰,等.日本在循环社会和生态城市建设上的实践[J].自然资源学报,2003(2).

黄瑛,等.建构公众参与城市规划机制[J].规划师,2003(3).

黄肇义,等.国内外生态城市理论研究综述[J].城市规划,2001(1).

Worthington A C. A Review of Frontier Approaches to Efficiency and Productivity Measurement in Urban Water Utilities[J]. Urban Water Journal, 2014, 11(1):

55—73.

柯健,等.基于DEA聚类分析的中国各地区资源、环境与经济协调发展研究[J].中国软科学,2005(2).

刘昌明,等.浅析水资源与人口、经济和社会环境的关系[J].自然资源学报,2003(4).

第十六章　城市空间规划战略导引

城市规划尤其是城市总体规划必须首先为城市选择战略性的空间发展方向[①]，因此，城市空间规划可以说是城市发展战略规划的核心内容。城市空间发展战略是城市产业布局、城镇体系布局、基础设施和公共服务设施布局的指导，是调整和安排城市内部空间关系的依据[②]。城市空间规划涉及内容众多，如城市的功能分区、城市的空间布局、城镇体系空间结构等内容，碍于篇幅限制，本章着重从整体介绍城市空间规划的基本内容和基础理论，对相关内容不做过多的详细展开。

第一节　城市空间战略规划的理论基础

一、空间战略规划的概念

国内城市主要从2000年开始编制城市战略规划，还没有形成一致的概念，有城市战略规划、城市发展战略规划、城市发展战略研究等多种说法[③]，有的城市为突出战略规划的"空间规划"特性，还将其称为"城市空间战略规划"。不同学者也有不同表述，杨保军强调城市战略规划是全局性、总体性的谋划[④]；韦亚平强调城市的空间发展战略，提出加强城市空间中各项功能活动之间的协调匹配，其中包括各种功能空间的结构安排[⑤]。《天津市空间发展战略规划条例》提出天津市空间发展战略规划是对城市发展方向、空间布局、城市功能等重大问题做出的战略性展望和安

① 张京祥.论城市规划与城市空间发展[J].中国名城，2010(2).
② 崔功豪，魏清泉，刘科伟.区域分析与区域规划[M].北京：高等教育出版社，2006.
③ 华晨，曹康.城市空间发展导论[M].北京：中国建筑工业出版社，2017.
④ 杨保军.对战略规划的若干认识[C]//战略规划.北京：中国建筑工业出版社，2006.
⑤ 韦亚平.概念、理念、理论与分析框架——城市空间发展战略研究的几个方法论问题[J].城市规划学刊，2006(1).

排。如此来看，城市空间战略规划和城市战略规划的含义是等同的，城市空间战略规划是综合的、广义的。而在本章中，城市空间战略规划相对而言是狭义的，其是城市战略规划的重要组成部分，与城市经济、人口、生态、基础设施规划等并列，是对不同要素在城市空间中的具体布局，反映城市的功能区划以及城市的空间发展方向等。城市空间战略规划在经济社会发展中非常重要，通常是编制城乡规划、土地利用总体规划、国民经济和社会发展规划、各项事业发展规划和进行各项建设活动、实施城市管理的依据。

二、空间战略规划的理论

城市空间战略规划涉及内容众多，其相关的理论也比较丰富，涉及经济学、社会学、地理学等多个学科。在经济学方面，相关理论包含了从李嘉图的地租概念到杜能的位置级差地租的概念，再到阿隆索进一步提出的竞租理论。阿隆索认为随着土地价值从市中心向外逐渐下降，市中心至郊外的用地功能依次为商业区、工业区、住宅区、城市边缘和农业区①，这可以看作城市功能分区或布局的根基性理论。

除了经济分析的角度，在城市功能分区上，也有多种空间模式理论。伯吉斯提出了同心环模式，认为中心是商务圈，外围是过渡带，再外围的第三带是工薪阶层住宅区，再向外的第四带是中产阶级住宅区，最外围则是富人居住区。霍伊特认为均质性平面的假设不够现实，在同心环模式下，他进一步考虑了运输线路的影响，使城市向外扩展的方向变得不规则，城市功能分区呈扇形或楔形。以上两种城市结构模式均是从单中心的角度分析，忽略了重工业对城市内部结构的影响和市郊居住区的出现等，哈里斯和厄尔曼进一步提出了多核心模式②。3 种空间模式是城市空间发展的基础理论，其很大程度上也是基于地租理论展开的。

如果说前面的城市功能分区理论一定程度上是基于城市内部空间展开的，那么如果把城市看作一个区域的话，有关城市空间结构的理论则还有增长极理论、“核心—边缘”理论、“点—轴”理论等③。佩鲁提出了增长极的概念，强调经济增长并不是同时出现在所有地方，而是以不同的强度首先开始于一些增长点或增长极上，然后通过不同的渠道向外扩散，并对整个经济产生不同影响④。增长极理论强调集中开发、集中投资、重点建设、集聚发展、政府干预、注重扩散等，具有广泛的应用性，在城市战略规划中，要考虑形成增长极体系。弗里德曼较为系统地提出“核心—边缘”理论，该理论对于经济发展与空间结构的变化都具有较高的解释价值，吸引了较多城市规划师、区域规划师等的运用，特别是在城镇与乡村的关系中，其通过发展城镇带动周围乡村。“点—轴”渐进扩散理论认为经济客体大多在点上集聚，通过线状基础设施而联成一个有机的空间结构体系，在此基础上进一步形成了“点—轴”开发模式。其中，“点”主要是区域中不同等级的中心城市，“轴”则是连接点的线状基础设施束，“点—轴”开发模式在国内城市空间

① 侯景新，李天健.城市战略规划[M].北京：经济管理出版社，2015.
② 许学强，周一星，宁越敏.城市地理学[M].北京：高等教育出版社，2009.
③④ 崔功豪，魏清泉，刘科伟.区域分析与区域规划[M].北京：高等教育出版社，2006.

规划中得到了广泛的应用，如“一核两轴”等表述①。

第二节　城市空间战略规划的基本要求

城市空间战略规划不是单一城市用地的功能组织，而是整个城市空间的合理部署和有机组合；在认识观念上不能孤立地、静态地考虑城市本身，而必须动态地、综合地解决城市问题和确立发展方向②，同时在更大尺度上与周边区域协同发展。因此，在城市空间战略规划的中，要注重城乡联系、城市内部联系、城市与区域联系等，明确开发重点和次序，实现城市整体空间结构的优化和完善。

一、优化整体空间结构

城市空间战略规划的出发点和重要目的之一就是优化城市整体空间结构。城市战略规划中的空间规划就是结合城市的自然地理条件和人文社会经济条件，整合城市各类要素和资源，通过在空间上进行合理分区和布局，使城市的整体功能得到最大限度发挥，建立起适合城市工业化、城市化和现代化发展要求的空间组织框架。例如，《武汉2049远景发展战略》指出武汉的城市空间扩张速度处于历史最高期，然而未来仍面临诸多发展挑战，主要表现为主城区结构不清晰，外围新城组群产城分离缺乏特色，

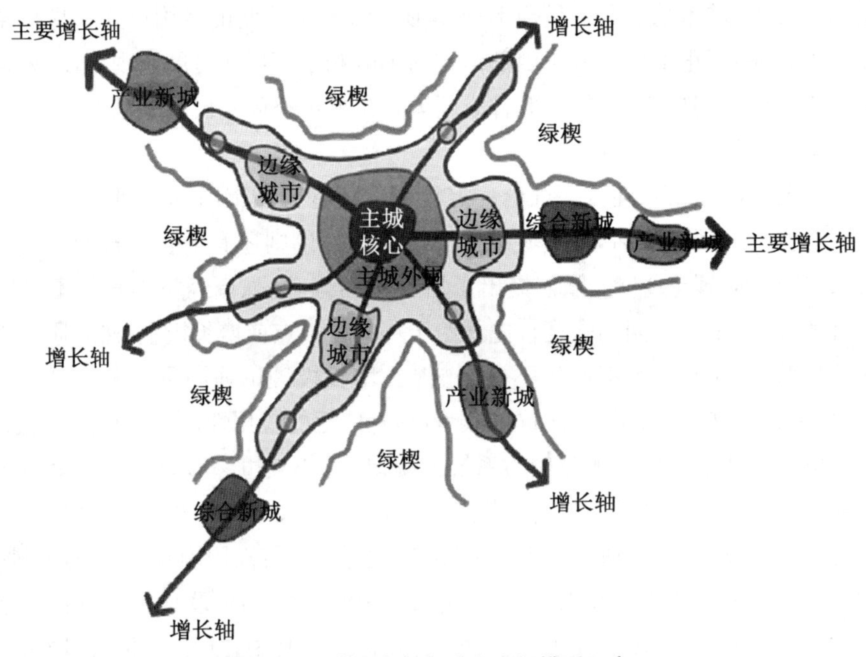

图16-1　武汉大都市城市空间模型示意

资料来源：参见《武汉2049远景发展战略》。

---

① 崔功豪，魏清泉，刘科伟.区域分析与区域规划[M].北京：高等教育出版社，2006.

② 李德华.城市规划原理[M].北京：中国建筑工业出版社，2001.

提出要努力提高土地利用效率，建设“紧凑型城市”。为此，提出了武汉空间发展的圈层模型：在城市核心0—5千米范围内是城市核心，对应武汉中央活动区范围，聚集城市高端职能；0—10千米范围内是主城区，对应原主城区，是城市核心职能集聚的主要空间；在主城区外围是武汉未来拓展的主要功能地域，包括边缘城市、产业板块和综合城区（图16-1）。

二、明确发展重点和发展时序

城市近远期协调发展是城市空间规划的一个重要内容，在城市战略规划中要妥善处理城市近期建设和中远期之间的关系，确定发展时序，明确不同阶段的建设重点、投资分配等。近期建设要结合城市发展实际，制定相对明确合理的目标，具有较强的现实性和针对性；中远期则主要是结合城市发展的宏观趋势，提出大的发展方向，具有较强的前瞻性。在空间规划中，同时还要重点确定不同发展阶段、不同发展区域的土地供应等，初期先考虑建设条件较好的地段，然后逐步使用需要投入较多工程设施的地段①。

在城市建设发展中，总有一些预见不到的变化，在规划布局中要留有发展用地，对外界的变化保持一定的应变能力。特别是对于经济发展的速度调整、科学技术的创新发展、政策所示的修正和变更，城市空间规划都要有足够的应变能力和对应措施。例如，《上海2035》规划创新性地提出了“留白”这一概念，留白既可以理解为一类暂不明确或规定用途的空间，也可以理解为一套用地弹性管理的机制，即为应对未来发展的不确定性，在城市开发边界内为长远发展预留规划建设用地（既包括农用地，也包括已建设用地）。留白机制主要发挥规划空间的弹性、规划指标的弹性和规划时序的弹性三方面作用。其中，规划空间的弹性主要是针对不可预期的重大事件和重大项目，同时应对重大技术变革对城市空间结构和土地利用的影响，做好战略留白空间应对准备，提高空间的包容性②。

三、体现与周边城市之间的协同联系

城市之间都存在着密切的联系，并非孤立存在。因此，在城市战略规划中，也应注意研究城市与周边城市之间的联系，分析不同城市之间的相互作用。特别是在全球化背景下，城市之间的联系日益紧密，人员、信息等交流频繁，不同城市之间的产业协同分工力度也不断增强，因此要转变以往单纯的竞争思想，从城市之间的竞争走向协同。在空间战略规划上，应响应这一发展趋势，通过基础设施、生态环境治理等促进城市间的协同发展。例如，《上海市城市总体规划（2017—2035年）》就提出推动上海和近沪地区功能网络一体化，具体包括：强化区域生态环境共治、加强区域交通设施的互联互通、促进区域市政基础设施的共建共享、加强区域文化的共荣共通，具体如下。

---

① 李德华.城市规划原理[M].北京：中国建筑工业出版社，2001.

② 参见《空间留白——上海市城市总体规划中的弹性适应探讨》（http://www.sohu.com/a/197688328_747944）。

1. 东部沿海战略协同区:形成沿海开放国际门户

以中国(上海)自由贸易试验区为引领,充分发挥区域组合港的集聚效应,推进国际航运枢纽建设,提升贸易服务功能,形成沿海全面开放的国际门户。促进临港、舟山等滨海地区分工协作,积极引入战略性新兴产业,发展现代远洋渔业。加强生态环境改善力度,整体保护长江口、杭州湾生态型岛屿、滩涂湿地等,合理利用滨水岸线和水土资源。

2. 杭州湾北岸战略协同区:推进海洋环境修复

推进奉贤、金山、嘉善、平湖等地区协同发展,形成集产业、城镇和休闲功能于一体的战略空间。重点推动重化工产业布局优化和转型升级,强化战略性产业和创新型产业集聚,增强江海、陆海、海空等多式联运能力,推进杭州湾海洋环境修复,统筹协调沿湾各城市共同保护生态岸线和生活岸线,充分发挥岸线休闲旅游功能。

3. 长江口战略协同区:强化长江下游生态保护

促进宝山、崇明、海门、启东等地区的协同发展,推动崇明世界级生态岛建设,成为辐射带动内陆地区发展的战略空间。重点优化长江口地区产业布局,严格保护沿江各市水源地,推进沿江自然保护区与生态廊道建设。

4. 环淀山湖战略协同区:突出江南水乡历史文化和自然风貌

聚焦青浦、昆山等环淀山湖地区,在加强生态环境保护的前提下,保护江南水乡历史文化和自然风貌,推动世界级湖区水乡古镇文化休闲和旅游资源的整体开发利用,形成文化休闲生态的战略空间。①

四、突出城市内部空间的有机联系

城市在地域空间上有行政地域、实体地域和功能地域 3 种概念。行政地域强调城市的行政管理范围,城市的实体地域主要是指城市的建成区范围。在我国,城市的行政地域往往要大于城市实体地域。以地级市为例,在市带县体制下,地级市的范围往往都是行政地域的概念,包含了多个县、县级市和区。在这样的背景下,城市战略规划就必须注意处理城市内部的空间的有机联系,这其中包含了 3 个层面的联系。第一,城市行政管辖范围内,不同等级城市之间的联系,即城镇体系。第二,城市建成区范围内,不同功能分区的有机联系,如 CBD、近郊区、远郊区等。第三,由于我国城市往往还管理着大面积的乡村地区,因此,在城市战略规划中,还必须注重城乡融合发展,合理规划城乡空间。

第三节　城市空间发展模式及方向判定

城市在发展过程中,随着人口规模和经济规模的不断增大,城市空间也不断向外蔓延,然而城市空间发展方向受到多种因素的影响。不同学者提出了不同的观点,总体来看,城市空间发展方向主要受制于自然条件、交通条件、基础设施、生态环境、产业布局

① 参见《上海市城市总体规划(2017—2035 年)》。

和原有的城市空间结构及其演变历史等。[①]

在城市空间扩展过程中也形成了多种模式，如边界外溢、分散跳跃、内部填充等模式[②]；刘运通在对广佛都市圈工业空间拓展战略的研究中，提出了扩充式空间内拓战略、跨越式横向拓展战略、集中式整体外拓战略[③]；李雪英、孔令龙等还提出了增量、存量拓展方式等[④]。在《香港 2030 规划远景与策略》中也对集中发展模式和分散发展模式的优缺点进行了比较[⑤]（表 16-1）。

表 16-1　两种发展模式的概括比较

优缺点	集中发展模式	分散发展模式
优点	充分利用已开发的土地：较有效运用基础建设资源； 交通距离短：邻近工作地点，方便连接各项设施； 减少发展新发展区的预支成本； 保留较多未开发地区，使未来发展更具弹性，特别适合人口增长有可能进一步放缓的情况	使都会区亦有机会进行较低密度发展； 加速 3 个新发展区的人口增长，可以在新界北建设基础设施及提高其可行性； 新发展区无论在密度、设计或建筑形式上均较多元化，在可落实的环保措施上，可更富弹性； 有助整顿环境恶化的乡郊地区以及建设门廊市镇
缺点	较难疏解都会区的拥挤情况； 对现有都会区基建的负荷造成压力	须较早投入公共资源； 上班交通较费时及路程较远； 兴建新发展区需投入较多政府资金，用于收地及拆迁

资料来源：《香港 2030 规划远景与策略》。

在城市空间发展方向的判定上，吴志强、史舸从我国各城市进行战略规划研究时所采用的分析方法中，归纳出 4 种主要方法模式：从区域的角度，结合其他条件确定发展方向；从历史的角度，分析空间演变，结合自然、交通等条件确定方向；分析城市现状结构存在的问题，结合新的发展条件确定拓展方向；分析城市空间历史演变，并结合多种影响因素，进行综合分析。[⑥]同时，将影响城市空间拓展的影响因素归纳为自然条件、经济发展、社会文化、组织制度以及物质空间 5 个方面；结合不同城市的发展阶段确定影响要素的权重，并从外部环境、内部需求、自身基础等方面考察影像动力的来源，最终形成了如图 16-2 所示的城市空间拓展方向分析框架。

---

① 罗利克.对长沙市城市空间发展战略的思考[J].规划师，1998(4)；顾朝林，张京祥，甄峰.城市空间结构新论[M].南京：东南大学出版社，2000；谭维宁，马锦辉."从乌鲁木齐都市圈"到"乌昌都市区"——对乌鲁木齐城市空间拓展模式的思考[J].城市规划，2003(12)；方中权.广州市"北优"战略与白云区的发展研究[J].经济地理，2005(2).

②⑥ 吴志强，史舸.城市发展战略规划研究中的空间拓展方向分析方法[J].城市规划学刊，2006(1).

③ 刘运通.广州都市圈工业空间拓展的战略性选择研究[J].现代城市研究，2004(10).

④ 李雪英，孔令龙.当代城市空间拓展机制与规划对策研究[J].现代城市研究，2005(1).

⑤ 参见《香港 2030 规划远景与策略》(https://www.pland.gov.hk/pland_en/p_study/comp_s/hk2030/chi/finalreport/)。

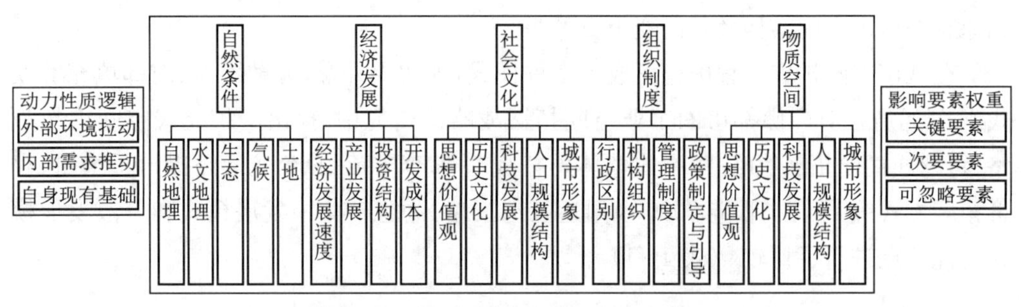

图 16-2 城市空间拓展方向的分析框架

资料来源:吴志强,史舸.城市发展战略规划研究中的空间拓展方向分析方法[J].城市规划学刊,2006(1)。

此外,在具体的判定方法上,由于城市发展战略规划是长远性的谋划,面临着城市发展的不确定性;同时,人的能动性也会对城市发展产生影响。针对这些问题,罗绍荣、甄峰、魏宗财将情景分析方法引入战略规划并将其应用于临汾城市空间发展战略规划中,所谓情景分析方法就是针对城市发展中面临的不确定问题,进行不同的情景分析,主要包括背景分析、影响因素识别、构建情景、情景分析、情景评价以及确定战略等步骤。罗绍荣、甄峰、魏宗财还结合临汾城市发展中存在的核心问题,构建了均衡发展情景、偏心发展情景和线性发展情景 3 种城市空间发展的情景,并对其进行了定量与定性相结合的分析和评价,最终确定了临汾"东优、西控、北拓、南延"的城市空间发展取向。①

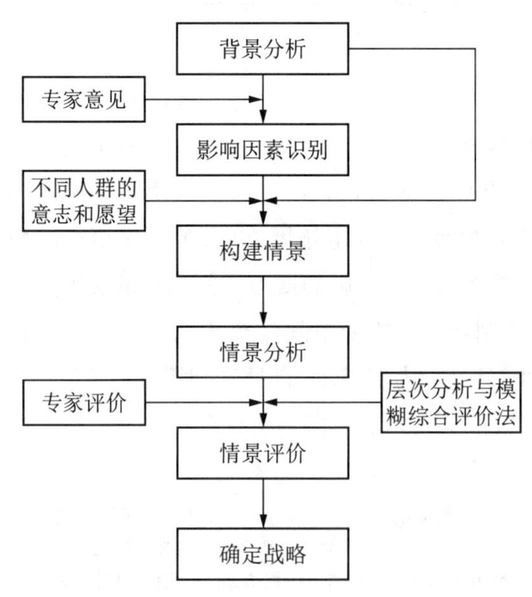

图 16-3 城市发展战略规划中情景分析的思路

资料来源:罗绍荣,甄峰,魏宗财.城市发展战略规划中情景分析方法的运用——以临汾市为例[J].城市问题,2008(9)。

① 罗绍荣,甄峰,魏宗财.城市发展战略规划中情景分析方法的运用——以临汾市为例[J].城市问题,2008(9).

第四节　城市空间战略规划的主要内容

城市空间战略规划涉及诸多内容，如《河北省中心城市空间发展战略规划编制导则(试行)》在空间发展战略与布局部分列出了10项内容①，分别是空间发展战略、总体空间布局、职能分工与等级结构、产业布局规划、基础设施规划、公共服务设施规划、综合交通体系规划、绿地系统规划、综合防灾与公共安全设施规划、生态环境建设与空间管制等。其中，空间发展战略提出要充分研究城镇化和城市空间拓展的历史规律，科学预测城市未来空间拓展方向和目标；充分考虑中心城区与周边县(市)、产业聚集区协调发展的要求，依据产业、交通、生态环境、历史文化遗产保护等各类空间要素的发展实际，科学制定空间发展战略。总体空间布局要求统筹中心城区、周边县(市)和各类产业聚集区的空间布局，立足中心城市长远发展，优化空间结构；整合农村居民点空间布局，整理建设用地，留足中心城市发展空间。职能分工与等级结构要求结合中心城区、周边县(市)和各类开发区、产业聚集区的空间组织结构，合理确定等级结构、职能分工和建设标准。产业布局、基础设施、公共服务、综合交通、绿地、防灾等内容在本书其他章节会具体介绍，本部分不再具体展开。综合考虑各项因素，城市空间战略规划应着重解决以下几个方面的问题：区域协同发展的问题、城镇体系与空间结构布局的问题、空间管制的问题、重点地区发展指引的问题等。

一、区域协同发展

前文已经提及城市空间战略规划要注重与周边城市之间的协同联系，因此，在空间战略规划上，区域协同发展应当是其重要内容。注重与周边城市的协同发展，一方面，基于城市之间的协调联系和自身功能的延伸需要，应做好与相邻城市在生态保护、环境治理、产业发展、基础设施、公共服务等方面的协商对接，确保城市之间生态格局完整、环境协同共治、产业优势互补，基础设施互联互通，公共服务共建共享②；另一方面，也是基于对上位规划的战略响应。以北京为例，一方面，国家提出京津冀协同发展战略，并出台了《京津冀协同规划纲要》，提出了以"一核、双城、三轴、四区、多节点"为骨架的空间格局，所以北京在城市总体规划中就特别强调紧抓京津冀协同发展的战略③；另一方面，北京自身也面临着大"城市病"的挑战，同时需要疏解非首都功能，因此在北京的空间战略规划中就更需要考虑与周边城市进行有效对接，统筹考虑疏解与整治、疏解与提升、疏解与承接、疏解与协同的关系。

---

① 参见《河北省中心城市空间发展战略规划编制导则(试行)》(https://doc.xuehai.net/b3ca8d708fab904ddd5838f32-6.html)。

② 参见《省级国土空间规划编制指南(试行)》(http://gi.mnr.gov.cn/202001/t20200120_2498397.html)。

③ 参见《京津冀协同规划纲要》(https://www.tuliu.com/read-48646.html)。

二、城镇体系与空间结构布局

城镇体系是指在一定地域范围内，以中心城市为核心，由一系列不同等级、不同职能分工、相互密切联系的城镇组成的有机整体[①]。在城市空间战略规划中，城镇体系和空间布局结构研究主要是明确城市的等级体系和空间布局，确定发展方向。1994 年 8 月 15 日建设部发布了《城镇体系规划编制审批办法》[②]，2010 年废止。2010 年 7 月住房和城乡建设部进一步颁布了《省域城镇体系规划编制审批办法》[③]，并提出省域范围内的区域性专项规划和跨下一级行政单元规划内容和编制审批的具体要求，由各地参照该办法确定。在城市空间战略规划中，也应参照该文件开展工作。新的《省域城镇体系规划编制审批办法》提出规划成果应当包括下列内容：明确全省、自治区城乡统筹发展的总体要求；明确资源利用与资源生态环境保护的目标、要求和措施；明确省域城乡空间和规模控制要求；明确与城乡空间布局相协调的区域综合交通体系；明确城乡基础设施支撑体系；明确空间开发管制要求；明确对下层次城乡规划编制的要求；明确规划实施的政策措施。

城镇体系规划一般分为全国、省域（直辖市、自治区）、市域（地区）、县域（县级市）城镇体系规划 4 个基本层次。其中，全国和省域的城镇体系规划是独立规划，市域和县域的城镇体系规划可与相应地域中心城市的总体规划一并编制，也可独立编制[④]，由此可见省域城镇体系规划编制要求比较全面，作为远期的城市战略规划，也有必要对城镇体系进行合适的研究。例如，《上海市城市总体规划（2016—2035 年）》就提出要形成由“主城区—新城—新市镇—乡村”组成的城乡体系。再比如，武汉提出形成一个突出核心职能的“主城区”；在主城区外通过“四个次区域”建设引领外围地区发展，让“临空次区域”“临港次区域”“光谷次区域”“车都次区域”成为武汉 4 个经济增长极，带动城市功能的完善与提升，通过沿江发展轴和京广发展轴带动外围“1＋8”城市圈的发展，实现城市圈一体化发展[⑤]。

三、空间管制

空间管制最早出现在国家建设部于 1998 年发布的《关于加强省域城镇体系规划工作的通知》中，为适应城市规划转型而逐步引入城市总体规划中，并在《城乡规划法》中不断得到强化。[⑥]2013 年，中央城镇化工作会议进一步提出“城市规划要由扩张性规划逐步转向限定城市边界、优化空间结构的规划”，要求“尽快把每个城市特别是特大城市开发边界划定”[⑦]。

---

①④　崔功豪，魏清泉，刘科伟.区域分析与区域规划[M].北京：高等教育出版社，2006.

②　参见《城镇体系规划编制审批办法》(http://www.mohurd.gov.cn/fgjs/jsbgz/200611/t20061101_159008.html)。

③　参见《省域城镇体系规划编制审批办法》(http://www.mohurd.gov.cn/fgjs/jsbgz/201006/t20100630_201418.html)。

⑤　参见《武汉 2049 远景发展战略》(https://wenku.baidu.com/view/d1e78c78d1f34693daef3ede.html)。

⑥　郝晋伟，李建伟，刘科伟.城市总体规划中的空间管制体系建构研究[J].城市规划，2013(4).

⑦　何京.从“集中建设区”走向“城市开发边界”——试论上海的土地规划空间管制[J].上海城市规划，2015(5).

《全国土地利用总体规划纲要(2006—2020年)》中明确提出了“要加强建设用地空间管制”“实行城乡建设用地扩展边界控制”。在具体操作中,通过划定“三界四区”对建设用地进行空间管制。“三界”是指城乡建设用地规模边界、扩展边界和禁止建设用地边界,“四区”是指允许建设区、有条件建设区、限制建设区和禁止建设区4个区域(表16-2)。

表16-2　建设用地管制分区的具体含义

三界四区	内　　涵
城乡建设用地规模边界	按照土地利用总体规划确定的城乡建设用地面积指标,划定的镇、村、工矿建设用地边界
城乡建设用地扩展边界	为适应城乡建设发展的不确定性,在城乡建设用地规模边界之外划定的城镇村工矿建设规划期内可选择布局的范围边界
禁止建设用地边界	为保护自然资源、生态、环境、景观等特殊需要,划定的规划期内禁止各项建设的空间范围边界
允许建设区	建设用地规模边界内,允许作为城镇村和工矿建设用地利用,开展城乡建设的空间区域,是规划确定的城乡建设用地指标落实到空间上的用地区,包括城镇允许建设区、农村居民点允许建设区、独立工矿允许建设区
有条件建设区	建设用地规模边界外、扩展边界内的区域。该区域土地不允许直接作为建设用地使用,在不突破规划建设用地控制规模的前提下,可以用于建设用地布局调整
限制建设区	允许建设区、有条件建设区和禁止建设区以外的区域,是发展农业生产,开展土地整治和基本农田建设的主要区域,禁止城镇村建设,控制各类基础设施建设和独立建设项目用地
禁止建设区	禁止建设边界内,以生态与环境保护空间为主导用途,严格禁止与主导功能不相符的各项建设的区域

资料来源:参见 http://zwgk.cangzhou.gov.cn/cangzhou/hejianshi/article5_new.jsp?infoId=563823。

2019年5月,《中共中央　国务院关于建立国土空间规划体系并监督实施的若干意见》发布,提出将主体功能区规划、土地利用规划、城乡规划等空间规划融合为统一的国土空间规划,实现“多规合一”,到2020年,基本建立国土空间规划体系①。2020年1月,自然资源部印发《省级国土空间规划编制指南》,在重点管控性内容中提出了开发保护格局,包括主体功能分区、生态空间、农业空间、城镇空间、网络化空间组织,统筹3条空间控制线。其中,将生态保护红线、永久基本农田、城镇开发边界等3条控制线作为调整经济结构、规划产业发展、推进城镇化不可逾越的红线。②。

尽管城市战略规划不是法定规划,但为了防止城市摊大饼式扩张和保护生态环境,仍有必要对城市的空间管制进行研究,在规划中也有必要划出不同阶段的边界和空间

① 参见《中共中央　国务院关于建立国土空间规划体系并监督实施的若干意见》(http://www.gov.cn/zhengce/2019-05/23/content_5394187.htm)。

② 参见《自然资源部办公厅关于印发〈省级国土空间规划编制指南(试行)〉的通知》(http://gi.mnr.gov.cn/202001/t20200120_2498397.html)。

管制区域，特别是对于近期建设而言。例如，上海按照市域空间结构形成以生态、农业和城镇“三大空间”和生态保护红线、永久基本农田保护红线、城市开发边界和文化保护控制线“四条红线”为基本框架的空间分区管制体系，统筹各类规划的空间要求，强化土地用途管制和空间管制。

四、重点地区发展指引

城市战略规划虽然是远景性规划，具有宏观性和前瞻性，但也不应过于关注远期，应当明确战略实施的时序安排，加强对近、中期实施战略的研究，明确近期的重点发展区域，制定较为翔实的发展思路和发展策略，加强战略规划的操作性[①]。对于近期发展的重点城市或重点区域要围绕重大基础设施、公共服务设施、产业发展、住房建设、生态环境等主要内容，明确开发建设的时序、空间布局等，以及近期建设的时序、发展方向和空间布局。例如，武汉在明确整体城市功能体系的基础上，还进一步对城市中心体系进行了研究，在《武汉 2049 远景发展战略》中提出将沿长江的汉口、武昌、汉阳、青山江滩和汉江江滩构成的武汉“两江四岸”地区布局为城市重要功能核心；通过核心功能区建设带动江南江北两翼发展，并在两翼分别构建城市中心；在主城区重要功能地带构建城市副中心，承担城市地区性服务职能，并形成均质分布，兼顾武昌、汉口、汉阳地区的功能聚集；在城市核心地区建设地铁环线，联通城市中心各节点，包括武昌火车站、汉口火车站、王家墩、汉正街、古琴台、中南路、万达楚河汉街、徐东地区、汉口沿江商务区等重要功能节点。

第五节　新型城市空间的组织方式创新

随着社会经济的快速发展，传统的城市空间已经无法满足城市居民和城市产业经济发展的需要，城市空间的转型利用已成为新的趋势，如城市的创新创意空间、滨水休闲空间、智慧城市的新型空间等，此处对创新空间和智慧城市的新型空间做简要介绍。

一、创新城市的新型空间

创新是城市发展的重要动力，越来越多的城市开始重视创新对城市经济社会发展的作用，致力于打造创新型城市，如上海提出要建设具有全球影响力的科技创新中心；南京在“2035 规划”中提出将建设具有全球影响力的“创新名城、美丽古都”作为目标愿景[②]。所谓的创新型城市概念仍不统一，但总体来看都是强调创新驱动城市的整体发展，强调创新资源的集聚以及创新环境等。[③]在创新驱动发展战略下，在城市规划中，地

---

① 李晓江.关于“城市空间发展战略研究”的思考[J].城市规划，2003(2).

② 参见 http://js.ifeng.com/a/20181214/7099867_0.shtml。

③ Wong P K, Ho Y P, Annette S. Singapore as an Innovative City in East Asia: An Explorative Study of the Perspectives of Innovative Industries[R]. Washington: World Bank, 2010；陈昭，刘珊珊，邬惠婷，唐根年.创新空间崛起、创新城市引领与全球创新驱动发展差序格局研究[J].经济地理，2017, 37(1):23—31, 39.

方政府也开始有意识地引导创新资源集聚，培育创新环境，营造创新空间。

创新空间的内涵不断演进，不同空间尺度下，形成了创新城市、创新城区、创新街区、众创空间等多种表述[①]，形成了多层级的创新型城市建设体系。对于创新空间的培育，国内外政府都十分重视。在国际上，布鲁金斯学会提出了“创新区”(Innovation District)的概念，用来描述研发机构、创业孵化器以及支持机构的集聚[②]。在国内，2010年科技部确定20个城市(区)为国家创新型试点城市(区)。其中，北京海淀区、上海杨浦区、重庆沙坪坝区、天津滨海新区为创新型试点城区。针对多层级的创新空间体系，李健以上海为研究对象，对上海创新城区建设的空间和功能进行了研究，认为其包括由市中心创新型城区(中央智力区)—近郊科技园区—远郊科学城(大学城)组成的创新型城市的基本骨架，配合以点状散布的创意创新产业园/都市工业[③]，如表16-3所示。在《上海市城市总体规划(2017—2035年)》中也提出了发展多样化的科技创新空间，包括创新中心核心区域、创新功能集聚区、复合型科技商务社区，以及嵌入式创新空间等。

表16-3　创新型城市空间/功能部署的概念性规划方案

组　成	中央智力区	创意创新产业园	科技园区	科学城(大学城)
空间位置	中心城区	点状散布于整个城市建成区	近郊区	远郊区
功能形态	城市创新之核心功能区	创新研发型楼宇/建筑群	研发—生产功能区	担当知识创新功能的卫星城
在一个城市中的数量	个别甚至唯一	大量	若干个	个别甚至唯一
上海代表性(潜力)地域	杨浦创新城区	各类创意产业区、都市工业园、科创中心等	张江高科园区、紫竹高科园区	松江大学城、奉贤海湾大学城
核心竞争力	城市创新枢纽	高密度根植于当地资源与能力的小型研发集群	围绕特定技术/产业的研发—生产集群	知识库与培养基地，持续产生知识创新/持续产出高素质劳动力
创新活动类型	研发总部/专业创新服务/孵化器/SOHO/学习型社会	小型创新企业集群/孵化器/SOHO	特定技术/产业导向的研发—生产	持续动态的知识创新，非特定技术/产业导向
内部构造	生活/工作/学习空间高度融合，社区形态、组织、功能围绕创新展开。大量服务支持性职能由社会承担	相对于本地经济/社会的高度根植	不成系统，只是特定价值链/生产网络的一个环节	自成体系，自建社会，自我循环，自我更新

① 王振坡，王欣雅，严佳.城市高质量发展之创新空间演进的逻辑与思路[J].城市发展研究，2020(8).

② 杨传开.费城依托创新区建设世界级创新城市[C]//国际城市蓝皮书.北京：社会科学文献出版社，2018.

③ 李健.创新驱动空间重塑：创新城区的组织联系、运行规律与功能体系[J].南京社会科学，2016(7).

（续表）

组　成	中央智力区	创意创新产业园	科技园区	科学城（大学城）
创新溢出机制	高度开放系统，通过调度全市乃至更广范围的创新资源达成创新辐射	吸引本地同类企业集聚/激活本地关联性创业	仅基于产业链/价值链形成溢出，少有空间漫延式的溢出	对外交流呈蛙跳式，少有空间漫延式溢出
社区关系	本身就是一个创新导向的社区，以担当创新/创新服务功能来辐射全市	当地社区创新研发活动的集聚地	城市研发功能区，本身不配置社区功能，员工高度依赖	自建小社会，同周边社区相对隔离

资料来源：李健.创新驱动空间重塑：创新城区的组织联系、运行规律与功能体系[J].南京社会科学，2016(7)。

创新空间不同于其他城市空间，因此，其规划开发建设与传统的城市空间规划建设也存在差异，在空间规划上应基于创新空间特征，构建面向未来、支持创新的标准框架体系。张京祥、何鹤鸣在创新型经济空间规划方面认为，应当以柔性管控激活创新空间，以创新网络链接创新集群，以创意生活集聚创意人群。①深圳在创新城区建设方面也进行了一些探索，值得借鉴，主要包括以下几个方面：在功能空间上，要注重包容性、混合性和灵活性，建设成本适宜、混合包容的产城融合示范区，打造功能复合、成本适宜的服务单元，塑造共享型、交互式的产业单元，打造类型多样、活力宜人的居住单元；在服务资源上，要注重高密度、共享化和社交化，建设紧凑共享的创新工作圈和便捷的创新生活圈，供给面向创新人才和企业的科技创新服务；在场所环境上，要注重高活力、可传承、可辨识，构建全天候、高活力的公共交往场所，建设活力宜人、绿色共享的公共开放场所，构建步行友好、有归属感的城市街道；在基础设施上，要注重网络化、可达性和智慧化，设计精细化的公交出行"最后一千米"，建设韧性低碳、安全智慧的基础设施②。

二、智慧城市的新型空间

智慧城市这一概念发端于20世纪80年代的信息城市，经历了20世纪90年代的智能城市与数字城市，在2000年后逐步演化为智慧城市③。目前来看，智慧城市还没有明确的概念界定，其内涵比较宽泛。2009年，IBM较早提出智慧城市，强调城市发展过程中对信息通信技术的运用，以创造更好的生活、工作、休息和娱乐环境④。围绕着智慧城市概念的内涵，不同组织和学者先后制定了其评价标准，其中，欧盟的智慧城市标准被广泛认同和普遍应用，其将智慧城市目标分解为智慧经济、智慧人群、智慧管理、智慧移动、智慧环境和智慧生活等6个维度，每个维度又详细分解成为若干具体一级和

① 张京祥，何鹤鸣.超越增长：应对创新型经济的空间规划创新[J].城市规划，2019(8).

② 参见《打造"全球创业之都"，深圳的创新城区都有哪些探索？》(http://www.sohu.com/a/234477709_656518)。

③ 刘伦，刘合林，王谦，龙瀛.大数据时代的智慧城市规划：国际经验[J].国际城市规划，2014(6).

④ 参见IBM商业价值研究院发布的《智慧的城市在中国》(http://www.ibm.com/cn/services/bcs.iibv)。

二级指标[①]。在我国发布的《国家智慧城市(区、镇)试点指标体系(试行)》中也划分为保障体系与基础设施(保障体系、网络基础设施、公共平台与数据库)、智慧建设与宜居(城市建设管理、城市功能提升)、智慧管理与服务(政务服务、基本公共服务、专项应用)、智慧产业与经济(产业规划、产业升级、新兴产业发展)等[②]。

国内各城市都高度重视智慧城市建设,自2012年国家开展智慧城市建设试点以来,国家智慧城市试点已达290个。近期,国内一些大城市也纷纷提出未来几年智慧城市的建设目标,致力于建设成为智慧城市的标杆或排头兵,并进一步明确了未来发展的重点(表16-4)。例如,2020年2月,上海市政府发布《关于进一步加快智慧城市建设的若干意见》,提出"到2022年,将上海建设成为全球新型智慧城市的排头兵、国际数字经济网络的重要枢纽,引领全国智慧社会、智慧政府发展的先行者,智慧美好生活的创新城市"[③];2020年11月,北京市经信局《北京市"十四五"时期智慧城市发展行动纲要(公众征求意见稿)》,提出"到2025年,将北京建设成为全球新型智慧城市的标杆城市"的发展目标[④];2020年12月,《深圳市人民政府关于加快智慧城市和数字政府建设的若干意见》提出"到2025年,打造具有深度学习能力的鹏城智能体,成为全球新型智慧城市标杆和'数字中国'城市典范"[⑤]。

表16-4 北京、上海、深圳智慧城市建设重点领域/任务

城市	智慧城市建设重点领域/任务	资料来源
北京	加强感知,融汇数据,夯实智慧基础(强化数据治理能力,提高城市感知能力,夯实网络和算力底座); 整合资源,通达渠道,便利城市生活(深化"一网通办"服务,持续增强政民互动效能); 统合力量,联通各方,支撑高效治理(推动城市运行"一网统管",提高城市科学化决策水平,推动基层治理模式升级); 开放共建,营造环境,繁荣产业生态(加强数据开放流通,推动政府开放场景,加速城市科技创新); 把握态势,及时响应,保障安全稳定(强化新基建安全,加强数据安全防护,防范公共安全风险); 整体布局,协同发展,强化领域应用(深化体系交通领域整合,推动生态环保领域协同,加强规划管理应急联动,丰富人文环境智慧应用,强化执法公安智能应用,优化商务服务发展环境,汇聚终身教育领域资源,激发医疗健康领域动能)	《北京市"十四五"时期智慧城市发展行动纲要(公众征求意见稿)》

① 张纯,李蕾,夏海山.城市规划视角下智慧城市的审视和反思[J].国际城市规划,2016(1).

② 参见《住房城乡建设部办公厅关于开展国家智慧城市试点工作的通知》(http://www.mohurd.gov.cn/wjfb/201212/t20121204_212182.html)。

③ 参见《关于进一步加快智慧城市建设的若干意见》(http://www.shanghai.gov.cn/nw44142/20200824/0001-44142_63566.html)。

④ 参见《北京市经济和信息化局关于面向公众征集〈北京市"十四五"时期智慧城市发展行动纲要(公众征求意见稿)〉意见的通知》(http://www.beijing.gov.cn/hudong/gfxwjzj/zjxx/202011/t20201123_2142295.html)。

⑤ 参见《深圳市人民政府关于加快智慧城市和数字政府建设的若干意见》(http://www.sz.gov.cn/gkmlpt/content/8/8394/post_8394420.html?jump=false#20044)。

(续表)

城市	智慧城市建设重点领域/任务	资料来源
上海	统筹完善"城市大脑"架构(深化数据汇聚共享,强化系统集成共用,支持应用生态开放); 全面推进政务服务"一网通办"(推动政务流程革命性再造,不断优化"互联网+政务服务",着力提供智慧便捷的公共服务); 加快推进城市运行"一网统管"(一体化建设城市运行体系,提升快速响应和高效联动处置能力水平,深化建设"智慧公安",建设运行应急安全智能应用体系,优化城市智能生态环境,提升基层社区治理水平); 全面赋能数字经济蓬勃发展(打造数字新产业创新策源高地,推进数字化转型高质量发展,加快发展新模式新业态,重点建设数字经济示范区); 优化提升新一代信息基础设施布局(推动网络连接增速,推动信息枢纽增能,推动智能计算增效,推动泛在感知增智); 切实保障网络空间安全(增强关键信息安全韧度,提升信息安全事件响应速度,完善公共数据和个人信息保护,加大网络不良信息治理力度,创新发展网络安全产业)	上海市《关于进一步加快智慧城市建设的若干意见》
深圳	跑出新型基础设施建设"加速度"(推动通信网络全面提速,加快终端设备全面感知,加快大数据中心建设,加快人工智能基础设施整合提升,加快区块链技术基础设施建设); 深化公共服务"一屏智享"(深化"放管服"改革,实施"数字市民"计划,推进公共服务"一屏享、一体办",推广"秒报秒批一体化"等服务,全面提升民生服务领域智慧化水平); 强化城市治理"一体联动"(探索"数字孪生城市",打造城市智能中枢,加快推动《深圳经济特区数据暂行条例》立法和实施,提升公共卫生防护智慧化水平,推动科技赋能基层治理,加强社会信用体系建设、深化智慧城市合作); 培育数字经济发展"新动能"(加快培育数据要素市场,推动数字经济产业创新发展,加快企业参与"上云用数赋智"行动,实施"云上城市"行动); 筑牢网络安全防护"防火墙"(强化网络信息安全管理,强化网络安全整体防护,强化安全技术应用创新)	《深圳市人民政府关于加快智慧城市和数字政府建设的若干意见》

资料来源:作者根据相关文件整理。

对于北京、上海、深圳智慧城市建设的重点领域进行总结(表16-4),可以看到主要涉及新型基础设施、城市治理、政务服务、数字经济等方面。除了以上方面,智慧城市建设的空间响应也应引起重视,在城市空间规划上应当有所考虑,但当前对于这方面的研究仍相对不足。在智慧城市空间规划与建设上,席广亮、甄峰认为,可考虑将智慧发展理念融入城市规划体系,考虑智慧城市规划的可行性,并分别从总体规划层面、分区规划层面以及详细规划层面明确智慧城市规划的内容(图16-4);此外,也应充分考虑居民的活动需求和时空分布,从居民实际需求出发进行智慧城市空间规划①。

① 甄峰,席广亮,秦萧.基于地理视角的智慧城市规划与建设的理论思考[J].地理科学进展,2015(4).

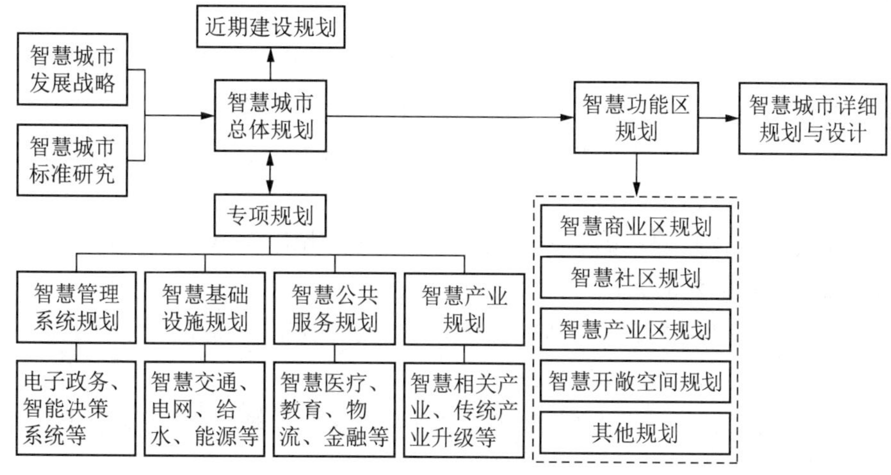

图 16-4　智慧城市规划体系

资料来源：席广亮，甄峰.基于可持续发展目标的智慧城市空间组织和规划思考[J].城市发展研究，2014(5)。

参考文献

Wong P K, Ho Y P, Annette S. Singapore as an Innovative City in East Asia: An Explorative Study of the Perspectives of Innovative Industries[R]. Washington: World Bank, 2010.

北京城市总体规划(2016 年—2035 年)[EB/OL]. http://zhengce.beijing.gov.cn/guihua/2841/6640/1700220/1532470/.

陈定荣，蒋伶，程茂吉.转型期城市战略研究新思维[J].城市规划，2011(增刊).

崔功豪，魏清泉，刘科伟.区域分析与区域规划[M].北京：高等教育出版社，2006.

方中权.广州市“北优”战略与白云区的发展研究[J].经济地理，2005(2).

顾朝林，张京祥，甄峰.城市空间结构新论[M].南京：东南大学出版社，2000.

郝晋伟，李建伟，刘科伟.城市总体规划中的空间管制体系建构研究[J].城市规划，2013(4).

何京.从“集中建设区”走向“城市开发边界”——试论上海的土地规划空间管制[J].上海城市规划，2015(5).

侯景新，李天健.城市战略规划[M].北京：经济管理出版社，2015.

华晨，曹康.城市空间发展导论[M].北京：中国建筑工业出版社，2017.

李德华.城市规划原理[M].北京：中国建筑工业出版社，2001.

李健.创新驱动空间重塑：创新城区的组织联系、运行规律与功能体系[J].南京社会科学，2016(7).

李晓江.关于“城市空间发展战略研究”的思考[J].城市规划，2003(2).

李雪英，孔令龙.当代城市空间拓展机制与规划对策研究[J].现代城市研究，2005(1).

刘伦，刘合林，王谦，龙瀛.大数据时代的智慧城市规划：国际经验[J].国际城市规划，2014(6).

刘运通.广州都市圈工业空间拓展的战略性选择研究[J].现代城市研究，2004(10).

罗利克.对长沙市城市空间发展战略的思考[J].规划师，1998(4).

罗绍荣，甄峰，魏宗财.城市发展战略规划中情景分析方法的运用——以临汾市为例[J].城市问题，2008(9).

上海市城市总体规划(2017—2035年)[EB/OL].http://www.shanghai.gov.cn/newshanghai/xxgkfj/2035001.pdf.

谭维宁，马锦辉."从乌鲁木齐都市圈"到"乌昌都市区"——对乌鲁木齐城市空间拓展模式的思考[J].城市规划，2003(12).

王振坡，王欣雅，严佳.城市高质量发展之创新空间演进的逻辑与思路[J].城市发展研究，2020(8).

韦亚平.概念、理念、理论与分析框架——城市空间发展战略研究的几个方法论问题[J].城市规划学刊，2006(1).

吴志强，史舸.城市发展战略规划研究中的空间拓展方向分析方法[J].城市规划学刊，2006(1).

武汉2049远景发展战略[EB/OL].https://wenku.baidu.com/view/d1e78c78d1f34693daef3ede.html.

席广亮，甄峰.基于可持续发展目标的智慧城市空间组织和规划思考[J].城市发展研究，2014(5).

香港2030规划远景与策略[EB/OL].https://www.pland.gov.hk/pland_en/p_study/comp_s/hk2030/chi/finalreport.

许学强，周一星，宁越敏.城市地理学[M].北京：高等教育出版社，2009.

杨保军.对战略规划的若干认识[C]//战略规划.北京：中国建筑工业出版社，2006.

杨传开.费城依托创新区建设世界级创新城市[C]//国际城市蓝皮书.北京：社会科学文献出版社，2018.

张纯，李蕾，夏海山.城市规划视角下智慧城市的审视和反思[J].国际城市规划，2016(1).

张京祥，何鹤鸣.超越增长：应对创新型经济的空间规划创新[J].城市规划，2019(8).

张京祥.论城市规划与城市空间发展[J].中国名城，2010(2).

甄峰，席广亮，秦萧.基于地理视角的智慧城市规划与建设的理论思考[J].地理科学进展，2015(4).

第十七章　城市土地利用战略导引

第一节　城市土地利用战略概述

一、土地利用战略的概念

（一）内涵

1. 土地

人类对土地的认识随着土地利用技术的进步而不断变化。土地的内涵从土壤逐步扩大到包含陆地、内陆水域和滩涂等地表，再扩展到地上和地下空间。联合国粮农组织1975年发表的《土地评价纲要》提出，“土地包含地球特定地域表面及其以上和以下的大气、土壤及基础地质、水文和植被。还包含这一地区范围内过去和目前人类活动的种种结果，以及动物就其对目前和未来人类利用土地所施加的重要影响”。可见，土地的本质是由自然要素和人类活动成果组成的一定范围的空间①。

2. 土地利用

顾名思义，土地利用具有显著的目的性，是人类基于一定的目的对土地进行干预的活动。土地利用对于土地所有权人、使用权人和管理权人具有不同的内涵。对土地所有权人，土地利用的方式是通过开垦土地（如围垦或开荒用于农业或非农业用途）或者对土地进行初期开发（如生地变熟地）后转让实现土地的利用；对土地使用权人，可通过种植作物或建设厂房等方式实现对土地的利用；对土地管理权人，可通过制定法律政策进行土地保护或鼓励土地整治以达到保护土地资源、实现土地资源的可持续利用的目的。广义的土地利用包括土地开垦、初期开发、土地使用、土地整治和土地保护等。从国内外土地利用的实践来看，土地利用遵循一

① 张占录，张正峰.土地利用规划学[M].北京：中国人民大学出版社，2006：2.

定的准则，是土地利用战略制定的基础。一般来说，其包括 4 个方面：保护农田、保护自然生态环境、节约用地、治理和恢复被破坏的土地。为推动土地利用战略实施，一般通过采取限制性和强制性措施以及经济上给予充分的财政支持，以保障实现土地可持续发展目标。①

3. 土地利用管理

土地利用是有目的性的，而不同的主体土地利用的目的不同，导致土地利用的个人效用和社会效用存在差异。在个人效用大于社会效用时，个人的土地利用具有负外部性。例如，如果个人土地利用的目标是在一定期限内从土地中取得最大效用，掠夺式利用可能是其最优选择。由此在个人进行最优土地利用的同时，社会效用为负。这是政府控制和干预土地利用的逻辑起点，即为了纠正"市场失灵"。其一般主要通过限制土地用途、布局、结构、利用程度和实现效果等手段对土地利用进行控制。在现实操作中，具体的管理手段包括土地用途变化审批、容积率管制、建筑密度管制、产权限制、土地利用指标等。

4. 土地利用规划

土地利用规划是土地利用管理的手段和措施。城市政府通过土地利用规划对土地利用行为进行管理。对土地利用规划的认识目前主要存在两类观点，一类倾向于规划的计划性，另一类认为规划有其特定目的，强调其统筹和调控作用，偏向于市场性。如王万茂认为，"土地利用规划是对一定区域未来土地利用超前性的计划和安排，是依据区域社会经济发展和土地的自然历史特性在时空上进行土地资源分配和合理组织土地利用的综合技术经济措施"。②此定义强调计划分配，规划适用的边界较为模糊。董祚继的定义则是"国家为实现土地资源优化配置和土地可持续利用，保障社会经济可持续发展，在一定区域、一定时期内对土地利用所作的统筹安排和制定的调控措施"。此定义指出了规划的特定出发点是土地资源的优化配置和可持续利用，强调规划的手段是统筹和调控，指出了规划的引导作用。

5. 土地利用战略

土地利用战略是指一定时期、一定区域内土地资源合理利用的全局性、根本性的谋划③。在土地利用现状分析与规划后评价的基础上，针对规划区域内土地利用中存在的主要问题和突出矛盾，按照国民经济与社会发展的总体目标要求，合理确定土地利用的战略目标、战略重点、战略方针和战略措施，明确规划中必须解决的主要问题和确定土地利用的基本方针与对策④。土地利用战略体现在土地利用规划中。研究土地利用战略的主要任务是协调区域间、城乡间经济发展、社会发展和生态环境建设的关系，协调好发展与保护的关系，明确各区域在土地利用全局中的地位和所承担的任务，明确各区域土地利用调整的方向与土地利用结构，为科学编制土地利用总体规划和专项规划

---

① 张占录，张正峰.土地利用规划学[M].北京：中国人民大学出版社，2006：14.
②④ 王万茂，王群.土地利用规划学[M].北京：中国农业出版社，2016：99.
③ 张占录，张正峰.土地利用规划学[M].北京：中国人民大学出版社，2006：119.

提供宏观依据。[①]

（二）特征与作用

城市土地利用战略具有整体性、综合性、层次性和前瞻性等特征。城市土地利用战略立足于一定时期该城市总体目标的实现；需要综合考察社会经济各因素的相互作用和相互影响；通常由整体战略和若干子战略组成，各子战略服务于整体战略；其制定必须着眼于未来，时刻基于城市的长远发展[②]。

土地利用战略研究是编制土地利用总体规划的重要组成部分。其目的是从宏观、整体、全局的视角，寻求使一定区域在一定时期内达到土地需求与土地供给相平衡的路径和方法。

（三）主要内容

土地利用战略不仅要研究土地资源本质特性及其利用情况，还要研究影响土地利用的各种自然和社会经济因素与条件，以及土地利用母系统及其各子系统功能、土地利用战略与其他发展战略之间的协调。[③]在此基础上，确定战略目标、战略重点、战略布局、战略对策等。

二、土地利用战略相关理论

（一）城市土地增长模式

伴随着工业化和城市化，城市用地的增长带来了各种城市问题，不仅催生了城市规划的诞生，也使规划师和建筑师们深入思考、探索更加合理的城市扩张模式，以控制大城市无序增长而导致的各种“城市病”。其中，影响较大的有诸如田园城市、有机疏散、卫星城、精明增长等思想。

面对大城市的拥挤、卫生等方面的问题，霍华德于1898年提出田园城市思想，规模较小但可满足各种社会生活、被乡村包围、土地归公众所有或社区代管的城市被认为是理想的。1912年由雷蒙德·昂温（Raymond Unwin）和理查德·巴里·帕克（Richard Barry Parker）共同提出的“卫星城”模式则是田园城市分散主义思想的发展，卫星城作为从属于母城的具有城市性质的独立城市单位，其发展被认为有助于防止大城市规模过大和不断蔓延。1942年，埃罗·沙里宁（Eero Saarinen）提出了有机疏散思想，认为城市的发展既要符合人类聚居的天性，又不能脱离自然，城市的发展应按照机体的功能要求，把城市的人口和就业岗位分散到可供合理发展的离开中心的地域，把人类活动分为日常活动和偶然活动，日常活动应以步行为主，偶然活动应充分发挥现代交通手段的作用。芒福德认为，只进行交通规划和建筑法规的制定是不够的，“必须制止人口增长和建成区蔓延”，“城市最好的运作方式是关心人和陶冶人”，这一思想对后世影响深远。精明增长思想则是应对城市蔓延的产物，并无确切定义。2000年成立的“美国精明增

① 许连君.经济发达地区的土地利用战略研究[D].杭州：浙江大学，2005.

② 张占录，张正峰.土地利用规划学[M].北京：中国人民大学出版社，2006：120.

③ 张占录，张正峰.土地利用规划学[M].北京：中国人民大学出版社，2006：99—100.

长联盟”认为，其核心内容是“用足城市存量空间，减少盲目扩张；加强对现有社区的重建，重新开放废弃、污染的工业用地，以节约基础设施和公共服务成本；城市建设相对集中，密集组团，生活和就业单元尽量拉近距离，减少基础设施、房屋建设和使用成本”。①

（二）土地利用价值结构

不同的土地用途具有不同的人气要求、商业中心远近的敏感度、容积率要求，相应也使各类土地的价值也不同。

阿郎索(Alonso)于1964年提出的竞标地租理论认为，不同用途的土地具有不同的地租支付能力，导致不同的土地价格。相同区位的商业用地、办公用地、住宅用地、工业用地和农业用地的价格呈下降趋势。其中，商业用地对人气要求很高，对是否接近商业中心非常敏感。在现代交通技术和条件比较发达的情况下，工业用地对是否接近商业中心并不敏感。②另外，商业用地由于对人气的需要，土地的容积率可以很高，而制造产品的工业用地需要较低的容积率，以便于机器的运送、安装，原材料和产品的流通等需要。

（三）土地利用空间结构

1. 城市扩展理论

一个城市在发展过程中，到底是单中心扩展，还是多中心扩展，还是沿轴线扩展？这方面的主要理论包括20世纪60年代阿郎索等提出的单一城市中心理论和20世纪二三十年代芝加哥学派提出的城市成长的3种模式：同心圆、扇形、多核心理论。③这些理论为城市土地利用布局提供了理论基础。根据单一中心城市理论理论，竞标地租随远离城市中心而减少，土地价格和土地利用强度随与中心城市距离的增加而降低；由美国学者伯吉斯(E. W. Burgess)1923年提出的同心圆理论认为，城市各功能用地以中心区为核心，自内向外呈环状扩展，形成5个同心圆的用地结构：中心商业区、过渡地带、工人住宅区、高收入阶层住宅区、通勤人士住宅区。该理论忽略了交通道路、天然屏障以及社会用地偏好等因素；美国学者霍伊特(Homer Hoyt)1939年提出的扇形理论认为，城市用地趋向于沿主要交通线路和自然障碍物最少的方向由中心商务区向市郊呈扇形发展；由哈里斯(C. D. Harris)和乌尔曼(E. L. Ulman)于1945年提出的多核心理论认为，城市不会只有一个商业中心，在远离中心商务区的地方也可能沿着主要道路形成很多商务区。

2. 功能分区理论

该理论要求在组织土地时，要根据土地利用的特点进行合理的功能分区，以获得最大的经济效益。功能分区的原则包括：功能分区之间要有方便的联系；经济地利用土地，留有余地；充分考虑居民对各种公共设施的综合利用，创造条件方便生产和生活；有

---

① 侯景新，李天健.城市战略规划[M].北京：经济管理出版社，2015：22—48.

② 周建明，丁洪建.中国城市土地利用的理论与实践[M].北京：中国建筑工业出版社，2009：7.

③ 周建明，丁洪建.中国城市土地利用的理论与实践[M].北京：中国建筑工业出版社，2009：1—2.

利于卫生、防疫、防火和环境保护①。

（四）编制规划的方法论

一般来说，土地利用规划的编制借鉴了系统工程理论、控制理论、弹性理论等理论。②

系统工程理论又称系统工程方法论，其特点是研究方法上的整体化、技术应用上的综合化、组织管理上的科学化。其认为进行土地利用规划，应根据系统的概念、构成和性质，把土地利用作为系统，如可将其视为一定的土地单元和一定的土地利用方式组成的系统，对其进行系统综合、系统分析、系统决策和实施，拟定满足土地利用规划要求的多个方案，选择最优方案，以实现规划目标。按照系统工程理论的要求，对土地资源的利用要有整体的观念、全局观念和系统观念，要考虑土地利用对系统内其他要素和周边环境的影响。

控制理论主要强调土地利用规划不是为规划而做规划。对土地进行规划的目的是让有限的土地资源在一段时期内，按照既定的目标，实现获得经济、生态和社会的最佳效益。规划目标如何实现、能否实现是制定土地利用规划战略需要考虑的内容。而控制理论是研究动物或机器内部的控制和通信的一般规律的科学，着重关注上述过程的数学关系。其研究对象是由信息组成的有限整体，即信息系统，信息可传递，传递有规律，可控制。根据不同的信息和不同的目的进行不同的控制，形成不同的规划方案。科学的规划基于大量完备的信息，编制规划要做大量调查研究，而规划的实施效果就是检验规划控制效果的唯一标准。

弹性理论来源于物理学的弹性，是指某一物质对外界力量的反应力，弹性理论建立在不确定思想和非理性思想的基础上。用地规划是对未来土地利用的预测，外在客观条件处于不断发展和变化中，外在环境的不确定性，以及人类本身的非理性和有限性，导致规划者不可能预测到规划期内所有的条件变化。因此弹性理论强调规划的多主体参与，通过满足各类人群的需求使预测更接近真实；更强调为未来预留空间，以提高规划对外在环境变化的反应力。

景观生态学理论在规划中的运用也很普遍，按其原理，土地利用规划要从景观生态角度提出景观评价和规划，强调景观生态要素之间的相互作用及各种景观生态系统的适应性特征；要从系统生态学和生态经济学角度提出生态规划，强调土地的生态功能；要依据不同地域景观的生态结构和功能特征，采取不同的土地开发、利用、整治和保护措施，促使该区域景观生态结构更稳定、功能更优化。③

三、1949 年后我国土地规划及战略

1949 年后我国的土地利用规划大多沿用苏联模式，主要应用于农业用地。改革开

---

① 张占录，张正峰.土地利用规划学[M].北京：中国人民大学出版社，2006：9—10.
② 张占录，张正峰.土地利用规划学[M].北京：中国人民大学出版社，2006：7—9.
③ 张占录，张正峰.土地利用规划学[M].北京：中国人民大学出版社，2006：11—12.

放以后，我国开始探索编制土地利用总体规划，从 20 世纪 70 年代末到 80 年代初，陆续进行了乡级、县级、省级的规划试点工作。1981 年的《政府工作报告》指出，要“分别制定全国的和省、县的农业区划和土地利用总体规划……”1982 年 8 月，农业部把黑龙江集贤县、河南光山县、湖北大冶县和四川眉山县作为第一批规划试点，仍主要以编制农业土地利用规划为重点。随着人地矛盾的激化，1986 年国家土地管理局成立，当年出台的《中华人民共和国土地管理法》把编制土地利用总体规划工作作为各级政府的重要职责之一，从此各级政府开始编制土地利用总体规划。1993 年，国务院正式批准实施《全国土地利用总体规划纲要(草案)》《土地利用总体规划编制暂行办法》《县级土地利用总体规划编制规程》。规划指标和规划分区是这一轮规划的基本内容，由于没有具体规划审批等事项，没有得到很好的实施。1997 年 10 月，原土地管理局颁布《土地利用总体规划编制审批规定》，各地开始了新一轮以保护耕地为重点，按照耕地总量动态平衡，实施土地用途管制，以土地供给决定需求，集约用地等为原则的土地利用总体规划修编工作。1999 年 4 月，国务院印发《全国土地利用规划纲要》，实行“自上而下”逐级控制，采取土地利用分区与土地利用控制指标层层分解相结合的规划模式。第二轮修编开始注重城市规划、村镇规划的协调，划分了土地用途管制区，但规划指标多被突破。[①]2005 年，正式启动第三轮修编，以保护基本农田作为修编的首要原则。2017 年 5 月，国土资源部通过并发布《土地利用总体规划管理办法》，提出要“严格保护耕地，促进节约集约用地”。

从实践效果来看，改革开放前，在计划经济体制的重工业发展战略引导下，城市土地利用战略以增加土地资源投入为主，土地利用方式比较粗放。1979—1984 年，经济体制转型起步时期，中国在农村实行家庭承包经营的土地集体所有制，乡镇企业蓬勃发展，提出了“保护耕地”战略。1985—1991 年，经济体制转型初期，实行土地使用制度改革，将土地无偿、无限期使用、无流动的制度改革为有偿、有限期、可流动的使用制度，但耕地面积持续减少，从 1978 年的 20.16 亿亩下降到 1991 年的 19.6 亿亩。1992—2003 年，市场经济体制建立初期，出现开发区热和房地产热现象，不断增长的土地需求与有限的供给之间的矛盾加剧，表现为非农建设与农业生产争地，林业与农业争地，严格保护耕地和严格控制建设用地的战略(“一保一控”)无法解决多部门争地的矛盾。2003 年开始至今，市场经济体制完善时期，土地利用战略从“一保一控”转为“双保”(保资源，保增长)，但出现耕地大量减少，减速增快，占优补劣现象，土地资源配置仍实行行政计划配置，土地利用粗放，利用效率有待提高。土地利用战略未能合理解决土地供需矛盾，反而导致土地资源稀缺性加剧，土地供需矛盾日趋尖锐。[②]

从理论上来看，随着我国从传统的农业社会转向现代的工业社会，城市规模不断扩大，土地资源的重要性不断上升，规划在很大程度上只起到保障工业化进程的单一功

---

① 张占录，张正峰.土地利用规划学[M].北京：中国人民大学出版社，2006：16—21.

② 王万茂，王群.土地利用规划学[M].北京：中国农业出版社，2016：133.

能。随着土地资源的日益减少，土地空间中的社会经济矛盾日渐突出，最终导致土地空间上的利益冲突达到临界点，必须引入新的机制以协调这种新的空间利益冲突。土地利用规划目标更加多元，不仅需要保障发展，同时更强调保护资源、协调矛盾和寻求公正，以达到土地利用综合效益的最大化。①据此看来，我国目前的土地利用战略应更加强调规划目标的多元性。

第二节　土地利用战略研究与编制

一、前期研究

研究一个区域的土地利用战略首先需要了解该区域的土地利用状况，以及该地区自然条件、人口增长状况，经济发展阶段、城市化发展水平、该区域肩负的粮食安全和生态安全要求等因素及其变化对规划期土地利用的影响，从而为规划目标的确定奠定基础。

（一）战略制定及实施背景

1. 我国特殊的土地管理制度

（1）国有和集体所有并存的土地所有制。按照我国宪法规定，"城市的土地由国家所有，农村和城市郊区的土地，除由法律规定属于国家所有外，属于集体所有"。在这样的制度背景下，制定土地利用战略所要覆盖的，包括全民所有的国有土地和集体所有的土地，这就要求制定土地利用战略时应兼顾公平和效率，要考虑集体土地所有者的利益，在考虑经济效益的同时，还要考虑农村地区所需承载的生态效益和粮食安全功能，以及农用地和耕地的质量因为土地利用规划而发生的变化。

（2）最严格的耕地保护制度。规划者不能随意触碰的，除了已有建成区等区域外，还有基本农田红线。我国 1999 年开始执行《基本农田保护条例》，其中第九条规定"省、自治区、直辖市划定的基本农田应当占本行政区域内耕地总面积的 80％以上……"；第十五条规定"基本农田保护区经依法划定后，任何单位和个人不得改变或者占用"。为此，我国实行耕地"占补平衡"制度。

（3）实行用途管制制度。我国《土地管理法》第四条（2019 年修正）规定"国家编制土地利用总体规划，规定土地用途，将土地分为农用地、建设用地和未利用地。严格限制农用地转为建设用地，控制建设用地总量，对耕地实行特殊保护"。其中，"农用地是指直接用于农业生产的土地，包括耕地、林地、草地、农田水利用地、养殖水面等；建造建筑物、构筑物的土地，包括城乡住宅和公共设施用地、工矿用地、交通水利设施用地、旅游用地、军事设施用地等；未利用地是指农用地和建设用地以外的土地"。并规定"使用土地的单位和个人必须严格按照土地利用总体规划确定的用途使用土地"。

土地利用功能分区是实现土地用途管制的前提。土地利用分区可以划分为土地利

---

① 严金明，刘杰.关于土地利用规划本质、功能和战略导向的思考[J].中国土地科学，2012，2(2)：8.

用综合分区、土地利用功能分区和土地用途分区3种类型,不同级别的土地利用总体规划中的土地利用分区有不同的表现形式。国家级和省级土地利用总体规划一般进行土地利用综合分区,依据区内自然社会经济条件相似性、土地利用方式和整体功能基本一致性、综合分析与突出主要因素相结合的原则,在保持行政区域界限相对完整的基础上,划定分区。地(市)级土地利用总体规划主要开展土地利用功能分区,控制和引导土地利用,依据区域土地资源特点和经济社会发展需要进行划定,主要包括基本农田集中区、一般农业发展区、城镇村发展区、独立工矿区、生态环境安全控制区、自然与文化遗产保护区等。县级和乡镇级土地利用总体规划一般只进行土地用途分区,以土地适宜性为基础,结合经济社会发展和环境保护的需要,按照土地主导用途的不同来划分。一般划分为基本农田保护区、一般农地区、城镇村建设用地区、独立工矿用地区、风景旅游用地区、生态环境安全控制区、自然与文化遗产保护区、林业用地区和牧业用地区。①

2. 土地利用规划的层次

我国现行的土地利用规划是以土地利用总体规划为主体的一个多层次的规划体系,分为区域性土地利用总体规划和专项规划。②目前的土地利用总体规划按所控制的层次范围的不同,分为全国、省(自治区、直辖市)、地区(省辖市)、县(县级市)、乡(镇)五级规划。土地利用详细规划是在总体规划的控制和指导下,详细规定各类用地的各项控制指标和规划管理要求,或直接对某一地段、某一土地使用单位的土地利用进行具体的安排和规划设计,分为农用地详细规划和建设用地详细规划。建设用地的详细规划又分为控制性详细规划和修建性详细规划。前者是城市规划管理和用地的综合开发、土地出让转让的依据,后者是当前开发建设的依据,也是城市建设施工设计的依据。

其中,土地利用总体规划是人民政府依照法律规定在一定规划区域内,根据国民经济社会发展规划、土地供给能力,以及各项建设对土地的需要,确定和调整土地利用结构和用地布局的总体战略部署。全国性、省(自治区、直辖市)、地区(省辖市)级土地利用总体规划均属于政策性规划范畴,县、乡两级分别为管理型规划和实施型规划。

城市总体规划是对城市发展的战略安排,属战略性发展规划,是以空间部署为核心制定城市发展战略的过程,属于较高层次的规划,在总体规划阶段,需要对城市发展战略进行研究,制定土地利用战略。

(二)前期土地利用评价

城市土地利用战略规划不是在白纸上画画,大部分城市土地已经得到不同程度的开发利用,在新规划期内制定土地利用战略应以深入了解土地利用现状为前提。研究

---

① 彭补拙,周生路,等.土地利用规划学[M].南京:东南大学出版社,2006:87—89.

② 田莉,等.城市土地利用规划[M].北京:清华大学出版社,2016:8—11.

内容包括如下几个方面。

1. 当前土地利用状况评价

（1）土地利用规模。城市建成区占规划面积比重的大小决定了土地利用战略选择的自由度和土地利用战略重点。如建成区比例已经较大的城市进一步规划的空间较小，已经完成或接近完成城市化进程的地区，其土地利用战略的重点在于城市更新、城市活力的提升和土地利用效率的提高；而建成区比例较小的城市则需要更多考虑城市发展前景、愿景、城市土地扩展速度等。

（2）土地利用结构。这包括居住、商业、工业、交通等用地规模比例，以及各类土地利用的配比情况。具体包括居住需求、生活设施需求、就业需求、通勤需求等人民对土地的各种需求得到满足的情况。

（3）土地利用效率。研究各类土地的实际利用效率，分析实际与规划偏差背后的原因，为新规划期土地利用战略调整提供依据。

（4）土地利用中存在的问题及对策。在深入分析土地利用规模、结构和效率等的基础上，分析该区域当前阶段面临的各种问题及深层次原因，从问题导向的角度为下阶段解决各类土地供需矛盾，提高土地利用效率提供对策建议。

2. 前期土地利用战略实施后评价

土地利用战略通过土地利用规划得到实施，其具体实施有赖于土地相关部门的协助和配合。土地利用战略是否能够得到落实，一是要看土地利用规划与土地利用战略的契合度，包括规划目标是否与战略目标相背离、规划目标是否能够达成战略目标等。二是要看规划是否得到有效执行。要了解其是否只是“墙上挂挂”的规划，以及不能有效执行的原因所在。要了解前期土地利用规划目标达成情况、土地利用战略目标达成情况，以及两者差距所在。如果不能保证土地利用战略的实施，那么制定土地利用战略就没有意义。三是规划执行中出现的问题及解决情况。分析问题类型，如执行程序问题、前期土地利用战略本身存在不足、执行动力不足等。四是土地利用效果评价。实践是检验真理的唯一标准。通过土地利用效果评价，了解土地利用效率提高、“城市病”缓解，以及人民居住、生活、就业、通勤等需求满足等情况。

3. 城市发展战略和上位规划的要求

在新的规划期，制定土地利用战略还需要考虑国家战略、城市发展战略的变化。国家战略的变化可能影响此区域的发展前景，土地利用规模和速度需要做相应调整。而城市发展战略的变化可能影响该地区土地利用结构、规模和速度的调整。另外，城市土地利用战略还要顺应上位规划和区域规划的新要求而适时做出调整。

（三）当期影响因素分析

城市土地利用受制于该区域的自然条件和社会经济条件。其中，社会经济条件包括城市定位、人口增长、经济发展、城市化、粮食安全、生态安全等因素。研究土地利用战略，就是要揭示这些因素与土地利用之间的相互关系，了解这些因素如何影响土地利用战略的选择。

1. 自然条件与土地利用战略

一个地区是丘陵、平原还是山地,是否有矿藏,是否适合人类居住,当地自然资源是否具有战略价值,这些自然因素及其变化将直接影响该地区的功能定位和产业选择,进而影响其土地利用战略选择。

2. 人口增长与土地利用战略

土地为人类提供了饮食、居住空间、活动空间和工作空间。一个区域人口增长必然带来对耕地和建设用地需求的增加。在一个封闭的经济体中,一个区域的人口增长上限主要由耕地资源决定。在人均昼夜食物消费水平为 9 623.2 千焦热量,作物单产为 320 公斤的条件下,养活一人所需最低耕地面积为 0.053 1 公顷(合 0.796 5 亩)[①]。据此测算,以上海为例,养活其 2 400 万人口需要最低耕地面积约为 1 912 万亩。在开放条件下,养活人口所必需的粮食可以由其他区域提供。面对人口增长,决策者需要考虑区域的生态承载能力,进行建设用地内部结构的调整,如增加住房用地、产业用地和公共设施用地的供应等。

3. 经济发展与土地利用战略

无论是在农业社会还是工业社会,土地都是经济发展的重要因素,而资本和劳动的投入和技术的进步会提高土地利用效率。一般来说,一个区域的经济发展前景越好,土地的有效需求越大,应规划的土地规模越大。随着经济的发展,资本和技术创新对经济的贡献率越来越大,获得同样的经济增加值所需的土地面积越来越小。在考虑增量的同时,也要考虑存量土地的利用效率。一些地区通过"腾笼换鸟"政策提高土地利用效率,以更少的土地实现更大的经济效益。一般用单位产值占地率、边际产值占地率等指标来反映经济发展和土地利用之间的关系。王群等的研究表明,中国经济增长占地规模由 1996 年的每亿元 GDP 占地 10 286 公顷降至 2008 年的 2 281 公顷,13 年间减少 8 005 公顷,减幅为 77.8%,可见中国的土地利用效率在提高。而根据 2003 年资料,中国大陆地区平均 GDP 占地为 8 469 公顷,是世界平均水平的 1.89 倍,是亚洲平均水平的 1.95 倍,是经济发达国家平均水平的 3.08 倍,可见中国土地利用效率虽然在提高,但还有很大的提升空间。[②]

4. 城市化与土地利用战略

城市化进程直接影响一个地区的土地需求趋势。已经完成城市化的国家或地区对土地的需求比较稳定,处于城市化过程中的地区在很长一个时期对土地的有效需求是不断增长的。制定城市土地利用战略,需要对本地区、本区域和全国的城市化发展做出判断,并结合本地区的影响力、吸引力和本地区的人口流入政策等因素,判断规划期内人口增加规模和结构,以及对土地利用规模和结构的影响。以上海为例,该地区拥有全国甚至国际影响力,虽然本地区城市化水平已经很高,但仍然吸引人口流入,同时,随着

---

① 王万茂,王群.土地利用规划学[M].北京:中国农业出版社,2016:100.

② 王万茂,王群.经济增长占地现状分析[J].中国土地,2013(5):53.

全国城市化水平的逐步提高，各地区间对人才的竞争加剧，以及本地区生存成本的提高和户籍政策的限制，该地区对人流的吸引力有逐步下降的压力。

5. 粮食①安全与土地利用战略

根据我国第六次人口普查数据，我国人口约占全世界人口的19.27%，接近1/5。就算不考虑大量粮食依靠进口的技术可行性，有如此庞大人口规模的我国如果发生粮食问题，极易成为粮食出口国的政治砝码，粮食安全成为国家战略，保证耕地保有量成为各地政府的任务，不足为奇。按照2008年我国出台的第一个中长期粮食安全规划《国家粮食安全中长期规划纲要(2008—2020年)》的要求，我国粮食自给率要稳定在95%以上；到2020年，我国耕地面积保有量不能低于18亿亩，粮食综合生产能力达到5 400亿公斤以上。在这样的背景下，一个地区土地利用战略的制定不仅要考虑保留一定规模的耕地，要鼓励提高耕地利用效率的用地方式，更要避免占用高质量的耕地，从源头上杜绝“占优补劣”行为。

二、土地利用战略制定

(一) 制定程序

土地利用战略的制定主要由如下几个程序组成②。

1. 开展前期土地利用评价

整理分析土地利用现状，对现状进行评价，分析存在的主要问题、原因、解决方案；对前期土地利用战略、土地利用规划执行情况进行后评价，总结经验教训。

2. 分析当期土地利用影响因素及其变化

对土地利用影响因素及其变化情况进行定性和定量分析，预测规划期内各类土地利用类型的需求变动趋势和结构性变化。

3. 分析规划期内土地供求总体态势

在综合考虑土地利用现状、问题和各种影响因素的基础上，结合城市经济社会发展规划、产业发展规划、生态保护等专项规划，进行不同约束条件下土地供给潜力和土地需求预测和土地供需平衡分析，明确土地供需矛盾所在、规模和分布。

4. 确定规划期内土地利用战略目标

土地利用战略目标是通过土地利用规划所要达成的最终目标，是在针对问题的目标罗列和利益相关者的目标罗列的基础上，通过分析、权衡各类目标间的关系后提出的规划期内可能达成、尽量调和的目标。

在操作上，土地利用战略目标可细分为若干分目标，分几个阶段实现，若干分目标的全面达成应能实现最终目标。

---

① 与联合国粮食及农业组织所指的“谷物”不同，我国政府官方正式使用的“粮食”概念与国际上“食物”称谓相同，指五谷杂粮，包括稻谷、小麦、高粱、谷子、玉米、大麦等。相关内容可参见王万茂和王群所著的《土地利用规划学实习手册》(2016年版)第103页。

② 王万茂，王群.土地利用规划学[M].北京：中国农业出版社，2016：104.

5. 土地利用战略方案的选择

土地利用战略方案是战略目标实现的途径,包括战略重点、战略布局和战略对策。选择的战略方案关乎战略目标实现的可行性和可能性,是制定土地利用战略的难点。①

(二) 战略内容

1. 土地利用战略目标

制定土地利用战略首先要基于一个区域的定位和土地利用现状,在上一轮规划后评价、土地利用条件综合评价、土地利用现状评价,以及土地利用供需预测的基础上,分析现行土地利用战略与城市发展目标的差距、土地利用过程中存在的问题、各类自然和经济社会影响因素的变化情况、产业发展和人民需求的变化趋势等。

一般来说,协调用地矛盾、促进经济发展、保护生态环境、提高土地利用效率,为人民提供良好的居住和工作环境等都是土地利用战略目标。但对于特定地区在特定阶段,其规划期的土地利用战略目标具有阶段性、地域性特征、主观性。不同发展阶段、处于不同区位、选择不同价值判断的地区在某个规划期所聚焦的目标会有所不同。如在经济发展的初期阶段,土地利用战略目标以经济建设为主要目标;随着经济的发展,生态环境保护目标进入规划者视野;随着经济的进一步发展,土地利用战略可能更加关注人性化的生活和生产环境,更把"人"作为土地利用的出发点和落脚点。

从目前来看,保生态、保发展是被广泛认同的土地利用战略目标。如王万茂认为,保护资源、保障发展、保存生态是土地利用战略研究的总体目标,核心目标是保证粮食安全、经济持续发展和生态环境安全的实现。②王静等学者认为,应转变土地利用战略,把节约集约利用土地和提高土地利用效率作为前提,同时注重土地数量与生产能力的提高并重,采取差别化区域土地利用战略。③再如台湾地区的土地利用规划目标是改变不合理的土地利用方式,促使土地的合理开发利用,保持生态平衡,合理发展人口,形成具有地域分工和国际分工的产业,由此创造台湾地区美满的生活环境。④

2. 土地利用战略重点

土地利用战略重点是某区域土地利用的主攻方向和实现战略目标的关键和突破口,关乎土地利用战略成败。确定战略重点,要基于该地区城市发展愿景、规划期土地利用存在和面临的关键问题,以及该地区在规划期的社会经济发展所面临的主要任务。同时,与战略目标的分阶段的子目标相适应,每个阶段都应有细分的战略重点,每个细分的战略重点都应与相应的子目标相对应。此外,还要处理好不同阶段之间的衔接和

---

① 张占录,张正峰.土地利用规划学[M].北京:中国人民大学出版社,2006:120—121.

② 王万茂,王群.土地利用规划学[M].北京:中国农业出版社,2016:127.

③ 王静,郑振源,黄晓宇,邵晓梅.对中国现行土地利用战略解决土地供需矛盾的反思[J].中国土地科学,2011(4):9—12.

④ 张占录,张正峰.土地利用规划学[M].北京:中国人民大学出版社,2006:381.

联系，及时做好土地利用细分战略重点的转移。

3. 土地利用战略布局

土地利用战略布局是为实现战略目标，在空间上对土地利用所作的总体部署，一般指农业、林业、牧业、工业、商业、住房、交通等的用地布局。

4. 实施战略的关键措施

为保障土地利用战略目标的实现，应针对土地利用战略重点实施和战略布局中存在的瓶颈和困难，提出有针对性、可操作的保障措施，包括组织保障、人员保障、资金保障、体制机制保障等方面。

三、土地利用战略实施

（一）公众参与

土地利用战略的实施需要借助土地利用规划的制定。在规划制订过程中，要确保公众参与，土地利用的最终目的还是服务城市中的民众，在土地利用规划战略前期研究中民众土地利用满意度调查的基础上，在土地利用规划阶段，吸引公众参与，不仅能使规划更符合真实需要，而且还有助于规划的顺利实施，公众监督还有利于避免规划的随意调整。在土地利用战略实施过程中，公众参与是规划战略实施效果重要的反馈渠道之一。

公众参与的发展一般有 3 个阶段，聆听、参与设计和参与决策。我国目前总体上仍处于第二个阶段，有些地区已经在探索第三个阶段。与 3 个阶段相对应，公众参与形式由无公众参与形式逐步过渡到传统式公众参与、半公开式公众参与、公开式公众参与。长期以来，我国沿袭了计划经济下的模式，土地利用规划的制订仅由土地规划部门根据用地需求及社会经济发展计划，采取指标分解的方法确定规划目标。后来过渡到传统模式，在规划草案确定后，增加了公众咨询步骤，公众未参与制订规划的目标设计，只是协调规划用地矛盾，公众多为专家，普通大众缺乏了解和参与的动力；半公开式公众参与形式中，在规划草案形成之前增加了公众参与协商程序，规划草案的科学性得到增强；公开式公众参与形式下，土地规划部门不再是编制者，而是组织者，将相关的公众组织到一起确定规划目标，形成规划草案，之后在公众咨询的基础上形成最终方案。规划草案制定前后都有公众参与。

（二）规划实施

目前，我国编制、审批、实施和监督土地利用规划的是各级土地行政管理机关。土地利用规划的实施过程也是这些政府部门按照经批准的规划控制并引导各项土地利用的过程。主要通过土地利用年度计划、建设项目用地预审、农用地转用、土地征用规划审查、土地整理复垦开发项目规划审查、基本农田保护区规划、城市规划和村镇规划审核等手段进行管理实施。①

① 张占录，张正峰.土地利用规划学[M].北京：中国人民大学出版社，2006：328—332.

(三)效果评价

土地利用规划实施一定时期后,要对规划目标、规划效益、规划影响和规划守法情况等进行系统客观的总结和分析。为保证规划效果评价的客观独立性,土地利用规划评价一般由中介机构或第三方来完成。

(四)战略调整

在土地利用战略实施过程中,随着宏观环境的变化、相关规划的调整及相关理论的突破和技术水平的提高,以及在实施过程中可能会有的重大问题的出现,需要对战略目标和战略方案进行适时调整。需要及时收集分析实施过程中的各种反馈信息,掌握各种变化情况和发展趋势对该地区土地利用的要求和影响。①

第三节 住房规划战略

城市首先是人的城市,住房是基本的民生之一。住房规划对城市人民的日常生活影响较大。从规划层面来看,与住房规划密切相关的有住宅用地和居住用地。根据《城市用地分类规划与规划建设用地标准》,居住用地主要包括住宅用地、公共服务设施用地、道路用地和公共绿地。

一、住房供需及其演变

居住是城市的基本功能之一,住房是城市空间基本的物质基础之一。

(一)家庭住房供需及其演变

1. 家庭住房需求及影响因素

住房作为人类的基本需求,可以分为生存需求和改善需求。住房包括面积、房型、设施设备、建筑风格、区位、周边环境、价格等要素。影响一个家庭住房需求的因素包括家庭收入、家庭所处生命周期、职业、教育背景、生活观念、居住习惯、房价水平、住房政策等。

2. 家庭住房的供给及影响因素

按照土地使用方式来划分,城市的家庭住房分为独家独户住宅、低密度住宅、多层住房、高层住房等;按照住房样式可分为别墅式、公寓式、传统四合院式等;按照住房成本可分为高档、中档和低档住房;按照开发主体来划分,分为房改房、售后公房、动迁房、商品房和政策性住房。其中,政策性住房又包括经济适用房、共有产权房、廉租房、公共租赁房和限价房等。

对家庭住房的供给包括供给数量和供给结构。其中,供给数量取决于城市居民收入水平、住房用地规划、人口规模和预测、国家住房市场政策等,供给结构与该地区人口结构(包括年龄结构、受教育程度结构、收入结构、家庭规模结构等)、保障性住房建设规划、人才政策等密切相关。

---

① 张占录,张正峰.土地利用规划学[M].北京:中国人民大学出版社,2006:121.

3. 家庭住房需求的演变

随着经济的发展,社会阶层不断分化,处于不同收入结构、家庭规模和结构、社会地位的住户对城市住房的需求各异,家庭住房需求更加多层次发展。

从对建筑单体的需求来看,不同群体需要不同的住房样式和品质。随着家庭收入的提高,城市居民更加关注住房品质,住房需求不断升级,表现在面积的增加、功能的丰富、设施设备的配置、周边环境的改善、居住质量和安全、住宅设计、物业服务等方面。①

从未来趋势看,我国人口老龄化、家庭规模小型化,与此相适应,未来家庭住房的需求趋势是住房成套化、套型多样化和小型化、老年住宅需求旺盛。②

(二) 城市住房供需及其演变

影响城市住房需求的因素包括城市人口规模、人口结构、经济发展水平及潜力、城市影响力、相关政策等。对这些因素的综合考虑构成了确定城市住房用地规模和用地结构的依据。

按照产权关系的不同,城市住房的供给包括租赁供给和出售供给两大类。按照是否新增又分为存量供给(二手房)和增量供给(新房)两类。

1949 年后,我国城市住房的供给经历了政府和企事业单位自建房后的福利分房(公房),鼓励个人购买公房,再到商品房供应,逐步形成商品房和政策性保障房同时供应的过程。商品房用于满足住户的个性化需求,政策性保障房用于保障低收入群体的基本居住需求。

(三) 城市居住空间的演变

目前,我国实行征地制度,地方政府是城市住房用地的唯一供应方,对住房的供应主要表现为住宅小区的建设,如别墅区、高档住宅区、大型居民居住区、房屋动迁安置区、人才公寓小区等。

从空间布局来看,城市居住空间随着城市化、工业化的发展,城市发展模式的选择、城市快速交通设施的建设的不同而表现为不同的形式。如在摊大饼的城市发展模式下,城市居住空间变化表现为郊区化布局,多中心发展的城市的居住空间模式变现为组团式布局。同时,随着中心城区环境的改善,又会出现“返回市中心”的现象,取决于中心城区的发展历程。如在我国很多城市,中心城区一度是居住环境改善的重点区域,“逃离市中心”的场景并未出现。

二、住房规划战略制定

制定城市住房规划战略需要基于住房需求规模和需求结构,结合住房供给规律和趋势、现有存量等因素,综合确定住房用地供给规模和结构。

---

① 周建明,丁洪建.中国城市土地利用的理论与实践[M].北京:中国建筑工业出版社,2009:155—156.

② 侯景新,李天健.城市战略规划[M].北京:经济管理出版社,2015:138.

按照我国城市建设用地分类，城市用地分为居住用地、公共管理与公共服务用地、商业服务业设施用地、工业用地、物流仓储用地、道路与交通设施用地、公用设施用地、绿地与广场用地。其中，居住用地包括居住小区、居住街坊、居住组团和单位生活区等各种类型的成片或零星用地。住房规划主要体现为居民点规划。

（一）规划规模的确定

城市住房总量规模的确定受到城市综合承载力、城市规模、城市产业发展潜力、城市吸引力、城市规划要求等因素的影响。

在实践中，一般根据人口规模和人均居住用地标准进行居住用地规模预测。根据我国2012年1月1日起实施的《城市用地分类与规划建设用地标准》(GB 50137—2011)，城市建设用地规模不能超过规定的人均用地标准，在所有的建设用地中，居住用地不能超过一定的比例(表17-1、表17-2)。如根据现行标准，人均居住用地面积按照两类气候区适用不同的标准，总体上人均居住用地面积介于23～38平方米/人之间，居住用地占城市建设用地的比例被控制在25.0%～40.0%之间。

表17-1 我国规划人均城市建设用地标准

气候区	现状人均城市建设用地规模(平方米/人)	规划人均城市建设用地规模取值区间(平方米/人)	允许调整幅度		
			规划人口规模≤20.0万人	规划人口规模20.1万～50.0万人	规划人口规模＞50.0万人
Ⅰ、Ⅱ、Ⅵ、Ⅶ	≤65.0	65.0～85.0	＞0.0	＞0.0	＞0.0
	65.1～75.0	65.0～95.0	+0.1～+20.0	+0.1～+20.0	+0.1～+20.0
	75.1～85.0	75.0～105.0	+0.1～+20.0	+0.1～+20.0	+0.1～+15.0
	85.1～95.0	80.0～110.0	+0.1～+20.0	−5.0～+20.0	−5.0～+15.0
	95.1～105.0	90.0～110.0	−5.0～+15.0	−10.0～+15.0	−10.0～+10.0
	105.1～115.0	95.0～115.0	−10.0～−0.1	−15.0～−0.1	−20.0～−0.1
	＞115.0	≤115.0	＜0.0	＜0.0	＜0.0
Ⅳ、Ⅴ	≤65.0	65.0～85.0	＞0.0	＞0.0	＞0.0
	65.1～75.0	65.0～95.0	+0.1～+20.0	+0.1～20.0	+0.1～+20.0
	75.1～85.0	75.0～100.0	−5.0～+20.0	−5.0～+20.0	−5.0～+15.0
	85.1～95.0	80.0～105.0	−10.0～+15.0	−10.0～+15.0	−10.0～+10.0
	95.1～105.0	85.0～105.0	−15.0～+10.0	−15.0～+10.0	−15.0～+5.0
	105.1～115.0	90.0～110.0	−20.0～−0.1	−20.0～−0.1	−25.0～−5.0
	＞115.0	≤110.0	＜0.0	＜0.0	＜0.0

数据来源：我国2012年1月1日起实施的《城市用地分类与规划建设用地标准》(GB 50137—2011)。

表 17-2　居住用地面积规划控制标准

建筑气候区划	Ⅰ、Ⅱ、Ⅵ、Ⅶ气候区	Ⅲ、Ⅳ、Ⅴ气候区
人均居住用地面积(平方米/人)	28.0～38.0	23.0～36.0
居住用地占城市建设用地的比例(%)	25.0～40.0	

数据来源:我国 2012 年 1 月 1 日起实施的《城市用地分类与规划建设用地标准》(GB 50137—2011)。

按照人均用地标准对居住用地规模进行预测,既忽略了其他因素对居住用地规模的影响,也不符合人口积聚的规模效应。此外,在现实实践中,地方政府为了获得更多的建设用地指标,往往会过高估计人口预测规模,导致土地资源的浪费。

(二) 居住用地的布局

1. 基本原则

基本原则是要符合城市总体规划等上位规划的要求,与相关规划相衔接;符合城市性质与愿景、地方特点和环境条件;充分利用规划区内地形地物、植被、道路、建筑物与构筑物等现状;适应当地居民活动规律和习惯;综合考虑日照、采光、通风、防灾、配套设施及管理要求;考虑老年人、残疾人等特殊人群的需求;为工业化生产、机械化施工和建筑群体、空间环境多样化创造条件;为商品化经营、社会化管理及分期实施创造条件;充分考虑经济、社会和环境三方面的综合效益。

2. 布局形式

城市居住用地的分布一般采用集中与分散两种形式。形态上,有团状、星状、组群状、子母状等。其中,团状布局一般是利用原有城镇格局向外发展,共用现有城镇基础设施;星状布局一般用于矿区,如随煤井建立的居住区;组群状布局一般是由于产业的分散布局形成的居住区域的分散布局;子母状布局多见于大城市,表现为母城和子城的布局方式。①

3. 功能融合

在居住用地布局过程中,应注意居住需要的各种功能用地的有机融合。居住点与产业用地之间,不同居住点之间,同一居住点内部住房、道路、绿化、设施用地之间都应进行功能的融合,提升土地利用效率。

要合理确定居住、工作、游憩、交通等用地的比例和联结,合理解决各类用地之间的冲突;避免设置大规模且功能单一的居住区。②

(三) 居民点用地规划程序

1. 确定居民点用地规模

居民点用地规模的确定以人口规模预测为基础,结合建筑层数、套型设计、容积率、公共建筑项目组成与数量、交通运输、基础设施建设等因素。

---

① 张占录,张正峰.土地利用规划学[M].北京:中国人民大学出版社,2006:174.

② 侯景新,李天健.城市战略规划[M].北京:经济管理出版社,2015:139.

2. 居民点用地区位选择

在区位选择上,要兼顾生活和生产需要,要符合建筑条件和要求,满足卫生保健要求等。

3. 居民点占地面积概算

居民点用地包括生活居住用地,工业、手工业用地,对外交通用地,仓库用地,公共视野用地,卫生防护用地,以及其他用地。居民点占地面积的推算方法常用的有根据建筑面积定额推算法、平均占地面积推算法、累加法等。

4. 居民点用地功能设计

这是居民点用地规划的核心部分,就是要将居民点各部分按不同功能要求进行有机组合,以保证用地布局合理。主要内容包括居民点用地功能分区、生活区用地和生产区用地规划。

功能分区一般包括生活区、公共中心区和生产区。居民活动包括居住、交通、生产、休憩。居民点的用地需要根据需求安排不同功能的用地。目前,我国的工业用地与比重较高。

居住小区是居住区基本用地单位,一般居住小区的规模以小学的合理规模作为计算小区规模的下限,以日常公共设施的最大服务半径为小区用地规模的上限,住宅至各项公共设施的步行距离 150—300 米,与附近街道及公共汽车站距离 200—300 米。

在我国,住房通常是成片规划和修建,形成住房组群。住房用地规划就是住房组群的用地规划。在规划布局上,一般有条式组群、点式组群和条点结合组群。住房布局要考虑朝向、楼间距、地形等要素。住房密度的确定需要考虑最佳层数、施工经济的建筑物形状、建筑物尺寸大小和层高等。①

三、公共住房及规划战略

在市场经济条件下,公共住房规划是一个地区住房规划的重要部分。

(一) 公共住房及其特点

公共住房是为解决中低收入群体的住房问题,由政府直接投资建设,或者通过提供补助、税费减免等优惠政策由企业建设,再按照政府规定的价格、租金或由政府出资购买后,再以规定的价格或租金向中低收入群体出售或出租的住房。目前主要包括经济适用房、廉租房(我国于 2014 年后将其和公共租赁房并轨)、公共租赁房与限价房。公共住房具有公共福利性、非营利性、政府干预、申请对象限制、价格低廉、流通限制、分配程序复杂等特点。

(二) 公共住房相关理论

1. 市场失灵理论

市场失灵理论认为,完全竞争的市场结构是资源配置的最佳方式。但在现实经济

---

① 彭补拙,周生路,等.土地利用规划学[M].南京:东南大学出版社,2006:109—112.

中，由于垄断、外部性、信息不完全等的存在，使得仅依靠价格机制无法实现资源的最优配置，出现市场失灵。为了实现资源配置效率的最大化，就必须借助政府的干预。面向低收入群体的住房建设具有正外部性，市场供应不足，需要政府介入这类住房的供给。

2. 公平理论

伦理学的公平理论强调在涉及社会成员的基本权利时，应按照绝对公平的原则进行分配，不允许人为造成社会成员间的差异；在涉及非基本权利时，应按照比例平等的原则进行分配，贡献越多获得越多；从社会利益合作共同体中获益较多的，应给予那些因能力不足未能从中多获益的成员一定的利益补偿。应用到住房领域，政府应当利用按市场原则获得住房的人提供的“补偿”来满足较为贫困者的基本住房需求。

3. 住房过滤理论

过滤理论由伯吉斯(Burgess)于1925年提出，1960年劳瑞(Lowry)对过滤现象进行了概念性解释，认为过滤产生的原因在于住宅老化及新建，随着住房的老化，原先的居住者会选择条件更好的住房，空出的住房就由收入较低的住户继续居住，描述了住宅生命周期中的使用过程。据此理论，城市住房应分层供应，为不同收入阶层提供“不等质”住房，住房供应应兼顾新建住房和旧房利用，公共住房应尽量建在靠近市中心，并逐步实现以旧房为主渠道。

4. 社会保障理论

该理论围绕政府与市场、公平与效率两大主题构建起来，强调市场经济利润最大化原则会导致“马太效应”、社会不公和对立，进而导致社会动荡，阻碍社会经济发展。为避免这种现象，该理论认为，政府应构建社会保障机制调节市场行为，社会保障的对象主要是难以在市场中获益的“弱势群体”，政府应保障他们的基本需求和权利；社会保障以“公平”为基本准则，一个地区的社会保障水平应该与该地区经济发展水平相一致。住房保障是社会保障的一部分，政府有责任为买不起也建不起房的公民提供公共住房。①

(三) 我国的住房保障政策

我国的住房保障包括两个部分的内容：棚户区改造和公共住房建设，同时积极探索发展共有产权住房。其中，公共住房包括面向中低收入家庭的公共租赁房、面向中低收入家庭的经济适用房、面向特定人才群体的限价房等。其中，经济适用房和限价房拥有有限产权。

2007年《国务院关于解决城市低收入家庭住房困难的若干意见》提出了住房保障制度目标和基本框架；提出要建立健全城市廉租住房制度，改进和规范经济适用住房制度，加大棚户区、旧住宅区改造力度；要求廉租房、经济适用房和中低价位、中小套型普通商品住房建设用地的年度供应量不得低于居住用地供应总量的70%。2010年我国出台的《国务院关于坚决遏制部分城市房价过快上涨的通知》又提出要加快保障性住房

---

① 侯景新，李天健.城市战略规划[M].北京：经济管理出版社，2015：142—147.

建设,规定公共住房、棚户区改造和中小套型商品住房用地不低于住房建设用地供应总量的70%。[1]2013年12月,三部委联合出台《住房城乡建设部　财政部　国家发展改革委关于公共租赁住房和廉租住房并轨运行的通知》,要求自2014年起,我国各地公共租赁住房和廉租住房并轨运行,并轨后统称为公共租赁住房。此后,大力推动公共租赁房建设。2015年《财政部　国土资源部　住房城乡建设部　中国人民银行　国家税务总局　银监会关于运用政府和社会资本合作模式推进公共租赁住房投资建设和运营管理的通知》(财综〔2015〕15号),提出要逐步建立"企业建房、居民租房、政府补贴、社会管理"的新型公共租赁住房投资建设和运营管理模式。2017年9月,出台《住房城乡建设部关于支持北京市、上海市开展共有产权住房试点的意见》,在两个城市试点共有产权住房。

(四)公共住房布局与政策借鉴

1. 住房供给多样化

如1970年后美国政府减少了直接建房,主要通过支持私人机构建设廉租房。政府制定建设标准,提供税费优惠,提供低息贷款和低息土地等。同时还通过放宽容积率和建筑密度等的限制,促使开发商在其开发范围内建造一定比例的低价房。

2. 为住房建设融资提供便利

如日本政府通过拓展资金渠道筹集资金,为各种住房机构和团体建造住房提供资助,还为部分建房机构提供担保,允许其发行债券筹集资金。此外,日本实施了住宅金融公库模式,不仅为居民自建或购买住宅提供长期低息贷款,还允许地方政府、民营企业申请中长期贷款进行住房建设,允许金融公库和住宅公团可在政府担保下发行住宅债券。美国也向私房所有者提供低息贷款和税收信贷,鼓励他们扩建和改建住房。

3. 控租与补贴相结合

控租是利用立法的方式来对公共住房的租金加以控制。控租的实施保证了美国公共住房租金长期保持稳定,租金约为低收入者收入的25%,比最低市价低20%左右。在控租的同时,美国还实施房东补贴、住房券、建房者资金补贴、现金补贴等政策。对地方政府建设公共住房的补贴有建设资金补贴、运营补贴、旧公共住房更新修缮等。美国政府还发放免税的债券来筹集资金。

4. 防止低收入家庭集聚式居住

集中的公共住房建设导致低收入家庭集聚式居住,单一人口结构容易导致该地区发展滞后,1966年美国政府不得不从教育、卫生、治安、娱乐等方面同时采取措施,进行综合治理。美国还通过发放房租补助券来避免这种现象发生。受益家庭可自己选择居住地,只需缴纳个人收入的30%为房租,不足部分由政府补足,该政策的实行避免了贫富人群的隔离。

---

① 侯景新,李天健.城市战略规划[M].北京:经济管理出版社,2015:159—160.

5. 重视住房与城市管理结合

如新加坡对城市内建筑、道路、绿化等标准进行统一规定，以保证居民的居住质量。

参考文献

张占录，张正峰.土地利用规划学[M].北京：中国人民大学出版社，2006.

王万茂，王群.土地利用规划学[M].北京：中国农业出版社，2016.

许连君.经济发达地区的土地利用战略研究[D].杭州：浙江大学，2005.

侯景新，李天健.城市战略规划[M].北京：经济管理出版社，2015.

周建明，丁洪建.中国城市土地利用的理论与实践[M]，北京：中国建筑工业出版社，2009.

严金明，刘杰.关于土地利用规划本质、功能和战略导向的思考[J].中国土地科学，2012(2).

彭补拙，周生路，等.土地利用规划学[M].南京：东南大学出版社，2006.

田莉，等.城市土地利用规划[M].北京：清华大学出版社，2016.

王群，王万茂.中国大陆地区经济占地区域差异比较研究[J].广东土地科学，2013(3).

王静，郑振源，黄晓宇，邵晓梅.对中国现行土地利用战略解决土地供需矛盾的反思[J].中国土地科学，2011(4).

第十八章　城市交通规划战略导引

现代化高速发展的时代背景下，采取何种交通发展战略，不仅对于加快提升城市发展实力，更健康地促进城市经济社会发展有重要意义，对带动和促进周边地区的经济发展也有巨大的推动作用。本章从把握城市居民出行特性、利用大运量快速交通促进实现公交优先、交通战略与城镇建设，以及关注慢行交通和综合交通枢纽的规划布局以寻求解决城市交通问题之道等角度出发进行分析探讨，为城市交通规划战略导引提供参考。

第一节　城市居民交通出行特性是编制交通规划的基础

城市居民交通出行特性是通过出行者交通行为反映的城市交通需求，其主要指标包括城市人口日出行次数、出行结构、出行方式、出行时间、出行选择等。城市居民交通出行特性是编制城市规划、进行交通设施建设与管理的重要依据，通过城市居民交通出行特性可以考察城市的交通发展水平，预测人口出行趋势，分析影响出行方式的因素。此外，城市交通特性也是城市环境保护等措施制定的重要参考依据。

一、城市居民交通出行特性

（一）出行次数

出行次数表示居民出行的频繁度，是反映城市经济社会繁荣与活跃程度的重要指标。衡量出行次数的指标有 3 个：人均出行次数，该指标等于人口日出行总量与人口总数比；出行者人均出行次数，该指标等于人口日出行总量与出行人口总数比；出行率，该指标等于出行人口数与人口总数比。影响居民出行次数的因素众多，其中居民的生理特性、社会属性是较为最重要的两个影响因素。如居民日出行中一般男性的出行次数高于女性，年轻人的人均出行次数要高于老年人。上班族和学生的出行频率高于无业人员和离退休人员。出行时间也是影响居民出行次数的一个因素。通勤时间和工作日的人均出行次数和出行率较平时和休息日高，休息日出行基本上是以生活出行为主的因私出行。

（二）出行强度

出行强度用出行时间表示，指标包括平均日出行时间（分/人），单位出行时间（分/次）和机动车单位出行时间（分/次），不同出行时间分别代表了人口出行的活跃程度、出行距离和不同区域的出行习惯，其与城市规模、经济发展水平、城市土地利用、交通设施分布等密切联系。从城市规模看，大城市比小城市具有更长的通勤的出行距离，消耗的出行时间也更长。以日本为例，图18-1是包含大都市圈及地方都市在内的不同规模城市通勤出行的耗时情况。从中可以看到地方小城市通勤耗时时间低于40万人左右城市，更低于大都市圈；地方都市圈低于大都市圈；特大都市圈近郊区高于中心城区以及远郊区。尽管不同规模城市通勤时耗不同，特别是特大都市圈耗时较长，但其完善的交通系统，如大城市的交通方式和结构通常更为丰富，配置有地铁、有轨电车、BRT等快速便捷的大中运量公共交通方式，一定程度上也能适当缩短居民的通勤出行时耗。

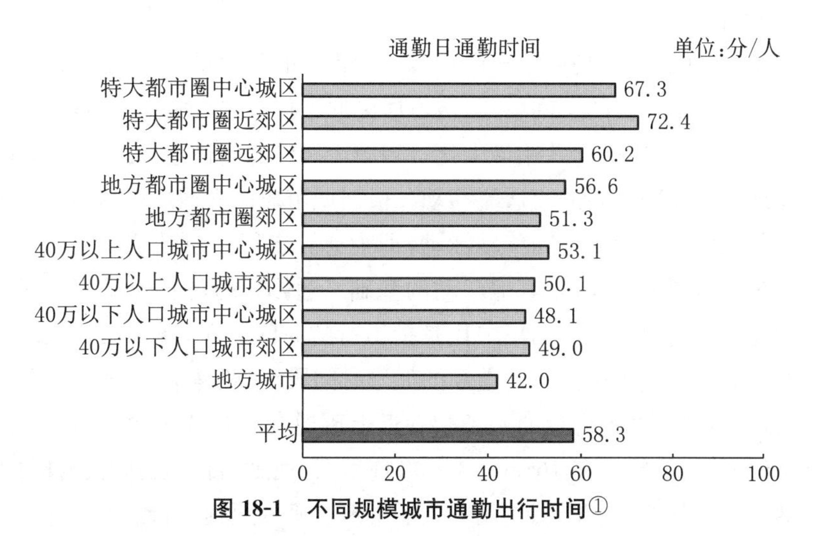

图18-1　不同规模城市通勤出行时间①

资料来源：基于日本第五次全国城市交通特性调查报告整理。

（三）出行构成

出行构成也称城市居民出行的目的构成。以日本为例，在城市居民交通出行特性中，城市居民出行构成分通勤、上学、业务、返回住所、因私等五个方面（图18-2）。可以看到，尽管不同城市、不同地区、不同目的的出行比重各不相同，但从各地区的出行构成看，不同地区的出行结构基本相同。在出行构成中，通勤出行和因私出行是占比较大的两项，也是城市交通战略规划中需要重点考虑的部分。

① 大都市近郊和远郊的划分标准是：距离中心城市在30—40千米内的大都市周边区域为大都市圈近郊区（简称“大都市近郊”）；距离中心城市在30—40千米以外的周边区域称之为大都市圈远郊区（简称“大都市远郊”）。

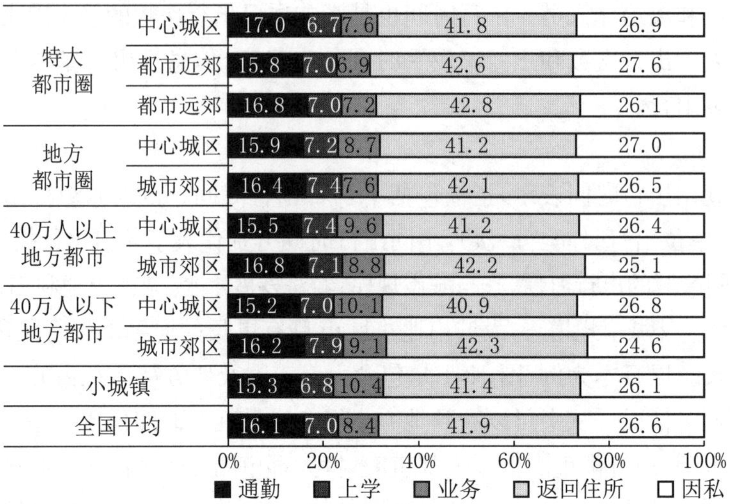

		通勤	上学	业务	返回住所	因私
特大都市圈	中心城区	17.0	6.7	7.6	41.8	26.9
	都市近郊	15.8	7.0	6.9	42.6	27.6
	都市远郊	16.8	7.0	7.2	42.8	26.1
地方都市圈	中心城区	15.9	7.2	8.7	41.2	27.0
	城市郊区	16.4	7.4	7.6	42.1	26.5
40万人以上地方都市	中心城区	15.5	7.4	9.6	41.2	26.4
	城市郊区	16.8	7.1	8.8	42.2	25.1
40万人以下地方都市	中心城区	15.2	7.0	10.1	40.9	26.8
	城市郊区	16.2	7.9	9.1	42.3	24.6
小城镇		15.3	6.8	10.4	41.4	26.1
全国平均		16.1	7.0	8.4	41.9	26.6

0%　20%　40%　60%　80%　100%

图 18-2　城市居民出行构成

资料来源:基于日本第五次全国城市交通特性调查报告整理。

1. 通勤出行

在城市中,居住和工作是城市居民日常最为重要的两大活动,一般情况下居住地与工作地构成了城市最主要的空间单元,城市居民的居住地选择是在工资收入、土地成本和通勤成本之间权衡,以追求效用最大化。当城市居民的居住地与工作地分离时,就必然产生居住地与工作地之间的交通流移动。根据城市居民交通出行特性定义的城市居民在居住地与工作地之间的空间移动活动,即为通勤出行。通勤活动是城市居民交通出行活动中最为重要的一项,是其他活动的基础。通勤出行的特点是出行时间和出行空间的集中化。所谓出行时间的集中化是指出行的时间分布,通勤出行的时间一天内有上下班两个时段较为集中。一是通勤的上班时间段,一般是 7:30—9:00 的上班早高峰,出行者数量占总通勤出行量的 49.74%,近上班通勤出行的半数。另一个则是通勤出行的下班时间,一般集中在 16:30—18:00 前后,为通勤出行返程晚高峰时段,出行者数量占总通勤出行量的 51.73%。18:30 之后下班通勤的返程出行逐渐减少。通勤出行方式有公共交通、私家机动车、出租车、电动车,以及步行等。城市居住就业的空间格局、出行距离是影响通勤出行方式选择的重要方面。

2. 因私出行

因私出行是指城市居民的日常购物、休闲娱乐、探亲交友、就医看病等方面的交通出行。与通勤出行的时间固定、方向固定等特性不同,因私出行中,出行者对于出行距离和耗时等具有一定的可选择性,尽量以距离近和耗时短为标准选择出行目的地。如对于城市居民来说,他们在去超市购物时,往往会选择就近的超市,选择公共交通的直达性和市区停车便利性较好的商圈购物。相关调查显示近年来因私出行在出行构成中的比例不断增加,尽管步行仍是因私出行选择的主要交通方式,但因私出行选择机动车的比重也在不断增加。

（四）出行结构

出行结构也称出行方式分布，表现的是出行者对出行工具的选择。以日本为例，城市居民的出行结构包括：步行、自行车、机动车（包括出租车）、路面公共交通和轨道公共交通。与城市居民出行构成不同，不同城市由于各自的自然环境、经济实力和建城环境的不同，居民出行选择的交通方式种类各不相同（表 18-1）。根据相关调查，影响居民出行方式选择的要素有区位、出行时间和人口密度。城市居民出行结构可从一个侧面反映城市的交通基础设施的建设、土地利用的水平。

表 18-1　城市居民出行方式

	轨道交通	路面公交	机动车	自行车	步行等
大都市中心城	32.1	3.9	21.4	17.4	25.2
大都市圈 近周边区域城市	25.5	2.0	34.0	18.1	20.4
大都市圈 远周边区域城市	12.0	1.2	55.8	14.2	16.8
城市平均值	14.3	2.5	48.8	15.5	18.9

资料来源：基于日本第五次全国城市交通特性调查报告整理。

二、影响城市居民交通出行的因素[①]

（一）区位影响

相关数据显示，大都市居民交通出行方式随着区位变化，出行方式选择有所不同。这些不同表现在一是与中心城距离越远，选择以轨道和路面公交为主的出行比例越来越低，以自驾为主的机动车出行比例增加。二是大都市周边的近郊区域的居民出行方式接近中心城区，轨道交通和路面公交车出行比例高于远郊区域。三是大都市远郊区域居民选择自驾车出行比例高于中心城区和近郊区域。四是自行车和步行仍是城市居民交通出行的重要方式，表 18-1 显示城市各区域选择自行车和步行的出行在各区域的出行总量中均占 1/3。

（二）出行时间影响

数据显示交通出行时间与出行方式选择之间具有相关性。首先，当出行时间在 20 分钟以内，居民出行方式主要选择的是步行和自行车。其次，出行时间超过 20 分钟时，公交出行的比例上升，步行和自行车的出行比例下降。第三，当出行时间在 40 分钟左右时，公交出行和自驾车出行基本持平。随着出行时间的进一步增加，公交出行比例再度有所增加。

（三）人口密度影响

居民交通出行方式选择与该区域人口密度相关。从相关的城市居民交通出行特性

① 参见日本国土交通省、都市区域整备局 2005 年发布的全国城市交通需求特性调查报告。

调查看,不同人口密度区域的出行方式存在很大差异。在区域人口密度为每公顷40人的区域里,尽管人口数量增加,公交出行的比例仍低于5%,自驾车为主的机动车出行比例在70%左右;当区域人口密度达到每公顷140人时,公交出行的比例可提升到40%—45%之间,机动车出行比例是10%—20%之间。总而言之,对于人口密度相对较低区域,只有当人口密度提升到一定比例时,区域选择机动车出行的比例才会出现下降,公交车出行的比例才会随之提高,否则居民出行方式还是以自驾的机动车出行为主。

(四) 出行习惯影响

指标中机动车平均单位出行时间表示了区域出行对机动车的依赖程度,或者说该指标在一定程度上也反映了该地区出行习惯。以日本为例,2010年其三大都市圈机动车平均单位出行时间为28.8分钟。其中,中心城区是33.9分钟,大都市的近郊区域是28.5分钟,远郊区域是24.1分钟。这些数据表明不同区域出行对机动车的依赖程度不同。一是在大都市圈,对机动车依赖程度最高的区域是远郊区域,其依赖程度不仅高于中心城及近郊区域,还高于都市圈平均值。二是大都市的中心城和近郊区对机动车出行的依赖程度在各类城市中处于最低水平。

三、规划关注的重点

为在现有基础上进行更高层次的、功能更完善的城市交通系统资源配置,促进城市交通系统的协调性建设,交通战略规划须在居民交通出行特性基础上通过各项指标反映规划的目标和需要解决的问题。

(一) 关注的重点

一是关注公共交通、慢行交通基础设施建设,路网密度、公交线网密度、500米公交站点覆盖率、公交通勤平均换乘次数、主次干路机非隔离设施设置率,以此把握城市交通基础条件。

二是关注居民出行者的感知状态,了解需求及变化趋势。相关指标分别是出通勤出行时耗、出行费用、满意度。

三是从通勤交通早晚高峰时段交通运行情况出发,了解城市交通基础设施的运行和承载状况,评价城市或区域交通运行情况。相关指标包括高峰时段道路饱和上升率和高峰时段道路拥挤加剧程度。

四是实现城市土地利用职住平衡。职住平衡包括质量平衡和数量平衡两个方面。研究数量平衡的目的是为确保职与住的数量关系在一定的范围内保持合理,即研究区域的功能是否是单一居住功能或就业功能,促进两种功能的土地综合利用且维持在一个相对稳定的状态。数量平衡通常通过职住比这一指标来体现。研究质量平衡的目的是确保数量平衡在实际生活中发挥较好的应用效果而不是形同虚设,即促进区域居民的大部分交通出行发生在内部,实现真正意义上的就近居住与通勤的职住平衡关系。

（二）规划的原则

1. 全面性原则

全面性原则是指居民交通出行是城市交通战略规划的重要组成部分，规划不仅需要考虑各类交通出行方式的便捷性与快速性，还需要考虑出行服务的舒适性与经济性。此外居民交通出行方式选择不仅与交通系统密不可分，还很大程度上受到城市土地利用规划的影响。因此，规划研究中要尽可能涵盖影响居民交通出行特性的各方面因素，从不同的角度反映城市交通的运行状况。

2. 实用性原则

城市交通战略规划研究的目的在于为城市交通与土地利用的协调规划提供基础数据，因此，战略规划研究必须要牢牢把握这一目的，建立可准确、清晰反映城市居民交通出行特点各方面问题的规划指标，并确保各指标在数据获取及计算上的可得性和简便性，从而保证规划研究能够切实应用并取得良好的实用效果。

3. 层次性原则

城市交通战略规划研究必须坚持层次性原则，保证规划研究结构层次分明、条理清晰，只有这样才能确保各指标互相独立、各有所职，清晰地反映城市居民交通出行在各个方面的优劣。

第二节　大运量快速公共交通是交通规划公交优先的保障

为改善环境，减少资源消耗，未来城市发展将会更加要求侧重优化城市居民的出行结构，创造更加和谐的空间效用、时间效用、经济效用。大运量快速公共交通适应这一发展形势，以其独有的优势成为人们日常生活出行不可少的部分，成为各国城市客运交通中大力倡导的优先发展的交通方式，是落实和实现公交优先的重要保障。

一、大运量快速公共交通的优势

目前城市中较为成熟的大运量快速公共交通包括快速公交系统（BRT）、轻轨、地铁。此外，路面有轨电车和磁悬浮列车等也属于城市大运量快速公交的类型。在大运量快速公交中轻轨运量相对较小，是在原有轨电车基础上利用现代技术改造发展的城市轨道交通系统。地铁系统的运量相对较大，但单位千米建设成本更高。而快速公交系统（BRT）是利用现代化大容量专用公共交通车辆，具有与轨道交通相近的运量大、快捷、安全等特性的公共交通运输方式。快速公交系统（BRT）由公交专用道、BRT 场站、专用车辆、乘客信息、公交信号优先、其他智能交通技术及服务水平等 7 个技术部分组成，其能够在专用的道路空间快速运行，并具有建设周期短，造价和运营成本相对低廉等特点。

随着经济社会发展，城市建设及居民出行对公共交通运输速度及服务水平的要求不断增高。大运量快速公共交通的服务能够缩短城市空间的通行时间，在时间维度上解决空间距离较远为出行者带来的不便。特别是BRT系统的先进车辆、设施齐备的车站以及智能化的运营管理能够保证高品质的客运服务,实现快捷、准时、舒适和安全的要求。以快速公交系统(BRT)为代表的大运量快速公共交通的运行优势主要有以下几点。一是系统建设周期短,造价成本低,在短时间内便能发挥运输职能,对于中等规模的城镇也具有较强的可操作性,易于在大部分城市乃至乡镇进行推广。二是系统运营成本相对较低,因此实施低票价政策使出行者的出行行为不会受经济因素的过多限制。同时由于系统可以通过布设BRT连接线的方式同市内常规公交实现"同站换乘",因此具有换乘的便利性优势。三是从城市发展的角度而言,便利的BRT系统能够串联起城市的各个新城节点,一方面,有利于扩大节点新城公共职能的影响范围;另一方面,可以充分利用节点新城所拥有的各方面资源。城市的大运量快速公共交通能够破解因空间距离导致劳动人口难以快捷流动的问题,不仅是公交优先的保障,也进而推动城乡一体化发展。

城市交通发展的基本思路是通过各种交通运输工具在城市交通运输网络上,将人和货物安全、迅速、高效、经济地有效移动,送达目的地。同时提倡公交优先,要求在出行移动过程中降低交通运行时间和运行成本,创造空间效用、时间效用、经济效用以及环境效用。当前,城市居民交通出行方式的主要运输工具有轨道交通、路面公交、出租汽车、私家机动车、自行车等。其中,轨道交通(包括轨道交通、路面有轨电车)作为公共交通是城市交通中较为经济的出行方式之一。与个体机动车相比,其顺应了城市交通需求发展趋势,具有快速运输量大、占用道路资源少等特点,是解决城市交通对环境影响、改善交通对城市空间结构影响的最理想的客运交通方式,是社会大众出行的首选交通工具,在城市交通出行中一直发挥着不可替代的作用。事实上,为实现城市公共交通优先,各级各地政府都在进行努力。如从财政和制度上等方面科学组织城市交通,控制个体机动车增长,收取非公交车城市道路拥堵费,提高小汽车停车费等,支持和鼓励公交优先发展。在这一形势下,快速大运量公共交通将成为国内城市,包括大都市新城以及众多中小城市未来推进城市公共交通优先发展的亮点。

二、大运量快速公共交通的规划设计

有利于大运量快速公共交通发展的规划设计包括扶持和控制两方面。扶持是通过政策手段和企业内部的机制设计促进发展快速大运量公共交通,扩大其运行规模,改善城市交通服务质量。控制即限制措施,是指对机动车出行给予限制,包括在机动车购置和使用等方面加以控制等。

(一)政策设计

对于政策设计,这里仅列举扶持政策的设计,主要包括4个方面。一是财政扶持。财政扶持指政府通过财政方式对大运量快速公共交通的运营给予适当补贴,并通过财政支持促进企业科技进步和管理手段现代化。这里的财政扶持方式主要是采取立法的形式确保实施。二是税收扶持。税收扶持一方面是政府在税费方面对运营大运量快速公共交通的公交企业给予税收优惠政策，减轻这些公交企业的税费负担；另一方面是专项的税收政策，如为支持公共交通事业发展开征企事业单位公共交通税。三是投资扶持。投资扶持除通过制度设计加大政府投资力度，完善政府投资方式外，还包括引导银行信贷向大运量快速公共交通的建设和运营项目倾斜，在银行信贷和配套资产计划中优先安排大运量快速公共交通基础设施建设和车辆购置项目，确保资金的及时到位。四是票价政策。票价政策是在城市公共交通良性发展的价格与价值补偿机制基础上，在保证更多地吸引居民乘坐和社会效益、环境效益、经济效益统一的前提条件下，制定出合理的交通票价。

（二）机制建设

机制建设是为促进公交企业发展，促进大运量快速公交建设的公共交通管理部门内部的改革。一是实行政企分离，转变政府职能，政府和企业分别从宏观和微观层面对公交企业进行管理。具体包括政府部门负责行使社会经济管理职能，由代表国家投资的第三方机构行使国有公交企业的所有者职能，由企业经理人行使公交企业的经营者职能。二是建立竞争机制。主要是指打破以往的公共交通行业垄断，在国家宏观调控和协调发展基础上允许其他产权形式的企业进入公交市场参与竞争。包括不同公共交通方式之间的适当竞争、同一种交通方式在同一条线路上运行的不完全性竞争等。三是提高企业的自主生存能力。允许通过采取适当的市场手段来维持公交的运行。公交企业不能一味依靠国家各种资金补贴运行。可允许进行与行业相关的多元化经营等。四是实行专营权制度。通过资质认证的企业可以参加招投标，获得线路专营权，在专营线路内独家经营公交业务。实行线路专营权后有利于划清政策性亏损和经营性损益，有利于政府根据线路的不同进行管理，增加企业创收的积极性。五是划清政策性与经营性亏损界限的同时缩小核算单位，明确责任，使各企业有动力降低成本，提高收入。

（三）限制措施

限制措施主要是针对私家机动车实施的交通需求管理。一是对私家机动车的拥有量进行控制。如车辆购置时实行配额制和加征车辆牌照税等，又如停车库许可证制度，即通过对停车库数量的控制限制机动车数量。二是对私家机动车使用的控制，措施包括运用价格手段进行控制。如实行停车位控制，特别是城市中心区的停车泊位，一些发达国家在城市的中心城区加收停车费用，同时在城市边缘的公交转换站设立更多低收费或免费的停车位，便于私家机动车与公交换乘，还有一些国家鼓励大型超市商场与换乘站联合设立免费停车场等。运用非价格手段设置禁行区，如在某些道路上限制机动车使用，在高峰期禁止左转或右转等。三是根据城市空间以及人流量，对私家机动车的使用时间和行驶路段进行限制，如在上下班主干道禁止私家机动车使用，在一些拥挤路段上限制小汽车的使用，以及实行单双号牌照隔日通行等。上述限制并不意味着排斥机动车的适度发展，以及其他交通方式的合理使用。相反，确立公共交通的主导地位，促进节能，才能腾出更多的道路时空资源，保障机动车的合理正常行驶，保障城市道路交通良好秩序和可持续发展。

三、案例

（一）中国香港

中国香港的城市交通即便是在上下班的出行高峰时段也很少出现“车流寸步难行”的堵车情况。香港良好的城市交通运行状况主要归功于高度发达的公共交通系统，归功于大运量的快速城市交通。

由于城市自身的地理环境，中国香港的决策部门很早便意识到拓宽道路的机动化交通发展策略不适合香港城市长期可持续发展，因此着力采取措施限制私人机动车出行，积极发展占路面积少、载客量大的城市大运量快速公共交通。香港城市公共交通优先主要体现在以下几个方面。一是高质量的公共交通硬件设施方面。2012 年 5 月起，香港已实现公交空调全覆盖，公共交通设备和性能均为世界一流。在香港公交车辆上普遍安装有电铃系统，乘客可以就近按电铃示意司机在前方车站停车。而当公交车驶达某一站既无乘客按铃，站前亦无乘客候车时，巴士司机可不停站，从而尽可能地提高了公交巴士的运输效率。此外，部分公交车辆上还安装有车速显示器，方便乘客了解行车速度。二是丰富的公交系统。香港的公共交通组成结构相当丰富，除路面公交外，大运量快速交通也是香港公共交通实现优先的一个重要方面。香港一方面有以城市人口增长与经济水平提高带来的通勤增长量来反映城市通勤交通承载的“压力”，另一方面有以政府等交通规划者对交通基础设施提出的改善及相应优化策略来表示对压力的“响应”。因此在人口增长、经济发展、交通压力增加形势下，交通设施的完善有效应对了形势变化。目前，香港市民中将公共交通作为出行工具的比例已经超过出行者的 90%，特别是通勤交通，大部分的香港通勤市民都自愿选择公共交通出行。香港公共交通出行比例高居世界第一。

（二）日本三大都市圈

图 18-3 是 2005 年日本全国交通特性调查三大都市圈通勤交通的出行方式选择，

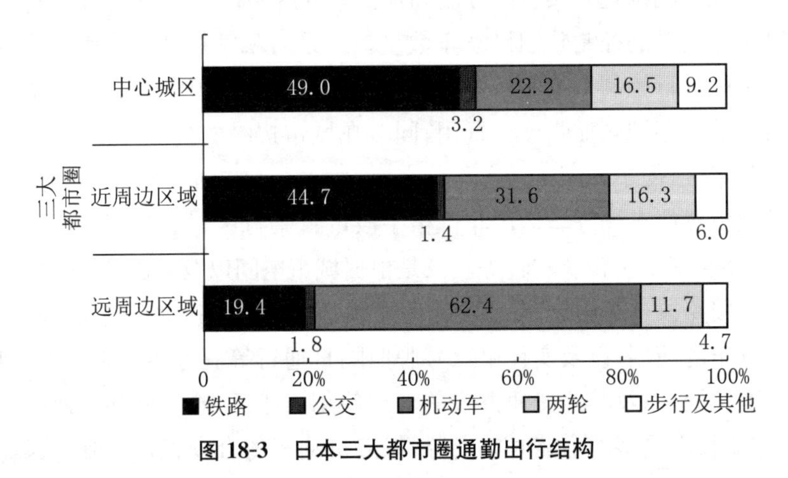

图 18-3　日本三大都市圈通勤出行结构

资料来源：基于日本第五次全国城市交通特性调查报告整理。

其中可以看到支撑三大都市圈的中心城区东京、大阪、名古屋及其近郊区域的通勤出行的是快速大运量的公共轨道交通，其在交通出行结构中的比例已超过50%。大运量快速轨道交通在日本三大都市圈的发展建设中发挥着主要作用。

第三节　城市交通规划与城镇建设

交通规划是影响乃至引导着城市规划与发展的重要因素，不论是远古的水运航道、驿道，还是近现代的铁路（高铁）、机场、港口，都在不同程度上影响着所在城市及其区域的综合规划。我国很多城市规划是以道路交通规划带动城市布局规划，如很多城市是以城市轨道交通为中心规划城市功能区，目的是方便居民出行，提高交通效率。乡镇也有类似情况，以公路为纽带建设村村通公路网，带动地方经济的发展。

一、交通视角的城市空间

（一）不同城市空间的客流时空分布

观察单中心城市中的中心城区与其周边区域交通客流量可以看到，中心城区与周边区域之间的出行客流量明显高于其周边区域之间的出行客流量。特别是商务中心区、院校，以及文体科研集中的、具有独立的明确功能的区域，其对外客流还呈现较为明显的通勤、上学的出行特点，即不同时间段的客流量存在较大差距。

（二）近郊区新城及远郊区新城

通常大都市的中心城区与周边新城之间，大都市新城与新城之间的距离都比较远，常见的大城市中心城区与新城之间的距离都在几十千米，其中与大都市中心城区相距30—40千米的为大都市近郊区，其新城为近郊新城，超过这一距离的区域为远郊区，其新城为远郊新城。从城市交通出行特性看，中心城区与近郊区新城的交通方式主要是轨道交通或城郊铁路。大运量快速交通为近郊区新城的建设提供支撑，并发展发挥了非常重要的作用。根据相关城市交通出行特性调查，有城郊铁路支撑的大都市近郊新城，其出行方式基本与中心城较接近，并且区域内日人均出行时间和日平均单位出行时间也与中心城区水平接近。调查数据表明，有城郊铁路支撑的近郊区域是大都市最为活跃性的区域之一。同样从大都市远郊区域的交通出行特性看，远周边区域出行多以私家机动车为主，究其原因在于与大都市的近周边区域相比，远郊区新城缺少与中心城区在通勤等方面的互动，缺少通勤交通的支撑，这种支撑在一定程度上使近郊区新城与中心城区功能相互补充，而远周边区域的新城由于缺乏快速公交支撑，缺乏相互联系。因此，远郊区域新城在产业和城市功能方面有其独立的不同于近郊区域的要求，包括基础设施建设等方面。

（三）低碳社区建设

根据城市居民交通特性，20分钟出行时间是出行者选择步行和自行车出行的重要条件，超出这一时间，取而代之的会是不同程度的机动车出行。在人们的日常生活中,除工作日通勤外,最基本的出行需求是购物、就医、办理金融和邮电业务、交友、学习、运动等因私出行。当这些日常生活出行通过步行和自行车等交通能够满足时,就是最理想的低碳生活方式了。因此,无论是旧城区的设施建设还是新城建设,居住设施周边20分钟区域的生活配套设施建设有助于鼓励和提升区域的步行和自行车出行,有利于新城的绿色生活环境建设,是塑造良好新城形象重要的、不可忽视的方面。

(四)紧凑型与低密度建设

大都市圈内部不同区域的出行方式,即中心城与周边区域之间的出行方式存在较大差别,特别是相比中心城区与周边区域,远郊区域对机动车的依赖程度大大高于中心城区和近郊区。出现这一差距的原因有多方面,包括城市经济发展水平、人口规模、地区职能、土地利用等。这其中的土地利用,即区域的低密度建设是最为显著的影响因素之一。因此,新城建设中要想采取更多的公交出行,首先需要克服低密度建设,加强紧凑型的高密度建设。高密度不仅能减少机动车出行,还能促进新城集聚,特别是为包括公共交通在内的公共基础设施建设投资创造条件。坚持紧凑型集约用地,不单纯关乎新城交通问题,更关系到创造良好新城环境,促进城市的可持续发展。

二、TOD导向城市开发

TOD(公共交通)导向的城市开发模式是一种以公共交通走廊为发展纽带、公交站点为开发节点,并以此带动城市空间及城市区域有序开发的城市可持续发展模式。20世纪90年代,发达国家城市在经历了低密度蔓延式扩张带来的环境、交通、能源等问题后,开始检讨机动车导向给城市带来的弊端与问题,并认识到公共交通在合理规划城市发展、改善城市的生态环境、有效利用土地资源等方面的重要性。在此情形下,美国学者Peter Calthorpe提出"TOD导向城市开发"(Transit Oriented Development, TOD),目的是通过增加居民公共交通出行的比例改善社区环境,增加社区舒适度,并促进中心城区的复兴。Peter Calthorpe的"TOD导向城市开发"一经提出,便受到社会各方面的认可,并在发达国家的许多城市中实施和推广,取得了良好效果。如美国的阿灵顿、马里兰,巴西的库里蒂巴,丹麦的哥本哈根等通过增加居民的公共交通出行,TOD的目标在一定程度上得到了实现。TOD导向的城市开发的核心内容可以概括为以下方面。

(一)根据Peter Calthorpe的TOD理论,TOD的出发点是抑制城市无秩序扩散,形成集约型高效率的城市发展模式

TOD要求TOD节点中心必须是大运量快速公共交通线路的车站,TOD节点所处位置不能距离城市中心太远,要位于城市拓展范围以内。这样才能有效减少小汽车的出行。根据TOD理论,TOD适用于城市更新改造项目,适用于城市范围内新扩张的新开发区,以及未开发的卫星城。

（二）通常TOD节点的开发半径是公交站点到节点开发边缘的距离，这也是衡量TOD节点建设规模的标准

研究表明居民出行中步行到公共交通站点所能够接受的最大距离为800米（步行10—15分钟时间）。由于TOD可以采用自行车等绿色交通方式，实践中这个TOD节点半径可能达到1 000米左右。

（三）TOD的基本特征之一是土地的紧凑和综合利用

从TOD理论看，紧凑型综合开发的核心商业区，能够确保尽可能少的TOD节点外部的交通出行量。因此TOD要求核心商业区的房产开发要以节约土地资源的综合开发和密集性为建设标准，以确保城市发展模式的紧凑性。一般而言，商业区开发规模和综合利用程度由所在TOD节点面积大小、区位以及TOD节点所在区域功能确定。

（四）根据TOD理论，为保证公共交通服务的运行效率，TOD居住区应具有一定密度，即TOD节点内的居住区密度应满足一定要求

当然具体应根据不同城市不同TOD节点特点确定。如美国波特兰市的标准是轻轨TOD节点内最低人口居住密度为75户/公顷。

第四节　慢行交通是城市交通战略规划的重要部分

在城市居民日常出行中，很大部分是中短距离的出行，采用的出行方式是步行和自行车为主的慢行交通出行。对于城市交通规划者来说，慢行交通是城市综合交通系统中相当重要的一环，综合交通体系就是要把长途交通和短途交通、快速交通和慢速交通结合起来，体现以人为本主导思想，使城市交通更加人性化和效率化。传统认识中，解决城市拥堵的方法主要集中在快速交通方面，希望通过增加道路包括增加公共交通线路来满足人们的出行。但20世纪50年代之后，一些发达国家城市开始注意到以自行车和步行为代表的慢行交通模式在解决交通问题中的作用。这些城市开始越来越多地设想寻求新的城市交通发展策略，即利用慢行交通建立一个方便、快捷、环保、高效的交通系统减轻城市交通压力，改善城市环境。这个系统与传统的快速机动化交通相比有更加环保、更加安全的优势，同时能够创造宜居环境，满足居民低碳环保、节省资源的绿色出行的需求，满足心情愉悦、锻炼身体的需求。

一、规划慢行交通的意义

（一）促进公共交通出行

慢行交通是城市综合交通系统中相当重要的一环，更是促进公共交通发展的一个环节。利用慢行交通衔接方便的公共交通能够有效吸引通勤和学生乘坐公共交通，能够促使更多人选择利用公共交通出行。同时慢行交通的改善还能够扩大站点和线路的影响。其中，扩大站点影响是指站点的人流促进站点商业等综合开发；线路影响是指促进公交大巴的线路优化，使原先利用私家机动车或公交大巴的乘客根据线路和便捷度

重新选择出行线路和方式。慢行交通是政府公共交通管理的一部分,根据公共交通发展战略,慢行交通规划与设计由各地区政府统筹安排。所谓统筹就是统筹区域资源,统筹管理和把握快速公交车站周边 2—3 千米区域路面公交的分布情况,从快速交通站点周边交通资源等情况出发,以实现快速交通的便捷为目标,重点在路面公交利用便利相对较差的区域及其他交通方式不易到达的区域,如大学和业务功能区域,通过修建步行通道,以及鼓励发展租赁自行车(共享单车)等形式形成地区的末端交通网络。

(二) 促进地区发展

通过慢行交通与快速交通的有效衔接形成更加便捷的交通换乘,缩短出行时间,特别是对于没有携带自行车的人,以步行通道和共享单车为主的末端交通可以方便他们下一段的行程。通过慢行交通改善末端交通与快速交通的衔接,也增加了交通出行的可选择性,使居民出行者能够更加自由地在更大空间内进行活动,对于促进站区周边商业发展具有积极作用,也能够为周边居民参与社区活动创造更多出行机会。在推广共享单车方面,应做到当有需要时不需要通过自行车管理者便可顺利便捷地获得车辆,这对于没有携带自行车的出行者会带来很大的方便,特别是在车站周边通勤的职工和学生,不必再为购买和存放自行车费心,可省下很多不必要时间和费用的支出。

(三) 创造宜居生活

安全、舒适是慢行交通空间建设的最高等级目标。在保证慢行交通安全、连接通畅等特性基础上,空间环境的舒适是指通过慢行交通创造社区的宜居生活。其反映在人们在慢行空间行走或活动中心情愉快,身心放松,体验悠然自得与洒脱,感叹生命与生活的美好,更方便人与人的交流等。安全、舒适、自由的氛围能够促使大量社会活动的发生,社区空间的活力得到提升,社区的认同感与凝聚力加强。

二、慢行交通的设计及特点

(一) 便捷性和多路径选择

居民出行(包括通勤)选择慢行交通的目的是提高出行的便捷性和效率,方便快速到达目的地。所以慢行交通设施建设要根据使用者的要求实施建设,发挥快速交通与慢行交通各自的优势,高效服务城市居民。这首先要做到便捷,便捷的慢行系统不仅要为出行者提供多种路径的选择,而且要提供最短的路径。多路径选择的慢行交通空间体现在与不同交通的接驳方面,社区慢行交通与城市快速交通节点无缝连接,灵活高效地实现快慢换乘等。

(二) 安全及连续

在慢行交通的设计建设中,安全始终占首要地位,安全是慢行交通规划建设的前提。慢行交通中的安全,一是考虑弱势群体的慢行安全;二是重视与快速交通间的安全衔接与协调;三是提升慢行交通空间品质。连续是指加强慢行交通与公共基础设施形成连续性，这些公共基础设施除包括快速交通设施外，还包括商场、超市、社区服务中心等。这是慢行交通空间区别于其他开放空间的主要方面，意味着社区慢行交通空间应具备交通功能，使出行者能够通过穿行慢行交通空间安全到达自己的目的地。

（三）低碳环保

社区的规模一般较小，慢行交通是保护生态以及满足居民对美好生活的向往的体现。将传统技术与现代科技相结合，完善慢行道两侧的生态景观建设及景观服务配套设施，提高绿化覆盖率，为慢行空间筑造生态屏障，创建生态宜居社区。

（四）保证公平

慢行交通不是机动车交通的附属，需要保证其拥有独立的系统，因此在规划阶段对于慢行交通系统要进行单独规划。此外，慢行交通建设强调人文关怀，优先考虑弱势群体的慢行权利，完善相应的无障碍服务设施与标识指引系统的设计建设。

三、慢行交通的规划效果

（一）改善交通系统接驳城市公共交通

大运量快速公共交通系统需要慢行交通配合解决交通枢纽到住宅的“末端交通”问题，实现快慢交通结合的高效出行。发展城市慢行交通这种规划理念能够提高出行的便捷性和舒适性，使城市居民能够更加自由和容易地选择除了私家机动车之外的其他公共交通、自行车和步行出行。不但可以方便社区居民出行，还可有效减轻城市的交通拥堵，提高城市运转效率。

（二）方便社区居民联系与交流

公平地提供给居民相同的慢行交通环境，体现的是以人为本的人文关怀，也是对老年人、残疾人等弱势群体给予方便的人文关怀。慢行交通空间方便了邻里交流，上班族步行走到附近的公交站点，沿途能够观察或通过交谈增进邻里交流，方便购物，参与社区活动，还能呼吸新鲜空气。

（三）提供安全应急场地

慢行交通空间的功能并非仅限于通勤、上学和承载因私休闲活动，根据具体的情况，其功能还能够加以调整。如发生地震等突发性事件时，慢行交通空间可以发挥隔离或逃生通道等作用，其节点空间可作为疏散场所为社区居民提供就近防灾避难所。社区慢行交通空间的建设将一定程度上提高城市的防灾应变能力。

（四）愉悦的出行及宜居体验

慢行交通环境及公共服务设施为出行者提供了新的体验，融合了地区景观环境、文化生活的慢行交通空间将路途枯燥的行进变成充满乐趣的放松之旅，不仅减少了交通违章，也能降低摩擦升级等概率。良好的出行环境还能激发慢行者欢快、愉悦的心情，促进居民选择慢行出行。从经济效益上讲，慢行交通在各种交通出行方式中成本最低。

第五节 综合交通枢纽的布局与规划

综合交通枢纽是综合交通运输体系的重要组成部分，是运输、生产、中转集散环节的重要平台，其不仅要完成子系统内部的交通运输任务，更重要的是进行多种交通运输方式之间的协作，以提高交通运输的综合效率。综合交通枢纽的布局规划是一个包含多目标、多因素、多变量的复杂系统问题。其规划内容包含对地区社会、经济与交通运输的调查与分析、发展预测、综合交通枢纽站布局优化、枢纽系统设计、社会经济评价等，涉及城市总体规划、城市产业布局、居民区人口分布、环境保护、城市内部交通与对外交通、邮电通信等方方面面。

一、社会、经济与交通运输调查

社会、经济与交通运输调查主要是对地区社会经济发展状况、交通运输量、运输网与交通枢纽、载运工具系统等方面进行的调查。其中，"运输网与交通枢纽"一项是通过枢纽负荷率（或场站负荷率）来评价交通枢纽设施对运输网需求的适应程度。根据定义，数值上枢纽负荷率等于交通枢纽实际承担的发送量或吞吐量与其设计能力之比。当负荷率小于 0.8 时，按照规定，交通枢纽对运输网需求的适应程度可以认定为"适应需求"。当负荷率在 0.8—1.0 之间时，交通枢纽对运输网需求的适应程度可以认定为"基本适应需求"。当负荷率超过 1.0，则交通枢纽对运输网需求的适应程度为"不适应需求"。负荷率超过 1.2 时，交通枢纽对运输网需求的适应程度则是"极不适应需求"。此外载运工具系统等方面，可以用旅客（或货物）在站逗留时间、货损货差、服务的方便性等指标来评价。

二、发展预测

发展预测是在调查分析经济增长、社会发展，以及其同交通运输的相关关系的基础上，对地区社会经济、交通运输的发展趋势进行的研究。主要包括预测相关社会经济指标和交通运量的期望值。其中，各种交通运输方式的客货运量预测应尽量参考规划地区综合计划部门和铁路、公路、水运、民航的行业规划，综合平衡确定。

三、综合交通枢纽布局

综合交通枢纽优化布局是指根据地区客流、物流的流量和流向，根据规划各分区的功能以及对外交通的特点，确定综合交通枢纽的空间分布、规模和服务范围。首先按照规划期预测的客运量或货运量测算出枢纽运输的总规模。其次考虑规划地区未来的功能分区和对外交通状况、客货或运量的构成、不同交通类型的合理生产规模等因素，确定综合交通枢纽设置数量。最后按照铁路场站、港口、机场的位置，主要公路干线格局以及大的客货源分布，初步确定各综合交通枢纽位置。枢纽布局的一般原则是：客运站相对集中，尽可能靠近中心区客流集中的地方，并注意与铁路车站、水运客运码头相衔接；货运站可适当分散，可布置在规划地区的外缘、干线公路交会处和靠近铁路货场、水运港口的地点。

四、综合交通枢纽系统的设计

综合交通枢纽系统设计是指为保证完成枢纽组织、中转和装卸储运、中介代理、通信信息和辅助服务等基本功能以及枢纽的高效率运作，进行综合分析、论证，规划设计生产服务系统设施以及满足作业要求所需要设备的活动。综合交通枢纽系统的设计还包括提出通信信息系统规划设计的目标、原则，以及系统的网络结构；提出为旅客、托运方和受运方人员提供服务所必要的设施规划和建设内容的过程。

五、社会经济评价

社会经济评价运用定性分析和定量分析相结合的方法进行。这是因为综合交通枢纽系统不单单是运输生产的经济实体，要求产生一定的经济效益，更重要的是其是带有公益性的基础设施，要求结合社会需要评价其带来的社会和经济效益。所以评价应从发展综合运输、加强行业管理与宏观调控、提高运输效率和效益、有利于环境保护等方面进行综合评价。

参考文献

梅林.我国城市居民通勤效率及其提升对策研究[D].天津：天津城建大学，2016.

成伟.城市大运量快速公交导向发展模式研究[D].重庆：重庆大学，2007(10).

杜江军.城市慢行交通系统规划研究[D].长沙：湖南大学，2014(12).

施展.城市快速路衔接区域交通组织优化方法研究[D].重庆：重庆交通大学，2017(8).

陈晓宇，隋彦文.试析慢行交通理念在城市规划过程中的应用情况[R].智能规划，2018.

刘敏.城市通勤交通优化研究[D].南京：东南大学，2016(5).

张天一.重庆综合交通枢纽布局规划研究[D].重庆：重庆交通大学，2017(12).

李昆达，杨新苗，郭一麟.快速城镇化下组团城市的大运量公共交通系统建设[J].城市，2013(3).

程婕.城市客运交通枢纽规划研究[D].西安：西安建筑科技大学，2005(5).

黎晓艳，罗维.让城市公交快起来[N].黄石日报，2012-05-29.

吕志雄.绿色理念下城市社区慢行空间塑造研究[R/OL].学术论文联合比对库，2016(4).

屈宪军.公路运输枢纽布局规划方法研究[D].西安：长安大学，2000(5).

李霞.城市通勤交通与居住就业空间分布关系——模型与方法研究[D].北京：北京

交通大学,2010(6).

石磊.基于城市交通公正理念下的通勤可达性社区体系规划初探[D].西安:西安外国语大学,2013(6).

刘李红.轨道通勤系统对特大城市职住时空平衡的影响研究[D].北京:北京交通大学,2019(9).

第十九章　新城规划战略导引

第一节　新城发展概述

一、新城与新城管理体制

（一）相关概念

新城概念源于19世纪末的田园城市，将城市的组成要素，如住宅、工厂、道路、绿地、学校、休闲与农业等，视为次级系统；将此次级系统通过重新组合与联系，组成一个整体系统，形成更能自给自足、更趋完善与更具活力的田园城市。较早的两个田园城市分别是英国1903年建造的Letchworth和20世纪20年代建造的Welwyn Garden City。

从新城与主城关系的角度来看，新城指在非城市化地区，经过事先详细计划而进行开发建设的、具有自给自足和完整的城市技能、可以独立成长、可取代现有城市市中心向四方扩张的发展模式。其属于人造的城市环境，又称为“卫星城”。其主要规划有满足居民就业的产业用地的独立的自给自足型和从属型两种类型。英国《大不列颠百科全书》从新城构成要素的角度定义新城（New Town，又被译成“新市镇”）为“一种规划形式，目的在于通过在大城市以外重新安置人口，设置住宅、医院、产业、文化、休憩和商业中心，形成新的、相对独立的社区”。

武廷海等从中国的实践出发，提出了广义的新城概念，具体空间形式包括卫星城、开发区、新区/新城、高新区、大学城、低碳示范区、生态城、文化创意产业园区等大规模新建城市空间，也包括北京中关村、上海新天地、南京“1912”等新的城市生产与消费空间。认为中国的新城建设体现了经济建设中从开发区、工业区中的工业生产到空间本身的生产与营销，与传统的相对于“旧城”和“老城”的新城相比，中国新城更多体现了在国家政治经济体制转型和意识形态变迁大背景下所出现的一种不同于传统西方新城的制度与机制。[①]

在西方国家,城市规划被视为资本/市场和国家共同操纵的工具,是公权力与资本家实现"共谋"的典型场域。在社会主义条件下,城市/新城规划或可被看作国家调节空间生产的手段,与西方资本主义体制下的城市规划有本质区别。

(二) 新城管理体系

在我国,新城建设过程呈现"多元决策"的关系结构,新城建设需要考虑如何适应国际环境的变化,还要应对国内社会反应,以及制度要素自身的变化,包括城乡关系的调整,城市/镇设置标准的变化,房产、环保和城市管理政策的推进以及劳动力政策的协调等。国民经济和社会发展规划、国土规划、城市规划是引导和规范中国城市建设的三大政策体系。其中,国土规划包括城镇体系规划、土地利用总体规划和空间发展规划(分区规划)等。分区规划主要在土地利用、空间布局、基础设施支撑等方面为城市发展提供基础性框架,侧重空间布局安排。土地利用总体规划主要是分解落实上级土地利用各项指标,在土地利用规模、土地用途、土地整理复垦和开发重点区域做出指引和管制,侧重于耕地保护和土地管控。国民经济和社会发展规划主要在目标、总量、产业结构和政策等方面对城市发展做出总体性和战略型指引。

三大政策体系归属不同的部门,国家政策呈现"部门化"特征,各级地方政府的相关政策因此受到影响。当前,项目管理、城乡规划和土地管理分属发改委、城乡建设和国土部门管辖,其他部门也在向城市推进,争夺空间管制权[②]。

(三) 新城建设目标

新城建设目标以各地发展现实状况和需求为基础,一般包括疏解老城区人口压力、环境压力、产业发展空间压力,打造新的经济增长点,提升城市综合竞争力,实现城市未来发展战略,优化城市空间结构,推进郊区城市化等。如旧城改造和城市战略升级相互联动而形成的宁波东部新城、重点项目配套建设的唐山曹妃甸新城和上海临港新城[③],以及围绕潜在经济增长点形成的杭州湾新城等。

二、国际新城发展演变

新城的发展与大城市空间发展演化趋势相对应。随着西方国家全面进入城市化的成熟期和国际劳动分工带来的区域空间重构,全球大都市区域空间发展呈现"单核心"向"多中心"、单一线性向有机网络演化的趋向。克鲁格曼认为,大城市发展在空间上依序呈现为"强核、外溢、织网、整合、耦合"等发展阶段;与此相对应,新城发展也经历了从半独立的"卧城",到融入大都市结构,以及构筑多中心、开放式城市空间的综合性"主城—新城"体系阶段。

---

①② 武廷海,杨保军,张城国.中国新城:1979—2009[J].城市与区域规划研究,2017(9)1:126—150.

③ 张捷,赵民.新城规划的理论与实践——田园城市思想的世纪演绎[M].北京:中国建筑工业出版社,2005.

三、中国新城建设发展

中华人民共和国成立后，新城建设发展受到苏联规划理论方法的影响，为了适应当时国际国内经济、社会和政治背景，也基于工业发展的需要，在北京、上海、沈阳等地，建设了一批工业卫星城，以新建大工业企业为核心，统一规划设计，统一投资，在国家统一安排下迁居卫星城。这一时期以计划经济下的行政力量推动为特点，新城对中心城市依附性强，在缓解中心城市人口和产业方面作用有限。

随着工业化和城市化进程的深入，大城市人口和经济社会活动的过度集聚造成很大的城市运行压力，为了优化城市空间结构，一些城市在郊区建设新城来缓解老城区人口压力，如北京和上海都规划了多个新城。

四、新城规划存在的问题

（一）缺乏长远建设的战略意识

一是决策随意性较强，新城发展未被放在区域发展战略框架下，未能根据所在地区的经济发展阶段和城市建设能力确定开发规模。二是存在跟风心理，一些中小城市也谋划新城建设。三是与中心城区或老城的功能和空间关系不清晰。四是缺乏产业支撑，功能单一。有些新城以房地产开发为主，产业布局不足，或者过于依赖某一大型项目。

（二）缺乏城市发展必需的配套引领

有些地区仍在以人口不够集聚为借口避免公共设施的巨大投入，仍在纠结应该是先有蛋还是先有鸡的问题，体现在以下几个方面。一是快速公共交通支撑不足。大运量快速公共交通与新城开发建设和成功运营密不可分。国际上已被广泛接受的大运量快速交通引领新城开发的做法在我国尚未被有效应用。二是社会事业和公共服务配套缺乏足够支撑。优质的社会事业资源和公共服务水平是新城吸引人口集聚的重要前提，而在中国大部分新城，在优质资源布局上有欠缺，新城成为转移制造工厂和房地产开发的地方。

（三）新城规划年限过短、规划方法不严谨

大城市的职住不平衡和卫星城镇总是发展不起来，其中一个重要因素是规划年限太短，规划年限短，就不能做比较中长期的打算。按照新加坡城市规划之父刘太格的理念，做方案应做百年的计划，至少要六七十年。规划方法要科学，规划方案要细化。这些城市的零件需要哪些，一个零件要多少，零件与零件之间是什么关系，都要仔细考虑，比如这个城市需要几所大学，其具体位置，以及专科学校的位置、商业中心的布局等，甚至菜市场、杂货店，跟人口的比例等都要进行明确，还要考虑学校分布和居住的距离关系。

（四）规划理念落后

目前，我国的新城规划中普遍存在“大广场、宽街道、产业区和居住区分隔、公共服

务设施不足、交通不便”等现象,各地新城千篇一律,缺乏特色。大尺度街区设计导致新城对小汽车的过度依赖和步行环境的低品质,不利于人气集聚;产业空间和居住空间的分隔带来通勤长距离和长时间;联结主城和其他新城的快速交通不足或滞后,通达性差,人口吸引力不足,生活设施配套不经济,人口更难集聚,如此形成恶性循环:交通差、配套不足—人气不足—配套不经济—配套滞后—人气不足。

(五)规划实施容易被突破

目前总体来说,在我国规划执行不力,这也同样体现在新城规划上。究其原因是规划部门职能行使不独立,易受多方因素影响。如各利益主体的博弈、招商形势、决策者行政权力干预等。其中,处于博弈关系的各利益主体包括政府部门、开发商和农村集体经济组织。一般来说,哪个产业的招商形势好,哪个产业突破分区规划的现象就比较严重。面临较好的招商形势,多数地方政府会采取增加规模的决策。

第二节 新城规划战略选择

一、战略目标与重点

新城规划战略目标要与新城建设目标相适应。经过全球各地多年的实践探索,其目前已经进入构筑多中心、开放式城市空间的综合性“主城—新城”体系阶段,新城的发展定位由“卧城”或经济增长点变为综合性城市,新城规划的战略目标也向开放式独立城市空间转变。战略重点是吸引人口和产业,加强与母城中心以及与周边各中心的交通联系,实现职住平衡,构建独立发展动力和活力。对于特大城市而言,新城区还要构建主城的“反磁力”中心。

二、规划理念选择

(一)“规划不是控制”

新城规划本身具有局限性。一方面,规划编制技术不完善造成预测不符合实际;另一方面,新城发展面临很多不确定性,对人口、经济发展前景等关键要素的判断难以确定,新城的功能定位、发展目标可能随着世界和全国经济政治形势的变化而进行调整。国际上,新城发展历程也证明其没有一个终极的蓝图式规划,城市规划需要很大的灵活性,需要的是策略性的、留有充分余地的规划。新城规划应该是引导良性发展的规划,而不是一味地控制。

(二)突出生态宜居

21世纪以来,循环经济、环境保护、“以人为本”的城市发展理念逐渐深入人心。城市的发展不再以牺牲自然景观资源为代价,新城作为居民生活和工作的地方,新城的一切应该为人服务,而不是人为设置障碍。如新城基础设施规划中要注重满足行动不便人群出行的需要,支持低碳出行生活方式的交通规划、绿色环保等。国内已经涌现出如中新天津生态城、无锡中瑞低碳生态城等一批生态新城，通过运营环境保护技术，使自然、城、人形成有机整体，把构建结构合理、关系协调、环境优美、生活舒适的生态系统作为重要规划理念。

（三）紧凑型城市

紧凑型空间布局是国际总体趋势，是以紧凑、高密度的方式进行布局，走集约化空间发展之路。其有利于节约土地，有利于把资源聚焦、人气集聚，也容易在短期内产生规模效益及土地升值。在土地利用方式上，多采用混合的高强度利用模式。在人多地少的我国，尤其需要紧凑型空间利用模式。

三、规划内容

（一）与主城之间的关系

新城规划首先要明确与主城之间的关系。新城是一个点、一个面、一条线还是一张网？此处以日本为例。1962—1987 年，日本先后制订了 4 次全国综合开发规划，形成了点线面网相结合的新城开发结构。在原有的东京等大型工业城市周边布局开发基地，形成了国土开发的“点”，包括建设 15 个“新产业城市”和 6 个“工业建设特别地区”，由此形成了太平洋工业带，并集中了三大城市圈；推动大型交通网络建设，将工业区和地方圈连接起来，形成了“线”；提出建设示范定居圈和技术聚集城市，形成了“面”；通过构建“全国一日交通圈”的交通网络以及多级分散的国土框架，最终形成了立体开发结构。

（二）规划要素

做新城规划时，有 3 项重要的因素必须慎重考虑：交通建设、产业引进和公共建设。

交通建设是新城建设最重要的要素，大部分成功的新城在规划阶段就把快速公共交通（包括铁路及轨道交通等）纳入规划，提升居住率和就业率，如果不在开发期做好交通建设配套，交通往来和通勤不便会阻碍新城的发展。

达到自给自足是新城建设的前提，购物、就业、就学、休憩、社会事业等公共设施等基本生活所需的功能必须完备。在我国，工业一般会纳入规划，而为生活服务的第三产业尚有欠缺。

新城发展与公共设施建设有着密不可分的关联性。除了交通设施、政府机关外，还应涵盖科技园区、音乐厅、会展中心、公园绿地等公共设施。欧洲的新城建设，一般由政府投资兴建公共资源，带动新城整体发展。亚洲国家的公共建设一般也由政府主导，但大多是由开发商或企业进行开发，现在越来越多的新城由公私部门共同兴建。

四、新城功能布局

为了避免“摊大饼”式城市空间布局的弊端，使城市交通拥挤减少到最低限度，新城一般会采取与传统城市不同的布局方式，其主要特征是分散组团。每个组团基本能就地平衡就业、居住和购物。一般工业区尽量布置在城市边缘，商业区、学校、医院等会产生交通流的设施分散均衡分布,使各区域居民都能便利进入。

在功能方面,为了提升新城经济稳定性,优化人口结构,新城趋于引进各种产业类型,为各个层次的人口提供就业岗位,包括各行业门类的工业、生产性服务业、生活性服务业、科研机构等。

新城需要具有足够的吸引力,才能实现新城的定位。相对而言,吸引产业比提供住房更重要,新城功能性设施是提升吸引力的关键。国际上有很多经验教训可供借鉴。如日本在新城建设中,往往由于建设资金有限,一般先建设住宅,后配套市政和公共福利设施,开发进度十分缓慢,与主城相比,物质文化条件差距明显,缺乏吸引力。法国则把新城作为整个大城市地区的磁极,在开始规划时就确定要将中心城市内的一些事务所、行政机关及服务设施等吸引出来,注重适当布局,建设有规模的各种设施,从而产生可与巴黎中心城市相抗衡的力量。在功能上,巴黎新城的功能较为综合,具有娱乐、研发、高等教育和职业教育功能,每个新城都有自己的大学和众多职业技术学院,有完善的生活和文化设施。资讯、通信、行政管理、文化、商业和娱乐等设施被安排在新城中心区,使居民能在生活、工作和文化娱乐方面享有与巴黎老城同等的水平。在布局上,巴黎的新城尽量避免采用传统的功能分区原则,但各种功能项目的布局还是遵循了相对集中或独立的原则,主要功能集中在带状结构的轴线上,基本都是沿着快速公路和铁路布置,最大限度利用自然条件特点,更好保护绿地和农地,协调现有的居民点网络。

五、新城开发战略

(一)开发模式选择

新城开发模式一般是政府主导的市场化开发,这种模式是各国普遍采取的开发战略。之所以需要政府主导,是要发挥政府的独特作用,体现在以下几点。一是把握新城发展方向。在功能定位、选址、发展规模、发展战略等方面做出符合全局需要、符合人民需求、符合发展趋势的决策,实现战略目标。二是确保新城的公共开发先行。如供水电气设施、通信设施、网络设施、道路交通、科教文卫体等社会事业、行政事业等的建设和布局等。三是要确保多元投资建设,为各类人群提供所需的就业机会和生活环境。四是要保障弱势群体利益,力求实现公平与效率的平衡。

(二)新城选址与启动

在区位选择上,新城选址一般在主城边缘、特色景观资源周边、港口等重大基础设施周边等。如宁波东部新城毗邻中心城,发展初期可借力中心城资源,启动较快。水体、山体等景观资源被广泛运用于新城构建自身特色,提升整体环境,典型的如合肥的湖滨新城等。布局在港口如海港、空港、河港、路港等大型基础设施周边的如昆明空港新城、上海依托洋山深水港和芦潮港的临港新城等。

新城的启动方式有多种,诸如发端于工业园区、亚运会等大型活动、行政文化中心布局等。以广州为例,该区域的新城发展得益于因亚运会举办而得到改善的交通和市政基础设施。钱江新城建设之初就集中建造的大剧院、图书馆新馆、城市规划展览馆等行政文化中心迅速提升了周边地区土地开发价值，新城建设进入良性循环轨道。

（三）开发时序

土地开发具有显著的外部效应，基础设施、公共设施的配置，以及自然与人文环境的改善都会提升周边土地的价值，提升该区域对企业和居民的吸引力。从节约新城开发资金的角度来看，通过对自然、人文和公共设施环境的投入能带动地价提升，土地收入的提高反过来提高开发能力，是一个良性循环。国际实践也证明，先“公共”后“市场”的时序是更好的选择。

（四）开发理念

为了提高新城开发的效率，应充分借鉴国际上成功的新城建设经验。一是将艺术融入空间，加入艺术的复合性生活技能有助于丰富城市形象。如巴塞罗那成功将艺术融入城市空间，整个城市笼罩在艺术氛围下，成为著名旅游胜地。二是要创建自己的特色。如德国弗莱堡市沃帮区以无车区和太阳能而闻名，居民使用太阳能发电，是极具生态环保特色的新城，被誉为“阳光电城”。三是要挖掘历史文化。悠久的历史是最不可替代的，并且会令人印象深刻。此外，新城开发还要考虑新城的“故事性”“理想性”“设计感”“时代感”和“可持续性”。

具体以德国弗莱堡市两个新城的开发理念为例，其中的里塞菲尔德的开发遵循小城市街区理念，十字路口之间的步行距离不超过 100 米，为避免街区建筑过于统一，每个街区被分开出售，并明确禁止开发商买下一整个街区，每个开发商只能开发不超过 3 个地块，保证每隔 20—30 米的建筑风格都不一样。另一个沃帮区是个“无车城”，区内有些区域限制私家车进入，有些区域完全禁车，停车场设置在区外围，有轻轨电车直通市内。区内交通的设计以行人和自行车优先为原则。居民区屋顶的太阳能板装机容量达到 3.2 千瓦，热能、发电单元与光伏板共能满足 80%的建筑耗能与居民耗能。两区是德国新区发展最佳范例，其以公交为导向，倡导行人友好，具有生态、高效、宜居、紧凑、混用等特点。

第三节　新城规划编制与实施

一、新城规划编制

编制新城规划是落实新城战略的第一步。新城规划一般包括如下内容。

（一）新城目标定位

确定新城与主城之间的关系，以及新城在城镇体系中的地位和作用。以无锡的太湖新城为例，其定位为“城市的新中心区”，将承担无锡的行政商务中心、科教创意中心和休闲居住中心等重要功能。

（二）新城空间规划

新城是生活空间、产业空间和消费、休憩等空间的融合体。

仍以太湖新城为例，其总体空间结构为“一核、一带、两园、两区”，即行政文化及商务金融核心区，环太湖山水风光带，太湖国际科技园、科教产业园及核心区两侧的配套生活区。

（三）新城建设内容

新城建设的内容要体现生态绿色、“以人为本”。

1. 住宅与社区建设

新城建设的初衷是疏解中心城市的人口，住宅与社区建设是新城建设的重要内容。住宅与社区建设需要考虑居民喜好、住宅的密度和容积率、住房多样性、租赁房的比例、保障性住房的规模和布局、住宅和社区布局的特点、居住区人口结构特点等因素。如英国新城住宅建设的密度经历了低密度到较高密度的变化，英格兰新城中 2/3 是租赁房，英国的新城开发公司提供平房、普通公寓、出租公寓、联排别墅、花园住宅，为满足各类人群的需求建造老人公寓、夫妻住宅等。日本在 20 世纪 60 年代住宅总数超过居民户数后，住宅建设从“偏重数量”向“提高质量”阶段转变，从单一类型家庭为基本单位的居住形态向多样化居住形式转变，开发出单身的、多人合用的高龄者住宅，设有工作空间的“SOHO”住宅，前店后宅、下店上宅的复合性集合住宅等。法国的居住区空间规划特点，则是根据距离车站的远近设定住宅建筑密度分区，在离车站 400 米的范围内布置高密度住宅区，在 800 米范围内布置中等密度住宅区，在 800 米范围外规划密度相对较低的住宅建筑，并设置到车站的公交线路。此外，住宅建设还需要考虑住宅建筑的绿色、节能性，建筑布局的宜居性，住宅项目太阳能、地热能的应用等规划内容。

2. 公共设施建设

按照基本公共服务配套设施的均衡化的要求，结合住宅区的布局，进行公共配套设施的配置。一般包括公用事业、教育、医疗卫生、文化体育等设施。如英国在新城开发初期就十分强调教育体系的完善，均衡设置初级学校（5—9 岁的适龄儿童）和中级学校（9—13 岁适龄儿童），并在每个分区中心设立一个高级学校（13—18 岁的适龄青少年），有些新城还设有大学。新加坡的组屋区内部设置邻里中心，为居民提供社会配套服务设施，配套建设邻区商店、邻里中心、新镇中心等不同级别的配套，为居民提供生活必需品、中档商品和高档商品，保证人们能享受和大城市一样甚至更优越的公共服务。再如按照太湖新城的规划，社区公共配套设施的布局要做到 97%以上居民步行 500 米可达幼托，80%以上居民步行 500 米可达小学，100%居民步行 500 米可达公共绿地。

3. 道路交通组织

构建快速交通与慢行交通相结合的道路网络系统。新城与主城，新城与其他城市之间需要快速交通网络相连，拉近城市之间的时空距离。新城内部可根据城市定位、产业发展和居民生活需要在慢行交通和快速轨道交通等选项中进行选择。

构建绿色交通网络是新城道路交通组织的一个趋势，很多新城提出“公共先行”，通过设置公交专用道、有轨电车、公共自行车、慢行线路等方式引导居民绿色出行。

（四）新城建设时序

新城建设一般采取“先规划，后建设”原则，在建设中，实行“先基础设施，后地块开发”。各新城的差异主要在规划的质量、基础设施的能级。有些新城做好“九通一平”就对外出让土地，有些新城在基础设施建设阶段就布局了安置房、市民中心、博览中心、大剧院、图书馆等重大功能性项目。

二、新城战略实施

（一）管理体制

一是要成立管理机构，一般会成立新城建设指挥部，进行规划、协调、建设。如无锡太湖新城由市长担任总指挥，各部门主要负责人任成员，实行“市区合力联动机制”，比以区或镇为主体进行规划建设的新城更有推进力。

二是要组织招商。除了传统的招商方式外，一般还通过与诸如风险投资协会、各类基金会等机构投资者建立联系，吸引社会投资。

（二）投融资体制

新城开发过程中取得的部分土地出让收入是新城建设的资金来源，但新城建设需要大量前期投入，一般通过争取各类政府资金支持、发行新城开发债券、吸引社会资本等方式获得新城建设所需资金。

为了支持新城发展，一般土地出让收入在上交上级政府部门后会归还给新城使用。如太湖新城中区的土地出让金由市级财政扣除上缴规费和统筹使用的资金后，集中归还指挥部办公室使用。

三、新城开发运作要点

（一）提高公众参与度及效率

城市规划中的公众参与自20世纪60年代中期已成为西方社会中城市规划发展的重要内容，也是此后城市规划进一步发展的动力。

在我国，随着市场化的推进，由城市规划职能部门单边、独断式的规划方式不符合实际，居民、企业、土地所有权人（农村集体经济组织）等利益相关者需要参与到规划制订和实施中。

同时，在公众参与中要注重效率。规划比较宏观，一般的非专业的市民不了解。根据新加坡的经验，首先政府需要研究这个城市需要什么、这个地区需要什么，并提出立场，再根据市民的反应以及提出的需要不断改善规划，一边改善一边跟市民解释在做什么，这样市民比较安心，不会烦躁，怨言就比较少，规划实施起来也比较顺利。在新加坡还有规划调整方案的公示会。每个地区的规划调整之后就做一个展览公示，任何市民看完若有意见，可以书面提出，最后由政府经过宏观角度的考量后做出决定。

(二) 避免新城建设中的常见问题

1. 通达性不够

新城选址一般远离主城,如果在建设初期快速交通跟不上,就会阻碍产业和人流进入。

2. 产业引进和商业配套滞后

新城的发展最重要的是集聚人气,产业引不进,保持生活质量必需的商务配套跟不上,降低了新城吸引力。

3. 商业地产或房地产开发过度

房地产和商业的配置要和人口规模相适应,开发过度不仅导致土地资源的浪费,而且成为空城或鬼城,也不利于新城培育良好的城市形象。

4. 人口密度过低

有些新城有意进行低密度开发,使得本来就人气不足的新城更加分散,不利于公共资源的合理配置,不利于提升居民生活便利度。

参考文献

吴惠巧.都市规划与区域发展[M].中国台北:大元书局,2012.

武廷海,杨保军,张城国.中国新城:1979—2009[J].城市与区域规划研究,2011(2).

段进.当代新城空间发展演化规律[M].南京:东南大学出版社,2011.

张捷,赵民.新城规划的理论与实践——田园城市思想的世纪演绎[M].北京:中国建筑工业出版社,2005.

赵民,王聿丽.新城规划与建设实践的国际经验及启示[J].城市与区域规划研究,2011(2).

王磊,李成丽.新城新区发展模式演变与雄安新区建设研究[J].区域经济评论,2017(5).

王亚男,张爱华.专访新加坡城市规划之父刘太格[J].城市发展研究,2012(5).

逯新红.日本国土规划改革促进城市化进程及对中国的启示[J].城市发展研究,2011,18(5).

张捷.新城规划与建设概论[M].天津:天津大学出版社,2009.

王兰.中国新城新区规划与发展[M].上海:同济大学出版社,2018.

第二十章　特色小镇发展战略导引

本章由特色小镇的概念及意义、特色小镇的开发建设、特色小镇建设的体制和政策等三部分组成。第一部分阐述特色小镇是什么，其为难点。后两部分阐述特色小镇怎么建，目的是更好引导特色小镇发展和建设。

第一节　特色小镇的概念及意义

特色小镇应位于城市地域，还是小城镇地域乃至乡村地域，在我国特色小镇建设实践中非常混乱，这就产生了申报主体的困惑。特色小镇应是产业园区，还是产业项目乃至居住社区，在实践中也很混乱，这就产生了建设内容的困惑。特色小镇应是5平方千米，还是10平方千米乃至更大范围，在实践中也很混乱，这就产生了特色小镇规划面积和建设面积的困惑。特色小镇的建设是走小城镇和乡村发展道路，还是走城市发展道路，在实践中也很混乱，这就产生了特色小镇建设的立足点困惑。基于这些困惑，我们应该明晰特色小镇概念和意义，明确城镇与乡村的概念。要理解城镇必须同时理解乡村，从城镇与乡村的辨析中理解城镇。特别是在中国，迄今为止，城镇至少有两个含义：空间意义上的城镇和行政管理意义上的城镇。[①]在我国，目前常用的并作为统计基本依据的直辖市、省会城市、地级市、县级市、建制镇等，都是行政管理意义上的城镇，其显著特点是等级制和广域制。等级制是指不同行政管理等级的城镇，其职权是不一样的。例如，地级市是县级市的上级城市。广域制是指这些行政管理意义上的城镇既管理市区、镇区地域事务，还管理其行政所辖的乡村地域事务。当前在我国，空间意义上的城镇，以2014年由国

① 事实上，行政管理意义上的城镇是一种制度概念，称为“市制”，属行政建制范畴，与省制、县制、乡制、村制相对应；空间意义上的城镇是一种地域概念，属行政区划范畴，与乡村相对应。

务院发布的《国务院关于调整城市规模划分标准的通知》中所述的超大城市、特大城市、大城市、中等城市、小城市等为依据，在城市科学研究中也按此标准，并且在实践中还建立了相应的统计体系。对于我国各地正在推进的特色小镇，实践中也同样存在空间意义和行政管理意义上的认知差别。要正确认知特色小镇的概念，需要先了解城乡概念。

一、城乡的概念及特征

（一）城镇的概念及特征

1. 城镇的概念

城镇是指一个连片成块的居住和生产空间内集中居住人口规模较大和主要从事第二、三产业的地方，其物理空间包括市区、城区、镇区中的居住区、工业区、商业区、商务区、运输区、大学校区、城市公园等，而不包括城镇所辖的乡村地区。其特征一是城镇是个有物理边界的空间，这个空间范围内主要包括人们居住和第二、三产业生产经营，农业生产经营很少。有些小城镇居住的人口中也许含有少量从事第一产业的就业人员，中等以上城市几乎没有从事第一产业人员。没有物理边界的城镇，城乡功能、业态、形态一定会混淆。二是连片成块作为一个计算单位，即城镇计算单位的范围是该连片成块的范围，中间被乡村地区隔断为若干片或块，就应分成若干个城镇计量。三是该连片成块区的居住人口应全部计入这个城镇集中居住的人口规模中。我国规定一个连片成块的地区集中居住人口超过一定数量的称城市，城市分超大、特大，以及大城市、中等城市、小城市 5 类 7 个等级。小城镇包括达到一定集中居住人口规模的建制镇、乡政府驻地和集镇，①但对多少人口集中居住才计入小城镇，没有规定。国外一个连片成块居住空间集中居住多少人口才算城镇，也规定不一。四是此处所述居住人口指居住在城镇中半年以上的常住人口，不局限于户籍人口，不包括半年以下的短期居住人口。需要说明的是，一是不能以城镇中有无从事农业生产的人员居住，就把城镇划为乡村。在农业机械化的条件下，农业从业人员可以居住在附近城镇，工作可以在乡村。反过来说，居住在乡村，也可以在城镇第二、三产业中就业。人口统计在城镇还是乡村，应以居住地为原则，而不应以就业地为原则，更不能以户籍地为原则。二是不能以有无第二、三产业作为认定属于城镇的标准，因为中国的乡村也有第二、三产业，包括农村手工业等。三是规模较大的农业或耕地一定在乡村，城镇中一定没有规模较大的农业或耕地。从这里也可以看出城镇不应包括广大乡村地区，城镇只指市区、城区、镇区空间范围。城乡是个物理空间概念，不是个管理概念，否则便无法区分。同样，从事第二、三产业的人员多在城镇中，城镇一般没有规模较大的第一产业和耕地，即使有也可以忽略不计。所以，城镇的概念也可以表达为是一个成片连块的居住和生产空间内集中居住人口规模较大和没有较大规模农业耕地的地方。

---

① 叶堂林.小城镇建设：规划与管理[M].北京：中国时代经济出版社，2015：3.

2. 城镇的特征

凡城镇有3个特征。一是城镇是人为建造的。[①]城镇中的绝大部分部件都是经过人们意志而建设起来的，包括建筑、各种地下管线，乃至绿化、水体、假山、地形的大部分；城镇中的定位、布局、建设、营造、管理都充斥着人的意志和痕迹，纯粹自然部分很少。二是城镇是集中的。这里的集中主要包括居住集中、产业布置集中、市政基础设施集中三大类。城镇中人口居住、产业布局的集聚性，带来了人的接触的接近性和产业链条的连贯性，从而提高了城镇的创新能力和产出能力；排水、垃圾处理、能源供应等市政基础设施的集中配置，可以降低设施配置的成本。故集中或集聚是城镇的主要特征。三是城镇是第二、三产业的集聚地。乡村的农产品除了自给外，其余部分大多进入市场交易，正是这种农产品非经常和经常的交易，逐步形成了非固定或固定的交易点或街市、庙会等，以及与这些交易点相应的运输、客栈、仓库及加工店、定居点，从而形成了集市、市镇，乃至城市。所以城镇自产生以来到现在，其居民主要是从事第二、三产业的，城内大多没有农田，城外才有农田。

（二）乡村的概念及特征

1. 乡村的概念

乡村是指集中居住人口规模比较小和拥有一定耕地规模的地方，其物理空间包括乡村所属的居民点、山水田林湖草自然元素和农业生产等。乡村与城镇在物理空间上的最主要区别是乡村空间范围不仅包括人居空间和生产空间，还包括自然空间，而城镇空间范围一般没有自然空间或不包括自然空间。建在山上的城镇，其自然空间也是被人居空间和生产空间所覆盖的，在人居和生产空间处，最多也只有少量的自然河流和少片森林、田地等。乡村和城镇概念不应该是一种观念上的概念，而应该是一种实体概念，是通过"眼看"而不是抽象来界定的。目前国内外学界讨论乡村概念时，大多站在各自学科研究角度对乡村下概念，管理学、社会学、文化学、规划学、地理学等，因需求和角度不同，所下的乡村概念也不同，难以形成共识，而实际决策部门又站在各自利益角度形成乡村认知及制定与认知相关的公共政策。

对乡村概念中涉及的集中居住人口规模比较少这一概念，有几个问题是需要说明的。一是乡村中的大部分居住点是集中居住的，独户的居住点比较少，只是乡村居住点集中居住人口规模较少。现实中，在我国，乡村单个居住点超千人是比较少的，几个乡村的居住点聚集在一起，超千人乃至几千人的情况往往发生在集镇、建制镇、乡政府驻地。按照居住地原则，这种几个乡村居住地集聚的区域就应划入城镇空间而非乡村空间。在美国，凡2 500人集中居住一个居住空间的，[②]就划入城市空间内；欧洲瑞典、丹麦、冰岛，200人以下集中居住点划为乡村空间，[③]200人以上划为城镇；而挪威、芬兰则将2万人以下集中居住空间划为乡村空间，2万人以上划为城镇空间。我国也有专家

---

① 谭纵波.城市规划[M].北京：清华大学出版社，2016：6.

② 孙兵、王翠文.城市管理学[M].天津：天津大学出版社，2013：6.

③ 牛建农，等.村庄、产业、文脉、人[M].北京：中国建筑工业出版社，2016：175.

提出1 000人以下居住点划为乡村空间,[1]1 000人以上划为城镇空间。二是拥有一点规模的耕地。目前,我国农村撤村撤队要求规定,人均耕地比率低于0.02亩的地区可以撤销村队,实行“村改居”。此处人均耕地比例是指拥有村队的总人口数与村队所有的耕地亩数的比例。一般来讲,一个村或队的耕地是恒定的,除少部分沿江沿海沿湖地区围垦扩大耕地及有些山区可开垦山地扩大耕地。另外,我国农村户籍制度改革前,村或队的人口是指登记在村或队的农业户口。随着户籍制度改革,农业户口的边界模糊了,需通过第二轮承包地确认登记颁证,以及宅基地的确权登记和集体经济组织财产分配权的确定来界定村或队的人口。

区分城乡概念还有几种认知需进一步厘清。一是用人口密度来区分城乡空间的做法。人口密度是指区域总人口与区域总面积之比。在我国,由于各地人口集中程度和区域面积大小相差甚远,如许多大城市人口多但面积小,而许多中小城市和小城镇面积大但人口少,导致如用人口密度区分城乡,则人多面积少的大城市地区,其全境都可算为城镇,而广大中小城市和小城镇因人少面积大,其全境都可算为乡村。二是用“乡土性”或“乡愁”区分城乡的做法。费孝通所说的“乡土性”事实上同时存在于中国乡村和城镇,如差序格局[2];同样,“乡愁”也同时存在于农村和城镇。习近平总书记所说的“看得见山,望得见水,记得住乡愁”倒是仅指乡村中的“乡愁”。中国有许多在农村有生活经历和记忆的人,即使长驻城镇几十年,还有许多“乡土性”和“乡愁”,所以用是否有“乡土性”和“乡愁”是难以界定城乡的。三是以从事职业来界定城乡区别。在我国,居住在城镇中的人口,也有因户籍或从事农业,被划为乡村人口;居住在乡村的人口,也有因从事第二、三产业,被划为城镇人口,因此以职业来划分城乡人口是不妥的。四是用管理关系来划分城乡,认为凡市管范围划为城镇,县管范围划为乡村。事实上,在我国,市管范围内既有城镇,也有农村;市辖城区范围内只有城区没有农村;市辖郊区范围内则既有城区,也有农村;县管范围内既有城镇,也有农村。因此不能按管理隶属或管理机构称谓来界定城乡概念。

2. 乡村的特征

与城镇相比,乡村具有以下特征。一是自然的。凡乡村放眼所见的大山、江河、大海、草原、湿地、农田,乃至乡村居住村落大多是沿山脉、江河、农田布置,顺其自然状态。自然是乡村独有风貌,城镇不具备这一点。二是农业的。人类赖以生存的食物,其根本都来源于乡村,如乡村自然状态下自然生长的河里的鱼虾、山上的野果;农民劳动生产的粮食、蔬菜、花卉、水果、烟草、菜油等。三是分散的。这一是指集中居住规模较少或居住分散。其是农业生产中运输需要和庄稼看护需要所致。有人测算,即使在农业机械化条件下,乡村居住点离农业生产的最经济距离也不能超过半小时路程,乡村居住地与生产地超过半小时路程,农产品运输虽无大碍,但不能解决农产品看护问题。二是指

---

① 肖敦余,胡德瑞.小城镇规划与景观构成[M].天津:天津科学技术出版社,1992:18.

② 费孝通.乡土中国[M].上海:上海世纪出版集团,2008:23;洪亮平,乔杰.规划视角下乡村认知的逻辑与框架[J].城市发展研究,2016(1).

公共设施配置较分散。如道路交通、水电通信及能源供应、教文卫体养老设施、垃圾处理和厕所等环卫设施配置。由于居住相对分散，导致与之相关的公共设施配置也相对分散。三是指生产相对分散。包括农林牧副渔生产、乡村集市交易的分布和乡村工业都相对分散。这是乡村的山水田林湖草等自然元素的分布和人、居住村落与自然元素的距离造成的。

如前所述，城乡各有特征，并且这些特征几乎是完全不一样的，由这些特征衍生出来的优点和缺点也是完全不一样的，其各自的功能无法替代。

二、城乡地区划分

（一）我国城市地区划分

2014 年 10 月，由国务院发布的《国务院关于调整城市规模划分标准的通知》（国发〔2014〕51 号）以城区常住人口为统计口径，将我国城市地区划分为 5 类 7 档。城区常住人口 50 万以下的城市为小城市，其中，20 万以上、50 万以下的城市为Ⅰ型小城市，20 万以下城市为Ⅱ型小城市；城区常住人口 50 万以上、100 万以下的城市为中等城市；城区常住人口 100 万以上、500 万以下的城市为大城市，其中 300 万以上、500 万以下的城市为Ⅰ型大城市，100 万以上、300 万以下的城市为Ⅱ型大城市；城区常住人口 500 万以上、1 000 万以下的城市为特大城市；城区常住人口 1 000 万以上的城市为超大城市（“以上”包括本数，“以下”不包括本数）。

1993 年 2 月，由国务院发布的《国务院批转民政部关于调整设市标准报告的通知》（国发〔1993〕38 号），规定了 20 万以下人口规模的小城市划分标准，一是每平方千米人口密度 400 人以上，县政府驻地所在镇从事非农产业人口不低于 12 万，可设市撤县；二是每平方千米人口密度 100 至 400 人，县政府驻地所在镇从事非农产业人口不低于 10 万，可设市撤县；三是每平方千米人口密度 100 人以上，县政府驻地所在镇从事非农产业人口不低于 8 万，可设市撤县；四是具备特别条件的，包括自治州政府或地区（盟）行政公署所在地、重要港口、贸易口岸、国家重大骨干工程所在地，以及具有政治、军事、外交等特殊需要的地方，少数经济发达地区经济中心镇，其从事非农产业人口最低不低于 4 万，也可以设市。

1986 年 4 月，由国务院发布的《国务院批转民政部关于调整设市标准和市领导县条件报告的通知》（国发〔1986〕46 号）明确，非农业人口 6 万以上，可以设置市的建制。

1963 年 12 月，由中共中央、国务院发布的《关于调整市镇建制，缩小城市郊区的指示》中明确，聚居人口 10 万以上，一般可以保留市的建制；聚居人口不足 10 万的，必须是省级国家机关所在地、重要工矿基地、规模较大的物资集散地，或者是边疆地区的重要城镇，确有必要，经批准可以保留市的建制。

1955 年 6 月，由国务院发布的《关于设置市、镇建制的决定》中也明确，聚居人口 10 万以上城镇，可以设置市的建制。聚居人口不足 10 万的城镇，必须是重要工矿基地、省级地方国家机关所在地，以及规模较大的物资集散地或者边远地区的重要城镇，确有必要时方可设置市的建制。

综合我国历年城市地区规定,可将2014年10月国务院发布的《国务院关于调整城市规模划分标准的通知》中的城区常住人口20万以下的Ⅱ型小城市具体定义为:城区常住人口5万以上、20万以下均可划为Ⅱ型小城市地区。这样,我国按人口规模划分的城市地区标准可表达为表20-1。

表20-1 我国按人口常住规模划分的城市地区分类表

城市地区分类	档 次	城区常住人口规模(万人/平方千米)	规划集建区人口密度(万人/平方千米)
超大城市地区	1	≥1 000	1.8
特大城市地区	2	500—1 000(不含1 000)	1.6
大城市地区	3(Ⅰ型)	300—500(不含500)	1.4
	4(Ⅱ型)	100—300(不含300)	1.2
中等城市地区	5	50—100(不含100)	1
小城市地区	6(Ⅰ型)	20—50(不含50)	0.8
	7(Ⅱ型)	5—20(不含20)	0.6

资料来源:作者编制。

(二)我国小城镇地区划分

1955年6月,国务院发布的《关于设置市、镇建制的决定》明确,县级或县级以上地方国家机关所在地,可以设置镇的建制。不是县级或者县级以上地方国家机关所在地的地区,必须有聚居人口在2 000人以上,有相当多的工商业居民,并确有必要时可以设置镇的建制。少数民族地区如有相当数量的工商业居民,聚居人口虽不及2 000人,确有必要时,亦可设置镇的建制。工矿基地,规模较小,聚居人口不多,由县领导的,可设置镇的建制。

1963年12月,由中共中央、国务院发布的《关于调整市镇建制,缩小城市郊区的指示》明确,工商业和手工业相当集中,聚居人口在3 000人以上,其中非农业人口占70%以上,或者聚居人口在2 500人以上、不足3 000人,其中非农业人口占85%以上,确有必要,由县级国家机关领导的,可以设置镇的建制。少数民族地区的工商业和手工业集中地,聚居人口虽然不足3 000人,或者非农业人口不足70%,但是确有必要,由县级国家机关领导的,可以设置镇的建制。

此后,我国就再也没有发布过关于小城镇地区划分的有关规定。根据上述1955年和1963年的两个相关规定,我国小城镇设置镇建制的有3类:一是达不到设市标准,但属县级或县级以上地方政府相关所在地,可以设置镇的建制;二是工商业和手工业相当集中,聚居人口在3 000人以上的镇区,可以设置镇的建制;三是聚居人口不足2 500人,但确有必要,可以设置镇的建制。在我国,从行政管理角度讲,与建制镇并行的还有乡建制。到2015年末,我国共有建制镇20 515个、乡11 315个、镇乡特殊地区 643 个。[①]而从集聚集约空间区域的角度讲，建制镇镇区之外，还有农村集镇。农村集镇可能是乡政府所在地，也可能仅仅是乡村商品交易、工业生产、文化服务中心。这类不属镇乡所在地，但具有乡村经济和服务功能的、集中居住人口规模较多的农村集镇在我国约有 5 万个。[②]从我国城乡经济社会统筹发展角度，应当将其划入小城镇地区。

综上所述，结合我国实际情况，可考虑按小城镇常住人口规模，将我国小城镇地区划分为如表 20-2 所示。

表 20-2　我国小城镇常住人口规模分类表

小城镇地区分类	等　级	镇区常住人口规模（人/平方千米）	规划集建区人口密度（万人/平方千米）
建制镇地区	1（Ⅱ型）	2—5（不含 5）	0.5
	2（Ⅱ型）	1—2（不含 2）	0.4
集镇地区	3（Ⅰ型）	0.3—1（不含 1）	0.3
	4（Ⅱ型）	0.1—0.3（不含 0.3）	0.1

资料来源：作者编制。

（三）国外城镇地区划分

1. 日本

普通市，相当于我国的小城市，人口规模 5 万人以上，位于市中心区域的建筑占城市全部建筑物的 60%以上，从事非农产业人口在 60%以上；町，相当于我国的镇，人口超过 5 000 人，工商业人口超 60%。日本在 1980 年的国情调查中，把人口密度在 4 000 人/平方千米以上，整个人口规模在 5 000 人以上的地区称作人口集中地区。

2. 俄罗斯

人口规模超 1.2 万人，非农业化水平大于 85%，划为城市；人口规模超 3 000 人，划为镇。

3. 泰国

人口规模超 50 000 人，人口密度达到 3 000 人/平方千米，划为城市；人口规模超 1 000 万人，人口密度达到 3 000 人/平方千米，划为镇；人口超 5 000 人，人口密度达到 1 500 人/平方千米，划为乡。[③]

4. 美国

1874 年，美国在《美国统计地图》中首度对城市进行了统计上的定义，城市是指人口超过 8 000 人的定居点。1880 年人口普查中，城市门槛降为 4 000 人。从 1910 年开

① 顾朝林，盛明洁.县辖镇级市研究[M].北京：清华大学出版社，2017：6.

② 肖敦余，胡德瑞.小城镇规划与景观构成[M].天津：天津科学技术出版社，1992：302.

③ 刘君德，范今朝.中国市制的历史演变与当代改革[M].南京：东南大学出版社，2015：44—45.

始，美国人口普查局对城市地区(urban area)进行界定，城市门槛进一步降到 2 500 人，这个城市标准一直延续至今，但部分州的城市标准有所不同。

(四) 我国乡村地区划分

按照我国《镇规划标准(GB 50188—2007)》，按常住人口规模，把村庄分为：特大型村庄人口规模大于 1 000 人，大型村庄 601—1 000 人，中型村庄 201—600 人，小型村庄小于等于 200 人。①需要说明的是，此处村庄指的是乡村中的自然村落，不是指行政村(也叫建制村)或中心村。而按照行政村与周边城镇区的空间距离，又可分为城中村、城边村和独立村。城中村是指城镇集建区规划范围内的行政村，城边村是指部分地域在城镇规划集建区范围内的行政村，独立村是指全部地域均在城镇规划集建区外的行政村。行政村是我国农村的自治机构，一个行政村往往包括若干个自然村落。自然村是指行政村范围内居民定居点。到 2015 年末，我国共有行政村 56.88 万个，自然村 264.46 万个。②中心村是功能概念，是指为若干自然村或行政村服务的乡村区域功能中心。

表 20-3 我国行政村常住人口规模分类表

乡村类型		等　级	常住人口规模(人)
行政村(建制村)	城中村	特大型	≥10 000
		大　型	≥8 000
		中　型	≥6 000
		小　型	≥4 000
	城边村	特大型	≥6 000
		大　型	≥5 000
		中　型	≥4 000
		小　型	≥3 000
	独立村	特大型	≥3 000
		大　型	≥2 000
		中　型	≥1 000
		小　型	≥1 000

资料来源：作者编制。

三、特色小镇的概念及特征

当前在我国，特色小镇也有物质空间和行政建制两种概念。浙江、福建、山东、江

① 李伟国.村庄规划设计实务[M].北京：机械工业出版社，2013：2.

② 顾朝林，盛明洁.县辖镇级市研究[M].北京：清华大学出版社，2017：6.

苏、河北、云南省政府，以及国家发改委等将特色小镇定义为物理空间概念，不采用行政建制概念。例如，2015 年 4 月，浙江省人民政府发布的《浙江省人民政府关于加快特色小镇规划建设的指导意见》指出“特色小镇是相对独立于市区，且有明确产业定位、文化内涵、旅游和一定社区功能发展的空间平台，区别于行政区单元和产业园区”。2017 年 12 月，浙江省质量技术监督局发布的《浙江省特色小镇评定规范》明确，“特色小镇是指具有明确产业定位、文化内涵、旅游业态和一定社区功能的创新创业发展平台，相对独立于城市和乡镇建成区中心，原则上布局在城乡接合部。规划面积一般控制在 3 平方千米，建设面积一般控制在 1 平方千米”。2016 年 6 月，福建省人民政府发布的《福建省人民政府关于开展特色小镇规划建设的指导意见》指出，“特色小镇区别于建制镇和产业园区，是具有明确产业定位、文化内涵，兼具旅游和社区功能的发展空间平台”。2016 年 9 月，山东省人民政府发布的《山东省人民政府办公厅关于印发山东省创建特色小镇实施方案的通知》指出，“特色小镇是区别于行政区划单元和产业园区，具有明确产业定位、文化内涵、旅游特色和一定社区功能的发展空间平台”。国家住建部、重庆市人民政府等明确提出特色小镇以建制镇为申报基本单元。例如，国家住建部 2016 年 7 月发布的《住房建设部　国家发展改革委　财政部关于开展特色小镇培育工作的通知》指出“特色小镇原则上为建制镇(县城关镇除外)，优先选择重点镇”。2016 年 6 月，重庆市人民政府发布的《重庆市人民政府办公厅关于培育发展特色小镇的指导意见》指出，“特色小镇是指具有特色资源、特色产业、特色风貌，文化底蕴深厚，综合服务功能较为完善，生产生活生态融合发展的小城镇，是深入推进新型城镇化的又一载体和平台，是城乡联动的重要纽带”。湖北省也提出，特色小镇包括物质空间和行政建制两种类型，申报既可以按一个空间平台，也可以按一个建制镇进行。

事实上，顾名思义的城镇，就是一个用土垒成墙、围合而成的固定的商品交易集市和因固定商品交易而形成的固定居住聚落，是社会生产力发展到一定程度，农产品和劳动力有了剩余，商业和手工业从农业中分离出来的结果。可见，城镇自产生以来，就是物质空间的概念，在人类社会长达几千年的历史中，人类社会的城镇，是广阔物质空间中的一块居住人口较多和主要从事第二、三产业，具有一定物理边界，以前往往用城墙等障碍物与外界隔离的物理空间。

从物理空间角度讲，现代的城镇指的是城区镇区空间范围。自古以来，城镇空间就不包括乡村空间。因此，行政管理意义上的城镇是一种行政管理制度的派生，城镇的本意就不属于行政管理的概念，而属于物质空间的概念。本章讨论的特色小镇是指物质空间的概念。

特色小镇，是指具有一定特色的产业和居住功能的物质空间。其与建制镇的区别在于其不是一个行政单元，不包括乡村空间范围；与产业园区的区别在于特色小镇空间内不仅仅有生产功能，还包括一定量的居住功能。特色小镇物质空间，可以是建制镇中的一块空间，如上海嘉定区安亭镇范围内，大约 2 平方千米的老镇区范围可以算是个特色小镇，而不能说整个 80 多平方千米的安亭建制镇是个特色小镇，因为安亭建制镇包括安亭、方泰、黄渡3个镇区和几十平方千米的乡村。如果说安亭镇整个建制空间是一个特色小镇,那么无异于说安亭镇所属3个镇区和全部乡村也是特色小镇。同样,特色小镇也不可能是城市中的一个物质空间。譬如,江苏扬州市市区中有一块4.5平方千米的老城区,近几年经过修旧如旧,既还原了扬州古城风貌,又发展成商业区、民宿区,这样的空间不可以叫特色小镇,可以称为老城商贸功能区,因为其属扬州市市区范围。另外,也不能仅仅将一个产业空间称作特色小镇。例如,上海嘉定区安亭镇中的汽车城,也有几平方千米的生产空间,但不能说这个汽车城就是特色小镇,因为特色小镇既然称镇,不但要有产业功能,还要有居住功能,而安亭汽车城仅有产业功能。同理,城市空间中的一个商务区、一个旅游区、一个商业区等产业功能区也不能称为特色小镇。显然,特色小镇还需具备镇的设置标准。例如,浙江等地创建特色小镇中就提出其要有一定社区功能。该功能的基础是常住人口规模。特色小镇是需具有一定规模物理空间的,浙江提出"特色小镇规划面积一般控制在3平方千米左右,建设面积一般控制在1平方千米左右",具有一定合理性。特色小镇物理空间太少,不但规模效益难以形成,而且产业与居住功能也难以建立;物理空间太大,特色一般难以维持。特色小镇以多大物理空间为好,特色小镇规划建设中应视实际情况而定,其前提是既保有特色,又做到产业和居住功能均健全。如前所述,我国小城镇设置有关文件要求小城镇镇区最低人口规模是2 000人,一般是3 000人。我国特色小镇的规划设计可以借鉴参考这一人口规模的设置要求,使特色小镇既满足物质空间的城镇设置标准要求,又达到产城融合空间平台的要求。但我们不能说达到人口规模就叫特色小镇。因为特色小镇不但不是一个行政单元、不是一个产业园区、不是一个产业项目,也不是一个居住区。特色小镇是一个产城融合的物质空间,即不是一个建制镇概念、产业园区概念、产业项目概念,在我国还不是一个居住区概念。

综上所述,特色小镇是指乡镇行政管理范围内,具有产业和社区功能的物质空间。其可能是既有的小城镇镇区的全部或一部分,也可能乡镇范围内新规划建设的达到小城镇设置标准的特色资源功能区。但不是建制镇(不是行政单元),不是产业园区或产业项目,也不是居住社区,也不存在城市市区城区中。从这个角度讲,特色小镇的申报主体是建制乡或镇,但申报空间范围是建制乡(镇)范围内一个具有特色资源的物质空间。市县区不是特色小镇的申报主体。特色小镇的基本特征如下。

(一) 特色小镇是小城镇

其内涵一是有特色,二是空间规模小,三是属于小城镇。有特色指这个小城镇在产业上具有特色或风貌上具有特色,即与其他小城镇相比具有不同的个性、差异性;空间规模小,指特色小镇的规划空间和建设空间都比较小,一般在3—5平方千米,空间大,特色往往就会减少,且难以保持;小城镇,指特色小镇也是小城镇,不仅具有产业性,还有居住性,应满足小城镇一般设置要求,特色小镇大约属小城镇中的第3或第4等级(表20-2)。城市空间范围内市区、城区中的特色商业区、商务区、金融区、文创区、商业综合体等特色专业功能区,不宜称为特色小镇,哪怕规划面积也是3—5平方千米。

因为城区、市区这些空间属城市空间，不属乡镇范围。

（二）特色小镇不是建制镇

我国建制镇是行政建制，属行政管理范畴，不是物质空间范畴。建制镇的管理范围既包括建制镇镇区，还包括建制镇所辖的乡村地区。而特色小镇是物质空间概念。一般存在于镇区或镇区的核心功能区，又或是镇区以外达到小城镇设置标准的特色资源功能空间内。特色小镇空间范围不一定是全部镇区，更不可能包括建制镇的全部乡村。

（三）特色小镇不是产业园区和单个产业项目

因为特色小镇属于小城镇，应满足某一等级小城镇设置标准。特色小镇空间范围内既有产业，还有居住区。而产业园区或单个产业项目空间范围内一般没有居住功能，这里讲的居住功能不包括产业园区或产业项目自行配建的职工宿舍。目前，国内各地正在建设的大多数特色小镇还是产业园区或产业项目属性。不能因为特色小镇中有一些市政设施、环境设施、部分公共服务设施和公共管理设施，就认为其具有特色小镇中的社区功能。特色小镇中的社区功能主要指居住功能。

（四）特色小镇不只是居住社区

我国目前所谓的特色小镇是以产业为基础功能，其居住功能是为产业功能配套的。而居住社区是指常住人口工作外所使用的居所，一般不包括产业功能。在我国，沿街居住社区中配建的部分商业店面，不属于特色小镇概念中所讲的产业功能。不过，国外的特色小镇中也有没有产业功能，仅有居住功能的。

辨析特色小镇还要与当下我国各地也在推进的“田园综合体”区别开来。田园综合体的主要建设内容是“农旅居”，其也是同时具有产业功能和居住功能的，并且一般位于小城镇的镇区之外、乡镇管辖的特色资源功能区内，其规划面积和建设面积往往与特色小镇接近。这里关键的区别是，田园综合体能否达到规定的小城镇设置标准，包括产业标准、人口标准和公共配套标准，如果达到，那么其也可纳入特色小镇范围。与特色小镇内涵相类似的，还有我国各地正在建设的美丽乡村、幸福乡村或田园乡村。美丽乡村的建设内容是“田水路林村”，空间范围一般是建制村，少则2—3个平方千米，多则10多平方千米，也涉及产业和居住，但与特色小镇最大区别在于美丽乡村一般达不到小城镇设置标准，特别是在一个空间范围内人口集中居住规模这项指标难以满足，而产业标准和公共配套标准，临近城镇的也能达到，故只能归入美丽乡村范围，不能归入特色小镇范围。

四、特色小镇建设的目的和意义

特色小镇概念还可以从特色小镇的建设目的角度加以理解。特色小镇是物质空间概念上的小城镇中的一员，是联结城乡的中间环节或纽带。特色小镇的建设目的和意义主要包括两大方面。

（一）探索小城镇如何发展和带动乡村发展

特色小镇是一个以产业为基础，辅以一定社区功能的物理空间。无论是小城镇镇区内的一个特色小镇功能区，还是小城镇镇区外的一个特色小镇功能区，均是利用特色小镇功能区内的资源禀赋和发展条件，在资源、资金、技术等生产要素有限的条件下，先将这个空间规模不大的特色小镇发展起来，形成增长点或增长级，从而带动辐射周边区块发展，实现梯度发展，实现先发展与后发展时序上的联动，从而实现探索小城镇如何发展。尤其是靠近乡村空间的特色小镇发展，还能带动周边乡村的就业、居住乃至基础设施、公共服务和公共管理水平的提升。从这个角度讲，特色小镇可以为如何发展小城镇乃至振兴乡村、发展小城市积累经验。但这并不等于说特色小镇建设就是建制镇建设，极少数情况下，特色小镇建设的空间规模正好与建制镇镇区重叠，这也并不等于说特色小镇是建制镇概念。因为一个建制镇除镇区空间外，还有许多非镇区空间，而这些空间并不能列入特色小镇空间范围。在全球化和市场经济背景下，临近海洋，具有出海口或交通优势区位的城市，其生产贸易条件、要素配置条件一般比内陆、交通条件较差区位的城镇和乡村优越，吸纳生产要素的能力更强，再加上我国实行等级制市制，等级越高的城市非市场配置资源的能力又更强。在这种背景下，我国中小城市、小城镇、乡村的衰退既有客观的原因，也有主观人为成分。但小城镇和乡镇还有一些不可流动的生产要素。例如，不可搬动的自然环境，难以搬动的传统手工艺、非物质遗产、艺术传人，以及各地几千年形成的文化精神，这些不可流动的或难以流动的当地资源禀赋、发展基础和生产条件，也是小城镇、乡村得以永远存在，获得新兴，扼制衰退的宝贵资源。特色小镇建设，乃至乡村振兴都是建立在这样的基础上的。当超大、特大、大城市发展至一定阶段时，就有了振兴特色小镇和乡村的时代需要。此时，通过特色小镇建设能为探索小城镇振兴积累经验、范式，还能带动特色小镇周边的乡村复兴。同样，正是因为小城镇和乡村中存在着这些不可流动资源，才能形成我国小城镇建设和乡村振兴中的特色。

（二）疏解城市过于集聚的产业和居住功能

2014 年《国家新型城镇化纲要（2014—2020）》提出："按照控制数量、提高质量、节约用地、体现特色的要求，推动小城镇发展与疏解大城市中心城区功能相结合，与特色产业发展相结合，与服务'三农'相结合。"2016 年，国家"十三五"规划提出："完善设市设区标准，符合条件的县和特大镇可有序改市。因地制宜发展特色鲜明、产城融合、充满魅力的小城镇"。[①]改革开放以来，特别是 1984 年城市经济体制改革以来，在全球化、市场经济、等级型市制建设背景下，我国的重大产业布局、主要生产要素和利好政策大多集聚于超大、特大、大城市，其后果是超大、特大、大城市的人口拥挤、交通堵塞、房价高涨、环境污染等。我国大中小城市规模结构不合理，各类产业园区职住分离，中小城市和小城镇发展缓慢，乡村日渐衰退等，都有待我国在新型城镇化中予以改善。随着互联网技术的发展，各地交通条件的改善，以及人们回归自然和传统的需求，特色小镇建

① 中国城市经济学会中小城市经济发展委员会，等.中国中小城市发展报告（第 11 版）[R].北京：社会科学文献出版社，2017：12.

设有助于探索依托当地的良好生态环境、传统文化等不可流动的资源禀赋和发展基础，承接超大、特大、大城市非核心功能，以特色产业为引领，建设产城融合。在社会主义市场经济条件下，要发挥市场在资源配置下的决定性作用。特色小镇选择什么样产业，都要基于市场供需要求，基于当地的资源禀赋和发展基础，面对市场竞争。特色小镇首要的是找市场，而不是找“市长”，所以特色小镇发展不能用传统行政管理方式。无论是建制镇镇区范围内的特色小镇，还是镇区外的特色小镇，在产业发展上，行政管理都要往后退半步，先让渡于市场作用的发挥。在市场充分发挥作用的基础上，对市场动力不足或失灵部分，辅以行政管理范畴内的政策服务，特别是特色小镇空间范围内的基础设施、公共服务等。

第二节　特色小镇的开发建设

一、特色小镇的建设目标

2016 年 7 月，国家住建部等三部门发布的《住房城乡建设部　国家发展改革委　财政部关于开展特色小镇培育工作的通知》中提出，“到 2020 年，培育 1 000 个左右各具特色、富有活力的休闲旅游、商贸物流、现代制造、教育科技、传统文化、美丽宜居等特色小镇，引领带动全国小城镇建设，不断提高建设水平和发展质量”。2015 年 4 月，《浙江省人民政府关于加快特色小镇规划建设指导意见》提出，“全省重点培育和规划建设 100 个左右特色小镇”“力争通过 3 年的培育创建，规划建设一批产业特色鲜明、体制机制灵活、人文气息浓厚、生态环境优美、多种功能叠加的特色小镇”。2016 年 6 月，《福建省人民政府关于开展特色小镇规划建设的指导意见》提出，“力争通过 3—5 年的培育创建，建成一批产业特色鲜明、体制机制灵活、人文气息浓厚、创新创业活力迸发、生态环境优美、多种功能融合的特色小镇”。2016 年 9 月，山东省人民政府发布的《山东省人民政府办公厅关于印发山东省创建特色小镇实施方案的通知》提出，“到 2020 年，创建 100 个左右产业上‘特而强’，机制上‘新而活’，功能上‘聚而合’，形态上‘精而美’的特色小镇，成为创新创业高地、产业投资洼地、休闲养生福地、观光旅游旺地，打造区域经济增长极”。

2016 年 10 月，国家住建部公布了第一批 127 个国家级特色小镇名单。2017 年 7 月，国家住建部公布了第二批 276 个国家级特色小镇名单。与此相应，国家有关部委发布了《特色小镇创建标准指标体系》，提出了规划设计、建设进展、功能配置、产业发展、创新能力、生态环境、人才发展、综合效益八大类要求，共 22 个定量评价指标。各地也相应提出了国家级、省级、市级乃至县级的特色小镇建设目标及建设要求、建设内容、申报程序、扶持政策、推进机构要求等。

实际上，特色小镇建设目标可分为数量建设目标和质量建设目标，数量建设目标指完成特色小镇建设个数，质量建设目标是指将特色小镇建设成为产城一体的物质空间。

二、特色小镇的建设要求

根据国家和各省市公布的特色小镇建设文件和实践，特色小镇建设须遵循下列要求。

（一）突出特色

特色是特色小镇区别于其他一般小城镇的主要特征，也是特色小镇建设和存在的基本目的。司马迁在《史记》里的“百里不同风、千里不同俗”，讲的就是乡村差异性、个性化景象，指的是乡村各地不同的生产方式和生活方式。①由此可见，特色来源于不同的产品和生产产品的方式，不同的生活习惯、习俗和产生习俗的生活方式。例如，我国贵州、江西、湖南辣椒特别味鲜，而这种辣椒品种与一般辣椒不同，并且这种辣椒一般种植在山坡旱地上，露天朝阳。江西、贵州、湖南各地的家家户户，在烧菜时均喜欢加大把辣椒，这与那一带山区较多，气候湿润，吃辣椒能发汗有助健康有关。可见产品及产品生产方式、习惯及习惯形式，还与当地的山、水、田、生物、气候等自然环境有关。特色来源于生产、生活、生态，融入生产方式、生活方式和自然环境中。特色小镇建设中的特色植根于当地的传统产业、自然环境和传统文化中，植根于当地的资源禀赋和发展基础上，即特色是建立在特色小镇物质空间内不可移动的物质和文化中。

（二）市场主导

特色小镇不是建制镇，因为建制镇是一种行政管理制度，而制度是人为制定的。特色小镇是个物质空间，其建设的内容是产业和居住性，其建设的基础和条件是当地的资源禀赋和发展基础。即使是当地的人文精神、传统文化，其本质也来源于当地人的生产生活，是过去的物质在当下的沉淀。物质生产的主导力量是需求与供给，是市场。因此，特色小镇建设中首先应当充分发挥市场配置资源的决定性作用，只有当市场动力不足或失灵时，才辅以政策、制度。在特色小镇建设中，特别需要注意的是避免完全由政府大包大揽，用地方国有企业或集体企业包揽特色小镇建设，离开当地资源禀赋和发展基础，搞“无中生有”的建设。特色小镇是靠当地不可移动物质，通过市场机制配置生产要素，才能成功的。位于内陆、远离城镇的大部分特色小镇建设更需要依托当地的资源禀赋和发展条件，接轨市场。若处理不当，会危及小镇的特色，使特色小镇无法生根。政府应由主导改为引导，由决定变为辅助。在特色小镇建设中政府的引导方式是统筹规划、鼓励创新、制定政策、加强基础设施和公共服务投入、完善服务等。

（三）项目带动

特色小镇建设运作的载体是项目，即使是依托当地文化资源建设的特色小镇，也需要通过项目载体，使当地文化资源见人、见物、见生活，如转化为戏剧表演、文化特色产品和饮食、生活起居产品，才能使当代传统文化资源通过产品显现，转化为文创产业特色。当地的自然资源，如清甜的溪水、茂密的山林、清新的空气、温暖的阳光、怡人的气

---

① 葛剑雄.传统文化的“传”与“承”[N].光明日报，2018-02-10(5).

候、一望无垠的草原等，也需要通过旅游项目、养生项目、饮食项目、住宿项目等载体，将环境资源转化为产业特色。因此，特色小镇建设，无论是产业项目，还是居住项目都需要依托当地原有的传统文化、自然资源、生产技术、能工巧匠，以项目为载体，以产品为形式，在现代社会中，进行可计量、可计价、可使用的转化，才能实现其价值。项目带动是目前我国特色小镇建设中各地通行的运作方式，其具体表现于项目投资额。例如，《福建省人民政府关于开展特色小镇规划建设的指导意见》中明确，"新建类特色小镇原则上 3 年内完成固定资产投资 30 亿以上(商品住宅项目和商业综合体除外)，改造提升类 18 亿元以上，23 个省级扶贫开发工作重点县可分别放宽至 20 亿元以上和 10 亿元以上，其中特色产业投资占比不低于 70%。互联网经济、旅游和传统特色产业类特色小镇的总投资额可适当放宽至上述标准的 80%"。浙江、山东等省的特色小镇建设也有类似要求。

（四）企业主体

市场主导和项目带动的运作主体必须是企业。《浙江省人民政府关于加快特色小镇规划建设的指导意见》明确，"每个特色小镇要明确投资建设主体，由企业为主推进项目建设"。《福建省人民政府关于开展特色小镇规划建设的指导意见》明确，"特色小镇建设要坚持企业主体、政府引导、市场化运作的模式，鼓励以社会资本为主投资建设。每个特色小镇要明确投资建设主体，可以是国有投资公司、民营企业或混合所有制企业"。《山东省政府办公厅关于印发山东省创建特色小镇实施方案的通知》明确，"发挥市场在资源配置中的决定作用，以企业为主推进项目建设"。以企业为主体是实现市场主导的重要措施。企业主体和市场主导就如建设特色小镇的两个方面，缺一不可。市场主导是企业主体的前提，企业主体是市场主导的实现形式。这里讲的主体还应该包括为生产经营类企业提供各类服务的各类社会第三方机构。在特色小镇建设实践中还应该注意，凡能由社会资本进入的特色小镇建设领域或能由民营企业进入的特色小镇建设领域，应鼓励社会资本或民营企业进入或予以优先进入，只有那些社会资本或民营企业不太愿意进入的特色小镇建设领域，才辅以国有企业、集体企业或国有、集体混合所有制企业进入。例如基础设施和公共服务投资领域等。这与特色小镇建设要以市场为主导这一要求有关，也与降低国有企业、集体企业负债有关。在特色小镇建设中，有些地方采用国有企业主导方式建设或由国有企业出资建设，加重了国有企业的负债，同时市场主导机制创新也受到影响。

三、特色小镇的建设内容

（一）编制特色小镇各类规划

一是要明确特色小镇规划编制的空间范围，根据资源禀赋和发展基础，特色小镇规划有两类空间，分别为：现有建制镇镇区和非建制镇镇区中具有特色资源的空间范围；建制镇镇区或非建制镇镇区外具有资源的功能区，包括已有且具有一定基础的产业(包括休闲农业、商贸物流、现代制造、传统制造等)功能区，以及乡村旅游(包括自然生态、传统文化、传统村落等)功能区和教育科技功能区等。二是完善特色小镇规划体系,包括特色小镇概念性规划、控制性详细规划,产业、生态、文化、居住、基地设施、公共服务专项规划等。三是明确规划的深度。特色小镇规划是建设性规划,其深度要达到可以安排近期建设项目的深度。

(二)把握特色小镇适度且科学的规模

浙江、福建、山东、河北等省的特色小镇规划建设指导意见均要求,特色小镇的规划面积一般控制在3平方千米左右,建设面积一般控制在1平方千米左右。国家三部委特色小镇培育和甘肃等省特色小镇没有用地规模的规定。浙江、福建、山东、河北等省份有3—5年内完成20—50亿元投资规模的规定。国家三部委和国内其他大部分省份没有投资规模的规定。国内所有省份和国家三部委都没有人口规模的要求。根据我国特色小镇建设实践,特色小镇规模的确定包括以下几方面。一是特色小镇规划面积范围内的产业用地规模、居住用地规模、配套用地规模应该各占1/3。浙江、福建等地要求的建设占规划面积的1/3,应该指的是产业建设用地面积。二是投资规模的确定,包括产业投资、配套投资、居住投资。三是居住人口规模的确定,居住人口主要考虑与就业人口相适应的人口规模。

(三)推进特色小镇各项公共设施配套建设

根据各地特色小镇建设标准、国家三部委特色小镇建造标准以及小城镇设置要求,公共设施建设有以下几方面。一是基础设施方面,集中供水、排污、供热、燃气普及、Wi-Fi和数字化管理、生活垃圾无害化处理等。浙江"一根管子接到底,一把扫帚扫到底",每镇建一个污水处理厂的做法值得借鉴。二是公共服务设施,包括幼儿园、小学、初中等教育设施,区域医疗中心、妇幼保健院、老年护理院等医疗设施,文化馆、体育馆等文体设施,养老院、公园、公交站、购物中心等应该按建制镇镇区或小城市城区标准配置。尤其需要强调的是,特色小镇基础设施和公共服务配置标准决定了周边乡村基础设施接驳水平和公共服务能力,决定了特色小镇在周边农村居民就业和生活中的作用。

(四)推进特色小镇产业发展

浙江、福建特色小镇主要聚焦两类产业。一是当代新兴产业,包括信息技术、高端装备制造、新材料、生物与医药、节能环保、旅游、互联网、金融、时尚等。二是传统特色产业,包括茶叶、丝绸、黄酒、中药、青瓷、木雕、根雕、石雕、文房等。特色小镇产业发展要结合自身的资源禀赋和发展基础。一是围绕特色小镇空间范围内已有的土地资源,尤其是存量建设用地和自身已有的产业基础并依托其周边城镇进行建设。二是围绕镇域特色资源功能区发展乡村旅游业,包括休闲农业、生态旅游、度假旅游、民俗文化旅游等。三是发展为周边农村服务的服务业,包括商业、教育、医疗、养老、文化等。随着特色小镇人口和产业的集中,其发展潜力很大。

(五)推进特色小镇传统文化发扬光大

中国传统文化的根在乡村,发掘和传承特色小镇镇域及其周边村落农田布局、水系格局、路网体系、林网体系、镇村布局、农耕文化、民俗文化、名人文化、家风家教家训、建筑文化、集市文化、饮食文化、“非遗”文化、劳作生活方式、农业和养殖传统、特色树种、传统农具、戏曲表演等传统文化，是特色小镇建设的主要内容之一，也是特色小镇独特魅力、独有特色的来源。上海周浦镇在特色小镇建设过程中，注重700多条河道的加深拓展，“浦东宣卷”“杨氏针灸疗法”“三阳糕点制作技艺”“非遗”项目的保护传承，还对傅雷旧居、苏局仙故居、浙宁会馆等传统名居加以保护，宣传傅雷文化等，其经验可供其他特色小镇建设加以借鉴。

（六）加强特色小镇田园绿色生态建设

特色小镇建设要特别注重山水田村湖草保护，倡导建成“田园小镇”，绿色发展。在特色小镇规划面积范围内，划出一定量的生态空间，尽可能留住规划范围内的河流水系、绿地树林、湖塘草坪等自然环境。同时，高度重视特色小镇内的生活垃圾集运处置，生产生活污水集中处理，绿色建筑、绿色产业发展，以及居住人口和旅游人口的绿色生活方式，实现自然环境与人工环境的统一和谐。

（七）探索特色小镇的治理

《福建省人民政府关于开展特色小镇规划建设的指导意见》明确，“在平台构筑、文化培育、社区建设等方面鼓励小镇内企业、社会组织、从业者等充分参与，培育小镇自治，不设专门机构，不新增人员编制”。国外的市镇一般也是自治机构，而我国市或镇是一级行政管理机构。特色小镇既然不是一个行政单元，那么无论是建制镇或非建制镇镇区内功能区更新改造建设的特色小镇，还是由特色资源功能区新规划建设的特色小镇，都应该可以探索自治管理模式，其自治权由其所辖的建制镇镇政府予以明确。特色小镇在其自治权范围内按照各类相关主体共同参与的原则，按一定程序确定特色小镇内的治理制度体系、治理标准体系、治理机构设置和人员配置、治理中的专项整治内容等。

第三节　特色小镇建设的体制和政策

我国自20世纪90年代中期以来，曾经实施过一系列专门针对小城镇发展的政策措施，对我国小城镇建设和发展起到一定作用，但总体上效果不大。究其原因，一是在当时的历史背景下我国城镇化率还比较低，超大、特大、大城市还有比较大的发展余地，经过近20年的发展，超大、特大、大城市面临着“城市病”、产能过剩、人口过于集聚等问题，到2017年末，我国城镇化率已达到58.52%[①]，与20年前相比增加了20多个百分点。按照国际经验，“当一个国家和地区的城市化水平超过50%以后，区域社会由传统社会步入现代社会，开始向城乡融合即城乡一体化方向迈进”。[②]我国特色小镇建设的提出，最早始于2015年初，此时我国城镇化率已达54.77%，尽管我国城市化率滞后

① 国家统计局.2017年国民经济和社会发展统计公报[N].光明日报，2018-03-01(13).

② 新玉言.国外城镇化比较研究与经验启示[M].北京：国家行政学院出版社，2013：131.

于工业化率，但城市化本质上属市场范畴，属于独立于人意志以外的客观问题，无法强行解决。二是体制和政策。以往若干年，我国也提出发展小城镇，但并未将区域协调发展和乡村振兴提高到国家战略高度，再加上当时我国综合国力还不够强，用于支持小城镇及乡村发展的政策力度还不够大，各级政府也没有普遍建立起小城镇发展的有效推进机制和考核评价体系，导致小城镇建设基本还是停留在动员和原则要求的层面上。2015 年以来，我国各地开始推进新一轮的特色小镇建设，各地都非常重视市场机制的发挥，纷纷制定了推进政策和推进机制，高度重视体制和政策的作用。

一、特色小镇的推进机构

国家住建部等三部委发布的《住房城乡建设部　国家发展改革委　财政部关于开展特色小镇培育工作的通知》明确，建立国家有关部门、省有关部门、县人民政府、镇人民政府四层次协同推进实施的组织体系，并明确了各层次推进机构的职责和任务。《浙江省人民政府关于加快特色小镇规划建设的指导意见》明确，建立特色小镇规划建设工作联席会议制度，由常务副省长任召集人，省政府副秘书长任副召集人，省发改委等若干部门为联席会议成员。联席会议办公室设在省发改委，承担联席会议日常工作。各县（市、区）是特色小镇培育创建的责任主体，明确了特色小镇推进工作中各级组织的职责和工作任务。福建、山东等省均在其特色小镇建设相关文件中要求各级政府成立特色小镇推进工作机构，并明确其职责和任务。

特色小镇建设是新型城镇化中的新事物、新任务，在我国各级政府已有的工作机构中，均没有明确过此项工作归哪个机构负责，由哪些人员加以实施。再加上特色小镇建设的工作牵涉面大、创新性要求高，与现有过于细分的政府机构和现有一些规章制度均有冲突。故要切实推进特色小镇建设，必须在原有政府各级机构和运作方式中，创新体制，明确各级政府机构的职责任务。否则，再好的特色小镇设想、规划，没有现有组织保证是难以落地的。

二、特色小镇的创建程序

《浙江省人民政府关于加快特色小镇规划建设的指导意见》明确了特色小镇创建程序。一是自愿申报。国家级、省级特色小镇申报主体是县（市、区）人民政府，申报时要提交创建方案和概念性规划。二是分级审核。由国家级和省级特色小镇申报材料，省职能部门初审，省特色小镇规划建设联席会议办公室联审，省特色小镇规划建设工作联席会议审定，省政府公布创建名单等 4 个环节组成。三是年度考核。对审定公布纳入创建名单的省特色小镇，建立年度考核制度，考核结果与兑现政策挂钩，考核结果纳入各市、县（市、区）政府和牵头部门考核体系，并在省级主流媒体上公布考核结果。四是验收命名。按照《浙江省特色小镇创建导则》，对实现创建规划建设目标的特色小镇，由省特色小镇规划建设联席会议组织验收，通过验收的才认定为特色小镇。福建、山东等地特色小镇建设有关文件也有类似创建程序规定。

无论是新规划建设的特色小镇，还是在老镇区特定范围内更新改造的特色小镇，都涉及功能的提升或创设，涉及政策聚焦、相邻利益、体制机制创新。因此，创建前以创新规划方案为引导，进行多视角评估，有助于减少失误，平衡各方利益关系；创建中进行年度过程考核，创建目标完成后进行结果验收，有助于提高特色小镇建设质量，是一种机制的创新、流程的创新。

三、特色小镇的建设政策

我国对各地特色小镇建设实践都不同程度地给予政策支持。这些支持主要包括规划空间政策、建设用地政策、基础设施投资政策、财政政策、金融政策、人才政策、改革试点政策等，其中最主要的政策是下列3项。

（一）明确特色小镇的规划空间

对于特色小镇建设，首要的公共政策就是明确拟建特色小镇的规划空间范围和建设用地面积，才有可能置换周边村庄的低效工业用地、零星自然村落建设用地和闲置低效的公用设施建设用地。特色小镇建设用地范围规划空间扩大，既要考虑建制镇镇域可减量的规划空间，也要考虑特色小镇建设需要的规划空间。需要的规划空间既要考虑居住规划空间、公共设施规划空间，还要考虑第二、三产业发展的规划空间。浙江提出给予特色小镇3平方千米的规划面积、1平方千米的建设面积。福建、山东也有类似规划空间政策。

（二）增加特色小镇建设用地指标

特色小镇建设要镇村结合，用足存量建设用地，把村庄中零散的第二、三产业建设用地，以及零星自然村落宅基地、闲置空转的公用事业建设用地腾退出来，用于特色小镇建设。特色小镇建设如确有所需，其本身腾退的建设用地指标不足的，政府还应增加一部分新增建设用地指标以解燃眉之急。《浙江省人民政府关于加快特色小镇规划建设的指导意见》明确，“将特色小镇建设用地纳入城镇建设用地扩展边界内”“确需新增建设用地的，由各地先行办理农用地转用及供地手续”“如期完成年度规划目标任务的，省里按实际使用指标50％给予配套奖励”等。《福建省人民政府关于开展特色小镇规划建设的指导意见》明确，“特色小镇要按照节约集约用地要求，充分利用低丘缓坡地、存量建设用地等；省国土厅对每个特色小镇各安排100亩用地指标，新增建设用地计划予以倾斜支持”。

（三）增加特色小镇公共财政投入

特色小镇建设需要政府加大基础设施、公共服务、生态环境的投入。这些投入既来源于特色小镇建设中土地开发出让的政府收入，也需要“以工补农、以城补乡”公共财政收入的大力支持。浙江省政府明确“特色小镇在创建期间及验收命名后，其规划空间范围内的新增财政收入上交省财政部分，前3年全额返还，后2年返还一半给当地财政”。福建省政府明确“纳入省创建的特色小镇，在创建期间及验收命名后累计5年，其特色小镇规划空间范围内新增的县级财政收入，县财政可以安排一定比例资金用于特色小镇建设,市、县(区)可以在政府债务限额内安排一定债券资金支持特色小镇,支持特色小镇发行专项债券等”。

参考文献

叶堂林.小城镇建设:规划与管理[M].北京:中国时代经济出版社,2015.

谭纵波.城市规划[M].北京:清华大学出版社,2016.

孙兵、王翠文.城市管理学[M].天津:天津出版社,2013.

周一星.城市地理学[M].北京:商务印书馆,2017.

牛建农,等.村庄、产业、文脉、人[M].北京:中国建筑工业出版社,2016.

费孝通.乡土中国[M].上海:上海世纪出版集团,2008.

顾朝林,盛明洁.县辖镇级市研究[M].北京:清华大学出版社,2017.

肖敦余,胡德瑞.小城镇规划与景观构成[M].天津:天津科学技术出版社,1992.

刘君德,范今朝.中国市制的历史演变与当代改革[M].南京:东南大学出版社,2015.

李伟国.村庄规划设计实务[M].北京:机械工业出版社,2012.

葛剑雄.传统文化的“传”与“承”[N].光明日报,2018-02-10(5).

国家统计局.2017 年国民经济和社会发展统计公报[N].光明日报,2018-03-01(13).

国务院.关于设置市、镇建制的决定(〔55〕国秘习字 180 号)[Z].

新玉言.国外城镇化比较研究与经验启示[M].北京:国家行政学院出版社,2013.

中共中央、国务院.关于调整市镇建制,缩小城市郊区的指示[Z].1963-12.

国务院.民政部关于调整设市标准的报告[Z].1993-02.

国务院.国务院批转民政部关于调整设市标准和市领导县条件报告的通知(国发〔1986〕46 号)[Z].

国务院.国务院批转民政部关于调整设市标准报告的通知(国发〔1993〕38 号)[Z].

国务院.国务院关于调整城市规模划分标准的通知(国发〔2014〕51 号)[Z].

中华人民共和国住房和城乡建设部,等.住房城乡建设部 国家发展改革委 财政部关于开展特色小镇培育工作的通知(建村〔2016〕147 号)[Z]. 2016-07.

浙江省人民政府.浙江省人民政府关于加快特色小镇规划建设的指导意见(浙政发〔2015〕8 号)[Z]. 2015-04.

福建省人民政府.福建省人民政府关于开展特色小镇规划建设的指导意见(闽政〔2016〕23 号)[Z]. 2016-06.

山东省人民政府.山东省人民政府办公厅关于印发山东省创建特色小镇实施方案的通知(鲁政办字〔2016〕149 号)[Z]. 2016-09.

中华人民共和国国家发展和改革委员会.国家发展改革委关于加快美丽特色小(城)镇建设的指导意见(发改规划〔2016〕2125 号)[Z]. 2016-08.

重庆市人民政府.重庆市人民政府办公厅关于培育发展特色小镇的指导意见(渝府办发〔2016〕111号)[Z]. 2016-06.

中国城市经济学会中小城市经济发展委员会,等.中国中小城市发展报告(第11版)[R].北京:社会科学文献出版社,2017.

浙江省质量技术监督局.特色小镇评定规范(DB33/T2089—2017)[S]. 2017-12.

第二十一章　城市群协同策略

随着经济全球化和区域一体化的深入发展，全球竞争的模式不仅是以单个城市为竞争载体，而且还以多个城市组合的城市群作为主要竞争地域单元。在此背景下，城市战略规划也应从单纯的城市规划转变为从区域视角对城市进行规划。本章从理论分析和实证案例两个视角，阐述基于区域视角的城市战略规划的理论分析、方法归纳和案例解读。

第一节　理论分析——城市战略规划的区域化趋势

随着区域一体化不断深入发展，城市战略规划的视角也要适应这一需求。城市战略规划要基于本城市，更要跳出城市本身，从区域视角进行规划，包括城市功能定位、战略选择、空间布局。随着《城乡规划法》的实施，城市规划逐渐向城乡规划以及城市圈和城市带规划发展，"真正的城市规划必须是区域规划"的设想正在成为现实。

一、城市区域化的总体态势

（一）区域一体化

随着以信息技术为先导的经济全球化进程的加快，世界经济的发展正走向区域化、一体化。与之呼应的是经济活动的空间形态也逐步趋向一体化发展格局，都市圈、经济区、城市群的构建与发展正成为区域经济发展和区域经济一体化的主要特征和模式。纵观全球发展历史，经济的发展已逐渐变为依赖以特大城市为核心的大都市圈，其成为最活跃的经济发展区域①。如美国东北部大西洋沿岸城市群、北美五大湖城市群、日

① 郑继承.区域经济一体化背景下我国城市群发展的战略选择——基于我国"十二五"规划区域协调发展的理论探讨[J].经济问题探索,2013(3):73—81.

本太平洋沿岸城市群、英国中南部城市群、欧洲西北部城市群、中国长三角城市群等。其既是国家的政治、经济、文化中心，也是全球经济、金融、商贸中心和跨国公司的总部，更是连接国内外经济的桥梁。

在全球化和区域一体化背景下，全球时代的竞争不是国与国之间的竞争，而是以城市群为依托的区域竞争。区域竞争又表现为区域内部的城市竞争。在新时代背景下，单一城市的竞争不足以抵抗外来的压力，需要中心城市及其周边城镇与地区组成的城市区域联合参与竞争。城市区域是全球时代区域竞争的基本空间单元。

（二）城市区域化

在区域一体化背景下，城市发展也愈发呈现区域化发展态势。城市区域化是城市化推进的一种空间过程，是区域扩散的有效方式，也是城市郊区化和郊县城市化相结合的产物。从空间上看，城市区域化推动区域从“点”（单一城市）向“群”（群体城市）转变，促进区域的整体发展，提高区域竞争力。

城市区域化发展为城市发展提供了新的空间和发展动力。城市区域化是实现以城带乡、以城促乡、城乡统筹最有效的工具。城市区域化实现了城市由点到面的形态转变，改变了过去区域是基础、城市为依托的城市与区域的二元关系，形成以城市为中心的城市区域一体化关系。城市区域化也有利于中心城市的人口疏散和功能辐射以及区域内部的产业重组，从而促进区域整体功能体系的形成和环境和谐。城市区域化水平反映了城市对社会的影响程度，也是国家、地区经济社会发展水平的反映和标志①。

随着全球化和区域一体化不断深入，城市区域呈现巨型化态势。2006 年，霍尔（Hall）发表了《多中心大都市：巨型城市区发现》。霍尔认为，巨型城市区域在空间布局和职能分配上都是多中心的，这是一种全新的城市形态，由物质形态相互分离但功能上相互联系的 10—50 个城镇聚集在一个或多个较大的中心城市周围，通过新的功能性劳动分工组织起来，形成一个个不同的功能性城市区域，区域内部的城镇之间通过高速公路、高速铁路和电信电缆相互串联起来②。欧洲有英国东南部、德国鲁尔、莱茵美茵、荷兰兰斯塔德、法国巴黎、比利时中部、大都柏林、瑞士北部等 8 个巨型城市区域。美国 2050 年远景战略的研究指出，至 2050 年左右，美国将形成占全国人口 70%的 10 个全球竞争单元的超大都市区集聚体。德国将构建形成全国空间格局的 9 个都市区。全球正在由大都市区（都市圈）时代走向巨型都市区时代。

二、战略规划的区域化

在区域一体化和城市区域化的背景下，城市战略规划也随之调整，以适应这一趋势的发展，其自身也呈现区域化态势。城市在区域空间的战略地位和发展前景成为“战略

① 崔功豪.城市问题就是区域问题——中国城市规划区域观的确立和发展[J].城市规划学刊，2010(1)：24—28.

② 沈丽珍，顾朝林，甄锋.流动空间结构模式研究[J].城市规划学刊，2010(9)：26—32.

规划”研究的主题。城市发展用地的增长引起城市空间结构的转换,研究城市边缘增长的控制及城市空间结构形态的演变,更是“战略规划”提出的初衷。大型交通基础设施是区域性城市发展的支撑系统,势必成为“战略规划”的必要研究课题。

(一)战略规划的区域化阶段演变

1. 第一阶段:改革开放以来,城市规划由“就城市论城市”转变为“从区域论城市”

自1978年改革开放以来,中国城市规划界最早打破的便是“就城市论城市”的禁锢。在之前的计划经济体制下,建设项目全部归政府所有,建设主体和资金亦归于政府部门。城市规划拥有“国民经济计划的具体化和落实”的作用,明确了“从区域论城市”的观点,即从区域视野认识城市,依据区域条件发展城市,在区域空间布局城市。

该时期的城市规划区域化有以下两个特征。一是从区域内部的体系论城市。由于一个区域内存在多个城镇,这些城镇均以同一区域为基础,承担着区域发展的不同功能,构成了相互联系的城镇体系。因此,该时期的“从区域论城市”侧重“从体系论城市”的内涵。区域内的任意城市都包含在其所处的城镇体系内,需要在该城镇体系中寻找自身的价值和优势。二是区域范围多以行政区划为主,城市发展主要依靠区域内部资源。城市所处的区域范围多以行政为地域单元,边界较为稳定。城市发展所需的生产要素主要来自区域内部,发展要素静态化,城市经济运作模式内向化,而区域间的资源是不可交换的,区域资源构成了城市的产业特色。

2. 第二阶段:全球化背景下,城市规划的区域化由“地方”转向“全球”

随着全球化和区域一体化进一步推进,学者们随之改变传统城市规划的观点,从计划经济走向市场经济,从地方视野转向全球视野。具体呈现出以下两个特征。一是城市规划的区域范围是开放的,边界模糊。在全球化背景下,任何城市都必须以不断扩大中的全球城市作为参照,重新界定自己的角色。城市的发展不仅取决于其在区域中的地位和作用,更取决于其所在的区域在世界经济中的地位。例如,上海市拥有长三角世界城市群作为其广阔的腹地,城市群在全世界中的影响奠定了其全球城市的重要地位。二是区域内要素是自由流动的。全球化背景下,国家的发展不仅依靠单个城市的发展,更取决于重要城市群的推动,区域一体化淡化区域内部各城市的行政边界,在市场和政府的努力下,不断打破行政壁垒,推动生产要素自由流动。全球化大大改变了生产要素的空间指向,弱化了要素的区位依赖,促进全球产业链的形成,推进资金全球流动,利用跨国公司的全球运营将世界串联起来。为此,城市规划中要基于全球角度考虑城市功能定位。

(二)我国城市规划区域化

在区域一体化发展背景下,我国城市发展也顺应这一态势,呈现城市区域化发展态势。我国城市区域扩展方式有所不同,具体可以分为6类。通过行政区划调整的方式,自上而下扩大市区范围,实现城市区域化形式——都市区,如广州、杭州;以市管县体制为主的市域实现城市区域化形式——市域城镇体系;以中心城市(特大城市)为核心,带动周边县市(可跨行政区域)组成区域整体竞争力为目标的城市区域化形式——都市圈,如南京都市圈;以反映中心城市影响密切程度和通达性的时距半径为依据的小时都市圈,如上海一小时圈、杭州一小时圈;以一个或几个中心城市和多个具有密切经济社会联系的城镇组成,并以发达的交通和通信基础设施网络为支撑,以协调发展为目标的城市区域化形式——城镇群,如成渝城市群、武汉城市群;以多个都市圈或城镇群组成的城市区域化形式——城市连绵区、城市带,如长三角城市连绵区①。

同时,城市规划区域战略研究成为我国学术界研究的重点,地理界、经济界、规划界从 20 世纪 80 年代起开始研究城市区域的各个方面。一方面,部分学者对各类城市区域进行理论研究,如城市地区(吴良镛),高密集连绵网络状的大都市区(周干峙),城市连绵区、城市带(崔功豪、周一星),城市群(姚士谋),城市密集区(刘荣增、孙一飞),城市群体、都市圈、城市圈(张京祥、邹军、朱铁臻),城市经济区(王建),全球城盟、全球城市地区、超大城市区(吴志强、顾朝林)等,为我国的城市区域理论和区域规划提供了坚实的基础。另一方面,我国许多地区开展了城市区域的规划实践,如广州(都市区)发展战略规划、杭州(都市区)概念规划、南京都市圈、武汉城市群、珠三角城镇群、长三角城市群、重庆一小时经济圈、环杭州湾城市群、长株潭“3+5”城镇群,广(州)佛(山)大都市区、港深—广佛—珠澳大都市带规划等②。这些规划大小不一、主体不同、类型各异、目标有别,使中国的区域规划多彩纷呈,大大丰富了世界区域规划的内容。

总之,无论从理论还是实践上,城市规划区域化成为城市战略规划的重要内容。在制定城市发展战略时,要对城市和区域的发展进行深层次的研究及规划,城市发展需从区域发展规划中突破。同样,区域的进步亦促进城市发展。另外,区域的发展可以实现优势互补、资源共享等显著优势,进而促进整体区域的协调发展,还可以通过划分区域增加城乡之间的联系。城市发展规划不仅要考虑城市的现状,更要明确城市未来的发展目标。

三、城市群协同策略

城市群是在区域经济一体化的基础上形成的。区域经济一体化的发展进一步促进城市群的成型,城市群的发展使得区域一体化的水平更加提高。在此背景下,城市战略规划更加注重从区域的视角对城市进行规划,城市群协同策略成为城市战略规划的重要内容。

(一) 城市群概念

城市群概念起源于国外,在 19 世纪末 20 世纪初,为解决当时城市发展出现的问题,霍华德第一次将观察城市的目光从城市本身转移至周边的区域上,提出城乡功能互补、群体组合的“城市集群(town cluster)”概念。随后,格迪斯(P. Geddes)提出了集合城市(conur bation)的概念,认为其是人口组群发展的新形态。他阐述了英国的 8 个城

①② 崔功豪.城市问题就是区域问题——中国城市规划区域观的确立和发展[J].城市规划学刊,2010(1):24—28.

镇集聚区并预言城市集合可推广至全球范围。大都市地区（metropolitan area）的概念最早是由美国提出，并作为国家统计范围的单位之一。其指向一个较大的人口中心及与其具有高度社会经济联系的邻接地区的组合，常常以县作为基本单元①。1957 年法国地理学家戈特曼发表了名为《大都市带：东北海岸的城市化》（*Megalopolis: the Urbanization of the Northeastern Seaboard*）的论文，对美国东北部大都市带进行了研究，在地理学界和城市规划学界掀起了对城市群研究的热潮，这是国际公认的城市群概念的首次提出。戈特曼认为城市群是具有一定规模和密度的城市结合体；由一定数量的大城市与其周边小城镇形成自身的都市区；都市区之间在空间上通过便捷的交通走廊产生紧密的社会经济联系，这种空间结构是"人类文明新阶段的开端"②。在戈特曼的影响下，日本学者提出了以城市服务功能范围为边界的都市圈概念。1980 年以后，国外开始扩大城市群的研究对象范围，由发达国家扩展至拉美、印度、印度尼西亚等发展中国家及地区。

国内学者对城市群的研究起源于 20 世纪 70 年代中期，当时国内城市规划学界开始复苏，研究和引进西方城市发展的理论和经验成为重点。宋家泰、崔功豪、张同海等于 1985 年在《城市总体规划》一书中提出，城市群是多经济中心的城市区域，即在特定区域内，除了一个最主要的行政及经济中心外，还存在具有同等经济实力或水平的几个非行政性的经济中心③。姚士谋、陈振光于 1992 年出版了《中国大城市群》，这是国内首次以城市群为研究对象的著作，将城市群定义为一个复杂的区域系统，在一定地区范围内，城市之间、城市与地区之间都存在着相互作用、相互制约的特定功能，各类不同等级规模的城市依托交通网络组成一个统一体。顾朝林 2011 年的研究认为城市群是指以中心城市为核心，向周围辐射并带动周边城市发展的多个城市集合体。城市群在经济上紧密联系，在功能上分工合作，在交通上互联互通，并通过城市规划和基础设施建设共同构成具有鲜明地域特色的社会生活空间网络。单个规模较大的城市群、规模适中的几个城市群可进一步构成国家层面的经济圈，对国家乃至世界经济发展产生重要的影响力④。方创琳 2014 年的研究认为城市群是指在特定地域范围内，以 1 个及 1 个以上特大城市为核心，由至少 3 个以上大城市为构成单元，依托发达的交通、通信等基础设施网络，所形成的空间组织紧凑、经济联系紧密并最终实现高度同城化和高度一体化的城市群体⑤。

综合以上国内外城市群概念的研究，各个学者从规模结构、空间联系、功能分工等不同角度阐述城市群概念，至今尚未形成统一认识。但总体来说，城市群内涵的核心为

---

① 刘玉亭，王勇，吴丽娟.城市群概念、形成机制及其未来研究方向评述[J].人文地理，2013，28(1)：62—68.

② 黄征学.城市群的概念及特征分析[J].区域经济评论，2014(4)：141—146.

③ 宁越敏，张凡.关于城市群研究的几个问题[J].城市规划学刊，2012(1)：48—53.

④ 顾朝林.城市群研究进展与展望[J].地理研究，2011，30(5)：771—784.

⑤ 方创琳.中国城市群研究取得的重要进展与未来发展方向[J].地理学报，2014，69(8)：1130—1144.

集聚和城市功能联系[①]:多个地域相邻的城市集聚特别是以一个或多个城市为核心构成的空间结构是城市群形成的先决条件;城市之间交通、经济、社会等紧密联系是城市群的重要特征。为此,城市群可以总结为在区域协调的思想下,随着人口、资源、技术等生产要素的集聚,城市的功能和影响范围超过传统行政边界,形成跨行政边界的协作,从而产生的一种人类聚居形式。

(二) 城市群协同策略

城市群协同发展是群域内的不同城市或不同地区基于共同的利益、态度、取向、行为和期望而整合在一起的过程。其本质是促进区域内资金、技术、人、信息等要素的自由流动,获取区域发展的集聚效应和互补效应。

相对于各自发展城市群,协同发展可以形成五大合作红利。一是分工互补红利。充分发挥城市群内各城市的比较优势,形成分工协作,优势互补,互通有无,使资源在区域内得到有效优化配置,提高资源利用效率。促进区域分工更加细化,合作越来越紧密,比较优势得到更大发挥,资源利用效益得到提高。二是规模集聚红利。资源和要素总是集聚在相对优越的区域,比较优势得到更大发挥,促进规模经济和集聚效益,也助于技术和知识溢出。三是降低成本红利。城市群协同发展首先是交通一体化,促进同城化发展,也大大降低了要素流通成本。同时统一市场,也降低交易成本。四是辐射带动红利。核心集聚过程又会因规模边际收益递减,向周边地区扩散资源和发散能量,带动整体经济社会发展效益和范围经济。五是分享经济红利。通过强强联合,资源叠加效应,共同解决生态环境、社会经济问题,也可以通过城市之间的区位差享受更高质量的公共服务等。总之,通过城市群的协同发展促进区域要素自由流动,优化配置资源,发挥各自比较优势,可提升区域整体竞争力。

城市群协同发展是未来世界发展的主要态势。从全球的城市化进程来看,增长极均来自城市群内,产生的集聚效应显著,城市群逐渐成为影响人类生存与发展的主要发展力量与核心动力机制。据不完全统计,世界六大城市群以不到1.5%的土地面积,承载全球5.5%的人口,创造了全球经济总量的23%。其中被誉为全球城市的纽约、巴黎、伦敦、东京、上海等均以其所在的城市群作为广阔的腹地。同时,城市群协同发展也是践行我国区域协调发展战略的重要举措。在党的十九大报告中,区域协调发展战略正式上升为国家战略。不仅重视东、中、西部协调发展,更加重视城市群发展,强调形成大、中、小城镇协调发展格局。

第二节　方法归纳——城市战略规划的区域战略

城市战略规划不仅基于城市本身,更多是从区域乃至全球视角进行规划。区域战略成为城市战略规划的重要内容,也是城市战略规划中背景分析、功能定位、城市群协

---

① 刘玉亭,王勇,吴丽娟.城市群概念、形成机制及其未来研究方向评述[J].人文地理,2013, 28(1):62—68.

同策略选择的重要视角。

一、区域背景分析

区位因素是城市区域的关键要素之一。城市的区位较大程度上决定了城市在其依托区域中的影响力及在竞争区域中的作用。根据不同区域的范围，城市的区位有着不同的意义和作用。区位分析作为城市区域分析的基本内容，经典的区位论是其重要的理论支撑。如农业、工业、交通和城市等不同区位论，在产业和城市的发展与布局中发挥了重要指导作用。传统的区位论大多以假说为前提，在固定的区域范围内和稳定的区域影响因子（物质性的）的影响下，通过企业选址和要素集聚，静态地显示各地理区位（如中心、门户、边界和节点）在城市影响区域（如行政区域、邻近区域）中的作用和地位，但这显然不能适应全球化、新区位因子、区域动态变化和竞争的形势。

随着经济全球化，新的生产组织形式和空间组织出现，孕育出全球区位论。在各生产要素自由流动、跨国公司成为运营媒介的背景下，基于新的国际劳动分工，全球区位论大大扩展了企业的选址空间及要素集聚空间，扩展了区位因子（从物质到非物质、经济到人文），亦扩大了其动态变化，从而赋予地理区位（如中心、门户、边界）新的含义。例如，广州是国家中心城市之一，也是泛珠三角的综合性门户城市；南京是国家东中部——苏皖及长三角西部边界城市，也是长江下游中心城市。

城市战略规划中对区域背景的分析方法和要素也进行了拓展。一方面，由邻近城市的区域范围分析拓展到全球层面的网络分析。后工业社会、信息时代背景下，以交通和通信基础设施为载体构成的各种物质与非物质“流”的空间网络，使网络区位的重要性日益凸显。拥有网络节点、枢纽和通道的城市拥有更加利于要素集聚与扩散的物质基础，以此提高其在区域中的地位和作用。另一方面，影响区位的传统因素逐渐扩展至新的区位因子，例如跨国公司、国际劳动分工、文化社会等因子。

二、城市区域化的功能定位

城市功能是城市战略规划中的重要内容之一。在全球化和区域一体化背景下，城市功能定位也被赋予了区域和全球的含义。城市功能定位要充分体现区域空间层次。

自改革开放以来，我国城市发展的区域空间层次分析大致经历了 5 个阶段：郊区—市域—省—国家—全球。其在 20 世纪 80 年代大多局限于郊区（近远郊）和市域；20 世纪 90 年代开始扩大至相邻地区、省域，乃至大区和国家层面；进入 21 世纪以来，扩大至全球层面。因此如今的城市规划中普遍进行多层次的空间分析，来确定其不同的区域定位。

案例：某规划设计单位在海口市总体规划中对海口市分布的 6 个区域空间层次进行分析，是一个典型案例。其具体内容如下。

1. 全球网络背景下的海口：优越的自然生态环境；世界卫生组织指定的中国第一个“世界健康城市”试点。

2. 东南亚背景下的海口：潜在的资源、市场、消费。

3. 东盟与中国背景下的海口：优越的地理位置；中国与东盟经济合作的桥头堡。

4. 大中华背景的海口：中国唯一的热带省会城市；全球人民的度假村、中华民族的四季花园。

5. 华南经济区的海口：扬长避短、错位发展。

6. 海南的海口：海口的发展就是海南的发展。

城市发展战略规划大大推进了城市定位分析的区域层次。1988 年由联合国区域发展中心编制的《无锡地区发展基本战略研究》较早地研究了城市发展战略，在比对了无锡市在长三角区域、江苏省、苏南地区共 3 个空间层次上的作用及定位后，最终确定无锡市作为苏南中心城市的定位。随后的 2000 年，自五大院校编制的广州发展战略规划方案开始启动，国内掀起了城市发展战略规划的热潮，城市发展战略规划的中心内容之一是对城市发展在不同区域空间进行战略定位①。

三、城市群协同战略选择

城市群协同战略成为城市战略规划的重要内容之一，主要包括功能网络一体化、基础设施一体化、空间布局一体化等。

（一）功能网络一体化

区域城市功能分工一直是区域经济与区域规划的学者们关注的焦点问题，良好的区域分工是一个地区获取竞争优势的关键。在某一区域内，各主要城市根据自身的比较优势，发挥自身在区域中的作用，承担不同的职能，并在分工合作、优势互补的基础上，共同发挥整体集聚优势，促进区域的有序发展。在城市群中形成中心城市、次中心城市和一般城市等网络体系，形成错落有序的区域空间结构。各城市功能的定位不仅基于本城市的自身发展基础和优势条件，还要协调与周边城市的职能分工，进而形成城市功能网络一体化。具体来说，就是发展中心城市的同时，以节点城市为中心，形成各项功能平衡配置、自立性较高的区域，以及与城市群内外的节点相互联系、相互交流的互补性网络结构。

案例一：《北京城市总体规划(2016—2035 年)》旨在通过非首都功能疏解，提升首都功能，着力优化城市的空间布局，推进城市群功能网络一体化。

该规划落实北京发展战略定位、立足疏解非首都功能，兼顾促进京津冀协同发展的多种因素，科学统筹不同地区的职能分工和发展重点。在市区内提出了“一核一主一副、两轴多点一区”的城市空间结构。“一核”指的是首都功能核心区，是展示国家首都形象的重要窗口地区，规划重点为有序疏解非首都功能，优化提升首都功能。“一主”指的是中心城区，即城六区，是疏解非首都功能的主要地区，以疏解非首都功能、治理“大城市病”为重点。“一副”指的是北京城市副中心，北京新两翼中的一翼，进而辐射带动

① 崔功豪.城市问题就是区域问题——中国城市规划区域观的确立和发展[J].城市规划学刊，2010(1)：24—28.

廊坊“北三县”地区协同发展①。

在该规划中，北京城市非核心功能疏解强调以下 6 个功能。一是强化人口调节功能。疏解非首都功能，形成与首都城市战略定位、功能疏解提升相适应的人口结构。二是调节行政功能转变。有序推动核心区内市级党政机关和市属行政事业单位疏解，并带动其他非首都功能疏解。三是有序疏解非首都功能。疏解腾退区域性商品交易市场；引导鼓励大型医院在外围地区建设新院区；调整优化传统商业区，优化升级传统商业区业态。四是协调城市副中心功能，北京城市副中心与廊坊“北三县”地区在地域上相邻，更要实施统一规划，制定统一政策，加强统一管控，实现统筹协调发展。五是发挥科技创新引领功能。促进廊坊“北三县”地区承接创新产业，支持地区产业转型升级。六是统筹区域生态环境功能。共同划定生态控制线和城市开发边界，进行统一管理，形成一洲、两楔、多廊、多板块的整体生态空间格局②。

案例二：日本 1988 年制定的《促进形成多极分散型国土法》(简称《多极法》)规定从功能视角确定多个业务核心城市，其中，更重要的是要起到分散中央政府“业务功能”的作用，使业务核心城市建设进入实施阶段，形成区域功能网络一体化。其要满足：地理位置必须是东京圈范围内，而且是东京市区以外的地区；该城市应当是在周围广域内起中心作用的城市。

20 世纪 90 年代以来，日本进一步强化和突出了业务核心城市的功能规划。功能分担设想有未来通信示范城市的千叶市、横滨市(MM21 地区及其周边港湾地区)、土浦市、埼玉中枢城市圈、八王子市、立川市、川崎市(麻生区)、厚木市；智能型城市横滨市、川崎市、厚木市；新媒体社区城市横滨市(包括 MM21 地区，大致位于西区和中区)、本庄市、湘安市等；电信港横滨市(MM21 地区)、东京临海副都心③。

表 21-1　日本首都改造规划内容④

	业务核心城市	职　　能	次核心城市
东京中心部	区部	政治、行政、金融、信息、经济、文化	—
多摩自立都市圈	八王子市、立川市	商业、大学集聚	青梅市
神奈川自立都市圈	横滨市、川崎市	国际港湾、工业集聚	厚木市
埼玉自立都市圈	大宫市、浦和市	居住、政府集聚	熊谷市
千叶自立都市圈	千叶市	国际空港、港湾、工业集聚	成田、木更津市
茨城南部自立都市圈	土浦市、筑波地区	大学、研究机构集聚	—

资料来源：袁朱.国内外大都市圈或首都圈产业布局经验教训及其对北京产业空间调整的启示[J].经济参考，2006(1)。

① 石晓东.“四个中心”塑格局　“多规合一”绘蓝图——《北京城市总体规划(2016—2035)》解读[J].城市管理与科技，2018，20(3)：12—17.

② 参见《北京城市总体规划(2016—2035 年)》。

③ 参见北京市发展和改革委员会发展规划处发布的《东京・巴黎・伦敦新城发展及其对北京的启示》。

④ 袁朱.国内外大都市圈或首都圈产业布局经验教训及其对北京产业空间调整的启示[J].经济参考，2006(1).

（二）基础设施一体化

城市群基础设施一体化是区域协同发展的前提和基础，通过交通和通信基础设施网络的联系，构建起都市圈一体化发展框架，对都市圈的空间生长、产业布局等起到极为关键的作用，从而带动区域经济的协调发展①。在各级规划的指导下，统一规划布局区域基础设施，构建包括公路网、铁路网、港口、空港等互融互通的现代化综合交通体系，形成建设、收费、管理、利益的分享机制，促进城市群一体化发展。

案例：《上海市城市总体规划(2017—2035年)》提出发挥上海在"一带一路"建设和长江经济带发展中的先导作用，强化上海对长三角城市群的引领作用，以都市圈承载国家战略和要求推进区域协同发展，特别是重点规划区域交通设施一体化发展，具体包括以下几方面。

1. 区域航空机场群联动

推动无锡硕放、南通兴东、嘉兴等周边机场共同支撑以浦东国际机场、虹桥国际机场为核心的上海国际航空枢纽建设。扩展集疏运通道容量，构建空铁联运体系，建设北沿江城际、沪杭城际等机场群联络通道。加强通用机场的统一空间布局。

2. 区域港口功能布局

加强上海港与区域内其他港口的分工合作，提升国际枢纽功能，使其逐渐成为支撑"一带一路"和长江经济带战略的国际航运中心。强化上海港与沿海、沿江港口的水水中转，发展江海联运与沿海近洋中转。加强以长江黄金水道为骨架的区域内河航运系统建设，提升苏申线、杭申线等高等级航道和外高桥等重要内河港区支撑作用，培育内河支流集疏运体系，构筑区域航运联动格局。

3. 国家综合运输通道布局

强化南京、杭州、南通、宁波、湖州等5个主要联系方向上国家铁路干线与高速公路通道的布局；提升沪宁、沪杭、沿江、沪通、沪湖、沿湾、沪甬等7条区域综合运输走廊的服务效率、能级和安全可靠性，构建以高速铁路、城际铁路和高速公路为骨干，多种方式综合支撑的区域城际交通网络②。

表 21-2　区域交通设施一体化一览表

方　　向	铁　　路	公　　路	内河航道
南京 (京沪/沪陕/沪蓉)	沪宁铁路 沪宁合城际 京沪高铁 南沿江城际 北沿江城际	G2京沪高速 S26沪常高速 沿江高速 北沿江高速	长江 苏申内港线

① 黄传霞.推动合肥都市圈交通基础设施一体化发展的建议——武汉、南京、杭州三都市圈交通基础设施一体化经验启示[J].中共合肥市委党校学报，2017(6)：11—14.

② 参见《上海市城市总体规划(2017—2035年)》。

（续表）

方　向	铁　路	公　路	内河航道
杭州 （沪昆）	沪昆铁路 沪昆高铁 沪杭城际 沪乍杭城际	G60 沪昆高速 G15 沈海高速	杭申线 平申线
南通 （沿海北）	沪通铁路（沿海） 北沿江城际	G15 沈海高速 G40 沪陕高速 沿江高速 北沿江高速	
宁波 （沿海南）	沿海高铁 沪甬（舟）城际	G15 沈海高速 杭州湾二桥	
湖州 （沪蓉/京沪/沪渝）	沪苏湖铁路	G50 沪渝高速 S32 申嘉湖高速	苏申外港线 长湖申线

资料来源：《上海市城市总体规划（2017—2035 年）》。

（三）空间布局一体化

规划科学的城市群空间布局体系，能将市场经济体制与政府引领指导相结合，构建合理的具有多层级结构的空间形态，明确城市群内各城市的职能，打破行政区域壁垒。在城市群内部构筑特大城市、大城市、中等城市和小城市等相结合的多级城市体系，科学规划不同规模城市的空间布局。提升核心城市的综合服务与辐射功能，形成各功能区和节点城市有机联系，以及产业廊道集聚的开放、高效、有序的区域空间体系。针对较大空间面积的城市群，在内部划分次级城市群体系，明确次级城市群相互间的发展定位和错位发展的互补关系。

案例：1965 年，巴黎制定的《大巴黎区规划和整顿指导方案》（即 SDAURP 规划）鉴于“二战”后 20 年来巴黎地区保持经济、人口双重增长和区域城市化进程加速发展的事实，摒弃了过去以限制为主的规划指导思想，转而以促进区域空间布局一体化发展的积极态度对待潜在的城市增长，主张优先考虑满足人口增长和城市发展的空间需求，并因此将开辟新的发展空间作为区域空间规划的重点之一。其借巴黎地区正式成立、辖区面积扩大之机，把区域观念从传统的城市建设区扩大到整个巴黎地区，并且着眼于区域整体发展，建议在现状城市建设区以外，沿公路、铁路、RER 等区域交通干线形成城市优先发展轴，沿线规划若干城市发展用地，鼓励新增城市建设项目在此集中布局，通过重点开发形成新的地区中心城市，这一规划设想直接促成了巴黎新城的诞生。

SDAURP 规划基于对自然条件、地理条件、历史沿革以及可操作性等因素的考虑，在巴黎城市集聚区南、北两侧的塞纳河谷和马恩、卢瓦兹河谷，规划了两条几乎平行的城市优先发展轴线，并在其上规划 8 座新城，分别是北部轴线上的努瓦西勒格朗、博尚、塞日—蓬图瓦兹，南部轴线上的芒特、西北特拉普、东南特拉普、埃夫利、蒂日利—略桑。同时，规划提出，新城作为巴黎地区新的地区中心城市，将集居住、就业、服务等功能于一体，人口规模在30万—100万之间不等，以维持经济生活的活力和社会构成的平衡，满足居民对公共服务设施的多样性需求；新城通过公路、铁路和RER实现与巴黎之间的交通联系，凭借其空间布局靠近巴黎城市集聚区并与郊区直接相连的区位优势，在服务于新城市化地区的同时向郊区辐射，通过接纳由中心区外迁的企业提高当地就业水平，实现居住和就业的相对平衡。

1967年，法国政府颁布《土地指导法》，确立了SDAURP规划的法律地位，从而将区域空间布局一体化确定为巴黎地区城市发展政策的重要内容。1969年，巴黎地区政府根据经济和人口增长速度趋缓的新变化，对SDAURP规划进行了调整，降低了地区人口增长预测，通过取消或合并等方式，把周边新城数量从8个减少到5个，即只包含北部轴线上的马恩拉瓦莱、塞日—蓬图瓦兹，南部轴线上的埃夫利、圣康坦昂伊夫林、默伦塞纳，把新城的人口规模从30万—100万降低到20万—30万，规划期末可容纳人口的总量从450万降低到170万①。

四、重点领域协同

城市战略规划的区域战略涉及多个领域的对接，主要包括人口、产业、交通、功能等方面。其中，人口对接是城市区域发展的最初需求，产业对接是城市区域发展的重点领域，交通对接是城市区域发展的基础条件，功能对接是城市区域发展的进阶需求。

（一）人口对接

随着城市发展，城市规模不断拓展，人口数量不断增加，出现了诸多城市发展问题。人口问题是引发“城市病”的重要因素，也是城市规划区域协同产生的重要诱因。人口疏解在城市与周边区域协同发展中出现较早，是城市区域性规划发展初期的需求。城市人口区域规划主要包括3种模式。

1. 郊区化模式

郊区化模式多为通过比较利益吸引居民迁至郊区区域，该模式的规划干预较弱，多为居民自发进行的人口布局变化，对于城市发展初期的人口问题解决效果明显，以美国最为典型。1920年，美国完成城市化之后，城市发展开始了郊区化进程。“二战”以后进入了美国郊区化发展的巅峰时期，美国城市人口以空前的速度向郊区转移，中产阶级成为向郊区迁移的主力。1970年，美国郊区人口首次超过中心城区人口，成为以郊区人口为主的国家。但其对于大城市、特大城市的远期发展来说存在隐患，城市不断发展蔓延，会进一步拓展覆盖范围，人口问题得不到根本性解决。

2. 卫星城模式

卫星城模式是通过前期规划，利用行政手段向周边区域转移城市非核心功能，限制人口流入，引导形成若干卫星城。伦敦、东京、巴黎等很多城市都选择了这种模式。卫星城模式较大缓解了大城市发展问题，人口导出效果明显。这一模式主要依靠行政主

---

① 参见北京市发展和改革委员会发展规划处发布的《东京·巴黎·伦敦新城发展及其对北京的启示》。

导，既不需要郊区化漫长的周期，也不需要像迁都模式那样大费周折，只要求政府制订周密的城市规划方案，重新布局城市空间，分散城市压力。在行政的干预下，这种模式往往短期就可以见效，但是长期来看，如果配套设施不到位，新城极易发展成为空城、鬼城。

3. 新城模式

新城模式是通过规划建设新城以解决人口问题的城市区域发展规划方法。其一种形式是规划建设新城疏导城市功能，另一种形式是直接将城市核心功能（主要是政治功能）迁出。很多国家迁都的原因之一就是为缓解"大城市病"，促进地区均衡发展，以首尔、巴西为代表。建新城要求将一个城市的核心功能迁出到新址，与其他两种模式相比，成本较高，疏散效果也存在很大的不确定性①。

（二）产业对接

城市发展带来了产业规模的不断扩大，产业结构不断优化升级。单纯的城市规划已经无法满足产业的发展，产业转移随之不断产生，产业的跨区域发展引领了城市规划的区域化趋势。按照不同产业发展阶段特点，城市规划区域产业对接主要分为3类。

1. 地区性产业对接

地区性产业对接多为城市与其郊区以及邻近区域的产业互动。城市产业地区性转移初期是由于中心城区产业空间限制加剧，生产成本增加，根据区域要素条件的差异，产业自主选择一种产业空间变化。后期产业进一步向外转移，中心城区的产业创新要素向近郊区转移，近郊区由产业区向创新区转型。

2. 区域性产业对接

随着城市能级的不断提升，城市产业呈现更远空间的转移，体现为城市群范围，甚至是整个国家与地区范围。城市规划中的产业发展策略考虑更多与周边城市群城市协作。大城市、特大型城市规划更应考虑国家整体产业布局与发展趋势，制定合理的产业对接战略。

3. 全球性产业对接

伴随全球化深入发展，城市产业在区域内的对接将进一步拓展到全球范围。传统产业转移理论认为产业转移的顺序与其演进的一般规律大致吻合，通常按照资源密集产业—劳动密集产业—资本密集产业—技术密集产业的顺序，依次从高经济梯度的国家和地区向低经济梯度的国家和地区转移②。

（三）交通对接

城市规划的人口与产业的对接离不开区域基础设施的对接，城市区域化发展空间沟通需求促使城市交通设施的科学规划布局。在城市建设过程中，应充分发挥城市轨道、高速公路和城市快速环路功能，以交通引导经济。

---

① 管清友.从国际经验看大城市人口疏解的结局[J/OL].如是金融研究院公众微信号，[2017-12-04]. http://www.sohu.com/a/208333885_313170.

② 李春梅，王春波.产业转移理论研究述评[J].甘肃理论学刊，2015(3)：138—141.

1. 快捷轨道交通对接

城市区域化发展交通先行，重视轨道交通规划。主要体现在两方面。一方面，规划城市内部地铁网络，加强中心城通向郊外的地铁、环线的扩建。通过快捷轨道交通加强中心城区与副中心之间的联系，形成大运量、高运速的状态，构建出城市交通网络结构，分担城市交通压力，方便市民出行，缓解城市化过程中出现的问题。另一方面，规划城市区域地铁网络，加强城市与周边城市轨道交通衔接与延伸，布局城际轨道交通线建设，在城市群范围内促进同城发展。

2. 综合交通设施对接

在发展轨道交通的同时，加快综合交通设施建设，形成与周边区域相连的便捷、快速、可达的高效交通网络。要制订交通区域一体化发展规划，并制订科学合理、系统完整的综合交通发展规划，确定交通发展要实现的宏观目标和每个地区或每种运输方式发展的微观目标。根据自然地理条件，构建符合实际需求的交通设施，发展高效率的多式联运，扩大区域交通运输规模，提高综合交通运输效益。

3. 城市信息设施对接

随着信息时代的到来，不仅要规划建设合理高效的区域交通设施，也要重视城市间信息设备的规划建设。应规划基于信息技术的基础设施，开展智慧城市建设，解决城市区域发展问题，提升城市群信息管理水平，满足城市区域化发展总体需求。通过建立信息化工作长效、稳定的合作机制，形成政策互融、标准统一、网络互通、资源共享、管理互动、服务协同的区域信息化协同发展体系。

（四）协调机制对接

区域协调体制机制是城市群协同发展的重要制度保障。在城市战略规划中，要采取统一规划，从区域全视角角度推进区域城市发展。建立区域协调体制机制，在城镇、产业、生态等布局方面和跨区域的交通网络或项目等顶层设计中，避免重复建设、恶性竞争，形成与城市群相匹配的产业结构。

1. 构建协同发展体制机制

充分发挥城市规划主动调控与配置资源作用，构建协同发展的体制机制，主要包括建立行政管理协同机制、基础设施互联互通机制、生态环境保护联动机制、产业协同发展机制、科技创新协同机制等。通过积极探索建立的横向与纵向结合、公平与效率兼顾的区域协调机制，取得一定成效。其中，横向协商主要表现为地方政府联席会议，通过谈判和协商，共谋发展大计，协调各自利益，促进区域协同发展；纵向协调主要表现为上级管理层面协调管理，审议区域内城市的总体规划和重大项目的规划安排，协调区域内的重大利益关系，以维护区域公平，保障区域整体利益和长远发展①。

2. 推进生态环境保护共同治理

生态环境问题是区域发展面临的重要制约要素，城市群各城市应重视生态环境的

---

①　祝尔娟.推进京津冀区域协同发展的思路与重点[J].经济与管理，2014(5).

共同治理。通过加强联防联控，不断完善大气污染防治、水环境治理等领域的合作机制，建立多领域环保合作机制与平台，优化城市生态环境，推进生态环境共同治理，扩大环境容量生态空间，为城市发展奠定坚实基础。

第三节 案例解读——国内外城市区域战略规划

一、国内案例

（一）《上海 2035》

1. 总体概况

2017 年 12 月 15 日，《上海市城市总体规划（2017—2035 年）》（简称《上海 2035》）获得国务院批复原则上同意。《上海 2035》全面落实创新、协调、绿色、开放、共享的发展理念，明确了上海至 2035 年远景展望以及至 2050 年的总体目标、发展模式、空间格局、发展任务和主要举措，给上海后续发展描绘了详细的蓝图。总体规划明确上海的城市性质：上海是我国的直辖市之一，亦是长江三角洲城市群的核心城市，更是国际经济、金融、贸易、航运、科技创新中心和文化大都市。上海将按照创新发展先行者的总要求，主动服务“一带一路”建设、长江经济带发展等国家战略，努力建设成为卓越的全球城市①。

2. 区域视角规划特征

在《上海市城市总体规划（2017—2035 年）》中充分体现了区域视角，主要从背景分析、功能定位、空间布局、协同合作等方面详细阐述。其中，构建更加开放协调的发展格局，呈现“全球互联、区域协同”的规划视野，成为其重要特征。《上海 2035》从更广阔的范围、更高的要求上制定上海未来发展的路径。具体体现在以下几个方面。

（1）背景分析：提出全球化与区域化将继续长期影响世界格局

在世界经济增速减缓、全球创新链和产业链重构的背景下，全球城市网络已基本形成，节点城市成为参与全球竞争与合作的主体。随着“一带一路”建设全面展开，《中美双边投资协定》（BIT）、《跨大西洋贸易与投资伙伴协议》（TTIP）、《服务贸易协定》（TISA）等区域性贸易投资框架持续涌现，区域协同成为时代发展主题②。

（2）功能定位：从全球—城市群—都市圈多个空间视角进行定位

2018 年 1 月上海发布《上海市城市总体规划（2017—2035 年）》，提出上海城市发展，要立足国际国内和本地实际，作为“一带一路”和长江经济带上核心城市，要积极主动融入重大发展战略中，切实落实全面深化改革、创新驱动发展、优化经济结构等战略，继续当好全国改革开放排头兵、创新发展先行者。

---

① 参见市政府新闻发布会介绍《上海市城市总体规划（2017—2035 年）》相关情况（http://www.shanghai.gov.cn/nw2/nw2314/nw32419/nw42806/nw42807/u21aw1280602.html）。

② 参见《上海市城市总体规划（2017—2035 年）》。

在全球范围区域战略方面，提升上海国际枢纽地位，强化上海在金融、贸易、航运、文化和科技创新等方面的功能引领性，增强上海对区域的辐射带动，推动在环境保护、产业布局、人文交流、信息共享、海外市场拓展等方面的协作，充分发挥长江经济带龙头城市和“一带一路”建设桥头堡作用。

在城市群区域战略方面，强化上海对长江三角洲城市群的引领作用。创新治理模式，共享基础设施，共守生态安全，推动长三角城市群成为最具经济活力的资源配置中心、具有全球影响力的科技创新高地、全球重要的现代服务业和先进制造业中心、亚太地区重要国际门户和“美丽中国”建设示范区。

在都市圈区域战略方面，以都市圈的发展促进长三角区域的进步。发挥上海辐射带动作用，依托现代交通运输网络推动 90 分钟通勤范围的发展，构建以上海为中心的同城化都市圈。完善区域功能网络，加强基础设施统筹，推动生态环境共建共治，形成多维度的区域协同治理模式。

(3) 空间布局：构建更加开放协调的发展格局，提出引领长三角世界级城市群

在城市空间布局中，提出城市群区域战略，充分发挥上海作为核心城市的辐射带动作用，加强与周边城市的分工协作，形成协同合作的局面。从市域和区域两个层面出发。一是在市域层面，构建“一主、两轴、四翼，多廊、多核、多圈”的空间结构，控制中心城周边区域蔓延，发挥新城、新市镇人口疏导和带动地区发展的作用。二是在区域层面，推进长三角区域交通一体化，积极推动建设近沪地区的 90 分钟通勤范围，推动上海与周边城市协同发展。创新合作模式，构建区域系统发展新机制，在城市群协同发展方面，重点推进四大协同区建设。其一是东部沿海战略协同区。以中国(上海)自由贸易试验区为引领，充分发挥区域组合港的集聚效应。促进临港、舟山等滨海地区分工协作发展，积极发展现代远洋渔业，并加强生态环境治理，整体保护长江口、近海生态型岛屿、滩涂湿地等，合理利用滨水岸线和水土资源。其二是杭州湾北岸战略协同区。推进与奉贤、金山、平湖等沿湾地区协作发展，形成集产业、城镇和休闲功能于一体的战略空间。重点推进杭州湾海洋环境修复，统筹协调沿湾各城市共同保护生态岸线以及生活岸线。其三是长江口战略协同区。推动崇明世界级生态岛建设。促进宝山、崇明、海门、启东，嘉定、昆山、太仓等跨界地区的协作发展。优化长江口地区产业布局，严格保护沿江各城市水源地，推进沿江自然保护区与生态廊道建设。其四是环淀山湖战略协同区。促进青浦、昆山等环淀山湖地区协同发展，保护生态环境和江南水乡历史文化与自然风貌，以建设世界级湖区为目标，加强水乡古镇等文化旅游资源的整体开发利用①。

(4) 多领域开展区域规划协同，在生态环境、交通设施、市政基础设施、文化推进方面进行规划协作

---

① 《上海市城市总体规划(2017—2035 年)》发布上海将成为创新之城、人文之城、生态之城[N].解放日报，2018-01-05.

在区域生态环境方面，共同维护区域生态基底，共同完善长江口、东海海域、环太湖、环淀山湖、环杭州湾等生态区域的保护，严格控制滨江沿海及杭州湾沿岸的产业岸线，严格限制沿江新增钢铁、重化工等高耗能与污染型工业，完善污染企业的退出机制；加强长江生态廊道、滨海生态保护带、黄浦江生态廊道、吴淞江生态廊道等区域生态廊道的相互衔接；推动区域（流域）大气、水环境、土壤污染与地面沉降的联防联治，协调长江、太湖流域水污染防治政策，共享区域、流域环境和污染源监测数据，推进船舶排放联合控制，建立区域资源与环境保护合作平台。在区域交通设施方面，重视区域航空机场群联动、区域港口功能布局、国家综合运输通道布局。在区域市政基础设施方面，统筹区域水资源，加强区域市政廊道衔接、区域基础设施协调。重点协调垃圾处理厂、污水处理厂、变电站、危险品仓库等基础设施布局。区域信息通信协作注重搭建信息资源共享交换平台和公益性服务平台，探索数据中心服务的跨省市合作途径。区域综合防灾体系共建注重统筹流域防洪工程和重点水系布局，加快吴淞江工程等重大水利工程建设，提升防洪除涝减灾能力，完善现代区域防汛保障体系。协调区域救援通道、疏散通道、避难场所等疏散救援空间建设，以及区域应急交通、供水、供电、医疗、物资储备等应急保障基础设施布局。在区域文化网络推进方面，环淀山湖地区古镇和环太湖古镇群联动开发，打造世界级水乡古镇文化休闲区和生态旅游度假区，适时申请世界文化遗产，共同促进江南地方文化和中国历史文化的传承与创新，提升区域文化交流水平与文化软实力①。

（5）协调机制对接，首次提出跨行政区协调机制

在《上海 2035》规划编制过程中，采取多方位区域协调，通过规划行业协会搭建统一平台，主动与苏、浙两省规划主管部门和近沪地区城市政府联系，就规划重要内容进行沟通，同时组织各方规划编制单位在技术层面进行多轮对接。在《上海市城市总体规划（2017—2035 年）》中，首次提出跨行政区协调机制、邻近上海市域边界城镇圈概念，促进规划共同研究编制，建立生态环境共保共治机制，加强基础设施对接，实现功能布局融合、基础设施统筹、公共服务资源共享，推动上海和近沪地区一体化发展。对于市域范围内跨行政区的城镇圈（浦江—周浦—康桥—航头、亭林—叶榭、朱泾—泖港—吕巷—廊下等），要重点完善跨行政区的高等级公共服务设施配置、交通衔接和生态保护等机制，实现公共服务高效供给和出行低碳便捷。

（二）北京城市总体规划

1. 总体概况

随着改革开放的深入，北京已经步入现代化国际大都市行列，深层次矛盾和问题随之显现，特别是人口与资源环境矛盾日益凸显，“大城市病”问题突出。城市的规划需从战略性、全局性角度，寻求综合解决方略。同时，在新的时代发展背景下，首都经济的发展进入新常态。京津冀协同发展战略的提出，规划建设城市副中心、雄安新区，筹办北

---

① 参见《上海市城市总体规划（2017—2035 年）》。

京2022年冬奥会等重大战略的实施都将产生重大而深远的影响，需要从长远发展角度进行统筹考虑。

2017年9月13日，国务院批复同意《北京城市总体规划(2016—2035年)》(以下简称《总体规划》)。《总体规划》紧紧围绕统筹推进"五位一体"总体布局和协调推进"四个全面"战略布局，牢固树立新发展理念，立足京津冀协同发展，坚持以人为本，注重长远发展，侧重减量集约、生态保护、多规合一，对于促进首都全面协调可持续发展具有重要意义①。

2. 区域视角规划特征

(1) 以疏解非首都功能为抓手，坚持疏解功能，谋发展

规划通篇强调疏解非首都功能，统筹兼顾整治、提升、协同发展，改变了以往聚集资源谋发展的思维定式，力求在疏解功能中实现更高质量、更可持续的发展。在规划中，明确核心区功能重组、中心城区疏解提升、北京城市副中心和河北雄安新区形成北京新的两翼、平原地区疏解承接、新城多点支撑、山区生态涵养的规划任务，从而优化提升首都功能，做到功能清晰、分工合理、主副结合，走出一条城市区域化发展的新模式②。

(2) 对接京津冀协同发展，着眼于以更广阔的空间来谋划首都的未来

规划中提出建设以首都为核心的世界级城市群。围绕首都，形成核心区功能优化、辐射区协同发展、梯度层次合理的城市群体系，探索人口经济密集地区优化开发的新模式，着力建设绿色、智慧、宜居的城市群，提升京津冀城市群在全球城市体系中的引领地位。促进北京及周边地区协同发展，推动京津冀中部核心功能区联动一体发展，构建以首都为核心的京津冀城市群体系③。

(3) 对接支持河北雄安新区规划建设，重视重大项目协调对接

《总体规划》加强跨区域的规划对接、政策衔接，全力支持推进河北雄安新区规划与建设，推动非首都功能和人口向河北雄安新区疏解集聚，打造北京非首都功能疏解集中承载地，与北京城市副中心共同形成两翼的新格局。通过建立便捷高效的交通基础设施系统，以政策推进在京资源向河北雄安新区转移倾斜，促进两地在公共服务等方面的全方位协同合作。

借助2022年北京冬奥会重大标志性活动的举办，促进区域协调发展。北京规划充分考虑冬奥会筹办和赛后发展，建设各类现代化的场馆和基础设施，提供便捷的交通、公共服务和保障，通过与张家口市的合作，共同提升生态环境质量。

重视交界地区整合规划。京冀、京津交界地区是重点规划对象，整合规划将以通州区和廊坊"北三县"地区、北京新机场周边地区为试点，探索合作编制交界地区整合规划，共同划定生态控制线和城市开发边界，建设大尺度绿廊，严控建设用地规模，严禁环

---

①　参见中共中央国务院关于对《北京城市总体规划(2016—2035年)》的批复。

②③　参见《北京城市总体规划(2016—2035年)》。

首都围城式发展①。

（4）以问题为导向，坚持均衡发展

注重“以人为本”，以营造更适宜的居住环境为目标，着重治理人口过度集聚、交通拥堵、房价上涨明显、大气严重污染等大城市问题，探究问题根源，提出综合施策，对治理“大城市病”做出规划安排。

坚持均衡发展，根据北京出现的南北不均衡、城乡不均衡和内外不均衡等现象，以重大基础设施、生态环境治理、公共设施建设和重要功能区为依托，引导优质的生产要素集聚南部地区，促进南部地区跟进，推进区域均衡发展；明确各区的功能定位，引导主副结合发展，加快外围多点发展，山区和平原地区互补发展；加强城乡统筹，形成以城带乡、以乡促城的协调发展布局②。

二、国外案例

（一）东京都市圈规划

1. 总体概况

东京是日本的首都，是日本全国的政治、经济、文化中心，也是世界上人口多、经济实力雄厚的国际中心城市之一，具有综合性的城市职能。以东京为核心的日本首都圈也因此成为日本的政治、经济、文化中心，并在全球范围内逐步确立其金融中心的地位，其同时也是日本最重要的交通与信息枢纽。早在20世纪50年代，日本就开始采取各种措施限制东京中心区和近郊区的工业发展，并在中央政府的主导下，制定《首都圈整治计划》，在远郊建设工业卫星城、卧城等各类新城。20世纪80年代后期以后，又在距东京中心区30—60千米圈域内建设“业务核心城市”，较好地分散了东京人口、产业、行政等各项功能，取得了一定效果。

东京城市规划较早引入区域战略视角，以都市圈为基本规划单元。日本首都圈狭义上包括东京、神奈川、千叶和埼玉“一都三县”，总面积为13 279平方千米，人口3 405.0万人；广义上进一步包括群马、枥木、茨城和山梨四县，即“一都七县”，整个圈域面积36 884平方千米，占日本国土总面积的9.8%，是日本最大的城市聚集体。

2. 规划历程与规划方法

城市规划区域化在东京城市规划中较早体现，并随着城市发展阶段不同，其区域化规划的侧重也有所不同。总体来看，东京城市规划区域化主要分3个阶段。

（1）城市起步阶段区域化规划。日本在“二战”后初期，提出控制超大城市、振兴地方中小城市、振兴农业和农村工业的基本目标。1946年的《东京都政概要》以防止城市超大化为目标，提出区域化规划思想：一是将设置在首都的一些主要设施疏散到40千

---

① 参见全面落实《北京城市总体规划（2016—2035年）》（http://zhengwu.beijing.gov.cn/zwzt/ZWZT/CSZL/CSZTGH/t1504108.html）。

② 北京市规划和国土资源管理委员会.落实北京城市总体规划　推进京津冀协同发展[J].前线，2018(1)：60—64.

米圈的卫星城中；二是划定隔离地带将主要城市之间的地区划定为农业地区；三是建设大区域尺度上连接东京和其他各城市的交通网络；四是制定东京城市规划中人口、土地利用和设施规划方案，推进土地区划整治。

（2）城市成熟阶段区域化规划。随着日本产业结构的不断升级，生产方式走向多元化和高科技化，促使工厂、研究机构等向东京城市周边地区转移。如20世纪70年代末厚木市的开发，规划确立城市由住宅区、自然公园区、大学研究区等三个大的功能区组成。20世纪80年代以来，通过调整用地布局、在原规划的居住用地内安置一定的研究机构、高科技企业，横滨市形成混合化的新型城市社区；逐步走向成熟的筑波研究学园通过发挥自身的辐射作用，带动周边地域城市功能的发展，进而为促进自身综合实力的发展创造了良好的区域环境①。

（3）城市完善阶段区域化规划。由于人口、资源及管理均向东京大都市圈过度集中，愈发形成"一极集中"的单极国土结构，给日本国家经济、社会的健康发展带来了突出的问题，日本中央政府提出改变城市中心诸功能向东京都，特别是向东京都23个区内"一极集中"的思路。建设疏解首都人口、产业、行政等功能的业务核心城市，成为城市规划要点。1976年《第三次首都圈规划》提出建立区域多中心城市复合体的设想后，20世纪80年代中期制订的《首都改造规划》中又提出了以新城联合周边邻近城市，通过建立功能互补的地域一体化空间联合体，实现在一定地域范围内功能自立化的规划设想，并提出建设业务核心城市的思路。根据这一思路，1986年出台的《第四次首都圈基本规划》正式提出建设东京外围"业务核心城市(business core city)"，以"业务核心城市"为中心形成自立化的城市圈，以改变以东京为中心的"一极核"中心的地域结构。

3. 城市战略规划区域特征

（1）立法确定东京城市规划总体定位。东京城市规划总体定位明确，即"谋求首都圈作为经济、政治与文化中心的有序发展"。围绕这一定位，形成了一套从法律、规划到报告、评估的系统范式，从事前、事中和事后3个阶段确保协同的科学性。《多极分散型国土形成促进法》力图改变东京的单极集中发展态势，《首都圈整备法》对都市圈进行立法规定，指导首都圈有序发展，约每10年调整一次，以适应现实需求。

（2）以互补策略统筹区域整体发展。东京所处的都市圈各区域的区位条件各异，资源禀赋的比较优势明显。在城市战略规划中，在产业链之间，依据产业价值对不同的产业类型进行水平分工；在产业链内部，依据生产阶段对产品价值链的不同环节进行垂直分工，通过区域间的互补策略明确职能定位，发挥比较优势，可提高生产效率，避免产业同构和盲目竞争。《首都圈整备法》中，对圈内的东京、关东北部、近郊、内陆西部、关东东部和岛屿地区按照互补性的原则进行了空间功能分工。东京要进一步充实其国际金融功能、总部经济功能；神奈川等四县平衡配置教育、文化和居住设施；关东北部利用

① 王守智.国内外城镇化发展路径及启示[J].城市观察，2013(6)：153—162.

自然优势发展水电、林业和畜牧业；关东东部利用交通体系推动工业发展；内陆西部推进富士山等自然遗产与环境保护事业的发展；岛屿地区利用自然资源打造度假娱乐地区。

（3）长期发展战略规划与行动计划相结合。相比国内的城市总体规划而言，东京城市规划体系大致分为4个层次。广域都市圈规划—城市战略发展规划—行动计划—行动计划的年度实行计划。在首都圈规划基础之上编制的东京都战略规划和长期发展规划（1982年、1986年、1990年和2000年），将城市的社会、经济和环境等方面的发展需求统筹考虑、全面安排，并在空间和地域上落实、整合起来。这一类规划更强调战略性、前瞻性和统筹性，是对城市发展的长期目标与空间布局的综合谋略。《东京构想2000》规划提出东京都到2015年的发展目标，2006年起编制的"10年后的东京"和2011年编制的《2020年的东京》，则作为东京都的战略行动计划。结合当前东京发展中最急迫的问题，制订简明、针对性强且可操作的行动计划，选择若干可能的实施途径和重点项目，力图解决最具体的问题。

（4）以实际影响力为标准确定规划区域范围。城市是区域中的城市，作为经济、社会和物质实体，城市对周围区域有着吸引和辐射作用，其空间表现就是城市的空间影响范围。将发展规划和行动计划中的规划范围确定为城市的实际影响范围，而不是利用行政界限直接控制，更有利于从城市发展的长远利益和远景需要的观点出发，推动城市与区域的共同发展。据此，东京战略发展规划中规划范围的确定以东京的实际影响力范围作为标准，较少受到行政界限的约束①。

（二）大伦敦规划

1. 总体概况

伦敦城市规划方面，1964年大伦敦政府成立，包含32个区和1个金融城，城市规划区域概念初步形成。但1985年取消了大伦敦政府，2000年之后才又重新成立，其规划权反而不是很大，一直致力于形成战略规划。

最新的2015年版《伦敦规划》，在2036年城市发展目标和政策定位中，融入了国家政策变化和2014年市长报告的新内容，成为一个融合经济、社会、交通、环境等多方面内容的综合性规划，聚焦伦敦的经济和产业发展，关注人口、气候和环境变化因素对城市发展的影响，突出关注伦敦人生活质量的持续提高。其人文性、前瞻性和政策引领性值得借鉴。《伦敦规划》是一份对伦敦未来20到25年经济、环境、交通和社会发展的综合框架进行战略层面设计和筹划，并对这些发展方向在区域和空间层面进行思考的规划文本。《伦敦规划》为大伦敦政府下的各级政府、组织和合作伙伴机构进一步的具体规划提供了一个发展方向、政策框架，并且也是执行措施、协调工作和资源的政策文本和依据。

---

① 参见《东京：如何通过城市规划支撑全球城市建设？》（https://baijiahao.baidu.com/s?id=1565760531745376&wfr=spider&for=pc）。

2. 规划历程与规划方法

（1）城市规划初期。伦敦城市规划起步较早，1945 年的规划有许多理念非常超前，如提出伦敦的市中心、边缘、郊区、远郊采取不同开发模式，对中心区边缘不同的开发强度、密度等都进行了很好地界定。区域化理念方面主要体现在以下几点。一是新城规划建设。20 世纪 40—70 年代的新城大多集中在北部，20 世纪 90 年代至 2000 年强调东南战略后，有部分新城在东南部布局，贴近欧洲大陆。二是经济开发区规划建设，强调完全以自由经济为主导，在周边地区设置开发区，推进区域发展。三是提出泰晤士河口计划。在空间区域规划中贴近欧洲大陆，借助欧盟的市场来发展，强调城市经济增长和以经济为支柱，以重新成为具有全球竞争力的城市。

（2）城市扩张阶段。1965 年之后，伦敦继续扩张，城市与周边的区域联系不断加强，主要通过周边区域新城建设和轨道交通规划实现。伦敦的发展和东京有些类似，通过轨道交通系统的区域性拓展，形成了独特的空间结构特征，即环状结构不是很强，但放射状结构强，这也是借助铁道的通勤实现的。伦敦在周边一些老镇的基础上规划建设新城，通过开发新的工业和居住区进行发展，其设施配套和功能进一步完善，规划人口较多，独立性更强，以集中解决伦敦母城的人口过剩问题。

（3）城市全球化阶段。20 世纪英国重新建立大伦敦政府，2004 年之后新的规划开始转向战略和空间，强调开发决策、空间政策、资源的运用、发展规范。一方面，规划更强调区域均衡发展，向东从泰晤士河口朝向欧洲大陆区域，向北往剑桥方向等高科技集聚区域发展。另一方面，强调网络概念，要通过移民、金融和产业网络、社会住宅建设等措施将伦敦与欧洲大陆、英联邦相联系，与世界其他城市连接。2008 年的伦敦规划更强调区域中心的概念，既有伦敦市中心，也有市中心之外能够承担一定行政、产业功能的区域中心。同时强调尺度的概念，包括战略上的宏观尺度，以及宏观、中观和微观之间的互动。

3. 城市战略规划区域特征

（1）城市规划内容不断调整完善。伦敦城市规划多着眼于未来 20—25 年的城市发展，在保障规划内容基本稳定的同时，不断调整完善，结合实际提出前瞻性的规划内容。如伦敦最新一轮规划始于 2004 年，经过数次修改更新，接连发布了 2008 年、2011 年版本，之后结合 2014 年发表的《2020 年的愿景：地球上最伟大的城市——伦敦的雄心》，颁布 2015 年版《伦敦规划》，对 2036 年的城市发展目标和政策定位进行规划。

（2）以大伦敦规划协调区域协同发展。伦敦城市规划多以大伦敦区域概念进行，大伦敦地区指金融城和 32 个次级行政区组成的伦敦，面积约 1 500 平方千米，政府机构为大伦敦市政厅。规划以控制中心城区、发展分散新城为原则向周边扩张，并将大伦敦地区规划为内圈、近郊、绿带和外圈，较早提出了各区域采取不同开发模式，对开发强度、密度等都进行了界定。

（3）以新城建设为区域规划重点。伦敦城市规划充分利用新城建设手段协调区域发展，解决城市人口产业问题。1946—1950 年规划的第一批新城中，8 座新城以疏解伦敦过分拥挤的人口为目的,6座新城以促进区域经济发展为目的;1950—1964年规划的新城,人口吸纳能力减弱,地区经济增长极作用有所提升;20世纪60年代后期至80年代,新城定位独立性更强,集中解决母城的人口过剩问题;进入21世纪后,伦敦开始新一轮的城市规划,周边各个新城在原来发展的基础上,开始制订新的增长或更新计划。

参考文献

北京市规划和国土资源管理委员会.落实北京城市总体规划　推进京津冀协同发展[J].前线,2018(1).

岑迪,周剑云,赵渺希."流空间"视角下的新型城镇化研究[J].规划师,2013(4).

陈小鸿,周翔,乔瑛瑶.多层次轨道交通网络与多尺度空间协同优化——以上海都市圈为例[J].城市交通,2017(1).

崔功豪.城市问题就是区域问题——中国城市规划区域观的确立和发展[J].城市规划学刊,2010(1).

崔功豪.中国城市规划概念六大变革——30年中国城市规划的回顾[J].上海城市规划,2008(6).

崔功豪.中国区域规划的新特点与发展趋势[J].现代城市研究,2009(9).

杜坤.城市战略规划的实施框架与内容:来自大伦敦实施规划的启示[J].国际城市规划,2016(4).

方创琳.中国城市群形成发育的新格局与新趋向[C]//中国科学院地理科学与资源研究所.2010国际都市圈发展论坛论文集,2010.

付婷婷.东京都市圈发展经验对京津冀协同发展的启示[J].中国国情国力,2018(2).

黄传霞.推动合肥都市圈交通基础设施一体化发展的建议——武汉、南京、杭州三都市圈交通基础设施一体化经验启示[J].中共合肥市委党校学报,2017(6).

姜策.国内外主要城市群交通一体化发展的比较与借鉴[J].经济研究参考,2016(52).

康利敏.城市轨道交通对郊区化影响研究[D].上海:华东师范大学,2011.

李春梅,王春波.产业转移理论研究述评[J].甘肃理论刊,2015(3).

李晓讲.城镇密集地区与城镇群规划——实践与认知[J].城市规划学刊,2008(1).

刘健.基于区域整体的郊区发展——快速城市化北京向巴黎学习什么[D].北京:清华大学,2003.

刘玉亭,王勇,吴丽娟.城市群概念、形成机制及其未来研究方向评述[J].人文地理,2013(1).

卢明华,李国平,孙铁山.东京大都市圈内各核心城市的职能分工及启示研究[J].地理科学,2003(2).

唐亚林,于迎.大都市圈协同治理视角下长三角地方政府事权划分的顶层设计与上海的选择[J].学术界,2018(2).

王飞,石晓冬,郑皓,等.回答一个核心问题,把握十个关系——《北京城市总体规划

(2016—2035 年)》的转型探索[J].城市规划,2017(11).

王学锋,崔功豪.国外大都市地区规划重点内容剖析和借鉴[J].国际城市规划,2007(5).

王长坤.日本新城建设对天津开发区空间规划的借鉴[J].城市,2005(4).

吴勇毅.上海 2035:信息化引领"卓越的全球城市"建设[J].上海信息化,2018(2).

熊健,范宇,金岚.从"两规合一"到"多规合一"——上海城乡空间治理方式改革与创新[J].城市规划,2017(8).

徐毅松,廖志强,张尚武,等.上海市城市空间格局优化的战略思考[J].城市规划学刊,2017(2).

杨明,周乐,张朝晖,等.新阶段北京城市空间布局的战略思考[J].城市规划,2017(11).

易于枫,张京祥.全球城市区域及其发展策略[J].国际城市规划,2007(5).

郁鸿胜.上海都市圈融入长三角城市群发展的战略构想[J].上海城市管理,2018(2).

袁朱.国内外大都市圈或首都圈产业布局经验教训及其对北京产业空间调整的启示[J].经济研究参考,2006(28).

张冰,肖艳萍.浅谈城市发展战略规划[J].城市建设理论研究,2014(11).

张天宝.基于城市—区域视角的城市空间规划策略研究——以重庆市万州区为例[D].重庆:重庆大学,2012.

张雪.京津冀交通基础设施的空间溢出效应——基于动态空间计量模型研究[D].北京:北京交通大学,2017.

郑继承.区域经济一体化背景下我国城市群发展的战略选择——基于我国"十二五"规划区域协调发展的理论探讨[J].经济问题探索,2013(3).

中国城市规划设计研究院.广州城市总体发展战略规划[Z]. 2009-09.

周春山,叶昌东.中国特大城市空间增长特征及其原因分析[J].地理学报,2013(6).

第二十二章　城市更新问题

城市是一个有机系统，其正如我国著名建筑学家梁思成先生所说，“城市是一门科学，它像人体一样有经络、脉搏、肌理，如果你不科学地对待它，它会生病的”[①]。我国城市规划专家陈占祥先生提出城市更新是城市“新陈代谢”的过程[②]，城市更新是推动城市有机体健康、可持续发展的重要路径，几乎伴随了城市发展的全过程。本章主要梳理总结什么是城市更新、为什么要进行城市更新、城市更新主要更新什么、如何进行城市更新等内容。

第一节　城市更新综述

城市更新是城市发展中一个永恒的主题，对城市的更新改造行动几乎自城市诞生伊始就开始出现，伴随城市发展至今，并且还将继续延续。但“城市更新”概念的提出及现代意义上的城市更新实践则始于约半个世纪以前。在近几十年的发展中，城市更新本身也在不断发展完善，其内涵、目标、机制、模式等均已发生较明显的拓展与转变。本节主要梳理总结城市更新的概念、城市更新的主要目的与意义、城市更新与城市战略规划的关系、城市更新的发展演变等内容。

一、城市更新的概念

“城市更新”一词最早是西方发达国家在城市问题解决方案中提出的，经历了从城市重建(urban renewal)，到城市再开发(urban redevelopment)、城市复兴(urban renaissance)、城市振兴(urban revitalization)，再

---

① 梁思成，林洙.大拙至美：梁思成最美的文字建筑[M].北京：中国青年出版社，2007：249.

② 查君，金旖旎.从空间引导走向需求引导——城市更新本源性研究[J].城市发展研究，2017，24(11)：52.

到城市更新(urban regeneration)的发展演变过程①,国内用语也经历了从旧城改造、旧城整治、"三旧"改造等,到城市更新的转变。从内涵来看,城市更新主要是指对城市中存在的突出问题或不适应新需求、新战略的区域进行更新改造,通过优化空间布局,完善设施资源,提升环境品质等措施,增强城市对人口资源要素的吸引力,重塑区域功能,促进城市活跃高效、公平公正、可持续发展。城市更新的概念具有狭义和广义之分。狭义的城市更新主要是指城市物理空间的硬环境更新,如街区改造、公共设施建设更新改造等,更新的区域主要位于城市旧城区;广义的城市更新不仅包括城市物理环境的更新,还包括城市精神塑造、社会文化重构等软环境更新,更新的区域不仅包括城市建成区,而且包括城市郊区,甚至整个城市辖区范围。城市更新具有动态性、综合性、地域性等特征。

二、城市更新的目的与意义

城市更新是城市自我完善和可持续发展的重要驱动力。城市更新对于解决城市问题,改善城市经济社会和环境条件,促进城市经济发展和社会进步,推动城市内涵式增长,提高城市包容性、发展弹性、竞争力及可持续发展能力等具有重要的战略意义。城市更新既是政府进行城市建设、推动城市发展的重要政策抓手,也与在城市工作和生活的每个人的切身利益息息相关。城市更新的主要目的和意义概括如下。

(一)改善城市环境条件

以解决城市交通拥堵、住房紧张等问题,更好地满足城市人口的工作生活需求,提高城市宜居性为主要目标,对城市进行更新改造。例如,完善或更新改造城市道路及公共交通线网等基础设施,解决城市交通拥堵和出行不便利等问题;完善或更新改造城市供水和排水设施,提供安全清洁的饮用水,改善卫生条件,减少疾病传染;增加城市住宅供应,改善城市地区的居住条件,完善城市公共设施,增加城市公共空间等。

(二)促进城市经济发展

以促进旧城区经济复兴为主要目标进行城市更新改造。通过物理环境的更新改造,引进培育新的产业载体,创造就业机会,提高发展活力,促进经济衰退的旧城区域复苏繁荣。此外,还包括以促进城市产业转型升级为主要目标进行城市更新。虽然一些城市区域的产业仍可维系或仍呈现平稳较快的发展势头,但因产业能级较低、经济效益较差、环境影响较大等多种原因,需要进行结构调整或业态更新,通过城市更新改造和再次开发,提高区域产业能级与经济效益。例如,随着城市发展阶段提升,工业企业因地价和综合商务成本上升、利润空间缩小,同时占地面积较大、环境污染较重等综合原因,已不适宜在中心城区发展,城市工业区通过再次开发"退二进三",实现转型升级发展;若现有服务业能级效益较低,则通过旧街区、旧楼宇更新改造,推动区域内传统服务业向现代服务业转型升级,培育新产业、新业态等。

---

① 丁凡,伍江.城市更新相关概念的演进及在当今的现实意义[J].城市规划学刊,2017(6):87—94.

（三）完善或重塑城市功能

以完善或重塑城市功能为主要目标对城市进行更新改造。一些街区或社区原有功能较为单一,不能满足经济社会发展需求,通过更新改造,可补充完善其缺失的功能。例如,对功能单一的商务区进行更新改造,增加居住、商业、文化等空间和设施资源,构建多种功能有机融合的新街区。对配套不完善的居住区进行更新改造,增加社区商业网点、金融网点、公园绿地等场所设施,满足该区域居民的日常生活需求。一些区域因发展阶段、发展定位等的转变,通过更新改造,进行功能提升重塑。例如,将城市滨水区域的工业及仓储物流业搬迁转移,更新改造为市民休闲和文化等公共活动空间,将其由经济功能为主的区域转型为社会文化功能为主的区域。再如,将小尺度的社区中心,改造升级为较大尺度的区域中心甚至城市副中心;因城市发展需要,将原来普通的居住和商业社区,改造升级为大型交通枢纽,或是集大型交通、商务等多种功能为一体的综合商务区。

（四）改善旧城区环境面貌

以解决一些城市区域脏乱破旧的问题,改善城市环境面貌,提升城市环境风貌品质为主要目标进行城市更新。例如,国内外城市更新中较普遍存在的危旧房拆除改造等多种形式的住宅更新、城市建筑翻建或保护性修缮,以及城市低压线网落地、城市绿化和景观建设的布局完善与品质升级等。

（五）促进城市社会进步

以促进城市社会公正及社会融合发展,避免社会矛盾和社会分化等为主要目标进行城市更新。通过城市更新改造,推动城市居住区混合,关注社会弱势群体,构建面向多元化主体的公共活动空间,保障公共设施资源共享,促进不同种族民族、不同文化信仰、不同教育和职业背景、不同收入阶层的人口交流融合,推动社会重构,增强包容性,减少社会排斥,防止阶层固化或社会分化。

（六）促进城市内涵式增长

在资源环境紧约束的背景下,以促进城市内涵式增长为主要目标进行城市更新。为应对不受约束的城市规模扩张发展模式带来的诸多问题与挑战,尤其是在城市规模已经十分庞大,或者已经高强度开发,增量开发空间近于饱和的背景下,城市更新是保持城市发展活力并促进城市内涵式发展的重要路径。通过实施城市更新战略,充分利用既有城市化区域的土地与资源,减少城市发展对自然状态的土地和其他资源的新增占用与破坏,促进城市绿色发展,控制城市无序蔓延;提升既有城市化土地和资源的综合功能效应,容纳并养活更多新增城市人口,有效应对未来发展面临的重大挑战,满足城市发展需求,推动城市内涵式、可持续发展。

三、城市更新与城市战略规划

早期的城市更新一般是为解决某一具体问题,以单体项目为主开展,更新的目标比较单一,所涉领域和范围较小。随着城市发展阶段、发展战略及政策导向等的转变,城市更新的内涵、范围及功能等也在不断拓展。现今的城市更新，是涵盖城市空间形态和空间结构、城市建筑、城市基础设施和市政设施、城市产业和经济、城市社会人口、城市制度文化、城市环境景观等多方面的系统工程，本身即可视为一种小尺度的区域战略规划。

随着发展阶段的变化，城市更新与城市战略规划的关系发生了较明显的转变。早期的城市更新仅就城市更新的具体区域考虑该区域的更新问题，并未基于城市整体或长远发展视角进行更新战略、更新方案等设计，也未将城市更新纳入城市总体规划或城市战略规划体系。随着城市问题的凸显及人类认识水平的提升，从全球性气候、食品、能源等危机与挑战，以及区域自身发展的问题与需求出发，提高城市多样性、包容性和弹性，建设繁荣活跃、公平公正、可持续发展的城市，成为全球城市发展的重要愿景目标。在此发展导向下，城市更新开始被引入城市战略规划，成为城市战略规划、总体规划的有机组成部分，是贯穿城市总体战略规划的重要主线，也是实现城市战略规划主旨思想、目标、任务等的重要路径。

四、城市更新的发展演变

自城市产生以后，就出现了不同形式的更新改造活动，城市更新几乎伴随了城市发展的全过程，但是由政府制订更新计划、更新政策等制度化推动的现代意义上的城市更新运动，主要始于“二战”结束后的西方发达国家，20 世纪 70 年代以来，城市更新已经成为西方大城市空间发展的主要方式①。从早期以清除贫民窟为主要目标与标志的城市更新，到现阶段致力于实现多元化功能目标的城市更新，随着城市发展阶段、环境条件、性质功能、主要问题及发展目标等的转变，城市更新的战略方向及战略重点、空间范围、实施主体、更新机制方式等也发生了较明显的变化。

从城市更新的战略方向及战略重点来看，其经历了从注重城市物质空间改造到关注城市功能培育，从追求经济增长到关注社会发展和人本需求，从仅改善更新地区人口的生活环境到改善城市所有人的生活质量，从仅就更新区域考虑该城市更新方案到基于城市区域整体发展的全局战略框架制定城市更新战略，从聚焦单一城市问题到系统解决多种城市问题，从打造单一功能区到构建混合功能区，从促进局部地区发展到促进城市整体发展，从追求短期目标到追求远期目标及实现城市可持续发展等的过程，即由项目主导、分散零碎、单一目标、短期的城市更新，向顶层设计引领、系统整体、多元化目标、长期的城市更新升级转变的过程。

从城市更新的空间范围来看，其经历了从某一地块到一个街区或社区，从单一街区社区到跨越多个街区社区，从城市中心区到城市郊区，从一个行政辖区到跨越多个行政辖区等的过程，即由点及面，由小微尺度空间到大尺度区域空间等的发展演变过程。

从城市更新的实施主体来看，其经历了由政府主导，到政府与私营部门合作，再到

① 唐子来.为什么要提“城市更新”[N].解放日报，2015-05-12(11).

政府、开发建设主体、社区和公众共同参与的过程，即从单一主体主导到多元化主体共同参与、合作推动的发展转变过程。

从城市更新的主要机制模式来看，经历了从“自上而下”行政化为主的推进机制到建立“自下而上”多元化参与互动的实施机制，从大规模激进式更新改造到小规模渐进式更新改造，从街区建筑“改头换面”式的大拆大建到尊重原貌小修小补的微更新，由推土机式地全面推倒重建到有选择地拆、改、留，保护和修复历史街区与历史建筑，传承延续城市历史文脉等的发展转变过程。

第二节　城市更新主题

城市更新涵盖的主题十分广泛，几乎涉及城市空间、经济、社会、文化、环境等所有方面，在不同的发展阶段、不同的问题与需求、不同的政治经济文化背景下，城市更新的主要任务目标存在较明显的差别，城市更新的主题一直处于动态发展之中。但是一般而言，空间更新、环境更新、产业更新和文化更新是大多数城市更新中普遍存在的共性主题与主要任务。

一、城市空间更新

空间更新是城市更新的重要内容，也是城市肌理再造、功能重塑、环境升级、产业调整、面貌改善等的物理环境基础，实施的重点是对城市地区土地的重新开发利用与布局优化调整。通过用地性质、土地利用结构、空间连通情况等的调整，优化城市空间布局结构，提升城市空间品质，改善城市空间形态，促进城市主要功能区合理分布及有机融合，重塑城市街区格局，重建邻里关系，解决因城市土地利用和空间布局不合理造成的杂乱无序、功能不健全、资源要素流动不充分、发展效率低、工作生活不便利等问题，使更新后的城市空间可以更好地适应城市经济活动和生活文化需求，提升城市人居环境质量及经济社会发展活力，促进城市功能的保护、升级、拓展甚至重塑。

二、城市环境更新

解决城市问题，改善城市工作和生活环境条件，构建安全、便捷、人本化、高品质的城市人居环境，是城市更新的重点内容之一，实施的重点是进行城市设施更新、建筑更新、环境和景观更新等。其内容主要包括：为方便市民工作生活，解决相关设施资源数量规模不足、分布不合理、存在安全隐患、不适应发展需求等问题，完善城市道路交通、供水排水、供电通信、环境卫生、减灾防灾等基础设施和市政设施，完善城市教育、医疗、文化、体育等公共服务设施资源；出于使用安全、城市形象、节能环保、适老化、功能修复和拓展等多种原因，对城市公共建筑、商务楼宇和居民住宅等进行更新改造；为改善城市居民生活质量，促进社会交流，建设或改造城市公共空间；为改善城市生态环境质量，提升城市宜居性及环境景观品质，进行城市公园绿地和其他绿化美化建设或改造。城市环境更新包括对城市主要环境设施的数量规模、空间布局、密度强度、质量等级等多个方面的更新完善。

三、城市产业更新

提早防止或应对已经出现的旧城区经济衰退问题，促进城市经济复苏，或者根据新的发展需求与战略定位，促进城市经济转型升级，是城市更新的重要议题，实施的重点是进行城市产业更新。其主要包括如下内容。一是出于经济、环境或用地压力等原因，对传统产业进行结构调整和升级改造。针对衰退的工业中心进行“退二进三”更新升级，对中心城区不符合国家和地方环保、用地及其他政策法规要求，以及低端、低效的工业企业实施关停或迁移，腾出的用地空间主要用于发展服务业；通过技术、设备、工艺等升级改造，在城市边缘地区或产业园区内适度保留布局合理、资源节约、环境友好的先进制造业、都市工业、2.5次产业等；对城市服务业进行结构调整和业态升级改造，由发展水平和综合效益低的传统服务业向高水平、高效益的现代服务业转型升级。二是引进和培育新产业新业态。基于所处时代的新科技和经济社会发展的新需求，适时引进培育新兴产业和新业态，以保持城市发展活力，增加就业机会和财政收入，提升城市核心竞争力及综合影响力。

四、城市文化更新

提升城市软实力，是城市更新的重要内容，实施的重点是城市文化更新，在城市不断更新改造过程中，保护城市文化之“根”，延续城市历史文脉，深耕厚植城市文化底蕴，彰显城市文化特色，以文化作为提升城市品质、推进城市更新的重要动力。其内容主要包括对城市优秀传统文化的挖掘、传承与发扬，城市制度文化的改革创新，城市社会文化的重构等，以塑造城市精神，提升城市文化内涵与人文魅力，扩大城市包容性和多样性，增强城市内在的吸引力、发展活力及核心竞争力。城市文化更新往往以城市物理空间和环境设施的更新为载体。例如，通过保护和修缮城市历史风貌区和历史建筑，恢复城市历史建筑、历史胜迹，保护和传承城市的历史记忆与文脉；通过新建、改建、扩建城市博物馆、美术馆、体育馆、影剧院、音乐厅、图书馆、公共活动空间、城市雕塑、街头绘画等文化空间、文化设施和文化要素，培育塑造城市文化、公共文化、市民文化；通过构建文化创意空间，将文化与产业经济活动相结合，举办节日庆典、嘉年华等城市文化活动，培育文化产业集群等，增加城市文化多样性，提升城市文化活力，促进城市文化更新，建设文化街区、文化名城和创意城市。

第三节　城市更新实践

在世界上不同的国家和地区，城市更新的实施机制、更新政策、资金来源等均存在较明显差异，即使是同一国家和地区，在不同的历史背景条件下，城市更新的机制模式和主要政策等也发生了较明显的阶段性转变。本节主要梳理总结国内外部分国家和地区城市更新的实施机制、城市更新的主要政策、城市更新的资金来源等内容，以及英国伦敦由社区实体主导的城市更新的成功案例。

一、城市更新机制

城市更新包括“自上而下”“自下而上”，以及两种相结合的推进机制。推进的关键主体包括政府机构、市场主体、非政府组织、社区和公众等，通常由国家和地方不同层级政府部门、同一层级政府的不同职能部门、政府机构与市场主体、社区等多元化主体共同推动。

英国是世界上最早开始近现代意义上城市更新运动的国家。英国的城市更新机制经历了政府主导的城市更新，到公私合作、市场主导的城市更新，再到多方参与的城市更新的发展演变过程。英国早期的城市更新以单一政府机构为主导，20 世纪 70 年代末，开始建立合作机构和项目管理机构，多部门合作处理城市更新问题；80 年代，开始设立城市开发公司，通过公私合作，减轻政府财政压力，激发更新地区活力；90 年代，将社区参与纳入城市更新政策体系，引导构建公—私—社区三者构成的合作伙伴组织；21 世纪初构建了中央—区域—地方—社区的多层面实施机制。①美国的城市更新机制经历了由政府主导到市场主导的演变过程。

我国香港地区的城市更新，在 1988 年以前主要是市场主导模式，1988—2000 年为政府主导、公私合作模式，2001 年以来逐渐形成多元化的合作开发模式。当前香港地区的城市更新包括政府主导、需求主导和促进者主导等几种机制模式。其中，政府主导地块，需获该地块范围内 90％的业主同意才能拆迁和收回土地；需求主导模式是在取得大多数业主共识后，业主可以向香港市区重建局提出重建申请，市区重建局根据楼宇状况、居住环境，以及项目能否在规划层面改善地区环境等因素进行评估后决定是否接受申请；促进者主导模式则是由业主自行改造，市区重建局向业主提供顾问服务，协助业主集合土地业权等，但不安排收购、补偿或安置等工作。②

我国内地的城市更新主要由政府相关管理部门组织推动，市场主体开发建设，更新区域所涉各类业主和相关社会公众共同参与。从政府管理机构来看，国家层面没有专门的城市更新管理机构，主要相关管理部门包括中华人民共和国住房和城乡建设部、自然资源部(原国土资源部)等，地方层面的城市更新大多归口规划和国土部门管理，但地区之间的具体管理机构及推进机制有所差异。例如，广州市于 2015 年 2 月成立“城市更新局”，成为全国首个专门负责城市更新的政府管理机构。广州市城市更新局是全市城市更新工作的行政主管部门，下设办公室、土地整备处等 7 个处室，以及广州市城市更新项目建设管理办公室、广州市城市更新数据中心等 4 个事业单位。2016

---

① 严雅琦，田莉.1990 年代以来英国城市更新实施政策演进及其对我国的启示[J].上海城市规划，2016(5)：54—59.

② 卢为民，唐扬辉.城市更新，能从香港学什么？[N].中国国土资源报，2017-01-11(5).

年，广州市“三旧”改造①工作领导小组更名为城市更新工作领导小组，负责城市更新规划、资金使用等重大事项审定及统筹领导。2017 年，第三届广州市城市规划委员会成立，委员会构成中增设了“城市更新专业委员会”，其委员由专家和公众代表委员、政府委员共同组成。而上海市城市更新的主要管理部门是上海市规划和自然资源局（原上海市规划和国土资源管理局）。根据《上海市城市更新实施办法》（沪府发〔2015〕20 号），由市政府及市相关管理部门组成市城市更新工作领导小组，负责领导全市城市更新工作及重大事项决策，领导小组办公室设在市规划国土资源主管部门；市规划国土资源主管部门负责协调全市城市更新的日常管理工作，依法制定城市更新规划土地实施细则、编制相关技术和管理规范，市级相关管理部门负责分管业务指导、管理和监督，相关标准和配套政策制定等；区县人民政府是本行政区城市更新的推进主体，指定相应部门专门负责城市更新工作。

为提升城市更新实施效率，深圳市在全国率先开始探索城市更新项目事权下放的制度改革。2015 年，在罗湖区率先试点城市更新改造项目审批制度改革，2016 年初正式启动“强区放权改革”，城市更新作为改革的重点项目之一，推广罗湖经验。改革的重点如下：一是城市更新的审批事权由市级下放到区级，区级层面成立城市更新局，全面接管市规划和国土资源委员会下放的审批权限，缩减审批层级、环节和时间；二是进一步合并审批项目，简化审批流程，将由多个部门审批的项目集中到一个平台集中办理；此外，对部分符合相关规定的城市更新工程项目开辟绿色通道。数据显示，率先开展改革的罗湖区，城市更新审批管理由四级审批精简为两级审批，审批环节由 25 个缩减为 12 个，审批时限由 3 年缩短为 1 年，审批效率明显提升。②

二、城市更新程序

城市更新的具体程序通常由国家和地区的相关政策规章及更新项目性质类型等决定，具体运作流程和主要环节因不同的政策要求、不同功能性质的更新区域、不同类型的更新项目而异。但一般会包括战略决策、项目前期准备、项目实施、项目运行等阶段。

战略决策阶段一般是指地方政府或地区主要管理部门做出城市更新的总体战略决策，制定城市更新的地方性法规、规章和其他规范性政策文件，组织编制城市更新总体规划、行动计划、项目计划等，确定区域城市更新的总体战略框架、目标任务、运作机制、审批政策、资金安排，划定城市更新片区或更新单元等。相关辖区政府制订本区域的城市更新行动计划、城市更新片区或更新单元策划研究、控制性详细规划等。项目前期准备阶段，主要是指对更新地块开展现状摸查，包括土地、房屋测绘，附着物清点和评估，人口、产业经济、文化遗存、公共设施资源、基础设施和市政设施等情况的全面清查；开展区域内业主居民意愿调查征询，社会稳定性风险评估，项目可行性评估、资金估算等，

---

① “三旧”改造，来源于广东省旧城改造中提出的概念，其中“三旧”是指旧城镇、旧厂房、旧村居。

② 黄赤橙.深圳首创城市更新项目事权下放模式[N].中国改革报，2017-10-22(12).

签订拆迁或改造补偿协议。编制城市更新项目实施方案,经专家论证、征求意见、公众参与、地方政府决策等程序后,报上级主管部门和领导机构审核审议,根据相关意见修改完善,审议通过后办理批复。办理相关规划、用地、建设等审批手续。项目实施阶段,主要指开展项目建设招投标,进行项目施工建设,建成后由相关部门组织竣工验收,进行结算评估等。项目运行阶段,主要是将项目移交权属单位、物业公司、业委会等,正式投入运行使用。

三、城市更新政策

城市更新的发展离不开相关政策法规的引导、支持与规范,其主要包括与城市更新紧密相关的政策法规,城市更新专项法律法规、政策文件、建设和技术标准,以及城市更新计划、规划、实施方案等。在不同的发展阶段,政策法规的调整转变,对城市更新的战略方向、机制模式、实施主体等起到了重要的引导与支持作用。

英国政府自 20 世纪 60 年代中后期开始实施以内城复兴、社会福利改善和物质环境更新为目标的城市更新政策,1969 年颁布《地方政府补助(社会需要)法》,启动"城市计划"(Urban Program)为主的城市更新项目;1978 年颁布了《内城地区法》,全英 7 个最衰落的城市地区都被纳入"内城伙伴关系计划"(Inner City Partnerships)①,按照此法,地方政府能够建立合作机构或项目管理机构来处理城市更新问题,强调了中央政府和地方政府之间、政府部门之间的合作关系,当时出现了 7 个合作机构、15 个项目机构和 14 个特区;1980 年,出台《地方政府规划和土地法》,据此在 20 世纪 80 年代初,相继成立了十几个"城市开发公司",规划了 10 多个活动分区②。20 世纪 90 年代,英国城市更新政策开始渐进式重构,出台了城市挑战计划、单一更新预算计划等多项竞争性城市更新计划;城市挑战计划把竞争性办法和鼓励多部门合作应用于城市更新政策,城市资金引入竞争性招标,鼓励公共部门、私人部门和社区志愿组织合作,城市挑战计划既得到较高的赞誉,也受到多方批评,仅实施了两轮;单一更新预算计划于 1994 年出台,把原由 5 个中央部门实施的约 20 个计划项目统一归口到环境事务部管理,致力于促进政策机制的整合协调,加强政策间的关联和协调性,建立公共、私人、志愿和社区部门之间的合作协调机制;20 世纪 90 年代末至 21 世纪前 10 年,新工党政府的城市更新政策呈现分水岭式的转变,对城市问题进行综合诊断,推行城市复兴和街区更新策略,出台了街区更新的全国策略、可持续社区规划等多项策略或文件③;21 世纪初,为支持社区参与,专门出台了《城市更新的社区参与:给实践者的指南》,为社区参与提供综合指引④。

---

① 张更立.走向三方合作的伙伴关系:西方城市更新政策的演变及其对中国的启示[J].城市发展研究,2004,11(4):26—32.

② [英]彼得·罗伯茨,休·塞克斯.城市更新手册[M].北京:中国建筑工业出版社,2009:27.

③ [英]安德鲁·塔隆.英国城市更新[M].上海:同济大学出版社,2017:90—138.

④ 严雅琦,田莉.1990 年代以来英国城市更新实施政策演进及其对我国的启示[J].上海城市规划,2016(5):54—59.

2008年，全球金融危机爆发，英国经济呈现低迷衰退态势；2010年，英国联合政府组建后，启动新一轮政策改革，提出以更新促进经济发展，共同分享发展成果，颁布《地方化法案》，制定《国家规划政策框架》，提出去中心化、大社会等新政策改革议程，建立地方企业合作组织取代原区域发展机构，将相关规划权下放至社区层面，确立邻里规划，赋权邻里组织参与地方发展，设立区域发展基金，规定2013年以后仅向私人部门和组织开放①。

日本1969年为灾后重建颁布实施《都市再开发法》，为城市重建、土地合理利用等提供了整体指引；2002年立法通过《都市再生特别措置法》，引导推动都市机能重建，促进土地发展及有效利用，增进公共安全与福利等；2011年为提升国际竞争力，增设了特定都市再生紧急整备地区制度，目前日本已经形成了比较完善的都市再生政策体系。②

我国现代意义的城市更新改造主要始于20世纪80年代以后，最初以改善城市居住条件和改善城市面貌等为主要目标，相关政策主要存在于城市规划、土地利用等政策法规之中，以旧区改造、旧城改造等概念出现，正式以“城市更新”为名的专项政策法规约十年前才开始出现。深圳市是我国最早开始制定城市更新政策法规的城市，目前相关政策法规体系比较健全。2009年11月，深圳市出台《深圳市城市更新办法》（深圳市人民政府令　第211号），是我国首部关于城市更新的政府规章。随着城市的发展，深圳市对城市更新办法进行了修改完善。2012年1月，深圳市人民政府发布《深圳市城市更新办法实施细则》（深府〔2012〕1号）。2012年、2014年和2016年，深圳市人民政府办公厅分别印发了《关于加强和改进城市更新实施工作的暂行措施》（深府办〔2012〕45号、深府办〔2014〕8号、深府办〔2016〕38号），现行为2016年38号文，新的暂行措施开始施行后，原文件同时废止。2016年10月，《深圳市人民政府关于施行城市更新工作改革的决定》（深圳市人民政府令　第288号）发布，同年11月，《深圳市人民政府办公厅关于贯彻落实〈深圳市人民政府关于施行城市更新工作改革的决定〉的实施意见》（深府办〔2016〕32号）发布。此外，深圳市政府相关职能部门和相关辖区政府也相应制定了一系列关于城市更新的政策规章。例如，2015年，深圳市规划和国土资源委员会印发《深圳市城市更新清退用地处置规定》（深规土〔2015〕671号），深圳市罗湖区政府出台《深圳市罗湖区城市更新实施办法（试行）》（罗府〔2015〕30号）；2016年11月，深圳市规划国土委、市发展改革委联合印发《深圳市城市更新“十三五”规划》（深规土〔2016〕824号）；2018年，福田区人民政府办公室印发《福田区城市更新片区产业支持专项政策》（福府办规〔2018〕14号）等。2017年12月，深圳市规划和国土资源委员会印发《关于城市更新实施工作若干问题的处理意见（二）》（深规土规〔2017〕3号），首次把土壤环境质量保护纳入城市更新政策。

---

① 刘晓逸，运迎霞，任利剑.2010年以来英国城市更新政策革新与实践[J].国际城市规划，2018，33(2)：104—109.

② 吴冠岑，牛星，田伟利.我国特大型城市的城市更新机制探讨：全球城市经验比较与借鉴[J].中国软科学，2016(9)：88—98.

近年，国内其他一些大城市也陆续出台了一些城市更新的相关政策法规。例如，广州市2015年12月出台《广州市城市更新办法》（广州市人民政府令　第134号）、《广州市人民政府办公厅关于印发广州市城市更新办法配套文件的通知》（穗府办〔2015〕56号），2017年发布《广州市人民政府关于提升城市更新水平　促进节约集约用地的实施意见》（穗府规〔2017〕6号），开始起草《广州市城市更新条例》；2016年起，广州市更新局发布《广州市城市更新项目报批程序指引（试行）》、《广州市城市更新片区策划方案编制指引》、《广州市城市更新项目监督管理实施细则》（穗更新规字〔2017〕1号）等多个配套操作指引和技术标准文件，以及《广州市城市更新安置房管理办法》（穗更新规字〔2018〕2号）、《广州市城市更新总体规划（2015—2020年）》、《广州市2017—2019年城市更新土地保障计划》等多项规范性文件。再如，上海市人民政府2015年5月出台《上海市城市更新实施办法》（沪府发〔2015〕20号），2017年，上海市确立了城市有机更新的理念方法，先后印发了《关于深化城市有机更新　促进历史风貌保护工作的若干意见》（沪府发〔2017〕50号）、《关于坚持留改拆并举　深化城市有机更新　进一步改善市民群众居住条件的若干意见》（沪府发〔2017〕86号）等专项政策文件；上海市规划和国土资源管理局发布了上海城市更新四大行动计划（共享社区计划、创新园区计划、魅力风貌计划、休闲网络计划），印发了《上海市城市更新规划土地实施细则》（沪规土资详〔2017〕693号）等。

2016年，中共中央、国务院印发《关于进一步加强城市规划建设管理工作的若干意见》（中发〔2016〕6号），其中，提出加强空间开发管制，盘活存量、优化结构；保护历史文化风貌，有序实施城市修补和有机更新；大力推进城镇棚户区改造等意见，是近年我国关于城市更新国家层面最主要的指导思想与要求。①此外，2018年9月，中华人民共和国住房和城乡建设部发布《关于进一步做好城市既有建筑保留利用和更新改造工作的通知》（建城〔2018〕96号），对城市既有建筑的保留利用和更新改造等提出指导与要求。

四、城市更新资金

资金是城市更新政策实施中十分关键的影响因素之一，是否有充足的资金支撑，直接关系到城市更新政策和项目能否顺利实施。在不同的历史背景下、不同的国家和地区，城市更新资金的主要来源也不相同。

英国早期的城市更新资金主要来源于公共部门和少量的私人投资。20世纪60年代起，私人投资逐渐增长，但仍以公共资金为基础。20世纪80年代，为了减轻政府财政压力，英国政府开始重视市场导向，城市更新政策引导公私合作，鼓励私人投资，成立城市开发公司、社区开发公司、企业分区，设立城市开发基金、城市再生基金、城市补贴基金等。20世纪90年代进一步鼓励社区参与，并将原本分散的20个更新基金整合为“综合更新预算”，通过投标形式资助城市更新计划，形成了公共、私人和社区自愿部门

---

① 中国城市科学研究会.中国城市更新发展报告2016—2017[M].北京：中国建筑工业出版社，2017：35.

组成的相对平衡的资金来源结构。

美国国会在1949年通过了联邦城市更新计划，开启了以清除贫民窟和衰退地区，消除不合格或不符合标准的住房，缓解住房短缺问题，实现人人有体面住房和舒适生活环境等为主要目标的城市更新行动。联邦城市更新计划所涉及的人数只占全美人数很小的比例，并且只是将贫民窟从城市一个地区迁移到另一个地区，并没有消除，计划执行约20余年，美国联邦政府的总投入达到约100亿美元①，但却没有达到预期的美好目标，还导致弱势群体被迫迁移，引发更多的社会问题，因此广受批评和反对。20世纪70年代初，美国由政府资助的城市更新项目停止，当前美国的城市更新多是市场主导、公众认可、政府鼓励的项目②。

日本《城市规划法》规定，城市开发项目包括土地重划、旧城改造、新建住宅开发3类。其中，土地重划是日本实施城市更新项目的主要措施，在土地重划项目中，绝大多数的资金来源为其中30%由国家政府补贴支持，30%由地方政府出资，另30%为保留地销售收入，随着土地升值，国家和地方政府可以获得更多的税收收入。日本的旧城改造是通过政府、私营部门和土地所有者合作开展的，将改造区域的土地面积和地上建筑物面积折算成一定比例交换，剩余土地作为保留地可以销售给第三方，销售资金可以补偿政府的前期投入。③

我国各地的城市更新中，基本建立了政府与市场共同分担的资金来源机制，但大多以政府的财政资金投入为主。尤其是高额的动迁安置成本、基础设施和公共服务设施建设成本等，主要由地方政府承担，加剧了地方财政压力，制约更新项目推进进度，也存在难以持续的问题。近年来，国内一些城市也已开始探索设立多种城市更新发展基金，引导更多社会资本参与；鼓励金融机构创新金融产品和金融服务，更多地支持城市更新项目。

五、城市更新案例

国内外城市更新探索实践中，出现了一些著名的更新案例，如德国鲁尔区、法国巴黎贝西地区、日本东京六本木地区、美国纽约高线公园、英国伦敦金丝雀码头区、中国上海田子坊等，这些城市更新案例各具特色与优势。此处选择英国伦敦硬币街(Coin Street)社区为例，与大部分政府主导或市场主导的城市更新案例不同，其是由社区主导“自下而上”进行城市更新探索实践的成功案例。

硬币街位于英国伦敦泰晤士河南岸，与伦敦金融街隔河相望。19世纪时，这里因泰晤士河水运发达而成为伦敦重要的工业区和港口区，河口附近密集分布着码头、运输设施、工厂、仓库和工人住宅。“二战”期间，房屋因遭到轰炸毁坏严重，战后海运业衰退，码头关闭，失业率猛增，人口减少，由高峰时的5万多人降至不足5 000人，人口老

---

① 彭伟，朱琳.走出衰败社区——城市更新的历史与现状[J].公共艺术，2013(6)：50.

② [美]马丁·安德森.美国联邦城市更新计划：1949—1962年[M].北京：中国建筑工业出版社，2012：Ⅲ—Ⅵ.

③ [日]城所哲夫.日本城市开发和城市更新的新趋势[J].中国土地，2017(1)：49—50.

龄化问题出现,学校、商店等也相继关闭,明显陷入衰退萧条。为此,当时的大伦敦议会决定通过城市更新重塑南岸形象,将这一地区建设为文化和商办中心。20 世纪 60 年代,南岸中心、英国国家剧院、伦敦眼、泰特现代美术馆等大型文化设施相继建成开放,区域公共交通也明显改善。①20 世纪 70 年代,伦敦金融城功能增强,对岸的快速发展扩散到南岸地区,带动了南岸以趋利为主的房地产开发项目的兴起。1974 年,持有硬币街一半土地的 Vesty Company 公布建设欧洲最大规模超高层大楼的建设计划,贫困劳动者将要被迫迁出,激怒了当地居民。该地区建立了由所有市民团体组成的联合体,开展反对运动。联合小组积极争取该地区各个阶层居民的理解和合作,并与邻近地区的居民行动组织联合,形成广泛的协作网络,增强对抗力量。1977 年,硬币街建立了制订地区开发方案的实施小组,提出把硬币街作为劳动者生活、工作的场所,广泛听取当地居民的意见,制订综合性的城市再开发方案。实施小组得到了工党支配的大伦敦厅及区行政部门的支持,为硬币街社区建设实体购买土地提供很大帮助。管辖硬币街的 Lambeth 和 Southwark 区派出城市规划专家,在技术、专业、财政等方面给予支持。最终参加硬币街社区建设运动的市民团体达 40 个,参与者 500 人。

1979 年,由民间开发商和居民小组制订的开发计划提交开发申请,经过漫长的公开审议;1983 年,最终获得认可。但是在 4 年的审议期间,由于经济恶化,民间开发商退出,居民小组成立了非营利法人组织硬币街社区建设实体(Coin Street Community Builders),开始实施开发计划。硬币街社区建设实体由事务局长统筹,下设住宅开发、商业开发、修缮管理、财务、广告等 6 个部门,雇用 30 多名全职职员,拥有由专家组成的志愿者支援体系。硬币街社区建设实体拥有土地,可以通过经营土地推动发展和获得收益,在长达 15 年的项目计划中,主要通过贷款筹资,以住宅、商业设施租金等支付贷款。在住宅开发方面,硬币街选择了组合型的住宅开发方式,能够向需要住宅的低收入阶层提供约相当于市场价格 1/5 的低租金住宅;住宅建设不仅重视质量,也关注品质,邀请著名建筑师进行设计,其中一些庭院还获得了设计大奖。为了适应全球化发展,硬币街社区建设实体不断完善提升项目方案。例如,在 1990 年开始举办 Coin Street 节,向全伦敦宣传其是艺术和文化的发祥地,这一节日从周末的小活动发展为每年夏天都举办的大型特色文化活动,已经持续了 20 余年,不仅吸引伦敦市民,还有众多游客前来。再如,把 20 世纪初作为发电厂建立的 Oxo 塔改造为地区具有综合功能的地标性建筑;根据居民意愿,建设图书馆、游泳池、保育园、幼儿园、足球场、体育场等各类设施,并且已经跨越地区界限不断扩展。②

硬币街社区成功探索出了通过社区建设实体,自行组织推动、建设开发、经营运行,进而实现衰退萧条地区再生发展,并且地区居民意愿得到充分尊重和满足的自主式城市更新路径模式。硬币街社区更新成功的首要原因在于充分调动了地区居民、所有市

① 阎力婷.社区主导的城市更新探索——以伦敦硬币街社区为例[J].上海城市规划,2017(5):70—76.

② 苏秉公.城市的复活——全球范围内旧城区的更新与再生[M].上海:文汇出版社,2011:141—154.

民团体、周边地区社会组织、相关政府机构、城市规划专家和社会各界力量，得到多方支持与合作，建立了广泛而强有力的协作网络。在此网络中，社区组织和社区建设实体是主导者，政府和其他力量是协助者。其次，相对于政府主导的城市更新或开发商主导的城市更新，硬币街社区的自主更新不是以房地产开发主导或商业利益主导，而是切实将地区可持续发展，以及本地区居民的实际需求放在首要位置；地区原住居民不是被动参与，而是充分听取地区居民意见制订开发方案；切实保护地区居民权益，满足各阶层居民的需求，低收入群体不是被迫迁出，而是可以继续在此更快乐地居住和生活。第三，兼顾公平、效率和品质。例如，为低收入者提供低租金住宅，住宅建设不仅重视质量，也注重建筑风貌品质；积极经营，将荒废的码头重新开发为设计工作室、餐馆、咖啡馆等文化创意和休闲空间，带来文化、经济和社会等多重效益。第四，渐进式、与时俱进地持续型更新。硬币街社区的更新不是一步到位制定全面而宏达的战略目标，而是从空间环境整治、住宅开发开始，进行渐进式的更新改造，并且根据发展环境及居民需求的变化，调整城市更新的方向与重点，保持地区环境品质和发展活力。

20 世纪 90 年代起，英国的城市更新政策开始纳入社区参与机制，鼓励社区组织参与城市更新。1993 年，英国成立了统筹社区建设实体的全国性联络组织“社区建设实体协会”。21 世纪初，英国专门出台了《城市更新的社区参与：给实践者的指南》，对类型多样的社区参与提供指导。社区组织成为英国城市更新中的重要力量，但硬币街社区的城市更新探索起步早于国家政策引导推动，硬币街社区的城市更新是英国社区主导城市更新最成功的案例。

参考文献

梁思成，林洙.大拙至美：梁思成最美的文字建筑[M].北京：中国青年出版社，2007.

查君，金旖旎.从空间引导走向需求引导——城市更新本源性研究[J].城市发展研究，2017，24(11).

丁凡，伍江.城市更新相关概念的演进及在当今的现实意义[J].城市规划学刊，2017(6).

唐子来.为什么要提“城市更新”[N].解放日报，2015-05-12.

严雅琦，田莉.1990 年代以来英国城市更新实施政策演进及其对我国的启示[J].上海城市规划，2016(5).

卢为民，唐扬辉.城市更新，能从香港学什么？[N].中国国土资源报，2017-01-11.

黄赤橙.深圳首创城市更新项目事权下放模式[N].中国改革报，2017-10-22.

张更立.走向三方合作的伙伴关系：西方城市更新政策的演变及其对中国的启示[J].城市发展研究，2004，11(4).

[英]彼得·罗伯茨，休·塞克斯.城市更新手册[M].北京：中国建筑工业出版社，2009.

[英]安德鲁·塔隆.英国城市更新[M].上海：同济大学出版社，2017.

刘晓逸,运迎霞,任利剑.2010年以来英国城市更新政策革新与实践[J].国际城市规划,2018,33(2).

吴冠岑,牛星,田伟利.我国特大型城市的城市更新机制探讨:全球城市经验比较与借鉴[J].中国软科学,2016(9).

中国城市科学研究会.中国城市更新发展报告2016—2017[M].北京:中国建筑工业出版社,2017.

彭伟,朱琳.走出衰败社区——城市更新的历史与现状[J].公共艺术,2013(6).

[美]马丁·安德森.美国联邦城市更新计划:1949—1962年[M].北京:中国建筑工业出版社,2012.

[日]城所哲夫.日本城市开发和城市更新的新趋势[J].中国土地,2017(1).

阎力婷.社区主导的城市更新探索——以伦敦硬币街社区为例[J].上海城市规划,2017(5).

苏秉公.城市的复活——全球范围内旧城区的更新与再生[M].上海:文汇出版社,2011.

第二十三章　智慧城市规划与建设

第一节　智慧城市的相关概念

一、智慧城市的源起

"智慧城市"概念缘于2009年IBM公司提出的"智慧地球",主要是为了引起人们对于快速城市化所带来的一系列"城市病"和环境破坏的重视[①]。城市作为复杂的地域系统,以4%的土地承载了近一半的全球人口和大约55%的GDP总量[②]。传统的城市发展模式依赖于粗犷式资源利用,导致资源日渐枯竭、城市功能提升乏力。近20年来,世界各地城市都出现了生态改变,城市的经济、社会和文化发展模式发生了重大变化,城市经济增长方式、治理方式、居民家庭格局变化,城市人口变动,城市气候变化,城市排斥和不平等加剧,迫切需要形成城市"可持续发展""精明增长""集约发展"的协整方案,"智慧城市"的概念应运而生[③]。与此同时,云计算、物联网、5G等新技术逐渐成熟并商用化,极大地推动了城市信息化发展进程和问题的智慧解决。

智慧城市这一理念在世界许多国家和地区都得到了普遍认同,美国、德国、韩国、日本等国家率先陆续制定了相应的国家发展战略,再进一步拓展到区域战略和城市战略,应用于经济发展、产业振兴、提高公共服务水平和完善社会治理能力等方面,进行了智慧城市试点和示范工程建设[④]。

---

① Harrison C, Eckman B, Hamilton R, et al. Foundations for Smarter Cities[J]. IBM Journal of Research and Development, 2010, 54(4):1—16.

② Ahrend R.Building Better Cities: Why National Urban Policy Frameworks Matter[J]. The OECD observer. Organisation for Economic Co-operation and Development, 2017.

③ 吕淑丽,薛华,王堃.智慧城市建设的研究综述与展望[J].当代经济管理,2017, 39(4):53—57.

④ 罗力.全球智慧城市评价指标体系发展和比较研究[J].城市观察,2017, 49(3):126—136.

2009年,迪比克市就与IBM合作,建立了美国第一个智慧城市。其做法是利用物联网将水、电、油、气、交通、公共服务等城市公用资源连接起来,进行监测、分析和数据整合,通过智能化响应服务市民。2010年以来,我国许多大中城市纷纷开始探索"智慧城市"建设模式,走在前列的城市有北京、深圳、上海、成都、无锡等。

二、城市智慧化的条件

(一) 数据与网络基础

智慧城市是将新一代信息技术充分应用于城市创新2.0时代的城市信息化建设的高级形态。建设智慧城市的必要条件是形成了城市的"信息泛在基础",即城市中现有基础设施及各种功能系统必须能够满足智慧城市的发展要求,必须在传统的工程性基础设施和社会性基础设施上叠加感知、交互、智能判断、协同运作等能力,使得原有城市基础设施具备信息化能力。

智慧城市的基础是物联网和云计算等新一代信息技术,通过与维基、社交网络联结,以及与Fab Lab、Living Lab集成,实现全方位感知、泛在性互联与智能化融合。因此,狭义地说,智慧城市就是使用各种先进的技术手段,尤其是信息技术手段来改善城市状况、提升城市品质的城市。数据与网络的作用在于感知、分析、整合城市各个核心系统的关键信息。从技术层面看,持续增多的感知形态以及由此带来的安全和隐私问题是制约智慧城市建设的主要障碍①。

(二) 产业基础

智慧城市建设有赖于新一代信息技术产业的发展。一是以移动应用平台与软件开发、移动游戏、移动商务、移动金融服务、移动教育服务、移动保险服务、移动医疗、移动支付、移动新媒体等为核心的移动互联网产业。二是大数据产业。推进智慧城市大数据应用,吸引社会资本投入大数据产业,构建行业大数据平台;整合城市优势企业与载体资源,构建以云计算为技术支持,以大数据分析为产业核心,以数据存储、分享、挖掘为基础的智慧产业,整合数据存储、挖掘、分析功能,确保数据安全。三是机器人智能制造,主要包括工业机器人、服务机器人研发,关键核心部件制造,机器人应用开发与组装,机器人下游应用产业,机器人技术培训等。四是卫星应用产业,主要包括发展卫星导航和位置服务基础设施。

(三) 组织基础

发达国家智慧城市建设的实践证明,智慧城市的建设不能只依靠先进技术的应用,关键在于有效管理、保证安全以及标准的构建②。因此,智慧城市建设往往并非聚焦于信息技术领域,而是着眼于通过智慧城市手段处理城市发展和快速城市化中出现的一

---

① Heo T, Kim K, Kim H, et al. Escaping from Ancient Rome! Applications and Challenges for Designing Smart Cities[J]. Transactions on Emerging Telecommunications Technologies, 2014, 25(1):109—119.

② Rong W, Zhang X, Dave C, et al. Smart City Architecture: A Technology Guide for Implementation and Design Challenges[J]. China Communications, 2014, 11(3):56—69.

些问题，如废弃物处理、资源稀缺、空气污染、公众健康威胁、交通拥堵以及城市设施的破旧老化等①。这就对城市的组织协调能力提出了很高的要求。在智慧城市建设的初期，城市各部门在长期的信息化应用中往往会积累海量的数据和信息，但由于城市各运行系统存在独立建设和条块分割，同时又缺乏开放和信息共享，常常会导致“信息孤岛”的存在，使信息难以产生价值，更难以服务于智慧城市建设。

在欧盟的智慧城市评价体系中，智慧城市目标被分解为智慧经济、智慧人群、智慧管理、智慧移动、智慧环境和智慧生活等6个维度，体现了多元包容特征，其指标是多维度、全方位和地方化的。除了对信息技术本身的关注之外，还将其扩展到自然资源和环境、公共服务设施、城市经济和创业、市民生活质量以及未来发展空间等问题的综合解决和处理②；除了物质空间指标，更强调经济、社会、文化空间。可见，技术本身并不能使城市更“智慧”，而是需要通过作用于其他要素提升整个系统的性能。

如表23-1所示，在指标体系的71项二级指标中，只有不到10项指标是针对城市物质空间的，而其他指标都反映了对城市经济、社会、文化空间的测度。

表23-1　欧盟智慧城市评价的指标体系

构成要素	一级指标	二级指标
智慧经济	创新精神、企业家精神、经济形象、生产力、弹性和劳动力市场、国际参与程度	研发费用在GPD中的比重、知识密集部门就业比重、人均专利申请、自发创业比率、新注册的公司数量、重要的决策中心数量(例如总部)、人均GDP、失业率、兼职工作的数量、总部在城市的公司的上市数量、航空客运量、航空货运量
智慧人群	受教育程度、终身学习的可能性、社会包容性、灵活性、创造性、开放程度、公共生活的参与性	重要的知识中心数量(研发中心、大学)、有本科以上学历人口的比例、掌握外语的人口比例、人均借书数量、参加终身学习的比例、学习外语的人口数量、外国人的比例、本国人在国外出生的比例、得到新工作的比例、在创意产业工作的人员的比例、欧洲议会中选举投票的比例、对待外来移民友好的环境、欧盟相关知识的普及程度、城市议会中选举投票的比例、参与志愿者工作的情况
智慧管理	决策中的参与性、公共服务和社会服务、透明的管理	在城市议会中当选代表的比例、非居民的政治活动、非居民在政治上的重要性、城市议会代表中的女性数量、在公共和社会服务方面的人均支出、在托儿所中的幼儿数量、对学校的满意度、对政府透明度的满意度、对抵制腐败的满意度
智慧移动	地方的可达性、国内和国际的可达性、IT基础设施的可得性、可持续、创新和安全的交通系统	每个居民的公共交通网络、对公交可达性的满意度、对公交品质的满意度、国际出行的可达性、家庭拥有个人电脑的数量、家庭宽带入户比例、绿色交通比例、交通安全性、使用经济型轿车的比例

① Caragliu A, Del Bo C, Nijkamp P.Smart Cities in Europe[J]. Journal of Urban Technology. 2011, 18(2):65—82.

② Giffinger R, Fertner C, Kramar H, et al. Smart Cities-Ranking of European Medium-sized Cities[R]. Vienna: Vienna University of Technology, 2007.

(续表)

构成要素	一级指标	二级指标
智慧环境	自然资源的吸引力、污染、环境保护、可持续的资源管理	日照小时数、绿色空间比例、夏季臭氧天数、雾霾天数、居民患呼吸道疾病的比例、居民致力于自然保护的程度、对保护自然的态度、水利用的效率、电使用的效率
智慧生活	文化设施、健康条件、个体的安全性、住房品质、教育设施、旅游吸引力、社会凝聚力	居民看电影的参与率、居民参观博物馆的情况、居民去剧场的情况、预期寿命、居民人均床位数、居民人均医生数、对医疗系统的满意度、犯罪率、犯罪致死率、对公共安全的满意度、大学生的比例、对教育系统的满意度、对教育质量的满意度、旅游目的地的重要程度、过夜游客的数量、贫困的危险性、贫困人口比例

资料来源:张纯,李蕾,夏海山.城市规划视角下智慧城市的审视和反思[J].国际城市规划,2016(1):19—25。

三、智慧城市的功能实现

(一) 运用科技服务民生

智慧城市作为当今世界城市发展的新理念和新模式,其根本目的是实现“为民、便民、惠民”的目标。在技术应用上,必须依赖物联网、云计算、移动互联网、大数据等先进的信息通信技术,将其充分应用到城市经济社会发展的各个领域;在新一代信息技术支撑下,实现城市数字可视、可测量的智能化管理和运营模式,充分实现信息化高阶形态的数字化、智能化技术快速增长式发展,以推动城市服务能力和管理水平的跨越式提升。在服务民生上,则要最大限度地整合、利用城市公共服务的各类信息资源,实现智慧应用。

(二) 促进城市可持续发展

智慧城市的目标是建设一个能够吸收、修复和应对未来在经济、环境、社会、制度方面受到冲击的城市,其根本目的是促进城市可持续发展。在经济方面,实现就业门类的多样化,即城市的经济充满活力、增长高速,创新在城市空间广泛发生,通过教育服务和技能培训促进就业;在治理方面,实现清晰的城市领导和管理,即领导层具有战略性眼光、制定综合性的治理框架,公共部门有良好的服务技能,政府公开透明;在社会方面,使城市具有包容性和凝聚力,即社区公民联络活跃,街区安全,公民享受健康生活;在环境方面,努力营造健全多样的生态系统,即具有满足基本需求的环境基础设施,拥有充足的自然资源,采取合理的土地利用政策。

(三) 增强城市的稳定性和弹性

城市智慧化还有助于增强城市的稳定性和弹性。通过智慧城市建设,一是增强城市系统的适应性和稳健性,即通过数据和信息手段来分析和识别并提出现今问题的解决方案,通过过去判断未来,对城市进行精心设计,以应对城市发展的不确定性;二是恢复城市的灵活性,方便个人、家庭、企业、社区、政府调整行为,能够对紧急事件迅速做出反应并灵活调配资源，在危机中有效、快速地恢复治理弹性；三是形成包容的城市体系，确保不同层次的城市治理者(包括市民)参与政策设计，监督政策执行。从这一点来说，智慧城市建设一定是一个综合的系统工程。

第二节　国内智慧城市建设案例

一、智慧城市的发展现状

(一) 种类

后工业化时代，全球城市普遍面临着因为人口规模急剧膨胀，工业文明发展模式滞后造成的城市环境污染、资源短缺、交通拥堵、金融危机、食品安全、恐怖主义等各式各样的压力和挑战。针对上述问题的蔓延，智慧城市成为新时期解决“城市病”的良药，其发展理念自提出后就得到高度认可，许多国家和地区纷纷开展智慧城市建设工程，并在全球形成了一批成功案例。在我国，截至 2017 年 3 月，有 95%的副省级城市和 83%的地级城市(总计超过 500 个城市)在政府工作报告或“十三五”规划中明确提出要建设或正在建设智慧城市。纵观我国智慧城市建设现状，可以根据动力机制、建设重点不同将智慧城市发展类型做以下划分。

1. 根据动力机制的差别可以分为投资拉动型和创新驱动型

(1) 投资拉动型

投资拉动型智慧城市的建设依靠大规模投资实现，包括政府投资、企业投资、政府补贴和企业投资相结合 3 种方式(图 23-1)。政府投资主要在基础设施和公共管理领域，企业单独投资主要在智慧技术和智慧商业应用领域，政府补贴和企业投资相结合则侧重于发展智慧产业。政府投资在地区智慧城市建设中发挥资源、金融配置的宏观导向作用，企业投资在增加投资方式的同时缓解了政府财政压力。

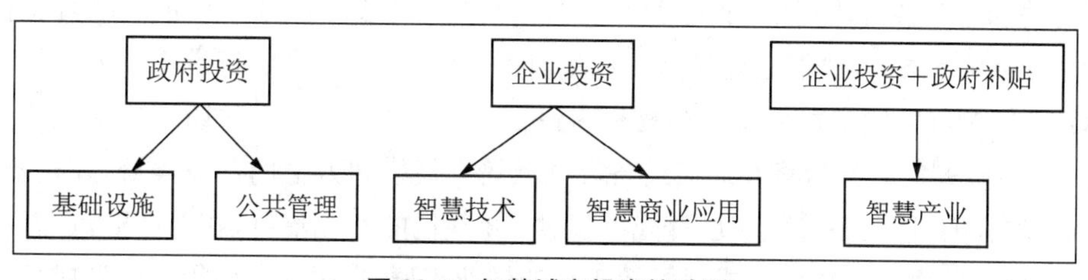

图 23-1　智慧城市投资拉动型

广东东莞“智慧松山湖”是政府和企业二元投资驱动建设智慧城市的成功案例。松山湖高新技术开发区坐落于“广、深、港”黄金走廊腹地，总面积 103 平方千米。“十二五”期间，制订了“智慧松山湖”发展计划，以互联、互通、共享、协同为目标，设立了政务管理、产业服务、社会民生、绿色园区和平安园区五大应用板块、16 个重点项目、81 个子项目，投资总额达 4.5 亿元。其中，政府投资占 65%，计 2.9 亿元。

公共基础设施方面,建设全连通网络基础设施、IDC 基础设施、一站式空间信息采集系统、云操作系统服务平台、政务信息资源库整合、政务地理空间信息资源共享与服务平台和灾备中心;政务服务部分包括招商辅助决策、信访业务综合处理和创意文化管理。

产业服务方面,包含园区科技统筹服务系统、园区企业服务系统和园区企业征信服务系统。

社会民生方面,建设智慧社区专项工程、医疗卫生服务系统、园区公众信息服务门户、园区个性导游服务系统和智能交通系统。

园区建设方面,发展绿色园区和平安园区,建设数字化城管系统、地下管网和园区环境监测系统,以及园区应急指挥和安监应急管理系统。

(2) 创新驱动型

创新驱动型以创新为智慧城市建设原动力,通过城市智慧基础设施和智慧产业建设,以及创新人才体系、管理服务、创新环境培育助推智慧城市发展。创新驱动型智慧城市强调企业的创新主体地位和创新基础设施建设,包括国家科技基础设施,教育基础设施,情报信息基础设施等。创新服务体系特别依赖于咨询机构和制度保障,创新人才体系特别依赖于人才培育保障。一般而言,创新驱动型智慧城市多为新建而非改造模式,相比投资拉动型智慧城市,更有助于提高城市劳动生产率、加快城市产业结构调整与升级、增强城市核心竞争力。

深圳作为我国创新能力极强的城市之一,是创新型智慧城市的杰出代表。从城市创新基础建设体系来看,2016 年底深圳市互联网普及率已高达 86.2%,光纤入户率达到 80%;在创新管理服务体系中,深圳是全国唯一的国家政务信息共享示范市,也是首批信息惠民国家试点城市,目前基本建成全市统一的政务信息资源共享体系,汇集 29 家单位的 385 类信息资源、38 亿多条数据,形成约 1 800 万人口、232 万法人、79 万栋楼、1 282 万间房屋的公共基础信息资源;全市统一政务信息资源共享平台已接入 49 家市直机关和全市各区,资源目录共 2 099 类,信息指标项达 51 688 个,最高峰日交换数据量达 8 000 万条。在"十三五"规划中,深圳提出到 2020 年家庭宽带用户光纤接入能力达到 300 Mbps,固定宽带家庭普及率达到 99%,重要公益性公共场所免费无线宽带覆盖率达到 99%。届时,将在通信设备等领域培育规模超万亿的产业集群,在机器人、可穿戴设备和智能装备等领域培育规模超过 2 000 亿的产业集群,在新能源汽车、海洋装备、集成电路设计等领域形成规模超千亿的产业集群,在医疗器械等领域形成规模超过 500 亿的产业集群①。

2. 根据建设重点的差异分为产业发展型和管理服务型

(1) 产业发展型

产业发展型智慧城市能够缓解经济下行压力,成为新的经济增长点。当前全球经

① 綦伟.以"十个突出"发展作为建设"十个城市"[N].深圳特区报,2016-02-01.

济下行压力不断增加，特别是我国近年来GDP增速持续放缓，实体经济产能过剩，工业发展和投资速度下降。按照国际通行标准，产能利用率超过90%为产能不足，79%—90%为正常水平，低于79%为产能过剩，低于75%为严重产能过剩。2010年，中国超越美国成为全球制造业第一大国，但有19个制造业行业产能利用率都在79%以下，有7个行业的产能利用率在70%以下，属于严重过剩状态，并且产能利用率过低的行业已从钢铁、煤炭、水泥、电解铝等传统行业延伸到光伏、多晶硅、风电等新兴产业。智慧城市为当前产业转型升级提供了新机遇。据世界银行测算，一个百万人口规模的城市建设过程中，当对智慧城市模式的实际应用程度达到75%，该城市的GDP在其余条件不改变的前提下能够增加3.5倍，这意味着智慧城市建设模式可以促使该城市经济增长翻两番，从而实现城市可持续发展。

智慧城市全面发展需要互联网、物联网、云计算、电信网、广电网、无线宽带网等技术和产业的支撑。这在客观上要求以第四代移动互联网技术为依托，推进互联网、物联网、广电网的"三网融合"；以云计算为技术平台，整合以政府为中心的数据运算和管理服务平台，实现城市治理大数据资源的共享；以满足公众越来越多的精神、文化需求为导向，完善与智慧城市理念相配套的行业应用软件、移动端嵌入式软件、系统应用软件，促进相关软件研发和应用行业的发展。此外，以人类创意和高新技术为内涵的智慧产业体系是促进城市进入智慧化发展的必要途径，成为全球经济环境和知识经济时代中城市发展的决定性因素。其主要包括服务业中的文化创意产业、知识产权服务、会议及展览服务业，以及制造业中的通信设备、计算机和相关电子设备装配、制造业等。

宁波是产业发展型智慧城市的典型代表，通过宁波智慧产业园的建设推动智慧城市发展。该产业园构建了9个智慧产业功能区，分别如下。

一是国际汽车产业城和高端汽车零部件产业园。其占地面积8.8平方千米，以吉利和上海大众两大整车生产项目，德国博世、法国佛吉亚、韩国万都等汽车零部件制造商为园区核心企业，旨在打造全国重要汽车生产装配基地。

二是新能源新光源产业园。其占地面积1.33平方千米，以新能源、新光源领导厂商为主，重点发展太阳能电池片及组件生产项目。

三是新材料基地。其占地面积2.67平方千米，是国家级高性能金属新材料基地，形成高精度电子铜带、高精电工线等产品为主的新材料产业发展规模基地。

四是医疗器械产业园。其占地约0.67平方千米，打造以高精度医疗器械、医用配件、高技术医疗设备、高品位医疗保健产品等为核心的长三角城市群医疗器械重要制造基地。

五是海洋装备产业园。其占地约3.87平方千米，以传感器、水文监测器等小型海洋装备制造，高压泵、能量回收器等海水淡化装置研发为发展重点，建设海水综合利用示范工程，是浙江省新兴海洋产业的先行区。

六是智慧产业园。其占地面积约1.33平方千米，生产领域集中在传感器、射频设备、无线连接设备等智慧产品方面。具体分为两部分，一部分开发创新性工业激光器模块及集成光电子系统和网络数据基地；另一部分布局新兴制造产业，打造物联网产业基地。

七是商务休闲区。其占地约 9.43 平方千米，目标定位集中于运动休闲综合体、金融后台服务基地、城市产业综合体等休闲产业。

八是现代生态农业示范园。其占地面积约 0.7 平方千米，以现有的生态农庄为基础，开发建设 1—2 个生态农业示范项目，利用湿地资源，开发观鸟、滨海嬉戏、滩涂野趣、农耕文化等生态观光农业和生态旅游业项目。

九是出口加工区。其占地面积 2 平方千米，是宁波“免税、保税、免证”的政策优惠地区。2009 年，该功能区在原有加工制造基础上增加了保税物流、研发、检测、维修等功能，使其成为保税物流和出口加工发展的最新空间区域。

(2) 管理服务型

智慧城市管理服务建设的基础是各类感知设备(如无线宽带网络、物联网网络、广电网络、云计算平台等)，并有赖于政府管理和公共服务两个重要层面的协调发展。政府管理指利用智慧应用提高城市公共管理效率，其中最为典型的是智慧交通系统。全球各大城市规模的急剧膨胀，加上汽车工业的急速发展，交通阻塞和拥挤成为城市首要困扰因素，并在很大程度上导致了环境污染加剧、时间浪费、运营成本上升、交通事故频发。调查研究表明，城市道路拥堵状态下的能耗是最优状态下的 2 倍，假设一辆普通轿车在 7—88 千米的时速间加减速 1 000 次，消耗的燃料比匀速前行时多 60 升，而货车能耗则增加 114 升。北京市环科院检测表明：小轿车时速由 20 千米提高到 50 千米，所排放的一氧化碳、碳氢化合物即可减少 50%左右。除环境和资源负担外，交通拥堵同样增加了社会经济成本。据中国社会科学院数量经济与技术经济研究所估算，北京因为交通拥堵所造成的社会损失为每天 4 000 多万元，全年高达 146 亿元，而全国每年则大约损失 1 700 亿元①。美国、日本、韩国等国家在智能交通发展经验的基础上形成了智慧交通系统(图 23-2)，通过数字技术使人、车、路、环境有机协调，实现高效运输、能源充分利用、环境改善和提高交通安全。

公共服务则体现在城市居民的衣食住行、教育医疗、卫生安全等方面，目标是增强市民生活舒适度和幸福感。随着我国城市化进程加快，截至 2016 年末，全国城市常住人口高达 79 298 万，城市化率已达到 57.4%。城市化将大量农村人口转移和集聚到城市内部，一方面为城市发展带来内需动力，但同时也带来了城市公共服务的压力。

我国台湾省桃源县智慧城市建设在政府管理和公共服务领域成效显著(表 23-2)。桃源县自 2002 年开始实施智慧城市建设，以 E 桃园—M 桃园—U 桃园为阶段分期建设，于 2009 年获得 ICF 全球智慧城市创新奖，2013 年参与全球 400 个城市间角逐并成功入选为全球著名的 7 个智慧城市之一。

---

① 赵培红.城市型社会：挑战与应对[N].城市发展研究，2012-06-26.

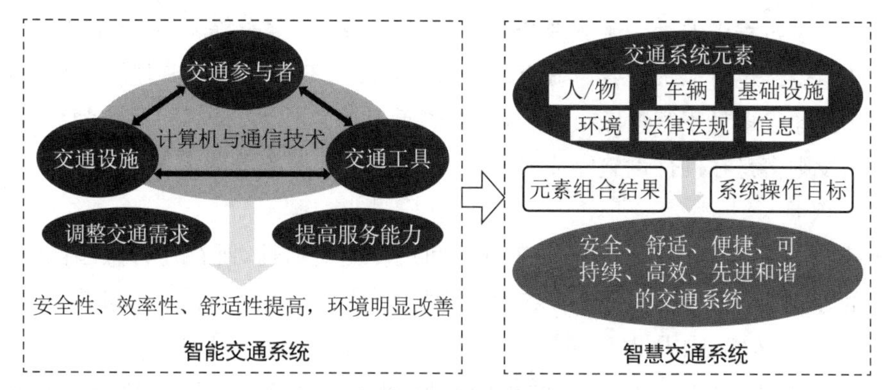

图 23-2　智能交通与智慧交通示意图

资料来源：张轮，杨文臣，张孟.智能交通与智慧城市[J].科学，2014，66(1)：33—36。

表 23-2　台湾省桃源县智慧城市建设举措

	领域	推广项目	具体措施
政府管理	管理咨询	县政服务入口网	整合各单位的线上服务资讯的单一入口，提供一站式的服务网站，包括工商投资、观光休闲、社会福利和县民资源的四大主题网，强化民众的"E化"能力
			设立"E化"服务台，纳入县长信箱、服务部落、常见问题解答等线上申办资源
			提供法规查询、资讯便民系统查询等线上服务资源索引，使民众通过电子化的方式直接参与政府的运作，增进民意互动
	电子政府	业务电脑化	建立电子公文、财政主计系统、人事差勤系统，缩短公文交换时间，县政府预算全程掌控，县府员工规范上班
			将消防救护119、警察勤务派遣等纳入电脑化管理
公共服务	医	远程医疗照护	民众可以在家通过健康护照盒，将可测量的生理讯号资料传送至医院系统，医院充分掌握病人健康状况
	食	食物溯源	县内生产的大米、茶叶、蔬菜等农特产品通过RFID的食品履历应用，让民众了解事物的整个生产环节，保障食品安全
	住	智慧住宅	新建许多智慧型住宅，提供智慧化的生活应用，除通过智慧型监视设备进行24小时监控外，还加入智慧辨识分析技术，提供车辆辨识及路况异常的主动警示通知，助力交通和治安的改善
	行	智慧公交	目前已结合5家客运公司，通过智慧公交服务，民众可以随时通过电脑、手机上网获得公交的即时资讯

资料来源：邹佳佳.智慧城市建设的途径与方法研究[D].杭州：浙江师范大学，2013。

除上述两种分类标准外，还可以根据智慧城市建设路径差异，分为全面发展型和重点突破型。全面发展型综合考虑基础设施建设、产业转型升级、公共服务提升、居民生活改善和资源环境可持续利用等方面，例如，智慧北京的"世界北京"定位。重点突破型则就城市建设过程中的某一领域展开突破,常见于交通、生态等领域,例如南宁发展智慧绿都的定位。也可以根据智慧城市建设发展阶段的不同分为硬实力和软实力建设两类。硬实力建设多见于智慧城市发展初期,侧重于信息技术、计算机网络建设等领域;软实力建设则多是在硬件设施完成的基础上进行管理、服务等的完善。

(二)尺度

智慧城市最显著的建设特征在于其空间尺度的灵活性,既存在智慧园区、智慧社区这样的小尺度,其园区一般容纳几十家至上百家企业,社区人口规模基本在3 000—10 000人范围内;也存在智慧城区这样的中等尺度,其城区一般指与郊区相对应的人口、机构、经济、文化、高度集中区域;此外,以城市整体为建设单元的大尺度也较为常见。

智慧城市空间尺度灵活多样的原因在于其建设目标和考核指标的多层次性和具体指向性。学界、产业界和政界均认可智慧城市内涵体系包括自然、社会和经济三大系统(图23-3),并涵盖智慧基础设施、智慧管理与服务、智慧经济、智慧产业等多个领域,不同尺度智慧城市建设的差异在于发展领域的侧重点不同。

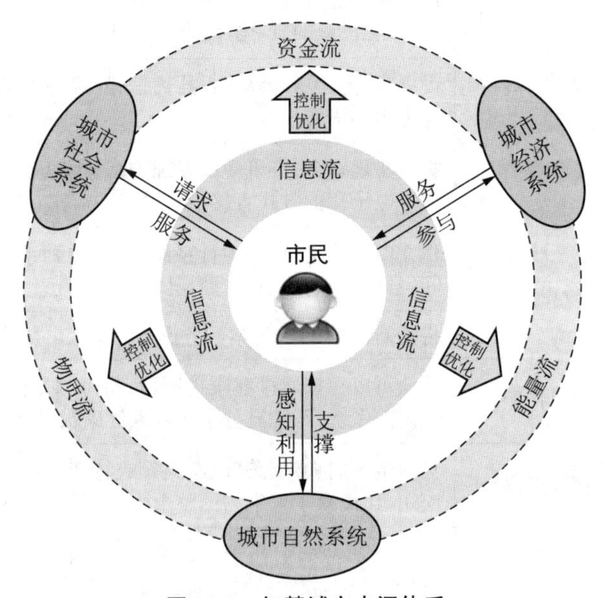

图23-3 智慧城市内涵体系

(三)空间分布

1. 省域层面

学者刘鸿雁、雷磊运用熵值TOPSIS法和纳尔逊分类法追踪评价了全国31个省市2006年、2010年、2014年智慧产业的发展水平,发现省际智慧城市发展水平呈现出明显的空间差异特征,高—高聚集区集中于东部,低—低集聚区偏于西部,低—高类型区偏于北部,广东省作为高集聚区游离于南部。东部沿海的长三角区域智慧产业发展水平整体实力最高且增长快,在2014年达到了中高水平。珠三角区域广东省一枝独秀。

中部地区安徽省、湖北省和江西省是中等水平区和中高水平区。其他省份均始终处于中低水平和低水平区。西部大部分地区智慧产业发展处于较低水平，智慧产业发展表现出“俱乐部趋同”现象。①

2. 城市层面

由中国社会科学院完成的《2015 中国智慧城市发展水平评估报告》选取了除港澳台之外的全国所有省份中 151 个城市进行评估。研究表明，我国智慧城市建设的整体发展水平不高，呈现“纺锤型”结构，即发展程度较高和基础较差的城市数量较少，基本位于中等偏下水平。北京，上海和浙江、江苏所在的长三角，广州所在的珠三角沿海城市在全国智慧城市建设中名列前茅(表 23-3)。截至 2016 年末，全国智慧城市建设试点已达到近 600 个，北京、上海、广州、宁波、南京、杭州、大连等城市在智慧城市发展规划、政策法规、标准体系等方面较为完善和典型。

表 23-3　2015 年我国智慧城市发展前 20 名

排名	1	2	3	4	5	6	7	8	9	10
城市	无锡	上海	北京	杭州	宁波	深圳	珠海	佛山	厦门	广州
排名	11	12	13	14	15	16	17	18	19	20
城市	青岛	南京	苏州	金华	成都	武汉	合肥	绍兴	嘉兴	中山

二、建设经验

(一) 园区模式

智慧园区利用云计算、物联网、互联网等信息技术，感知、监测、分析和整合特定园区内的各关键环节，其是建立在数字化园区基础上的智能化园区。智慧园区的概念源自“智慧城市”，是智慧城市的重要构成部分，也是其建设的缩影，核心同样是智能化。园区智慧化建设的意义主要在两方面。首先，就某种角度而言，智慧园区是建成智慧城市的试验田，许多城市从独立的单个智慧园区建设，进一步由点到面，从局部到整体，在总结经验和论证教训基础上，进行城市尺度建设。其次，园区作为我国产业发展的特殊形态，其在经济建设中发挥重要的支柱作用，但近年来传统园区也暴露出一些问题，如产业定位不清晰、园区缺乏激励创新的机制体制、园区同质化现象明显、园区内企业缺乏创新活力等。截至 2014 年全国每个城市平均有 4.8 个省级以上产业园区，而园区的空置率高达 43%，严重供给过剩。部分优秀园区在全国经济转型升级的历史转折期，也开始探索和加入智慧化建设潮流，如苏州工业园区建设了智能公交系统试点，实现了电子站牌、公交监控(GPS 和视频)和公交调度智能化；上海漕河泾开发区以智能安防平台、智能一卡通、信息发布系统，以及智能楼宇建设为重点②。

---

① 刘鸿雁.建设智慧园区助推传统园区升级[J].经济研究导刊，2016(4)：113—114.

② 孙韩林，范九伦，刘建华，刘国营，张高纪.智慧园区建设探讨[J].现代电子技术，2013(36)：61—64.

智慧园区建设以目标为导向，其最终目标是以丰富的智慧服务改变园区政府、企业和居民之间的交互方式，实现更加智能化的园区运作。因此，智慧园区的建设内容是基于信息通信技术(ICT)，构建一个全方位、智能化的园区服务平台，其体系结构包括4个层次：感知层、网络层、平台层和(智慧)应用层(图23-4)。

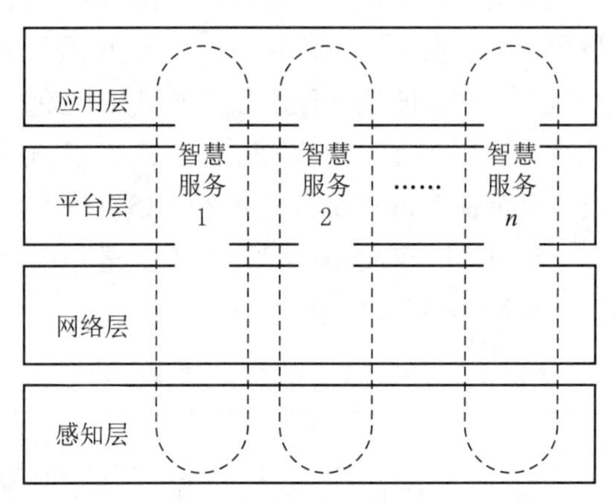

图23-4　智慧园区体系结构示意图

资料来源：肖岳.智慧园区建设的研究与探索[D].上海：上海交通大学，2012。

感知层直接感知和监测外部信息，对外部全环境中所需信息数据进行采集和获取，常见信息采集设备包括各种传感器、视频监视器、RFID读写器、智能移动终端、GPS接收器等，这些设备作为数据采集和自动化设备，常用于建设园区环境和能源监控系统、智能会展系统、安防控制系统、楼宇自控系统、信息发布系统、智能微电网系统等。网络层是智慧园区发展的核心，为园区获取的各类数据流提供流通渠道，主要由覆盖全园区范围的通信网、互联网、物联网融合构成，通过数据交流对全园进行检测，并反向控制系统设备，实现各类信息的安全传递，该三网融合的环境有助于缩短园区空间距离，提升工作效率。平台层由公共信息服务平台和数据中心构成，是园区智慧化的基础，是感知数据存储和处理、智慧服务运行所需的基础设施及环境。云计算平台就是本层级的理想技术，通过虚拟平台，园区可以提供智能商务、智能医疗、智能会务等应用服务，有效提高园区内企业满意度，为企业发展提供便利。应用层对平台层数据分析结果进行智慧响应，包含智慧园区各领域行动的综合、协同应用。未来平台层的扩建、应用层的智慧服务将变得越来越多。

纵观现有智慧园区发展，除园区建设内容外，其管理模式也至关重要。常见智慧园区管理模式有政府行政力量主导型、公司治理型和混合型3种类型。由园区所在地政府及其组建的园区开发公司或管委会承担管理任务，根据园区定位制订细致的规划方案，明确入园企业和产业发展的标准与规范。

(二) 社区模式

智慧社区是运用现代科学技术，整合区域人、地、物、情、事、组织和房屋等信息，统筹公共管理、公共服务和商业服务等资源，以智慧社区综合信息服务平台为支撑，依托适度领先的基础设施建设，提升社区治理和小区管理现代化，促进公共服务和便民利民服务智能化的一种社区管理和服务的创新模式，也是实现新型城镇化发展目标和社区服务体系建设目标的重要举措之一①。智慧社区的概念同样源自“智慧城市”，园区对应城市产业发展，社区则对应城市市民生活发展，其同样为智慧城市的重要构成部分。

智慧社区建设的目标更强调以物联网、云计算、移动互联网、信息智能终端等新一代信息技术为基础，通过对与居民生活密切相关信息的自动感知、信息传送与资源共享，实现对社区居民生活管理的数字化、网络化和智能化，提供更加安全、便利、舒适、愉悦的生活。

与智慧园区相比，智慧社区的服务对象更多的是面向单个群众、单个家庭，因此其建设内容更强调感知层、应用层的建设（图 23-5、图 23-6）。相比传统社区，智慧社区有基础设施智能化、社区管理智能化、服务个性化等优势。

图 23-5　智慧社区感知层

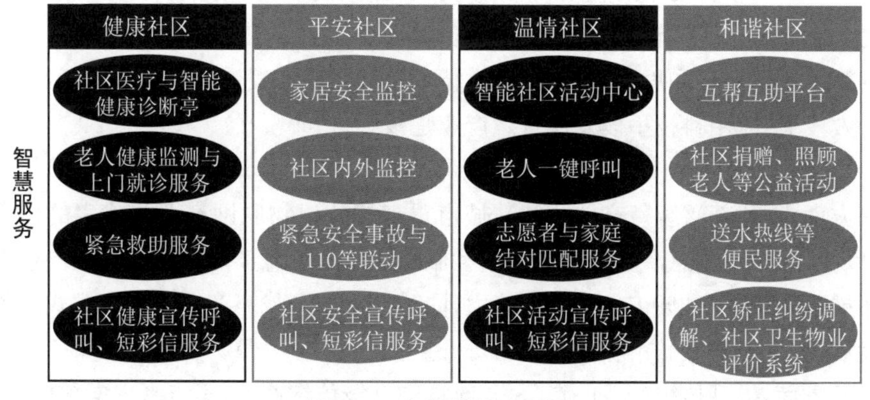

图 23-6　智慧社区应用层

与智慧园区不同，智慧社区的建设主体是政府，强调注重物联网、互联网等感知层信息技术的支撑，强调整合社区各类资源，以提供多种便民服务为导向，注重社区管理

① 曲荣硕，高义峰．智慧社区解决方案探讨[J]．智能建筑与智慧城市，2019，277(12)：80—82．

与服务，尤其是民生服务。

（三）城区模式

相较园区以服务企业为导向，社区以服务居民为导向，城区这一中等尺度的智慧化项目建设导向基本等同于智慧城市建设，其包含更多元的服务对象、更广泛的服务领域。同时，相对于社区和园区的小尺度，中尺度的智慧城区建设更能代表智慧城市建设成果，承担智慧城市的建设任务。在现实中，许多智慧城市的建设过程更强调相对郊区而存在的城区内部智慧化建设。参考我国智慧城市建设的现状及分类，常见的智慧城区建设有以下几类模式。

在智慧城区方面，强调综合发展，以提高城市综合竞争力（如上海浦东新区、北京海淀区）；在智慧产业方面，建设智慧产业园区与集群（如天津滨海新区的智慧物流）；在民生服务方面，强调智慧管理和智慧服务（如昆明的智慧交通和智慧医疗）；在城市信息化建设方面，以智慧化为突破重点，辅以交通、城管、应急等大型重点工程，提升城市运行监测水平。

第三节　智慧城市的顶层设计

一、智慧城市的战略愿景

（一）科技愿景

智慧城市是大数据、物联网、云计算和互联网技术等信息技术相互融合为基础的建设模式，因此，在城市智慧化建设过程中，科技愿景的首要阶段是围绕上述技术在构建感知层、网络层、平台层中的应用和发展，实现类似数字城市的建设目标。其次，以信息技术为基础，推进航空航天、汽车、海洋装备、集成电路等产业的智能化是智慧城市科技发展的第二阶段目标和思路，具体的科学技术是智慧城市发展的基础和保障，要想驱动城市长效发展，应用科技手段发展智慧产业是核心。

（二）产业愿景

一方面，创建新兴智慧产业。智慧城市重点构建以物联网产业为代表的信息技术产业，以及以文化、创意产业为主导的新型服务业两大智慧产业体系。通过产业发展延伸和拓展产业链，提升城市经济增长能力，同时鼓励新型战略产业中商业模式的创新和演化发展，强调与智慧城市相关的新市场开拓。

另一方面，提升传统产业的竞争力，改造和升级传统产业，重点考虑电子商务体系、企业信息化示范工程等项目的实现，增强智慧城市面对经济下行、金融危机时的经济发展适应能力和抗风险能力。

（三）社会愿景

智慧城市的社会愿景是多层次、多领域的综合。首先，完善文化、艺术、娱乐相关基础设施，构建具有人文精神、文化气息的“人文城市”。其次，鼓励文化多样性和对不同文化形式的包容性，努力创造条件使多种外来文化、小众文化与城市主流文化兼容并蓄，实现“文化引擎”的功能。第三，创造条件吸引人才，构建“智力资本城市”。智慧城市自身先进的产业体系，完备的教育、医疗设施，宽容的文化氛围，便利的社会服务等对于人才有较大吸引力，可进一步通过制定住房、福利、薪金等优惠政策，吸引智慧城市建设稀缺人才。第四，构建绿色宜居城市。智慧城市在满足居民物质需求、精神需求的同时，应满足人民对美好生活、生态环境的需求，实现人与自然的和谐相处。

二、智慧城市的规划框架

（一）建设目标

当前我国智慧城市建设普遍存在重视信息化技术为核心的基础设施建设，而忽视智慧城市人文层面，即百姓生活中的和谐、安全和舒适。未来智慧城市建设的战略目标是提升市民城市生活质量，物质生活是基础，追求物质与精神生活的协调和结合是目标。其中对于物质生活质量，要依靠城市建设中经济发展和环境的可持续发展作为支撑，精神生活质量则要依靠城市的社会和经济的可持续发展作为支撑(图 23-7)。

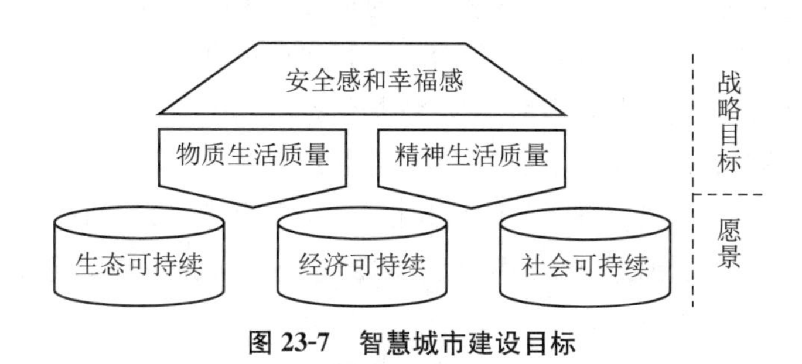

图 23-7　智慧城市建设目标

（二）总体架构

智慧城市包含便捷化智慧生活、高端化智慧经济、精细化智慧治理、协同化智慧政务，是在以新一代信息基础设施、信息资源开发利用、信息技术产业、网络安全保障为支撑的智慧城市体系框架中实现的，其总体架构由以下领域组成(图 23-8)。

1. 形成基础扎实、管理高效的应用格局

智慧生活形态多样，首先要基于信息技术和智能平台实现现代医疗、教育、交通、养老等公共服务对市民的全覆盖。同时，不断强化智慧管理，将基于网格化的城市综合管理平台基本覆盖全市域，以进一步实现政府等管理部门的智慧政务目标。

2. 形成高速、安全、广泛覆盖的新一代信息基础设施体系

信息化时代对技术设施建设的需求不断增强，基于信息技术的技术设施建设成为智慧城市竞争力培育的根本需求之一，因此，提升市民的网络光纤入户率、扩大平均宽带网络带宽、提升网络下载速率、增加公共场合无线网络覆盖点等是智慧城市建设的基本需求。

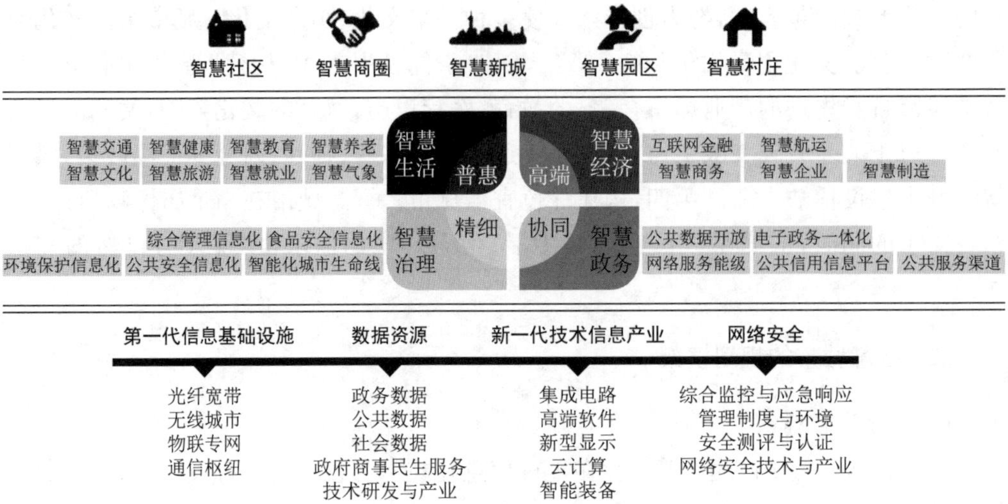

智慧社区 智慧商圈 智慧新城 智慧园区 智慧村庄

智慧交通 智慧健康 智慧教育 智慧养老
智慧文化 智慧旅游 智慧就业 智慧气象
智慧生活 普惠
高端 智慧经济
互联网金融 智慧航运
智慧商务 智慧企业 智慧制造
综合管理信息化 食品安全信息化
环境保护信息化 公共安全信息化 智能化城市生命线
智慧治理 精细
协同 智慧政务
公共数据开放 电子政务一体化
网络服务能级 公共信用信息平台 公共服务渠道

第一代信息基础设施：光纤宽带、无线城市、物联专网、通信枢纽
数据资源：政务数据、公共数据、社会数据、政府商事民生服务、技术研发与产业
新一代技术信息产业：集成电路、高端软件、新型显示、云计算、智能装备
网络安全：综合监控与应急响应、管理制度与环境、安全测评与认证、网络安全技术与产业

图 23-8 智慧城市建设总体框架

3. 形成资源集聚、全面共享、深度应用的数据利用体系

智慧城市建设过程中若要突破政府单主体行为，鼓励企业、市民增强参与度，那么提升对数据资源的接入度便是首要需求。政府可在不断强化数据、信息资源集聚前提下，通过数据网站开放、提供移动查询平台等方式实现信息全面共享，引导企业和市民深度应用数据体系，强化资源利用率，构建数据经济。

4. 形成创新驱动、结构优化、循环发展的智慧产业体系

结合地方基础产业，以智慧产业体系为指导，一方面对现有产业进行升华，对产业体系进行优化，另一方面因地制宜地引入部分新兴产业。同时，要建设若干个促进技术创新、产业发展的公共服务平台。

5. 基本形成可信、可靠、可控的信息安全保障体系

智慧城市的数字化基础，意味着其建设和应用过程中也面临信息时代网络安全风险，因此应对“信息灾害”、监管治理网络问题、保障信息基础设施安全是智慧城市发展中至关重要的任务。

（三）基础架构

以总体架构包含的四大领域为目标，形成以下具体的基础架构。

1. 创造智慧生活

围绕市民对生活品质、娱乐休闲、文化运动、交通出行等方面的需求，打造以人为本的宜居智慧生活环境。第一，提升市民生活品质，从加强医疗卫生领域信息化出发，具体可以有推动健康信息共享，构建市民病历全市通用的治疗中心，建立医疗便民服务平台，提供日常问诊到紧急救助的全流程，完善公共卫生领域智能化程度；从深化养老服务体系信息化出发，建成包含全部老龄人群、全方位、全流程、全天候响应的智慧养老服务系统，实现居家—养老机构—医疗单位的充分衔接；从推进残障人士无障碍生活出发，建立残障人士医疗、教育、就业等全系列社会保障信息数据库，优化残障人士办事流

程，提供无障碍生活设施。第二，改善城市人文环境，从推进文化领域信息化出发，打造图书馆、博物馆、美术馆、文艺演出、文化培训等公共文化事业数字化服务体系，加强其与市民的交流、互动、信息咨询与反馈等；从深化旅游服务信息化出发，建立城市旅游信息介绍、交通查询、住宿公寓、游乐设施应用、天气信息等多领域的智慧平台。第三，加强交通出行便捷度，从优化出行便利化出发，构建移动端实时可查询的路况、公共交通、火车、航班、航运等多方位的信息供应和查询平台；从促进公共交通智能化管理出发，实现车船动态信息查询和智能调度。

2. 发展智慧经济

以产业转型升级为导向，强化经济创新能力，全面提升培育产业竞争力。第一，培育分享服务新经济，从搭建经济信息跨界共享平台出发，在各行各业建立资源拥有型、技术研发型、产品生产型等多类型国企私企信息共享平台，实现资源、技术、人才、信息、知识、资金多要素良性交互；从促进创新经济融合出发，开展互联网与金融、物流、交通等行业跨界融合，更新上述产业既定发展模式。第二，推动信息消费业发展，从鼓励电子商务升级出发，促进传统商务贸易业电子化，线下企业与线上电子商务结合，发展电子支付平台、信用体系和安全保障等支撑环境；从推进文化创意产业出发，文化创意产业作为未来各国产业发展的重要领域之一，要加强其生产加工、市场营销、消费等全产业链智能化，丰富产品供给，提供交互式优质产品和服务；从加强移动端应用出发，推进无线宽带网络与智能手机、智能电视、车载平台、智能穿戴设备等领域相融合，促使移动应用进入生产、生活和生态多领域。第三，鼓励传统制造升级为智能新模式。从提升工业、制造业的互联网应用程度入手，通过联网监督控制质量，在线服务提升全价值链效率，构建相关行业间企业的协调网络，例如，搭建石化、橡胶、钢铁、装配和机械制造行业共享平台；从促进循环、绿色、低碳生产过程出发，通过物联网、信息共享平台实现能源资源回收再利用，联网监控实现绿色安全生产，智能监测实现工业生产废弃物合规处理。

3. 构建智慧治理模式

城市管理服务模式综合精明城市、生态城市、数字城市等多种概念发展目标，具体如下。第一，提升城市管理效能，从构建基层信息化服务出发，建立包含全市或全城区政府公共服务领域，如人口、户籍、房屋、生活缴费、法律服务、社会保障等信息的资源库和网络查询功能，提升基层服务效率；从构建市场监管智能系统出发，融合工商、税务、质监、卫生、公共安全、城市管理等多部门建立市场智能监督系统。第二，开展重点领域智能建设。从环境管理治理信息化建设出发，建设水、土、气、林多领域预警和检测系统，构建及时、快速、高效的污染控制、治理手段；从加强城市灾害预警、防治等领域信息化出发，针对具体城市地质地貌、水文气象条件，相应构建具体的洪涝、地震、干旱或风暴等灾害的风险预警系统、智能调度与应急等的信息化网络。第三，促进城市安全建设，在食品安全、城市公共服务领域均建立联网监督、信息溯源、大数据平台等智能设施。

4. 发展智慧政务

政府政务是市民享受宜居生活、体验智慧城市便利的直接方式。第一，构建政务一体化平台，从形成电子政务云出发，实现各级政府部门应用统一的信息交流网络，同时提供政府公共数据，在信息供给便利基础上，深化公共服务效率。第二，促进跨部门政务系统构建，从加快政务办事效率出发，拓展各级政府多个事业单位共同建设和加入网络政务大厅，实现审批事项网络化处理、增加网络和移动支付渠道建设。

三、智慧单元的规划原则

智慧园区、智慧社区作为智慧城市的关键组成，三者发展规划的总体原则基本一致，最大的差别在于需求不同导致的管理体制机制不同。规划总则主要体现在以下四方面。

第一，以需求为导向、以应用为首要目标。智慧单元规划要立足城市生产、生活、管理的实际需求，整合内容、模式、机制创新，拓展信息技术嵌入各领域的广度和深度，以支撑、引领、带动城市信息化建设。

第二，以信息技术和智能平台为技术内核。智慧城市建设中各领域、各架构的建设都以信息技术和智能平台为基础，因此城市智慧化建设中不仅要重视当前最新技术的应用，还要定期更新技术系统，根据实际发展优化技术与实践的结合。

第三，注重点面结合，实现广泛惠民。以全面受益为信息化发展宗旨和目标，根据规划单元实情展开先进示范，采取与基础普及相结合原则，既要加强重点领域和空间发展的试点示范，发挥标杆引领作用，又要推进基础智能应用的全面覆盖，最终实现全民共享智慧化建设成果。

第四，坚定基础夯实，以安全保障为底线。要以保障城市安全为底线，以信息基础设施建设和信息人才培育为重点，改善和不断完善综合环境；要强调网络安全，智慧城市的高度数字化对信息安全提出较高要求，因此要构建网络防火墙，实时漏洞修复、系统兼容能力等方面都需要有绝对安全的综合保障体系。

（一）智慧园区

以企业需求为导向原则。智慧园区是在传统园区基础上转型升级形成的，但园区作为地区经济先行者的作用并未发生改变，智慧园区建设同样以激活市场、创造聚集力、带动关联产业的发展、形成产业集群为目标。因此，智慧园区规划应以企业发展需求为导向，优化市场环境，以激发市场主体积极性，同时撬动行政资源与市场资源，加强政策和制度创新、管理和服务模式创新，完善创新创业基地和功能平台建设①。

（二）智慧社区

以社区居民需求为导向原则。智慧社区建设的根本出发点即为社区居民提供完善、优质的服务，因此智慧社区建设内容设置必须尽可能地满足居民日常生活的切实需

① 上海市人民政府.上海市人民政府关于印发《上海市推进智慧城市建设"十三五"规划》的通知[N].上海市人民政府公报，2016-10-20.

求。智慧社区建设一定要体现“以人为本”的原则，因地制宜满足社区人性化建设要求。在建设过程中，以“自下而上”的治理方式为主，凝聚民众智慧，建设符合人民需求和切身利益的智慧城市。

（三）智慧城市

要以地方特色与新兴智慧城市相结合为原则。不同城市在自然生态、环境资源、经济发展程度、科学技术水平、文化历史等多领域均有所差异，因此智慧城市规划不能千篇一律、千城一面，要强调保留和凸显地方特色，塑造多元智慧城市类型。

要以市场化运营方式为原则。智慧城市的建设需要大量资金，宜采取政府出资为主、引入社会投资为辅的建设方式，既满足城市日益增长的智慧建设和改造需求，又兼顾企业利润增长。智慧城市建设的资金统筹必须充分发挥市场优化资源配置的作用，形成城市的可持续更新能力，保障智慧城市健康、长远发展。

四、智慧城市的产品规划

（一）智慧产业

智慧城市的智慧产业主要包括分享服务业、信息消费业、智能制造业 3 个门类，其产业发展方式有所差别。

1. 分享服务业的发展成效

第一，搭建跨界融合平台。利用云计算平台、移动互联网技术，构建分享经济跨界融合平台，鼓励资源型企业、信息技术企业、网络通信服务企业等参与区域行业平台建设，拓展平台服务内容，拓展形成包括研发、生产、检测、交易等全产业生产环节的综合服务体系。第二，发展创新经济门类。同样以互联网技术和服务资源为优势，推动互联网与金融业、物流业、房屋租售等融合创新。刺激互联网企业与银行、保险等金融业企业跨界融合。建设快递业监管、跟踪等信息平台，实现快递运输与电子商务平台对接。引导汽车分时租赁市场的开发。

2. 创建信息消费新业态

第一，鼓励电子商务创新。鼓励骨干制造行业、商贸服务业等实体经济与电子商务融合，提升供应侧效率，创新产品供给和客户与供应商交流新模式，实现线上线下互动的电子商务。第二，发展数字内容产业，加强数字内容产品、服务开发，推进网络视听、数字出版、模拟现实应用服务的供给，促进动漫、音乐、游戏等数字产品的多样性，为信息消费提供多元选择。第三，加强各领域移动应用，强化移动互联网与智能手机、平板电脑、数字电视、智能穿戴设备等技术和产品的融合创新。

3. 发展智能制造新模式

第一，推动工业互联网融合创新。构建工业中重点产业互联网体系，从服务平台、应用标准和示范基地等层面着手，鼓励企业开展生产、组装、测试等多环节和终端产品的联网监控和在线服务售后服务。鼓励制造业相关行业内企业间建立合作平台，例如航空航天、汽车、装备制造、钢铁、石化等行业合作平台。针对客户需求远程个性化定制产品和服务，发展线上众筹、推广、销售等新模式。第二，提升传统企业信息化水平。通过数字化、系统集成、关键技术装备等技术对传统企业进行智能工厂、数字化车间改造；尝试构建行业信息化服务平台，鼓励中小企业分享行业信息、知识、技术的溢出，降低信息化建设成本。第三，开展绿色安全生产监督。以政策优惠鼓励相关行业内企业间物联网建设，实现能源消耗、环境污染数据的自动采集，为促进绿色、安全生产提供保障。

（二）智慧生活

智慧生活涉及领域丰富广泛，其中最为常规也最为重要的有以下几方面。

1. 卫生、医疗服务综合管理的智慧平台

建设覆盖医疗、医保、医药、公共卫生等多领域的综合管理服务平台，以及行政决策服务的综合管理平台，推进市—区平台业务的功能统筹与空间统筹。

2. 交通出行信息发布的智慧体系

建设交通综合信息服务平台，向市民提供公共交通信息、对外交通数据和道路拥堵情况预报等多重交互式信息服务。

3. 气象公共数据社会服务的智慧云平台

构建稳定、开放、实时更新的天气、天象数据平台，提供统一、具体的气象基础数据与信息，为公众出行安排、预防灾害性天气等提供准确气象信息。

4. 推进智能化残疾人证工程

完善残疾人公共设施配套比例，并在此基础上开展残疾人证智能化开发、残障设备智能定点等建设，构建专业残疾人数据资源平台，以加强残障人群在社会保障、康复、教育、就业等领域获得的服务和应用程度，拓展特殊人群参与度、提升幸福感。

参考文献

Caragliu A, Del Bo C, Nijkamp P. Smart Cities in Europe[J]. Journal of Urban Technology. 2011, 18(2):65—82.

Cohen W M. Absorptive Capacity: A New Perspective on Learning and Innovation[M]//Strategic Learning in a Knowledge Economy. London: Routledge, 2000.

艾达，刘延鹏，杨杰.智慧园区建设方案研究[J].现代电子技术，2016(39).

北京市政府.关于在全市推进智慧社区建设的实施意见[Z]. 2012-09.

邓贤峰."智慧城市"评价指标体系研究[J].发展研究，2010(12).

郭理桥.国家智慧城市试点工作总结与展望[J].建设科技，2015(5).

黄征宇.厦门："智慧网络"先行者[J].中国信息化，2011(2).

李晓燕.城市交通拥堵现状及对策分析[J].科学时代，2014(3).

梁丽.北京市智慧社区发展现状与对策研究[J].电子政务，2016(8).

刘鸿雁.建设智慧园区助推传统园区升级[J].经济研究导刊，2016(4).

刘鉴.走出园区发展同质化困境[J].中国工业评论,2015(4).

吕淑丽,薛华,王堃.智慧城市建设的研究综述与展望[J].当代经济管理,2017,39(4).

马景艳.大数据背景下智慧城市破解交通拥堵的策略研究[J].电脑知识与技术,2014(18).

茹艳,樊阿娇,潘俊方,等.智慧交通在构建智慧城市中的重要作用[J].无线互联科技,2015(20).

吴德群.深圳智慧城市领跑全国[N/OL].深圳特区报,[2016-12-29]. http://sztqb.sznews.com/html/2016-12/29/content_3698177.htm.

孙韩林,范九伦,刘建华,刘国营,张高纪.智慧园区建设探讨[J].现代电子技术,2013(36).

王璐,吴宇迪,李云波.智慧城市建设途径对比分析[J].工程管理学报,2012, 26(5).

张凯书,张怡,严杰.智慧园区信息化建设解决方案[J].信息通信,2012(6).

张攀.智慧园区:源于数字化高于数字化[J].中国高新区,2011(9).

常恩予,甄峰.本期聚焦:治理视角的社区规划与发展:智慧社区的实践反思及社会建构策略——以江苏省国家智慧城市试点为例[J].现代城市研究,2017(5).

罗力.全球智慧城市评价指标体系发展和比较研究[J].城市观察,2017, 49(3).

Ahrend R. Building Better Cities: Why National Urban Policy Frameworks Matter[J]. The OECD observer. Organisation for Economic Co-operation and Development, 2017.

Rong W, Zhang X, Dave C, et al. Smart City Architecture: A Technology Guide for Implementation and Design Challenges[J]. China Communications, 2014, 11(3): 56—69.

Heo T, Kim K, Kim H, et al. Escaping from Ancient Rome! Applications and Challenges for Designing Smart Cities[J]. Transactions on Emerging Telecommunications Technologies, 2014, 25(1):109—119.

Caragliu A, Del Bo C, Nijkamp P. Smart Cities in Europe[J]. Journal of Urban Technology, 2011, 18(2):65—82.

Harrison C, Eckman B, Hamilton R, et al. Foundations for Smarter Cities[J]. IBM Journal of Research and Development, 2010, 54(4):1—16.

Giffinger R, Fertner C, Kramar H, et al. Smart Cities-Ranking of European Medium-sized Cities[R]. Vienna: Vienna University of Technology, 2007.

张纯,李蕾,夏海山.城市规划视角下智慧城市的审视和反思[J].国际城市规划,2016(1):19—25.

深圳智慧城市建设领跑全国[N/OL].人民网,http://sz.people.com.

第二十四章 城市设计、城市营销问题

第一节 城市设计的角色地位

一、战略规划的重要工具

(一) 城市设计是思维方式

城市设计是一种"思维方式",其试图用整体的方式作用于被学科界限隔离的世界,解决表明城市状况的全部现实问题。不断变化着的复杂因素造就了城市的现状,这些因素被划归在不同的专业之下。城市设计师需要理解不同的专业,进行跨行业的交流,将各种因素整合在一起。换言之,城市设计不是分割和简化,而是一种综合。虽然城市设计的专业话语和思想以美学为主导,但设计过程难以预料,不仅涉及设计师本身,还包括其客户、管理框架、设计技术、设计媒体和民众意向。其本身就是一种策划,是公共政策连续运用的一种过程。城市设计本身也是现代性的一种体现。这与战略规划是一致的。

(二) 城市设计体现城市文化

城市设计总的目标应以提高人的生活质量、城市的环境质量、景观艺术水平为中心,提升城市的形象,充分体现城市让生活更美好的理念,增进城市的和谐与自信,表达城市的精神和胸怀。其至少在艺术上应该是成功的,而且带有城市文化的特色,从而能给心灵带来安慰,给精神带来鼓舞。

(三) 城市设计表达价值观念

理念支撑是城市形象设计的主导精神,包括对城市发展方向、发展目标做出的定位,是城市形象设计与城市建设的灵魂和核心。有人称之为空间正义。物质承载系统将城市形象设计理念落实到城市物质空间的层面上,其包含城市形态、城市公共空间、城市建筑、城市景观和城市标识5

个方面。精神表达系统将城市形象设计理念落实到城市文化精神的层面上。

二、城市竞争力的重要抓手

（一）独特性

独特性有利于吸引外来投资、技术和管理经验。资金、技术和管理是城市生存和发展的重要条件。良好的城市形象有利于吸引外来（包括国内外的）投资、技术和管理经验。一个对某一城市印象不好的投资商，一般不可能投资于该城市，而若其对某一城市印象良好、总体评论高，则愿意在该城市投资。良好的城市形象有利于吸引人才和投资，这两者又是技术和管理经验的重要载体。

（二）艺术性

有利于吸引游客，发展旅游事业。有关研究表明，不仅名胜古迹、自然风景是重要的旅游资源，城市经济状况、市政建设、文化事业等都可以成为重要的旅游资源而吸引国内外游客观光游览。从这个意义上说，良好的城市形象同时也是良好的旅游资源。

（三）亲和力

具有良好形象的城市，有利于与国内外城市结成“兄弟城市、姐妹城市”；有利于本市企业与外地企业合作；有利于本市企业的国际投资与协作；有利于本市各界与外地、外国各界的交流；有利于对外交往和协作。与外界进行广泛的交往和协作，既是城市竞争能力的表现，又是不断增强竞争能力的途径。

第二节　城市设计的主要内容

一、景观设计

（一）自然景观：因势利导

景观的作用是能够使城市无论是在自然环境上还是人文环境上都更具艺术性，使城市居民在城市生活中具有归属感和幸福感。城市景观是体现城市形象内涵的重要组成部分，是城市气质、文化底蕴、格局特点的外在展现和历史、文化及社会发展程度的综合反映。城市的自然景观要素主要是指自然风景，如山川、石头、河流、湖泊、植被等。

（二）人文景观：因人而设

城市的人文景观要素主要有文物古迹、文化遗址、园林绿化、艺术小品、广场等，甚至商铺、建筑、广告牌等也属于人工景观的一部分。上述这些景观要素都是打造城市良好景观的必备条件，要形成良好的城市景观，必须针对上述景观要素进行精心设计和规划，系统组织和布局，打造有序的空间环境，形成和谐的景观体系。

（三）地方标识：请跟我来

城市标识是指在城市中具有指引作用的文字、图形或符号。这些元素具有明确内容、表示位置和方向等功能。路名、警示灯、残疾人步道、宣传告示甚至店铺广告等都是城市标识的内容。人们在任何场所，只要看到有深刻印象的城市标识，就会联想起该城市，并感受到这座城市的形象及魅力。

二、地标设计

（一）选址

规划标志性建筑沿城市主要景观轴线或者是重点展示区布置，在建成区适当地点和城市新拓展区域沿主要景观轴及视线焦点适当设置标志性建筑，以形成特色鲜明的城市景观。

（二）原则

城市标志设计应遵循以下原则。一是个性原则，城市标志是城市中令人产生深刻印象的突出形象，因而个性原则是城市标志设计中的首要原则。第二是协调原则，标志既要突出，又要与周围环境协调。第三是延续原则，即在城市标志的设计中，应保持历史文化的延续性，亦即文脉。此外还有唯一原则，指同一城市标志不宜重复出现，落入俗套。

（三）招标及由多方参与的论证

许多受追捧的建筑师在各地设计了大量作品，但他们或因不熟悉某地综合环境，或对当地没感情，会拿出不接地气的设计。此外也有评论指出，“建筑地标”产生的背后有权力的影子，某些建筑已被异化为满足功利需要的超尺度装置艺术，成为“虚荣标志”。对中国建筑师而言，他们虽然参与设计，但却几乎从未进入过真正的决策层。因此，不仅仅是建筑师，项目的投资者和城市建设的决策者也要站在更高的角度去看待建筑和城市，提高审美，传承文化，缔造更美好的城市。

三、品牌设计

（一）以营销为出发点

广义的品牌设计包括战略设计、产品设计、形象设计和CI设计，此处的品牌设计主要指城市设计中的空间设计，是从城市营销角度出发的品牌设计，而并非一心营利的设计公司的品牌设计，不包括企业形象设计，以及企业的品牌名称、商标、商号、包装装潢等方面的设计，也不包括文化产品的品牌设计。一般来说，先有产品品牌，才有企业的品牌，即靠产品立品牌。当然，一旦设计师或设计工作室名闻遐迩，有了明星效应，则其产品也自然成为一种品牌，就有了营销效应，正如古根海姆博物馆或毕尔巴鄂效应一样，靠的是明星建筑作品和明星建筑师；再比如品牌设计英雄雷姆·库哈斯的作品，包括2009年建造的中国中央电视台大楼。此处关注的是产品本身的品牌的营销效应，比如城市品牌与城市名片不但集中概括了该城市的文化特征、精神风貌等城市内在属性，同时也体现了城市活力、城市景观、自然资源（如绿色廊道、自然水体、城市湿地等）等城市物质载体。除此之外，其还为城市未来品牌属性的提升提供了动力，为今后逐步形成有特色的城市活动提供了基础。

对于城市品牌、名片的打造，应通过各种有影响的活动和媒介对其进行强有力的宣传，否则，城市中优越而独特的品牌条件就会受到影响。城市不仅需要传统城市设计，更需要从城市品牌与城市顶层策划的高度，确定城市发展突破口，让空间规划更好服务城市战略产业发展，让城市在人文与艺术以及生态环境领域更好融合，城市品牌塑造不仅仅是城市更新外显形式，也是城市发展及城市印象的重要支撑。以下以库哈斯的设计历程为例加以介绍。

相关案例：雷姆·库哈斯的"品牌设计英雄"案例

库哈斯1975年在伦敦与合作伙伴埃利亚·曾格利斯、祖·曾格利斯和玛德伦·弗里林道普一起开始实践。与通常做法形成对比，他们称其公司为大都会建筑事务所，预示着富有灵感的品牌从此成为公司活动的特征。公司的建立花了很长时间，但库哈斯本人成名很快，这是因为他的著作《疯癫的纽约》。库哈斯在纽约花了一年时间，他的作品在某些方面成为建筑界的经典之作。他认为纽约的活力和大都市的生活方式成为高密度的网格布局所造成的"拥塞文化"的一部分，但常新的是风格，其是令人窒息的、破除因袭的和非理论的，充满了迷人的(但往往支离破碎)真相以及不同寻常的图像，点缀着动听的新标签("建筑突变""乌托邦式的片段")，成为纽约建筑环境的地标。

在尼德兰地区完成了一系列相对较小的委托后，公司移师鹿特丹，取得突破是在1994年，在法国北部里尔，利用城市在新兴欧洲高铁网络中的战略位置进行了大胆的总体规划。自20世纪90年代中期，库哈斯已经越来越多地追求作为一名"签名"建筑师去赢得重要的委托，并设计了一系列的获奖建筑，包括乌得勒支大学校园的教育中心、波尔多住宅、柏林的荷兰大使馆、西雅图中央图书馆、汉城国立大学艺术博物馆、深圳证券交易所(2006)和在北京建设的中国中央电视台大楼。2000年，他被授予普利兹克奖，其是业界最负盛名的国际实践奖项。

这些成功与建筑业前所未有的品牌营销和自我策划同时发生。其中有不少是通过1999年建立的兄弟公司进行的。有了被形容为"智囊团"的顾问们和设计研究工作室的助力，让库哈斯的知识领域和专业知识范围远远超出了建筑边界。库哈斯限定其形象为务实和有针对性的，直接致力于当代城市化和消费文化的奇观与现实塑造。

与该公司的品牌平行，库哈斯还制作了一系列出版物以提升他的形象，这也有助于他打造作为设计师和有见地的文化中介的形象，《S，M，L，XL》(与他人合著，莫纳切利出版社1994年出版)是一系列的故事、宣言和公司第一个十年工作的解释。《异变》(与斯蒂凡诺·博埃里、桑福德·昆特、丹妮拉·汉斯·尤利斯·奥布里斯特和纳迪亚·塔吉合著，出版于2001年)是他与哈佛大学一同参与城市项目的结果，目的是解释当代城市化的视觉效果。库哈斯在哈佛大学任教的条件是不必教设计，所以他可以把重点放在更广泛的议题，如购物和讨论当代"震惊城市"拉各斯及珠江三角洲。这些项目形成了《大跃进》(与伯纳德·张、米哈伊·卡拉施恩、南希·林、刘宇扬、凯瑟琳·奥尔夫和斯蒂芬妮·史密斯合著，2002 年出版)和《哈佛设计学院购物指南》(与朱迪、杰弗里·伊纳巴、梁思聪合著，2002 年出版)。这些书籍都建立在《疯癫的纽约》的成功影响之下，有着耀眼的、引人注目的图形，颗粒感般的视觉感受，人口和经济统计数据的分析，动听的标签(“同质共同体”“垃圾空间”)和试图以深刻为支点的论文(“世界等于城市”)。与此同时，他还出版了《内容》，其部分是书籍，部分是杂志(即共有 544 页的库哈斯爱好者杂志)。2003 年，作为 *Wired* 杂志 6 月版的客座编辑，库哈斯将他的思想介绍给杂志的技术空想家与新经济读者群。2005 年，库哈斯与人共同创办《体量》杂志，致力于为设计设置议程。

同时，作为设计师和文化中介，库哈斯以“冲浪”的方式影响(而非挑战)当代经济与文化的发展趋势。他突袭进入“肮脏现实主义”的“同质共同体”“垃圾空间”，拉各斯野性与奔放的城市化成为传统专业准则的对照物，但这只会掩盖支撑全球资本主义的视觉效果与社会成果的结构性力量。另一方面，他的设计工作明确地拥抱全球消费经济的经济与文化主流。同时，他自身品牌的成功作为文化中介，已将库哈斯从“设计英雄”抬升为公共知识分子。2008 年 10 月，他受邀成为欧洲西班牙前首相冈萨雷斯主持的欧洲“智者会议”成员，帮助欧盟设计与长期变化有关的未来，涉及气候变化、全球化、国际安全、移民、欧洲经济的现代化和加强欧盟的竞争力。

(二) 立足长远的战略和宁缺毋滥的原则

这些战略包括以事件营销为手段；建造城市独特的标志性建筑；打造城市本土名牌企业与产品；选用城市品牌形象代言人；推出城市形象宣传片等。

选用有影响力的公众人物作为城市品牌代言人，传承城市精神，充分展现一个城市的风貌；推出城市形象宣传片，作为对外宣传的重要工具，整合城市具有特色的资源和特质，向城市居民和旅游者展示城市魅力；以城市支柱产业为中心，以时间、历史、发展为线索展现未来发展潜力，展示城市本身的激昂奋进的精神面貌和对城市未来发展的巨大决心。可以设立不同级别的节日、纪念日等，形成一种快速提升品牌知名度与美誉度的营销手段。

四、城市复兴：立足于历史文化保护的设计

城市复兴是通过对一些老区和工业遗产进行保护和更新，使原来僵死的城市重获新生的过程。物质空间的规划和设计应当成为展示城市发展历程的载体，整合城市具有特色的资源和特质，向城市居民和旅游者展示城市魅力。以下以考文特花园为例加以介绍。

相关案例：考文特花园

考文特花园(Covent Garden)是伦敦最古老的集市之一，拥有 300 年历史。在经历近 40 年的持续更新之后，如今的考文特花园充满现代都市的繁盛生机，又有传统文明

余脉未息，其间遍布各色复古商店，熙熙攘攘的游客沉浸于伦敦质朴而又喧嚣的市井氛围中。考文特花园位于大伦敦地区的中心位置，伦敦西区，北邻伦敦红灯区SOHO广场和牛津街，南毗河岸街，以西与著名的皇家歌剧院、运输博物馆连为一体，以东与国家美术馆相邻。核心街区约占地0.6平方千米。

经济社会发展规律表明，人类社会是沿着“农业社会—工业社会—后工业化社会”的轨道加速前行的。一座城市要走出工业时代，迈入后工业化时代，经济就必须加快实现“发展工业—发展现代服务业—发展文化创意产业”的“三级跳”。考文特花园充分体现了伦敦的文创活力。

（一）首轮更新：记忆延续

1. 中心市场改造。设计师将考文特花园市场的整体空间格局以及建筑结构都完整保留下来，最大的改动为打通原有的地下区域并挖出两个相连的室内庭院，创造出明亮宽敞的两层通高中庭空间，使之更加适宜容纳公共活动。中庭周围的空间被划分为苹果市场（Apple Market）、东柱廊市场（East Colonnade Market）、银禧市场（Jubilee Hall）3个主题不同的部分，供小本零售商经营咖啡、酒吧、手工艺品、古董、创意产品等小型特色商业。为保护这些特色私人商铺，政府拒绝了大型连锁商场以及一般性旅游纪念品商店入驻，这一点突出了考文特花园的与众不同。

2. 步行系统设计。作为英国最大的鲜花果蔬批发市场，考文特花园曾由于大量的物资运送和集散而饱受交通拥堵和污染物的困扰。原市场搬迁后，广场和街区内禁止机动车辆穿行，室外空间被转变为更加方便人员聚集的步行化街区。这里也因此成为艺术家的表演场所及节庆事件的承载地点，吸引公众在此行走、驻足、休憩、观看、聆听。

3. 夜生活场所营造。文化创意产业是英国经济最具活力的部分，规模与金融业相当，是英国六个战略经济产业之一。音乐产业是英国文化产业的支柱之一，在世界上的地位仅次于美国。考文特花园街区的文化产业以多元和丰富为特征，包含歌剧院、博物馆、艺术酒吧和俱乐部、艺术品商业等，除博物馆于晚间闭馆外，其他业态都是此街区夜间的重要文化业态。考文特花园是伦敦的歌剧院汇集区，与美国纽约百老汇相似，众多高密度布局的歌剧院为考文特花园的夜生活提供了主要活动场所和方式。

（二）新一轮规划发展：综合再生

1. 公共领域改进。设计新的步行路线，打开原本封闭的内院，提高公共系统的渗透性，同时有效缓解交通拥堵，增加临街零售店铺数量。

2. 历史建筑保护和翻新。修复一部分古迹建筑，并恢复原先的功能，另一部分则被改造为高端住宅、酒店或精品商店

3. 植入新高端综合项目，与既有环境一体化连接。Capco公司前后开发了邻近的Kings Court、Floral Court、Carriage Hall等项目，采用庭院空间将新旧建筑组织起来，并通过通道、连续的半室外空间等方式与公共系统连通。新建筑外立面采用类似旧

仓库的手工制砖和钢制窗框,尺度和比例方面则具有明显的现代感。

考文特花园作为伦敦历史最悠久的城市空间遗产片区之一,兼具"综合开发区"与"历史保护区"的双重身份,其更新的过程十分复杂。

第三节　城市设计的实施

一、城市设计的基本过程

作为一门设计类学科,城市设计有自己独特的过程,大致分为6个设计阶段,即现场调查、资料分析、确定目标、设计评价、实施计划和维护管理。现场调查是为了对城市环境以及设计地段的具体情况有准确、真实的认识和了解,比如城市的历史和总体规划,以及规划中对设计地段的要求,设计地段的自然环境条件、风俗习惯、建筑风格特点等情况。调查的方法包括走访和问卷调查以及亲临现场观察地段情况。所有这些都是为了形成一个最佳的设计方案。为了形成这个方案,就必须进行设计评价。如何开展设计评价,对于形成成功的方案来说十分重要。其关键是由谁来评价,有哪些人参与。一般来说,会邀请许多人士和部门参与,包括政府官员、专业技术人员和开发商参加论证会,相关公众则参加听证会,最后对设计方案进行表决。

二、城市设计的基本原则

城市空间设计应当遵循几项原则。由约翰·伦德·寇耿等著,2013年出版的中译本《城市营造:21世纪城市设计的九项原则》提出了9项原则,比较全面,介绍如下:可持续性,强调对自然环境的保护和资源的有效配置;可达性,旨在促进货物流动和人员通行的便利;多样性,保持景观、建筑的多样性与选择性;开放空间,要更新自然系统,绿化城市;兼容性,指所设计的空间要保持与周围环境的和谐性与统一;激励政策,对衰退中的城市采取激励政策;适应性,针对未来可能的变化,在保持完整的同时也要注意设计的弹性;开发强度,搭配合理的公共交通系统,设计紧凑型城市;识别性,即独特性,防止千层一面。

三、具体实施

(一) 设计师队伍

1. 独立地位

要有一支拥有独立地位的设计师队伍,这对于城市品牌乃至城市营销十分重要。没有独立地位,就很难诞生明星建筑师和明星建筑,以及有特色的建筑和城市产品;设计师也不能充分表达个人风格、审美趣味以及价值观念。设计师当下"城市设计"的概念于20世纪80年代中期由西方引入,属于舶来品。中国城市设计"本土化"问题一直没有得到真正解决,导致城市设计学科边界模糊,在学科体系上没有明确的存在空间,设计师队伍人才匮乏。再加上中国城市设计始终未纳入体制之内，使得当下城市设计行业仍处于“三无”状态：成果无地位、运作无规则、设计无队伍。

2. 个性方案

与独立地位相适应，设计师的方案应具有个性，不模仿他人，不受制于他人，不一味接受摊派任务，推出应景之作。越不追求个性，越是平淡无奇、千城一面的作品，不但无助于城市的魅力，还减损了城市形象，冲淡了城市品牌，阻碍了城市营销，钝化了市民的心灵。

（二）时效问题

1. 确保完成措施

城市设计方案一旦确定，必须确保设计任务完成，不因其他因素干扰而中途放弃，需要提前做出安排，必须预先制订一些刚性规则，协调各方利益，防止来自政治、社会、经济乃至民间团体，甚至个人层面的干扰，确保设计工作如期完成。

2. 相关政策协调

城市设计的复杂性要求政府等相关单位出面做好政策协调工作，如加强组织领导、技术审查，强化成果审批，以及做好公众宣传等。

（三）协调利益相关人

1. 共赢为上

城市设计是空间设计，牵涉到空间正义问题，为谁设计，有利于谁，难免引起冲突。在此情况下，应协调各方利益，进行必要妥协，共赢为上。

2. 以人为本

以人为本是城市设计的重要原则，此原则最大限度地确保了协调利益相关人的可能性。以人为本，放弃唯利是图，有利于社区，有利于艺术本身，也有利于艺术设计与环境的和谐，使设计作品更加人性化，更能打动人的心灵；而若以暴发户的心态去设计作品，很难不流于粗俗，空洞乏味，令人生厌。

3. 协调机制

要建立稳定的由设计方、政府、地方、社区、个人等多方参与的协调机制，以免城市设计作品受到攻击，引起社会矛盾。这个过程并不容易，很难做到完美。

4. 由多方参与的论证

一项设计方案牵涉的方面越多，越需要邀请各方参与论证。设计师不是万能的，并非一定正确，不能保证设计效果一定达到最好，这便是个人的局限性所在。城市始终在变，处在变动之中；人的观念、思想也在变；利益关系也在变。因此，有多方参与的论证能确保方案的稳妥。此外，设计也并非一劳永逸，作品本身也需要应时而变。

四、城市设计案例

（一）华侨城——城市设计实践起步较早，塑造特色鲜明的品质小区

华侨城在20世纪80年代就开始开展城市设计，是深圳城市设计的典范。

（二）深圳湾滨海公园——一个环境友好物种共处的天堂，摘得深圳市民最喜爱的公园桂冠

深圳湾滨海公园从规划到实际建成，由中国城市规划设计研究院深圳分院负责规划设计、统筹实施，历时10年，是深圳城市设计的典范，也是最受市民欢迎的城市公共空间。

（1）深圳湾的资源环境——鸟类的迁徙

从10年前开始，规划者就非常重视深圳湾的环境保护，思考如何让鸟类能够顺利安居，并且每年冬天能够迁徙到这里歇脚。红树林湿地生态系统由红树植物、其他陆地植被、鸟类、两栖爬行动物、昆虫、底栖动物、浮游生物等生物及其赖以生存的土壤、大气、海水等环境要素共同组成，通过物质循环和能量转换发挥生态功能。

（2）深圳湾的资源环境——城市滨海生活

其构思与设计是基于水动力模型的填海边界优化。用地面积为108公顷，岸线长约15千米。

（三）后海中心区

深圳地区共有的深圳湾及其北侧和西侧的后海中心区、深圳湾超级总部基地、华侨城构成了独一无二的滨海地区。后海中心区位于深圳湾和西部通道重要节点，与超级总部基地、西部通道口岸等节点紧密联系。

（1）前海风貌的精细化管控

前海城市风貌的四大控制要素为建筑特色、街道空间、开放空间、天际线。其对建筑表皮进行控制，实行"虚实比"管理，引入"建筑风貌检查表"，进行项目审查，优化项目审批流程。

（2）前海风貌规划手册

《前海城市风貌和特色建筑规划》是一份详细的城市设计和实施手册，从城市的公共空间到慢行系统、界面控制、街道分类，都进行了规划，形成了一个可控制、可实施、可操作的城市设计版本。①

第四节　城市营销问题

一、城市营销的意义

（一）城市设计与城市营销

城市本身就是一种设计，设计体现了城市的特色。然而设计亦能推动和改变城市，通过包装可形成城市形象，从而影响城市精神、城市产品、城市品牌。显然，这一过程与城市营销密切相关，城市营销即是对城市这个产品的营销。其可以指整体设计，也可包括具体建筑，如对博物馆的品牌设计，古根海姆博物馆即为一例。总之，没有设计，或者

① 资料来源：http://www.sohu.com/a/213324760_611316。

设计水平不够，都会给城市营销造成阻碍。当然，单从设计而言，其绝不只是包装而已，还包含太多的功能和意味，虽然未必能让所有人理解，但也有潜移默化的影响，比如设计正义（为谁设计，有利于谁），以及意识形态的强化作用等。推进城市营销，需要我们加深对城市设计及其与城市营销之间的关系的认识。

（二）城市营销的内涵

城市营销这个概念是从西方的国家营销理念衍生而来的，包括一个城市内的文化氛围、城市形象、环境、品牌、企业、产品、贸易、人居环境、投资环境等方面。城市经营的概念强调土地增值，而城市营销的功能则远超土地增值的范围，实际上意味着城市发展战略和城市治理理念的转型。其提倡要充分发挥城市的整体功能，提升城市核心竞争能力，树立城市的独特形象，提升城市知名度、美誉度，从而满足政府、企业和公众各方面需求的社会管理活动的需要。一般认为城市营销有 3 层含义：城市营销的主体首先是政府，其次是企业社会公共机构，最后才是个人；城市营销的内容包括招商引资、市政建设、产业调整和引进人才、盘活资源，包括城市无形资产的盘活、城市品牌的建立与提升、城市文化特色建设推广与城市整体形象的设计塑造等内容；城市的第一大顾客群体是投资者，他们是各个城市争夺的主要对象，而城市消费者则包括定居人口、暂住人口、医院类社会组织和投资者、旅游会议参加者、旅游者和就业者，此外还有商店、高等院校、金融机构、研究机构等机构。

（三）城市营销与战略规划

城市营销是长期的过程，有起点没有终点，需要综合性的战略规划，也需要专项战略规划，这多少有点主动营销的意思。但任何城市也都有起码的设计，所以城市客观上其实也处在营销的过程之中。城市营销涵盖了城市的一切，看得见的和看不见的、物质的和精神的、集体的与个人的，上层建筑、基础设施、意识形态、人文风貌都在营销范围之内。而且城市还处在不断变动之中，不断吐故纳新，这就对战略规划提出了极高的要求，如何制定目标？如何确定时间长短？这些都是需要进一步研究的问题。城市营销在中国尚属新领域，其挑战性是全方位的，而政府恐怕要首当其冲面对挑战。城市既被营销着，又要主动营销自己；既要表现自身，又要对城市的全局进行规划安排。

二、城市营销的要点

（一）SWOT 分析：机遇和优势

首先，分析外部环境，如国家战略与政策背景，判断是否能够获得国家政策支持；第二，分析内部环境，判断目前已经具有什么样的优势，以及现有的硬件和软件是否能够有效地与外部市场对接；第三，分析市场环境，看看有哪些市场机遇，以及根据市场机遇判断当前阶段应当采取何种战略，是走国际化路线，还是立足国内，提高城市营销效率。

（二）分析城市特色

城市特色是根植于城市的历史文化资源中而确定的。这里所说的城市特色除了文化之外，还包括产业特色，即城市经济方面的特点。文化特色，以及城市精神特色、产业特色或特色产业，都是城市营销的内容。从某种程度上说，城市营销就是特色营销，特色是城市生存的前提，特色是品牌或品牌的基础。城市营销应当从自身的特色产业寻找突破口，努力挖掘其他城市不可模仿和不可替代的属于自身特色的产业和优势产业，然后带动相关产业的协调发展。特色产业往往也是主导产业，其是城市核心竞争能力的保证，是重塑品牌的依据和手段。

（三）进行城市定位

定位与特色相关，特色是定位的基础，而定位是城市营销的灵魂。定位就是确立或试图塑造城市品牌，确立城市存在的价值及其不可替代的个性。定位就是确认和坚持自己的核心竞争力，从而确保城市持续的发展和活力。定位说来容易，做起来难。定位比单纯地确认特色更难，因为其意味着决定今后的发展方向，具有战略意义。定位之前，要求先进行深入的SWOT分析，包括对城市的历史、地理位置进行分析研究，做出判断，同时邀请多方参与论证，确保城市定位的方向准确。

三、营销战略的制定与实施

（一）战略选择

1. 成本战略

将有效的资源充分利用在营销的实质性工作上，在其他成本比较固化的时候，某些可变成本就要积极发挥作用。对于投资者，政府一般会通过减免税收，降低土地价格，提供贷款支持等方式给予支持。这些成本是固定的，不固定的成本是公关成本或媒介整合成本。降低成本的同时必须充分对其进行规划和预算，在最好的策划创意下，在最低的营销成本运行推广的条件下，实现最大的营销效果。

2. 差异化战略

靠某些方面出类拔萃、与众不同的独特形象来吸引投资者。在投资领域，可用基础设施、投资服务、某些配套工业等各种差别优势作为“王牌”。

3. 集中战略

主攻特定顾客，例如苏州的“新加坡模式”，胶东的“韩国模式”，深圳的电子信息产业等。

（二）具体实施步骤

具体实施步骤可分为如下几步。第一，建立统一的城市营销领导机构。第二，提高市民素质，建立城市口碑。第三，鼓励市民积极参与城市品牌构建。第四，多方面多渠道推广城市品牌。第五，培育和推介优秀的企业品牌。第六，发挥城市品牌与企业品牌的联动效应。

四、城市营销的未来路径

（一）合作取代竞争

首先，城市营销不能孤立进行，尤其是在全球化时代，竞争应让位于合作。比如，城市和区域之间的合作、城市和城市之间的合作，还有城市与国家之间的合作。并且这也符合国家战略的需要。换言之，城市营销可以承担起国家营销的责任。反过来，如果一个城市在营销自己的时候能够获取更多的合作、更多的资源并考虑国家战略，或许还能得到国家政策的特殊支持。营销城市自身，也是营销其所在的区域，甚至是国家。合作取代竞争，能够节省资源，提高效率。

（二）提升城市文化

城市文化是指城市的社会意识形态以及与之相适应的制度和组织机构的总和，也是城市居民在城市的长期历史发展过程中共同形成的思想、价值观念、城市精神、行为规范等精神财富的总和。城市的制度文化、城市精神具有不易模仿性和特殊性，能更有力地吸引顾客，城市文化决定城市形象，决定城市品牌，从而决定城市营销。提升城市文化，就是提升城市的现代性。我们应该更多地从人的真正需要出发，包括精神与灵魂的需要，而不仅是娱乐、享乐、追赶西方而已。中国的城市应当具有自己的文化特色、文化品牌、建筑品牌、设计品牌、城市品牌。城市营销应立足长远，站在更高的角度看待城市营销问题。如整个城市的管理文化、环境、能力有无改善，是否符合国际先进潮流，等等。

（三）培育“乌托邦”精神

谁都知道打造城市品牌、城市地标，提高品牌设计能力，追求毕尔巴鄂效应，但这些需要自由的氛围作为支撑，自由氛围带来思想的解放，然后才有想象力的驰骋，才能使城市具有魔力，给城市带来良好的营销效果。城市营销本是自上而下之事，“鸟儿自由了，于是便有了歌声”。

环境的进一步开放，文化的改造和提升，才能孕育出“乌托邦”精神，而任何积极、有魅力的东西都会促进城市的营销。深厚的历史积淀并不能确保我们一定具有想象力、具有魅力、具有趣味，应该更注重对文化资源进行发掘，使我们的艺术品位影响到城市设计的格局。如何找到真正代表中国又能具有普适性的艺术文化风格，亦即找到适合我们的现代性，才是最重要的。

相关案例：格拉斯哥品牌重塑运作

格拉斯哥是首批进行品牌重塑的城市之一，并且其在一定程度上是最成功的尝试。在 20 世纪 80 年代中期，格拉斯哥是工业衰退的典型案例。其就业机会的流逝主要是在制造业、重工业，总的就业人数由 1950 年的 56 万人下降到 20 世纪 80 年代中期的不到 40 万人。城市以社会两极分化闻名，由盛转衰，虽富有历史文化特色，但居民面临贫困和失业压力。1983 年，该市出乎意料地推出其“格拉斯哥更加美好”（Glasgow's Miles Better）的广告宣传活动，以推广旅游为目的，同时确定了产业定位。该活动的创新特征是使用笑脸人物“快乐先生”（Mr. Happy）——出自罗杰·哈格里夫斯（Roger Hargreaves）撰写的 Mr. Men 童书系列。不久，该市进一步重塑自身形象，申办欧洲文化之都。最终在 1990 年获得认定。为了提升环境，格拉斯哥对重要建筑物进行全面清理，安装泛光照明，到 1999 年，格拉斯哥当选英国建筑与设计之都。

在巴塞罗那城市营销成功的鼓舞下，格拉斯哥开始认真着手其城市品牌重塑和再生，设计和发展与文化相关基础设施，推出政策。其“灯塔”建筑设计博物馆，目前是苏格兰的建筑设计中心。耗资1 300万英镑改造已废弃的格拉斯哥先驱报办公室，其是查尔斯·伦尼·麦金托什(Charles Rennie Mackintosh)于1895年设计的，1999年重新开放，成为城市中心的旗舰建筑，包括画廊空间、屋顶咖啡厅和教育设施。2004年，该市又推出新的口号——“格拉斯哥：苏格兰风尚”，目的是促进旅游业，吸引投资和增加市民自豪感。由格拉斯哥市议会、欧洲区域发展基金和大格拉斯哥暨克莱德谷旅游局资助，“苏格兰风尚运动”以在格拉斯哥公园举办的(世界上最大古典音乐节)英国BBC逍遥音乐节为特色；并在环球帆船赛上赞助一艘快速帆船，将其命名为“格拉斯哥：苏格兰风尚”号；赞助出版《格拉斯哥：苏格兰风尚设计图集》，展示在伦敦时装周上新兴的格拉斯哥时装设计师的作品。总体而言，格拉斯哥已经通过连续的品牌宣传，将自己成功定位为创意和设计中心，其形象和声誉大大改善。尽管其经济效益，比如增加就业机会，似乎尚显不足，而且城市的失业和贫困仍高于平均水平，但未来可期。

参考文献

[美]亚历克斯·克里格，威廉·S.桑德斯.城市设计[M].王伟强、王启泓，译.上海：同济大学出版社，2016.

[美]乔纳森·巴奈特.重新设计城市[M].北京：中国建筑工业出版社，2013.

[英]帕特里克·格迪斯.进化中的城市[M].北京：中国建筑工业出版社，2012.

[美]约翰·伦德·寇耿，等.城市营造：21世纪城市设计的九项原则[M].俞海星，译.南京：江苏人民出版社，2013.

朱文一.城市设计[M].北京：清华大学出版社，2014.

[美]迈克尔·多宾斯.城市设计与人[M].奚雪松，黄仕伟，李海龙，译.北京：电子工业出版社，2013.

[美]保罗·L.诺克斯.城市与设计[M].钱静，译.北京：机械工业出版社，2013.

[美]乔纳森·巴奈特.重新设计城市：原理·实践·实施[M].叶齐茂、倪晓晖，译.北京：中国建筑工业出版社，2013.

周国艳.城市规划评价及其方法：欧洲理论家与中国学者的前沿性研究[M].南京：东南大学出版社，2013.

苏永华.城市形象传播理论与实践[M].杭州：浙江大学出版社，2013.

朱勍.简明城市规划原理[M].上海：同济大学出版社，2014.

刘彦平.城市营销战略[M].北京：中国人民大学出版社，2005.

李凡，王成慧.城市营销经典案例(第2辑)：国际城市[R].北京：经济管理出版社，2014.

陈倩，欧海鹰.城市营销经典案例(第1辑)：国内城市[R].北京：经济管理出版社，2014.

附：城市设计管理办法(发布部门：住房城乡建设部)

城市设计管理办法(新征求意见稿)

第一条　(办法目的)为积极稳妥推进城市设计工作，完善城市规划与建设管理，依据《城乡规划法》等法律法规，制定本办法。

第二条　(适用范围)设市城市、县人民政府所在地建制镇，开展城市设计管理工作，适用本办法。

第三条　(工作定位)城市设计是城市规划工作的重要内容，是落实城市规划、指导建筑设计、塑造城市特色风貌的有效手段。通过城市设计，从整体平面和立体空间上统筹城市建筑布局、协调城市景观风貌，体现城市的地域特征、民族特色和时代风貌。

第四条　(工作原则)城市设计工作应当贯穿于城市规划建设管理全过程；遵守国家有关法律法规，符合上位规划和相关标准；应当尊重城市发展规律，坚持以人为本，保护自然环境，传承历史文化，优化城市形态，创造宜居公共空间；根据所在城市的经济社会发展水平、资源条件和管理需要，因地制宜，逐步推进。

第五条　(职责划分)国务院城乡规划主管部门负责全国城市设计工作的管理和指导。地方各级人民政府城乡规划主管部门负责本行政区域内的城市设计的组织编制和实施管理工作。

第六条　(总规阶段)编制城市总体规划，应当设立专门章节，确定城市风貌特色，优化城市形态格局，明确公共空间体系，建立城市景观框架，划定城市设计的重点地区。如有必要可开展总体城市设计。

第七条　(重点地区划定)历史城区、历史文化街区、重要的更新改造地区，以及城市中心地区、交通枢纽地区、重要街道和滨水地区等能够集中体现和塑造城市文化、风貌特色，具有特殊价值、特定意图的地区，应当被划定为城市设计的重点地区。

第八条　(重点地区的城市设计要求)重点地区必须开展城市设计，塑造景观特色，明确空间结构，组织公共空间，协调市政工程，提出建筑高度、体量、风格、色彩等控制要求，并作为该地区控制性详细规划的基本依据。应根据相关保护规划和要求，开展历史文化街区建设控制地带的城市设计，整体安排空间格局，统筹塑造风貌特色，明确新建和建筑改扩建控制要求。应根据城市生活和公共活动需要，开展重要街道的城市设计，统筹交通组织，合理布置交通设施、市政设施、街道设施，积极拓展步行活动和绿化空间，提升街道活力和特色。

第九条　(重点地区范围以外的城市设计)城市设计的重点地区范围以外地区在编制城市控制性详细规划时，应当因地制宜明确景观风貌、公共空间和建筑布局等方面的原则要求。

第十条　(编制组织)县级以上人民政府城乡规划主管部门负责组织编制本行政辖区内总体城市设计、重点地区的城市设计。

第十一条　(成果审批)城市总体规划阶段的城市设计作为城市总体规划的组成部

分上报审批,单独编制的总体城市设计和重点地区的城市设计由城市、县人民政府审批。

第十二条 (论证、公示和公开)编制城市设计时,组织编制机关应当组织专门论证,审批前应进行及时公示,广泛征求公众意见。城市设计成果应当自批准之日起20个工作日内,通过政府信息网站以及当地主要新闻媒体予以公布。

第十三条 (实施要求)在城市、镇规划区内大型公共建筑项目,以及以出让方式提供国有土地使用权的,城市设计要求应当纳入规划条件。设计单位应当按照控制性详细规划和城市设计进行建筑、景观、市政工程方案设计。城市、县人民政府城乡规划主管部门进行建筑设计方案审查和规划核实时,应当审核城市设计要求落实情况。

第十四条 (编制经费)城市、县人民政府城乡规划主管部门组织编制城市设计所需的经费,应作为城乡规划的编制经费,纳入本级财政预算。

第十五条 (新技术应用)城市、县人民政府城乡规划主管部门,应当充分利用三维仿真技术、BIM等新技术开展城市设计工作。有条件城市可建立城市设计管理辅助决策系统,并将城市设计要求纳入城市规划数字化管理信息平台。

第十六条 (监督要求)各级人民政府城乡规划主管部门开展城乡规划监督检查时,应当同时监督检查城市设计工作情况。国务院和省、自治区人民政府城乡规划主管部门应定期对各地的城市设计工作和风貌管理情况进行检查。

第十七条 (评估和考核要求)城市、县人民政府城乡规划主管部门开展城市规划实施评估时,应当同时评估城市设计工作实施情况。

第十八条 (技术导则制定)对全国城市设计的技术要求由国务院城乡规划主管部门另行规定。

第十九条 (地方配套)各地可根据本办法,按照实际情况,制定实施细则与技术管理规定。

第二十条 (建制镇)县人民政府所在地以外的镇可以参照本办法开展城市设计工作。

第二十一条 (施行时间)本办法自2016年__月__日①起施行。

---

① 原文如此。

第二十五章　城市战略机遇区开发问题

城市与区域规划是一个“巨系统”，并且会随着经济社会的发展，不断拓展领域。城市战略机遇区是我国城市区域发展中的新型增长点和重要经济增长极，成为城市与区域规划的重要空间单元。科学规划城市战略机遇区，有助于完善城市和区域规划体系，丰富规划内容，为城市与区域的持续发展提供保障。本章主要阐述城市战略机遇区内涵、类型、特征等概念。分析战略机遇区在城市规划中的重要意义以及规划方法，并选择典型城市战略机遇区案例进行重点分析。

第一节　城市战略机遇区内涵、类型与发展历程

一、城市战略机遇区的内涵与类型

城市战略机遇区是指在城市建设发展中，对整个城市产生重大深远影响的城市构成，是在特定时期内引领经济增长和发展的特殊空间地域单元。20 世纪 80 年代的经济特区、20 世纪 90 年代的经济开发区、21 世纪以来的新区发展，以及 2010 年以后的自贸区等都是对城市发展起到重要影响作用的城市战略机遇区。

（一）经济特区

经济特区概念于 1979 年被提出，首次在深圳落实实施，目的是寻求改革开放突破口，在对外开放中“先走一步”。所谓的经济特区，是指在一个主权国家或地区划出的特定区域，采取比一般地区更加开放的经济政策，用减免关税等优惠措施，吸引外资和引进外国技术设备，以达到一定的经济目的[1]。建设经济特区这一城市战略机遇区是我国改革开放以来

---

① 陆婕.西安市产业新城与母城发展的联动性分析[D].西安：西安建筑科技大学，2013.

一次成功尝试,经济特区的“特”,就在于其实行特殊的经济政策和特殊的经济管理制度。

经济特区是我国改革开放的试验田,主要分为两类:第一类是改革开放初期的经济特区,主要包括1979年划分的深圳、厦门、珠海、汕头和海南省,主要基于深圳毗邻香港,珠海毗邻澳门,而厦门和汕头是著名的侨乡的考虑。其中,深圳特区发展迅速,效果最好。第二类是新世纪确立的“一带一路”特区,主要包括喀什经济特区和霍尔果斯经济特区(2010年),其设立也是考虑到两地在“一带一路”开放发展中的重要区位优势。

(二)经济开发区

经济开发区出现于20世纪80年代,是国家为了进一步推广经济特区的部分优惠政策与措施而设立的特殊功能区域。经济开发区最早在沿海部分城市设立,后逐步推广到全国,促进该阶段我国城市的发展。开发区以工业生产功能为主,借助外来投资发展经济,促进了我国城市数量的增加、城市空间的拓展,以及城镇化水平的提升。经济开发区根据功能定位分为经济技术开发区、高新技术产业开发区、产业工业园等多种形式。

经济技术开发区是以发展知识密集型和技术密集型工业为主而设立的特定经济开发区。其主要任务是通过开放带来的资金、技术带动国内生产,提高地区经济发展水平。具体包括引进国外先进技术,提升生产效率,生产国内市场短缺商品以满足国内需求,扩大对外出口,累积社会资本,吸收现代管理理念培育高素质人才,获取最新经济技术信息,提升市场竞争力等。1984年,中国在14个沿海开放城市先后建立了17个经济技术开发区。第一批经济技术开发区都位于沿海城市,而后逐步向全国范围推广。截至2014年底,国家级经济技术开发区已经达到215个,其中,江苏省最多,共25家,其次是浙江20家,山东15家。

高新技术产业开发区是以高新技术为主的经济开发区。高新技术产业开发区概念最早于1988年8月的“火炬计划”中被提出,是以发展高新技术产业为目的设立的特殊功能开发区,通过吸纳国际先进技术、资金和管理经验,优化区域发展软硬件环境,最大限度将科技成果转化为生产力,促进产学研的高度结合。高新技术产业开发区多与重工业结合密切,在税收与贷款等方面给予政策支持。截至2014年9月,我国国家高新技术产业开发区总数已达114家。

(三)国家级新区

从经济特区到经济技术开发区、高新技术产业开发区,我国在空间开发战略上不断进行各种尝试。这些特殊功能区的设立,在一定时期推动了区域经济的快递发展。但是,与经济体制改革相比,行政体制改革和社会体制改革进程明显滞后,制约了我国全面深化改革的进程。为了摆脱这一困境,中央提出了建设国家级新区的城市战略。

国家级新区初期多布局在东部沿海,为避免遍地开花现状,总体数量不多,主要承担国家发展与改革重大战略任务,如上海的浦东新区开发开放,带动了长三角整体发展;天津滨海新区,带动了京津冀地区的经济快速发展。国家级新区大规模扩容始于

2010年。2010年6月，重庆两江新区成立，成为全国第三个国家级新区，随后国家级新区数量不断增加，至今已建立19个国家级新区。国家级新区主要分3种类型：一是一级行政区政府型，如浦东新区、滨海新区；二是"一套人马、两块牌子"的政区合一型，如舟山群岛新区、南沙新区、青岛西海岸新区；三是管委会型，如两江新区、天府新区、兰州新区等。

国家级新区经历了从严格控制数量到全国布局阶段变化。现实成效方面，2010年前的国家新区起步早、发展快，政策支持带来的溢出效应显著；2011年后国家新区批复数量增加，并为各个地区的国家新区指定不同的发展方向与战略任务，但部分新区起步较晚，发展基础较弱，制定目标较高，存在一定发展风险。为此，科学合理规划国家新区显得尤为迫切。

（四）自由贸易区

自由贸易区（简称"自贸区"）是指在一国领土内设置一部分特定区域，在该区域内运入的货物被视为仍在关境以外。自贸区在贸易和投资等方面具有比世贸组织有关规定更加优惠的贸易安排。

对城市空间而言，自贸区面积较小，一般只包括一个城市的部分区域，作为融入城市的一部分而存在。但由于自贸区政策开放程度更高，经济要素市场开发程度更大更广，可形成比较竞争优势，实现区域推广，通过产业转型和人口结构调整，拉动所在城市和地区的城市形态变化。

我国第一个自贸区是2013年8月设立的中国（上海）自由贸易试验区，其是按照国务院批准的"总体方案"和"深化方案"要求，以打造高度开放的自贸试验区为目标，着力推进投资、贸易、金融、事中事后等领域的制度创新的尝试。经过近几年的发展，自贸区试验内容不断拓展，经济活力不断增强，探索经验日益丰富。在上海自贸区建设的基础上，国家加大自贸区设立力度，截至2020年，设立数量已经达到21个。

在城市整体形态方面，自贸区有利于带动城市快速发展。由于其政策优惠独特性，吸引各类产业的企业公司、服务人员、工作人员大量集聚，特别是国际企业和人员。产业和从业人员的集聚，直接促进自贸区自身和周边城市空间的快速发展。如上海自贸区进一步带来了上海浦东新区的二次开发，深圳自贸区促使福田—罗福、前海等城市中心的功能分化。

但随着陕西、重庆等自贸试验区的批复，自贸区建设普遍成为了带动重点城市转型发展的战略机遇。在规划建设中，一方面要注意避免与原保税区（港）的功能重复叠加，另一方面要避免把自贸区看作新的"开发区"以获得支持。自贸区重在制度创新突破，以及对城市与周边区域的辐射带动。

二、城市战略机遇区对城市发展影响历程

在我国改革开放进程中，先后制定了"经济特区""开发区""高新区""国家新区""自贸区"等发展战略，在落实过程中形成了各具特色的城市战略机遇区，在一定时期推动

了我国区域经济的快速发展，带动了我国城市数量和规模的扩大，对我国城市形态产生了深远影响。从发展历程来看，城市战略机遇区对城市形态发展影响主要分以下几个阶段。

（一）城市恢复发展阶段（1978—1986年），以经济特区发展为战略机遇引领大城市点状拓展

随着改革开放的推进，我国社会经济进入了前所未有的高速发展时期，城市发展也随之进入恢复发展阶段。特别是20世纪80年代乡镇企业的迅速崛起、城市数量增加和户籍制度改革的推进，大大促进了小城数量的增加和发展。但松散式的“村村点火，户户冒烟”发展也出现了一定的问题，主要表现在几个方面。一方面，乡镇企业虽发展速度较快，但本身生产效率较低，缺乏规模和集聚经济效益，人才较为缺乏，对小城（集）镇进一步发展的推进作用有限。另一方面，乡镇企业管理较为松散，出现了土地利用的浪费、环境污染严重等问题，亟须规划战略机遇区引导城市有序发展。

在此阶段，我国大城市借助改革开放的政策优势，通过设立经济特区来带动发展。作为改革开放的试验田，1979年中央提出经济特区假设，初期涉及深圳、厦门、珠海、汕头和海南省。经济特区实施特殊经济政策和管理制度，对外开放得到落实，也促进了大城市的发展。经济特区大大促进了城市经济发展，使城市范围快速扩张，城市人口增长迅速。如深圳作为经济特区，经过多年发展，城市规模显著提升，范围不断拓展，人口不断增加。深圳特区面积由原来的3.8平方千米，到2010年范围扩大为深圳全市的327.5平方千米，到2019年末，全市建成区面积已经达到927.96平方千米，城市空间大大扩展。人口也伴随城市发展，数量超过千万。1980年，国务院批准设立厦门经济特区、珠海经济特区、汕头经济特区，因其分别为2.5平方千米、6.8平方千米、1.6平方千米，面积较小，对城市形态影响程度偏低。经济特区对城市也产生了一定的负面影响，这主要是因为城市空间拓展速度相对较快，部分城市周边农村地区没有完成彻底的城市化，城市蔓延覆盖部分郊区农村，造成了大城市“城中村”问题，长时间得不到较好解决。

（二）城市快速发展阶段（1987—1999年），以开发区建设推动城市工业用地大规模增长的多中心空间布局

进入20世纪80年代中期，深圳经济特区的成功推进，增强了我国改革开放的信心。为了推广经济特区的某些较为特殊的优惠政策和措施，1984年，我国在沿海14个城市建立了第一批国家级开发区。但由于我国基础设施薄弱，外资进入我国尚处于试探和观望阶段，开发区设立之初，对城市带动作用不明显。直到1992年邓小平南方谈话，扩大开放战略得到落实，经济开发区迎来大发展，也带动了我国大中城市发展。首批14个国家级开发区发展迅速，成为外商投资的最大热点，也成为所在城市的重要经济增长点。到1998年，国家级开发区由最初的14个增加到32个。

经济开发区的迅速发展，带动了我国大中城市规模迅速拓展，对我国城市发展产生了深远影响。主要体现在两方面。一方面，从城市空间结构来看，城市用地中的工业用地规模迅速拓展。我国开发区在最初建立时主要是用于工业生产用地的单一功能的开

发,这促使了城市用地结构中工业用地大规模增长。另一方面,从空间布局来看,开发区多在城市周边地区圈地发展,促使城市多中心空间结构的形成。如苏州工业园区以及之后建立的苏州高新技术产业开发区,使苏州城市空间向东、向西拓展,形成了与老城区相独立的城市空间。大连市形成由大连经济技术开发区、大连高新技术产业开发区和大连保税区等国家级开发区所组成的新市区,促进城市空间形态由原来的单核式发展为双核结构。

开发区促进城市空间拓展的同时,也导致城市功能与形态的不匹配。开发区建设多为工业发展为主,规划功能单一,吸引大量劳动力集聚,但其生活服务配套规划预留不足,居住功能薄弱。加之开发区多建设在城市外围地区,距离居住功能较强的中心城区较远,容易造成职住分离,进而带来通勤时间增加、交通拥堵等问题,产城不融合导致城市形态的不平衡性。

(三) 全面推进阶段(2000—2010 年),各类新区、新城迅速发展推动城镇空间快速拓展

由于单一功能开发区带来城市发展的诸多弊端,不少开发区以建设多功能新城为开发目标。这使开发区的规划发展不仅包括工业用地,还包括金融用地、贸易用地、居住用地、文教用地、市政用地、绿化用地等综合用地开发。进入 21 世纪,各类新区、新城的迅速崛起让“空间生产”成为推动中国城镇化进程的重要力量。这一时期,新城、新区建设成为城市空间扩张的一种新形式,有计划地推进新城、新区建设,对解决人口居住问题、引导城市转型、拉动区域发展、缓解“城市病”、提升城市竞争力均有重要的现实意义。2000 年左右,对中国 12 个省级行政区进行的调查显示,156 个地级以上的城市中,提出新城、新区建设的有 145 个,占 92.9%。在这 12 个省的 161 个县级城市中,提出新城、新区建设的有 67 个,占 41.6%。可见,大多数城市将新城、新区建设作为城市空间拓展的重要形式,使我国城镇建成区面积快速拓展。据统计,2000—2010 年,我国城镇建成区面积从 20 214.2 平方千米扩大到 40 533.8 平方千米,十年扩大接近一倍。

新城、新区建设对我国城市形态产生了深远影响,并起到了一定的积极作用。一方面,新城成为我国工业化和城镇化的重要空间载体,是我国经济发展的重要承载空间。特别是自 2002 年我国加入世贸组织后,进一步推进我国经济对外开放。这些新城、新区成为我国宏观区域战略落地的重要承载区,在推动各地工业化、城镇化,深化对外开放等方面发挥了重要作用。另一方面,从功能上有效疏解了城市功能,缓解了日益严重的“城市病”,特别是对于我国大城市,新城、新区吸引了大量人口和产业聚集,成为各地城市功能的重要承载空间。同时,新城、新区一般与老城区有一定的空间距离,防止了城市形态呈“摊大饼”式拓展,进一步优化了城市空间结构。

与此同时,新城在发展过程中出现了诸多问题,亟待引起重视。第一,新城的快速发展,促进我国城镇空间进入了“房地产化”开发模式,出现了诸多“空城”“鬼城”。由于新城开发带动了房地产等诸多产业发展,致使地方政府热衷于新城建设。特别是一些中小城市和中西部城市,城市对新城需求不足,但却不断建设。新城区位选择、定位、面

积不符合实际需求,盲目设立,缺乏效益,导致新城人气不足,产业分散,产生了“空城”“鬼城”。如2001年鄂尔多斯市建设的康巴什新区,耗资50多亿打造,面积达32平方千米,计划安置100万人口,事实却是很少有人入住,几近成为一座无人居住的“鬼城”。第二,新城配套不足,产生职住分离,导致部分新城变成了“睡城”“卧城”。部分新城、新区基础设施配套薄弱,教育、医疗等资源存在数量和质量等双重与市区的不均衡,致使新城居住功能不完善,造成了新城与中心城区的“钟摆式”交通,形成新一轮交通压力,而新城变成了“睡城”和“卧城”。第三,新城开发粗放,土地等资源浪费明显。新城、新区规划建设普遍过大,人均用地偏高,土地闲置,浪费突出。据对全国391个规划城市新区调查,规划建设用地2.5万平方千米,规划人口1.27亿人,规划人均用地高达197平方米,已建成区人均用地也达到161平方米,远远超过国标。

(四) 优化提升阶段(2010年至今),以自贸区、国家新区以及新型城镇化推进大城市空间功能提升与小城镇快速发展

2010年,我国进入全面建成小康社会的决定性阶段,改革不断深化推进,自贸区、国家新区等园区不断涌现,新型城镇化战略深入推进,促进我国城镇内部空间形态和城镇空间结构不断优化。其间各种园区对城市空间形态影响主要体现在以下三方面。

1. 以自贸区为特征嵌入城市空间簇群化发展

自贸区是为适应进一步改革开放需求而设立的城市战略机遇区。2013年8月,中国(上海)自由贸易试验区成立;2014年12月,中国(广东)自由贸易试验区、中国(天津)自由贸易试验区、中国(福建)自由贸易试验区3个自贸区设立;2016年,又设立了7个自由贸易区。

总体而言,自贸区面积较小,一般只包括城市的部分区域,但其拉动效应明显,带动周边区域要素集聚,呈簇群化嵌入城市空间。具体表现在两方面。一方面,自贸区作为制度创新高地,带动城市区域快速发展。由于自贸区所在区域的政策优惠独特性,吸引各类产业的企业公司、服务人员、工作人员大量集聚,特别是国际企业和人员集聚。产业和从业人员的集聚,直接促进自贸区自身和周边城市空间的快速发展。如上海自贸区进一步带来了上海浦东新区的二次开发。另一方面,自贸区使城市空间离心化与簇群化并存。自贸区发展带动了国际金融服务行业集聚,行业布局呈现一定离心化趋势。同时,在自贸区核心区周边形成中心簇群,以对外金融、贸易服务功能为主,相关的服务及其他总部在外围布点。

2. 以国家级新区大规模扩容带动城市空间蔓延

国家级新区大规模扩容始于2010年。2010年6月,重庆两江新区成立,成为全国第三家国家级新区,随后国家级新区数量不断增加,至今已建立19个国家级新区。国家新区成为我国众多城市重要增长极,对带动经济发展起到了积极作用。2014年国家级新区GDP增速普遍比所在省市要快,最高的为贵安新区,比贵州省高出34.6个百分点,其次是甘肃兰州新区,比甘肃省高出24.1个百分点。从GDP占所在省市的比重看,最高的是天津滨海新区,高达55.7%。

国家新区大规模扩容对城市空间的影响主要体现在以下几方面。首先是新区规划面积较大，使城市空间出现了大范围的蔓延。目前，很多国家级新区的规划面积超过数百甚至上千平方千米。其中，广州南沙新区、甘肃兰州新区、陕西西咸新区面积都在800多平方千米，浦东新区、两江新区、舟山群岛新区、天府新区、贵安新区面积都在1 000—2 000平方千米，都比其城市现有建成区面积大得多。举全国之力历时30年建设的深圳市建成区面积也不过661平方千米。其次是一些新区采取全面铺开的开发模式，导致产业园区和功能区布局分散。在国家级新区的开发和建设中，出现了盲目追求规模和速度的现象，以“大、快”为导向，忽视了成本、质量和效益。部分新区先土地开发、后项目建设，先项目投资、后公共服务设施建设，而且土地等要素的集约利用程度不高，功能布局分散。再次是部分新区房地产化严重，部分新区办公楼宇和房地产开发较快，造成供给大于需求。例如，大连金普东新区、长沙湘江新区、兰州新区等空置率很高，库存积压严重。

3. 新型城镇化战略推动小城镇发展

我国新型城镇化战略由注重大城市发展向注重大、中、小城市协调发展，并以城市群作为我国新型城镇化的主要载体。在此战略下，我国推出了一批特色小镇建设。特色小镇的发展对我国城市空间发展起到了一定的积极作用。首先是特色小镇发展，成为我国人口的新聚集地，缓解了大城市面临的住房难、交通拥堵、污染严重等大“城市病”问题。其次是特色小镇发展，促进人口就近就业，就地转移，进一步优化我国小城镇空间发展。与此同时，我国特色小镇的快速推进也带了诸多弊端，值得警惕。比如特色小镇重叠、重复、同质化非常严重，使“特色”逐渐失去。要充分吸取我国新区、新城房地产化的经验教训，不要由“鬼城”“空城”演变成新一轮“鬼镇”“空镇”。

三、城市战略机遇区对城市发展影响特征及问题

（一）战略机遇区对我国城市形态发展影响特征

总结我国改革开放以来各类战略机遇区发展对城市形态影响，存在如下特点。

1. 战略机遇区发展充分体现了我国行政资源的空间配置，成为影响我国城市形态的重要因素

改革开放以来，各类战略机遇区不断投入建设，成为我国经济发展的主要载体。究其原因，改革开放之初我国城市建设薄弱，不能满足外商投资的环境要求。我国通过经济特区、开发区等战略机遇区建设完善基础设施、城市建设，成为吸引外商投资的集中区域。这对我国城市形态发展产生了深刻影响。例如，20世纪八九十年代经济开发区带动我国城市工业用地规模快速拓展，促进城市规模和城市数量快速增加。进入21世纪以来，以产城融合发展为出发点的新城大发展，使城市空间用地结构发展转变，由工业用地拓展向城市建设用地、商业用地、工业用地等综合用地拓展，致使我国城市形态由单中心向多中心发展。2010年，我国城市形态受国家新区扩容和特色小镇的双重影响，呈现大城市和小城镇双重空间拓展特征，从城市空间功能和城镇体系等方面优化城

市形态。由此可见，我国不同阶段战略机遇区发展体现了国家不同发展战略，各种战略机遇区有不同的支持政策，优化了行政资源的空间配置，影响城市形态演进。

2. 战略机遇区发展对我国城市形态的影响，呈现点状开发、面状带动，以及整体协调的空间演变历程

从改革开放以来，我国城市形态发展经历了恢复发展、快速发展、全面推进、优化提升4个阶段，战略机遇区对城市形态影响呈现规律性变化，即经历了点状开发、面状带动、整体推进、优化提升的空间演变规律。从我国区域布局来看，战略机遇区对城市形态发展的影响呈现由东南沿海点状开发，逐渐推向中西部地区的态势。在改革开放之初，我国战略机遇区首先设在东南沿海开放城市，以深圳特区、浦东新区等点状空间拓展为主。随着我国区域发展战略由非均衡走向均衡发展战略，战略机遇区发展由东南沿海向我国中西部地区推进，20世纪90年代工业开发区和2000年之后的新城的推进，呈现了由东南沿海向中西部地区推进的过程，使我国城市数量和规模实现了快速增长。

3. 战略机遇区对我国城市形态的影响，经历了由小城镇到大城市再到小城镇的螺旋上升

在改革开放之初，乡镇工业的发展促使小城镇粗放式空间拓展，随着改革开放不断推进，我国工业开发区、新区、新城、自贸区等战略机遇区开发主要集中在大城市发展，促进了大城市空间结构的发展。其间，战略机遇区的开发使我国大城市空间结构由单中心向多中心发展，特别是新区、新城的发展加快了我国城市多中心格局的形成。但随着大城市空间不断拓展，交通拥堵、房价暴涨、环境污染等“大城市病”不断出现。为此，我国于2010年推进新城城镇化战略，由关注大城市发展转向注重大、中、小城市协调发展。特别是2016年以来特色小城镇的推进，使我国小城镇得到了长足发展。我国第一批特色小镇批复127个。特色小镇的建设，将大大推动小城镇基础设施建设，吸引人口向小城镇居住、就业。这使我国城市形态空间再一次聚焦到小城镇发展，但更注重内涵发展。

4. 战略机遇区对我国城市形态的影响一般前期效果显著，后期逐渐减弱

一般而言，我国在推行各类战略机遇区前期，其落实效果较好，政策较为集中，对城市形态也形成了点状带动。如经济特区中的深圳、国家新区中的浦东新区、自贸区中的上海自贸区等对城市经济发展起到了显著带动，也对城市空间形态影响深刻。浦东新区自1992年成为国家新区以来，已从最初农业发展为主的郊区发展成为一个人口密集、收入水平高、产业集聚的外向型、多功能、现代化新城区。但随着我国将各类战略机遇区不断扩容，其数量的增加也使其作用慢慢弱化，甚至出现借机圈占土地、相互竞争、管理不善现象。

（二）各类战略机遇区对我国城市形态影响存在的主要问题

战略机遇区发展对我国城市空间形态产生了深刻影响，不仅推动城市规模和数量的增加，还促进城市空间优化和功能提升。但在发展过程中也给我国城市形态带来了诸多问题。主要体现在以下几方面。

1. 土地资源浪费现象严重

一方面，部分开发区、工业园区、国家新区等战略机遇区铺得过大，土地利用粗放。部分战略机遇区圈下了大量土地，却没有集聚起多少产业和人口，城镇建设用地增长速度远远高于人口城镇化速度。2000—2011年，我国城镇建成区面积增长了76.4%，而同期城镇人口的增长速度仅为50.5%。很多土地被占而未用或被粗放地使用，造成土地资源严重浪费，土地效益增幅呈下降趋势。另一方面，布局失控，冲击耕地红线。一些新城、新区"摊大饼"式扩大，加剧了优质耕地的流失。据对全国391个规划城市新区的调查，规划建设用地2.50万平方千米，需占用耕地3 655平方千米，其中大多是城市周边优质耕地。

2. 产城不融合问题突出

我国开发区、高新区、国家新区发展多以经济发展带动为目标，以重大产业项目带动发展，产业迅速发展的同时，配套基础设施就显得滞后，特别是产城融合发展问题日渐突出。如浦东新区发展初期，产业主体多集中于张江地区，虽配套建设了一批人才公寓，但对一般人员的住房需求考虑不足，造成严重的职住分离现象，钟摆式人员流动对道路交通造成较大压力。天津滨海新区也存在同样的"工作在新区，居住在中心城区"现象。同时医疗、教育等公共服务配套设施的缺失，也造成了城市战略机遇区的产城不融合。

3. 新城与老城之间关系不协调

一方面，新区与老城功能趋同，造成设施重复建设。我国一些新城主要是从缓解老城区的住房、交通等压力角度推进建设，功能上没有形成相互支撑与互补，两者的城市功能有趋同趋势，这种现象造成了严重的设施重复建设以及极大的资源浪费。另一方面，新城与老城之间交通压力较大。由于部分新城出现的职住分离现象，造成新区与老区之间交通压力增大。如鄂尔多斯建设的康巴什新城，与老城区距离超过30千米，随着新区的发展，两者之间的交通流量不断增加。

4. 城镇同质化现象显现

在各项政策的推动下，我国特色小镇建设进入了加速阶段。与此同时，特色小镇同质化、房地产化现象有所显现。2016年起，各地纷纷提出建设特色小镇，同质化现象明显。在国家首批127个特色小镇中，以旅游发展为特色居多，占到60%以上，其次为历史文化型，占比超过40%。同时，特色小镇也出现过度房地产化趋势。因此要充分吸取我国新区、新城房地产化的经验教训，不要由"鬼城""空城"演变成新一轮"鬼镇""空镇"。

第二节 城市战略机遇区规划方法

一、城市战略机遇区在城市规划中作用与意义

（一）城市战略机遇区在城市发展中重要目的与意义

战略机遇区成为城市发展的重要新增长点，具有较强的带动作用，具体体现在以下

几方面。

1. 引领城市经济发展

城市战略机遇区多具备区域发展增长极作用,具有较强的辐射带动作用,对城市经济发展具有重要意义。通过战略机遇区自身的快速发展,带动整个城市的总体发展。我国经济特区、经济开发区、国家新区以及自贸区等战略机遇区,享有国家重要的开放、改革等政策优势,也是国家重大项目投资地,成为城市发展的战略高地,引领城市乃至全国经济发展的引擎。

2. 完善城市空间布局

战略机遇区对城市空间布局影响主要体现在以下两个方面。一方面,从全国城市发展空间布局来看,经济特区、经济开发区、国家新区以及自贸区等多在我国东南沿海布局,体现我国非均衡发展战略,带动了我国大城市的发展。另一方面,从城市空间内部布局来看,经济特区、经济开发区、国际新区以及自贸区等战略机遇区的选址,直接影响了城市发展的空间布局,成为城市发展的新增长极。

3. 优化城市产业结构

城市战略机遇区一般具有较强的经济属性,产业发展目标明确。通过科学规划选取战略机遇区产业发展方向,可对城市产业结构产生积极影响,应制定符合城市未来发展的产业布局,优化城市产业结构。通过战略机遇区带来的新的发展理念,改进城市发展方式,引领城市科学发展、高质量发展。

4. 合理化城市人口布局

城市战略机遇区发展对城市人口分布影响显著。一方面,区域土地使用性质的变更,会产生动拆迁等城市面貌变化和人口的迁移;另一方面,战略机遇区发展会提供更多的劳动就业机会,吸纳人口集聚。战略机遇区往往也是城市人口集聚区,进一步优化主城区与战略机遇区之间的人口布局。

(二) 城市战略机遇区规划的特征

城市战略机遇区规划以城市规划为基础,依据城市未来发展方向,合理布局区域功能,打造成为城市发展的战略机遇区。主要具有以下几个方面的特征。

1. 战略性

城市战略机遇区规划关系城市未来发展空间布局与功能定位,区域发展要保持长时期内的稳定,因此需要形成一经确定就长期发挥作用的战略性规划。

2. 综合性

城市战略机遇区规划要落实其主体功能,既要考虑城市自身的自然条件,又要考虑城市经济发展现状、未来发展趋势等因素,同时还要考虑既有相关规划,以及行政辖区的经济、社会、文化、资源要素。

3. 前瞻性

城市战略机遇区是城市未来发展的重要增长极,其规划必须具备一定的前瞻性,要考虑城市的经济条件、资源禀赋、环境容量等因素对机遇区功能定位与布局的影响。既要参考宏观层面上的国民经济和社会发展战略规划，也要考虑微观层面的项目布局、城市建设和人口分布等基础条件。

（三）相关空间区划与规划

区域规划是对未来一定时间和空间范围内经济、社会发展和生态建设、环境保护等方面所进行的总体部署，即是根据区内的相似性、区间差异性进行的区域划分。城市战略机遇区规划是在传统地理区划的基础上发展演化而来的，要有科学的区划理论和方法。战略机遇区规划有别于自然区划、行政区划等规划，又与其他规划存在一定的关联性。

战略机遇区规划是为了培育作为城市的重要增长点和产业结构调整主导力量的城市产业活动的主要空间载体。基于国家战略需要，以培育城市发展重要增长极为宗旨，协调自然区划、行政区划、经济区划、农业区划、国土资源规划、生态功能区划等相关规划，以战略机遇区功能定位、开发模式等为主要内容，辐射带动城市发展，实现国家重大战略。

二、城市战略机遇区规划方法与内容

城市战略机遇区要根据规划建设需求，统筹考虑未来人口分布、经济布局、国土利用和城镇化格局、资源环境等。关于不同类型的城市战略机遇区规划方法已有相关研究，但在规划原则、依据、方法、流程等方面尚未统一，尤其是在规划标准方面，还没有形成一套成熟的指标体系。为了使各城市战略机遇区规划有据可循，各城市应按照《中华人民共和国城乡规划法》和《中华人民共和国土地管理法》要求，结合自身的实际情况，进行城市战略机遇区规划研究。

（一）城市战略机遇区规划主要内容

1. 战略机遇区功能定位

城市战略机遇区的功能定位是战略机遇区规划的重要内容之一。不同类别战略机遇区以及不同时期的战略机遇区的功能定位侧重有所不同。主要基于两大层面。

（1）从发展历程来看，不同发展阶段面临的战略机遇不同，国家对机遇区赋予的责任、功能定位有所不同。以国家新区为例，深圳特区和浦东新区的定位是以经济发展为第一要义；而雄安新区的功能任务不仅仅是经济发展，还肩负着承接北京非首都核心功能的政治任务。

以浦东新区、深圳特区和雄安新区为例进行功能定位比较。如果用一个关键词来概括，深圳特区作为城市战略机遇区，可以定位为“窗口”。特区是“技术的窗口、管理的窗口、知识的窗口，也是对外政策的窗口”。深圳特区是我国率先打破计划经济体制的试验田，是我国改革开放对外招商引资的“窗口”。浦东新区作为城市战略机遇区，可以定位为“龙头”。浦东开发是中国经济推向深入的战略性创举，全面对接欧美和向全世界开放。浦东新区在改革开放中“龙头”作用明显，在服务于长江三角洲、长江经济带乃至全国的发展中都有所体现。雄安新区作为城市战略机遇区，可以定位为“复兴”。雄安新区的规划建设是“历史性战略选择”，其战略定位是作为影响我国复兴发展大格局、大战略的举措。深圳特区、浦东新区发展重在对外开放,立足于外向发展,与中国香港、世界对接;而雄安新区是在我国新常态下建立,重在深化改革,立足于内生发展,弘扬中国传统优秀文化,肩负着中华民族复兴的重任。

深圳特区、浦东新区分别是我国改革开放的先行者和排头兵,经济发展是第一要义。深圳特区和浦东新区分别兴起于20世纪80年代和90年代,是我国改革开放崛起的时代,经济呈现高速增长,每年的GDP增长速度达到20%,甚至达到30%。2016年深圳实现GDP 19 492.6亿元,同比增长9%;浦东新区GDP达到8 732亿元,同比增长8.2%,占上海全市的31.8%。深圳特区、浦东新区成为我国经济发展重要增长极,带动了我国珠三角和长三角两大城市群的发展。而雄安新区的功能任务不仅仅是经济发展,还肩负着承接北京非首都核心功能的政治任务。从时间轴上看,雄安新区是在我国经济发展新常态背景下,在我国经济改革的攻坚时代,不再简单追求GDP增长速度,而更重视经济质量内涵式发展,肩负着创新转型和新型城镇化发展任务。从空间轴上,雄安新区是为深入推进京津冀协同发展作出的一项重大决策部署,肩负着疏解北京的非首都核心功能的任务。雄安新区要以全球视野、世界标准,高起点、高标准、高品质建设,以改革破解制度障碍,建立完善的区域软硬环境吸引北京企业、机构进入,缓解北京"特大城市病"问题,是雄安新区独有的政治任务。

(2) 不同类型的战略机遇区赋予的功能有所不同。城市战略机遇区在不同时代,采取的发展形式不同,不同类型的战略机遇区也被赋予不同的功能定位,体现了时代特色,符合当时的经济社会发展需求。

经济特区是为了稳妥推进改革,采取先局部试点、再推广经验的渐进式改革策略。改革开放早期,曾设立深圳、珠海等几个经济特区,区内实行特殊的政策,其定位更多是作为"改革开放试验区"的窗口。经济特区的基本功能定位是改革开放的"窗口",是经济体制改革的"试验田",是促进国家和平统一的桥梁,是示范的先进经验代表。

城市开发区多为新开垦的土地资源区域,位于经济潜力巨大地区,多作为产业集聚区、空间拓展区、发展增长极等。20世纪80年代出现的经济开发区,是国家为了推广经济特区的某些较为特殊的优惠政策和措施而设立的专门区域,其功能定位着眼于吸引外资,引领经济发展。通过划定特定区域,进行"五通一平",完善硬件设施环境,完善城市基础设施建设,更好地吸引外资进入,推动我国对外开放,开发区成为引领城市经济发展的重要引擎。

城市新区作为城市郊区化发展的产物,是承接中心城区产业、人口迁移的重要载体。一般而言,基于两方面打造城市新区。一是应对经济快速发展、城市化加快导致的发展空间不足、居住环境质量下降、社会矛盾突出等各种"大城市病"问题。二是打造新经济功能,促进城市空间结构优化,产业结构调整,培育新城市经济增长极。城市新区具有自我的独立性,又依托于城市整体;具有自我的城市功能又与旧城区功能相辅相成。

2. 战略机遇区发展动力

如何激发战略机遇区发展动力是保证战略机遇区发展的本质问题。对于不同战略机遇区，国家给予的政策优惠、发展重点和任务不同，这也决定了战略机遇区发展动力的不同。以下以我国三大新区为例进行说明。

（1）从发展动力来看，深圳特区和浦东新区以开放促发展，外资外贸成为经济发展的主要动力。2016年，深圳市累计进出口2.6万亿元，其中，外贸出口总额为1.6万亿元，连续24年处于内地大中城市首位，对外贸易依存度高达3 132.3%。对外贸易成为拉动深圳经济增长的主要力量，2020年深圳累计进出口更是达到了3.05万亿元。外资特别是跨国公司的投资对浦东新区的经济发展也起到了重要的推动作用。2015年，浦东新区共有外商投资企业612家，总投资32.32亿美元，合同外资达119.8亿美元。世界排名500强的大型跨国公司中，256家进驻上海，在浦东落户的有144家，占全市总数的一半以上。2020年，浦东外商投资达到约94亿美元，跨国公司地区总部累计359家，占全市的46.6%。

（2）雄安新区是以改革促发展，创新驱动将成为经济发展的主要动力，央企国企成为引进的重点。目前，我国进入经济新常态，正由要素驱动、投资驱动转向创新驱动发展。科技创新和制度创新将成为雄安新区经济发展的主要动力。特别是我国进入改革的深水期，破除制度障碍，要加大自主创新和制度创新，以内生发展带动经济发展和转型升级。加快制度创新、科技创新，完善创新创业环境，积极吸纳和集聚京津及全国创新要素资源，通过集聚科研院所和发展高端高新产业，雄安新区将重点打造京津冀体制机制高地和协同创新重要平台。

（3）从发展主体来看，三个新区都以市场作为主体，但雄安新区拥有更多的政治诉求盘活市场。深圳特区和浦东新区地处我国沿海地区，市场经济活跃，市场机制在区域资源配置中起到了主导作用。雄安新区地处我国北方内陆地区，相对而言市场活力不足，但雄安新区建设已上升到国家战略，深化改革盘活市场是雄安新区发展的重要突破口。决议中特别指出要“推进体制机制改革，发挥市场在资源配置中的决定性作用和更好发挥政府作用，激发市场活力”，这进一步强调了发挥激发市场活力对雄安新区建设的主导作用。

3. 战略机遇区与城市关系

战略机遇区是城市发展的重要空间地域单元，要培育为城市发展的重要增长极。因此在城市空间格局上，如何选择进行战略机遇区布局成为重要议题。同时战略机遇区的发展也依托城市本身的资金、人才等要素发展，要正确处理战略机遇区与城市发展的空间布局问题。

部分战略机遇区不仅依托本城市发展，还要依托其区域腹地发展。例如，浦东新区、深圳特区以及雄安新区都分别依托长三角、珠三角、京津冀城市群发展，但与腹地联动发展还存在一定的不同。深圳特区、浦东新区分别是珠三角和长三角两大城市群的增长极，在区域发展中发挥重要的龙头作用，并依托广阔的腹地支撑新区发展。雄安新区的建设也要充分依托京津冀城市群发展，这也符合全球区域一体化不断深化的态势。从具体区空间布局来看，三者又有一定的差别，深圳特区主要毗邻香港而设立，浦东新区依托上海中心城区建设，均为边缘新城发展模式。深圳与香港相隔深圳河，特区建设之初最主要的是要贯通深圳与香港口岸；浦东新区与上海中心城区相隔黄浦江，建设之初通过建设跨江大桥、过江隧道，联系浦江两岸，带动浦东发展。而雄安新区选址于河北省中部，距离北京和天津都有100千米左右，位于北京、天津、保定所形成的三角形之一角，未来发展可通过建设快速交通干线，如磁悬浮、城际高速铁路、城际快速轨道交通等，形成与北京、天津、保定紧密联系的都市圈。

（二）城市战略机遇区规划方法

战略机遇区规划的总体框架一般包括规划背景、战略定位、发展目标、空间布局、开发策略、保障措施等方面。

1. 规划背景

战略机遇区规划都需要进行背景分析，剖析设定战略机遇区的国家责任和发展基础，主要包括外部环境和内部环境。外部环境，一般包括国家层面赋予战略机遇区的责任，以及周边发展的环境。战略机遇区规划要基于本区域，也要跳出本区域，需要以宽广的视野进行规划。通过外部环境的分析，可以掌握未来经济社会变化的趋势，这样可以抓住出现的战略机会或者规避出现战略风险。

内部环境分析是战略机遇区开发的基础，是制定战略的出发点、依据和条件。战略机遇区内部环境的分析目的在于掌握战略机遇区的历史和状况，明确机遇区所具有的优势和劣势。战略机遇区内部资源能力主要指自然资源、政策环境、人力资源、产业基础和产业配套、市场辐射能力、市场环境和法制环境，等等。对规划背景的分析常常采用SWOT分析，以分析本区域的优势、劣势、机会和危险。

2. 战略定位

在完成了外部环境和内部环境的分析后，应先确定战略机遇区的总体功能定位。战略定位是指某一区域根据自身具有的综合优势和独特优势、所处的经济发展阶段以及国家赋予的战略责任，合理确定机遇区战略定位。

例如，舟山群岛新区战略定位为浙江海洋经济发展的先导区、海洋综合开发试验区、长三角地区经济发展重要增长极。一方面，突出了海洋特色，凸显舟山海洋资源丰富特点。舟山群岛新区岛屿众多，海洋生产总值占地区生产总值达到67.9%。另一方面，凸显不同空间层面的战略定位，舟山群岛三大战略定位分别体现在浙江省、长三角以及全国3个层面。

3. 发展目标

针对战略定位提出具体发展目标，包括定性和定量指标相结合。同时一般分近期和远期等分阶段目标。例如，在《浙江舟山群岛新区发展规划》中，舟山群岛新区五大发展目标为：大宗商品储运中转加工交易中心、东部地区重要的海上开放门户、重要的现代海洋产业基地、海洋海岛综合保护开发示范区、陆海统筹发展先行区。提出了分阶段目标：2015年，大宗商品交易平台、海陆联动集疏运网络、金融和信息支撑系统“三位一体”的港航物流体系建设取得重大突破；2020年，国际物流枢纽岛、对外开放门户岛、海洋产业集聚岛、国际生态休闲岛和海上花园城市建设初见成效；2030年，开放型经济体系进一步完善，建成国际领先的现代海洋产业体系，基本实现国家对舟山群岛新区发展的战略定位和发展目标。

4. 空间布局

从空间规划战略机遇区功能布局，主要包括以下两个方面。

（1）规划战略机遇区在城市中的空间布局、与城市主城区的空间联系。一般而言，战略机遇区选址要基于城市发展基础、战略机遇功能定位，以及交通联系等要素。例如，浦东新区选址邻近主城区发展，重点培育城市新的增长极；雄安新区选址距离主城区约100千米，肩负疏解北京特大城市非核心功能作用，要和主城区具有一定空间距离。战略机遇区与主城区之间的交通联系条件也是重要考虑因素，要促进主城区与战略机遇区之间的联动发展。

（2）规划战略机遇区内的工业用地、居住用地、商业用地等具体地块布局，以及战略机遇区内发展的轴带空间关系。要进一步确定战略机遇区划定范围、土地和人口规模，以及生产、生活、生态等用地之间的关系。例如，《浙江舟山群岛新区发展规划》提出“一体一圈五岛群”总体开发区格局。舟山岛作为开发开放主区域，对内部空间布局提出“南生活、中生态、北生产”三带协调，并根据岛屿自身特点，落实主要功能定位，形成六横临港产业岛群、金塘港航物流岛群、普陀国际旅游岛、重点海洋生态岛群、嵊泗渔业和旅游岛群等五大功能岛群。

5. 开发策略

开发策略是战略机遇区规划的重要内容，基于战略定位与发展目标，提出具体开发路径和策略。开发策略成为落实战略机遇区规划的重要抓手和措施。《浙江舟山群岛新区发展规划》中的第四章到第十一章均为开发策略，主要包括建设大宗商品储运中转加工交易中心、东部地区重要的海上开放门户、现代海洋产业基地、海洋综合开发试验区、陆海统筹发展先行区、海洋海岛综合保护开发示范区、海洋科教文化基地、文明富裕的和谐海岛等。

6. 保障措施

保障措施即为落实战略机遇区规划的组织保障、资金保障、人才保障等。在《浙江舟山群岛新区发展规划》中，第十二章为加强规划实施组织领导，主要强调浙江省、舟山市以及国务院有关部门落实规划实施推进的相关职责。

第三节　城市战略机遇区规划主要案例

一、城市新区战略机遇区规划案例

（一）浦东新区城市战略机遇区规划案例分析

1. 浦东新区城市战略机遇区基本概况

浦东新区位于上海市东部，紧靠基础雄厚的上海市区，区域面积1 210平方千米，是上海最大的区。1990 年 4 月,上海浦东开发开放后,浦东新区以开放促改革、促发展,形成以国际化思路结合本地特色探索城市发展新模式。2009 年 4 月 24 日,南汇区行政区域划入浦东新区,浦东新区战略机遇区进一步拓展,通过积极探索、大胆实践,努力建设成为科学发展的先行区、"四个中心"的核心区、综合改革的试验区、开放和谐的生态区。

2. 浦东新区规划特征

浦东开发初期(1991 年)编制的《上海市浦东新区总体规划(1991—2010 年)》奠定了浦东新区城市发展的基本框架,2020 年 3 月发布的《上海市浦东新区国土空间总体规划(2017—2035)》,进一步规划新时期浦东新区发展方向,成为指导浦东新区开发开放城市建设发展的重要依据。浦东新区规划主要有以下特征。

(1) 规划人口、用地规模和期限。在《上海市浦东新区总体规划(1991—2010 年)》中,新区规划控制范围约 400 平方千米,其中,集中城市化地区用地规模 200 平方千米。规划期限方面,设定 1991 年至 2000 年为"近期",规划面积 400 平方千米,人口 180 万人左右。2001—2020 年为"远期",人口为 250 万人左右。《上海市浦东新区国土空间总体规划(2017—2035)》中,规划面积拓展为 1 412.21 平方千米。

(2) 规划目标,分阶段实施。1989 年编制的《浦东新区总体规划初步方案》提出浦东新区规划目标为建成符合现代化国际大城市功能要求的新区,分 3 个阶段实施:开发起步阶段(1991—1995 年)、重点开发阶段(1996—2000 年)、全面建设阶段(2000 年以后)。《上海市浦东新区国土空间总体规划(2017—2035)》提出浦东新区规划目标为建成中国改革开放的示范区、上海建设"五个中心"和国际文化大都市的核心承载区、全球科技创新的策源地、世界级旅游度假目的地,以及彰显卓越全球城市吸引力、创造力、竞争力的标杆区域,并制定近期(2020 年)、远期(2035 年)和远景(2050 年)3 个阶段目标。

(3) 注重空间布局,与浦西联动发展。浦东新区是上海中心城的重要组成部分,与浦西既有紧密联系又相对独立。通过城市干道系统和快速轨道交通系统,将浦东、浦西连成一体,形成中心城的基本框架。结合城市综合交通体系,将城市土地使用功能开发与城市交通相结合,与浦西地区连成整体,形成中心城的基本框架。

(4) 按照功能规划区域的发展模式。浦东新区规划吸收了过去上海"摊大饼"式的城市发展教训,以城市的功能分区进行规划,这也是我国首个案例。新区内集中城市化地区规划 5 个综合分区:陆家嘴—花木分区,面积约 30 平方千米,规划居住人口约 51 万人;外高桥—高桥分区,面积约 62 平方千米,规划居住人口约 31 万人;庆宁寺—金桥分区,面积约 33 平方千米,规划居住人口约 46 万人;北蔡—张江分区,面积约 17 平方千米,规划居住人口约 22 万人;周家渡—六里分区,面积约 35 平方千米,规划居住人口约 17 万人。集中城市化地区之外,川沙县城厢镇规划用地 10—15 平方千米,规划居住人口 10 万—15 万人。另外,规划若干乡集镇,规划居住人口一般控制在 0.5 万—1 万人。

(5) 以"金融先行"推动第三产业的开放。浦东新区开放在金融、商业等第三产业上政策很突出,提出了"金融先行"理念。从我国对外开放历程看,20 世纪 80 年代为第一个阶段，产业主要集中于工业和部分第三产业，第三产业中的核心领域，如金融、贸易、商业等仍不对外开放。而浦东开发重视金融等现代服务业的发展，随着开放领域和开放力度的不断加大，由浦东新区引领的中国对外开放进入第二阶段。

3. 浦东新区发展对城市影响

浦东新区成立，不仅带动了上海经济的快速发展、产业结构不断优化，同时大大拓展了上海城市发展空间，促进城市形态上的东西联动，对周边地区的体制创新示范效应和商业机会外溢效应也已经得到显著的发挥。

（1）从城市经济发展看，国家新区为城市发展带来了大量政策优惠和改革红利，为城市经济发展和产业结构调整提供充足动力。浦东新区在成立之初GDP增速超过20%，远远超过了全国同期GDP平均增速。1998年以后GDP增速在15%—20%间徘徊，甚至低于15%。这一时期虽然经济增速趋缓，但产业结构不断升级，发展为"三、二、一"的产业结构，以金融、航运等为核心的现代服务业发展优势突出，极大地推动了城市经济发展[①]。浦东奠定了上海在长三角乃至全国经济发展中的龙头作用、经济发展的排头兵功能已十分明显[②]。

（2）从传统上海工业的空间布局看，浦东新区成立之前很长一段时间，上海工业企业主要分散于市区，这既不利于城市功能的整体开发，也不利于工业企业及产品的配套和规模化。1998年上海中心城区工厂外迁，浦东新区对市区第三产业和城市基础设施建设调整产生重要影响。一方面，通过新区战略机遇区的辐射带动效应，推动了上海由传统工业布局向金融、贸易等服务业的布局，也带动了房地产产业的发展；另一方面，浦东新区通过张江高科技园区、金桥出口加工区、高桥工业区等工业园区的建设，带动浦东新区生物医药、精细化工、电子及通信设备产业的发展，上海产业布局产生明显变化。

（3）从城市发展形态方面看，浦东新区成立以后，改变了上海城市发展重心局限在市区及其边缘地区局面，城市建设跨越黄浦江发展，2009年浦东新区扩区，先后规划建设了陆家嘴金融贸易区、金桥经济技术开发区、张江高科技园区、外高桥保税区、自贸试验区和国际旅游度假区，住宅和社会各项建设相应发展。浦东新区的开发带动了浦西市区的更新，也推动了新区建设的发展。

（二）雄安新区城市战略机遇区规划案例分析

1. 雄安新区城市战略机遇区基本概况

雄安新区位于河北省中部，位于北京、天津和保定腹地，开发建设条件优越。2017年4月，国家下发通知决定设立河北雄安新区，成为党中央深入推进京津冀协同发展作出的一项重大决策部署，是继深圳经济特区和上海浦东新区之后又一具有全国意义的新区，是重大的历史性战略选择，是千年大计、国家大事。2018年4月，党中央、国务院批复《河北雄安新区规划纲要》；2018年12月，批复《河北雄安新区总体规划（2018—

---

① 吴昊天，杨郑鑫.从国家级新区战略看国家战略空间演进[J].城市发展研究，2015，22(3)：1—10，38.

② 李晓江."钻石结构"——试论国家空间战略演进[J].城市规划学刊，2012(2)：1—8.

2035年）》。

2. 雄安新区城市战略机遇区规划特征

《河北雄安新区规划纲要》是引导雄安新区建设发展的主要科学依据。其规划特征主要体现在以下几个方面。

（1）规划范围和规模。雄安新区规划范围包括雄县、容城、安新三县（含白洋淀水域），以及周边的任丘市鄚州镇、苟各庄镇、七间房乡和高阳县龙化乡等乡镇，总体规划面积1 770平方千米。同时，为了配合新区分阶段推进建设，规划范围分为起步区、中期发展区和远期控制区。其中，起步区还划出一定范围规划为建设启动区。

（2）高标准定位，分阶段推进。雄安新区作为北京非首都功能疏解集中承载地，规划定位标准较高，将作为推进高质量发展的全国样板，以世界眼光高点定位。规划目标为建设绿色生态宜居新城区、创新驱动发展引领区、协调发展示范区、开放发展先行区、创新发展示范区、高水平社会主义现代化城市。新区规划分为两个阶段：2035年基本建成高水平社会主义现代化城市；到21世纪中叶，全面建成高质量、高水平的社会主义现代化城市。在规划建设过程中，新区采取分阶段推进，首先推进先行规划“建设启动区”建设，面积20—30平方千米，条件成熟后推进中期发展区建设，未来远期再对发展预留空间进行远期控制区发展。

（3）注重城乡空间布局，采取组团式格局。雄安新区开发区域原为农村地区，因此在规划建设起始就重视城乡空间布局，并采取组团式开发格局。一方面，规划坚持城乡统筹、均衡发展，注重特色小镇和美丽乡村建设，严禁大规模开发房地产，规划“一主、五辅、多节点”城乡空间布局；另一方面，新区采取“北城、中苑、南淀”组团式空间布局，北城布局五个城市组团，中苑建设生态苑囿，南淀打造白洋淀滨水岸线。

（4）强化生态环境保护，打造生态典范。雄安新区建设注重生态环境修复和保护，特别关注以白洋淀生态环境保护为重点的水林田淀系统治理，规划“一淀、三带、九片、多廊”生态城市。

（5）以人为本，公共设施完善。雄安新区以人民为中心规划提供优质公共服务，一方面，科学规划城市公共服务设施网络，建设“城市—组团—社区”设施体系，城市中心地区布局城市级大型公共服务设施，围绕绿地公园和公交枢纽布局组团级公共服务设施，社区中心布局社区级公共服务设施；另一方面，提升公共服务水平，优先发展现代化教育、高标准医疗卫生资源、完备的公共文化服务和全民健身设施。同时，在交通设施建设方面推广“快慢结合”交通体系，对外半小时内可达北京、天津，对内发展“公交＋自行车＋步行”出行模式。

二、开发区战略机遇区规划案例

（一）中关村城市战略机遇区规划案例分析

1. 中关村示范区城市战略区基本概况

中关村自主创新示范区起源于20世纪80年代初的北京“中关村电子一条街”，位于北京市海淀区，是中国第一个国家级高新技术产业开发区。其中，中关村科技园一度被视为“中国硅谷”。其区域范围、功能定位不断发展变化，对北京城市形态产生了重大影响。

1988年5月，国务院批准《北京市新技术产业开发试验区暂行条例》，提出以中关村地区为中心，在北京市海淀区划出100平方千米左右的区域，建立外向型、开放型的新技术产业开发试验区。1999年6月，国务院批复同意关于加快建设中关村科技园区的意见和关于中关村科技园区的发展规划，北京市新技术产业开发试验区更名为中关村科技园区。2006年1月，国务院批准确定中关村科技园区规划用地总面积为232.52平方千米。2012年10月，国务院印发《关于同意调整中关村国家自主创新示范区空间规模和布局的批复》，原则同意对中关村国家自主创新示范区空间规模和布局进行调整，面积拓展到488平方千米，形成了包括海淀园、昌平园、顺义园、大兴—亦庄园等16园的“一区多园”发展格局。中关村科技园城市战略区规划目标为：构建国际一流的创新创业生态系统，打造自主创新重要源头和原始创新主要策源地，加强一区多园统筹协同发展，建成具有全球影响力的科技创新中心。

2. 中关村示范区规划特征

自规划建设以来，中关村示范区发展迅速，战略支撑力进一步提升，创新引领力不断增强，在此基础上制订的《中关村国家自主创新示范区发展建设规划（2016—2020年）》，有以下几个方面的规划特征。

（1）规划具有全球视野。针对国际上全球经济科技竞争格局处于深度调整期，科技创新和产业创新能力的决定意义更加突出的趋势，中关村规划更加强调示范区发展的国际视野，对标全球创新坐标体系，增强全球创新资源配置能力，提升全球创新网络影响力。目标到2020年，率先建成具有全球影响力的科技创新中心。

（2）规划更加重视制度创新与改革。规划提出多项科技改革创新策略，深化科技创新与成果转化体制改革试点，探索新技术、新模式、新业态、新产业政府监管服务改革试点，推动开放式创新体制改革试点。

（3）规划着力优化创新功能布局。规划结合北京各区的区位优势和资源禀赋，明确各分园功能定位与产业方向。依托重点园区，优化产业创新集群空间布局，推进形成“一区多园、各具特色、协同联动”规划发展格局①。

3. 中关村示范区对城市空间影响

中关村示范区发展对北京城市空间布局产生了重要影响，主要体现在以下几方面。

（1）促进城市多中心格局的形成。从功能上看，中关村定位为中国高科技产业中心，科技园的发展大大促进了区域科技创新、信息传播、咨询顾问、商务服务等功能的提升，逐渐形成以国际创新信息中心、国际科技创新中心、运作创新风险资本为特色的金

---

① 参见中关村国家自主创新示范区领导小组发布的《中关村国家自主创新示范区发展建设规划（2016—2020年）》（2016年8月）。

融中心,示范区中心区的知识经济中心枢纽作用显著,形成具有鲜明知识经济特色的城市副中心①。

(2) 促进产业空间拓展。中关村科技园作为我国发展较早的以科技创新为引领的城市战略区,在当时对北京的产业空间产生重要影响。一方面,随着其产业能级不断提升,园区逐步成为北京产业发展的新增长极,产业空间布局趋向合理;另一方面,科技相关产业的发展带动了城市产业结构升级,对传统产业的技术提升也产生积极作用。

(3) 吸引人才,加速居住空间中心转移。一方面,示范区发展提升了城市对高素质人才的吸引力,示范区逐渐成为高端人才的聚集地;另一方面,产业发展与人口素质的提升加速地区城市化进程,北京居住空间出现向西北拓展趋势②。

(二) 苏州工业园区城市战略机遇区规划案例分析

1. 苏州工业园区城市战略区基本概况

苏州工业园区隶属江苏省苏州市,是中国与新加坡政府间合作项目。1994 年 2 月批准设立,规划面积 278 平方千米,包含中新合作区 80 平方千米。苏州工业园区是全国首个开放创新综合试验区域,在城市总体规划中,苏州工业园区规划建设定位为打造创新源地、产业高地、民生福地和宜居胜地。

2. 苏州工业园区规划特征

2016 年 3 月苏州工业园区工委、管委会印发《苏州工业园区经济和社会发展"十三五"(2016—2020)规划纲要》,提出苏州工业园区"十三五"期间的发展蓝图和行动纲领,主要体现以下几方面特征。

(1) 确立发展愿景与战略定位。着眼"对内引领国内创新发展、对外参与全球创新竞争"的战略要求,园区长远发展的战略愿景是:力争再经过 20 年或更长时间(到新中国成立 100 周年)坚持不懈的努力,将园区全面建设成为具有重要影响力和独特竞争优势的"全球产业创新园区"和"国际商务宜居新城",打造成为"东方慧湖"和"天堂新城",建设成为国际先进现代化高科技产业新城区。战略定位着眼全球产业竞争和创新绿色发展大趋势,综合考虑与苏州战略定位的衔接以及与上海的错位互补发展,园区战略定位将突出"全球化、创新化、生态化"目标取向,充分体现"东方慧湖"和"天堂新城"的战略目标。

(2) 制定分级战略目标。根据园区规划战略定位,苏州工业园区将规划目标分为三级。一级战略目标:全球一流高科技产业新城。二级战略目标:全球产业创新园区、国际商务宜居新城。三级战略目标:强化突出全球产业创新功能、国际商务宜居功能、国际文化旅游功能三大核心功能。充分体现从"工业园区"到"产业新城"再到"生态宜居高科技产业新城"的历史嬗变。

(3) 优化城市空间结构。按照苏州建设国际化大都市的战略要求,通过园区规划

① 阎小培.广州信息密集服务业的空间发展及其对城市地域结构的影响[J].地理科学,1999(5):405—410.

② 刘玲,沈体雁.中关村科技园区在北京城市空间扩展中的地位与作用[J].人文地理,2003(1):66—69, 89.

全面优化城市空间布局结构。整体形成"两主、三副、八心、多点"的中心体系结构。"两主"即两个城市级中心，分别是位于湖西的苏州市中央商务区、位于湖东的苏州东部新城中央商业文化区结合白塘生态综合功能区。"三副"即三个城市级副中心，分别是位于北部的城铁综合商务区、独墅湖东的月亮湾商务区和东部的国际商务区。"八心"即结合轨道交通站点、生活区中心，依据一定的服务半径规划 8 个片区中心：唯亭街道片区中心（3 个）、娄葑街道片区中心（1 个）、斜塘生活区中心、车坊生活区中心、科教创新区片区中心和胜浦生活区中心。"多点"即邻里中心。

（4）重视与周边地区的协调发展。园区充分发挥自身优势，以产业分工为基础，以功能协调为抓手，以城市设计为途径，积极推进与姑苏区、相城区、吴中区、昆山市等相邻地区协调发展，在用地功能、道路交通、空间景观、公用设施等各方面做好全面协调与对接。与姑苏区协调发展重点是充分发挥各自优势，错位发展文化创意产业，协同发展旅游业。与相城区协调发展重点是充分发挥园区与相城区的各自优势，通过共建合作园区、对接联系通道和共同保护阳澄湖，实现两大板块之间的互动发展。与吴中区协调发展重点是加强独墅湖环湖地区的整体规划和协调发展，强化吴淞江两岸的交通联系和发展互动，保护澄湖与独墅湖之间的生态廊道。与昆山市协调发展重点是要致力于扩大"园区模式"和"昆山模式"的发展效应，通过两地的产业互动和交通整合，实现错位发展和协调发展[①]。

3. 苏州工业园区对城市空间影响

（1）拓展了城市发展空间。随着苏州工业园区的不断发展建设，苏州城市空间不断扩大。1990 年建立的高新技术开发区，建设开发面积 6.8 平方千米，以发展高新技术产业为主。1992 年批准建立了浒墅关经济开发区，建设开发面积 5 平方千米。1994 年在苏州市东侧建立了苏州工业园区，建设面积 5.6 平方千米。2002 年，浒墅关经济技术开发区拓展到 36.5 平方千米，与苏州高新技术产业开发区合并面积达到 258 平方千米，苏州工业园区面积扩展到建设规划时的 200 多平方千米。开发区建设规模越来越大，并不断融入城市规划范围。

（2）城市扩展阶段性融合。苏州工业园区经过长期发展，城市空间的融合与转变过程呈现阶段性特点。初期，开发区建设速度快，基础设施不完备，与城市建成区联系不够紧密，呈现相对独立状态。中期，开发区自身城市功能不断完善，基础设施建设不断加强，开发区与老城区联系逐渐加强，城市空间逐渐融合。最后，开发区进入成熟阶段，开发区与老城区融为一体，城市形态区域稳定，开发区面积扩展成为城市整体的均匀拓展。

（3）园区布局影响城市空间拓展方向。苏州城市发展过程中，苏州高新技术开发区和浒墅关经济开发区位于城区西部，城市发展重心偏于西部。而后在东侧建立

---

① 参见中共苏州工业园区工作委员会发布的《苏州工业园区经济和社会发展"十三五"（2016—2020）规划纲要》（2016 年 3 月）。

的苏州工业园区平衡了市区重心,形成了东西向发展态势。其后批准建设的苏州吴中经济开发区、相城经济开发区分别位于城市区的南侧、北侧,形成了南北向发展态势。

三、自贸区战略机遇区规划案例

(一) 上海自贸区城市战略机遇区规划案例分析

1. 上海自贸区基本概况

中国(上海)自由贸易试验区,是中国政府设立在上海的区域性自由贸易园区。上海自贸区是按照国务院批准的“总体方案”和“深化方案”要求,以打造高度开放的自贸试验区为目标,着力推进的投资、贸易、金融、事中事后等领域的制度创新。经过多年发展,自贸区试验内容不断拓展,经济活力不断增强,探索经验日益丰富。在上海自贸区建设的基础上,国家加大自贸区设立力度,数量已经达到21个。

2. 上海自贸区规划特征

2013年9月,国务院印发《中国(上海)自由贸易试验区总体方案》,指出建立上海自贸区是党中央、国务院做出的重大决策,重点要加快政府职能转变,积极探索管理模式创新,促进贸易和投资便利化。2015年4月,国务院印发《进一步深化中国(上海)自由贸易试验区改革开放方案》,自贸区规划建设进一步完善。其规划方案主要体现以下几方面特征。

(1) 规划范围不断拓展。初期自贸试验区规划范围为外高桥保税区、外高桥保税物流园区、洋山保税港区和浦东机场综合保税区等4个区域,面积28.78平方千米。2014年12月,规划范围增加金桥出口加工区、张江高科技园区和陆家嘴金融贸易区3个区域,面积也扩展到120.72平方千米。

(2) 扩大多领域开放。上海自贸区规划建设的一个重要目的就是扩大改革开放的先行先试。规划指出要进一步扩大服务业和制造业等领域开放,探索实施自贸试验区外商投资负面清单制度,推进外商投资和境外投资管理制度改革,深化商事登记制度改革,完善企业准入“单一窗口”制度。同时提出深化金融领域的开放创新,加快金融制度创新,增强金融服务功能。

(3) 加快政府职能转变。上海自贸区规划建设中重视行政管理体制改革的深化,加快转变政府职能,改革创新政府管理方式,按照国际化、法治化的要求,探索建立对接国际投资贸易规则的行政管理体系,推进政府管理由注重事先审批转为注重事中、事后监管。积极推进完善负面清单管理模式、加强社会信用体系应用、健全综合执法体系、健全社会力量参与市场监督制度等方面工作。

(4) 创新经验可复制、可推广。上海自贸区肩负着我国新时期全面深化改革和扩大开放探索新途径、积累新经验的重要使命,其规划建设的一个重要要求就是打造推进改革和提高开放型经济水平的“试验田”,形成可复制、可推广的经验,发挥示范带动、服务全国的积极作用,促进各地区共同发展。

3. 上海自贸区对城市空间影响

(1) 在城市整体形态方面,带动所在城市区域快速发展。由于自贸区所在区域的政策优惠独特性,吸引各类产业的企业公司、服务人员、工作人员大量集聚,特别是国际企业和人员。产业和从业人员的集聚,直接促进自贸区自身和周边城市空间的快速发展,上海自贸区进一步带来了上海浦东新区的二次开放。

(2) 在城市职能方面,带动城市部分区域经济功能集聚。自贸区政策作为我国对外开放政策的延续与突破,在投资管理体制、贸易监管制度、金融创新和开放、事中事后监管体系等方面的制度创新,大大促进了城市相关功能的集聚与发展。在金融业方面,上海自贸区的建立对于金融业影响最大的是人民币自由兑换政策,吸引大批金融机构和金融服务企业入驻。在贸易方面,上海成为吸引外资和中国国内企业向外转移产能的窗口。在航运业方面,进一步优化了上海航运业的“软”“硬”设施和环境。在制造业方面,各类显性和隐性成本大为降低,为高端或先进制造业的引入创造了条件。

(二) 中国(海南)自由贸易试验区战略机遇区规划案例分析

1. 海南自贸区基本概况

2018 年 4 月,中共中央、国务院发布《关于支持海南全面深化改革开放的指导意见》,提出在海南建设自由贸易试验区,探索实行自由贸易港政策。海南自贸区实施范围为海南岛全岛,功能定位为建设全面深化改革开放试验区、国家生态文明试验区、国际旅游消费中心、国家重大战略服务保障区。

2. 海南自贸区规划特征

为进一步推动海南新时代全面深化改革开放,2018 年 4 月,习近平出席庆祝海南建省办经济特区 30 周年大会并发表《党中央支持海南全面深化改革开放,争创新时代中国特色社会主义生动范例》重要讲话,之后便发布《关于支持海南全面深化改革开放的指导意见》,明确海南全面深化改革的目标,提出中国(海南)自由贸易试验区建设要求。推进海南自贸区建设规划主要体现以下几方面特征。

(1) 规划范围和期限。海南自贸区实施范围为海南岛全岛,并根据自由贸易港建设特点,设定了分步骤、分阶段建立自由贸易港政策和制度体系的目标任务。具体发展目标方面,规划到 2020 年,海南自贸区国际开放度显著提高,建设取得重要进展;到 2025 年,自由贸易港制度初步建立,营商环境达到国内一流水平;到 2035 年,自由贸易港的制度体系和运作模式更加成熟,营商环境跻身全球前列[①]。

(2) 确立高标准建设自由贸易试验区。海南自贸区以制度创新为重点,被赋予更大的改革自主权,重点打造形成高标准营商环境和市场环境,转变政府职能,提升自身治理能力,实施高水平投资贸易便利化政策,推进航运逐步开放。

(3) 探索建设中国特色自由贸易港。与其他自贸试验区建设不同,海南自贸区未来发展目标为建设中国特色自由贸易港。以旅游业、现代服务业和高新技术产业为主

---

① 参见中共中央、国务院发布的《中国(海南)自由贸易试验区总体方案》(2018 年 9 月)。

导，打造开放型经济。在投融资、内外贸、金融创新、财政税务等方面探索更加灵活的政策体系和监督管理模式，打造开放层次更高、营商环境更优、辐射作用更强的开放新高地①。

3. 海南自贸区对城市空间影响

海南自贸区的范围包含海南全岛，是此前获批的 11 个自贸区面积总和的 26 倍，探索建设中国特色自由贸易港必须学习国际自由港先进经验，对标国际最高标准②。海南自贸区建设还处于起步阶段，但全岛开发模式对海南省城市布局将产生重要影响。

(1) 作为海岛型自贸区，城市航运基础设施将得到极大增强。海南省港口资源将得到优化整合，海口、洋浦港规模将扩大。同时，航空基础设施也将加大投入建设，海口美兰国际机场二期扩建完成，三亚新机场、儋州机场等机场将进入考虑建设范畴。

(2) 作为面积最大自贸区，重点先行区域将得到极大发展。海南自贸区面积超过 3.4 万平方千米，其规划选择最有优势的地区来做先行先试的工作，即设立海口江东新区作为自贸区重点先行区域。海口将借助新区得到极大发展。

(3) 国家战略密集区，海南自贸区将提升并保持城市职能。海南省作为我国全面深化改革开放试验区、国家生态文明试验区、国际旅游消费中心、国家重大战略服务保障区，自贸区将大大提升城市原有职能，并在保持原有城市职能的基础上，促进其发展。如自贸区将提升三亚国际化旅游水平，吸引更多国际游客；文昌将以国际航天城、深海科技城、南繁科技城为基础，促进国际高科研企业合作；作为国家生态文明试验区，区内农业地区和自然保护区将得到保留与保护。

参考文献

蔡宇飞.基于开发区生命周期理论的国家级开发区与高新区发展研究[D].武汉：华中科技大学，2013.

陈雯，段学军，陈江龙，等.空间开发功能区划的方法[J].地理学报，2004(S1).

方创琳，马海涛.新型城镇化背景下中国的新区建设与土地集约利用[J].中国土地科学，2013(7).

龚富华，杨山.开发区快速建设影响下的苏州城市空间形态演化分析[J].现代城市研究，2017(2).

郭腾云，陆大道，甘国辉.近 20 年来我国区域发展政策及其效果的对比研究[J].地理研究，2002(4).

李光明.天津开发区转型期战略问题研究[D].天津：天津大学，2007.

李俊莉，王慧，郑国.开发区建设对中国城市发展影响作用的聚类分析评价[J].人文地理，2006(4).

① 参见中共中央、国务院发布的《关于支持海南全面深化改革开放的指导意见》(2018 年 4 月)。

② 从十个方面着力建设海南自由贸易港[N].上海证券报，2018-05-31(8).

李强.从“激进式发展”到“转型式发展”——转型期浦东新区总体规划修编理念探析及实践[J].上海城市规划,2012(1).

李晓江.“钻石结构”——试论国家空间战略演进[J].城市规划学刊,2012(2).

刘玲,沈体雁.中关村科技园区在北京城市空间扩展中的地位与作用[J].人文地理,2003(1).

卢锐.城市增长与开发区的动力机制研究[J].中国科技论坛,2006(1).

钱爱梅.浦东新区城市发展轴东向延伸发展研究[D].上海:同济大学,2008.

任晓娟,陈晓键,马泉.中国城市增长边界的研究进程及观点综述[J].华中建筑,2018, 36(1).

孙战秀,栾维新,马瑜,片峰.中国沿海不同区位经济园区空间扩张特征研究[J].自然资源学报,2018, 33(2).

王崇敏.从十个方面着力建设海南自由贸易港[N].上海证券报,2018-05-31.

王立.国家级新区区位选择及其效应分析[D].北京:首都经济贸易大学,2017.

韦海鸣.广西北部湾经济区经济整合研究[D].成都:四川大学,2009.

魏丽华.当前形势下培育新型战略性城市增长极亟需破解的难题分析[J].企业活力,2011(3).

吴昊天,杨郑鑫.从国家级新区战略看国家战略空间演进[J].城市发展研究,2015(3).

谢广靖,石郁萌.国家级新区发展的再认识[J].城市规划,2016(5).

阎小培.广州信息密集服务业的空间发展及其对城市地域结构的影响[J].地理科学,1999(5).

杨芳,王宇.产城融合的新区空间布局模式研究[J].山西建筑,2014(2).

姚凯.上海城市总体规划的发展及其演化进程[J].城市规划学刊,2007(1).

叶连松.扎实推进雄安新区规划建设[J].经济与管理,2017(5).

张晓红,申怡,王海琪.上海自由贸易区对经济发展的影响[J].合作经济与科技,2015(22).

张晓平,刘卫东.开发区与我国城市空间结构演进及其动力机制[J].地理科学,2003(2).

张占录,李永梁.开发区土地扩张与经济增长关系研究——以国家级经济技术开发区为例[J].中国土地科学,2007(6).

郑国.中国开发区发展与城市空间重构:意义与历程[J].现代城市研究,2011, 26(5).

钟坚.经济特区的酝酿、创办与发展[J].特区实践与理论,2010(5).

第二十六章 “城市病”问题与应对策略

“城市病”是城镇化发展到一定阶段、城市规模亦达到一定门槛之后爆发的一系列经济与社会、自然条件与环境等问题，是由于城市人口、工业、交通运输过度集中而造成的种种弊病，是城市发展过程中由于必然或偶然因素所导致的一些问题。从西方发达国家和我国城市发展的情况看，“城市病”往往在大城市爆发比较突出和严重，但从近些年发展和爆发情况看，“城市病”同样也在向中小城镇转移，这主要是由于自然条件和经济社会的演化，“城市病”自身的概念和内涵也在不断演化。由此，对于“城市病”的研究必须以动态和发展的观点，结合具体的城市案例进行深入探讨，才能真正把握其内涵、发生机理和应对策略，而借鉴国际城市相关的经验和应对策略，将可以进一步为我国“城市病”的解决提供拓展思路。

当前，我国城市正处于经济转型、社会转型、城市管理转型等关键阶段及复合背景之下。中国社会科学院在其发布的蓝皮书《国际城市发展报告 2012》中就指出，“中国大城市正步入‘城市病’集中爆发期”，预测未来一段时期，“城市病”将成为影响我国城市稳定的关键因素。各国发展经验表明，在转型过程中必然出现各类困扰城市持续发展的“城市病”，在城市发展不同阶段，具有相应特征。本章从“城市病”概念和类型划分出发，把握其爆发的一般机理和规律，借鉴国际城市在“城市病”发生和治理等方面的经验，提出我国“城市病”解决思路。

第一节 “城市病”的概念与类型划分

一、“城市病”的概念内涵

关于“城市病”，目前国内外并没有严格、统一的界定。但各种“城市病”所产生的种种影响往往会因经济社会转型、城市化速度变化、外部要素变化等因素催化而显得尤为突出。长期以来,“城市病”已成为各国政府和学术界所普遍关注的领域,“城市病”研究具有很明显的学科属性,不同学科对于“城市病”的发生都有不同视角的研究,如人口学更聚焦于从人口规模与管理角度来研究“城市病”;管理学从城市治理与公共政策的角度来研究“城市病”;地理学和城市规划学从空间规划、土地利用、交通组织、生态环境等角度来研究“城市病”;经济学则更聚焦于要素的不合理配置及规模不经济、集聚不经济等“城市病”效应。

追溯起源,“城市病”一词最早来源于工业革命后期的英国,城市迅速发展超出了社会资源承载能力,从而导致环境污染、卫生状况恶化等情况。当时英国的经济史学家哈孟德夫妇把英国工业革命之后由于城市爆炸而产生的系列问题称之为“迈达斯灾祸”,以此来比喻城市发展中的问题。在工业革命后期,全球经济资源快速向大城市集聚,“城市病”相关问题随着城市规模的不断膨胀日益突出,成为世界性的难题,也成为学术界的研究热点。一些学者、机构就“城市病”的范畴发表了不同观点,矶村英一在《城市百科全书》中提出“城市病”是“有关个人、社会和集团的生活功能的失调情况”“这些生活功能由于受到各种条件的阻碍和损害,结果派生出各式各样的偏颇乃至异常现象”。我国的《新华新词语词典》对“城市病”的定义是“现代大城市中普遍存在的人口过多、用水用电紧张、交通拥堵、环境恶化等社会问题”以及“由于上述原因使城市人容易患的身心疾病”。百度百科中对于“城市病”的定义是“城市在发展过程中出现的交通拥挤、住房紧张、供水不足、能源紧缺、环境污染、秩序混乱,以及物质流、能量流的输入、输出失去平衡,需求矛盾加剧等问题”。

综合以上分析,笔者认为,“城市病”是城市发展到一定阶段后,资源供给与社会需求在一定阶段产生巨大矛盾,致使城市承载力“过载”及城市各要素之间关系失调而表现出的各种负面效应。“城市病”涵盖所有城市发展中出现的问题,包括城市资源、经济、社会、人口、环境、交通、文化等多方面问题。

二、“城市病”类型的划分

恩格斯早在《英国工人阶级状况》中就详细记述了英国城镇化进程中的“城市病”问题。他指出,“人口向大城市集中这件事本身就已经引起了极端不利的后果。伦敦的空气永远不会像乡间那样清新而充满氧气”。同时,“伦敦人为了创造充满他们的城市的一切文明奇迹,不得不牺牲他们的人类本性的优良品质……在这种街头的拥挤中已经包含着某种丑恶的违反人性的东西……所有这些人愈是聚集在一个小小的空间里,每一个人在追逐私人利益时的这种可怕的冷淡、这种不近人情的孤僻就愈是使人难堪,愈是可恨”。

从恩格斯对于“城市病”的分析出发,可以发现“城市病”涵盖了人口、经济、环境、社会等多个领域的问题。联合国开发计划署 2010 年曾经对“城市病”的发病领域进行综合分析,提出“城市病”的综合分类:失业、固体废弃物处理不足、城市贫困、住房短缺、供水/卫生设施缺乏、公共交通不足、交通堵塞、健康问题、社会参与不足、教育资源短缺、空气污染、城市暴力/犯罪/人身安全威胁、对妇女/少数民族/低收入人群的歧视。百度百科在“城市病”分类中提出:城市规划和建设盲目向周边扩展延伸,大量耕地被占,人地矛盾尖锐;布局分散,城市整体规划相对落后,只求规模不问功能,盲目扩大,土地利用效率低下;道路交通、公共服务等基础设施建设相对不足和落后;城市历史文化遗产得不到良好保护;城市建设的人文问题、犯罪率问题突出等。张喜玲认为,可以把城市作为以人为活动主体,由经济、社会、资源、环境子系统构成,生产、生活和生态空间有机构成的一个生命体。显然,不同的子系统出现的问题,以及由于子系统问题引发的人的身心健康问题,都是“城市病”的一种表征,为此可以从经济、社会、资源、环境、空间以及人的身心健康等角度分类梳理“城市病”的主要表象。①

综合探讨并结合中国案例,可见“城市病”主要涵盖八大领域的问题。一是城市人口结构性失调的问题,城市试图控制外来人口进入,而又需要高学历人才进入。人口老龄化严重与控制外来人口存在矛盾。另外,控制或吸引流动人口思路混淆,城市流动人口生存状况待改善,市民化途径缺失。二是城市土地开发问题,城市开发以规模扩张为主,内涵式土地开发重视不够。三是城市交通问题,城市交通需求在不断增加,交通设施建设有待加强,城市交通管理水平亦有待提升。四是城市教育问题,同城市不同区域之间,市民和流动人口子女之间,教育均衡发展问题有待解决。五是城市医疗卫生问题,看病难、看病贵,医疗卫生资源配置不平衡。六是城市高房价问题,困难群众面临着“住房难”问题,危旧住房面临“改善难”问题,城市改造面临“拆迁难”问题。七是城市更新改造问题。当前城市更新面临定位模糊、群体冲突、城市风貌破坏等突出的问题。八是城市生态环境保护的问题,城市环境压力日益增大,缺水问题日益加剧,生态带保护有待加强,节能减排形势严峻。

三、“城市病”阶段与发展规律

“城市病”是城市转型与发展过程中面临问题的外在表现,其背后隐藏着城市规模膨胀、经济社会发展的深层次矛盾。因此,在城市发展的不同阶段,“城市病”的表现、特征与解决方式都有所不同。从城市发展的总体进程来看,一般规律是遵循中心城市增长—郊区化—大都市区化的三大典型阶段,在三个阶段中,城市面临着不同的问题。在中心城市增长阶段,“城市病”更多体现为城市各种要素加速“向心集聚”而导致的资源配置与需求不均衡,进而带来城市运行“淤塞”难题;在郊区化阶段,“城市病”体现为人口以及有关生产要素“外向分散”而导致资源配置的空间弥散与浪费,大多情况下呈现分布的无序特征,并形成城市控制方面的“软弱无力”难题;在大都市区化阶段,“城市病”则主要体现为要素在多主体之间“多中心集聚”而形成的资源隔离,带来的是区域治理的“巴尔干”化难题。因此,探讨“城市病”的解决方法,首先在于准确判断城市所处的阶段,根据不同阶段特性进行相应的应对。

从世界范围内看,在全球城市发展过程中,在实践和理论指引下同样也出现一些城

---

① 张喜玲.“城市病”的发展机理研究——以中国城市化为例[D].保定:河北大学,2013.

市发展共同趋势和规律，把握这些趋势和规律，对于“城市病”的解决大有裨益。

1. 集中向分散

随着城市体量累积与扩大，城市边界不断拓展，客观上需要将城市资源从中心城区向周边郊区和大都市区（城市副中心或者郊区新城）转移，使资源在有序的状态下得到更为合理的布局。

2. 单一集聚向环境资源可持续发展

随着人类对生活环境要求的提高，人们对城市产生厌倦，希望追求自然和谐、空气清新的生活方式。因为单一集聚必然导致环境资源的巨大压力，并带来一系列环境治理问题，要实现城市资源的可持续发展，就需要以新的理念来进行城市布局，开辟新的生产生活空间。

3. 人口的“S”形曲线

发达国家城市化经历表明，一个国家或地区的城市化过程大致呈一条拉平的“S”形曲线①。当人口城市化水平达到 30%左右时，进入快速发展阶段；达到 70%左右时，进入相对稳定阶段。相应地，城市化过程也经历了集中、郊区化、大都市区化等不同阶段。部分城市还出现过逆城市化阶段②和再城市化阶段。因此，城市发展的人口规模变动具有规律性，而城市管理也应当对人口规模变动进行有预见性地调整。

4. 特大城市的边界，即城市承载力

城市发展受到多方面的制约，其中资源承载力就像城市发展的“天花板”，地方政府不能试图去触碰这个极限，而应当及早进行城市布局的规划，避免过度开发带来的一系列问题。

第二节 “城市病”的发生机理与规律

张喜玲归结认为“城市病”是城市系统结构无序失衡造成的。具体来说，由于生产和生活活动的高度集中及相关行为致使城市地质结构系统发生变化、生态破坏和环境恶化，从而引发生态环境方面的“城市病”现象；社会矛盾增加，则是由于城市收入分配差距、群体分异等造成社会结构发生变化，继而引发不同群体、个体之间矛盾的出现或激化；城市经济发展问题，则是由于城市经济结构失衡，特别是产业结构和人口就业结构不匹配、生产要素资源配置不科学所造成的经济发展不可持续；资源问题，主要是资源供需紧张带来的资源矛盾激化从而引发资源类“城市病”；空间拥挤，是由于随着城市人口的增加，城市生产空间、生活空间和生态空间建设布局不合理造成的；市民身心健康方面，“城市病”可归结为城市生活状态下的人体自我调节的失衡。③

① 对各国城市化发展过程所经历的轨迹，美国城市地理学家诺瑟姆（Ray M. Northam）在 1979 年曾经提出，可以将其概括为一条稍被拉平的“S”形曲线。

② 即在郊区城市化继续发展的同进，中心市区显现衰落景象，出现人口净减少。

③ 张喜玲.“城市病”的发展机理研究——以中国城市化为例[D].保定：河北大学，2013.

表 26-1　不同类型"城市病"发生发展的表征、原因与归类

类　别	表　　征	表象原因	表因归类
生态破坏、环境恶化	大量污染物排放 环境公害:五岛效应、城市内涝、地面下沉、光污染、强辐射、噪声污染 地质结构、自然系统不可逆的恶性变化	高度集中的生产和生活活动 城市规划缺失或科技负效应 城市无序和过度建设	地质结构失衡
社会矛盾增加	城市新增贫困人口 治安恶化 家庭婚姻矛盾 人群歧视	失业、无业、无保障 冲突和摩擦增加;资源分配不公 婚姻观念多元化 意识形态分异	社会结构失衡
经济发展失衡	人口与产业不协调 要素集聚正效应递减 城市经济增长不可持续	结构失衡 资源配置无效 发展模式陈旧	经济结构失衡
资源短缺和浪费	资源供给不足 资源低效利用和浪费	人口增多 技术瓶颈 节约观念滞后	资源供需结构失衡
空间拥挤	交通拥堵 住房紧张 生态空间挤占	人口增多 规划滞后或非理性 过度开发和低效供给并存	生产、生活和生态空间布局无序或低效
身心疾病	心理亚健康或不健康 身体亚健康或不健康	突发性变故 城市生活压力	个体自我调节失衡

资料来源:张喜玲."城市病"的发展机理研究——以中国城市化为例[D].保定:河北大学,2013。

一、城市人口问题

城市人口问题一直被认为是"城市病"爆发的根本原因,这主要是因为"城市病"的发生以大城市为主,很多类型的"城市病"也的确是由于人口高度集聚而引起的。但近些年来,很多中小城市也开始集中式爆发某种特定的"城市病",这时候"城市病"爆发的人口问题,已经不再是单纯的规模问题,更多体现为结构性问题。在过去发展阶段,多数城市都是以控制人口规模为主,由于人口快速集聚和规模不断扩大,一旦城市建设和管理跟不上迅速增长的需求,导致各类城市基础设施的供给滞后于城市人口的增长,就会引发一系列矛盾,出现环境污染、就业困难、治安恶化等"城市病"。随着经济社会转型需求,对于人才的需求一直有增无减。在近些年中,人口红利逐渐消失,许多城市开始出现抢人大战,以解决劳动力不足的矛盾,人口过多与劳动力不足形成一对尖锐的"城市病"矛盾问题。此外还有一个突出的人口问题是老龄化的城市人口问题与控制外来人口的矛盾。由于生育率偏低,许多城市人口老龄化问题日益突出,需要更年轻的人口结构来解决经济生产与社会养老等问题,但这与控制人口规模的城市人口政策又存在冲突。另一个突出问题是流动人口的市民化待遇问题。《国家新型城镇化规划(2014—2020年)》提出,"增强中心城市辐射带动功能,加快发展中小城市,有重点地发展小城镇,促进大中小城市和小城镇协调发展"。但在实际执行过程中,由于在社会保障、医疗保障、就业教育等存在显著差异化政策,导致流动人口并不能完全享受同等的城市居民待遇。

二、土地开发问题

城市土地开发问题是"城市病"的又一个主要症状,表现为规模上无序开发,效率上低效利用。由于中国多数地区目前仍处于资本、要素驱动的发展阶段,以要素投入推动经济的快速发展一直是城市政府推进的路径;由于金融、劳动力要素的外部性更强,作为政府直接控制的土地资本就成为城市政府可以把握的投入要素。根据笔者的调研和统计,城市建设用地在制订计划时常常被地方政府扩大化,特别是通过城市总体规划等工作把中心城区人口规模做大,以获得上级部门批复更多的建设用地指标。在之后的工作中,借助工业园区建设、城市建设、招商引资及各种开发名目,提前将城市总体规划期末的用地指标用完,再通过城市总体规划修编等名义,申请新的城市建设用地指标。

城市土地的效率开发方面,低效利用的特征更是非常明显。以工业园区为例,新加坡、日本等国家工业园区的产出效率多高达150亿—200亿元/平方千米,反观我国,很多城市在国家级开发区层面也仅为100亿元/平方千米,工业用地产出效率偏低显而易见。另外,随着城市经济社会转型改造,很多工业园区也存在向服务业园区转型升级的内在诉求,以生产性服务业和商务办公服务业为主,这将进一步导致城市商务办公用地供应过剩,产出效率更加偏低。

三、城市交通问题

迅速推进的城市化和人口的急剧膨胀,使得城市交通需求与交通供给的矛盾日益突出,在"城市病"角度则主要表现为交通拥挤以及由此所带来的污染、安全等一系列问题。在世界许多大城市中,由于市中心区域集中了政府机关、大量企业、金融机构和娱乐场所,集聚大量的就业岗位和从人员,每天在高峰时段每小时有数百万人口和数万辆机动车进出中心城区,造成市区的严重交通拥挤。在伦敦、纽约、东京等全球城市,上下班高峰时段城市平均车速往往只有10千米/小时,成为全世界最拥挤的城市。

交通拥堵不仅会导致经济社会功能衰退,而且还会引发城市生存环境的持续恶化,真正成为破坏城市健康发展的"城市病"。交通拥挤对社会生活最直接的影响是增加了居民的出行时间和成本,出行成本的增加不仅影响工作效率,而且也会抑制人们的日常活动,城市活力大打折扣,居民的生活质量和购买力也随之下降。另外,交通拥挤也导致了事故的增多,事故增多又加剧了交通拥挤。此外,交通拥挤还破坏城市环境。在机动车迅速增长的过程中,交通对环境的污染也在不断增加,并且逐步成为城市环境质量恶化的主要污染源。交通拥挤会导致车辆只能在低速状态行驶,频繁的停车和启动不仅增加了汽车的能源消耗,也增加了尾气排放量和噪声污染。

四、城市公共服务

城市的快速发展和社会服务体系之间的矛盾,是制约城市进一步发展的关键症结之一。社会服务需求是我国城市向市民社会转变的核心需求,社会服务水平提升是城市吸引人才和可持续发展的关键因素之一。城市较高水平的教育和医疗条件,是中产阶层急需的社会服务资源,而这种公共服务资源的短缺与不均衡,将极大影响社会中坚力量的形成,进而影响社会的稳定。

城市公共服务所体现的"城市病"问题主要包括公共服务资源总量规模和布局不平衡、资源价格不合理等。公共服务资源在本书中主要涉及教育、医疗两大资源。改革开放之后,我国城市经济和城市政府财政都得到极大改善,城市政府在公共服务体系建设方面投入了大量资源,目前我国城市基本能够在总量规模上实现对城市居民的供给。但在高质量公共资源的配置和布局上,依然存在很大的问题,城市内部不同区域之间、城市户籍人口和流动人口之间往往存在很大差距,这也造成很多社会群体对立。另外在公共资源服务价格等方面,如"看病难、看病贵"等问题依然突出。深化教育体制、医疗体制改革以不断适应城市社会发展的内在规律和需求,将是城市政府解决"城市病"的重要工作。

以上海为例,公共服务设施资源高度集中于城市中心,这导致中心城区人口高度集中、郊区新城发展缓慢。从医疗资源看,2010 年度上海市共有 306 家医院,分布在中心城区 154 家、郊区 148 家,而人均医疗设施用地方面,中心城区低于郊区。从教育资源来看,优质幼儿教育资源在中心城区集中度明显,小学、初中等基础教育资源全市空间布局较为合理,基本覆盖适龄儿童;高中资源在中心城区周边地区布局效率较低,新城的高中教育资源服务效率也较低。从养老设施看,空间利用效率较低,由于在交通、就医等方面差异,老年人更多集中在中心城区养老,造成中心城区"一床难求",郊区养老机构床位空置率较高的局面。

五、城市高房价问题

城市住房与改革开放之前的供应不够不同,改革开放后,特别是进入 21 世纪后,我国城市先后都进入了房地产市场化运作的快速发展期,城市住房供应借助市场开发的力量实现快速增长,但随着住房供应增长,房价不是下跌,而是快速上涨,城市居民买不上、买不起房子,形成另一种形式的"住房紧张"。

城市房地产开发可以带动电器、钢铁、建材、家具等多行业的发展,因此,房地产业的发展对我国城市经济的崛起具有重大关联带动作用。但过高的房地产价格同样也产生很多问题。首先对于人才引进产生阻碍,根据多个机构对大学毕业生的调研可知,房价过高已经成为他们留在大城市工作的最大障碍。其次,房价过高还压抑了家庭的其他开销收入，阻碍了家庭消费对于城市经济活力的拉动作用。根据研究，目前我国很多城市都已经陷入了土地财政和房地产开发的被动式发展陷阱，形成城市经济特别是城市财税收入发展的循环，从长远看，高房价对于我国城市经济的破坏作用要大于提升作用。因此，必须要深入研究我国高房价问题的内在机制，壮士断腕，破除高房价与目前存在的城市经济、城市财税支撑联系。重点策略应该包括公共租赁房的建设供应、房地产价格的审核与警示、降低土地供应价格，特别是面向普通居民的房地产开发项目等。

六、城市改造问题

城市更新带来经济发展、环境改善、居住提升、市政完善等多方面正向效益，但同时也带来一些包括社会矛盾冲突、文化遗产以及历史风貌破坏等问题。此外，城市更新本身的管理、组织和实施也暴露出很多问题。

1. 城市更新治理定位存在模糊甚至冲突

首先表现在政府主导与市场运作结合的操作方向已经在城市更新工作中形成共识，但政府与市场分工界限仍需要明确，其他主体如何发挥作用也需要在具体案例中予以分析。其次表现在规划与住建部门同文物保护部门在发展目标和部门利益上存在一定冲突，需要市政府层面予以规范和协调。再次表现在城市更新规划在城市规划体系中的地位不明确，导致城市更新规划在实践中缺失法律依据和执行依据。

2. 政府导向和开发商目标的冲突

基于利益最大化需求，在开发方式上，开发商喜欢拆除重建，但政府基于综合社会效益和生态效益，在开放方式上追求综合整治或复合式更新。在更新目标上，开发商多追求工业改商住，时间短效益高，但政府更多希望工业改工业，保留更多低洼成本，让中小企业得以发展。在更新区位上，开发商喜欢中心区、地铁沿线，政府的需求是公共设施最缺的地方。

3. 以拆除重建为主的更新方式与城市文脉传承之间的矛盾日益突出

有些优秀历史风貌区、工业遗产和厂房，承载着城市产业发展和创业者历史及城市的文脉，但都遭遇拆除重建的命运。还有城市的一些老旧民宿民居保存状况也非常好，反映了城市过去的历史传承和文脉，但因开发时过度追求经济利益，也都面临着被拆除的困境。

4. 在中心城区许多地方，城市配套及公共服务容量已经无法支撑大规模、高强度城市更新开发要求

由于空间限制，许多老城区已经出现城市配套和公共服务严重不足的情况，但是基于经济效益补偿，很多新的城市更新项目仍需要不断突破建筑容量规划的上限，产生更为严重的基础设施问题和公共服务不足，最终导致城市空间结构性失衡。

七、城市生态环境

在党的十八大报告中，正式提出“生态空间”的概念，推进生产、生活、生态空间的发

展协调也成为我国城市规划和建设的重要工作内容。实际上，城市生态环境面临突出的问题，已经成为“城市病”重要病症之一。

1. 中心城区生态空间不断被侵占压缩

我国城市中心城区集中大量的基础设施，环境承载量过大，生态空间少，特别是人均公共绿地面积和人均森林面积少，而且生态空间不断被压缩。以上海为例，在中心城区西北和东南城市主导风向的嘉宝生态走廊、周康生态走廊，尤其是吴中和桃浦片被侵占极为严重，影响了中心城区生态景观的结构面貌。

2. 城市生态空间面临持续减少的压力

同样以上海为例，截至 2011 年底，上海市生态用地总规模约 4 200 平方千米，比 2006 年减少了 183 平方千米，年均减少 36.6 平方千米。其中，耕地和湿地减量更为突出，分别减少 121 平方千米和 96 平方千米，绿地和园林地分别增加 14 平方千米和 20 平方千米。根据上海城市规划设计研究院对上海市生态足迹的测算，上海市存在较大生态赤字，生态环境问题亟待解决。

3. 郊区生态空间需统筹规划予以维护

我国城市普遍郊区生态资源较丰富，但生态空间多未形成有机体系，无法发挥优化城市环境和提升城市宜居水平效果。郊区生态空间连通性不够，各类型生态景观较为破碎，整体效益较差。在中心城区，仍延续圈层空间拓展模式以向外快速扩张和蔓延，生态用地遭占用和空间分割现象比较突出，城市化与郊区化快速发展加剧生态用地斑块化的程度。

第三节 “城市病”的国际经验与应对

一、人口膨胀、老龄化与解决方案

在国际上，城市由于经济、社会和交通、文化等优势，也一直是移动人口的流入地，人口规模的扩大既为城市带来丰富的人力资源，但同时又是引发“城市病”的主要原因。在发展过程中，国际上也因城市人口大量集聚出现了调控失误或手段不合适的问题，出现了人口膨胀、交通拥堵、环境污染、资源短缺和城市贫困等“城市病”。其中，拉美、南亚等地区的一些发展中国家的城市，由于对城市发展过程中城市人口大量集聚调控失误，出现人口膨胀、交通拥堵、环境污染、资源短缺和城市贫困等“城市病”，造就了学者们所说的“拉美陷阱”的现象，威胁到百姓生活和社会稳定。

近些年来，国际上许多城市人口呈现老龄化趋势，总抚养比居高不下，也产生了许多新的问题。从国际城市人口年龄构成与所在国的比较就可以看出，大都市的老龄人口比例通常都低于所在国的构成水平，这反映出大都市对青年人的吸引要高于老年人，因为青年人更在乎工作机会，而老年人更在乎生活环境等。扩大就业和吸引外来劳动力成为缓解人口老龄化的重要途径。从国际上城市解决城市人口膨胀及老龄化问题的思路看,有以下几个措施。第一是加强宏观调控,包括调整产业结构,带动城市人口规模、素质、布局优化;建设城市副中心和新城,直接缓解中心城区人口压力;建立大都市圈布局是缓解城市人口压力的根本性战略;建立专门的人口咨询管理机构,加强人口统计、信息指导和管理;强制推行住房、租房最低标准,提高生活成本。第二是以市场机制导引人口配置,以高生活成本来调节大城市人口规模;吸引企业以及个人以不同方式参与城市各项建设中;吸引高端人才,优化人口结构。

表 26-2 国际大都市人口年龄构成

单位:%

	人口比重			抚养比		
	0—14 岁人口比重	15—64 岁人口比重	65 岁及以上人口比重	少儿抚养比	老年抚养比	总抚养比
纽约(2005 年)	20	67.29	12.71	29.72	16.56	46.28
伦敦(2001 年)	19.04	68.52	12.44	27.79	18.16	45.94
巴黎①(2005 年)	24.9	54.3	20.8	37.11	11.92	49.03
东京(2000 年)	11.82	72.28	15.9	16.36	19.86	36.22
香港(2005 年)	14.5	73.45	12.06	19.74	14.84	34.58

资料来源:参见 http://census.gov; http://www.recensent.insee.fr/;东京发布的 1999 年统计年鉴;伦敦发布的 2002 年统计年鉴;香港发布的 2006 年统计年刊。

二、城市资源短缺问题及解决方案

国际上,很多城市都经历过城市快速膨胀的时代,由于城市规模急剧扩大、人口激增,带来了一系列资源短缺问题,如土地供应紧张、房价趋高、工业用水与居民用水供应不足、人均公共基础设施严重不足、看病难、上学难、就业难等,因资源瓶颈导致"城市病"集中爆发,资源过度消耗也使人居环境恶化,为解决这些"城市病"问题,各大城市都采取了一系列具有成效的举措。

1. 建立卫星镇与紧凑城市空间格局

伦敦、东京、香港等城市都通过建设卫星镇来缓解城市资源短缺的"城市病"。通过建立发达的公共交通网络,形成极高的人口密度以及较小的平均住宅面积,从而减少"碳足迹"。而东京除建立卫星城外,还通过建立紧凑型的城市综合体(层高受限,具有商业、娱乐、餐饮、休闲等多样功能的建筑)来节约空间资源,或是建设立体型建筑,使城市活动向空中发展。

2. 资源保护立法,强制资源再循环

建立专项资源保护立法。为加强资源的回收利用,减少垃圾的产生,保护环境,日

① 巴黎的年龄分组为 0—19 岁、20—59 岁、60 岁及以上。

本政府已经制定了《推进循环性社会形成基本法》《废弃物处理法》《资源利用促进法》《食品回收利用法》《家用电器回收法》《汽车回收利用法》《容器包装回收法》等极具细节性的环境保护法。

将垃圾再循环定为法律强制性项目，并通过多渠道在各区进行推广。纽约市于1989年通过立法，将垃圾再循环定为法律强制性项目，并在各区进行推广，包括免费提供宣传材料，发起住宅区垃圾再循环倡议；实行学校以及私营部门的（如餐馆、超市等）垃圾再循环，违者重罚。

3. 创新政策，加强生活节水

纽约采取强制性节水措施，呼吁市民节约用水、城市实施“干旱分级”举措，新建和保护输水设施等；伦敦采取针对水循环利用的举措。在水资源紧张时则采取倡导、鼓励节水服务方式的措施来应对，如改洗车方式为用水桶和抹布洗车，所有公共汽车、火车、飞机和船只的表面都以这种方式进行清洗以提高水利用效率。首尔在重度缺水情况下，根据紧急民事部门官员公布的统计数字，政府对城市家庭和居民进行强制性饮水配给。

4. 制订企业资源保护计划

根据东京等日本城市的经验，日本各大企业都制订了详细的资源保护计划，并成为城市资源保护与循环解决的实施主体。纽约通过征收燃油税、过桥过路费、高额停车费来限制私家车出行。20世纪90年代中期，纽约市交通局开始购置混合动力公交车替代传统型柴油公交车，因为混合动力公交车比传统公交车节油30%以上。

三、转型过程中城市环境恶化问题

发达国家城市率先经历发展、转型、变革的历程。随着产业发展及城市规模的扩大，传统制造业的梯度转移、老旧工厂的关闭，以及水、土地等资源短缺日益严重，伦敦在治理“大城市病”方面积累了丰富的经验，尤其是在实现从工业经济时代的“雾伦敦”向服务经济时代的“酷伦敦”转型的过程中，所获颇丰。其不少举措值得国内其他城市借鉴。

1.《清洁空气法案》

工业化快速发展使得城市环境尤其是空气质量遭受严重影响，煤烟、尾气等所造成的毒雾一度使得伦敦饱受其害。伦敦市政府从20世纪50年代起发布各种法律、通告对空气污染进行“追剿”，并随着污染源的演变不断深入。其经验包括：控制污染源，对污染企业进行搬迁；战略上重视，从20世纪50年代开始，“治理污染已成为伦敦长治久安之本”；措施得当，针对汽车尾气污染建立“空气质量管理区”并采取有力举措。

2. 不断完善的城市生态规划系统

在吸取霍华德等人关于以城市周围地域作为城市规划考虑范围的思想方面，20世纪中叶的《大伦敦规划》《大伦敦发展规划》通过城市规划不断优化城市生态系统，包括以带状城市发展模式取代同心圆式的城市发展模式，其中的新城规划试图延展城市的发展空间，在更大的空间范围内解决伦敦及周边地区的人口、经济和文化等城市平衡发展问题。1983年，《大伦敦发展规划》修改草案增加了生态保护的章节，提出城市生态建设的重要政策。在后续的规划中，又陆续加强城市绿地空间、城市生态公园、城市生物多样性保护等一些方面的规定与举措。零碳社区、零碳概念被引入。2010 年上海世博会伦敦案例馆一楼由伦敦发展署设立了“伦敦，低碳之都”展区，展示了伦敦城市新的发展趋势：伦敦政府正计划将伦敦打造成“低碳之都”，侧重于让伦敦在低碳经济中成为金融业、商业服务业和创新产业的领导者。其将先进和超前的规划理念、不断完善与革新的规划系统、先进技术在城市规划与管理中快速转化与应用。

3. 创新战略和文化发展战略

伦敦在摆脱工业时代“雾伦敦”困扰的同时，也出现了产业更新的问题，关键是如何尽快通过服务业发展弥补制造业产能下降带来的弊端。为此，伦敦通过积极实施创新战略和文化发展战略，打造“酷伦敦”取得显著成效。第一是以产业引领环境治理。2003 年，伦敦发展局公布了《伦敦创新战略与行动计划(2003—2006)》，明确提出了伦敦创新战略的目标：建成“世界领先的知识经济”。第二是城市文化引领。伦敦致力于建成具有创造性的世界级优秀文化中心。继 2003 年 6 月推出文化发展战略草案后，伦敦于 2004 年 4 月拟定了城市第一个文化发展战略《伦敦：文化首都》(*London：Cultural Capital*)。该战略提出要把伦敦建成具有创造性的世界级优秀文化中心。文化元素的提升对于改善城市环境也发挥着深刻的影响。

四、城市交通系统运行问题

机动车总量不断扩大使城市交通不畅成为当前城市发展中备受关注的问题之一，特别是包括大城市在内的交通系统的运行方面，出现了城市中心交通拥堵、交通安全等诸多社会问题。对此，许多国际大都市通过城市发展目标制定交通发展战略，发展集约型城市形态，创造短距交通出行环境，提供高品质的公共交通服务以多方面满足乘客需求，积累了以下经验。

1. 弗莱堡经验

一是鼓励形成利于近距离出行的生活环境，限制对车流产生影响作用的城市建设；二是扩充以公交为核心的短途公共交通运输；三是重视利用轻轨(LRT)等，与从郊区进入市区的铁路相连接，方便进入市区人员的转乘；四是采取不同区域分级停车政策，减少车辆进入市区等。

2. 伦敦经验

针对日趋严重的汽车拥堵问题，伦敦从 2003 年开始征收交通拥挤税。周一至周五，凡早上 7 时到下午 6 时 30 分期间进入伦敦市中心的普通轿车，都要缴纳 5 英镑的拥挤税。根据伦敦交通局统计，政策实施后，伦敦市中心在上下班高峰期的汽车量减少了 50%。

3. 京都经验

2006 年，京都全面制订交通运输部门可持续发展行动计划，其特点是通过综合措施实现减少机动车出行。如提升公共交通服务和完善自行车出行环境，减少车辆出行，实现减排的目标。减少依赖机动车出行的城市建设,推进形成有益于步行或自行车出行的住区空间。积极研究和开展 LRT 等新型交通系统应用,推进地铁延伸项目、铁道复线化以及高架化建设,改善公共交通服务,提高公交利用率,促进低耗能车的普及。

4. 新加坡经验

目前,新加坡的市内道路能够保证平均时速为 30 千米,高速公路时速在 80 千米以上。同时,为了在保证道路交通畅通前提下,满足民众经济收入提高后拥有私家车的愿望。新加坡政府还在一般普通车牌月度限量拍卖之外,推出了“非繁忙时间用车计划”(OPC),只限在工作日的晚 7 点到早 7 点之前上路,周六下午 3 点至周日全天自由通行。如果因特殊情况确实需要在限制时段使用,可以购买单日通行证(每天 20 元,通过邮局开放购买)。此举比较好地解决了疏解城市交通拥堵和拥有私车愿望之间的矛盾。

五、社会服务体系建设问题

城市快速发展和社会服务体系不完善之间的矛盾是制约城市发展的关键因素之一;同时,社会服务水平的提升也是各城市吸引人才和可持续发展的关键因素之一。各国特大城市在城市发展过程中,采取了一些有效举措来完善社会服务体系。

1. 卫生医疗方案

卫生医疗系统是社会服务体系的核心之一,对社会全体成员的全面覆盖是保障社会平等和公正的必要条件,也是提升城市居民生活水平和预期寿命的重要途径。其包含以下几个方面。

(1) 科学的医疗政策目标。其包括 8 个方面:增加对医疗系统的公共财政投入;提升医疗体系救助的有效性;提高医疗体系合理支出的效能;更多利用医疗公积金;改善医疗费支付的途径;强化针对贫困人口和易患病者的安全网络机制;完善决策过程中的资料和信息;改进对于政策实施的监督和评估。

(2) 科学的医疗体系评价标准。世界上医疗体系(基本)达到全民覆盖的国家,通常公共财政对于卫生医疗的投入至少要占国民生产总值(GDP)的 5%或更多;同时,个人支付的医疗费用占全部医疗费用的 30%左右或更少。因此,世界卫生组织总结评估一个完善的医疗体系有 4 个方面标准:个人支付的医疗费用不超过全部医疗费用的 30%—40%;公共医疗卫生支出至少占国民生产总值(GDP)的 4%—5%; 90%以上的人口参与医疗公积金;接近 100%的易患病人群享受到社会救助和安全网络系统。

(3) 全民覆盖的医疗体系。建立覆盖全民的卫生医疗体系是各国政府的普遍目标。完善的医疗体系包括公众所需要的预防、改善、治疗、恢复 4 个方面。其目标应当兼顾公平、效率、质量等方面。

2. 社会教育领域

覆盖全部适龄人口、针对不同的需求、建设并完善高质量的基础教育体系、公平分配教育资源等都是教育政策的重要组成部分。

(1) 教育政策的实施策略。其至少应包括如下方面:政府和各种社会组织、国际组织多方合作；确保教育资源有效使用；全社会对于教育政策进行充分沟通达成共识；对教育政策实施过程进行有效管理和评估；对教育体系进行改进和发展等。

(2) 提升教育质量，促进教育公平。其主要举措为：体现教育公平与关注弱势群体；改进教育体系；师资的管理和激励(如提高教师的工资待遇和生活水准；保证教师的招聘和工作规范性；保证工作任务和分配的合理化；完善工作评估、奖惩和激励机制)。

(3) 加强教育管理。政府对教育体系的监督和管理体现在政策措施、资金、接受教育的群体、学校、教师、市场等多方面。建立全面覆盖的高质量基础教育体系和全民覆盖的满足多元需求的成人教育体系是教育政策的主要目标。在此基础上，明确教育部门的职责、权限、任务和目标，制定切实可行政策措施，确保充足的财政支出，提升使用效率和公平性；发展教师队伍，提升教师素质；开放、鼓励、引导和规范教育市场的发展和教育产业化，吸引社会力量和资金参与教育事业、产业、体系建设。

六、公共住房政策问题

对于多数发展中国家而言，政府住房政策的重点在于提高民众的自有住房的比例。而政府往往忽视或不重视出租房，缺乏相应的政策发展和规范出租房市场。而根据发达国家经验，出租房政策是城市社会服务体系中的重点之一。其包含以下几个方面。

1. 控制自有住房/租房的比例

自有住房/租房受到传统习俗、社会观念、社会政治经济环境、自身经济条件、个人/家庭喜好、社会保障等多方面因素的影响。即使在发达国家也有相当部分人口租房。城市住房政策中提高自有住房率和提供充足的出租房应两者并重，保证居者有其房。防止以片面提升住房自有率作为城市住房政策目标。

表 26-3 各国及主要城市自有租房/租房情况比较

国家	自有住房率(%)	租房率(%)	城市	自有住房率(%)	租房率(%)
德国	40	60	柏林	11	89
荷兰	53	47	鹿特丹	26	49
美国	66	34	纽约	45	55
英国	69	31	伦敦	58	41
哥伦比亚	54	31	波哥大	46	43
巴西	74	25	圣保罗	70	20
南非	77	22	约翰内斯堡	55	42
智利	73	20	圣地亚哥	73	21
玻利维亚	60	18	拉巴斯	55	23
泰国	87	13	曼谷	54	41
墨西哥	81	11	墨西哥城	76	16

注：两者相加不一定等于100%是因为还有一些其他的非自有住房形式。

2. 扩大出租房的供求群体

一个完善的住房市场应该让人们在自身条件和环境发生变化时可以便利更换住房。尤其是在市场经济快速发展的当前，不同城市之间的大量人口流动频繁，出租房为城市的流动人口提供了关键的社会服务，也为市场经济的发展提供条件。同时，其也是社会发展的要求与标志，即人们在任意时间段都可以找到与他们自身条件和需求相匹配的住房。

3. 出租房的管理

针对出租房的管理包括多个方面，如出租房的供求平衡、租赁的市场化和规范化、出租房质量、出租方和承租方关系等。同时，由于出租房所具有的社会公益属性，导致其不是一种完全市场化、商业化产品，政府对其的监管，需要基于社会利益最大化、社会稳定和为城市和社会整体发展创造条件。

4. 租房补贴

其包含为低收入租房群体提供补贴，为低收入出租房的房东提供资金支持，提升现有低档出租房的品质，对出租房市场进行规范等。

第四节 “城市病”的应对思路与策略

我国地域辽阔，东、中、西地区城市都处于不同的发展阶段，面临的“城市病”问题也不尽相同。目前，比较典型的“城市病”中，有些属于城市通病，有些属于特殊阶段或特殊规模城市的独特问题。因此，在形成应对策略时候，应以国际经验和城市发展规律为主要依据，分析各主要城市面对各类“城市病”的有效解决之道，从中选取具有规律性的做法，进而提出规律性、客观性、前瞻性、针对性的策略。

一、城市管理体制的优化创新

（一）制度化、法律化的管理体制

对于“城市病”而言，其解决思路在学术界仍然存在争议。例如，有些学者认为是资源配置的问题，有些学者认为是管理手段的问题。借鉴国外城市的经验，城市加强管理的确是解决“城市病”的重要手段。当前我国许多城市正处于经济、社会转型的纵深推进阶段，政府行使职能边界不够清晰，部分环节存在“人治大于法制”的状况，迫切需要在城市管理体制上实现制度化、法律化。

在城市资源节约、环境治理等方面，应当充分借鉴伦敦、纽约、东京等城市经验，制定资源节约、环境治理的多领域、专项立法，确保有关举措的执行力度。当前，可率先在垃圾处理、噪声控制等问题方面加强立法和制度建设工作。

在住房管理方面，德国为缓减城市住房危机，曾经大力推行相应的公共政策，敦促各城市加速公共住宅建筑业的发展，采取相应措施整顿和监督房地产的开发和利用，公共住宅由公共机构统一管理规划，力求城市住宅地与休闲地一体化。为了缓解我国城市高房价压力，需要进一步完善公共住宅（公租房、经适房）等的发展规划。

在城市防灾应急管理方面，可借鉴东京的危机管理规划体系及制度举措，加强防灾减灾综合法律法规体系建设，提高并完善减灾应急法律制度的科学性、权威性与可行性。借鉴国际经验，推行“城市公共安全规划”，将城市“安全、健康、舒适、高效”作为综合性目标，把各种自然灾害、人为破坏、人为过失与疏忽、材料与设备老化及其他原因造成的灾害，以及发生的诱因、条件、发生过程、灾害后果和特征等进行综合分析，建构完善科学的城市安全规划体系。

（二）市场机制、经济手段的应用

发达国家的城市案例中，普遍运用市场手段，通过经济杠杆进行相关调节，往往能够对“城市病”起到事半功倍的解决效果。我国城市借鉴相关做法，充分利用市场机制，推动相关要素的合理配置，进而解决城市中资源与需求的矛盾。

在人口分布及结构的导向方面，可使高生活成本成为调节大城市人口规模、结构的重要砝码。在东京，高昂的生活成本和商务成本成为人口净迁入规模大幅减少的重要因素，对于城市人口的合理流动和分布起到重要作用。东京的高物价、交通成本、医疗费用、商务成本等都加速了制造业的不断撤离，增加迁移成本，致使产业价值链低端的就业人口无法长期滞留。但以金融业和信息业、传媒业为首的第三产业，以及日本大公司的总部和外国大公司却看好东京，纷纷迁往东京寻求进一步的发展。

在解决城市交通恶性拥堵问题方面，可借鉴伦敦、新加坡的有关经验，针对日趋严重的交通拥堵问题，对于特定时间段、特定区域往来车辆征收交通拥挤税。

在建设公租房方面，政府应当采取必要的行政和市场化措施，使空置的住宅房源成为出租房，同时通过提供公租房等措施，保证市场有充分的出租房源。在此基础上，监管出租房市场，保证其市场化和规范化、充分竞争和公开公平竞争，消除垄断和操纵市场行为。建立房租和居民收入相匹配的机制。这些措施可保证房租价格及其变动的合理，而政府不必对其进行直接的行政干预。

二、城市空间及专项规划的调整配合

富有前瞻性的城市规划，不仅是调整区域资源的重要手段，而且对城市及早防治“城市病”可发挥重大作用。我国城市的“城市病”防治，应重视整体规划的布局调整，通过“多规合一”发挥规划的整体效能，促进城市人口疏导与资源的充分应用。

（一）城市空间规划

成熟的特大城市，在发展过程中都高度重视城市空间规划。这些规划发挥巨大的作用，有效预防了许多潜在的“城市病”。例如，伦敦在 20 世纪经济转型过程中多次修订《大伦敦规划》《大伦敦发展规划》，城市发展的空间模式也日趋合理。《大伦敦发展规划》提出以带状城市发展模式取代同心圆式的城市发展模式，其中的新城规划试图延展城市的发展空间，在更大的空间范围内解决伦敦及周边地区的人口、经济和文化等城市平衡发展问题。对于我国城市，尤其是特大城市而言，亦可借鉴东京、伦敦等的经验，分阶段实施副中心战略,并注重依靠轨道交通引导副中心发展,通过建立大都市圈缓解大城市人口压力。

(二)城市生态规划

随着居民生活水平提高,城市生态成为各方普遍关注的焦点问题。西方提出的“花园城市”“生态城市”“低碳城市”等都体现出城市对于生态方面的重视及理念。我国城市空气质量与发达国家城市相比普遍较差,困扰城市的还有城市垃圾处理、城市绿化资源分布不合理等问题。

城市绿化方面,可借鉴发达国家有关规划思路,按照出行 N 米有绿地、居住周边有公园等指标进行城市绿化的规划与建设。

在城市汽车尾气排放方面,可借鉴纽约通过征收燃油税、过桥过路费、高额停车费等方式来限制私家车的出行,并制订相关的发展规划。在举措方面,更多购置混合动力公交车替代传统型柴油公交车,消除黑烟现象。

在治理企业污染方面,指导制订企业资源保护计划,对工业排放、废品回收、资源循环利用等重要环节制订企业计划,最大限度降低企业带来的城市污染。

在垃圾处理方面,加快推行垃圾分类管理与处理的规划。日本东京 1989 年达到了垃圾峰值,后来制订了垃圾减量化的行动计划,垃圾开始负增长。可以考虑建立生活垃圾收费制度,为垃圾减量化提供更多路径选择。

(三)城市交通规划

交通恶性拥堵已经成为困扰我国很多城市的重要问题。虽然采取如“单双号”“停车位作为购车条件”等举措,但效果不明显。一些国际城市在此方面的规划与举措可重点加以借鉴。如日本京都 2006 年制订了交通运输部门可持续发展行动计划,其特点是通过综合措施实现减少机动车出行。伦敦、纽约、巴黎等特大城市也都制订了相关的规划。主要可借鉴经验包括:在城市发展规划中制定交通发展战略,树立建设环境城市目标,制定鼓励公共交通和自行车交通出行的城市交通政策;加强城市轨道交通规划,重视利用轻轨(LRT)等与从郊区进入市区的铁路相连接,方便进入市区人员转乘;在地铁沿线站点建设大型城郊停车场,实行停车费用财政补贴,为郊区居住人员驾车换乘公共交通系统提供便利;发展集约型城市形态,完善短距离交通出行规划。多伦多有成功建设集约型城市的范例。多伦多在新建地铁周边的区域内,建设具有生活功能的住宅区,实现了在那里的居民有 35%以步行方式上下班并在周边工作。

三、城市治理服务主体的拓展

“城市病”治理是重大的系统工程,单靠政府力量难以有效实施。需要充分调动政府与市场之外行为主体的积极作用。在服务主体上,注重协调社区组织、NGO、事业单位等多部门、多主体合作参与“城市病”的应对。在服务形式上根据实际情况,采取服务外包、服务购买形式,减轻政府治理的成本,也推动体制外治理循环的形成。

建立和完善城市减灾应急全社会参与的动员机制。根据国外经验,专业队伍是减灾工作的骨干，但充分发动全社会力量是减灾工作得以有效实现的根本保证。如伦敦的社区火灾安全战略就是基于伦敦消防和应急策划局，结合政府、公众、个人和志愿者的联合防灾体。因此，完善的城市社会防灾体系是有效集成政府、社会等各方面的相关资源，建立政府、企业、社区以及公众相结合，共同承担灾害风险的模式。

在城市建设方面，可更多地吸引企业以及个人以不同方式有效参与。20 世纪 80 年代的美国，政府推行自由市场理念，美国的大都市区人口问题开始彻底尝试由市场力量调节企业及个人以不同方式参与城市各项建设中。比如住宅建设的具体措施包括：大企业周围建造工人住宅区、生活区；成立建筑协会或建筑合作社；合理征用土地，商议土地价格；组织贷款，筹措资金，减免税收等。

在城市垃圾处理方面，建立“绿色志愿者队伍”，鼓励社会上热心于绿色城市建设的人士自愿参与，也可建立自律机构进行有组织的管理。政府有关部门引导这些组织和人员开展活动，以多种方式加强垃圾管理和处理。

四、构建开放合作的城市发展体制

大都市区化背景下，“城市病”的舒缓，需要区域性，乃至国际性的整体配合。特别是相关迁移性功能在区域内的梯度转移，不仅有助于中心城市的转型发展，也有助于外围区域（或城镇）的能级提升，进而形成互利双赢的局面，建立富有开放性、包容性、合作性的城市发展体制。

在城市开放、包容方面，探索区域户籍制度的结构性开放。1991 年，南非废止《人口登记法》《原住民土地法》与家园政策，在法律上取消了种族隔离。成千上万曾经被禁止在城市居住的穷人从周边的黑人镇区迁移到约翰内斯堡，政府主动消除贫穷，致力于均衡和分享式增长，增强社会的流动性，大力发展有助于社会融合的项目，特别是侧重移民融入、休闲大街建设、降低商务成本、内城更新等方面的项目，建设面向全民，能够满足不同人群需求的城市，建设多元化、包容性城市。我国城市在户籍开放政策方面，不仅要面对国内流动人口，还可对国际国内的高端人才和技术人员进行政策试点和突破。

强化区域合作，在区域尺度进行资源配置以解决核心城市的“城市病”。为此，应当大力突破行政区划的限制，鼓励跨区域的产业融合、协同发展，带动人口、资源在更广阔的空间内进行合理配置。在此过程中，一方面，要加大城际高速交通的规划与建设；另一方面要探索“软环境”的协调，包括跨区域医保联动、跨区域信息共享等。

参考文献

张喜玲.“城市病”的发展机理研究——以中国城市化为例[D].保定：河北大学，2013.

王桂新.中国“大城市病”预防及其治理[J].南京社会科学，2011(12).

石忆邵.城市规模与“城市病”思辩[J].城市规划汇刊，1998(5).

童玉芬,齐明珠.制约北京市人口承载力的主要因素、问题与对策分析[J].北京社会科学,2009(6).

李金滟.城市集聚:理论和证据[D].武汉:华中科技大学,2008.

张忠华、刘飞.当前我国"城市病"问题及治理对策[J].中共石家庄市委党校学报,2012, 14(1).

张燕.中国城镇化的环境效益研究[D].北京:中国社会科学院,2012.

第二十七章　城市公共安全规划

第一节　城市公共安全

一、城市公共安全的概念和内涵

（一）城市公共安全的概念

城市公共安全是指城市民众的生命、健康和公私财产的安全。城市公共安全一般包括城市防灾减灾、城市社会治安综合治理、城市交通安全、城市消防安全、城市生产安全、城市食品安全等方面，是保障城市安全运行的基本条件。城市公共安全问题是城市系统中较为突出的问题之一，也是城市管理中难度较高的问题之一。

（二）城市公共安全的类别

城市公共安全体系主要有两个方面。一是常态化的日常安全系统，包括维持日常社会各项活动的公共安全秩序系统；二是应对城市突发公共事件，就是指应对突然发生，造成或者可能造成重大人员伤亡、财产损失、社会危害、环境污染等危及公共安全的紧急事件。

二、城市突发公共事件

（一）城市突发公共事件的概念

城市突发公共事件是指城市里突然发生，造成或者可能造成严重社会危害，对城市和国家安全运行影响巨大，需要采取应急处置措施予以应对的事件。

（二）城市突发公共事件的类别

各国对城市突发公共事件的分类是不同的，主要考虑以下几方面因素。按照成因，根据突发事件的源头划分，一般分为自然性或社会性事件；按照危害程度，一般分轻度、中度、重度事件；按照放大程度，一般分为原发和次生事件；按照影响范围，一般分为地方性、区域性、国家性、国际性事件。

2006 年 1 月国务院颁布的《国家突发公共事件总体应急预案》规定，根据突发公共事件的发生过程、性质和机理，突发公共事件主要分为四类。一是自然灾害。主要包括水旱灾害、气象灾害、地震灾害、地质灾害、海洋灾害、生物灾害和森林草原火灾等自然灾害。二是事故灾难。主要包括工矿商贸等企业的各类安全事故、交通运输事故、公共设施和设备事故、环境污染和生态破坏事件等。三是公共卫生事件。主要包括传染病疫情、群体性不明原因疾病、食品安全和职业危害、动物疫情，以及其他严重影响公众健康和生命安全的事件。四是社会安全事件。主要包括恐怖袭击事件、经济安全事件和涉外突发事件等。根据社会危害程度、影响范围等因素，可分为特别重大、重大、较大和一般四级①。

三、城市公共安全的防控体系

城市公共安全的防控体系是一种反馈系统，按照反馈控制原理运行，并通过反馈系统的运作形成局部闭环，从而达到循环控制的目的。从防控方式来划分，主要有 3 种：集中防控方式、分散防控方式、多级递阶防控方式。

（一）集中防控体系

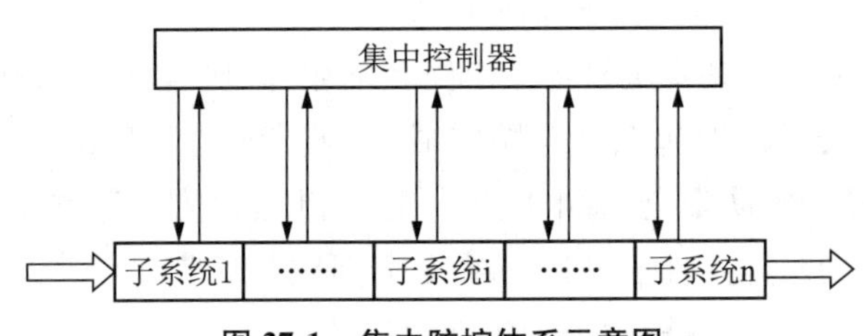

图 27-1 集中防控体系示意图

集中防控方式的特点是由一个集中控制器（一般是城市政府）对整个系统进行控制，在这种防控方式中，各子系统的信息、系统的各种外部影响，都集中传送到集中控制器，由集中控制器进行统一加工处理。在此基础上，集中控制器根据整个系统的状态和控制目标，直接发出控制指令，控制和操纵所有子系统的活动。

（二）分散防控体系

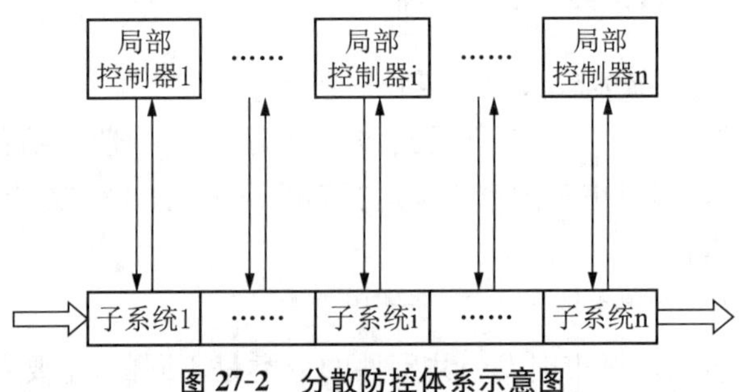

图 27-2 分散防控体系示意图

① 朱建江、邓智团，城市学概论[M].上海：上海社会科学院出版社，2018.

分散防控方式的特点是由若干分散的控制器(一般是区、街镇等政府)来共同完成系统的总目标,在这种防控方式中,各种决策及控制指令通常由各局部控制器分散发出,各局部控制器主要是根据自己的实际情况,按照局部最优的原则对子系统进行防控。

(三)多级递阶防控体系

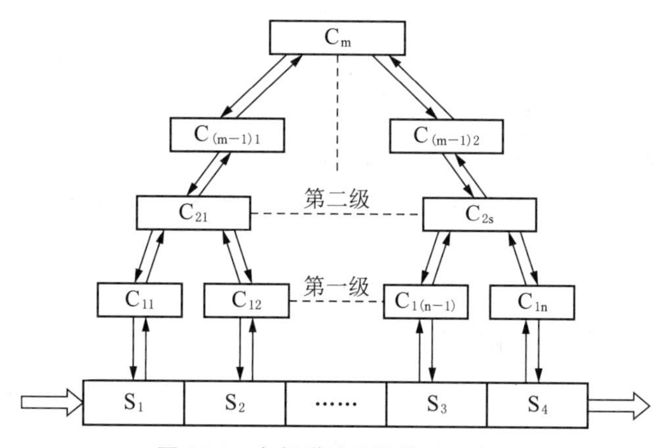

图 27-3 多级递阶防控体系示意图

多级递阶防控方式的特点是其是在集中防控方式和分散防控方式的基础上,取长补短发展起来的。多级递阶防控系统主要是由子系统和决策单元(市、区县、街镇等)构成的。决策单元由两个以上的级配连起来。第一级决策单元直接作用于各子系统,进行下一级的决策,完成对子系统的控制任务。第二级决策单元进行上一级的决策,其是对第一级中各决策单元进行协调的协调器,执行着系统的局部控制功能,同时又受控于再上一级的决策单元,也就是说对于上一级而言其是局部控制机构,对下一级而言则是协调器。类似地可以递阶至三级、四级等,从而形成多级递阶防控系统。

表 27-1 三种防控方式的特点比较

名称 项目	集中防控方式	分散防控方式	多级防控控制方式
适用对象	系统规模小	系统结构比较复杂,功能比较分散	空间结构复杂、影响因素众多的复杂系统
防控有效性	功能、权力集中程度大,控制有效性较高	功能、权力分散,局部控制器之间需要协调,全局有效性低,但对应子系统的控制有效性较高,灵活性好	集中与分散控制相结合,对全局协调及各子系统的局部控制有效性高
运行可靠性	集中控制器发生故障,影响全局运行,可靠性较低	分散控制器发生局部故障,不会导致系统全局瘫痪,可靠性较高	递阶控制使故障分离、风险分散,集中控制器与局部控制器之间可以相对独立运行,因此,可靠性较高
信息传递性	纵向信息流为主,传递速度快	横向信息流为主,传递速度较慢	递阶式纵向信息流为主,信息传递慢,特别是局部控制器之间的信息传递缺陷较大

从上面的比较可以看出,每种控制的方式都有各自的固有优劣势。在安全防控中,防控主体组织的设计首先应在遵循客观规律的情况下,根据自身的情况选择不同的控制系统。同时在控制过程中灵活运用各种机制,克服系统本身的缺陷,同样可以达到良好的效果。

城市公共安全防控方式可以从以下几个不同的方向展开。从时间维度上,可以分为长期、中期和短期控制。减灾的中长期规划和短期规划就可以体现这一点。从层次维度上,可以分为宏观、中观和微观控制。一般是采取市—区县—街镇—社区—楼宇的防控模式,是一种"块"状控制。从领域维度上,可以分为交通、气象、建筑、航空、化工等各个领域,一般是"条"状控制。从过程维度上,可以分为事前、事中、事后以及三者集成的全过程控制①。

第二节 城市公共安全规划

一、城市公共安全规划的概念和内涵

(一) 城市公共安全规划的概念

城市规划是为了实现一定时期内城市的经济和社会发展目标而进行的确定城市性质、规模和发展布局,合理利用城市土地,协调城市空间布局和进行各项建设的综合部署和全面安排。城市规划是建设城市和管理城市的基本依据,是保证城市空间资源有效配置和土地合理利用的前提和基础,是实现城市经济和社会发展目标的重要手段之一②。

城市公共安全规划是城市规划的重要组成部分,就是在应对公共事件过程中,针对公共安全的防卫部门,构建城市公共安全防范体系,统筹规划布局安全防范要素资源,提高城市对突发事故的应急和处置能力,提升城市公共安全防控水平,进而达到降低风险、提高安全性的目的。城市公共安全规划要在城市规划的总体要求下进行实施。

(二) 城市公共安全规划的特点

城市公共安全规划既符合城市规划的一般特征,也有其独特之处,总体上看,主要有以下几个特征。

1. 综合性

城市公共安全是保障城市安全运行的基本层级,涉及城市相互影响、相互作用的不同领域。因此,城市公共安全规划不同于一般的专项规划,也是一项综合性的规划。城市公共安全规划首先要考虑必须守住城市安全的基本红线。同时,受到不同环节、不同

---

① 朱建江、邓智团.城市学概论[M].上海:上海社会科学院出版社,2018.

② 吴鹏.国土空间体系下城市规划与土地规划关系研究[J].城市建筑,2020(8).

过程、不同阶段的影响，城市公共安全规划又必须综合考虑经济、社会、文化、科技等多方面的因素，形成综合性的规划方案。

2. 行政性

城市公共安全的对象是市民的生命财产，一般而言，与一般城市规划相比，城市公共安全规划的行政成分更多，市场化相对少一些，其规划主体是城市政府相关部门。规划管理部门通过行政手段使行政管理权直接或间接地作用于城市公共安全要素资源的布局中。规划过程呈现出较大的排他性和“垄断性”，对市场主体参与的准入条件有严格规定。

3. 体系性

城市公共安全规划由一系列规划组成，由城市公共安全总体规划和多个专项规划构成。专项规划是条块结合的规划系列，既有部门规划，也有区域、领域、行业规划。城市公共安全总体规划和多个专项规划是相互作用的有机体系，也是保障城市运行的基本体系。

4. 动态性

城市公共安全是一个动态的运行过程，与城市的经济社会发展密切相关。城市公共安全规划是在城市总体规划的指导下编制和实施的，具有一定的规划期限。城市公共安全规划是根据城市的实际发展形成的规划体系，城市发展也会带来城市公共安全规划的相应调整。

（三）城市公共安全规划的意义

城市公共安全问题是城市系统中较为突出的问题之一，也是城市管理中解决难度较高的问题之一。随着城市化进程的不断推进，城市人口规模和密度日益增大，结构也日益复杂。同时，城市外部环境也更加复杂，一旦出现突发公共事件，对人民生命财产的安全将造成巨大的影响。城市越大，大型基础设施也越多，城市结构越复杂化，特别是人口规模更大，对资源承载力产生巨大压力，带来了人口布局的阶段性不合理集聚，人口管理、公共卫生、群体性事件等问题日益突出，一旦发生城市突发公共事件，其放大效应也更加明显，并且往往容易发生影响更大的“次生事件”，甚至“事件链”，国际城市还会产生国际性的问题。

城市公共安全规划就是以保障人民生命财产为基本红线，以保证城市正常运行为基本底线，针对城市公共安全的总体情况和存在的短板，通过统筹规划要素资源的数量、规模、结构、空间布局、流量等，使城市公共安全管理水平与城市经济社会发展的历史阶段相匹配，使城市公共安全状况与城市经济社会的发展趋势相协调，使城市公共安全与城市经济社会的总体规划相一致，为城市未来的发展保驾护航。

二、城市公共安全规划

（一）城市公共安全规划与应急预案的关系

按照《国家突发公共事件总体应急预案》，城市应急预案是为适应城市特点和未来发展需要,提高政府保障公共安全和处置突发公共事件的能力,最大限度地预防和减少突发公共事件及其造成的损害,保障公众的生命财产安全,维护国家安全和社会稳定,促进经济社会全面、协调、可持续发展而制定的。

城市公共安全规划与应急预案的总体目标相同,正如《国家突发公共事件总体应急预案》指出的,是为了提高城市保障公共安全和处置突发公共事件的能力,最大限度地预防和减少突发公共事件及其造成的损害,保障公众的生命财产安全,维护国家安全和社会稳定,促进经济社会全面、协调、可持续发展。

同时,两者之间也有不同之处,主要表现在 3 个方面。一是角度不同。城市公共安全规划相对更具有宏观性、全局性、指导性,包括的内容较多,广度大;应急预案相对更具有微观性、领域性、实施性,深度大。二是时限不同。城市公共安全规划一般时限较长,并与城市总体规划相一致,“刚性”较强,一旦需要调整则需要一定的程序;应急预案一般较为灵活,“弹性较强”,可以随着外部环境变化进行适当调整,并立即付诸实施。三是重点不同。城市公共安全规划涉及城市公共安全的全领域,是指导政府与社会共同应对城市公共安全的纲领性的文件,其重点是城市公共安全的全过程,预防城市公共安全上升为突发公共事件,突发公共事件发生后如何统筹安排资源处置突发事件,事后救援工作如何安排等;应急预案的重点目标是针对突发公共事件,重点环节是应急处置环节,重点相对在于“点”上。

(二) 编制城市公共安全规划的总体思路

编制城市公共安全规划要综合考虑 3 个方面,具体如下。

1. 要与世界经济社会发展环境相协调

随着全球化的不断推进,世界各城市对外开放的程度日益增高,城市之间的联系日益紧密,城市对环境的依赖程度也日益增高,城市公共安全规划也开始考虑利用世界资源、外部环境的问题。

2. 要与国家相关战略相一致

国家战略是指导城市发展的战略体系,城市发展必须符合国家战略体系,以国家相关方针政策为指导,并成为国家战略中的组成部分。

3. 要与城市经济社会发展的阶段相匹配

城市经济社会发展的阶段不同,对城市公共安全的要求不同。同时,经济社会发展水平也决定了城市公共安全要素的供给。城市公共安全规划只有综合考虑经济效益和社会效益,才能形成与城市发展相匹配的最优或极优的规划方案。

4. 要与城市其他系统相融合

城市内部的系统之间不是孤立的,是相互影响的,甚至“牵一发而动全身”,城市公共安全规划必须要有全局性的思路,融入城市其他系统中,才能在城市运行系统中发挥真正的作用。

(三) 编制城市公共安全规划的基本原则

纵观国内外城市公共安全规划,体现出以下几项原则。

1. 以人为本，目标合理

城市公共安全规划的基本目标是保障人民生命财产安全，规划必须遵循以人为本的原则，设立相应合理的防范目标，为公众提供精细化、优质化的设计方案。

2. 统筹规划，合理布局

要根据自然禀赋、区位条件、空间布局和功能定位的特点，在充分考虑人口承载能力、资源支撑力、生态环境和社会承受力基础上，总体上把握公共安全资源要素的合理布局，制订相应的公共安全防范体系建设规划，以及相关的应急预案。

3. 优化配置，突出重点

充分集聚、利用优势要素资源，挖掘潜力资源，培育资源，提高资源配置效率，促进不同领域、不同区域和不同行业的资金、技术、信息、人员、物资、装备等各种资源之间的有机整合，提高预警预报、应急反应和应急处置水平，避免重复建设、“九龙治水”等现象的发生。聚焦城市公共安全体系中的重点风险环节、风险区域和重点领域，优先解决事关重大的、关键的和全局性的问题，提高应急反应能力。

4. 规范标准，精细管理

借鉴国际前沿性技术，提高城市公共安全精细化管理水平，优化城市突发公共事件应急体系的资源结构，提升运行水平。以国家法律法规和相关标准为引领，建立完善城市公共安全标准体系，促进公共安全体系规划、建设、运行与评估的规范化。

5. 分级负责，分步实施

根据城市不同的公共安全防控体系的具体情况，将事权合理划分到各级政府、各部门，以及基层单元等不同层次、不同级别的城市执行主体中，各系统各司其职，各负其责，根据规划目标，明确执行主体的建设任务和建设项目，分级分步组织实施。

6. 政府主导，社会参与

城市公共安全规划必须充分发挥政策导向作用，并引入市场机制，调动各方参与城市公共安全体系建设的积极性，把政府管理与社会参与有机结合起来，提高城市公共安全防范工作的社会化程度。

（四）城市公共安全规划编制的基本内容

国体不同，城市基本情况不同，城市公共安全规划编制的基本内容也有差异，一般包括以下几方面的共性内容。

1. 规划依据

城市公共安全规划应符合国家相关法律、法规，本市相关法规、规章，国家和本市的有关指导、参考文件。因此，需要列举出相关的文件名称和发布时间。

2. 规划期限

要明确提出城市公共安全规划的期限。按照阶段不同，一般分为短期规划、中期规划和长期规划。短期规划一般以 5 年为限，中期以 10 年为限，长期为 10 年以上。

3. 城市公共安全的基本情况

把城市面临的城市公共安全情况进行总括，主要从供需两方面提出客观情况。

一是面临的城市公共安全问题。根据外部宏观环境发展及城市经济社会发展情况，提出重点领域、重点区域、重点顽疾所在，客观反映出城市公共安全，特别是突发公共事件可能发生的规模、结构、空间布局等情况。

二是城市公共安全要素资源的基础条件。提出应对城市公共安全问题所具备的资源要素情况，以及应对突发公共事件所具有的预警预报、应急处置、救援、恢复重建等方面的基础条件、存在的不足等问题。

4. 前一个规划周期公共安全规划及执行情况

对前一个规划周期的公共安全规划及情况进行分析评估，包括城市公共安全要素资源的配置情况，突发公共事件的预案体系、组织管理体系、管理机制，突发公共事件应对能力等方面。

5. 现有工作基础和薄弱环节

对当前城市公共安全工作所具备的条件和基础进行客观分析，找到劣势，特别是工作的薄弱环节所在，包括公共安全的基础设施建设、公共安全监督管理、法制建设、体制机制建设等各方面。

6. 面临的形势

分析判断未来城市面临的宏观、微观环境变化，以及在自然灾害、事故灾难、公共卫生事件、社会安全事件方面所面临的自然的、社会的和技术的安全风险趋势，分析发展形势和面临的挑战。

7. 指导思想、规划原则和规划目标

指导思想是统领规划的重点思路。一般指导思想的思路体现在注重外部环境影响，坚持自身建设，有效应对风险，针对自身的薄弱环节进行完善，保障城市安全运行等方面。

城市公共安全规划原则是优化配置资源，包含提升公共安全管理水平方面所坚持的几项纲领性的内容。规划原则要体现各城市在自然条件、自然资源、历史沿革、经济基础、文化习俗诸方面的个性和特点，体现公共安全资源要素的差异性带来的规划的个性。规划原则要充分发挥各城市的优势，因地制宜，力争取得最佳综合效益。

规划目标分为总目标和子目标。总目标是规划期内所能达到的总体目标。总目标可以是量化指标，也可以是定性的目标。子目标是总目标的分解，是支撑总目标的具体目标和指标。子目标一般以定量指标为主。总目标包含但不限于子目标。

8. 主要任务

提出公共安全防范体系、应急处置体系、公共安全保障体系、应急重建体系的建设任务。

公共安全防范体系规划一般包括监测预警系统规划、应急管理培训与演练规划，以及相关的功能提升。从城市自然灾害的规划来看，要确定未来城市易受灾的薄弱环节，建立城市灾害区划。综合考虑地形、地质、气象、危险源场所、防洪、抗震、防风等因素，合理安排城市用地功能布局，优化城市的生命线系统布局，合理布局抗灾救灾的设施,使居住、公用建筑、工业等主要功能区完全避开自然和环境敏感地带,实现城市总体布局的合理化。对于旧城区,通过逐步改造,降低人口与产业密度,以防止灾害的发生①。

应急处置体系规划一般包括公共事件应急处置基础设施规划、信息与指挥系统规划、应急队伍规划等方面。重点针对应急组织、自然灾害报告、救灾实施方案、交通管制与社会治安措施、疏散避难措施、抢救与医疗措施,以及饮用水、食物与生活必需品供应,防疫及尸体处理措施,应急教育、金融保险、劳务等进行规划。

公共安全保障体系规划一般包括社会保障体系规划、医疗卫生保障规划、应急物资保障规划、紧急运输救援保障规划、通信和网络信息安全保障规划、科技支撑体系规划等。

应急重建体系规划一般包括事发现场恢复能力规划、城乡基础设施抗灾能力和避难场所规划、调查评估体系规划等。

灾中响应规划,包括灾中的应急响应、资源调配、物资流通、信息传递、联勤联动等。灾后恢复规划,包括灾后重建过程中的安定生活措施,恢复教育、生产、金融措施等。城市公共安全规划是一个系统工程,每个城市都应根据特有的灾害类型进行全面部署,首先要编制各个专项防灾规划,其次各个专项规划要协调统一,形成城市公共安全规划。

9. 公共安全重点项目规划

公共安全重点项目是在以上内容的基础上,把重点领域、重点区域、重点顽疾进行全局性、前瞻性、战略性的梳理,找到其中最关键的一系列环节和节点,形成一系列重点项目规划。重点项目还可以根据层级分为国家重点项目、省重点项目、城市重点项目、区县重点项目等。

10. 政策措施

政策措施是针对以上方面提出相关的政策支撑,以及在组织、法制、资金、队伍、监督等方面提供的保障措施。政策措施要具有较强的可操作性,是解决城市内部各方面、各层面共性问题的一系列政策和条例。

（五）编制城市公共安全规划的基本方法

1. 资料分析法

资料分析的第一步是资料收集。资料要将全面与重点相结合,包括城市经济社会发展的基本情况、城市公共安全的基本情况(包括重点风险源、重点点位、风险图等情况)、城市公共安全规划及其实施的实践等。

2. 实地调研法

根据城市公共安全编制的要求,赴城市相关部门、企事业单位等进行实地考察,掌握第一手的现状资料,了解规划中遇到的问题等。

---

① 冯凯,徐志胜,冯春莹,王冬松.城市公共安全规划与灾害应急管理的集成研究[J],自然灾害学报,2005(8).

3. 定性分析法

对无法进行量化处理的数据,可以根据具体情况进行适当的定性分析。

4. 定量分析法

设定模型,对城市公共安全要素资源的数量进行计算。建立模型,对风险防范体系进行进一步评估。

第三节　城市公共安全规划体系

一、城市公共安全规划体系的概念和内涵

城市公共安全规划不是孤立的,而是与城市规划一样,由总体规划和一系列的专项规划、部门规划共同组成,形成规划体系。城市公共安全总体规划体现城市公共安全的共性特点、问题和实施方案。专项规划是专门针对不同区域、不同项目等制订的专门性的规划,如交通、消防、海上搜救等。部门规划是城市公共安全相关主管部门制订的相关部门内的公共安全规划,如经济、教育、科技等规划。城市公共安全规划体系也具有综合性、行政性、体系性、动态性等特点。

二、城市公共安全规划体系的构成

(一) 城市公共安全总体规划

城市公共安全防控的发展主要经历了分散—系统—联动的发展过程,分为3个阶段。

1. 分散防控阶段——分散规划阶段

20世纪70年代末之前的阶段,为城市公共防控的分散防控阶段,以单灾种、单领域的防控为主。这一时期城市系统及其公共安全事件相对比较简单,突发公共事件的发生相对较少,而且可控性较强,防控体系基本是针对单灾种并以单元防控为主的分散系统。

2. 系统防控阶段——集中规划阶段

第二阶段是20世纪80年代至20世纪末的阶段,为城市公共防控的系统防控阶段,以单灾种、多领域研究为主。20世纪80年代后,各国纷纷采取“平战结合”的决策,将更多的资源从军用转到应急体系。如美国联邦紧急事务管理署(FEMA)将原来分散的承担救灾的责任机构加以统一,并提出4P(预报、预警、预防、预先准备)和4R(伤病员搜救、救济、恢复、重建)。这个阶段的主要特征是形成了“管理统一,平台分散”的格局。1998年,美国加州大学柏克利分校发布的《城市的应急管理与计划》就包含了这一指导思想。

3. 联动防控阶段——统筹规划阶段

第三阶段是21世纪以来的新阶段,为城市公共防控的联动防控阶段,以多灾种、集

成化研究为主。21世纪以来，公共突发事件日益复杂化、综合化，以往单灾种管理模式中形成的分散平台与统一管理之间逐步产生了矛盾，往往在处理跨区域、跨平台的公共突发事件时，无法形成综合性的信息资源。城市公共安全防控体系向多灾种与综合性、集成化管理相结合的模式转变。“9·11”事件促使FEMA随同其他22个联邦机构一起并入国土安全部，成为该部4个主要分支机构之一，就体现了这一思想。2003年，我国也开始认识到单灾种的防范模式已经不适应公共安全的要求，把突发公共事件分为自然灾害、事故灾难、公共卫生事件、社会安全事件，突破了单灾种的分类模式。自此，城市公共安全防控体系进入联动防控阶段，城市防控规划也进入统筹规划阶段。特别是近年来我国城市规划向城乡规划转变，城市公共安全规划也开始转入城乡公共安全规划阶段。

（二）城市公共安全专项规划

城市公共安全专项规划从大类上，一般是依据突发公共事件的类别进行规划，分为自然灾害规划、事故灾难规划、公共卫生事件规划、社会安全事件规划等。具体而言，如水旱灾害、气象灾害、地震灾害、地质灾害、海洋灾害、生物灾害和森林草原火灾等自然灾害的规划；工矿商贸等企业的各类安全事故、交通运输事故、公共设施和设备事故、环境污染和生态破坏事件等规划；传染病疫情、群体性不明原因疾病、食品安全和职业危害、动物疫情等规划；恐怖袭击事件、经济安全事件和涉外突发事件规划等。

（三）城市公共安全部门详细规划

城市公共安全部门的规划主体是相关主管部门，如经济类由经信委规划，文化类由文化宣传系统规划等。部门详细规划主要体现城市公共安全主管部门将公共安全要素资源在系统内进行配置的水平，以及日常监督管理的水平。

第四节　世界城市公共安全规划体系

一、国外城市公共安全规划体系的现状

（一）纽约城市公共安全规划体系——以突发公共事件为核心

纽约城市公共安全规划体系的主体是纽约市紧急事务管理办公室（以下简称“纽约市应急办”）。其前身可追溯到1941年，但是成为独立的政府部门是在2001年。纽约市为此举行了全民公决，压倒性多数的市民赞成将办公室设置成独立的、由市长直接管理的政府部门。纽约市应急办重点针对突发公共事件进行规划。例如，纽约市应急办会同有关部门制订应对H1N1流感工作计划并推动实施；制订应对海岸风暴的计划；制定灾害临时住所规划和相应的信息管理系统；制订灾害住房重建计划；牵头评估各部门应急计划；管理应对灾害的物资和各方捐赠；开发城市事故管理系统、面向公众的事故模拟系统、市民培训管理系统；组织社区应急反应团队、社区搜救队的培训和演习。

(二) 东京城市公共安全规划体系——以城市总体规划为导向

1. 日本国土规划体系

日本国土规划体系分为多个层级,全国综合开发规划—三大都市圈建设规划—七大地区开发规划—特殊地区规划(岛屿、山村、欠发达地区等特殊地区)—都道府县综合发展(长期)规划—市村町综合发展(长期)规划。这些规划被笼统地称为国土规划①。

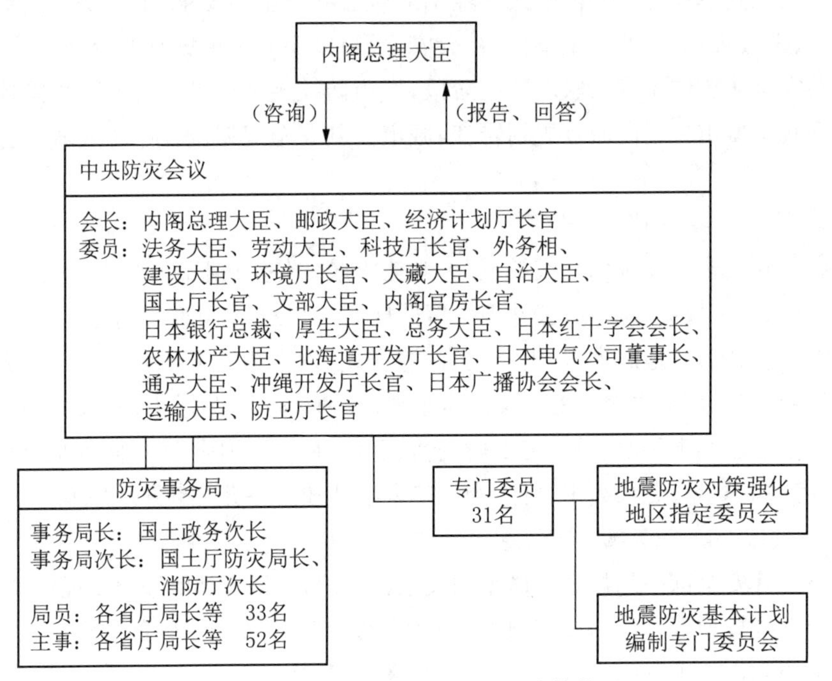

图 27-4　日本城市防灾减灾规划主管体系

在总规划中,提出建设防灾都市是与"城市更新"紧密结合的。日本城市自然灾害规划主管部门如图 27-4 所示。日本的中央防灾会议是全国防灾救灾工作的决策和领导部门,由首相任主席,其成员为内阁中主要部门的长官,日常事务由国土厅负责,主要职能是制订和推进实施防灾基本计划与"非常灾害"紧急措施,审议防灾重要问题等。为了城市的安全,不断进行街区更新、土地整理以及其他的防灾设施建设。在防灾规划中为了整备防灾地点、形成良好的避难系统,也对都市开放空间、道路、桥梁等进行整治,促进了城市更新。根据各都市的需求,促进城市防灾减灾功能及其他功能建设等。

2. 东京等日本大都市圈规划、地方国土规划中的防灾减灾建构

根据日本的三大都市圈(首都圈、近畿圈、中部圈)的相关开发建设法,大都市圈规划体系由基本规划(总体规划)、整备计划(5 年计划)、事业项目计划(年度计划)、保护区域建设计划等组成。第 5 次首都圈规划(1999—2015 年度)的基本构思有 5 项,其中第 4 项的主要政策方向是提出重视提高对地震等大规模灾害的防灾性能,以确保居民

① 宗传宏.城市危机管理中的精细化与长效防范机制[J],上海城市管理,2017(11).

生活上的安全和安心，同时解决大城市的交通混乱状况，推进具有地域特性的易于生活的居住环境的建设。为此，要改变现在对东京中心部的过分依赖和集中的结构，使首都圈的各地区以据点城市为中心形成自立性高的地区，相互分担各种机能和交流、协作，成为一种“分散型的网络结构”。同时，对于建设“安全并有魅力的都市”的主要措施是把生态环境、防灾减灾、基础设施建设与有规划的、综合性的都市建设相互结合起来，具体分五大部分：有规划地建设综合型城市；建设灾害抗御性能强的安全街区；建设通过交流和协作具有活力的城市；建设支撑舒畅明快生活的街区；建设人与自然和谐的街区与安心生活的社区①。

（三）伦敦城市公共安全规划体系——以重点点位为核心

以伦敦为核心的英国城市均具有完善的气象、水文、地理、人口和经济信息数据，为开展科研和灾害预测提供了有利的基础条件。为了确保英国的竞争力和灾害防御能力，英国出台了一个规划，以未来30—100年为基准，建立一套完善的危机预测系统，探讨各类危机对社会、经济及环境的影响，评估水灾可能造成的影响以及疏洪必须耗费的成本，同时将国内350处重点标志性建筑物列为保护对象，以防止类似“9・11”事件的发生②。

英国前瞻计划是与科技的研究和发展密切关联的，英国希望通过科研来实现对灾害的预防。该项前瞻计划于2002年4月29日正式启动，分为两个部分，第一部分的研究方向为具备人工智能的计算机，第二部分是调查气候变迁及开展其他可能影响洪灾及海岸侵蚀因素的相关研究。前瞻计划对协助政府规划城市发展、防灾及预防海岸侵蚀都具有重要的意义。英国前瞻计划主要依托伦敦高校和研究机构的资源，形成“产官学研”相结合的机制，通过科技上创新，不断开发新的应用科技。相关研究估计英国境内每年大约有170万户家庭可能遭受水灾的侵袭，而水灾可能造成的财物损失估计高达2 000亿英镑。前瞻计划将海岸防卫计划列为重点，对未来长期防灾具有重要的意义③。

同时，英国借助伦敦的预警系统，重点列出350处重点目标，包括英国境内的15座核电厂、国家主要电网、石化工厂、通信中心、核武器研究中心、核潜艇基地等关键设施，建立了重点目标预警预报机制。

第五节　国内城市公共安全规划的现状、问题及对策建议

一、我国城市公共安全规划的基本情况

当前，在我国大部分地区，依据部门行业和不同灾种，编制了各种城市灾害应急预案和防灾专项规划。在城市总体规划层面，编制的防灾专业规划，主要是单灾种罗列，

①②③　宗传宏.城市危机管理中的精细化与长效防范机制[J]，上海城市管理，2017(11).

实际的指导作用不大。从本章开头对城市综合防灾体系的特点归纳来看,我国大部分地区目前还没有真正意义上的城市综合防灾规划。原因可能是多方面的:有城市综合防灾规划编制认识层面的问题,涉及城市综合防灾规划与一般城市防灾规划的区别、城市综合防灾规划的编制内容和编制方法等,但通过系统的国内外对比研究,可以尽快弥补这方面的不足;也有规划编制实施层面的问题,如缺乏相应的综合防灾规划组织机构保障,缺乏系统、全面、公开的灾害及财产信息等,这需要相应的制度建设才能解决①。

2003 年"非典"以后,我国开始制订应急预案。"十五"期间,各城市基本形成城市综合减灾体系框架,经过十几年的完善,逐步形成"常态与非常态管理相结合、综合管理和分类分级管理相衔接、防范与处置并重"的理念,在推进城市防灾减灾工作方面取得较大进步,形成了如图 27-5 所示自上而下和自下而上的综合减灾管理体制。围绕应急联动和综合减灾管理两大平台,在国务院办公厅和民政部的指导下,分别开展应急联动和综合减灾管理工作。在此基础上,从 2009 年开始,我国各城市逐步开始实施城市公共安全规划"十一五"规划的编制工作。

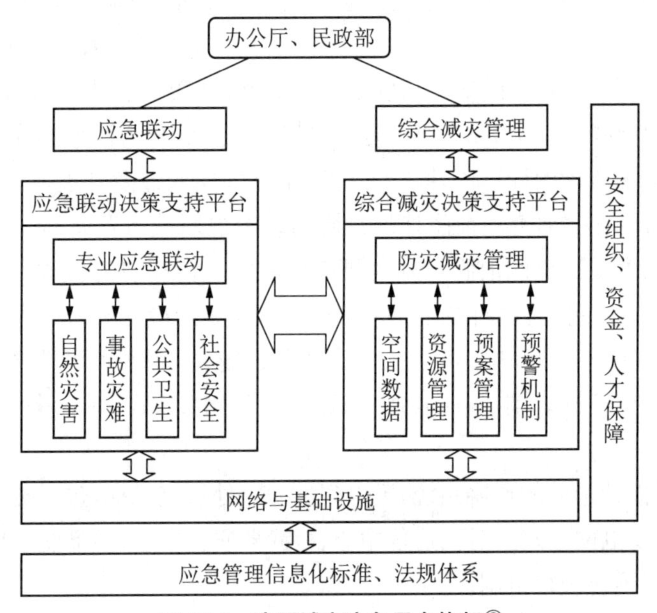

图 27-5　我国城市应急平台构架②

城市公共安全规划编制对城市经济社会的发展起到了巨大的推动作用,体现在基础设施逐步完善、公共安全防范机制逐步完善、预警预报体系逐步完善、灾害救援体系逐步完善、社会力量参与力度加强、宣传培训机制逐步推进等各个方面。

① 张翰卿,戴慎志.国内外城市综合防灾规划比较研究及经验借鉴[C]//中国城市规划学会.规划 50 年:2006 中国城市规划年会论文集.北京:中国建筑工业出版社,2006.

② 宗传宏.上海蓝皮书:上海社会发展报告(2016)[M].北京:社会科学文献出版社,2016.

二、我国城市公共安全规划存在的主要问题

（一）城市公共安全规划重视程度不够

发达国家和其城市公共安全防范往往首先考虑城市公共安全问题。例如，日本六本木新城规划建设中，应急管理投资占总投资的一半以上。目前，中国很多城市在规划和建设过程中，城市公共安全方面往往只考虑消防、抗震、抗风等要素，没有统筹考虑城市公共安全要素。

（二）城市公共安全规划滞后于经济社会发展水平

城市公共安全规划滞后于经济社会发展水平是目前国内城市发展过程中普遍存在的问题。城市公共安全规划与城市发展不相匹配，往往造成“规划，规划，墙上挂挂”的情况，规划的引领作用无法体现。

（三）城市公共安全规划的档次仍然较低。

国外城市公共安全规划首先考虑的是“以人为本”，就是有利于公民遇到突发公共事件及时回避、逃生和处置。如充分考虑轨道交通站点的选址、通道、空地、周边设施布局，以及应急设施的使用便利性等。其次，要考虑便于常态化的管理。目前，国内城乡规划中存在空间布局和公共安全管理功能相脱节的现象，甚至办公地点与管理地点相距很远。实际上，突发公共事件，特别是群体事件的预警预报，往往靠基层群众和有经验的管理人员提供信息。空间不集聚必然导致功能无法得到充分发挥。

（四）城市公共安全规划与其他领域的规划相脱节

城市公共安全规划缺乏统筹性、孤立存在的情况仍然比较多，与其他领域的规划脱节的情况仍然比较严重，往往在实施过程中发现与其他规划相抵触或相矛盾，造成规划的可操作性大打折扣。

三、对策建议

（一）切实把城市公共安全要素纳入城乡规划范畴

目前，我国已经把城市与乡村规划统筹进行考虑。要利用城乡规划的发展契机，统筹布局城市公共安全要素。要统筹考虑突发公共事件要素的布局。要对应对群体性事件的空间布局、地下避难场所的互联互通等加以重点考虑，特别是在大型基础规划中，更要考虑公共安全要素的空间布局。

（二）加大社会参与规划的力度

理顺渠道，建立相关参与制度，积极鼓励公众、社会团体、社区、企事业单位等社会力量参与城市公共安全规划的编制工作。鼓励公众对城市公共安全规划方案提出修改、补偿和完善的意见和建议。规划草案、规划征求意见稿等可以征求公众的意见。

（三）鼓励专家参与规划

1. 注重各领域专家的作用

城市公共安全规划涉及多个学科，自然科学与社会科学领域专家的作用都会很大，

要充分利用城市中高校、科研机构、专家的力量,建立专家数据库。

2. 完善专家参与城市公共安全科技创新活动的机制

要充分发挥专家的咨询与辅助决策作用,提高应急管理科技创新水平。要建立常态咨询与非常态咨询相结合的模式,将研究报告与头脑风暴相结合,及时收集专家成果和观点。

3. 明确专家在城市公共安全规划方面的主要职责

鼓励专家为城市公共安全规划提出决策咨询意见,参与起草规划。

4. 理顺专家成果和观点的报送渠道

要建立"绿色通道",及时将专家的研究成果和观点向市领导及相关部门反映。对采纳的成果和建议,要及时转化落实到规划中。

(四) 推进大区域规划

城市与周边区域之间存在着必然的联系,要推进城市公共安全的大区域规划,在更大的范围配置公共安全要素资源。重点是要统筹规划区域要素资源,进一步打破区域行政分割,科学合理地确定应急管理体系在区域的整体定位和职责部署。要充分发挥中心城市的功能和影响力,调动各方面的积极性,明确各地区的功能分工。要充分利用区域及周边的资源,从全局的角度出发,统筹区域的信息联通、应急物资、避难场所、设备和人员的配备。推广常态与非常态应急联动。要总结上海世博会应急管理体系联动经验,在迪士尼项目中进行推广应用①。在此基础上,把这种"非常态"的管理机制发展为"非常态"和"常态"相结合的区域应急管理体系。同时,规划构建公共安全防范联动机制,推进区域应急体系联动发展。

参考文献

吴志强,李德华.城市规划原理(第四版)[M].北京:中国建筑工业出版社,2010.

童星,等.中国应急管理:理论、实践、政策[M].北京:社会科学文献出版社,2012.

翟国方,等.城市公共安全规划[M].北京:中国建筑工业出版社,2016.

刘雅静.跨区域公共危机应急联动机制研究[J].福州党校学报,2010(6).

[美]杰拉尔德·L.戈登.地方政府的战略规划(第2版)[M].蔡玉梅,译.北京:科学出版社,2013.

徐向华,孙潮,刘志欣.特大城市环境风险防范与应急管理法律研究[M].北京:法律出版社,2011.

靳澜涛.国外特大型城市公共安全事件应急管理比较——以纽约、伦敦、东京为例[J].沈阳干部学刊,2015(4).

王宏伟.应急管理理论与实践[M].北京:社会科学文献出版社,2010(8).

王永明、刘铁民.应急管理学理论的发展现状与展望.中国应急管理[J]. 2010(10).

① 宗传宏.城市危机管理中的精细化与长效防范机制[J].上海城市管理,2017(11).

左学金，晋胜国.城市公共安全与应急管理研究[M].上海：上海社会科学院出版社，2009.

滕五晓，王清，夏剑薇.危机应对的区域应急联动模式研究[J].社会科学，2010(7).

顾林生，陈志芬，谢映霞.试论中国城市公共安全规划与应急管理体系建设[J].安全，2007(11).

张翰卿.安全城市规划的理论框架探讨[J].规划师，2011(8).

牛晓霞.城市公共安全规划理论与方法的研究[D].天津：南开大学，2004.

冯凯，徐志胜，冯春莹，等.城市公共安全规划与灾害应急管理的集成研究[J].自然灾害学报，2005(4).

史培军.四论灾害系统研究的理论与实践[J].自然灾害学报，2005(6).

洪昌富.加强城市防灾减灾规划研究，建设安全城市[J].现代城市研究，2008(10).

张丛.浅议城市公共安全规划编制[J].城市与减灾，2010(5).

于亚滨，张毅.城市公共安全规划体系构建探讨——以哈尔滨市城市公共安全规划为例[J].规划师，2010(11).

胡克旭，徐朝晖，陆伟民.上海市区地震火灾居民避难场所初步规划[C]//范维澄.1999 城市火灾安全国际学术会议论文集(1999 年城市火灾安全国际学术会议：论文专辑)，合肥：中国科学技术大学出版社，1999.

黄利生.数字城市与城市公共安全[J].中国公共安全(综合版)，2006(6).

史正涛，黄英，刘新有.水安全及城市水安全研究进展与趋势[J].中国安全科学学报，2008，18(4).

曾宪云，李列平，邓曙光.城市公共安全的现状及防灾减灾策略[J].安全生产与监督，2006(1).

李昆.实施城市公共安全规划 提高城市安全保障水平[J].城乡建设，2007(1).

图书在版编目(CIP)数据

城市战略规划 ：理论、方法与案例 / 上海社会科学院城市与人口发展研究所著 .— 上海 ：上海社会科学院出版社，2022
ISBN 978-7-5520-3732-6

Ⅰ. ①城… Ⅱ. ①上… Ⅲ. ①城市规划—研究 Ⅳ. ①TU984

中国版本图书馆 CIP 数据核字(2021)第 233630 号

城市战略规划:理论、方法与案例

著　　者:上海社会科学院城市与人口发展研究所
责任编辑:曹艾达
封面设计:黄婧昉
出版发行:上海社会科学院出版社
　　　　　上海顺昌路 622 号　邮编 200025
　　　　　电话总机 021-63315947　销售热线 021-53063735
　　　　　http://www.sassp.cn　E-mail:sassp@sassp.cn
照　　排:南京理工出版信息技术有限公司
印　　刷:上海景条印刷有限公司
开　　本:787 毫米×1092 毫米　1/16
印　　张:32
字　　数:697 千
版　　次:2022 年 2 月第 1 版　2022 年 2 月第 1 次印刷

ISBN 978-7-5520-3732-6/TU·019　　定价:238.00 元
